中国科学院研究生教学丛书

# 地震预报引论

张国民　傅征祥　桂燮泰　等　编著

科学出版社
北　京

## 内容简介

本书为《中国科学院研究生教学丛书》之一。这是我国30多年来地震预报研究成果的系统总结，是一本基础性的理论著作。全书共分十章，首先对我国地震预报的发展概况、基本进展和科学思路作了系统阐述，然后就地震预报的地震学、地壳形变、地下水微动态、水文地球化学、地电、地磁、重力学等学科方法进行了系统分析介绍；此外还系统地介绍了地震预报的物理基础与地震孕育过程的理论和模型等。

本书可作为研究生学习用书，也可供地震学、地球物理学、灾害预测学等学科领域的科技工作者及有关高等院校的教师、高年级学生参考。

**图书在版编目(CIP)数据**

地震预报引论/张国民等编著．-北京：科学出版社，2001
 （中国科学院研究生教学丛书）

ISBN 978-7-03-008700-3

Ⅰ．地… Ⅱ．张… Ⅲ．地震预报-研究 Ⅳ．P315.7

中国版本图书馆 CIP 数据核字（2000）第 66226 号

责任编辑：张井飞 彭胜潮/责任校对：陈玉凤
责任印制：张 倩/封面设计：陈 敬

**科学出版社** 出版
北京东黄城根北街 16 号
邮政编码：100717
http://www.sciencep.com

**新科印刷有限公司** 印刷
科学出版社发行 各地新华书店经销

\*

2001年2月第 一 版　　开本：787×1092 1/16
2017年4月第三次印刷　　印张：26
字数：591 000

定价：**88.00 元**
（如有印装质量问题，我社负责调换）

## 《中国科学院研究生教学丛书》总编委会

主　任：
　　白春礼
副主任：
　　余翔林　师昌绪　杨　乐　汪尔康　沈允钢
　　黄荣辉　叶朝辉
委　员：
　　朱清时　叶大年　王　水　施蕴瑜　冯克勤
　　冯玉琳　洪友士　王东进　龚　立　吕晓澎
　　林　鹏

## 《中国科学院研究生教学丛书》地学学科编委会

主　编：
　　黄荣辉
副主编：
　　叶大年
编　委：
　　章　申　秦大河　石耀霖　丁仲礼　蔡运龙

# 《地震预报引论》编委会

主　编：

　　　　张国民　　傅征祥　　桂燮泰

编　委：

　　　　刘蒲雄　　黄德瑜　　何世海

　　　　汪成民　　张　炜　　卢振业

　　　　李志雄　　张肇诚　　孙士宏

# 《中国科学院研究生教学丛书》序

在 21 世纪曙光初露，中国科技、教育面临重大改革和蓬勃发展之际，《中国科学院研究生教学丛书》——这套凝聚了中国科学院新老科学家、研究生导师们多年心血的研究生教材面世了。相信这套丛书的出版，会在一定程序上缓解研究生教材不足的困难，对提高研究生教育质量将起到积极的推动作用。

21 世纪将是科学技术日新月异、迅猛发展的新世纪，科学技术将成为经济发展的最重要的资源和不竭的动力，成为经济和社会发展的首要推动力量。世界各国之间综合国力的竞争，实质上是科技实力的竞争。而一个国家科技实力的决定因素是它所拥有的科技人才的数量和质量。我国要想在 21 世纪顺利地实施"科教兴国"和"可持续发展"战略，实现小平同志规划的第三步战略目标——把我国建设成中等发达国家，关键在于培养造就一支数量宏大、素质优良、结构合理、有能力参与国际竞争与合作的科技大军。这是摆在我国高等教育面前的一项十分繁重而光荣的战略任务。

中国科学院作为我国自然科学与高新技术的综合研究与发展中心，在建院之初就明确了出成果出人才并举的办院宗旨，长期坚持走科研与教育相结合的道路，发挥了高级科技专家多、科研条件好、科研水平高的优势，结合科研工作，积极培养研究生；在出成果的同时，为国家培养了数以万计的研究生。当前，中国科学院正在按照江泽民同志关于中国科学院要努力建设好"三个基地"的指示，在建设具有国际先进水平的科学研究基地和促进高新技术产业发展基地的同时，加强研究生教育，努力建设好高级人才培养基地，在肩负起发展我国科学技术及促进高新技术产业发展重任的同时，为国家源源不断培养、输送大批高级科技人才。

质量是研究生教育的生命，全面提高研究生培养质量是当前我国研究生教育的首要任务。研究生教材建设是提高研究生培养质量的一项重要的基础性工作。由于各种原因，目前我国研究生教材的建设滞后于研究生教育的发展。为了改变这种情况，中国科学院组织了一批在科学前沿工作，同时又具有相当教学经验的科学家撰写研究生教材，并以专项资金资助优秀的研究生教材的出版。希望通过数年努力，出版一套面向21世纪科技发展，体现中国科学院特色的高水平的研究生教学丛书。本丛书内容力求具有科学性、系统性和基础性，同时也兼顾前沿性，使阅读者不仅能获得相关学科的比较系统的科学基础知识，也能被引导进入当代科学研究的前沿。这套研究生教学丛书，不仅适合于在校研究生学习使用，而且也可以作为高校教师和专业研究人员工作和学习的参考书。

"桃李不言，下自成蹊。"我相信，通过中国科学院一批科学家的辛勤耕耘，《中国科学院研究生教学丛书》将成为我国研究生教育园地的一丛鲜花，也将似润物春雨，滋养莘莘学子的心田，把他们引向科学的殿堂，不仅为科学院，而且也为全国研究生教育的发展作出重要贡献。

# 编著者的话

地震是人类面临的重大自然灾害。通过地震预报以减轻地震灾害是千百年来人们的迫切希望。随着现代科学的发展，地震预报已成为当今世界科学研究领域中最令人注意的重大课题之一。

中国是世界上地震灾害最为严重的国家。全球的地震，大多数发生在海域，被称之为海洋地震。据统计，海洋地震占全球地震的85%，而发生在陆域的大陆地震占全球地震的15%。由于大陆是人类的集居地，因此15%的大陆地震所造成的地震灾害占全球地震灾害的85%。中国是大陆地震最多的国家，根据20世纪的资料，我国占全球大陆地震的1/3。由于我国地震频度高、强度大、震源浅，加之我国人口密集，建筑物抗震性能较弱，因而地震的致灾程度极高。20世纪来，我国因地震而死亡的人数占全球同期地震死亡人数的一半。

在与地震灾害的抗争中，我国古代人民早就开始了地震现象的研究。其中最突出的代表当推东汉杰出科学家张衡在公元132年创制的候风地动仪，其当之无愧地成为世界上第一台地震仪。在史书和地方志中还记录了不少地震前的异常现象。如1556年1月23日陕西华县8级大震前"日光忽暗，有青黑紫色，日影如盘数十，相摩荡，渐向西北散没"。这段记载表明，地震前太阳上发出了一些特殊的物理现象。在地震前数小时还有缓慢的地面运动发生。如《华州志》记载："十二日哺时，觉地旋运，因而头晕"。此外，尚有许多震前地震活动性，地下水、地声、动物等前兆性异常，乃至地震与气象、季节的关系等记载。这些记载直至现代仍有十分重要的科学价值。但是由于历史条件和科学水平等原因，直至20世纪上半叶，地震预报探索尚缺乏长足的进步。

20世纪60年代，一系列地震袭击了智利、美国、日本、中国等国家，严重的地震灾害激起了社会和公众对地震预报的强烈需求，同时，现代科学技术发展也为地震预报研究提供了可能的条件。因此，在20世纪60年代中期起，日本、美国、中国和原苏联等一些地震研究先进的国家相继开展了有计划的地震预报研究。

我国大规模的地震预报研究是从1966年邢台地震开始的。1966年3月8日和3月22日在河北省邢台地区相继发生6.8级和7.2级大地震，造成5万人伤亡和巨大的经济损失。在严重的地震灾害面前，周恩来总理号召地震科学工作者总结经验，寻找规律，发扬独创精神，积极实践，努力突破地震预报这一科学难关。在周总理关怀下，来自当时的中国科学院、地质部、石油部、国家测绘总局、国家海洋局等部门的大批科技人员投入到了探索地震预报的科学研究中来，开始形成了一支由地球物理学、地质学、地球化学、大地测量等多学科的地震科学研究队伍。从此，以邢台地震区为发源地，揭开了我国大规模开展地震预报研究的序幕。

邢台地震后，我国进入了地震活跃期。从1966年至1976年10年间，在我国大陆共发生14次7级以上大地震。其中的12次发生在人口稠密的华北北部和西南的川滇地区。随着强烈地震的广泛活动，我国地震预报事业也迅速发展。在各地震区建立测震台网和地震前兆观测网，积累了大量观测资料，并以此为基础，开展了对历次大震震例的系统分析，总结了该期间海城地震的成功经验、松潘地震的半成功经验及唐山地震漏报教训；并进行了地震前兆和地震预报方法的系统研究，形成了长期、中期、短期和临震的阶段性渐进式地震预报科学思想和工作程序。从80年代后期以来，又进一步开展了地震预报应用的方法研究，其中包括各学科地震预报判据、指标、方法及预报地震的程式指南，还开展了大陆地震孕育、地震前兆机理和地震预报方法理论等研究，使我国的地震预报研究跻身于世界先进行列。

然而，尽管30年来国内外地震预报研究都取得了很大的发展，但地震预报终究是尚未解决的国际性科学难题。地震预报研究，需要长期的科学积累，需要一代接一代人的持久的探索。为此，必须培养地震预报高级科技后继人才来继续完成地震预报这一世界性难题。自1985年起，在教育部门协助下，我们在中国科学技术大学研究生院开设了《地震预报引论》的课程。该课程已进行了10多年。主持该教程的各学科教师，都是我国地震预报发展过程中的各学科的学术带头人或经验丰富的专家。为使该课程能继续持久下去，国家地震局分析预报中心组织各科教师，分学科将我国地震预报研究成果整理出来，编成教材出版。教材由中国地震局分析预报中心张国民、傅征祥、桂燮泰研究员和孙士宏副研究员负责编纂。

在编写中，对各前兆手段要求包括从本学科用以预报地震的科学依据、原理、观测方法和技术、数据处理和分析预报实例（震例），力争做到概括、系统和完整，理论与实践相结合。考虑到地球物理和地球化学等方法具有多解性特点，因此把综合分析和孕震机理与前兆关系均分别立章论述。

全书共10章，各章具体分工是：第一章绪论由张国民编写；第二章地震预报的地震学方法由刘蒲雄、黄德瑜编写；第三章地壳形变与地震预报由何世海编写；第四章地下水微动态与地震预报由汪成民编写；第五章水文地球化学地震前兆由张炜编写；第六章地震的地电前兆由桂燮泰编写；第七章地震的地磁前兆由卢振业编写；第八章重力预报地震研究由李志雄、张国民编写；第九章地震前兆综合研究由张肇诚编写；第十章地震预报的物理基础由傅征祥、张国民编写。

全书的图件由吕金霞清绘。

本教程能够给学生一个较系统的学习参考纲要。它基本上反映了国内外近30年来地震预报研究领域的进展和主要成果，有助于拓宽学生的科学视野，培养学生的独立思考能力。

全书初稿送马宗晋、朱传镇、周蕙兰教授审查，并根据专家组提出的意见，对各章做了修改和补充，在此表示感谢。

编 著 者

2000年5月

# 目 录

《中国科学院研究生教学丛书》序
编著者的话
第一章　绪论 ……………………………………………………………………（ 1 ）
　§1.1　中国地震活动及地震灾害概况 ………………………………………（ 1 ）
　　1.1.1　中国地震活动的构造动力学环境 …………………………………（ 1 ）
　　1.1.2　中国地震活动的基本特点 …………………………………………（ 3 ）
　　1.1.3　中国地震灾害情况 …………………………………………………（ 4 ）
　§1.2　中国地震预报研究概况 ………………………………………………（ 6 ）
　　1.2.1　地震预报探索的发展概况 …………………………………………（ 6 ）
　　1.2.2　地震预报进展、困难和现实水平 …………………………………（ 8 ）
　§1.3　地震分析预报的科学思路 ……………………………………………（ 9 ）
　　1.3.1　长、中、短、临渐进式预报思路 …………………………………（ 9 ）
　　1.3.2　源兆与场兆思想 ……………………………………………………（ 10 ）
　　1.3.3　源的过程追踪与场的动态监视相结合思想 ………………………（ 10 ）
　　1.3.4　"块、带、源、场、兆、触、震"协同的思想 …………………（ 11 ）
　思考题 …………………………………………………………………………（ 11 ）
　参考文献 ………………………………………………………………………（ 11 ）
第二章　地震预报的地震学方法 ………………………………………………（ 12 ）
　§2.1　地震活动图像 …………………………………………………………（ 12 ）
　　2.1.1　地震空区 ……………………………………………………………（ 12 ）
　　2.1.2　地震条带 ……………………………………………………………（ 16 ）
　　2.1.3　地震活动的重复性 …………………………………………………（ 20 ）
　　2.1.4　地震震中的迁移 ……………………………………………………（ 21 ）
　　2.1.5　地震活动的增强和平静 ……………………………………………（ 22 ）
　§2.2　震前地震活动性分析 …………………………………………………（ 26 ）
　　2.2.1　$b$ 值 …………………………………………………………………（ 26 ）
　　2.2.2　小地震活动的窗口效应 ……………………………………………（ 29 ）
　　2.2.3　小震群活动 …………………………………………………………（ 30 ）
　　2.2.4　图像B（余震的爆发） ……………………………………………（ 32 ）
　§2.3　地震序列 ………………………………………………………………（ 33 ）
　　2.3.1　序列的基本类型及特点 ……………………………………………（ 33 ）
　　2.3.2　前震序列 ……………………………………………………………（ 34 ）
　　2.3.3　余震序列 ……………………………………………………………（ 35 ）

§2.4 震源参数变化……………………………………………………………（ 38 ）
  2.4.1 大震前小震主压应力轴取向的特征……………………………………（ 38 ）
  2.4.2 振幅比的异常……………………………………………………………（ 40 ）
  2.4.3 S 波偏振…………………………………………………………………（ 41 ）
  2.4.4 初动半周期变化…………………………………………………………（ 41 ）
  2.4.5 波形的变化………………………………………………………………（ 42 ）
  2.4.6 大震前后小震应力降和震源半径的变化………………………………（ 43 ）

§2.5 介质参数与地震波速的变化……………………………………………（ 44 ）
  2.5.1 品质因子 $Q$ 值 …………………………………………………………（ 44 ）
  2.5.2 地震波振动持续时间的变化……………………………………………（ 45 ）
  2.5.3 地震波速变化……………………………………………………………（ 47 ）

§2.6 震兆的综合判定方法……………………………………………………（ 50 ）
  2.6.1 模式识别…………………………………………………………………（ 50 ）
  2.6.2 TIP 方法…………………………………………………………………（ 53 ）
  2.6.3 SIP 方法…………………………………………………………………（ 56 ）
  2.6.4 TSIP 方法…………………………………………………………………（ 57 ）

§2.7 预报效能的评价…………………………………………………………（ 60 ）
  2.7.1 $R$ 值评分………………………………………………………………（ 60 ）
  2.7.2 模糊评分…………………………………………………………………（ 61 ）

思考题……………………………………………………………………………（ 62 ）
参考文献…………………………………………………………………………（ 62 ）

## 第三章 地壳形变与地震预报……………………………………………（ 64 ）

§3.1 地壳形变的一般概念……………………………………………………（ 64 ）
  3.1.1 全球性构造活动…………………………………………………………（ 64 ）
  3.1.2 区域构造活动……………………………………………………………（ 66 ）
  3.1.3 局部构造活动……………………………………………………………（ 66 ）
  3.1.4 潮汐应变…………………………………………………………………（ 69 ）
  3.1.5 地壳形变中的负荷效应、热效应………………………………………（ 69 ）

§3.2 地壳形变与地震…………………………………………………………（ 71 ）
  3.2.1 地震地壳形变的含义……………………………………………………（ 71 ）
  3.2.2 震前地壳形变……………………………………………………………（ 71 ）
  3.2.3 震时（同震）地壳形变…………………………………………………（ 73 ）
  3.2.4 震后地壳形变……………………………………………………………（ 75 ）

§3.3 地壳形变观测基础………………………………………………………（ 76 ）
  3.3.1 信息与噪声………………………………………………………………（ 76 ）
  3.3.2 观测技术设计思想………………………………………………………（ 78 ）
  3.3.3 台网………………………………………………………………………（ 81 ）

§3.4 地壳形变观测方法介绍…………………………………………………（ 85 ）
  3.4.1 空间大地测量……………………………………………………………（ 85 ）

3.4.2　地面大地测量 …………………………………………………………（ 91 ）
　　3.4.3　连续形变、应变观测 …………………………………………………（ 97 ）
§3.5　地震地壳形变信息的提取 ……………………………………………………（103）
　　3.5.1　大地测量数据处理 ……………………………………………………（103）
　　3.5.2　连续形变、应变观测数据处理 ………………………………………（105）
　　3.5.3　潮汐应变、倾斜数据处理 ……………………………………………（112）
§3.6　地壳形变信息在地震预报中的应用 …………………………………………（114）
　　3.6.1　大地测量信息的应用 …………………………………………………（114）
　　3.6.2　断层活动信息在地震预报中的应用 …………………………………（117）
　　3.6.3　地倾斜、应变信息在地震预报中的应用 ……………………………（122）
　　3.6.4　形变前兆的不确定性和形变前兆检验门限 …………………………（125）
　　3.6.5　地震预报的不确定性——概率预报 …………………………………（127）
思考题 ……………………………………………………………………………………（128）
参考文献 …………………………………………………………………………………（128）

## 第四章　地下水微动态与地震预报 ………………………………………………（130）
§4.1　什么是地下水微动态 …………………………………………………………（130）
　　4.1.1　基本概念 …………………………………………………………………（130）
　　4.1.2　研究目的与方向 …………………………………………………………（131）
　　4.1.3　研究内容与意义 …………………………………………………………（132）
　　4.1.4　研究的科学思路 …………………………………………………………（134）
§4.2　岩体弹性变形引起的地下水微动态 …………………………………………（135）
　　4.2.1　地下水位的潮汐效应 ……………………………………………………（135）
　　4.2.2　地下水位的气压效应 ……………………………………………………（137）
　　4.2.3　地下水位的降雨荷载效应 ………………………………………………（139）
　　4.2.4　地下水位的地表水体荷载效应 …………………………………………（140）
§4.3　岩体破坏（地震）前的地下水微动态 ………………………………………（142）
　　4.3.1　地震前地下水微动态的异常形态 ………………………………………（142）
　　4.3.2　地震前地下水微动态的异常特征 ………………………………………（145）
§4.4　利用地下水微动态异常预报地震 ……………………………………………（157）
　　4.4.1　单井预报 …………………………………………………………………（158）
　　4.4.2　群井预报 …………………………………………………………………（161）
　　4.4.3　追踪预报 …………………………………………………………………（164）
　　4.4.4　后效预报 …………………………………………………………………（165）
　　4.4.5　前驱预报 …………………………………………………………………（166）
思考题 ……………………………………………………………………………………（167）
参考文献 …………………………………………………………………………………（167）

## 第五章　水文地球化学地震前兆 …………………………………………………（169）
§5.1　水文地球化学预报地震研究概述 ……………………………………………（169）
　　5.1.1　研究概况 …………………………………………………………………（169）

5.1.2　研究的目的、意义……………………………………………（169）
　　5.1.3　研究内容……………………………………………………（170）
§5.2　水文地球化学地震前兆机理与实验基础……………………………（171）
　　5.2.1　水化前兆机理的实验研究…………………………………（171）
　　5.2.2　水化地震前兆异常机理分析及前兆模型…………………（181）
§5.3　水文地球化学地震前兆观测…………………………………………（184）
　　5.3.1　地震水化观测点的选择……………………………………（184）
　　5.3.2　地震水化观测项目的选择…………………………………（186）
　　5.3.3　地震水化观测网的布设……………………………………（190）
　　5.3.4　观测点的引水采水装置和采样方法………………………（194）
§5.4　水文地球化学地震预报方法…………………………………………（195）
　　5.4.1　水文地球化学异常与地震的对应关系……………………（195）
　　5.4.2　水文地球化学地震前兆异常………………………………（196）
　　5.4.3　水文地球化学地震预报工作程序…………………………（198）
　　5.4.4　地震三要素预报……………………………………………（201）
§5.5　水化震例与预报实践…………………………………………………（204）
§5.6　气体地球化学方法在探索活断层中的应用…………………………（207）
　　5.6.1　活动断裂带地球化学观测…………………………………（207）
　　5.6.2　断层气测量方法及测量结果………………………………（207）
思考题……………………………………………………………………………（212）
参考文献…………………………………………………………………………（212）

## 第六章　地震的地电前兆 …………………………………………………（214）
§6.1　地电观测内容、简史及特点…………………………………………（214）
　　6.1.1　观测内容和观测方法………………………………………（214）
　　6.1.2　观测方法特点及其发展简史………………………………（215）
　　6.1.3　与传统电法探测的差异……………………………………（222）
§6.2　岩石的导电性…………………………………………………………（222）
　　6.2.1　决定岩石导电的因素………………………………………（223）
　　6.2.2　麦克斯韦公式（Maxwell's formula）………………………（223）
　　6.2.3　阿奇尔公式（Archie's formula）……………………………（225）
　　6.2.4　温度与岩石电阻率的关系…………………………………（226）
　　6.2.5　前兆异常量大小的估算……………………………………（227）
§6.3　岩石破裂与电阻率变化实验研究……………………………………（228）
　　6.3.1　实验研究……………………………………………………（228）
　　6.3.2　对地震预报的意义…………………………………………（234）
§6.4　电阻率法原理和视电阻率……………………………………………（234）
　　6.4.1　直流电法……………………………………………………（234）
　　6.4.2　交流电法（低频交流法）…………………………………（241）
§6.5　台网建设………………………………………………………………（247）

## 6.5.1 选择台站位置的原则 ……………………………………………………………（247）
## 6.5.2 地壳极限应变的统计与确定大地电阻率观测技术依据 ………………………（248）
## 6.5.3 观测仪器和技术要求 ……………………………………………………………（250）
### §6.6 数据处理和地震"三要素"预报 …………………………………………………（251）
#### 6.6.1 数据处理 …………………………………………………………………………（251）
#### 6.6.2 地震"三要素"预报方法 ………………………………………………………（252）
### §6.7 观测实例 ………………………………………………………………………………（254）
思考题 ……………………………………………………………………………………………（270）
参考文献 …………………………………………………………………………………………（270）

## 第七章 地震的地磁前兆 ………………………………………………………………………（271）
### §7.1 震磁关系研究的历史与现状 ………………………………………………………（271）
#### 7.1.1 震磁研究的历史 …………………………………………………………………（271）
#### 7.1.2 震磁研究的基本特点与内容 ……………………………………………………（272）
### §7.2 震磁关系的实验与理论 ……………………………………………………………（273）
#### 7.2.1 压磁实验与理论 …………………………………………………………………（273）
#### 7.2.2 感应磁效应 ………………………………………………………………………（279）
#### 7.2.3 电动磁效应 ………………………………………………………………………（283）
#### 7.2.4 其他磁效应 ………………………………………………………………………（289）
#### 7.2.5 各种震磁效应间的关系 …………………………………………………………（290）
### §7.3 地球磁场的基本特征与震磁观测 …………………………………………………（291）
#### 7.3.1 地磁场长期变的时空特征 ………………………………………………………（291）
#### 7.3.2 变化磁场的时空特征 ……………………………………………………………（294）
#### 7.3.3 震磁观测 …………………………………………………………………………（296）
### §7.4 提取地磁前兆信息的方法简介 ……………………………………………………（299）
#### 7.4.1 时间域中的震磁信息提取法 ……………………………………………………（299）
#### 7.4.2 频率域中的震磁分析方法 ………………………………………………………（303）
#### 7.4.3 转换函数和感应矢量法 …………………………………………………………（304）
#### 7.4.4 数学统计法 ………………………………………………………………………（307）
思考题 ……………………………………………………………………………………………（308）
参考文献 …………………………………………………………………………………………（308）

## 第八章 重力预报地震研究 ……………………………………………………………………（310）
### §8.1 与地震预报有关的重力研究 ………………………………………………………（310）
#### 8.1.1 固体潮研究 ………………………………………………………………………（310）
#### 8.1.2 地壳介质性质（潮汐因子）的研究 ……………………………………………（314）
#### 8.1.3 重力场的非潮汐变化 ……………………………………………………………（316）
### §8.2 重力数据处理方法 …………………………………………………………………（319）
#### 8.2.1 日均值方法 ………………………………………………………………………（319）
#### 8.2.2 别尔采夫滤波器 …………………………………………………………………（321）
#### 8.2.3 同时消除潮汐波和漂移的滤波器 ………………………………………………（321）

§8.3 地震前重力观测的异常变化实例·················································（323）
　8.3.1 1965年日本松代地震震群的重力变化·································（323）
　8.3.2 1975年海城地震的重力变化···············································（324）
　8.3.3 唐山地震前后的重力变化··················································（325）
　8.3.4 龙陵地震和松潘地震前后的重力变化·································（326）
§8.4 与地震孕育有关的重力场变化的理论研究·······································（326）
　8.4.1 孕震过程中形变、地壳密度等变化引起重力变化的理论分析·······（326）
　8.4.2 圆管体公式···································································（327）
　8.4.3 膨胀变形及其重力效应·····················································（328）
　8.4.4 深部或远处介质向孕震体内原有空隙和膨胀裂隙内迁移并填充
　　　　所引起的重力变化·························································（329）
　8.4.5 构造变形引起的重力非潮汐变化·········································（330）
　8.4.6 实际震例重力异常的理论解释············································（332）
思考题·············································································（333）
参考文献···········································································（333）

## 第九章 地震前兆综合研究·············································（334）
§9.1 地震前兆概述·········································································（334）
　9.1.1 地震前兆的含义······························································（334）
　9.1.2 异常和前兆的鉴别原则与方法············································（334）
　9.1.3 地震前兆的分类······························································（336）
§9.2 中国大陆地震前兆综合分析·······················································（339）
　9.2.1 中国地震震例的研究························································（339）
　9.2.2 地震前兆异常的统计························································（340）
　9.2.3 地震前兆的综合特征························································（346）
§9.3 地震前兆的复杂性探讨······························································（351）
　9.3.1 我国大陆孕震环境与地震前兆的复杂性·································（351）
　9.3.2 华北地区成组地震前兆的研究············································（357）
思考题·············································································（363）
参考文献···········································································（363）

## 第十章 地震预报的物理基础···········································（366）
§10.1 构造地震前兆过程的力学研究···················································（366）
　10.1.1 岩石失稳准则·································································（366）
　10.1.2 滑动弱化模型·································································（367）
　10.1.3 滑动软化与岩体失稳问题···················································（368）
§10.2 地震前兆的流变模型································································（372）
　10.2.1 在孕震过程研究中应用流变理论的必要性·································（372）
　10.2.2 流变模型与应力、应变、能量的时间变化································（372）
　10.2.3 孕震过程及前兆机理分析···················································（374）
§10.3 地震短临前兆的成核模型·························································（376）

  10.3.1 滑动成核的裂隙模型 …………………………………………………（376）
  10.3.2 滑动成核的摩擦-滑块模型 ……………………………………………（377）
§10.4 地震前兆的扩容模式 ………………………………………………………（379）
  10.4.1 扩容模式的实验基础 ……………………………………………………（379）
  10.4.2 扩容模式的建立 …………………………………………………………（380）
  10.4.3 扩容模式对地震前兆特性的解释 ………………………………………（381）
§10.5 地震中短期前兆的膨胀－蠕动模式 ……………………………………（382）
  10.5.1 模型简介 …………………………………………………………………（382）
  10.5.2 运动方程 …………………………………………………………………（385）
  10.5.3 数值解 ……………………………………………………………………（386）
  10.5.4 前兆异常的基本形态 ……………………………………………………（389）
§10.6 走滑型地震短临前兆的位错运动模式 …………………………………（390）
  10.6.1 作用在位错上的力和位错运动速度 ……………………………………（391）
  10.6.2 浅源地震的孕育和位错加速运动效应 …………………………………（392）
  10.6.3 位错加速运动和短临异常特征 …………………………………………（395）
§10.7 地震前兆复杂性的物理力学成因分析 …………………………………（396）
思考题 ……………………………………………………………………………………（398）
参考文献 …………………………………………………………………………………（398）

# 第一章 绪 论

## §1.1 中国地震活动及地震灾害概况

### 1.1.1 中国地震活动的构造动力学环境

根据全球构造的板块学说，地球外壳被一些构造活动带（大洋中脊、岛弧构造和水平大断裂）分割为彼此相对运动的板块。板块运动的相对速率约为每年几毫米至几十毫米。大地构造活动基本上是由板块相互作用引起的。大部分地震和火山也都发生在板块边界上。图1.1示出全球主要板块分布。

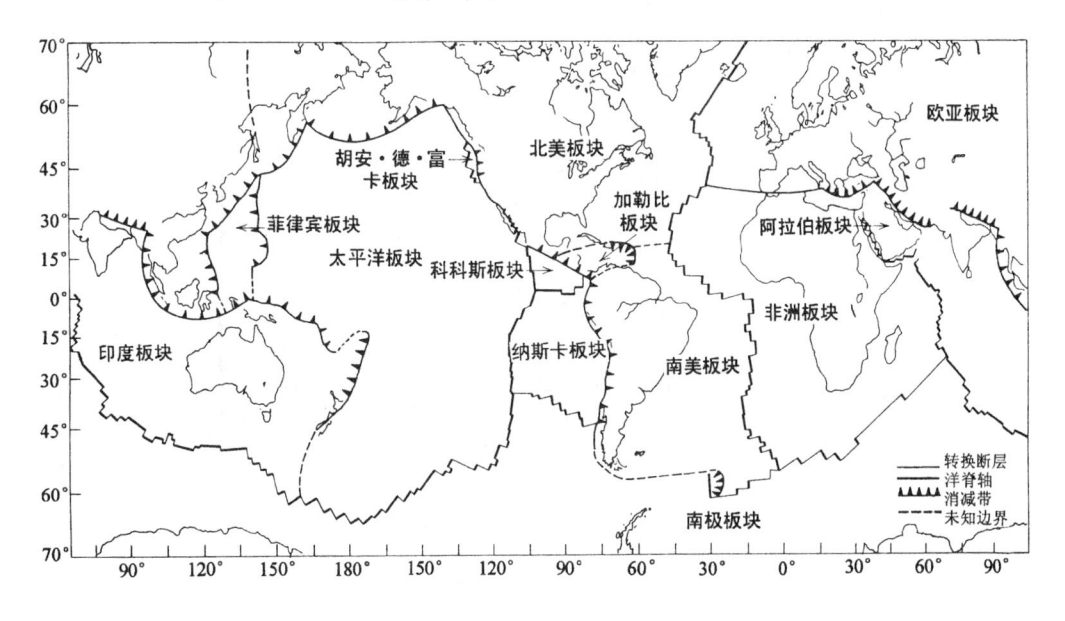

图1.1 全球主要板块分布图[1]

板块主要由相对冷的岩石组成，平均厚度约为100 km，称为岩石层。板块间发生相对运动，在大洋中脊处，相邻板块彼此分离，同时，热的地幔物质上升，将岩石层板块间扩张的间隙充填起来，增大了板块面积。另外，板块在海沟会聚弯曲、下沉到地球内部。由于板块的相对碰撞、会聚、弯曲、消减等运动过程，导致板块边界上和板块内部应力状态的变化。

由图1.1可见中国大陆位于欧亚板块东南部，台湾省坐落在欧亚板块及菲律宾板块的边界上。这样，中国是在太平洋板块、北美板块、菲律宾板块、印度板块和欧亚板块的交汇处，构成中国构造活动和地震活动的重要动力学背景。

板块理论认为，按照地震的板块构造环境分类，可分为板间地震、板内地震和洋脊

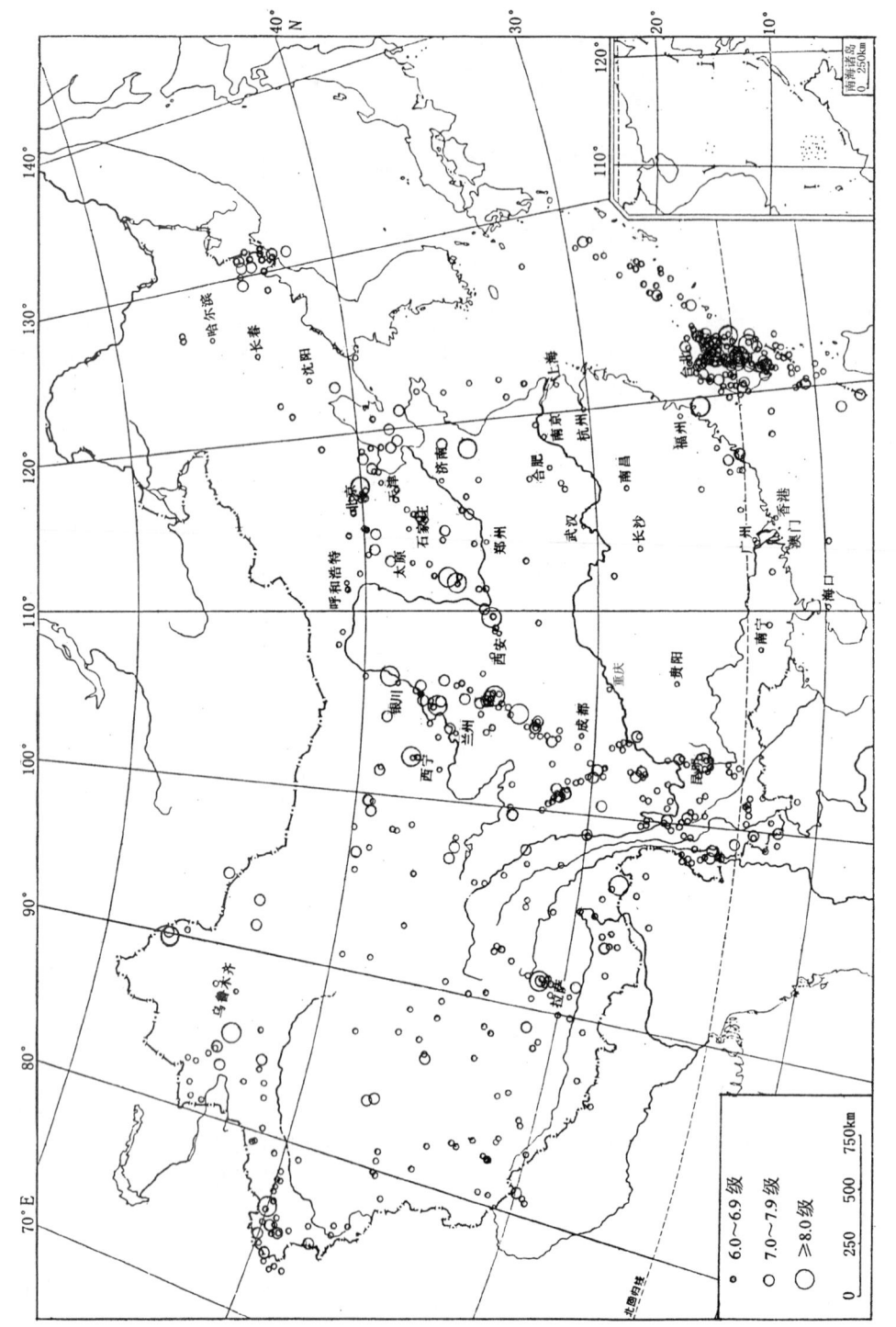

图1.2 中国浅源强震震中分布图(公元前1831~1989年, $M_S \geq 6.0$)

地震等基本类型。中国大陆内部的地震属于板内地震型,台湾省及其邻近地区地震则是板间地震型。

## 1.1.2 中国地震活动的基本特点

上述特殊的构造动力学背景决定中国地震活动的一系列特点。

**1. 我国是全球大陆地震最强的地区**

中国是一个多地震和强地震的国家,自公元前1831年起有地震的历史记录以来,至今共记录到6级以上(含6级)强震800多次(图1.2),遍布于除浙江、贵州以外的所有省份。就浙江、贵州两省而言,也都发生过5~6级地震。自20世纪有仪器记录以来,我国平均每年发生6级以上地震6次,其中平均每年发生7级以上地震1次。8级以上巨大地震平均10年左右1次。地震活动不仅频度高,分布面积广,而且强度亦为世界之冠。根据日本学者阿部胜征的研究,在20世纪全球发生8.5级以上的特大地震共3次,分别为1920年我国宁夏海原8.6级、1950年我国西藏察隅8.6级和1960年智利8.5级地震。由此可看到,我国地震在全球地震中的重要地位。此外,我国地震还有震源浅的特点。除东北和台湾一带少数中、深源地震以外,绝大多数地震的震源深度在40 km以内,尤其是我国大陆的东部地区,震源更浅,一般都在10~20 km的深度上。

因此,我国的地震活动,可用"多、大、广、浅"四个字概括其特点,即地震多(频度高)、强度大、分布广、震源浅。

**2. 我国地震活动具有时、空分布不均匀性特点**

从图1.2可见中国大陆的地震活动,在空间分布上具有很大的不均匀性。107°E以西的中国大陆西部地区,由于直接受印度板块的强烈碰撞,地震活动的强度和频度均大于中国大陆的东部地区。表1.1给出20世纪以来7级以上大震的分区统计。从中可以看到,就中国大陆地区而言,近90%的7级以上大震发生在西部,且其释放的地震能量占整个大陆的95%以上。

表1.1 中国分区强震频度统计(1900~1980年)

| 次数<br>地 区 震级 | 7.0~7.4 | 7.5~7.9 | 8.0~8.4 | 8.5~8.9 | 总　和 |
|---|---|---|---|---|---|
| 大陆东部 | 5 | 1 | 0 | 0 | 6 |
| 大陆西部 | 22 | 11 | 5 | 2 | 40 |
| 台 湾 省 | 22 | 3 | 2 | 0 | 27 |
| 其他地区 | 1 | 1 | 0 | 0 | 2 |

地震活动空间不均匀性最明显的表现是地震成带分布。时振梁等根据地震构造背景和地震的空间分布,将中国地震活动划分为23个地震带[2]。

地震活动在时间分布上也是不均匀的。表现为地震活动高潮和低潮在时间轴上交替出现[3]。图 1.3 是 20 世纪以来中国大陆地区 $M_S \geqslant 7$ 级大震的时间分布图。图中显示了地震活动活跃和平静相互交替的韵律性活动特征。应用多种统计分析方法，将图 1.2 中近百年的大震活动分成 4 个强震活动轮回，每个轮回过程包含强震活动的平静、过渡和活跃三个阶段。从统计平均的角度，这三个阶段分别持续 8 年、6 年和 10 年。因此，一个强震轮回，平均时间为 24 年。在平静阶段的 8 年间，不发生或很少发生 7 级或 7 级以上地震。在过渡阶段的 6 年中，平均发生 3 次 7 级以上地震，即年平均发生率为 0.5 次。而在活跃阶段的 10 年中，平均发生 13 次 7 级以上地震，年平均发生率为 1.3 次。

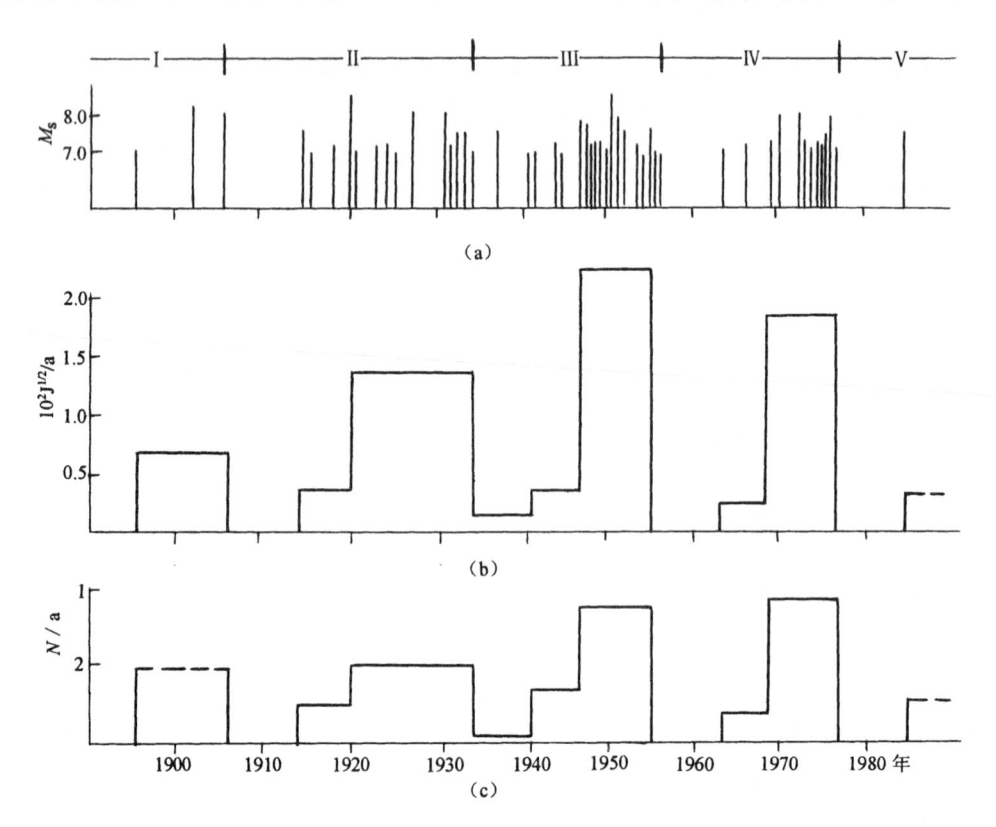

图 1.3  中国大陆 $M_S \geqslant 7$ 的地震时间分布和强震轮回划分

除了把我国大陆视为一个整体所呈现的地震活动的时空不均匀性之外，对于我国大陆内部的各地震区（如华北地震区等）、地震带，也同样存在着地震活动过程的不均匀性。

地震活动时、空、强不均匀性是我国地震活动最基本的特点，因此研究这种不均匀性及其发展过程，对于预测未来的地震活动和地震灾害，具有非常重要的意义。

### 1.1.3  中国地震灾害情况

由于我国的地震活动具有频度高、强度大、分布广、震源浅的特点，使我国成为世界上地震灾害最为严重的国家。我国 60% 以上的国土处于地震烈度 Ⅵ 度以上地区。其中地震烈度为Ⅷ度和Ⅶ度以上的高烈度区占全国面积的40%左右。就城市来看，60%的50万以上人口的城市位于Ⅷ度和Ⅶ度以上的高烈度区[4]。

由于我国地震高烈度区分布广阔，许多大震发生在人口稠密地区，因而我国地震损失甚为惨重。就地震死亡人数来说，20世纪我国地震死亡人数达57万人，占全球的一半。

我国历史上地震灾情最为突出的是1556年陕西关中8级大地震，死亡人数达83万。1920年宁夏海原8.6级地震，死亡23万人。1976年唐山大地震，95%的建筑物倒塌，生命线工程全部失效，使一座百万人的新兴工业城市瞬刻变成一片废墟，24余万人死亡，16万人重伤，直接经济损失不下100亿元人民币。

就我国解放后40多年中各种自然灾害的统计看，地震灾害在我国各种自然灾害中亦有非常重要的地位。从经济损失和人员死亡两个指数看，若论经济损失，气象灾害（主要是干旱和洪涝）是群害之首，占各类灾害经济损失总数的57%。但若论死亡人数，地震是群害之首，占各类灾害死亡人数总数54%。表1.2给出了我国1900年以来有严重损失的7级以上地震的损失情况。

**表1.2　中国1900年以来有严重损失的 $M \geqslant 7$ 的地震**

| 时　间<br>(年.月.日) | 地　点 | 震级(M) | $I_0$ | 伤　亡　与　震　害 |
|---|---|---|---|---|
| 1902.8.22 | 新疆阿图什 | $8\frac{1}{4}$ | >Ⅹ | 死亡500人，土木房全倒 |
| 1906.12.23 | 新疆玛纳斯西南 | 8 | Ⅹ | 死亡280人，倒房2 000余间 |
| 1918.2.13 | 广东南澳 | $7\frac{1}{4}$ | Ⅹ | 死亡1 000人，倒房5 000间 |
| 1920.6.5 | 台湾花莲海域 | 8 | | 死伤数十人，损坏房屋4 500间 |
| 1920.12.16 | 宁夏海原 | 8.6 | Ⅻ | 死23万人，旧城全毁 |
| 1922.9.2 | 台湾宜兰东南海中 | $7\frac{1}{2}$ | | 死数人，倒房14户 |
| 1922.9.15 | 台湾宜兰东南 | $7\frac{1}{4}$ | | 死数人，倒房24户 |
| 1923.3.24 | 四川炉霍、道孚 | $7\frac{1}{4}$ | Ⅹ | 死3 000余人，震区房全倒 |
| 1925.3.16 | 云南大理 | 7 | Ⅸ | 大理县死3 600人，震后起火，共毁房7万余间 |
| 1927.5.23 | 甘肃古浪 | 8 | Ⅺ | 死4 000余人，倒房90% |
| 1931.8.11 | 新疆富蕴 | 8 | Ⅺ | 死万人，倒房屋，地裂300 km |
| 1932.12.25 | 甘肃昌马 | $7\frac{1}{2}$ | Ⅹ | 死270人，倒房80%～90% |
| 1933.8.25 | 四川迭溪 | $7\frac{1}{4}$ | Ⅹ | 死6 800人，水灾死2 500人，60余城房全毁 |
| 1935.4.21 | 台湾新竹、台中 | 7 | | 死3 200人，伤万余，房全倒 |
| 1937.8.1 | 山东菏泽 | 7 | Ⅸ | 死390人，倒房3万余间 |
| 1941.5.16 | 云南耿马 | 7 | Ⅸ～Ⅹ | 死伤数十人 |
| 1941.12.16 | 台湾嘉义 | 7 | Ⅹ | 死300余人，房倒1 700余间 |

续表 1.2

| 时 间<br>(年.月.日) | 地 点 | 震级(M) | $I_0$ | 伤 亡 与 震 害 |
|---|---|---|---|---|
| 1948.5.25 | 四川理塘南 | $7\frac{1}{4}$ | X | 死 800 余人,房倒 90% |
| 1949.2.24 | 新疆库车东北 | $7\frac{1}{4}$ | IX | 死 10 余人,房倒近 4 000 间 |
| 1950.8.15 | 西藏察隅 | 8.6 | >X | 死 3 300 人,坏房倒 90% |
| 1954.2.11 | 甘肃山丹东北 | $7\frac{1}{4}$ | X | 死 47 人,房倒 20%～30% |
| 1955.4.14 | 四川康定南 | $7\frac{1}{2}$ | IX | 死 94 人,坏房倒 90% |
| 1966.3.22 | 河北宁晋东汪(邢台) | 7.2 | X | 死 8 000 余人,县内房几乎倒平 |
| 1969.7.18 | 渤海 | 7.4 | ≥VII | 山东各地倒坏房千余间 |
| 1970.1.5 | 云南通海 | 7.7 | X+ | 死 15 000 余人,房倒平 90% |
| 1973.2.6 | 四川炉霍 | 7.9 | X | 死 2 000 人,除木房外,全倒 |
| 1975.2.4 | 辽宁海城 | 7.3 | IX | 死 1 328 人,毁房 46 万余间 |
| 1976.5.29 | 云南龙陵 | 7.5 | IX | 两次地震房倒约半数 |
| 1976.7.28 | 河北唐山 | 7.8 | XI | 死 244 000 人,全市几乎全毁 |
| 1988.11.6 | 云南澜沧-耿马 | 7.6 | IX | 死 748 人,伤 7 751 人 |

从上述材料可看出,地震灾害是全世界,尤其是我国所面临的最可怕的自然灾害之一。因此,作为政府和社会的迫切需要,防震减灾具有现实的重要性和紧迫性。而地震预报,是防震减灾的基础,因此地震预报研究已成为当代地震学研究中的最重要的课题。在 1906 年 4 月美国旧金山 8 级地震发生之后,科学家已经从对灾害资料的研究中提出,可以依据地壳形变的观测进行地震预报。特别是 20 世纪 60 年代以来,在各国政府的大力支持下,日本、原苏联、中国和美国都陆续建立和实施地震预报研究的专门机构和地震预报实验场。

## §1.2 中国地震预报研究概况

### 1.2.1 地震预报探索的发展概况

我国古代和近代都有过一些关于地震预报的研究,试图通过对地震之前的各种异常现象与地震关系的研究,应用前兆现象对未来地震进行预测。如 17 世纪《银川小志》记载:"银川地震,每岁小动,民习以为常,大约春冬居多,如井水忽浑浊,炮声闪长,群犬围吠,即防此患。如若秋多雨水,冬时未有不震者"。在这些文字中,包含了小震动、地下水、地声、动物习性等异常现象与地震的关系,还包含了地震发生与气象、地震的季节等相关关系的认识。

1958 年,中国科学院组织地震预报考察队,赴西北宁夏、甘肃等地考察 1920 年宁夏海原 8.6 级大地震，1927 年甘肃古浪 8 级大地震，1932 年甘肃昌马 7.5 级等大地震的前兆现象，以通过寻找前兆探索地震预报的方法和途径。经过一段时期的工作发现地震之前群众反映最多的是地声、地光、地下水、动物、气象等方面出现的异常现象。但在肯定这些现象作为地震前兆的可靠性方面，遇到了不少困难。尽管如此，这些实践给出了有意义的探索。

但是，这些探索还都只是局部的和小范围的。

1966 年 3 月邢台 7.2 级地震后，中国有计划地开展了以预报为前沿的地震科学研究。在周恩来总理的亲切关怀和亲自指导下，中国的地震预报事业以邢台地震现场为发源地，在全国范围内蓬勃地发展起来。至今，已走过了 30 多年的路程。地震预报研究，在这不算太长，也不算太短的时间里取得了巨大的发展。

1966 年邢台地震，揭开了 20 世纪中国第四个地震活动高潮期的序幕。该高潮期从 1966 年邢台 7.2 级地震开始到 1976 年唐山 7.8 级和松潘 7.2 级地震结束，整整持续了 10 年。10 年间中国大陆地区发生了 14 次 7 级以上地震。其中 12 次发生在华北和西南的川滇地区。强烈的地震活动激起了社会对地震预报的空前需要，同时也为地震预报的科学发展提供了前所未有的条件。随着一系列大地震的发生，地震预报的科学实践遍及全国主要地震活动区。在广大地震区内，建立地震台站，发展监测系统，开展分析研究，进行预报实践[5]。到 1989 年底，已建有测震台站 400 多个，地震遥测台网 19 个，形变台站 262 个，水化学台站 493 个，水位井孔点 504 个，地磁台 255 个，地电台 95 个，重力台 14 个，应力应变台 70 个，电磁波台 36 个。此外，每年还进行 20 000 多公里的形变、重力、地磁等的流动观测，观测点达 4 000 多个。在如此广泛的监测基础上，从 1966～1989 年，已获得 80 多次震前有较多观测数据的 5 级以上地震的震例资料。在这些资料中，通过系统深入的分析、研究，提炼出与地震发生相关的异常变化，并将与地震孕育、发生相关联的有别于正常变化背景的异常变化称之为地震前兆。在这 80 多次震例中，据粗略统计，共取得地震活动、地壳形变、地下水、水化学、地电、地磁、重力、应力应变以及宏观异常现象等多种前兆异常上千条，归纳为 11 类地震前兆，75 种异常项目。如此丰富的震例资料，不仅在中国是第一次，而且在世界上也是前所未有的。所以它不仅是中国地震预报科学研究的宝库，同时也为世界各国地震学界所瞩目。通过对这些实际资料的深入、系统研究，为逐步认识地震预报提供了实际经验，也为建立地震三要素预报的前兆异常判据及指标提供了科学依据。在此基础上，地震预报专家们对孕震过程及其前兆特征取得了一系列重要认识。例如：对于 7 级以上地震，早期显示的异常是稳定发展、速率缓慢、持续半年至数年的趋势异常。而临近地震发生时（震前几天至几十天）的异常呈现为变化速率高的突发性异常。同一地区的多种异常变化在时间进程上有一定的相关性，趋势异常的持续时间和展布范围往往随震级增大而增大。在空间分布上，异常在震中区附近形成集中区，且往往显示沿构造带形成优势分布等不均匀的因素等。基于这些知识，人们在预报实践中逐步形成了一些经验性的地震预报程序和方法，并在监测预报的实践中取得了一定的成效。

## 1.2.2 地震预报进展、困难和现实水平

在广泛实践的同时,在理论研究方面,对地震孕育过程和孕震过程中的前兆表现及其物理机制进行了广泛的探讨,根据实践和理论研究结果,对地震类型及震前异常进行了物理解释,并提出了一些地震孕育的理论和模式,如"红肿学说"、"组合模式"、"膨胀蠕动模式"等。尽管这些理论实验结果和孕震模式在解释复杂的地震孕育问题时都遇到了许多困难,但都对地震孕育过程及其前兆现象做了不同程度的机理阐述,为地震预报提供了一定的物理基础。

通过广泛的实践和深入的研究,地震预报工作从茫然无知的状态向科学预报的方向迈出坚实的一步,并对部分地震作了不同程度预报,其中对海城7.3级地震的预报,在世界上树立了成功预报和减轻震灾的先例,成为世界地震科学史上新的一页。

但是地震预报是一个世界上尚未解决的科学难题。已经取得的进展离突破地震预报的最终目标还有非常遥远的距离。虽然取得了部分较为成功的预报实例,但虚报、漏报和错报还占有相当大的比例。近年来,在世界上一些地震研究先进的国家中的地震重点监测地区,如中国的澜沧、原苏联的亚美尼亚、美国的旧金山附近发生了一系列7级以上大地震,尽管震前都有不同程度的长期乃至中期预报,但均未能作出短临预报。究其原因,主要在于当前人们的科学技术水平尚未达到完全掌握地震的自身规律的程度。在这方面,虽然对地震的孕育及其前兆已取得了许多重要的认识,也提出了一些有重要学术价值的思想和观点,但这些认识还是初步的、经验性的。所提出的一些观点是带有推测性的。

所以,当前的地震预报,正是在成因不甚清楚的情况下,根据对地震活动的历史资料、地质构造分析,以及地震发生前出现的种种异常现象,在某些假设条件下进行的。所有这些方面,都包含着相当程度的不确定性。另一方面的问题是地震前兆的复杂性,它表现为空间分布上的不均匀性,异常形态上的多样性,不同地区的差异性,异常与地震关系的不确定性等,使得地震的前兆异常与地震之间具有非常复杂的关系。除了有前兆异常有地震、无前兆异常无地震外,往往还出现有异常无地震和无异常有地震的情况。不同地区、不同类型、乃至不同时期发生的地震,其前兆异常的种类、数量、形态、幅度、时间进程、空间展布等往往有相当大的差别。由于人们对地震前兆的复杂性和产生这种复杂性的物理机制缺乏认识,所以即使在震前发现了部分异常现象,也难以据此作出完全准确的预报。

由此可见,当前的地震预报尚处在探索阶段。在现有条件下,还不可能对破坏性地震都作出准确的预报,但是在充分和合理地应用现有的实践经验和在某些有利条件的情况下,地震科学工作者们有可能对某些类型的地震作出一定程度的预报乃至减轻地震灾害。实际上,30多年的辛勤探索已经留下了前所未有的宝贵经验,经过科学的提炼和合理的应用,在当前地震预报整体水平尚不高的情况下,地震工作者仍可以,而且应该为预报破坏性地震和减轻地震灾害作出应有的贡献。

## §1.3 地震分析预报的科学思路

对一个自然现象的预测，往往有两种科学途径。其一是研究并掌握该自然现象的生成机制和受控因素，通过测定有关因子的数值，按照该自然现象的成因规律对其作准确的预测和预报。其二是根据该自然现象与其他现象之间的关系，应用实践中积累的大量资料，总结各种现象与预测对象之间的经验性和统计性关系进行预测和预报。

地震预报也是通过上述两种途径进行广泛探索，其一是关于孕震过程和地震模式的理论和实验研究。孕震过程的研究包括震源物理、地震力学等方面的理论、实验和观测研究，试图通过对震源过程物理力学机制的研究，逐步揭示和掌握地震孕育、发展和发生的规律，从而达到预报地震的目的。地震模式的研究从一定的理论前提出发，提出地震发生的模式，从理论上推导各种可能的前兆及不同的关联组合，并通过实际观测不断检验和修改理论模式。尽管这些理论研究结果尚难以给出实用性预报方法，但是一系列研究成果，如岩石失稳破裂及各种破裂前兆的理论和实验研究，孕震动力学方程组及各类前兆与孕震过程的理论关系式，以及岩石膨胀流体扩散模式（DD）、雪崩不稳定裂隙形成模式（IPE）和膨胀蠕动模式（DC）等，对于认识孕震过程及其前兆现象的物理意义等很有启发。

地震预报的另一途径是根据在长期实践中积累的大量震例资料，总结出经验性规律推广应用于预测未来地震。自1966年邢台地震以来，在中国进行了前所未有的大量的地震预报实践，在大量的5级以上破坏性地震前取得了上千条前兆异常。通过对这些前兆资料的系统整理研究，分析总结地震不同孕育阶段异常变化的时间、空间、强度和频度特征及其与未来地震三要素的关系，建立经验性和统计性的预报判据、指标和方法，并在地震预报实践中不断检验、充实和改进。

30多年来，中国的地震预报在上述两条科学途径上探索前进，形成了依据地震异常群体特征对孕震过程实行追踪预报的科学思路，即通过大范围、长时间、多手段前兆的连续观测，监视区域应力场的动态变化，探测其在正常背景上的异常变化，并从场、源和环境相统一的整体观出发，分析异常群体的时空强综合特征及其演化过程；应用从大量震例经验和理论、实验研究取得的对孕震过程阶段性发展的认识，以及各阶段中异常群体特征的综合判据与指标，对孕震过程进行追踪分析，并对地震发生的时间、地点、强度进行以物理为基础的概率性预报。这是适合板内地震特点，具有中国特色的地震分析预报科学思路。其基本思想有以下几个方面。

### 1.3.1 长、中、短、临渐进式预报思路

中国地震工作者在20世纪70年代就提出了地震孕育阶段性发展的观点，即地震孕育有一个过程。这个过程的不同阶段显示了不同特征的异常，因而有可能依据观测到的阶段性特征的异常进行阶段性预报。震例资料和实验研究都指出，早期出现的异常具有变化速率小、形态稳定和持续时间长（几个月至数年）等特点，被称为趋势性异常或中期异常。临近地震几天至十几天，则出现变化速率大、形态复杂的突发性异常。在这

两类异常之间,往往有趋势异常加速、转折恢复等变化以及速率较大的新异常,被称为短期异常。依据上述异常发展的阶段性把地震预报分为长、中、短、临四个阶段,并建立了相应的工作程序。长期预报是依据历史地震的统计,对地质构造活动和地壳形变的观测分析,以及对近代地震活动图像的分析等多方面研究作出的对某地区今后数年至一二十年地震形势的预报。中期预报是根据地震活动图像、地壳介质的物理性质、地壳形变、地下水动态、水化学成分、地电阻率、地球磁场、重力场及地壳应力应变等多方面的监测研究,依据多种趋势性异常所作的一至数年的地震危险区及地震强度的预报。短期预报是根据趋势异常加速或转折性变化和短期异常的出现等所作的数月内的地震预报。临震预报则是根据突发性快速变化的异常所作的几天至十几天的地震预报[6]。

阶段性地震预报思想就是使预报过程追踪地震孕育过程的发展,以渐进的方式向未来地震时空强三要素逐步逼近。

### 1.3.2 源兆与场兆思想

源即震源,源的研究系指对震源形成及演变过程的研究。源兆即为在此过程中震源区及近源地区出现的各种效应。

场即区域应力场,地质构造块体在边界力作用下形成区域应力场,由于块体内部不均匀结构,因而在一些特殊部位形成多个应力集中区,其中有的可能发展成为孕震区,有的则为可能反映应力场变化的敏感点。场兆即为在震源形成及演变过程中,大范围区域应力场在众多敏感点显示的异常现象。

表 1.3 中简要归纳了源兆和场兆的主要现象。

表 1.3 地震的源兆和场兆的表现

| | |
|---|---|
| 源兆 | 震源及邻区地震活动性、$b$ 值、波速、介质衰减特性和应力降变化、形变、视电阻率、重力、地热等的变化、地下流体(水、气、油)以及动物、声光电等宏观现象 |
| 场兆 | 区域地震活动性、余震窗、震群窗、震情带、相关地震、响应地震(诱发前震);水氡、水位、形变、断层位移、应力应变等前兆灵敏点异常;短临阶段大范围宏观与微观动态性快速变化;大震后强烈反映的后效敏感点异常等 |

### 1.3.3 源的过程追踪与场的动态监视相结合思想

源的过程追踪思想基于对孕震过程及其可能产生的效应的研究。孕震过程可分为弹性变形、非弹性变形和破裂加速阶段。长期预报阶段主要追踪弹性应变和应变能的积累过程。中期预报阶段追踪非弹性变形如微破裂发展(微破裂数量和线度增加)或扩容等,以及伴随的效应如流体运移等导致的中期异常发展过程。在短临阶段主要追踪突发性异常,即由于岩体有效强度降低、破裂扩展加速及贯通、断层加速蠕动和不稳定形变区内宏观断裂形成等造成的一系列突发性短临异常。

场的动态监视思想基于中国板内地震具有异常范围较大,异常群体动态演化过程与上述震源孕震过程同步起伏等基本事实,因而大面积监视场的动态就可以获得震源孕育过程的相关信息或背景性变化。

由于场和源的相互作用，实现地震预报必须将源的过程追踪和场的动态监视两者结合起来，地震异常在时间上阶段性发展和在空间分布上集中性特点主要反映源的发展演化过程，而前兆现象在空间上和时间上的离散性分布则更多地反映孕震过程中场的变化。

### 1.3.4 "块、带、源、场、兆、触、震"协同的思想

"块"即地震构造块体。大陆地壳是由大大小小的不同层次的块体嵌套而成的。"带"为构造块体之间的边界带，亦称构造带。在地球动力因子作用下，地质构造块体间出现"压、拉、扭、错"多种力学性质的相对运动。边界带是集中反映这种运动的剪切带、形变带、应力应变集中带、地球物理和地球化学等异常带。"源"即边界带上摩擦强度大的阻挡构造块体运动的地段，显然这里将积累应力应变和能量，是可能孕育地震的震源区。"场"即区域应力场，随着构造活动的持续，应力应变的积累，形成了不断变化和增强的构造应力场和震源应力场。"兆"就是应力场发展过程中形成的反映地震孕育发展过程的异常变化。"触"是指在孕震晚期震源处于不稳定状态，外场（如天体引力、太阳活动、气压场等）的某些微小扰动，可能对地震的发生起触发作用。最后，在上述条件统一作用过程中发生地震。

此外，还有系统演化的思想。根据系统科学的观点，震源是一个复杂的开放系统。震源与其周围地质体之间具有能量、物质，乃至信息的交流。在长期持续的构造活动中，构造块体的运动向震源区输入能量流、物质流，使系统积累应力、应变和能量，并逐渐远离平衡态。这个过程是减熵、降维和由无序向有序演化的过程。从而可以从系统科学的高度，应用确定性和随机性相结合的方法，寻求表述系统演化过程总体特征的参量，如熵值、分维、有序度等，为地震预报探索新的思想和方法。

### 思 考 题

1. 归纳中国地震活动的基本特点。
2. 试述中国地震预报的科学思路。

### 参 考 文 献

[1] 特科特等，地球动力学，韩贝传等译，北京：地震出版社，1986。
[2] 时振梁等，中国地震活动的某些特征，地球物理学报，17（1），1974。
[3] 张国民等，中国地震强震的韵律性特征，地震地质，9（3），1987。
[4] 国家地震局震害防御司地震灾害损失预测研究组，中国地震灾害损失预测研究，北京：地震出版社，1990。
[5] 国家地震局，当代中国的地震事业，北京：当代中国出版社，1993。
[6] 梅世蓉、冯德益、张国民、高旭、张肇诚，中国地震预报概论，北京：地震出版社，1993。

# 第二章　地震预报的地震学方法

## §2.1　地震活动图像

所谓地震活动图像，是指区域中小地震活动的时、空展布方式。地震是构造活动的产物，它包含着深层的应力状态和介质性质的丰富信息。区域地震活动的时空变化能显示空间即场的变化，而不是一个点或几个点的变化。因此它能反映与大震孕育有关的实际地壳形变过程中应力积累和集中的趋势。实际情况表明，大震前区域中小地震活动会有别于正常情况而出现某种规则展布，例如地震空区、地震条带、地震活动增强和平静、大小地震数目比例失调等等。虽然不同大震前图像的细节有所不同，但图像的基本形式具有重现性，显示了在大震孕育过程中，岩石破裂和变形由无序向有序转化的总体特征，而不是一个地震一个模样。这是利用地震活动图像进行地震预报的物理基础。由于资料比较可靠，做法简便，因此，根据地震活动图像的分析来预报地震多年来是国内外在地震预报中广泛采用的重要方法之一，在实际应用中也取得了一定的成功。需要注意的是，在进行地震活动图像分析时，首先是考虑所用资料的可信度和精度对结果的影响，还应当考虑到根据以往震例归纳的一些前兆性活动图像，在不同时期和不同地区其特征可能发生的某些变化。因此，必须将地震活动图像的分析与不同类型地震的孕育过程研究结合起来。

### 2.1.1　地震空区

地震活动空间分布中最早引起人们注意的是空区现象。梅世蓉曾在 1960 年指出，一切毁灭性地震都不发生在有感地震频度最高的区域，而是在其间或其附近[1]。"空区"的概念是由费道托夫首先提出来的。他研究了 1904～1963 年期间沿日本—千岛群岛—勘察加弧一带 $M_S \geqslant 7\frac{3}{4}$ 级浅震震源区的空间展布，发现这些强震的震源区基本上连续分布，因此他认为强震震源区之间的间隙是未来强震的最可能地区[2]，并将这种间隙称为地震空区。

自此以后，地震空区的研究在我国逐步成为一个"热点"，经过许多人共同研究，有了很大发展，并成为地震预报中重要指标与方法。

1982 年刘蒲雄等[3]系统地研究了大地震前地震活动图像的演变过程，提出在早期阶段，由较高震级下限（西南地区取 5 级，华北地区取 4 级）的地震所围或部分围成的背景空区具有普遍意义。从图 2.1 可以看出：空区的平均半径约 200 km，要比震源区的尺度大得多；空区状态的持续时间为 10 年左右或更长，但一般不延续到主震的发生；各次大震前的空区图像细节不同，有的表现为围空，如通海、炉霍等震例；有的仅显示部分围空，如昭通震例。通海、炉霍等地震位于空区内部，而昭通地震位于空区边缘。

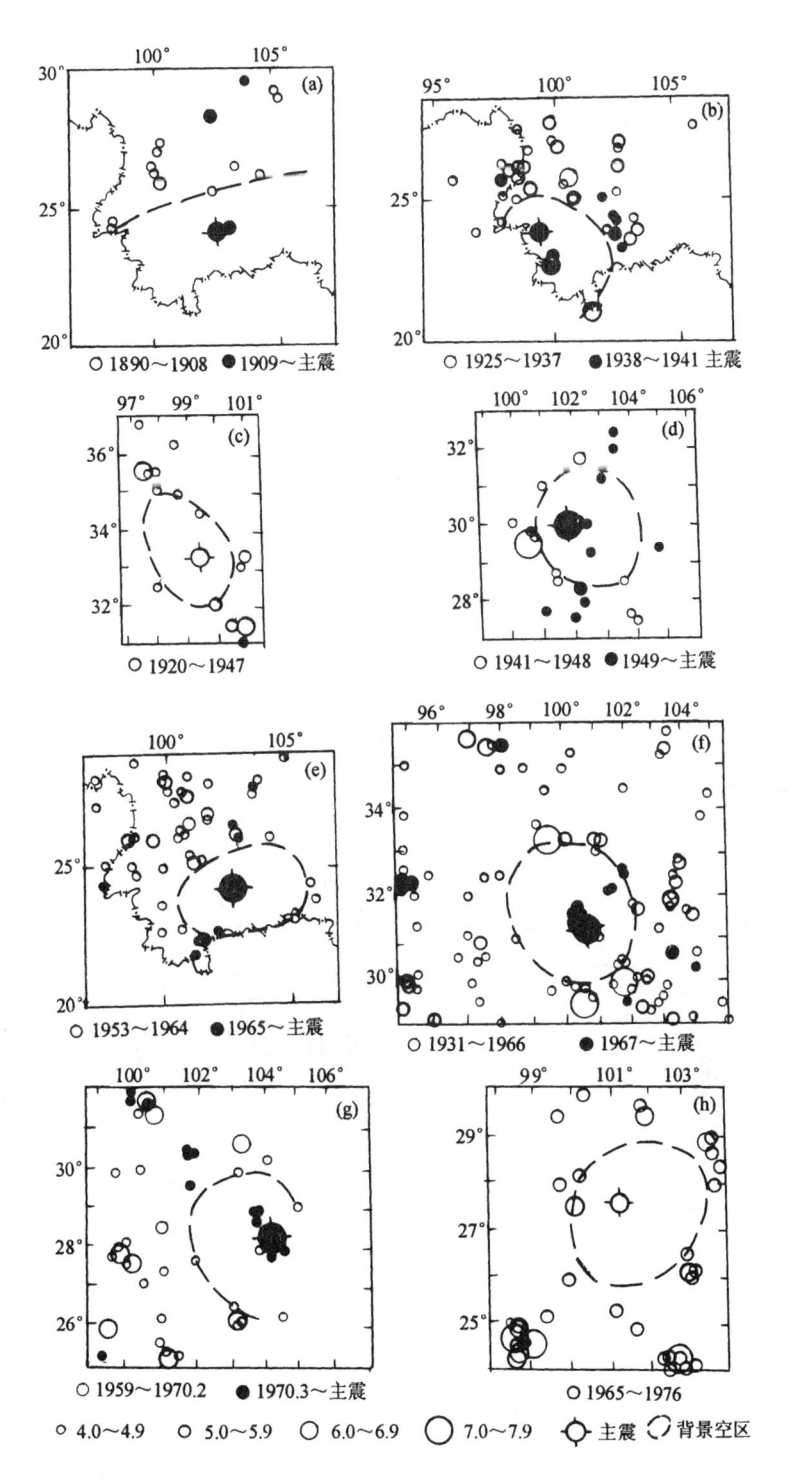

图 2.1 某些大震前的背景空区图像

(a) 1913 年通海 7.0 级地震；(b) 1941 年耿马 7.0 澜沧 7.0 级地震；
(c) 1947 年达日 7.7 级地震；(d) 1955 年康定 7.5 级地震；
(e) 1970 年通海 7.8 级地震；(f) 1973 炉霍 7.6 级地震；
(g) 1974 年昭通 7.1 级地震；(h) 1976 年盐源 6.7 级地震

但是，不管上述空区图像的细节如何复杂，强震一般都发生在经历几年至几十年地震平静期的地区。

背景空区一般不延续至主震的发生。从下面分析可知在空区形成的晚期，区域地震活动有一个明显的增强过程，图 2.1 中实圈表示增强时段发生的地震，说明伴随活动性

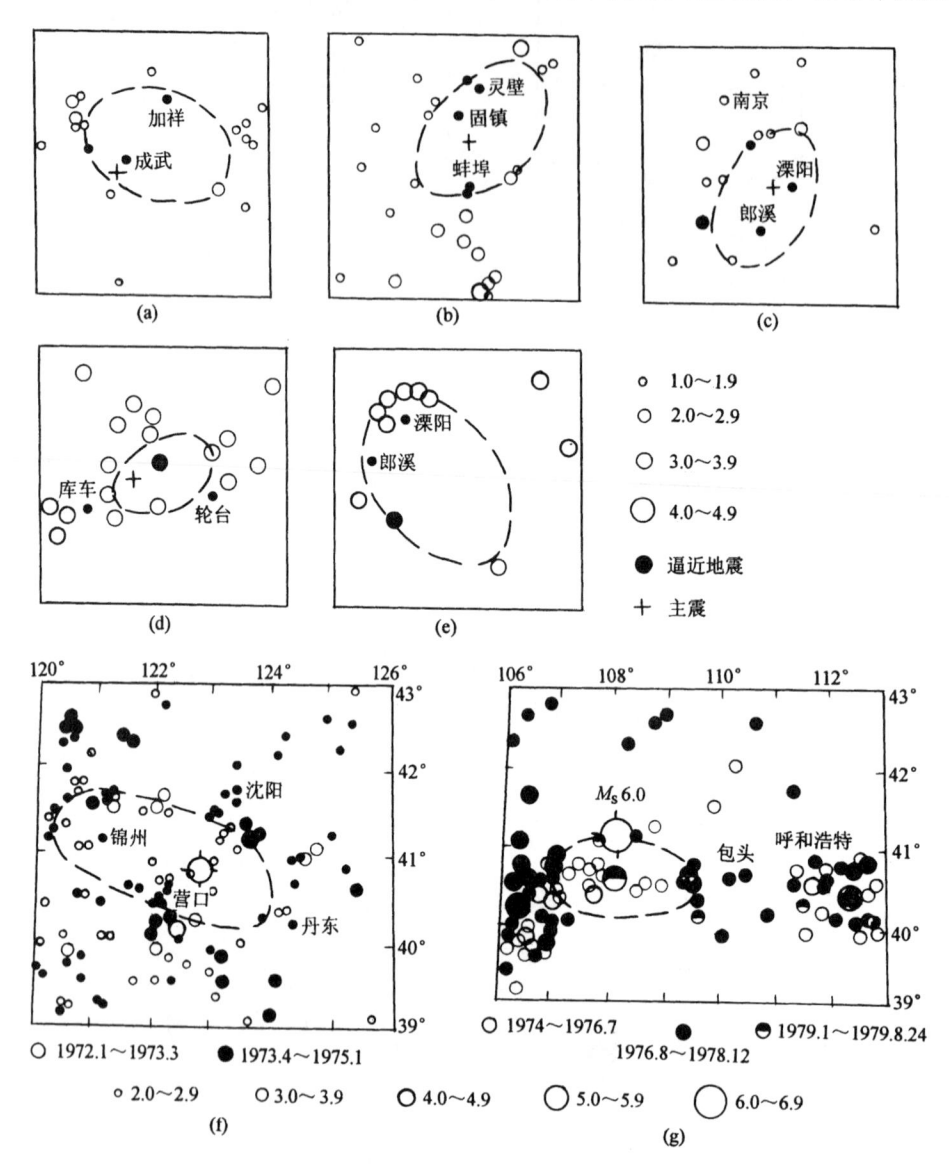

图 2.2 某些中强震前的孕震空区图像[2]

(a) 1977 年 7 月 9 日山东成武 4.8 级地震前（1975 年 6 月 1 日至主震）$M_S \geq 1.0$ 地震分布及孕震空区；
(b) 1979 年 3 月 2 日安徽固镇 5.0 级地震前（1977 年 5 月 1 日至主震）$M_S \geq 1.0$ 地震分布及孕震空区；
(c) 1974 年 4 月 22 日江苏溧阳 5.5 级地震前（1973 年 1 月 1 日至主震）$M_S \geq 1.3$ 地震分布及孕震空区；
(d) 1979 年 3 月 29 日新疆库车 6.0 级地震前（1978 年 1 月 1 日至主震）$M_S \geq 2.5$ 地震分布及孕震空区；
(e) 1979 年 7 月 9 日江苏溧阳 6.0 级地震前（1977 年 4 月 15 日至主震）$M_S \geq 12.0$ 地震分布及孕震空区；
(f) 海城 7.3 级地震前地震震中分布；(a)、(b)、(c)、(d)、(e) 取自文献 [7]
(g) 五原 6.0 级地震前地震震中分布

增强，地震活动出现向空区内部收缩，因而可以把在增强时段在空区内部发生的地震看作是一种信号震，以此区别于增强以前空区内部可能发生的地震。空区内信号震一般是中等强度水平。

1982年陆远忠等[4]研究了一些资料比较完整的强震和中强地震，指出我国大陆块体内部中强以上地震以前，除了出现大范围、长时间、较大震级的地震空区以外，还普遍出现小震活动围成的孕震空区（图2.2）。同时，在主震前不太长的时间里，孕震空区边缘可能出现一个或一组较为引人注目的地震，这些地震称为逼近地震。与孕震空区周围的小地震活动相比较，逼近地震具有一定的显著性，有时它以引人注目的小震群发生；有时它表现为在较短时间里连续发生几次小震，从而与一般小震活动有所区别；有时它表现为孕震期内孕震空区周围震级最高或较高的地震。

逼近地震震级与主震震级有一定的相关性，其经验公式为：
$$M = 0.58M_{逼} + 4.04 \pm 0.51 \tag{2.1}$$
孕震空区的空间尺度和延续时间与震级间存在以下关系：
$$M_S = 6.02 + 1.34 \lg T \pm 0.48 \tag{2.2}$$
$$M_S = 3.69 \lg L - 1.71 \pm 0.47 \tag{2.3}$$

梅世蓉认为两类地震空区的形成受不同的物理机制的控制。背景空区一般出现在区域地震活动性尚未明确显示异常的时期，与地壳形变的稳速阶段相呼应。背景空区的边缘往往是地壳块体的界面或地质构造上的活动断裂带、地壳形变梯度带，其上的地震活动较强与地壳形变速率较大表明块体相互作用比较剧烈，是应力向局部地区（孕震体）集中的背景条件，故背景空区的形成标志着空区内应力背景值的增强，但是否一定会导致地震，尤其是大地震的发生，此时尚不能确定。只有当孕震空区出现后，才显示出孕震的确切迹象。孕震空区实质上是孕震体的地面投影，是应变能在局部地区高度集中的

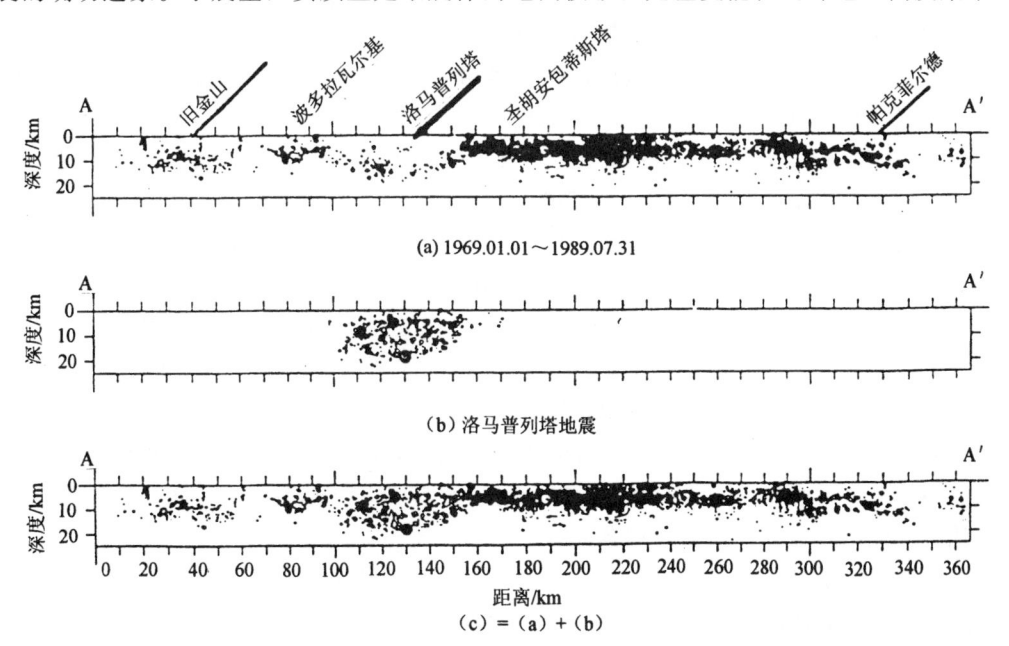

图2.3 沿圣安德烈斯断层地震深度分布剖面

体现，由于孕震体边缘应力强度因子增大，裂缝易于丛集，并发生失稳扩展，从而形成小地震的围空现象。孕震空区出现在背景空区之内和背景空区形成之后，处于背景空区收缩过程之中。随着孕震空区的形成，空区及其邻近区域的地震应变释放率出现明显的加速过程。

近年来，观测到三维空区的例子。图2.3是美国加州近20年沿圣安德烈斯断层带微震分布的深度剖面，显示在1989年洛马普列塔7.1级地震前，在震源区存在一个深度（垂向）分布上的"空区"，所圈定的地区，其位置与形变观测认定的闭锁区一致。1995年日本兵库县南部7.2级地震前也存在类似的三维空区，1990年日本在《地球》刊物上曾指出神户、六甲地区，从地表到地下20 km深度内存在地震空区，是大震孕育区。

## 2.1.2 地震条带

1969年刘蒲雄等在"通过弱震活动的分析开展地震预报的一些认识"一文中指出：大震前，小震活动出现条带，而条带外围地区呈现平静的异常图形。陈章立等[5]在文献中提出了以下三条基本原则：

(1)"条带"的展布与近期活动构造带基本一致。

(2)"条带"是突出于全区的。在正常的情况下，虽然小震往往也沿某构造带排列，但其周围一定区域也有相当数量的随机分布的小震活动。然而在大震前，小震活动主要是集中在大震所在的一个或二个共轭断裂带附近。

(3)"条带"上地震活动水平有个增强的过程，其应变释放明显加速。

图2.4是强震前中小地震的条带分布和条带形成前的图像。该图表明，7级以上强震前都出现了两支突出的近乎共轭的条带分布，条带长度一般在500 km或更长，主震位于条带交汇处；中等地震前一般出现一支条带，主震位于条带上。在条带形成以前，地震分布是分散零乱的。

从条带上地震发生的顺序可以看出，7级以上地震前的两支条带基本上是相继形成的。例如松潘地震前的1974年至1975年1月为北西条带活动，经过3个月平静后，从1975年5月至1976年6月转为北东条带。炉霍、昭通、龙陵、海城、唐山、巴克哈鲁震例也是如此，但在中间的转折期间不一定都有平静时段。

在1983~1985年清理攻关工作中，刘蒲雄、陈章立[6]对条带图像做了更为系统的分析。分析中对条带划法给予很大注意，由于条带图像的清晰度与选取的震级下限有关，而后者又与地区有关。对于特定地区应参考其正常地震活动水平，选取合适的震级下限。对于西部地区$M \geqslant 7$强震，条带的震级下限一般取$M_L = 4$，对东部地区，一般取$M_L = 3$。对于中等地震，则从各区所能控制的最低震级下限着手，分析这些地震前是否出现地震条带以及所出现的条带具有什么特征和性质。

条带的清晰度既与组成条带的地震有关，又与条带外围的地震活动水平有关，即条带外越平静，平静区越大，则条带越清晰。对地震条带的判据做了如下补充：

(1) 组成条带的地震个数$N_条 \geqslant 6$，条带长度$L > 200$ km（当震级下限$M_L < 3$）或$L > 400$ km（当震级下限$M_L \geqslant 3$），条带的长宽比$L/D \geqslant 5$，其最大空段不超过全长的

1/3。

（2）取 S 区域（条带大致位于该区中央），至少在该区域内，条带上的地震次数 $N_{条}$ 与条带外围的地震次数 $N_{外}$ 满足 $N_{条}/(N_{条}+N_{外}) \geq 75\%$。

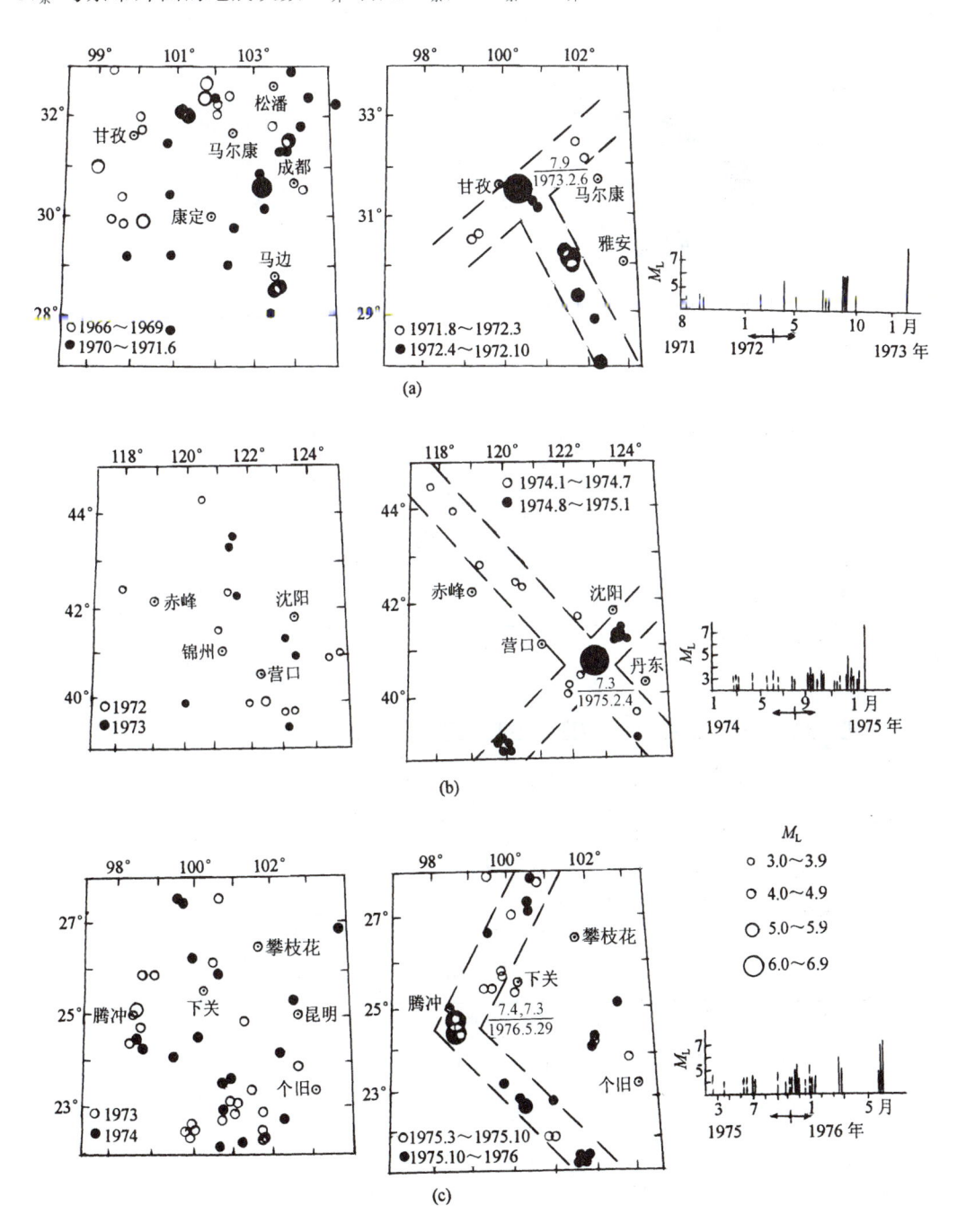

图 2.4  某些大震前的地震条带图像

(a) 1973 年炉霍地震；(b) 1975 年海城地震；(c) 1976 年龙陵地震

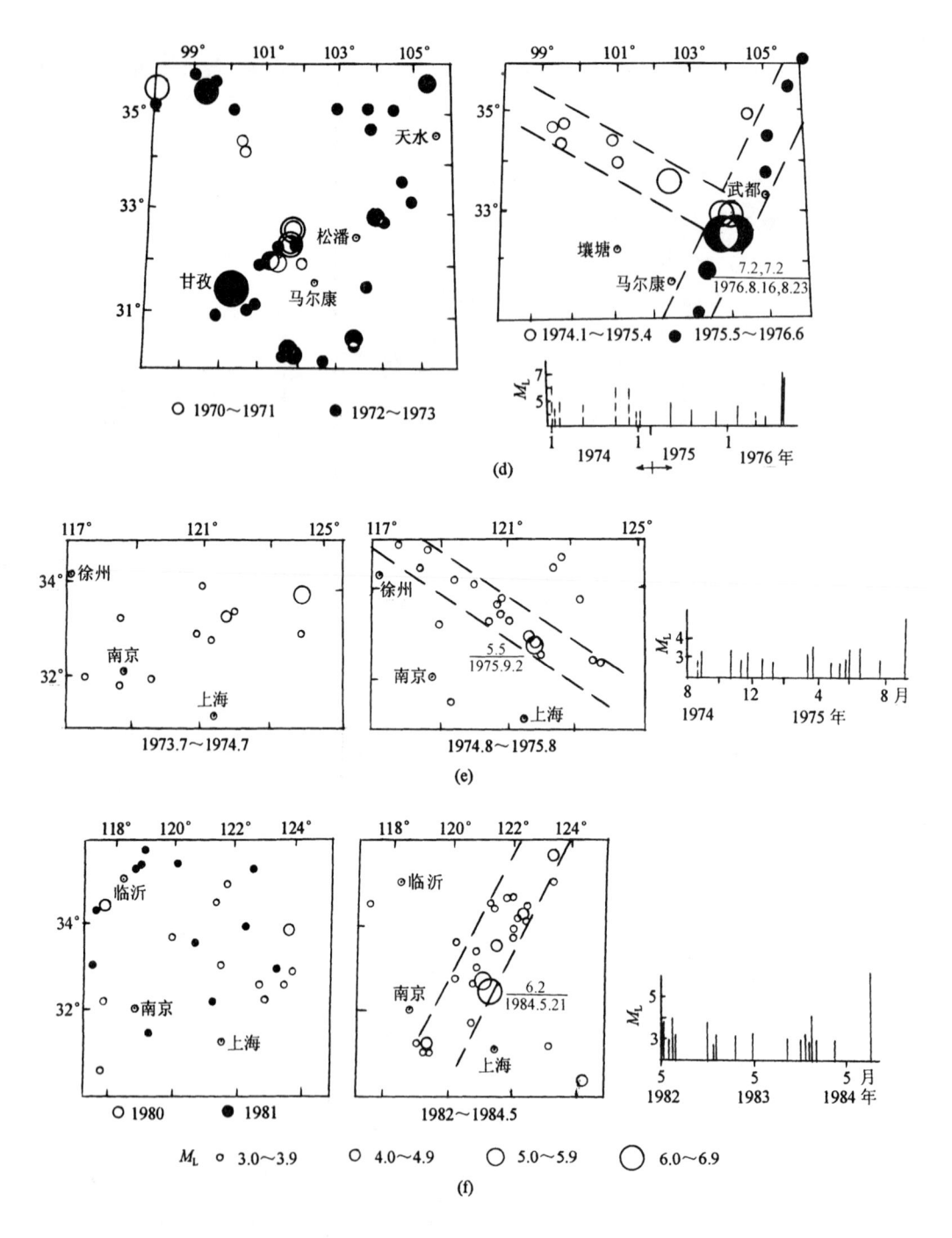

图 2.4 某些大震前的地震条带图像（续）

(d) 1976 年松潘地震；(e) 1975 年郎家沙地震；(f) 1984 年勿南沙地震

当出现两支近乎垂直的条带时,长的一条可称为主条带,另一支称为次条带,其长度分别为 $L_1$, $L_2$。所用判别标准大致类同,只是主条带必须满足条件①,且条件②中 S 区域应修改为 $(3/2) \cdot L_1 \cdot L_2$。

分析 $N_带/(N_带+N_外)$ 随时间变化的曲线表明,正常情况下,除个别点外,比值落在二倍均方差范围内,而在大震前,比值则连续出现比平均值高出 2 倍均方差的异常。从统计角度看,地震平静背景上出现的地震条带作为地震前兆是合理的。

由以上标准得出的异常条带与大地震发生间显示出以下关系:

(1) 7 级以上强震前一般出现两条相交的近乎共轭的条带,一支为主条带,另一支为次条带,两支条带基本上是相继形成的,主震发生在两支条带的交汇部位。中等强度地震前一般只有一个条带出现。

(2) 条带长度与主震震级间不存在线性关系。强震前的条带一般为 400~500 km,中等强度地震前的条带长度相当分散,短者 200 km,长者 900 km。条带的长度比震源区尺度大得多。

(3) 条带的持续时间 $\Delta T$ 与主震震级 $M$ 存在一定关系,其相关系数 $r=0.66$($r$ 在 0.01 水平上显著)。用最小二乘法求得它们的关系式为:

$$\Delta T = -39 + 7.8M \tag{2.4}$$

条带提前时间与主震震级的关系,其相关系数 $r=0.57$($r$ 在 0.05 的水平上显著),$T$ 与 $M$ 的关系式为:

$$T = -4.3 + 8.7M \tag{2.5}$$

应当指出的是,以上两式由不多的样本数($N=17$)拟合,均方差分别为 7 个月和 10 个月,只能作为估计震级的参考。

(4) 条带特征与震源机制和地震类型有一定关系。9 个强震震例的进一步分析表明:条带(或主条带)走向一般与大地震主破裂面走向一致,故条带可能反映了与未来主破裂直接有关(发震断裂带)的活动。进一步分析结果确认前已提及的条带特点与地震类型有关,即主震型序列的发震断层基本上是单一的,相应地震前两支条带也有明显的主次之分,主条带与主破裂面走向一致,然而,震群型地震震前两支条带却没有明显的主次之分。

以上所述的条带特征对预报大震是有意义的:

(1) 条带持续时间一般在 30 个月以内,条带形成后约一年发生地震,因此它可用于中期预报;

(2) 当出现两支条带时,其交汇部位便是未来的主震地点;当出现一个条带时,主震位于条带的端部至 1/3 条带长度的区域内;

(3) 当出现两支条带时,发生强震的可能性大,而出现一支条带时,往往对应中强地震。

综上所述,地震条带无论对全国或某个地区都有一定的预报能力,是一种对中、短期地震预报都有用的方法。利用条带预报地震不仅简便易行,而且物理意义清楚。

1985 年韩渭宾等清理了四川 6 级以上地震的条带震例,表明小震条带可以作为大震前的一种震兆,并提出了候选地震活动条带的标准[7]。现在条带图像已发展成为我国地震预报中广泛使用的一种重要方法。

## 2.1.3 地震活动的重复性

虽然一个地震带内，在一个较长时间里大地震反复发生也可视为地震的重复性，但是大震的原地重复现象更有意义，这种原地重复的现象在一些地区是存在的。例如智利康塞普西翁城，于1751年、1835年和1960年重复发生了3次强震。在厄瓜多尔海岸81.5°W，1°N的地方，1906年发生了8.6级地震，1942年该处又发生了7.9级地震。阿富汗兴都库什一带，经常发生6级以上的中源地震。在我国烈度为Ⅹ度以上的地震也有原地重复发生的现象，但是为数甚少。如1923年炉霍发生$7\frac{1}{2}$级地震后，相隔50年于1973年该地又发生了7.6级地震。Ⅸ度地震在原地重复发生的例子如表2.1。

表 2.1 地震重复发生震例表

| 发震时间<br>（年.月.日） | 震中位置 $\varphi_E/(°)$ | $\lambda_N/(°)$ | 地 点 | 震中烈度 |
|---|---|---|---|---|
| 1600.09.29 | 23.5 | 117.3 | 广东南澳 | Ⅸ+ |
| 1918.02.13 | 23.5 | 117.3 | 广东南澳 | Ⅹ+ |
| 1811.09.27 | 31.7 | 100.3 | 四川炉霍 | Ⅸ |
| 1967.08.30 | 31.7 | 100.3 | 四川炉霍 | Ⅸ |
| 1733.08.02 | 26.2 | 103.1 | 云南东川 | Ⅸ |
| 1966.02.05 | 26.2 | 103.1 | 云南东川 | Ⅸ |

分析大震重复发生的例子发现，原地重复主要是对不同的活动期而言。如在华北地区同一活动期中，大震一般不原地重复，即使中等强度地震（5～6级），原地重复的情况也是少见的[8]。各地区情况不尽一致，判断地震是否原地重复的方法是：对于已发生的地震，以震中为圆心，用关系式

$$\lg L = 0.5M - 1.8 \quad (L \text{ 单位：km}) \tag{2.6}$$

求得的 $L$ 为直径划圆，如果两个地震所作的圆有部分重叠，则认为这两个地震是原地重复的。这里值得讨论的是，虽然地震活动期的时间尺度是一次5～6级地震孕育时间（指变形的积累时间）的许多倍，但是在整个活动期，尤其是后半期，5～6级地震为什么基本不重复呢？根据某些作者的研究[9]，认为这应从活动断层闭锁段在地震前后摩擦特性的改变来考虑。首先是断层面凸凹不平的不规则，它是阻碍滑动的主要因素。随着地震的震时滑动，消除了部分不规则，减低了断层运动的阻力，使其两侧在以后的缓慢相对运动中很少积累弹性变形，从而不再发生地震。其次，断层面的静摩擦力与断层面两侧的接触时间成比例。地震发生前，长时间的接触作用使之有较大的静摩擦力，这相当于锁住状态。但在活动期内，当断层闭锁段经地震初次破裂后就不会长期处于静止接触，因而静摩擦力可能会小得多，这也同样减低了断层运动的阻力，不利于积累再次发生地震的能量。

## 2.1.4 地震震中的迁移

地震震中的迁移是早已为人们所注意的重要现象。从 1966 年开始郭增建、秦保燕曾对我国地震震中迁移现象做了较全面的讨论[10]，总结了全国地震迁移的实例。

按地质构造背景，可把迁移方式归纳为沿大断裂带的迁移，沿大而复杂的构造带的迁移。例如四川康定—甘孜间，自 18 世纪中叶起发生过多次Ⅷ度以上地震，这些地震

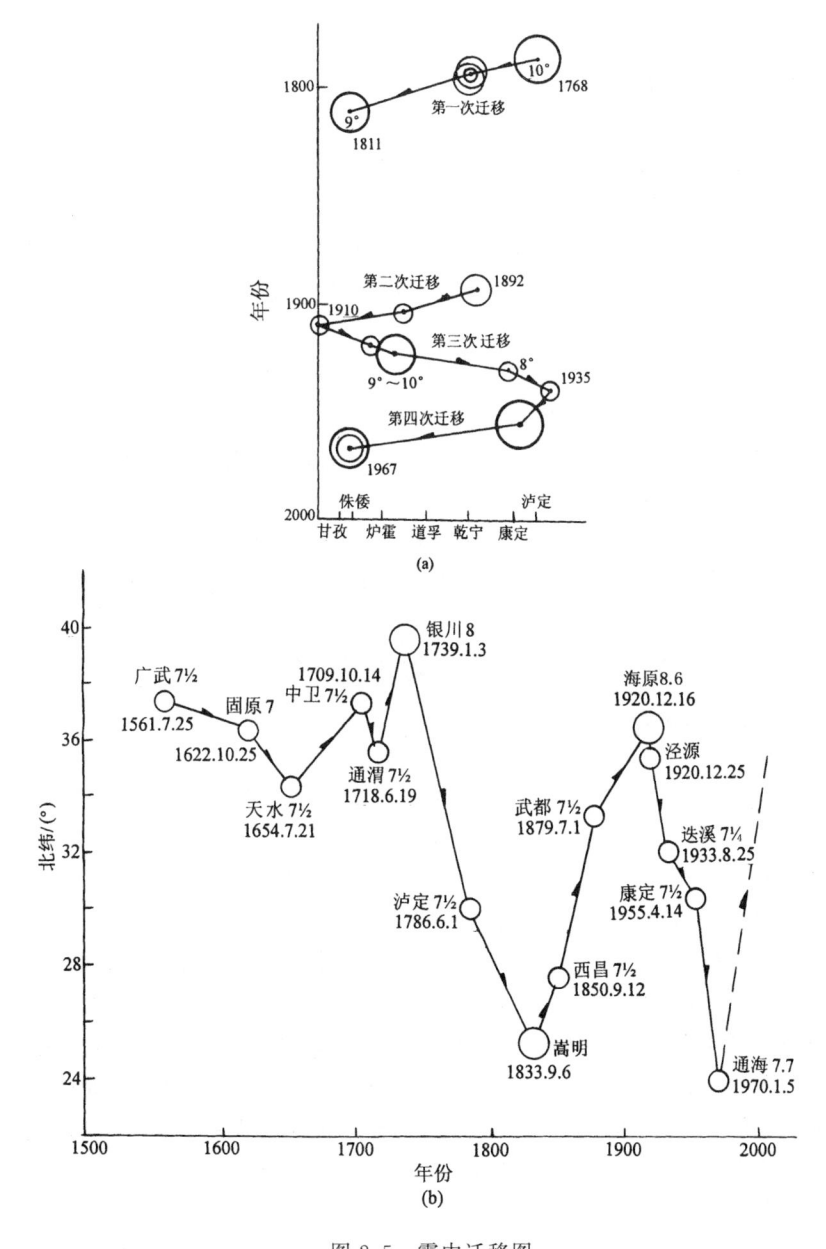

图 2.5 震中迁移图
（a）康定-甘孜间震中迁移；（b）南北地震带及邻近地带强震迁移

成串地排列在北西向的鲜水河断裂上,且有明显的定向迁移特点[11](图2.4)。国外也有许多地震沿大断裂带迁移的例子,如土耳其的安纳托利亚断层上的震中迁移,就是突出的一例。

南北地震带(即位于24°～39°N,102°～107°E的地带)是我国东、西部地理上和地质上的重要分界线,构造运动强烈,强震活动频繁。根据200多年的历史地震资料研究,可以发现南北地震带及邻近地带7级以上地震规则地呈南北往返迁移[12](见图2.5)。第Ⅰ期由北向南迁移约94年(1739～1833年);第Ⅱ期由南向北迁移约87年(1833～1920年);第Ⅲ期又由北向南迁移约50年(1920～1970年)。

由地震构造与震中分布可以看到,大地震并非在南北地震带及邻区地震带的任意地点都发生,而是主要集中在几个方向的构造交汇处及构造转折部位。而且大震很少在原地重复发生,有跳跃或填空的特点。另外,似乎有这样的现象,即往(返)路线上地震发生的位置正好在上次往(返)路线上发生的两个地震之间。有人认为这样大规模往返迁移不仅说明了两端构造线具有限制作用,而且也说明了断块运动方式的变化。

震中迁移主要是指强震在空间上按一定规律相继发生的现象。其产生的原因,可能是在统一的应力场中,有若干应力集中区,当一个应力集中区发生地震,就在该处造成应力的释放,于是,区域应力场就要发生调整,以达到新的平衡。在调整中一些点上应力又趋集中,另一些点则相应松弛,形成新的应力场。因此,地震迁移规律实质上就是一定构造背景下应力场的变迁规律。

关于震中迁移速度问题,虽有实例说明,在一定的时期内震中迁移似乎具有稳定的速度,例如沿地中海—南亚地震带1962年的一次震中迁移,其迁移速度是相当均匀的。实际上这个问题是相当复杂的,正如巴特指出的,地震迁移可能是在一定条件下进行的,地震震中迁移的一些特征将因这种条件随时间的可能变化而变化。

## 2.1.5 地震活动的增强和平静

**1. 地震活动异常增强**

大震前地震活动往往出现非随机性增高,多数情况是震中周围的地震活动增强,也有的表现为更大范围的活动性增强。图2.6是10次7级以上大震前地震活动的$\Delta$-$t$图,图中$\Delta$为大震前发生的地震的震中与未来大震震中之间的距离,$t$为时间。从图2.6可以看出,大震前地震活动性的增强是普遍存在的。

(1) 在未来大震的震中及其邻近地区(相当于距大震震中200 km的范围内),地震活动出现明显的增强。例如,松潘地震前1962～1969年,上述区域的地震活动水平一直没有明显的变化,1970～1972年出现相对平静,此后从1973年3月开始至1975年7月出现了明显增强,1976年8月即发生松潘地震。永善、炉霍、龙陵、海城、唐山情况也基本类似。上述各例中,出现增强的起始时间最早为6年半(唐山震例),最迟为3年(龙陵震例)。地震活动的增强一般不延至大震发生,通常大震在活动峰值之后的下降段里发生。

(2) 在未来大震震中及其邻近地区并无明显增强显示,而主要表现为更大范围的活动性增强。这种增强一般不延续至主震的发生。例如龙陵地震前不仅在震中附近显示增

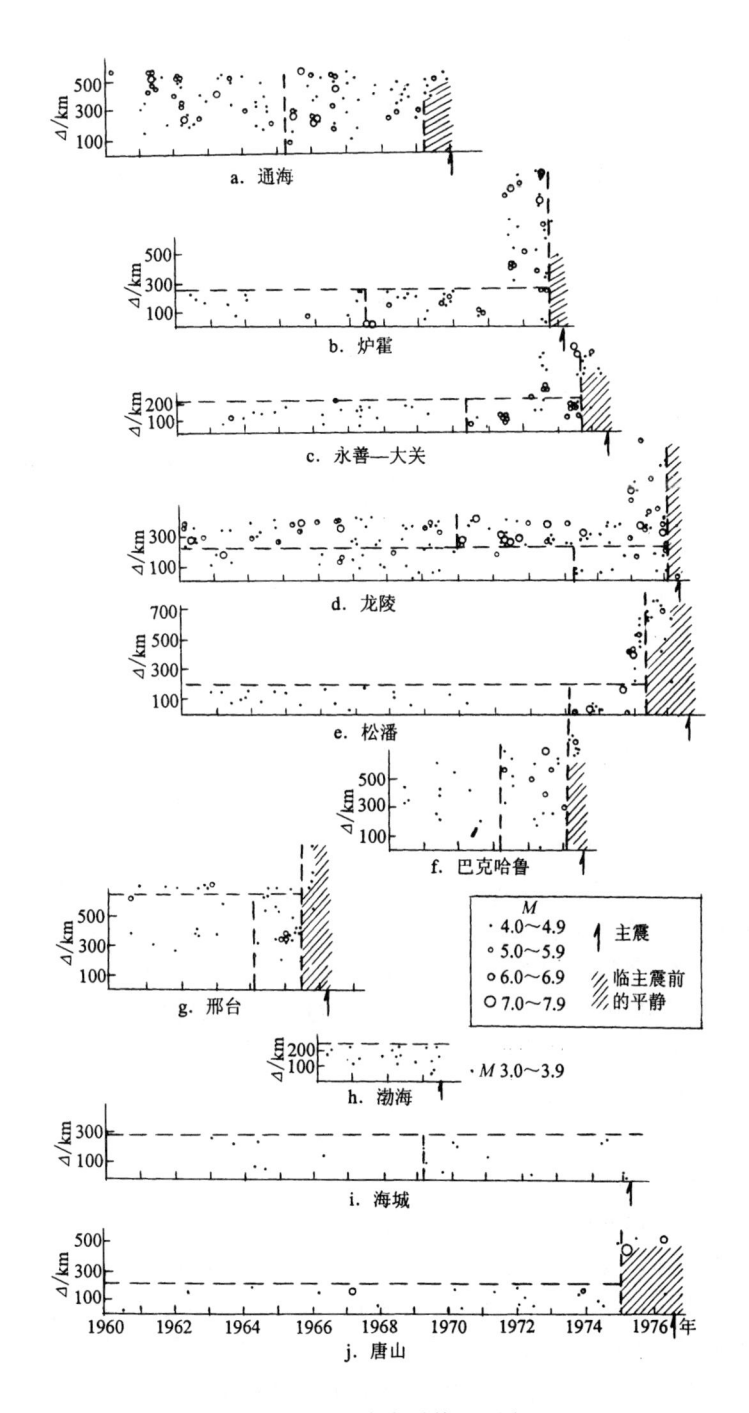

图 2.6  10 次大震前 $\Delta$-$t$ 图

强,而且从 1970 年开始,在离震中 200 km 以外的广大地区也显示了明显的增强。属于这种情况的还有邢台地震和西藏玛尼地震等。

大震前的地震活动性增强具有普遍意义,但并不是所有的地震活动增强都意味着即将发生大震。根据现有震例分析,大震前地震活动异常增强有如下特征:

(1) 地震应变释放曲线呈加速形态，它是异常增强的标志，曲线加速需满足：①曲线有明显上升，整个曲线呈上翘弧形；②上升时间至少持续一年以上；③在曲线上升期间，年释放量至少是前 3 年平均释放量的 2 倍。

(2) 地震的空间分布显示一定的异常图像。例如增强活动往往出现在背景空区形成的晚期；伴随活动性增强，地震活动出现向空区内部收缩；而地震条带一般出现在区域地震活动增强的后期。

从图 2.6 的对比发现，一次强震前震源区附近地震活动的增强，往往是在与之相距几百公里的另一次强震发生后半年内的时间开始的。例如唐山地区地震活动性增强出现在渤海地震发生后，我们把这种现象简单表示为渤海-唐山。类似的情况有：渤海-海城，炉霍-松潘，炉霍-龙陵，通海-永善。此外，赵根模注意到邢台地震后约 196 天，在渤海长岛发生了 3.5 级地震，该震距 1969 年 7 月 18 日渤海 7.4 级地震约 100 km，是 1964~1968 年渤海湾唯一的 $M_S \geq 3.5$ 级地震，有人称之为诱发前震。即是说一个大震的发生可能对未来另一个大震震源区附近地震活动起诱发作用。看来，前一种形式的增强明显与相邻大震的诱发作用有关。而邢台地震和通海地震分别是华北、西南近期活动高潮期的第一次强震，因此并不显示出这种增强。西藏玛尼地震，无论是从构造背景还是地震活动来看，都是相对独立的，因此也不显出这种增强。它们都显示了后一种形式的增强。

为进一步研究这种诱发作用，用 A 表示前一个大地震，B 表示下一个大地震，F 表示由 A 诱发的 B 的前震；$T_{AF}$ 为 A 与 F 的相隔时间，$T_{AB}$ 为 A、B 两个大震的相隔时间，$T_{FB}$ 为 F 与 B 的相隔时间；$D_{AB}$ 为 A、B 的距离，$D_{AF}$ 为 A、F 的距离，$D_{FB}$ 为 F、B 的距离；$M_F$ 为确定为诱发前震的震级下限。赵根模研究了 1950 年以来我国西藏、川滇和华北地区的大地震，发现 A、B、F 之间存在以下关系：

(1) A 发生后，可以在很短时间内在未来 B 附近诱发 F，$T_{AF}$ 比 $T_{FB}$ 小得多。

(2) $D_{FB}$ 一般为几十到 200 km，$D_{FB}$ 远小于 $D_{AF}$。$D_{AF}$ 可以达到上千公里。

(3) $M_F$ 的大小与正常状态下地震活动水平有关，也与 B 的大小有关。

如果把 F 理解为第一种增强出现时期发生地震的总体，$M_F$ 为其平均震级，$D_{AF}$ 为 A 至 F 的平均距离，$T_{AF}$ 为 A 与 F 起始的时间间隔。则 (1)、(2)、(3) 三条对图 2.6 中的诱发关系也基本适用。

关于地震诱发作用的机理和产生的条件，可作如下设想[8]。地震的发生与块体运动有关，在一次地震活动期中，块体将由初期的局部运动发展到后期的整体运动。在整体运动阶段，由于大区域统一应力场的形成和加强，使得块体边界处于持续的高应力状态，边界的各个部分即显示出力学上的相关，大震的诱发作用此时便会明显表现出来。事实上，邢台、渤海、海城、唐山地震属于华北高潮期的一串强震，它们发生在同一块体单元，因此，这种诱发现象较明显。通海、炉霍、永善、龙陵、松潘地震属于西部活动期的一串强震，诱发关系也是清楚的。

**2. 震前平静**

临大震前的平静现象已受到人们广泛的重视，金森博雄认为在各种地震活动图像中，震前平静似乎是最常见的。在讨论平静期与平静区的范围可以采用以下两种做法：

(1) 取活动性增强范围内，其应变释放曲线加速后的减缓时段作为平静期（图 2.7）。该图说明曲线都有比较明显的拐点，这对于确定平静期是理想的。结果列于表 2.2，说明除通海震例（平静期长达 36 个月）外，其余震例的平静期约在 2～19 个月内。此做法与所取低震级的下限关系不大，其缺点是不能反映出平静区域的可能变化。

(2) 利用 Δ-t 图。在分析平静现象时，图 2.6 中临主震前的一段时间，纵坐标 Δ 必须取至尽可能大的值，这样才可能确定平静期与平静区的边界位置，平静期与平静区的划分应该满足：①在时间轴上，平静与增强的界线比较清楚；②在 Δ 轴，平静与活动的界线比较清楚，以此作为平静区的边界；③在与平静期相应的平静区内不应包括 5 级以上地震。据此做出的各个震例的平静期与平静区在图 2.6 中用影区表示并列于表 2.2。从表 2.2 可以看出，平静期均在 3～18 个月内，平静区的范围是相当大的，一般有半径 300～600 km 范围。而且像邢台、松潘震例，在震前几个月平静区还有明显扩展现象，这与田中贤治等得到的结论基本类似。

震前平静虽然是比较普遍的现象，但是在通常情况下，地震平静是常有的现象，根据现有研究，可通过以下途径来识别震前平静。

(1) 异常平静出现在增强活动之后，据此可以排除与增强活动无关的平静现象。
(2) 分析平静前区域地震活动的空间图像有否异常，如有，则可认为是异常平静。
(3) 异常平静时段的小震频度往往有一下降过程。

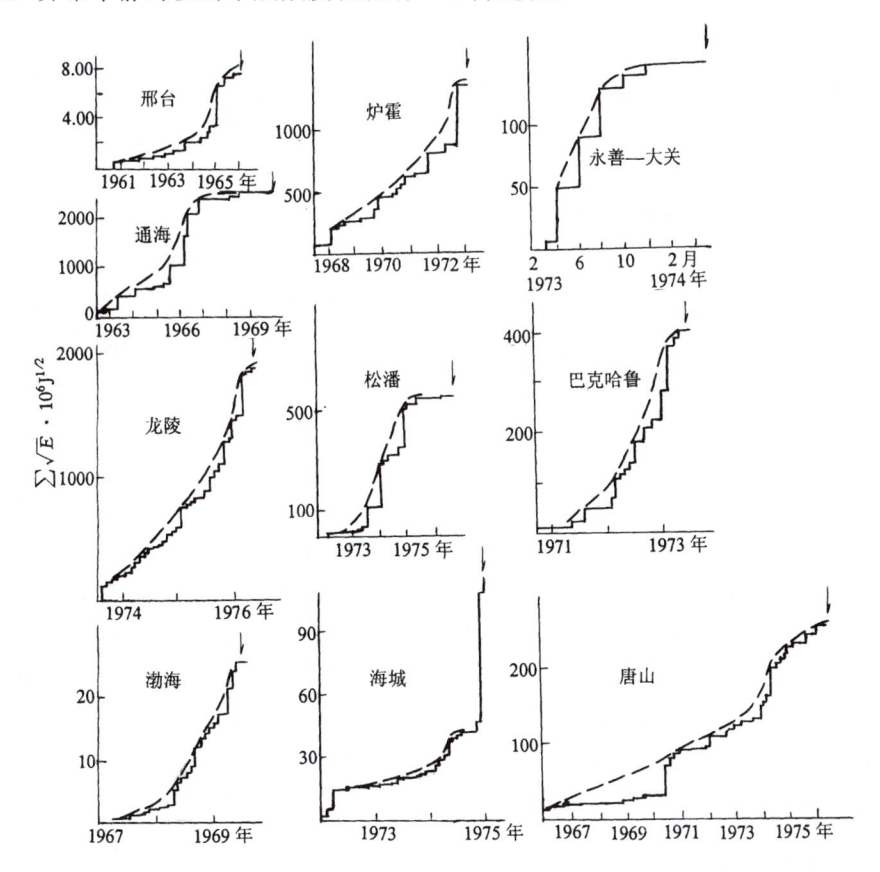

图 2.7 某些大震前的应变释放曲线

表 2.2  我国大陆近年来一些大震震前出现平静时期及平静区的大小

| 地　震 | | 通海 | 炉霍 | 永善—大关 | 龙陵 | 松潘 | 巴克哈鲁 | 邢台 | 渤海 | 海城 | 唐山 |
|---|---|---|---|---|---|---|---|---|---|---|---|
| 平静时期（月） | 根据 $\Delta-t$ 图 | 9 | 3.5 | 8 | 3 | 16 | 5 | 10 | | | 18 |
| | 根据应变释放曲线 | 36 | 3.5 | 9 | 3 | 19 | 6 | 12 | 2 | 6 | 18 |
| 平静区（距震中公里数） | | 450 | 450 | 400 | 300 | 400 | 600 | 650 | | | 450 |

## §2.2  震前地震活动性分析

### 2.2.1  $b$ 值

**1. $b$ 值的意义和影响机制**

震级-频度关系式 $\log N = a - bM$ 是古登堡和里希特在研究全球地震活动性时，对各地震区 6 级以上地震进行统计得到的经验公式。它表明大小地震频度的对数与震级之间存在线形关系。$b$ 值即为直线的斜率，直接反映了大小地震之间的比例关系。

从岩石破裂的自相似性分析，断裂结构具有分维特性。安艺敬一分析了断层长度大于 $L$ 的地震数 $N(L)$ 与断层长度 $L$ 的关系，得到断层结构的分维数 $D=2b$。所以，$b$ 值的几何意义表明它是地震断裂结构方式的度量。

对全球地震活动性的研究揭示了 $b$ 值与区域构造有一定的关系。一般海洋地区 $b$ 值较高，太平洋沿岸与地中海一带次之，大陆地区 $b$ 值较低。从地质年代角度分析，发现新生代地区 $b$ 值较高，约在 0.8~1.5 之间，中、古生代地区 $b$ 值较低，约为 0.5~0.7。对不同震源深度的地震统计得到浅源地震 $b$ 值较低约为 0.9，中、深源地震 $b$ 值较高，约为 1.2。

进一步的研究表明 $b$ 值不是恒定的量，它可能随时间而发生变化。20 世纪 50 年代末 60 年代初关于日本伊豆新岛近海 1957 年 6.3 级地震前震群活动 $b$ 值降低和松代震群前震出现低 $b$ 值，余震 $b$ 值升高的报道，以及其后许多震例的研究，使人们认识到 $b$ 值具有一定的前兆信息。

$b$ 值是震级序列中具有代表性的一个参数，它有明确的物理意义，但 $b$ 值变化的原因、物理机制是复杂的。20 世纪 60 年代初，茂木清夫等用松脂、玻璃和花岗岩等材料做加压破裂实验的结果，反映介质的不均匀程度影响 $b$ 值的大小。肖尔茨（1968 年）通过岩石破裂声发射 $b$ 值实验，认为 $b$ 值由介质应力状态制约。进而茂木清夫（1981 年）在岩石蠕变声发射实验中发现在介质应力保持不变的情况下，岩石破裂声发射 $b$ 值仍然减小。1985 年以来我国在 $b$ 值模拟实验方面取得了一些进展，其结果表明 $b$ 值与应力状态和介质性质两者均有关系，而介质的水饱和程度、温度、介质的受力历史过程等均可能成为影响 $b$ 值变化的因素，当某一因素在破裂过程中成为矛盾的主要方面时，该因素可能成为影响 $b$ 值变化的主要原因。

**2. $b$ 值估算方法**

介绍两种最常用的 $b$ 值估算方法。

1) 最小二乘法

在震级-频度关系式中，因微分频度对震级分档太敏感，一般均采用累计频度。

$$b = \frac{n\sum M_i \lg N_i - \sum M_i \sum \lg N_i}{\left(\sum M_i\right)^2 - n\sum M_i^2} \quad (2.7)$$

式中，$M_i$ 是第 $i$ 档震级（取中值），$N_i$ 是第 $i$ 档震级间隔等于、大于震级 $M_i$ 的实际地震累加数，$n$ 是震级分档总数。

线性拟合的误差可用 $b$ 值标准偏差表示：

$$\sigma = \sqrt{\frac{1}{n-2}\sum_{i=1}^{n}(\lg N_i - \lg \hat{N}_i)^2} \quad (2.8)$$

式中，$\hat{N}_i$ 为理论计算的相应频度。

2) 最大似然法

若 $N_i$ 服从泊松分布，考虑到对数概率分布和最大真值原理，宇津提出最大似然估算 $b$ 值。

$$b = \frac{\lg e}{\overline{M} - M_0} \quad (2.9)$$

式中，$M_0$ 为起算震级，$\overline{M}$ 为平均震级，$\lg e = 0.4343$，当 $n$ 为地震总数时，95% 置信度的标准偏差为：

$$\sigma = 1.96 \frac{b}{\sqrt{n-1}} \quad (2.10)$$

最大似然法计算简便，且不易受个别较大地震的影响，该方法对所有地震的震级用同样的权重求平均，就相当于给数量众多的小地震信息加权；最小二乘法则相当于对低震级权重小，而更重视含有丰富信息量的较大地震的作用。

### 3. 预报方法与实例

根据区域地震活动水平与地震台网控制能力可制定一定的预报程式进行 $b$ 值时空扫描[13]。如表 2.3 展示了华北及邻近地区 5 级以上地震 $b$ 值时空扫描内检情况。图 2.8 显示了唐山 7.8 级地震前唐山附近的 $b$ 值在区域 $b$ 值正常背景上呈现显著负异常的图像[14]。这是典型的震例。但从表 2.3 可看出该方法仍存在不少错报的情况，$b$ 值时空扫描 $R$ 评分约为 0.45，表明 $b$ 值提取了一定的前兆信息。

表 2.3 华北及邻近地区 $b$ 值时空扫描内检表

| 地震编号 | 地震日期(年.月.日) | 震中位置 $\varphi_N$ | 震中位置 $\lambda_E$ | 地名 | 震级 | 预测情况 | 备注 |
|---|---|---|---|---|---|---|---|
| 1 | 1974.04.22 | 31°27′ | 119°19′ | 溧阳 | 5.5 | 错 | 区内缺资料，外围有 $b$ 异常 |
| 2 | 1975.02.04 | 40°42′ | 122°42′ | 海城 | 7.3 | 对 | |
| 3 | 1975.09.02 | 32°54′ | 121°48′ | 黄海 | 5.4 | 对 | |
| 4 | 1976.04.06 | 40°14′ | 112°12′ | 和林格尔 | 6.3 | 对 | |
| 5 | 1976.07.28 | 39°38′ | 118°11′ | 唐山 | 7.8 | 对 | |
| 6 | 1979.03.02 | 33°11′ | 117°25′ | 蚌埠 | 5.0 | 错 | |
| 7 | 1979.05.22 | 31°06′ | 110°28′ | 秭归 | 5.1 | 对 | |
| 8 | 1979.06.19 | 37°06′ | 111°52′ | 介休 | 5.1 | 对 | |
| 9 | 1979.07.09 | 31°27′ | 119°15′ | 溧阳 | 6.0 | 错 | 外围有 $b$ 异常 |
| 10 | 1979.08.25 | 41°14′ | 108°07′ | 五原 | 6.0 | 错 | |
| 11 | 1981.08.13 | 40°30′ | 113°25′ | 集宁 | 5.5 | 对 | |
| 12 | 1983.01.17 | 40°10′ | 107°06′ | 磴口 | 5.1 | 错 | 区内缺 $b$ 资料 |
| 13 | 1983.11.07 | 35°18′ | 115°36′ | 菏泽 | 5.9 | 对 | |
| 14 | 1984.05.21 | 32°29′ | 121°36′ | 勿南沙 | 6.2 | 对 | |
| 15 | 1985.06.21 | 42°41′ | 113°46′ | 苏尼特右旗 | 5.5 | 对 | |

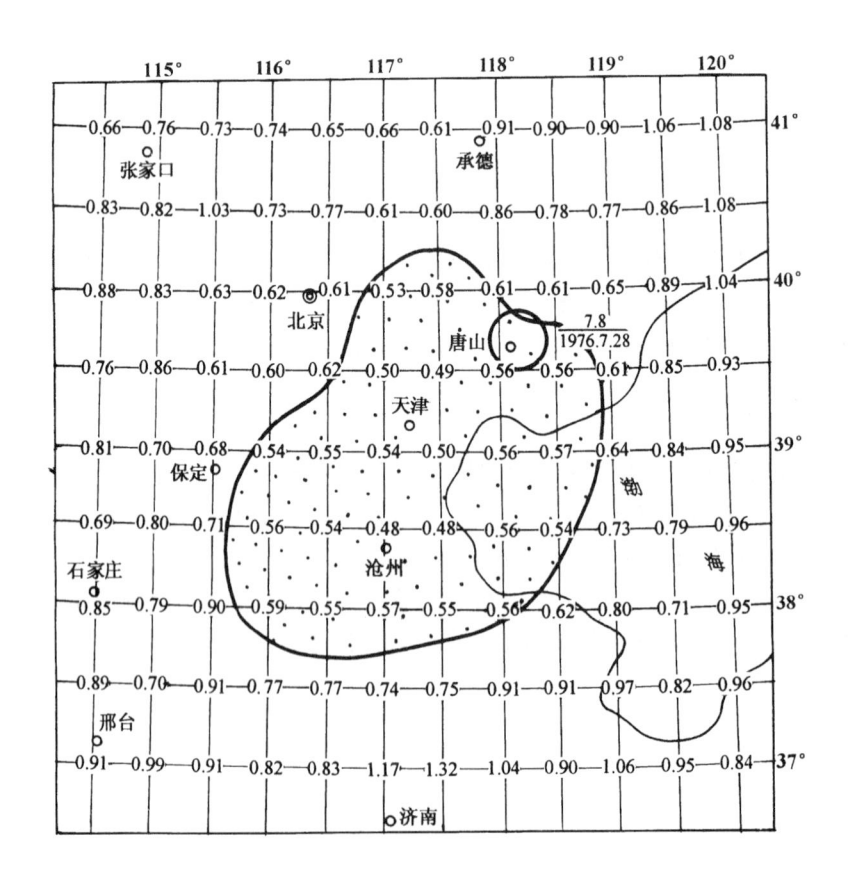

图 2.8 唐山 7.8 级地震前华北及邻近地区 $b$ 值扫描图

(资料时段：1973.7.1～1976.6.30)

## 2.2.2 小地震活动的窗口效应

在地震预报实践中，人们试图利用余震区和小震群连绵活动区的地震活动性变化研究周围较大范围内可能发生大震的信息，并把这种强震前局部区域地震活动的异常变化称为窗口效应。

地震窗的地震活动性一般常用单台地震频度，获取资料简便可靠，且与多种活动性参数比较，单台频度的效果较好。

例如邢台余震的小震活动频度与华北强震活动有密切的关系，从图 2.9（a）可看出，在华北几次强震前，邢台余震频度明显偏离正常衰减规律而活动显著增高。河南林县附近是小震群长期活动的地区。从图 2.9（b）中也可看出，林县小震群地震频度的

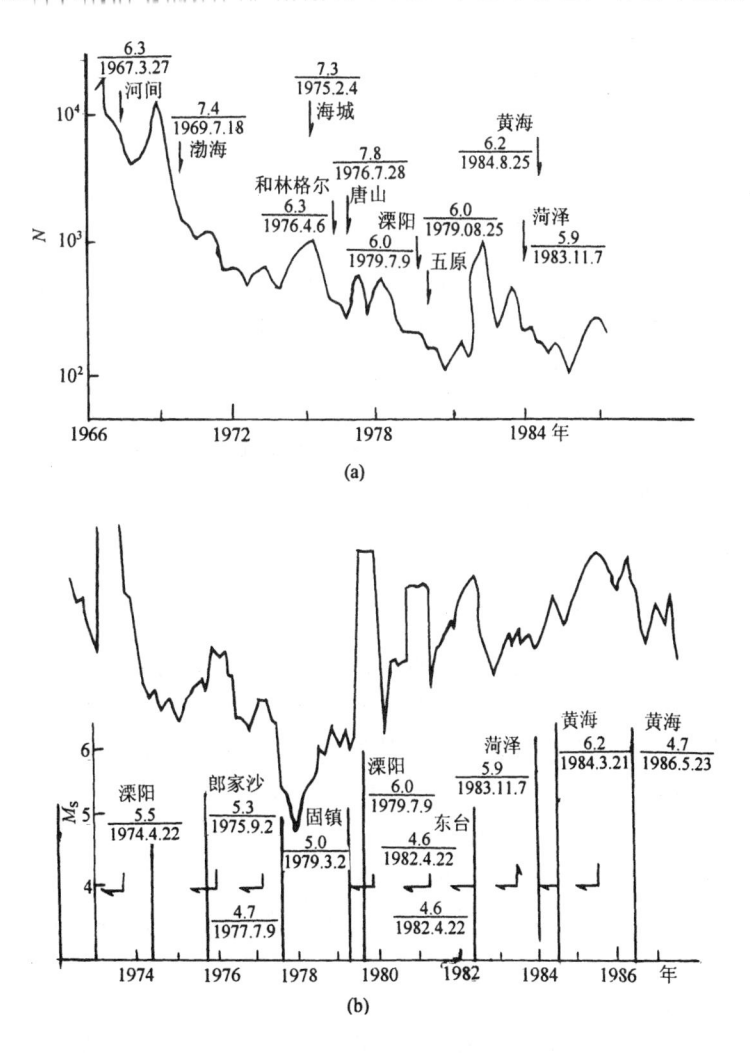

图 2.9 小地震活动的窗口效应
（据姜秀娥）
（a）邢台余震窗，红山单台频度曲线；（b）林县震群窗，横水单台频度曲线

起伏与华北强震有一定的关系[15]。

窗口效应显示了一定震兆,但它与大震的对应关系是复杂的。赵连壁等对我国九大地震余震序列做了详细的研究指出,余震衰减往往具有一个明显的转折或拐点,在拐点之前地震衰减很快,其后衰减缓慢而频度起伏大,其频度变化与对应地震关系也有明显的差别,前者无明显对应关系,后者对应关系较好,而到晚期,余震活动及其对应关系也随之减弱。因此,窗口效应可分为三个相应的不同发展阶段;即窗口未发育阶段;窗口打开阶段和窗口的消失阶段。窗口未发育阶段是指主震后的一段时期,这一时期余震频度变化的主导因素是震源应力场和较强的剩余应变能,区域应力场对它的影响相对较小,因此显示不出余震窗对区域强震的窗口效应;窗口打开阶段震源应力场已基本调整,绝大部分应变能已于前期释放,对余震频度的变化逐渐失去主控作用,而区域应力场对余震区的影响相对突出了。当区域应力场增强时,可能通过介质较破碎的余震区敏感部位显示出余震活动增强的窗口效应;窗口消失阶段指余震活动晚期,震源区裂缝逐渐粘合致密,介质强度逐渐恢复,逐渐失去对区域应力场的敏感反映,窗口效应也逐渐消失。因此在实际预测中应把握窗口所处的阶段,以减少错报。

## 2.2.3 小震群活动

震群系指时间和空间分布相对集中的地震活动。人们期望通过丰富的小震群资料,获取更多的地壳内部状态信息。对小震群震兆信息的研究大致可归为两个方面。一方面是区域性多震群活动图像中震群的展布迁移特征。如唐山 7.8 级地震前华北区域小震群活动十分突出,主要分布在华北块体北缘带内。另一方面是对小震群序列的特征进行研究。如研究震群序列的 $b$ 值、P 波初动方向、纵横波振幅比、$h$ 值、$U$ 值、$K$ 值等。这里对常用的 $h$ 值、$U$ 值、$K$ 值作简单的介绍。

**1. $h$ 值**

刘正荣等提出在一段不长的时间内,位于不大的地区内发生一群地震时,用 $h$ 值判断这些地震是不是前震[17]。首先选取震群中的最大地震,暂将它当作主震,即"假定主震",其震级为 $M_0$。如果"假定主震"后的"余震"适合余震某些特征,则假定为真,"假定主震"为主震,其后无大于主震的地震;否则假设不成立,"假定主震"及其后的"余震"均为前震,以后还应有主震发生。

余震频度的衰减符合修改了的大森公式:

$$n(t) = n_1 t^{-h} \tag{2.11}$$

式中,$n(t)$ 是主震后第 $t$ 天的地震次数,$n_1$ 是主震后第 1 天的地震次数,$h$ 为余震频度的衰减系数。

可采用如下常用的预测方案:

在假定主震($M_0$)后的地震称为后续地震。$M_m$ 为最大后续地震(主震或最大余震)的震级。

$$M_m = \frac{1}{b} \lg \frac{1 + bN\ln 10}{1 + 0.5b\ln 10} + M_{\min} \tag{2.12}$$

$N$ 为大于震级下限 $M_\mathrm{min}$ 的所有后续地震数。

$$N = \frac{n_1}{h-1} K^{1-h} \begin{cases} \text{当 } h \neq 1 \text{ 时}, K = (1.5^{1-h} + h - 1)^{\frac{1}{1-h}} \\ \text{当 } h = 1 \text{ 时}, K = e^{\ln 1.5 - 1} \end{cases} \quad (2.13)$$

当 $h \leqslant 1$，特别当 $h < 0.8$ 时，为前震序列。

当 $h > 1$，$M_\mathrm{m} \geqslant M_0 - 0.3$ 时，震群为双震型。

当 $h > 1$，$M_\mathrm{m} < M_0 - 0.3$ 时，震群为主-余震型。

对 200 多次震群内检结果表明，$h$ 值具有较好的分辨能力。图 2.10（a）是墨西哥 1979 年 3 月 14 日 7.6 级地震的前震（空圈）和余震（实点）的累积频度分布，图 2.10（b）是云南下关 1978 年 5 月 19 日 5.3 级地震的前、余震累积频度分布，可看出主震前前震 $h$ 值较低，主震后余震明显增高的典型变化。

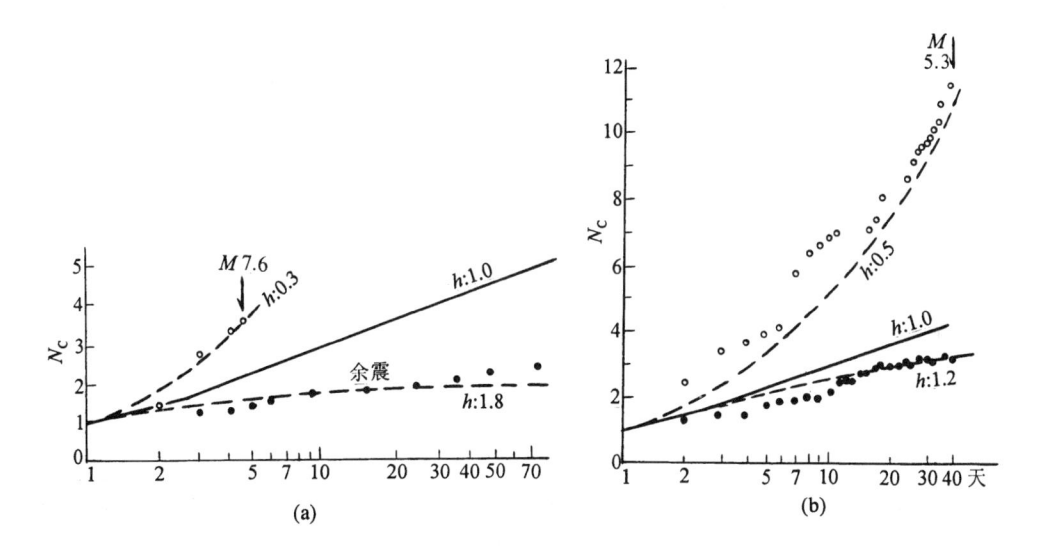

图 2.10 前余震 $h$ 值分布
（据刘正荣）
（a）墨西哥地震；（b）云南下关地震

## 2. $U$ 值

震群在应变释放过程中，能量分配是不均匀的，总体的差别与区域内未来大震有一定关系。陆远忠定义 $U$ 值为一个震群序列中释放 90% 的应变能需要的最短时间与全序列持续时间之比[18]。$U$ 值反映了震群能量释放的均匀程度，可称为能量的均匀度。内检结果表明，高 $U$ 值的震群之后，往往区域内有中强震发生。1970～1979 年华北 35 次震群中高 $U$ 值震群共 21 次，其后 1～2 年内，500 km 左右范围内，发生中强地震的有 17 次，而低 $U$ 值震群共 14 次，满足无震条件有 12 次。唐山 7.8 级地震前发生了 7 次高 $U$ 值震群，海城 7.3 级地震前有 3 次高 $U$ 值震群，邢台大震后发生了 5 次低 $U$ 值的震群。对震群能量释放过程特征的分析，说明 $U$ 值提取了一定的震兆信息。

**3. K 值**

为研究地震活动性特征，朱传镇引进了地震活动熵值并定义了震群的归一化信息熵 $K$[19]：

首先将震群中的地震按大小排序，满足 $M_1 \geqslant M_2 \geqslant \cdots \geqslant M_n$。

$$K = \frac{\ln S}{\ln n} - \frac{3.453}{\ln n} \frac{\sum_{i=1}^{n-1} \Delta_i S_i}{S} \tag{2.14}$$

式中，$\Delta_i = M_i - M_n$，$i = 1, 2, \cdots, n-1$；$S_i = 10^{1.54i}$；$S = S_1 + S_2 + \cdots + S_{n-1} + 1$；$n$ 为地震总次数，一般取 $n \geqslant 4$。比较不同震群的 $K$ 值，应取相同的 $n$ 值。从直观看 $K$ 值反映了震群序列能量分布的均匀度；从信息论的角度分析，如果震群信息熵增大，可能反映了局部地壳介质系统内的地震活动的概率分布发生了较大的变化。这种变化可能增加地壳局部结构的失稳可能性。然而孕震系统是个复杂系统的演化，除唯一确定的结果外，也可能出现混沌的，即演化前景具有多种可能性。系统在多种因子的复杂作用下，对未来发展作出抉择。因此，用 $K$ 值做预测同样具有确定性和随机性相互补充的特点。

对 100 多次震群分析表明，$K \geqslant 0.75$ 时，相应的震群有 60% 的概率属前兆性震群，即其后一年内，周围地区可能发生 $M_S \geqslant 5.5$ 级地震；而当 $K < 0.75$ 时，则属一般震群活动。

## 2.2.4 图像 B（余震的爆发）

人们期望通过地震活动前兆图像预测大震的发生，为了估计前兆性地震活动图像的预报意义，相应建立规范化的算法以便检验预测的成功、失败比率。

凯里斯鲍罗克和诺波夫等提出存在广义前兆图像的设想。认为这种广义前兆图像是地震活动的爆发，即在时间、空间和能量范畴内表现为异常的成丛现象。图像 B、图像 S、图像 Σ 即反映了地震活动在时、空、强上集中成丛的特征。下面仅对图像 B 作概括介绍。

在时间、空间上集中发生的一组弱地震，如果是一次主震后数量异常多的余震（称为余震的爆发），则其后区域内发生强震。上述观测现象是提出图像 B 的基础。为进行规范化检验，对余震定义如下：序号为 $i$，$j$ 的两次地震（$j > i$），发震时间分别为 $O_i$ 和 $O_j$；震源深度分别为 $h_i$ 和 $h_j$，震级分别为 $M_i$ 和 $M_j$，两地震间的距离为 $D_{ij}$，如果 $j$ 地震是 $i$ 地震的余震，则应满足：

$$O_j - O_i \leqslant T(M_i), |h_j - h_i| \leqslant H(M_i), D_{ij} \leqslant R(M_i), M_j < M_i \tag{2.15}$$

式中，$T(M_i)$、$H(M_i)$ 和 $R(M_i)$ 均为经验函数。在地震目录中一般把第 1 个地震当作主震，去掉它的余震后，留下的第 1 个地震当作第 2 个主震，以此类推，则可建造一个由主震序列构成的地震目录。

$b_i(e)$ 为第 $i$ 次主震后 $e$ 天内余震的次数。图像 B（爆发余震）由主震和 $b_i(e) > C$ 的余震组成。$C$ 为经验阈值。图像 B 出现后即可发出 $\tau$ 年在研究区内将发生一次强震的预报。对南加州、北加州、日本南部、日本北部和新西兰等地区共202年地震目录资料进行统计,共23次强震中实现了18次图像B的回溯性预报。预报时间警戒率约为30%。

对华北地区图像B的研究,表明爆发余震方法可用做前兆性地震活动图像,详见表2.4[20]。

**表2.4 华北及邻近地区图像B内检情况**

(据马秀芳)

| 序号 | 时间(年.月.日) | $\varphi_N/(°)$ | $\lambda_E/(°)$ | $M$ | 地　　点 | 预报情况 |
|---|---|---|---|---|---|---|
| 1 | 1966.03.08 | 37.2 | 114.6 | 6.8 | 河北隆尧 | 震前有图像B |
| 2 | 1966.03.22 | 37.5 | 115.1 | 7.2 | 河北宁晋 | 震前有图像B |
| 3 | 1967.03.27 | 38.6 | 116.5 | 6.3 | 河北河间大城 | 震前无图像B |
| 4 | 1969.07.18 | 38.2 | 119.4 | 7.4 | 渤海 | 震前无图像B |
| 5 | 1975.02.04 | 40.7 | 122.8 | 7.3 | 辽宁海城 | 震前有图像B |
| 6 | 1976.04.06 | 40.2 | 112.1 | 6.2 | 内蒙古和林格尔 | 震前无图像B |
| 7 | 1976.07.28 | 39.4 | 118.0 | 7.8 | 河北唐山 | 震前有图像B |
| 8 | 1976.09.23 | 39.9 | 106.4 | 6.2 | 内蒙古阿拉善左旗 | 震前有图像B |
| 9 | 1979.07.09 | 31.3 | 119.2 | 6.0 | 江苏溧阳 | 震前有图像B |
| 10 | 1979.08.25 | 41.2 | 108.1 | 6.0 | 内蒙古五原 | 震前有图像B |
| 11 | 1984.05.21 | 32.5 | 121.6 | 6.2 | 勿南沙 | 震前有图像B |

## §2.3　地震序列

### 2.3.1　序列的基本类型及特点

综合考虑地震序列的能量、频度分布特征及震源机制特点,可将地震序列大致分为主震型(包括前-主-余型、主-余型和孤立型三种)、震群型和双震型。

**1. 主震型序列**

主震型序列中,主震所释放的地震波能量占全序列地震波能量的90%以上。主震与次大地震的震级差 $\Delta M$ 满足不等式:$0.6<\Delta M\leqslant 2.4$。主震发生后,余震释放能量迅速减小,最大余震一般发生在主震后20天内。早期强余震的P波初动节面解基本与主震相同,但晚期余震P波初动节面解则可能有明显变化。其中,前-主-余型地震序列中的前震序列的P波初动节面解或初动方向一般具有较明显的一致性,且与主震相同。例如1962年新丰江6.1级地震和1975年海城7.3级地震就属于前-主-余型地震序列。观测表明,主震型序列中有明显前震活动的是少数。

在主震型序列中,有的余震少而小,可称谓孤立型。在7级以上强震中基本无孤立型。

**2. 震群型序列**

序列的主要能量是通过多次震级相近的地震释放的。最大地震的地震波能量占全序

列地震波总能量的80%以下，最大地震与次大地震震级差 $\Delta M$ 一般满足不等式：$|\Delta M|\leqslant 0.6$。震群型地震序列的特点是地震的频度高，能量释放的起伏大，衰减慢，全序列持续时间长。如1966年邢台7.2级地震序列和1976年龙陵7.4级地震序列。此外，较大地震一般都具有基本相同的P波初动节面解，只在序列后期可能发生变化。这种基本相同的断层面解，或者有单一的方向（如1966年邢台震群，1971年马边震群），或者是共轭的（如1976年龙陵震群）。

### 3. 双震型序列

可以看成是由两个相继发生的，震级相近的主震型序列组合而成，序列中较大地震活动的频度和强度均弱于群震型序列，双震型序列的显著特点是，其地震活动来自于两组不同的断层的失稳扩展。一般在第二个主震发生前有前震发生，其断层面解与其后的第二主震相同。例如，1966年云南东川地震，1976年四川松潘地震，1962年宁夏灵武地震，1969年海南东澳以东海中地震。

## 2.3.2 前震序列

前震序列是指一个地震序列中，主震前发生的一串中、小地震活动。例如1962年3月19日新丰江6.1级地震，1966年3月8日邢台6.8级地震和1975年海城7.3级地震等。尽管震前有明显前震序列的例子不多，如果在震前就能识别它们，无疑对地震的短临预报将起重要作用。

吴开统等通过对海城地震前震序列的研究，指出它具有震级不断增大、频度上升、震中位置集中、震源深度变化小等特点[22]（图2.11）。刘正荣从茂木清夫修改了的大森余震衰减公式

$$n(t) = n_1 \frac{1}{t^h} \tag{2.16}$$

出发［式中 $n(t)$ 为第 $t$ 天的余震次数，$n_1$ 为第一天的余震次数，$h$ 为余震频度衰减系数］，提出了 $h$ 值判别方案，得出以下结果：

当 $h \leqslant 1$ 时，相应的震群为前震群；当 $h > 1$ 时，相应的震群为正常衰减，其后无更强地震。

许多研究结果得到前震 $b$ 值较余震 $b$ 值低。例如海城地震，其前震和余震的 $b$ 值分别为0.56和0.86[22]。国外也有类似的结果，如希腊地区的地震序列，前震的平均 $b$ 值为0.82，而余震的平均 $b$ 值为1.31[23]。利用前震 $b$ 值比余震 $b$ 值小这一特性，也可以帮助我们判断前震和余震。

顾浩鼎等[24]提出，对前震序列，其S波偏振方向变化不大，大震后失去了震前的一致性。

许绍燮[25]对海城前震序列与其周围同期震群做了对比分析，发现两者的震源空间分布都比较集中，发震机制均较稳定，有些震群在其主震发生以后，机制变化显著，据此可以识别部分震群，但是有些震群的机制稳定性始终不比前震序列差。

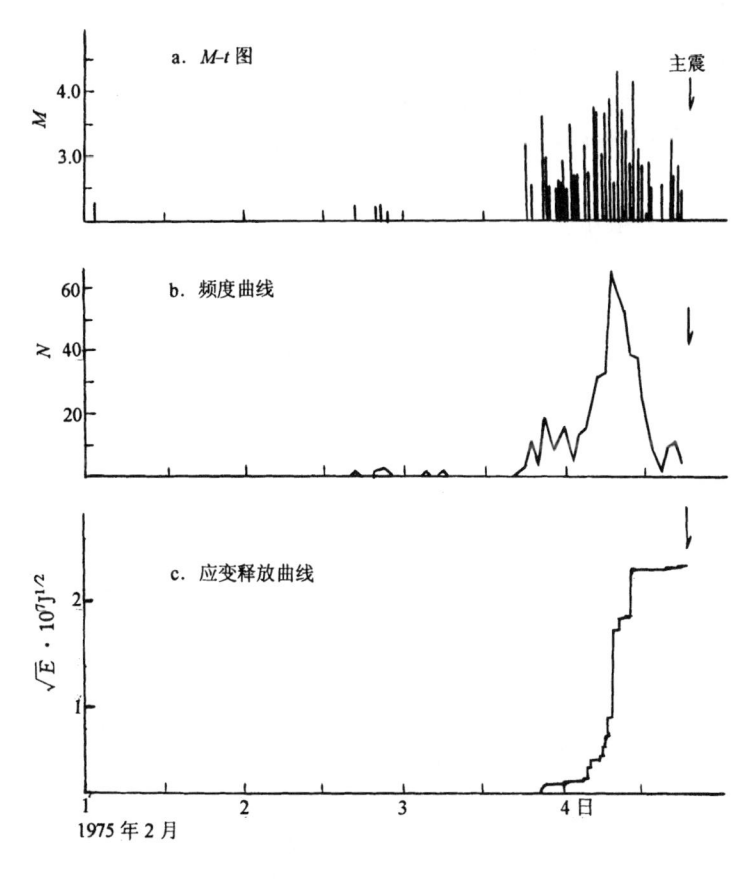

图 2.11 海城前震特征图

## 2.3.3 余震序列

陆远忠分析表明[29]，早期余震序列频度衰减曲线符合大森-宇津公式（图 2.12）。但是对震群型地震，整个余震序列的频度衰减曲线有时难于用一个公式来拟合，它往往要分成几段作出拟合曲线，前期 $h$ 值较小，后期 $h$ 值较大。

对于主震型序列，最大余震一般发生在主震后 20 天内，且多发生在主震后 2 天内。对于双震型或震群型地震，其最大余震多发生在 20 天以后，例如龙陵、松潘、澜沧、盐源、大同等地震。另外要注意，有些地震序列在末期还会发生一次强余震，甚至是最强余震，称晚期强余震。

此外，王碧泉等根据 9 次强震和中强震资料，发现余震活动强度具有高潮期和低潮期，在时间的单对数坐标上相邻两高潮期的时间间隔 $\tau$ 似乎相等。这种准周期现象被称为强余震的准周期性[26]。

根据绝大多数震例，余震 $b$ 值，均高于前震 $b$ 值，并且与该区正常活动期的 $b$ 值相等或略高。这表明在余震活动中，小地震数目相对较多。许多人发现，强余震发生前，$b$ 值变化曲线处于低值。例如 1976 年龙陵地震序列中，7 月 21 日 6.6 级强余震前，$b$ 值从 1.0 逐步下降。

在空间分布上，主震型地震，余震震中围绕主震破裂区形成一个椭圆，比主震破裂区略大。震群型序列，余震震中围绕震级相当的几次最大地震的破裂区分布，如图 2.13 所示[30]。椭圆的长短轴之比与震级有关，震级越大，比值越大。余震区的长轴大致代表主断层的长度。

余震的震源深度一般比前震和主震浅。

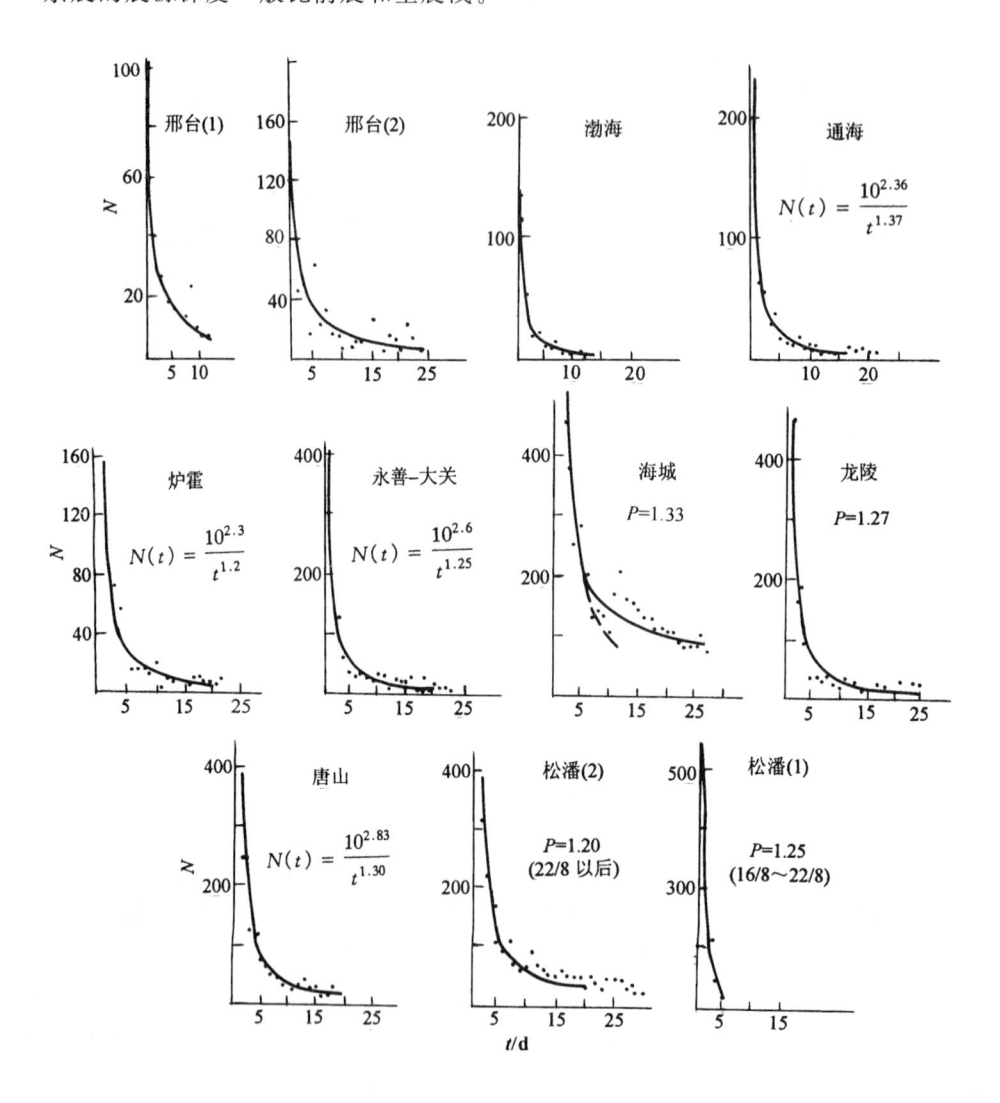

图 2.12 我国大陆 9 次强震的日频度衰减曲线

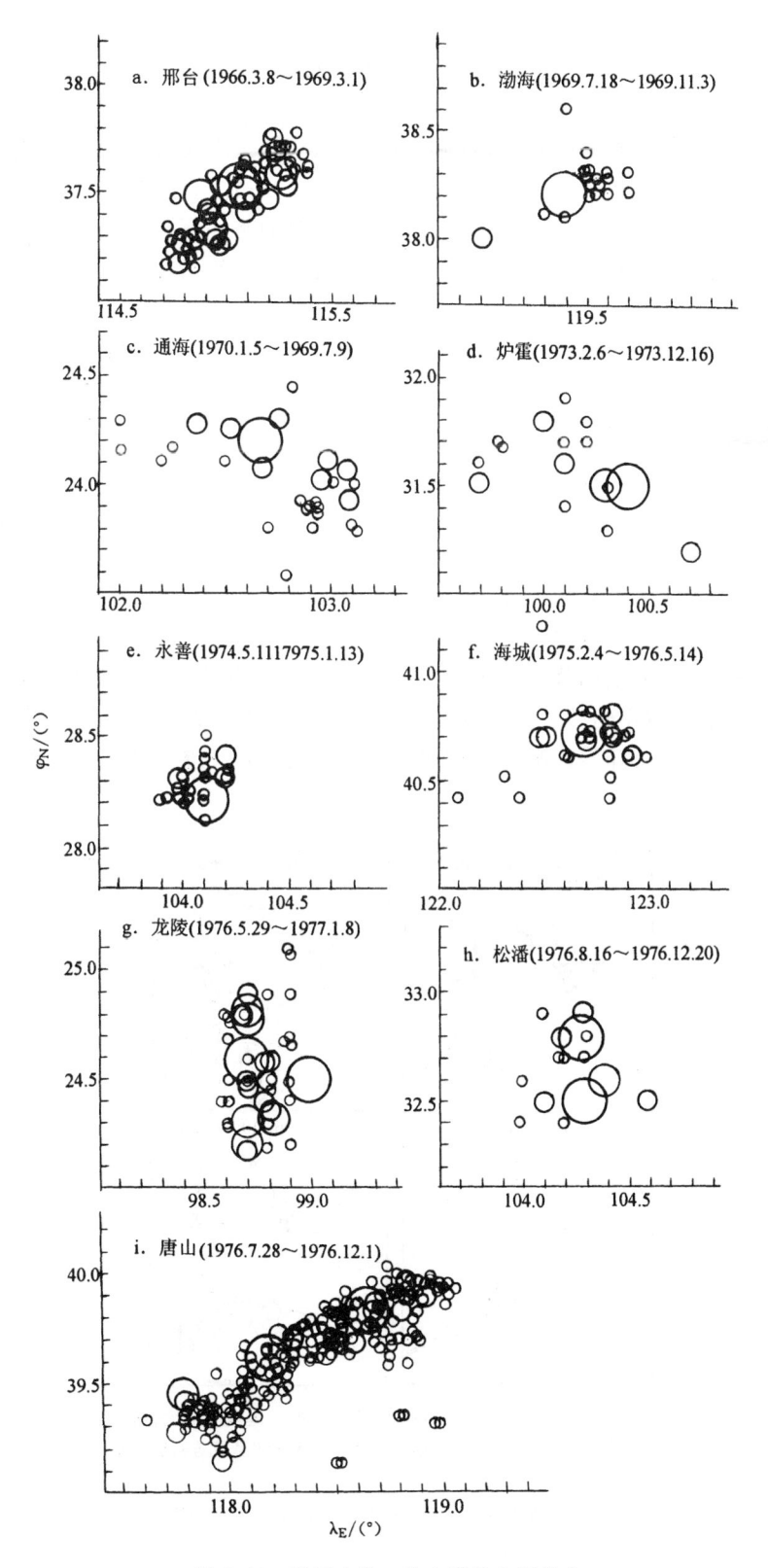

图 2.13 我国大陆 9 次大震的余震分布

## §2.4 震源参数变化

本节主要介绍用震源参数预报地震的研究方法。经过多年的实践，震源参数预报地震已初步取得了一些成果，但亦存在不少问题，主要是精度太低和地体小尺度上的不均匀造成的解的离散度大。在实践中人们发现，在特定的条件下，可以通过鉴定一群地震的记录地震图的某些特征的一致性，对近期的地震危险性作出判断。

### 2.4.1 大震前小震主压应力轴取向的特征

新丰江水库于1959年10月20日截流蓄水，蓄水前未发生过破坏性地震，蓄水后记录到频繁的小震活动，并于1962年3月19日发生6.1级地震。图2.14是1970年刘蒲雄等给出的新丰江6.1级地震前后3～4级地震的P轴及根据多台记录推断的更小地震的P轴平均方向图，它清楚地显示出6.1级地震前大半年内，小震、微震的P轴方向较规则，并与6.1级地震的P轴方向相同，震后的P轴方向就紊乱了。3～4级地震前更小地震的P轴方向也有类似的特征。如果各地震台记到的某个小区域内小震微震初动方向具有稳定、明显的优势方向，则可认为这群地震的P轴有优势取向。图2.15（a、b）是几次震级较小的地震前后各地地震台记到的微震初动符号分布图。从图上可见，在地震前5～20天开始，微震P轴取向趋于一致，并且震级越大，一致的范围也越大。

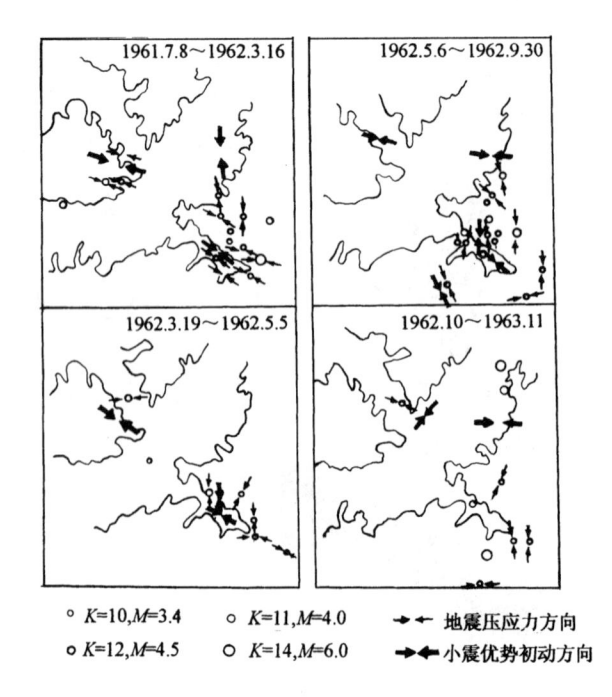

图 2.14 新丰江6.1级地震前后小震主压应力方向

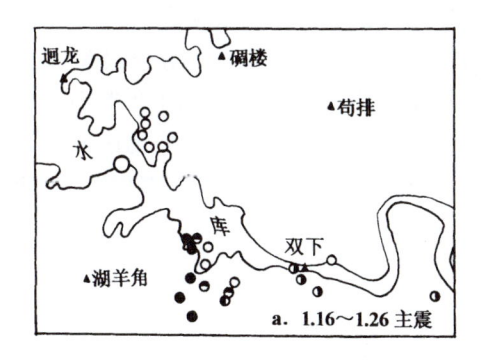

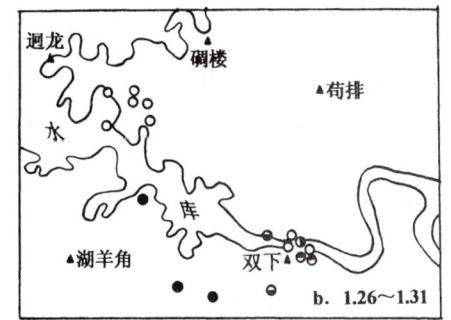

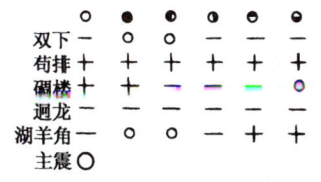

(a) 1967年1月26日4.0级地震

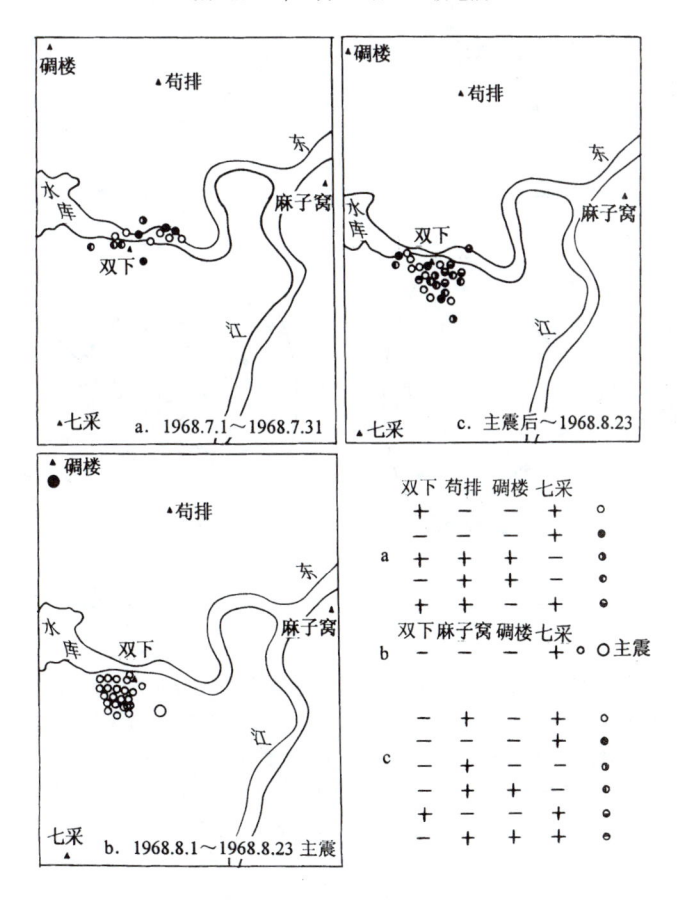

(b) 1968年8月23日3.3级地震

图 2.15 新丰江 3~4 级地震前弱震多台初动记录

(初动向上为+，向下为−，选用地震系在台网之内)

唐山地震后华祥文[27]用白家疃台（1958年起有记录）和北安河台（1975年9月起有记录）所记录到的，震中距在360 km内的所有P波初动资料，分阶段作综合节面解，结果见图2.16。从中可见，1958~1971年矛盾比高达40%，作不出节面解，1972年后矛盾比降至20%以下，得到的P轴平均方向与北东东近水平方向的区域应力场主压应力方向一致，也与唐山7.8级大震P轴方向相同。唐山地震后，震区的余震活动和外围京津地区小震初动又丧失了四象限分布，矛盾比恢复到40%。

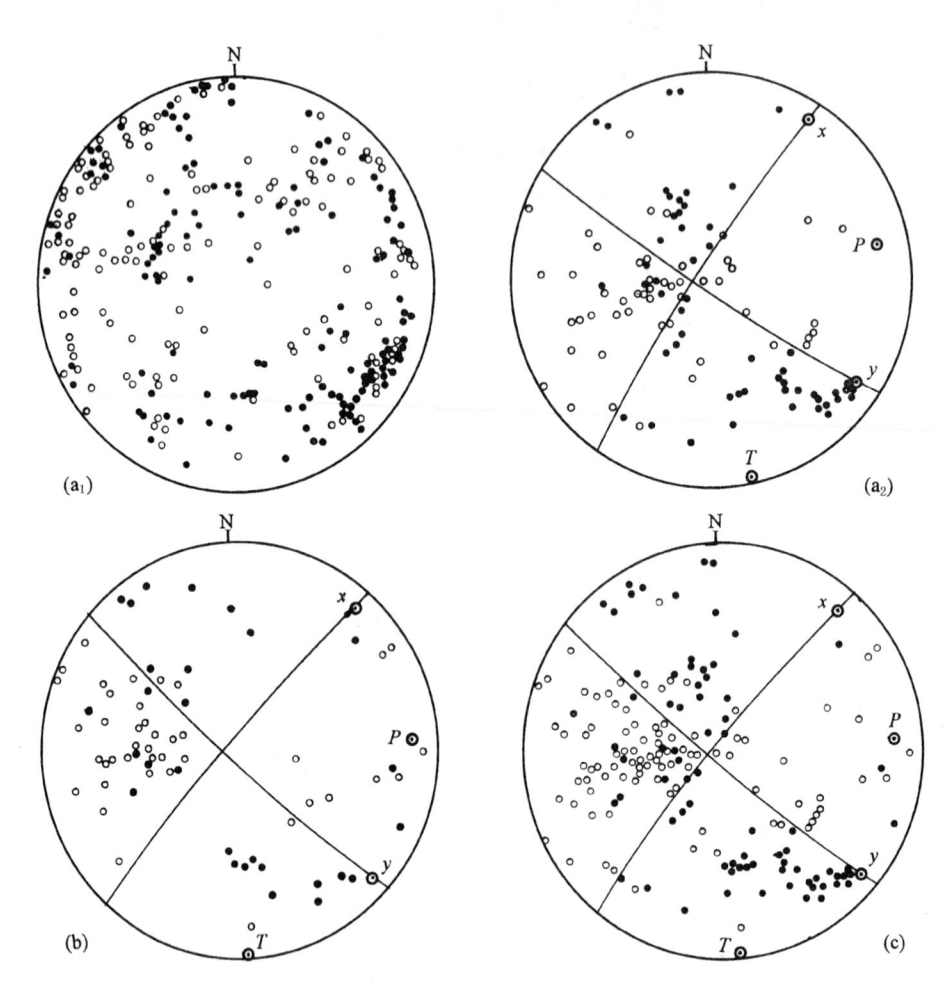

图2.16 白家疃台、北安河台从有记录以来唐山地震分阶段小震综合节面解

(a₁) 白家疃台1958年至1971年所记地震的P波初动符号（无法作出节面解）；
(a₂) 白家疃台1972年至1976年7月27日综合节面解；
(b) 1975年9月至1976年7月27日北安河台综合节面解；
(c) 1972年至1976年7月27日白家疃台和北安河台综合节面解

## 2.4.2 振幅比的异常

所谓振幅比，就是同一台仪器记录的$\bar{P}$、$\bar{S}$波垂直向最大振幅之比。有不少文献报道了固定台站记录到的前震序列或震群中最大地震发生前的小震振幅比一致,当主震或震群中最大地震发生后振幅比值就分散了。

冯德益等[28]探索从振幅比中提取介质性质的信息以作中期地震预报。他们取双层地壳模型,综合分析了震源力系和介质对振幅比的影响,得出以下结论:

(1) 振幅比 $\dfrac{W_S}{W_P}$ 与波速比平方 $\left(\dfrac{V_S}{V_P}\right)^2$ 成正比,因此有可能观测到大震前较长一段时间内通过孕震区的地震的振幅比明显减小;

(2) 一般情况下震源力系方向对振幅比影响很大,而当断层面直立并成水平错动时影响不大。因此用与其相近的地震作预报最好,否则要取节面解一致或相近的地震作比较;

(3) 近震源区($\dfrac{r}{h}$<2.5,$h$ 为震源深度)振幅比随震源距 $r$ 变化复杂,且与方位角关系很大,因此取 $r$ 较大($r$>70~100 km)的台站资料进行预报较好。

### 2.4.3 S 波偏振

S 波振动方向与传播方向垂直,但不一定在入射面内,这种现象称为 S 波偏振。振动方向与传播方向构成的面称偏振面,偏振面与入射面夹角称偏振角,见图 2.17。从图上可见,S 波垂直入射面的分量 $u_{SH}$ 只存在于水平分量上,它在地面上的投影与台站—震中连线垂直,S 波在入射面内的分量 $u_{SV}$ 在水平、垂直两个分量上都有。

当入射角 $i_0$ 大于临界角时,S 波地表位移与入射位移的分量 $u_{SH}$、$u_{SV}$ 有如下关系:

$$u_{SH} = \frac{1}{2}A_{SH} \tag{2.17}$$

$$u_{SV} = \frac{1}{2\cos i_0}(A_{SV}^z \cos 2i_0 - A_{SV}^h \sin 2i_0) \tag{2.18}$$

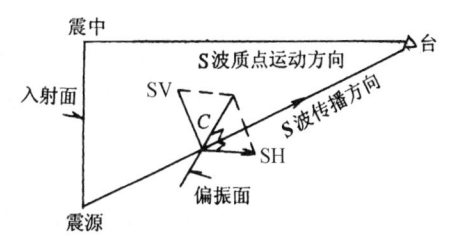

图 2.17 S 波偏振

式中,$A_{SH}$、$A_{SV}^z$、$A_{SV}^h$ 分别为地表位移的 SH、SV 垂直分向和 SV 水平分向的分量,可从记录的地表位移的三个分量重新合成分解得到。偏振角 $C$ 为:

$$\text{tg}C = \frac{u_{SH}}{u_{SV}} \tag{2.19}$$

顾浩鼎等研究了 1975 年海城地震前一年,周围 300 km 区域发生的 7 次小震群,发现它们具有稳定的 S 波偏振性质,认为这是前兆震群的特征[24]。

### 2.4.4 初动半周期变化

一些文献报道[29],固定台站记录到的震级相当的地震,从总体上看,前震甚至主震后短期内的余震,其初动半周期要较正常活动的地震和后期的余震的为小,故可以根

据小震初动半周期变化的特征,判断是否还有更大的地震。例如:

(1) 1979年3月2日安徽固镇5.0级地震,最大的前震3.2级,最大余震3.5级,震中位置很靠近,嘉山台的记录清楚地表明前震初动半周期小于余震[30]。

(2) 1976年4月6日内蒙古和林格尔6.3级地震,前震很少,余震区小。对胜利营地地震台记录的初动一致的微震($1.0 \leqslant M_L \leqslant 2.0$),逐日统计$\bar{P}$波初动半周期,发现4月4日及主震后两日初动半周期70%以上为0.1 s,0.2 s的极少。此后0.1 s的越来越少,而0.2 s的逐渐增加。其他台站资料也有同样的变化趋势[30]。

与波谱的情况类似,也观测到了反例。例如1975年8月1日奥罗维尔5.7级地震时,观测到前震的初动半周期大于余震[31]。

## 2.4.5 波形的变化

发现固定台站积累的某一地区正常地震、震群和前震的波形资料之间有某种差别,从而有可能用于地震预报。

(1) 迁浦贤研究了日本关东7个地区的震群与1978年伊豆大岛近海7.0级地震的前震,发现震群具有相似的波形,而前震即使发生在短时间内波形也各不相同,见图2.18[32]。

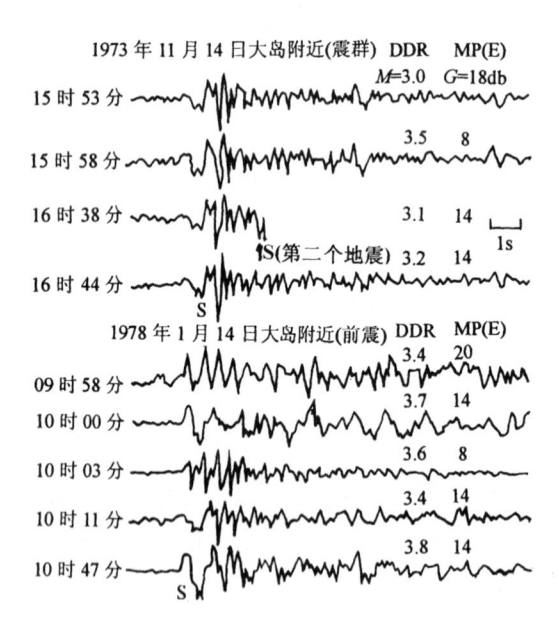

图 2.18 同一地区发生的震群和前震序列波形的对比

(2) 石田瑞穗等发现,1971年圣费尔南多6.4级地震前,距震中15 km的帕萨迪纳地震台伍德-安德逊地震仪记录的1969年到1970年的5个前震波形虽很复杂,但彼此相似,而1969年前同一地区的地震波形不太复杂,变化较大,见图2.19[33]。

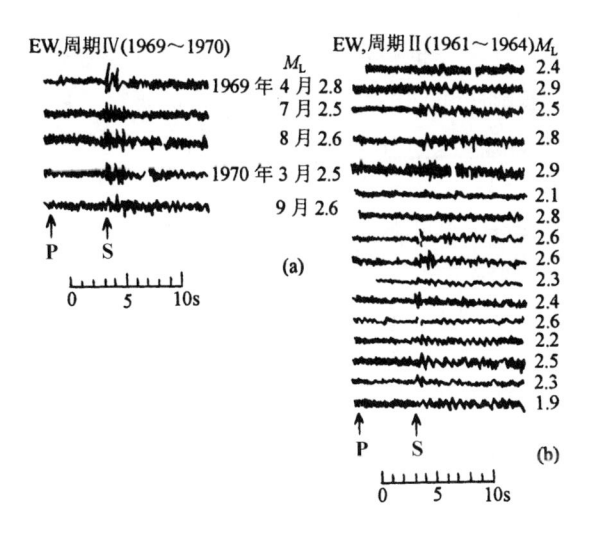

图 2.19　帕萨迪纳（距震中 15 km）伍德-安德逊仪器记录地震图

## 2.4.6　大震前后小震应力降和震源半径的变化

为了研究震源参数的变化，首先要假定震源模式。朱传镇使用圆盘破裂震源模型，利用 P 波初动半周期来测定应力降和震源半径[34]，具体做法如下：

选择单台或多台短周期地震记录，震级在 1.5～5.0（$M_L$）之间，且这些地震震中分布较近，一般相距以不超过 50 km 为宜，用读数放大镜读出相应 P 波初动半周期 $\tau_{1/2}$。

设对一定传播路径，P 波初动半周期在震级小于一定值（如 $M_L<2.0$）后，不再随震级而减小，令其为 $\tau_{1/2\min}$，而对较大地震，如 $M_L>3.5$ 级地震，测得其 P 波初动半周期为 $\tau_{1/2}$，则此地震震源时间函数的半脉冲宽度 $\tau_{1/2源}$ 和 $\tau_{1/2}$ 与 $\tau_{1/2\min}$ 有如下关系：

$$\tau_{1/2源} = \tau_{1/2} - \tau_{1/2\min} \tag{2.20}$$

利用圆盘破裂震源模型，有关系式：

$$r = \frac{\tau_{1/2源} v}{1 - \dfrac{v}{v_P \sin\theta}} \tag{2.21}$$

式中，$v$ 为破裂传播速度，可取 $v=0.9v_S$，$v_P$、$v_S$ 分别为相应观测地区的 P 波和 S 波传播速度，$\theta$ 是震源断裂面的走向与地震射线间的夹角，在多台资料的情况下可取 $\theta=45°$，$r$ 为所测地震的震源半径（以 km 计）。

根据布龙公式，可求得震源应力降 $\Delta\delta$：

$$\Delta\delta = \frac{7}{16}\frac{M_0}{r^3} \tag{2.22}$$

$r$ 由上式得到，$M_0$ 为地震矩，可按以下经验关系由震级计算得出：

华北地区　　$\lg M_0 = 1.0 M_L + 17.75$ 　　　　　　　　　　　　　(2.23)

西南地区　　$\lg M_0 = 1.23 M_L + 17.82$ 　　　　　　　　　　　　　(2.24)

根据现有震例，一般情况下，大震前小震应力降高，大震后的应力降低；震级相当的小震相比较，大震前的震源尺度较小，大震后的震源尺度增大。

国外这方面的研究得到了不同的结果。例如迁浦贤研究了夏威夷 $M=7.1$（1975年11月29日）、山梨 $M=5.5$（1976年6月16日）、河津-伊豆 $M=5.4$（1976年8月18日）等3次地震的前震序列，结果是山梨、河津－伊豆地震的主要前震应力降比主震和余震的低5倍，夏威夷地震及其主要前震应力降比正常地震活动的高[35]。巴库等研究了加利福尼亚帕克菲尔德地区 $M_L=5.0$ 左右地震的前、余震和弧立地震的P波谱，发现即刻前震（17分钟前）的应力降高，早期前震（55小时前）的与正常地震的无大的区别[36]。

由于所用震源模型不同和方法的精度低，对同一地震不同人可能会得到不同结果。因此，当利用小震震源参数估计地震危险性时最好将那些在相近条件下，用相同方法得到的震源参数相比较。另外，为避免地体在小尺度上的不均一性的影响，应当根据大量地震的统计特征作判断。

## §2.5 介质参数与地震波速的变化

利用中小地震波形记录资料探索地壳介质性质，波速变化和应力状况的信息是以震报震方法有待继续深入发展的重要途径之一。

### 2.5.1 品质因子 $Q$ 值

由于地球介质的非弹性影响及非均匀性造成的散射，地震波在介质的传播过程中一部分能量将被吸收，而使振幅衰减。介质的品质因子 $Q$ 值定义为一周期内，储藏在振动系统内的能量与所耗损能量之比，即 $Q=2\pi\dfrac{E}{\Delta E}$。$Q$ 值是无量纲的量，描述了介质对地震波吸收强弱的性质。介质的刚性大、整体性好，介质对地震波吸收就弱，$Q$ 值高，反之，介质破碎，松软，$Q$ 值低，地震波衰减大。

地震波能量的耗损一般可通过相应的振幅衰减或频散效应求出。

地震波振幅 $A$ 的衰减可用下式表示[37]：

$$A = A_0 e^{-rt} = A_0 e^{\frac{-\pi R}{QTV}} = A_0 e^{\frac{-\omega t}{2Q}} \tag{2.25}$$

式中，$A_0$ 为 $t=0$ 时的初始振幅，$R$ 为震源距，$V$ 为波的传播速度，$T$ 为周期，$\omega$ 为圆频率，$r$ 为介质的吸收系数。

无论在实验室还是野外实际观测资料的测量中，地震波振幅的衰减强烈地依赖于传播路径地震波的几何扩散、反射、散射以及观测仪器的脉冲响应等，因此，$Q$ 值的精确测定是十分困难的。

目前测定介质的品质因子 $Q$ 值，主要使用近震地震波记录，方法可归为三类：

（1）利用P波初动资料的初动半周期方法；

（2）利用P波段记录的频谱分析方法；

（3）利用尾波记录的尾波 $Q$ 值的方法。

每类方法又有多种不同的具体测定 $Q$ 值的做法。这里仅介绍一种在震情分析中推荐使用的 P 波初动半周期残差法[34]。

使用单台或台网多台短周期地震记录，读取 P 波初动半周期 $\tau$ 和 P 波走时 $t$ 或 S 波、P 波走时差 $t_{(\bar{S}-\bar{P})}$。

实际观测资料及实验室结果表明存在关系式：

$$\tau = \tau_0 + \frac{t}{Q} \text{ 或 } \tau = \tau_0 + \frac{1}{\frac{V_P}{V_S}-1} \frac{t_{\bar{S}-\bar{P}}}{Q} \tag{2.26}$$

式中，$Q$ 即为震源至台站间介质平均品质因子，$\tau_0$ 为震源处脉冲半周期，但 $\tau_0$ 未知，求 $Q$ 值需利用多个位于相近地区同一台站的地震记录，或是一次地震在位于近似一直线上的多个台站记录，作出 $\tau$-$t$ 图，由图中直线的斜率即可估算 $Q$ 值。

利用地震波资料，人们用不同的方法测得了强震前后 $Q$ 值的变化。表 2.5 列出了海城、唐山地震前后的 $Q$ 值变化，可看出不同方法测到的 $Q$ 值结果不尽相同，甚至有的震例震前、震后结果相互矛盾[38]。这与各种方法测定 $Q$ 值使用的地震波资料类型不同，方法的假设条件不同等有关。然而，有意义的 $Q$ 值变化正说明进一步探索研究 $Q$ 值的重要性。

表 2.5　海城、唐山地震前后的 $Q$ 值变化

（据傅昌洪）

| 地震日期与震级 | $Q$ 值变化情况 | 使用方法 | 作　者 |
|---|---|---|---|
| 1975 年 2 月 4 日<br>海城地震 $M_S$＝7.3 | 震前 226～282<br>震后 78～295 | 频谱分析法 | 朱传镇 |
|  | 震前 420<br>震后 160 | P 波初动法 | 卓钰如 |
|  | 震前 490<br>震后 714 | 尾波分析法 | 金安蜀 |
| 1976 年 7 月 28 日<br>唐山地震 $M_S$＝7.8 | 震前 460～643<br>震后 291～351 | 频谱分析法 | 朱传镇 |
|  | 1962～1972　198<br>1973～1976　312（大震前夕）<br>1976～1978　243 | 尾波分析法 | 金安蜀 |

## 2.5.2　地震波振动持续时间的变化

地震波振动持续时间是地震能量的参数，分析强震前后地震波持续时间的变化可寻求震源区介质在孕震过程中对地震波吸收能力的变化。

原苏联米尔佐也夫等报道，中亚地震试验场在 10 年内，记录到近 30 次能级 $K \geqslant 13$（相当于 $M \geqslant 5.5$）的地震，除因台站工作暂停，震前缺少弱震样品，或尾波记录被干扰等外，余下的 2/3 观测到振动持续时间比的前兆变化（图 2.20）。

地震图中从地震波记录的初至到结束称为持续时间。结束标志一般可取振幅衰减到两倍噪声背景或取不同截止阈值的组合平均。

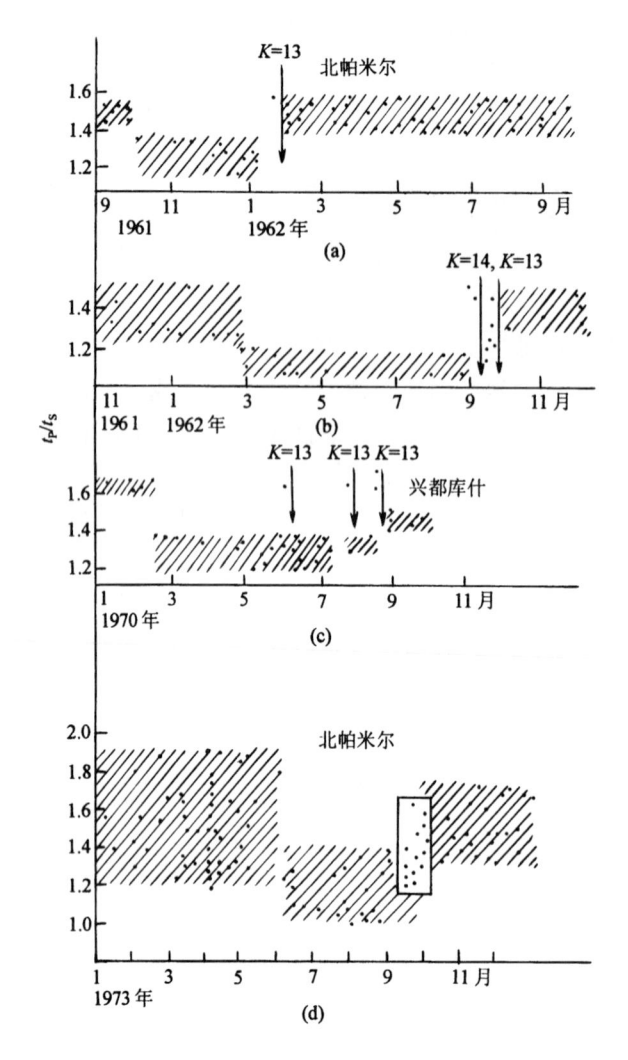

图 2.20　中亚地区地震波水平和垂直分量振动持续时间比的变化
(据米尔佐也夫等)

持续时间一般与震级、震中距、震源特性、传播路径以及台站仪器的频率特性等有关。在固定台站下，台站仪器频率特性的影响可基本消除。为消除震级和震中距的影响，采用水平分量振动持续时间 $T_H$ 和垂直分量振动持续时间 $T_V$ 之比。黄德瑜等研究发现唐山 7.8 级地震前京津唐张地区小地震 $T_H/T_V$ 的空间分布存在明显差异，唐山附近地区持续时间比较低，平均 $T_H/T_V=1.07$，标准偏差 $\sigma=0.10$，外围地区持续时间比较高，$T_H/T_V=1.30$，$\sigma=0.17$；唐山震后震源区附近持续时间比急剧变化，$T_H/T_V=1.12$，$\sigma=0.22$，外围地区 $T_H/T_V=1.16$，$\sigma=0.21$。从图 2.21 可看出 $T_H/T_V$ 在大震前后时空的二维变化[39]。

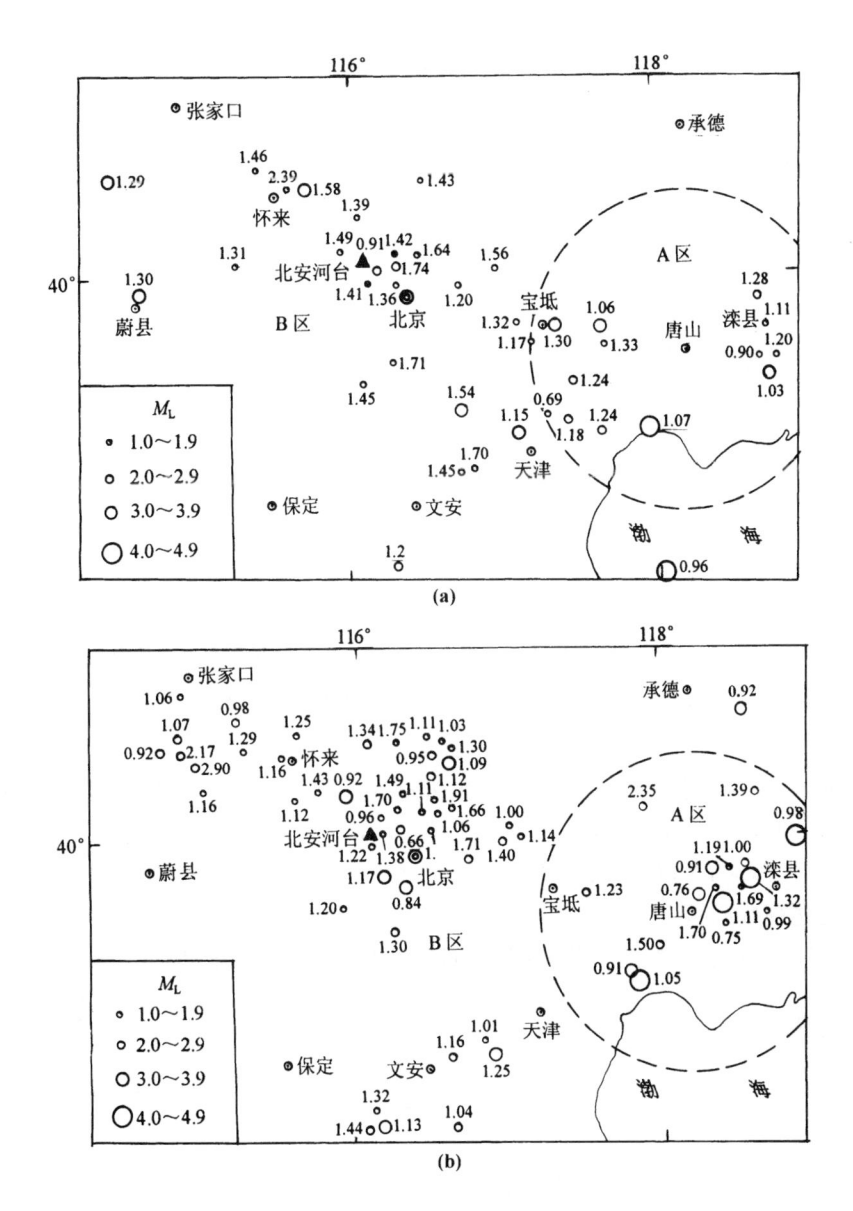

图 2.21 唐山 7.8 级地震前后 $T_H/T_V$ 的变化

(a) 1975.9~1976.7.28; (b) 1977.1~1978.5

## 2.5.3 地震波速变化

在地震的孕育过程中，震源区介质的物理状态将发生一系列变化，如出现微破裂、扩容、塑性硬化及相变等，地震波通过震源区时，波速也会发生变化。从下面列举的波速表达式可以清楚地看到。对于理想的均匀弹性介质，纵波速度 $V_P$、横波速度 $V_S$ 与介质泊松比 $\sigma$、杨氏弹性模量 $E$ 和密度 $\rho$ 之间的关系为：

$$V_P = \sqrt{\frac{E}{\rho}\left(1 + \frac{2\sigma^2}{1-\sigma-2\sigma^2}\right)} \qquad V_S = \sqrt{\frac{E}{\rho}\frac{1}{2(1+\sigma)}} \qquad (2.27)$$

纵波和横波的波速比可写成：

$$\frac{V_\mathrm{P}}{V_\mathrm{S}} = \sqrt{\frac{2(1-\sigma)}{1-2\sigma}} \tag{2.28}$$

对于干裂隙岩石，波速可表示为：

$$V_\mathrm{P} = V_\mathrm{1P}\left\{1-\varphi\left[\frac{8\sigma_1-1}{6(1-2\sigma_1)}+5\left(\frac{1-2\sigma_1}{7-5\sigma_1}\right)\right]\right\} \tag{2.29}$$

$$V_\mathrm{S} = V_\mathrm{1S}\left[1-\varphi\left(\frac{4-5\sigma_1}{7-5\sigma_1}\right)\right] \tag{2.30}$$

式中，$V_\mathrm{1P}$、$V_\mathrm{1S}$ 分别为固体岩石中的纵、横波速度，$\sigma_1$ 为固体岩石的泊松比，$\varphi$ 为干裂隙岩石的孔隙度。

在裂隙充满液体的饱和状态下，纵、横波速度为：

$$V_\mathrm{P} = V_\mathrm{1P}\left\{1-\frac{\varphi}{2}\left[\frac{(1-K)(1+\sigma_1)}{2(1-2\sigma_1)+K(1+\sigma_1)}+10\left(\frac{1-2\sigma_1}{7-5\sigma_1}\right)-\left(1-\frac{\rho_2}{\rho_1}\right)\right]\right\} \tag{2.31}$$

$$V_\mathrm{S} = V_\mathrm{1S}\left\{1-\frac{\varphi}{2}\left[15\left(\frac{1-\sigma_1}{7-5\sigma_1}\right)-\left(1-\frac{\rho_2}{\rho_1}\right)\right]\right\} \tag{2.32}$$

式中，$K=\dfrac{\rho_2 V_\mathrm{2P}^2}{\rho_1 V_\mathrm{1P}^2}$，$\rho_2$ 和 $\rho_1$ 分别为液体和岩石的密度，$V_\mathrm{2P}$ 为液体中的纵波速度。可看出，波速随孔隙度的增加而减少，在孔隙度不变的情况下，随裂隙内液体密度的变化而增加[40]。

此外，岩石破裂实验表明，加压初期，波速随压力加大而增加，当压力超过岩石破裂强度的 50% 时，波速随压力增加而减少。温度实验结果表明，岩石的波速随温度的升高而减少。显然，震源区介质物理状态的变化可通过波速的变化反映出来，这也就是波速异常预报地震的物理基础。

测定波速的方法较多，这里仅介绍应用较多的和达法和四震相方法。

**1. 和达法**

平均波速比 $V_\mathrm{P}/V_\mathrm{S}$ 可由一组和达直线方程求得。令 $K$ 为和达直线的斜率，则和达方程为：

$$T_{(\mathrm{S-P})i} = K(T_{\mathrm{P}i} - T_0) \quad i = 1, 2, \cdots, n \tag{2.33}$$

式中，$n$ 为观测台站总数，$T_{\mathrm{P}i}$ 和 $T_{(\mathrm{S-P})i}$ 分别为第 $i$ 台站的 P 波观测到时和 S 波、P 波到时差。平均波速比 $V_\mathrm{P}/V_\mathrm{S}$ 与 $K$ 有如下关系：

$$\frac{V_\mathrm{P}}{V_\mathrm{S}} = 1 + K \tag{2.34}$$

多台观测可用最小二乘拟合求 $K$，故波速比及误差可表示为：

$$\frac{V_\mathrm{P}}{V_\mathrm{S}} = 1 + \frac{n\sum\limits_{i=1}^{n} T_{(\mathrm{S-P})i} T_{\mathrm{P}i} - \sum\limits_{i=1}^{n} T_{(\mathrm{S-P})i} \sum\limits_{i=1}^{n} T_{\mathrm{P}i}}{n\sum\limits_{i=1}^{n} T_{\mathrm{P}i}^2 - \left(\sum\limits_{i=1}^{n} T_{\mathrm{P}i}\right)^2} \tag{2.35}$$

$$\sigma = \sqrt{\frac{n}{n-2} \cdot \frac{\sum_{i=1}^{n}[T_{(S-P)i} - T'_{(S-P)i}]^2}{n\sum_{i=1}^{n}T_{Pi}^2 - \left(\sum_{i=1}^{n}T_{Pi}\right)^2}} \qquad (2.36)$$

式中，$T'_{(S-P)i}$ 是理论计算值。

金安蜀等对北京地区千余次小地震用和达法测定了波速比，图 2.22 展示了唐山地震前后的波速比变化。

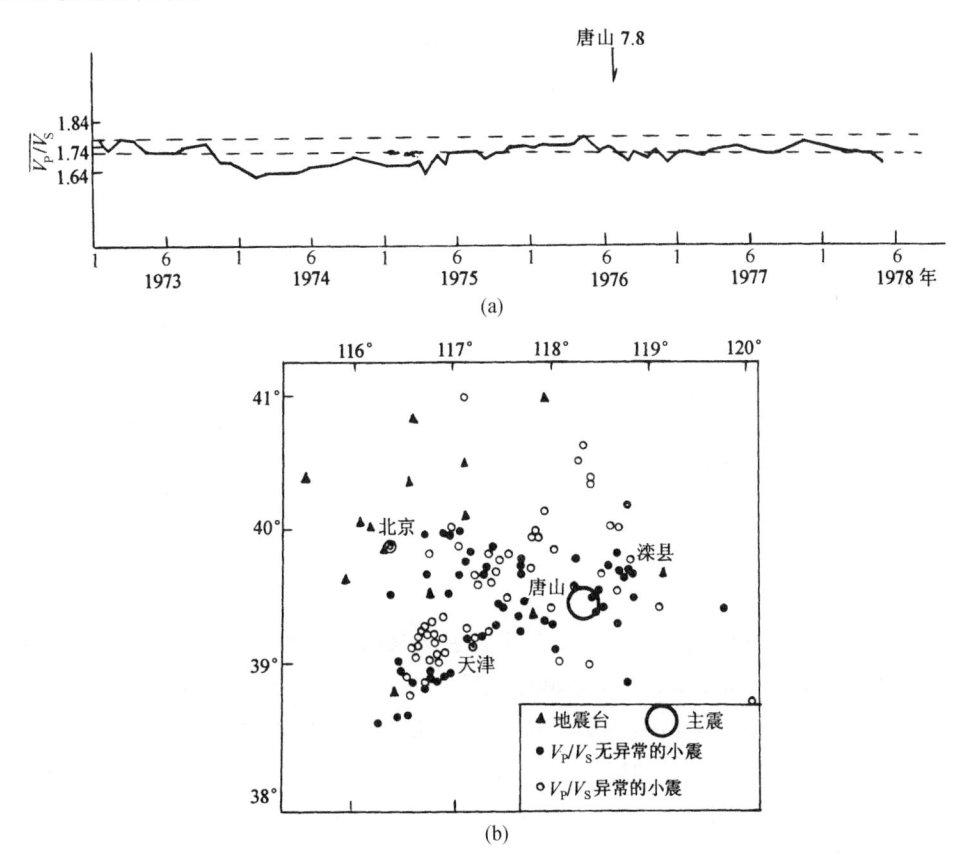

图 2.22 唐山地震前后的波速比
(据金安蜀)
(a)平均波速比的时间进程；(b)参加平均的小地震的震中和台站分布

### 2. 四震相法

单台若能清楚地记录到同一地震的两组不同震相，则可用四震相法测定波速比。常用的有直达波 $\overline{P}$、$\overline{S}$ 和反射波 $P_{11}$、$S_{11}$。姜秀娥等假设地壳为单层均匀模型，当震源位于地壳内时，平均波速比与四震相到时可简化为如下关系式：

$$\frac{V_P}{V_S} = \frac{T_{S11} - T_{\overline{S}}}{T_{P11} - T_{\overline{P}}} \qquad (2.37)$$

式中，$T_{\overline{P}}$、$T_{\overline{S}}$ 分别为直达纵波和横波到时；$T_{P11}$ 和 $T_{S11}$ 分别为莫氏界面纵、横反射波到时[41]。

在地震预报研究中波速异常变化是较早探索的方法之一,特别是1969年原苏联谢苗诺夫报道了加尔姆试验场不少3.5～5.5级地震前纵横波速度比的前兆变化,更是引起各国地震专家的关注。肖尔茨、努尔等扩容模式的建立,曾把波速研究推向高潮。据不完全统计,国内外研究震前波速异常达近百例之多。总结了不少震前波速异常的实例,但也发现了一些未观测到震前显著波速异常的震例。例如,波尔特的研究表明,在1975年奥罗维尔5.7级地震前没有观测到内华达地下核爆破到奥罗维尔台的P波走时明显变化。

据冯德益等研究分析的我国近年来中强地震前后波速比变化震例21次,其中震前发现异常提出不同程度预报的有7次,地点和震级报得较好,但预报时间尺度较长;属于震后总结发现波速异常的有12次;经震后总结未发现波速异常的有2次。随着波速研究工作的不断深入,使我们对地球各向异性的非均匀介质中地震波速变化,受到多种因素制约的复杂性将会有进一步的认识。

## §2.6 震兆的综合判定方法

前面介绍了在地震预报中常用的一些地震学方法,这些方法提取了一定的震兆信息,在地震预报中都有一定的价值,但仅依据某一种方法要揭示孕震的全过程,从而进行地震三要素的预报是相当困难的。因此,综合分析特别是定量的综合分析判定十分重要。这里将着重介绍模式识别和强震发生概率增长时间与空间的 TSIP 方法。

### 2.6.1 模式识别

模式识别又称为图像识别,是近30年来发展起来的一门新兴学科。模式识别是对过程或事物进行分类或判别,即对系统空间中的特征向量进行分类。70年代初盖尔芬德首先引用模式识别方法研究了地震危险区划分问题,识别可能发生强震的地点。以后,布里格斯、普雷斯、凯里斯博罗克等利用模式识别方法研究了美国加州、内华达,意大利等地区的地震危险区划分,王碧泉等对华北地区大地震前中等地震活动的震兆特征和强震发生的时段进行了模式识别研究,得到了有益的结果。

模式识别目前有两大分支,统计模式识别和句法模式识别。CORA-3 算法是地震危险性分析预报中较常用的统计模式识别方法,该算法主要步骤如下:

**1. 资料的预处理**

首先对识别对象提出一张问题征询表,设有 $P$ 个对象,$m$ 个问题,把识别对象表示成多维空间中的特征向量 $X=(X_1,X_2,\cdots,X_m)$,特征 $X_1,X_2,\cdots,X_m$ 为识别对象分别对 $m$ 个问题的回答,用二进制表示,肯定为1,否定为0,$P$ 个识别对象对 $m$ 个问题的回答即构成 $m\times P$ 的识别矩阵。用1个、2个和3个原有特征可组合成新特征。考虑到识别对象对组合新特征所有可能的不同回答,则 $m$ 个问题组合新特征的总数为 $2C_m^1+2^2C_m^2+2^3C_m^3$。资料预处理的关键是一张问题征询表,只有特征问题提得准确,具有反应识别对象分类的性能,才能使模式识别成功。

**2. 选取示性特征——学习阶段**

令 $W$ 为识别对象集,对于两类识别问题,可把 $W$ 分成 3 个不相容的子集 $D_0$、$N_0$ 和 $X$。$D_0$ 为已知的Ⅰ类对象集,$N_0$ 为已知的Ⅱ类对象集,$X$ 是未知类或留下做试验用的对象集。

通过对已知分类 $D_0$ 集和 $N_0$ 集的学习,从待选特征中选取示性特征。如果某特征在 $D_0$ 集中出现的频次很高,而在 $N_0$ 集中出现的频次很低,就把这个特征选作Ⅰ类示性特征;反之,则选作Ⅱ类示性特征。选取示性特征的准则见表 2.6,阈值 $K_1$、$\tilde{K}_1$、$K_2$、$\tilde{K}_2$ 可根据误识率最小的原则,试验测定。

表 2.6 选取示性特征准则

| 特征出现频率 ||示性特征类型|
|---|---|---|
| 在 $D_0$ 集中 | 在 $N_0$ 集中 | |
| $\geqslant K_1$ | $\leqslant \tilde{K}_1$ | Ⅰ类 |
| $\leqslant \tilde{K}_2$ | $\geqslant K_2$ | Ⅱ类 |

修改的 CORA-3 方法在示性特征的选取时用了组合算法,并消除示性特征中的弱特征和等效特征。

**3. 识别投票**

分别计算所有识别对象具有Ⅰ类示性特征的总数 $\eta_Ⅰ$ 和Ⅱ类示性特征总数 $\eta_Ⅱ$。分类识别准则为:

若　$\eta_Ⅰ \sim \eta_Ⅱ \geqslant \Delta$,则对象识别为Ⅰ类;

$\eta_Ⅰ \sim \eta_Ⅱ < \Delta$,则对象识别为Ⅱ类。

**4. 控制试验**

目前模式识别的一些算法还属于小样本统计和逻辑学之间的探索阶段。为减少与避免识别结果的自欺现象,必须对结果的可靠性、稳定性进行检验。控制试验的方法很多,例如 EH 试验是把近期分类已知的对象当作未知,进行预测分类,检验内符效果;EF 试验是把部分识别出来的Ⅰ类对象当作已知 $D_0$ 类对象用于学习,分析示性特征的稳定性。此外,变化问题征询表、有关参数阈值、改变研究区域、时段等均可检验识别的有效性。

**5. 结果分析**

对选出的两类示性特征和分类结果及模式识别的稳定性分析。

黄德瑜等选用 1974~1986 年我国华北、西南地区 15 个发生过 6 级以上地震的地区时段和 20 个没有发生过 6 级以上地震的地区时段作为模式识别研究的对象,用地震空区、条带、$b$ 值、集中度、密集、平静、安全域等地震活动性方法构成问题征询表。采用修改的 CORA-3 算法进行模式识别。消除了弱特征和等效特征,进行了广泛的 $K$ 阈值、对象及参数变化的控制试验。时间尺度取 $\Delta t = 1$ 年，区域半径取 $\Delta R = 150$ km，震级阈值取 $M_0 = 6$。综合 62 次控制试验模式识别的结果，令 $\zeta_D$ 为识别为 $D$ 类的次数，$\zeta_N$ 为识别为 $N$ 类的次数，综合决策准则为：若是 $\zeta_D - \zeta_N \geq \Delta^*$，则对象综合决策为 $D$ 类，若 $\zeta_D - \zeta_N < \Delta^*$，则对象综合决策为 $N$ 类。当取判别阈值 $\Delta^* = 4$ 时，得到了最佳综合决策：在原 15 个 $D_0$ 集对象中有 14 个对象判对为 I 类(表 2.7)，1 个错判为 II 类；在 20 个原 $N_0$ 集对象中，有 18 个对象判对为 II 类，2 个对象错判为 I 类(表 2.7)。研究结果表明，地震条带、$b$ 值、集中度、安全域等组成的地震活动性图像特征具有重要的前兆意义，综合决策模式识别结果比较稳定，对三要素的预测能力高于任一单项方法[45]。

表 2.7 35 个对象与识别结果

| 对象编号 | 类别 | 对象描述 | 控制试验正确识别次数 |||  综合决策 ($\Delta^* = 4$) |||
|---|---|---|---|---|---|---|---|---|
| | | | K 组(24 次) | 对象(21 次) | 参数(17 次) | $\zeta_D$ | $\zeta_N$ | 类别 |
| 1 | $D_0$ | $D_1(1976.1,40.7°,122.8°)$ | 24 | 21 | 17 | 62 | 0 | $D$ |
| 2 | $D_0$ | $D_2(1976.7,40.2°,112.1°)$ | 24 | 21 | 17 | 62 | 0 | $D$ |
| 3 | $D_0$ | $D_3(1977.7,39.4°,118.0°)$ | 24 | 21 | 17 | 62 | 0 | $D$ |
| 4 | $D_0$ | $D_4(1977.7,39.9°,106.4°)$ | 23 | 17 | 17 | 57 | 5 | $D$ |
| 5 | $D_0$ | $D_5(1980.7,31.5°,119.3°)$ | 24 | 21 | 17 | 57 | | $D$ |
| 6 | $D_0$ | $D_6(1980.7,41.2°,108.1°)$ | 20 | 16 | 15 | 51 | 11 | $D$ |
| 7 | $D_0$ | $D_7(1985.1,32.5°,121.6°)$ | 24 | 21 | 17 | 62 | 0 | $D$ |
| 8 | $D_0$ | $D_8(1975.1,28.2°,104.1°)$ | 24 | 21 | 17 | 62 | 0 | $D$ |
| 9 | $D_0$ | $D_9(1976.1,29.4°,101.9°)$ | 0 | 0 | 0 | 0 | 62 | $N$ |
| 10 | $D_0$ | $D_{10}(1977.1,24.5°,99.0°)$ | 22 | 19 | 17 | 58 | 4 | $D$ |
| 11 | $D_0$ | $D_{11}(1977.7,32.6°,104.1°)$ | 24 | 21 | 17 | 62 | 0 | $D$ |
| 12 | $D_0$ | $D_{12}(1977.7,27.6°,101.1°)$ | 24 | 21 | 17 | 62 | 0 | $D$ |
| 13 | $D_0$ | $D_{13}(1980.1,23.2°,101.1°)$ | 24 | 21 | 17 | 62 | 0 | $D$ |
| 14 | $D_0$ | $D_{14}(1980.7,31.0°,101.2°)$ | 9 | 20 | 15 | 44 | 18 | $D$ |
| 15 | $D_0$ | $D_{15}(1981.7,31.8°,99.8°)$ | 11 | 14 | 13 | 38 | 24 | $D$ |
| 16 | $N_0$ | $N_1(1976.1,36.1°,111.5°)$ | 24 | 21 | 16 | 1 | 61 | $N$ |
| 17 | $N_0$ | $N_2(1976.1,34.7°,113.7°)$ | 24 | 21 | 17 | 0 | 62 | $N$ |
| 18 | $N_0$ | $N_3(1976.1,35.3°,118.6°)$ | 24 | 9 | 14 | 15 | 47 | $N$ |
| 19 | $N_0$ | $N_4(1976.1,38.7°,112.7°)$ | 20 | 17 | 17 | 8 | 54 | $N$ |
| 20 | $N_0$ | $N_5(1976.1,40.8°,114.8°)$ | 16 | 1 | 1 | 44 | 18 | $D$ |
| 21 | $N_0$ | $N_6(1977.7,32.0°,118.5°)$ | 23 | 21 | 17 | 1 | 61 | $N$ |
| 22 | $N_0$ | $N_7(1978.7,37.4°,113.6°)$ | 24 | 21 | 17 | 0 | 62 | $N$ |
| 23 | $N_0$ | $N_8(1979.7,40.2°,112.1°)$ | 9 | 12 | 3 | 38 | 24 | $D$ |
| 24 | $N_0$ | $N_9(1984.7,40.7°,122.8°)$ | 20 | 20 | 17 | 5 | 57 | $N$ |
| 25 | $N_0$ | $N_{10}(1985.1,39.4°,118.0°)$ | 21 | 20 | 17 | 4 | 58 | $N$ |

续表 2.7

| 对象编号 | 类别 | 对象描述 | 控制试验正确识别次数 K组(24次) | 对象(21次) | 参数(17次) | 综合决策 ($\Delta^*=4$) $\zeta_D$ | $\zeta_N$ | 类别 |
|---|---|---|---|---|---|---|---|---|
| 26 | $N_0$ | $N_{11}(1976.1, 31.0°, 101.2°)$ | 24 | 21 | 17 | 0 | 62 | $N$ |
| 27 | $N_0$ | $N_{12}(1977.7, 28.1°, 102.1°)$ | 24 | 21 | 17 | 0 | 62 | $N$ |
| 28 | $N_0$ | $N_{13}(1977.7, 25.0°, 102.7°)$ | 24 | 21 | 17 | 0 | 62 | $N$ |
| 29 | $N_0$ | $N_{14}(1977.7, 30.0°, 101.8°)$ | 23 | 21 | 17 | 1 | 61 | $N$ |
| 30 | $N_0$ | $N_{15}(1977.7, 26.6°, 100.7°)$ | 20 | 21 | 16 | 5 | 57 | $N$ |
| 31 | $N_0$ | $N_{16}(1977.7, 25.7°, 100.3°)$ | 24 | 21 | 17 | 0 | 62 | $N$ |
| 32 | $N_0$ | $N_{17}(1980.1, 28.2°, 104.1°)$ | 24 | 21 | 17 | 0 | 62 | $N$ |
| 33 | $N_0$ | $N_{18}(1980.1, 30.6°, 140.1°)$ | 8 | 13 | 12 | 29 | 33 | $N$ |
| 34 | $N_0$ | $N_{19}(1980.1, 29.5°, 106.5°)$ | 24 | 21 | 17 | 0 | 62 | $N$ |
| 35 | $N_0$ | $N_{20}(1980.1, 29.5°, 106.5°)$ | 23 | 21 | 17 | 1 | 61 | $N$ |

### 2.6.2 TIP 方法

地震的发生离不开岩石圈和它的层次结构。在性质不同的断层组成的大系统中,强震发生之前存在一定的前兆,而这种粗略定义的前兆现象在全球范围里,在很宽的能量和结构范围中都具有某些相似性。地震的发生具有非线性混沌系统的特征,在地震预报中对一个给定的时空域,应当首先找出足够多的显著性的整体特征并确定它们间的关系,再进一步不断缩小预报的时空域。基于上述思想,以凯里斯博罗克为首的俄罗斯地震学家发展了一种称为强震发生概率增长时间的 TIP 中期地震预报方法。本节将介绍 TIP 方法及回溯性预报检验的效能[46~48]。

**1. 地震流与地震流函数**

为了删除余震的影响,更好地反映孕震信息,定义地震流为一种由主震构成的序列。地震流函数主要描述了有关地震活动性图像的下述特征:地震活动性水平;地震活动性的时间变化;地震在空间和时间上的丛集;地震在大范围内的相互作用;地震的空间集中性。

地震流函数介绍如下:

1)反映地震活动水平的函数

(1)地震频度:$N(t|m,s)$表示在时间 $t-s$ 至 $t$ 内,震级 $M \geqslant m$ 的地震次数。

(2)加权和:$\sum(t|m,M',S,\alpha,\beta)$表示在时间 $t-s$ 至 $t$ 和震级 $(m,M')$ 范围内的地震加权和。

$$\sum(t \mid m, M', \alpha, \beta) = \sum 10^{\beta(M_i-\alpha)} \tag{2.38}$$

式中,$m < M_i \leqslant M'$。根据 $\beta$ 的不同选择,加权和将赋予不同的物理内涵。

当取 $\beta = \frac{1}{3}B$ 时($B$ 为 $\lg E = \alpha + BM$ 中的系数 $B$),加权和相当于震源的线性尺度;当

取 $\beta=\frac{2}{3}B$ 时,加权和相当于震源面积;当取 $\beta=B$ 时,加权和相当于能量释放。

(3)两个震级范围地震频次之比:
$$G(t \mid m_1, m_2, S) = 1 - \frac{N(t \mid m_2, S)}{N(t \mid m_1, S)} \tag{2.39}$$

式中的两个震级范围分别为:$m_1 \leqslant M \leqslant m_2$ 和 $M \geqslant m_1$。

(4)地震活动性的不足:
$$q(t \mid m, S) = \sum_{+} [a(m)^* \times S - N(t_i \mid m, S)] \tag{2.40}$$

式中,$a(m)$ 为 $M \geqslant m$ 的年平均地震数,$\sum_{+}$ 定义为只对 $(t-S, t)$ 内的正项求知。

2)反映地震活动性随时间变化的函数

(1)地震频度的变化:
$$V(t \mid m, S, u) = \sum |N(t_{i+1} \mid m, s) - N(t_i \mid m, s)| \tag{2.41}$$

即在 $t-u$ 至 $t$ 内 $N(t|m,s)$ 的变化。

(2)地震活动性的涨落:
$$Q(t \mid m, s) = V_{ar} N(t \mid m, s) \tag{2.42}$$

式中,$N(t|m,s)$ 的变化仅考虑 $t$ 时刻的 $N$ 与以前 $N$ 的极大值之差。

(3)地震活动性对长趋势的偏离:
$$L(t \mid m, s, t_0) = N(t \mid m, t - t_0)$$
$$- N(t - S \mid m, t - t_0 - s) \cdot \frac{t - t_0}{t - t_0 - S} \tag{2.43}$$

式中,$t_0$ 是地震目录的起始时间,第二项是从 $t-s$ 至 $t$ 的 $N$ 值的线性外推值。

(4)地震活动性的增量:
$$K(t \mid m, s) = N(t \mid m, s) - N(t - s \mid m, s) \tag{2.44}$$

表示两相继时段 $(t-s, t)$ 和 $(t-2s, t-s)$ 之间地震频度之差。

3)反映地震在空间和时间上丛集的函数

余震的爆发:
$$b(t \mid m, M', s, M_a, e) = \max B(e, M_a) \tag{2.45}$$

式中,$B(e, M_a)$ 为在 $t-s$ 至 $t$ 内,$M$ 在震级范围 $(m, M')$ 内,主震后初始 $e$ 天内 $M \geqslant M_a$ 的余震数。

4)反映大范围相互作用的函数

(1)相互作用响应的大范围余震最大震级:
$$M_{A\max}(t \mid s, M_0, u)$$

强震发生后,在高层次区域内,$t$ 至 $t+u$ 期间发生的主震称为大范围余震。故 $M_{A\max}$ 表示在 $t-s$ 至 $t$ 内发生的大范围余震的最大震级。

(2)一条断层带地震频度的响应:

$$N_P(t \mid m, s)$$

大范围相互作用可反映到整个断层带地震的活化。

(3)一个高层次地质构造区地震频度的影响：

$$N_R(t \mid m, s)$$

$N_R$ 表示相互作用反映到高层次地质构造区地震的活化。

5)反映地震空间集中性的函数

(1)震源平均破裂面积极大值：

$$S_{\max}(t \mid m, M', s, u, \alpha, \beta) = \max_{[t-u,t]} \frac{\sum(t \mid m, M', s, \alpha, \beta)}{N(t \mid m, s) - N(t \mid M', S)} \tag{2.46}$$

式中，$\beta = \frac{2}{3}B$，$S_{\max}$ 为 $t-u$ 至 $t$ 内震源平均破裂面积的极大值。

(2)空间集中度最大值：

$$Z_{\max}(t \mid m, M', s, u, \alpha, \beta) = \max_{[t-u,t]} \frac{Z(t \mid m, M', s, \alpha, \beta)}{[N(t \mid m, s) - N(t \mid M', s)]^{2/3}} \tag{2.47}$$

式中，$\beta = \frac{1}{3}B$，$Z_{\max}$ 为 $t-u$ 至 $t$ 内平均破裂长度与破裂间平均距离之比的极大值，反映了地震的空间集中度。

**2．CN 算法**

CN 算法是判断 TIP 的方法之一，最初是为研究加利福尼亚和内华达地区而设计的。

在 $k$ 地区内地震流可由地震流函数分量构成的矢量表示：

$$P(k, t) = \{P_i(k, t)\} \tag{2.48}$$

式中，$k$ 为地区标号，向量的不同分量为不同地震流函数或具有不同数值参量的同一函数。

若认为 $t$ 时刻的地震流异常，则判定 $t$ 后 $\tau$ 年为 TIP，即 $\tau$ 年为强震发生概率增长的时段。

CN 算法判断 TIP 的手段是模式识别方法。即把一个地区的时间域划分为两种类型的时段：

$D$：每次强震之前的 $t_1$ 年；

$X$：每次强震之后的 $t_2$ 年；

$N$：所有余下的时间。

因此，问题是解决已知 $t$ 时刻的地震流，识别 $t$ 是否属于 $D$，若属于 $D$，则发出 TIP 的中期预测。

**3．M8 算法**

M8 算法是 TIP 的另一种算法，最初是为研究全球 8 级以上地震研制的。

该算法是用滑动的时间窗计算地震流的若干函数，当在一个狭窄的时间窗内大多数函数值出现异常大值，则判断将出现一个持续 $\tau$ 年的 TIP。

M8 算法选择了下列 4 种类型的地震流函数：

地震活动性水平：$N(t|m,s)$；

地震活动对长趋势的偏离：$L(t|m,s,t_0)$；

地震活动空间集中度：$Z(t|m,M',s,\alpha,\beta)$；

余震的爆发：$b(t|m,M',s,M_a,e)$。

资料的归一化问题：由于不同地区地震活动性的差异，需要采用归一化的地震流函数，即调整震级下限 $m$，使主震在每个地区发生的年平均数为常数。如对于一组称为 $N_1$、$L_1$ 和 $Z_1$ 的函数，该常数为每年 10 次；而对 $N_2$、$L_2$ 和 $Z_2$ 的函数，它为每年 20 次。

M8 算法共用 4 种类型 7 个函数，即 $N_1$、$N_2$、$L_1$、$L_2$、$Z_1$、$Z_2$ 和 $b$ 构成地震矢量函数。以半年的步长进行滑动计算，若在时刻 $t_{i-1}$ 和 $t_i$ 地震流函数矢量出现异常，则判定 $t_i$ 后 $\tau$ 年为 TIP。

判断地震流函数矢量异常准则：

每组 $\{N_1,N_2\}$，$\{L_1,L_2\}$，$\{Z_1,Z_2\}$ 和 $\{b\}$ 包含的函数有"异常大"值；

至少函数 $N_1$，$N_2$，$L_1$，$L_2$，$Z_1$，$Z_2$ 和 $b$ 中有 6 个出现"异常大"值。

"异常大"值系指在较高的 $Q\%$ 分位点内的值。

### 4. TIP 方法效能

据原苏联地震学家报道，对 1938～1983 年加利福尼亚和内华达地区强震（$M_0$ 取为 6.4）回溯性检验 CN 算法结果：16 次强震中 14 次震前有 TIP，TIP 占总时空域的 31%。$R$ 评分约为 0.56。一次 TIP 提供了 2～3 年及比未来震源尺度大 5～10 倍的区域的强震发生概率增长预报。扩展到全球许多地区得到相类似的结果。

黄德瑜等用 CN 算法研究了我国近期大陆东部和南北带及邻近区域共 23 次强震前的 TIP，结果表明，18 次强震发生在被判定的强震发生概率增长时间 TIP 内。TIP 警戒约占总研究时空域的 30%，$R$ 评分约为 0.5，获得了较好的中期预测效果。

M8 算法在全球与我国回溯性内检研究中也得到了较好的效果。

TIP 方法在全球不同地质构造的地区做独立性资料试验，预测的强震震级 $M_0$ 从 4.9 变化到 8。这意味着 TIP 方法在很大程度上抓住了全球强震的整体性特征。诚然，TIP 方法的各种算法仍是经验性的，参数的选择具有一定的随意性，虽作了大量的独立性资料的检验，仍不是严格的试验。

## 2.6.3 SIP 方法

为探讨空间发震概率的不均匀性，进一步缩小预测危险区的范围，黄德瑜、朱元清等在 TIP 方法的基础上研制了 SIP 方法。

### 1. SIP-1 算法

利用地质构造和烈度区划资料，取经纬度 0.5°×0.5°范围内烈度的最大值及断层性质、断层年代，条数，盆地性质、年代和隆起或沉降等地质构造状况作为背景条件。根据研究预测震级下限 $M_0$ 的大小，可通过人机对话方式给出专家经验的背景条件加权得分表。

每个空间窗地震发生概率空间权函数 $P_{D_i}$ 用下式计算：

$$P_{D_i} = \frac{1}{2}\left(P_{I_i} + \frac{1}{6}\sum_{j=i}^{6}T_{ij}\right) \quad (2.49)$$

式中，$P_{I_i}$ 为第 $i$ 个空间烈度加权值；地质构造条件共取 6 个因子：①断层年代；②断层条数；③断层性质；④盆地时代；⑤盆地性质；⑥隆起与沉降。$T_{ij}$ 为第 $j$ 个空间内第 $i$ 项构造因子的加权值。

**2. SIP-2 算法**

利用地震活动资料，分别计算经纬度 $0.5°×0.5°$ 范围内不同震级档次的地震频次：$N_{2.5}$、$N_3$、$N_4$ 和 $b$ 值（计算 $b$ 时，统计窗口扩大为 $1°×1°$）。用 1970～1991 年共 22 年资料得到均值与方差，将近期（如取近 3 年）地震活动计算结果与之比较，通过人机对话选择异常准则，可得到第 $i$ 个空间窗地震活动动态空间权函数 $P_{E_i}$：

$$P_{E_i} = \frac{\sum_{j=i}^{4} A f_{ij}}{\sum_{j=1}^{4} f_{ij}} \quad (2.50)$$

式中，$f_{ij}$ 为第 $j$ 项函数，参加运算，取值为 1，不参与运算，取值为 0。$Af_{ij}$ 为第 $j$ 项函数异常状况，异常取值为 1，否则为 0。

**3. SIP-3 算法**

将背景与动态空间权函数等权合成，可得到第 $i$ 个空间窗的 SIP 空间综合权函数 $P_i$：

$$P_i = \frac{1}{2}(P_{D_i} + P_{E_i}) \quad (2.51)$$

凡满足 $P_i \geq W_0$ 的空间区域，被判定为强震发生概率增长区域，即 SIP。$W_0$ 为给定的经验常数。

### 2.6.4 TSIP 方法

在 TIP 预测基础上进行 SIP 空间扫描计算，综合分析可对未来强震发生概率增长时段与区域作出 TSIP 方法预测。

对我国东部地区强震 TSIP 回溯性预测的综合研究得到如下较好的内符效果。

在一个局部区域强震复发周期较长，当强震发生后，在一定时期内再次发生较强地震的可能性较小，在 TIP 的判定中可增加一条"免疫性"规定，即强震发生后 $Q_0$ 年内出现 TIP 异常不作 TIP 预报。这样可减少虚报率，减少 TIP 警戒时空率。对于我国东部地区取 $Q_0 = 10$ 年。研究得到的结果表明，东部地区 8 次 6 级以上强震中除和林格尔 6.2 级地震外，海城 7.3 级、唐山 7.8 级、阿拉善左旗 6.2 级、溧阳 6 级、五原 6 级、勿南沙 6.2 级和大同 6.1 级强震均发生在 TIP 内。1986 年后作为预测检验时段内仅发生 1 次强震，即大同 6.1 级地震，亦发生在 TIP 内。

回溯性 TIP 预测研究结果列于表 2.8 和图 2.23 中。

表 2.8  东部 8 次强震 TIP 回溯性预测检验结果(CN 算法)

| 地震序号 | 区号 | 发震时间（年.月.日） | $\varphi_N/(°)$ | $\lambda_E/(°)$ | 地区 | 震级($M_S$) | TIP |
|---|---|---|---|---|---|---|---|
| 1 | 1 | 1975.02.04 | 40.70 | 122.70 | 海城 | 7.3 | 1975.1.1～1975.2.4 |
| 2 | 2 | 1976.04.06 | 40.23 | 112.20 | 和林格尔 | 6.2 | |
| 3 | 3 | 1976.07.28 | 39.63 | 118.18 | 唐山 | 7.8 | 1974.07.01～1976.07.28 |
| 4 | 4 | 1976.09.23 | 40.08 | 106.35 | 阿拉善左旗 | 6.2 | 1975.07.01～1976.09.23 |
| 5 | 5 | 1979.07.09 | 31.45 | 119.25 | 溧阳 | 6.0 | 1977.07.01～1979.07.09 |
| 6 | 6 | 1979.08.25 | 41.23 | 108.11 | 五原 | 6.0 | 1979.07.01～1979.08.25 |

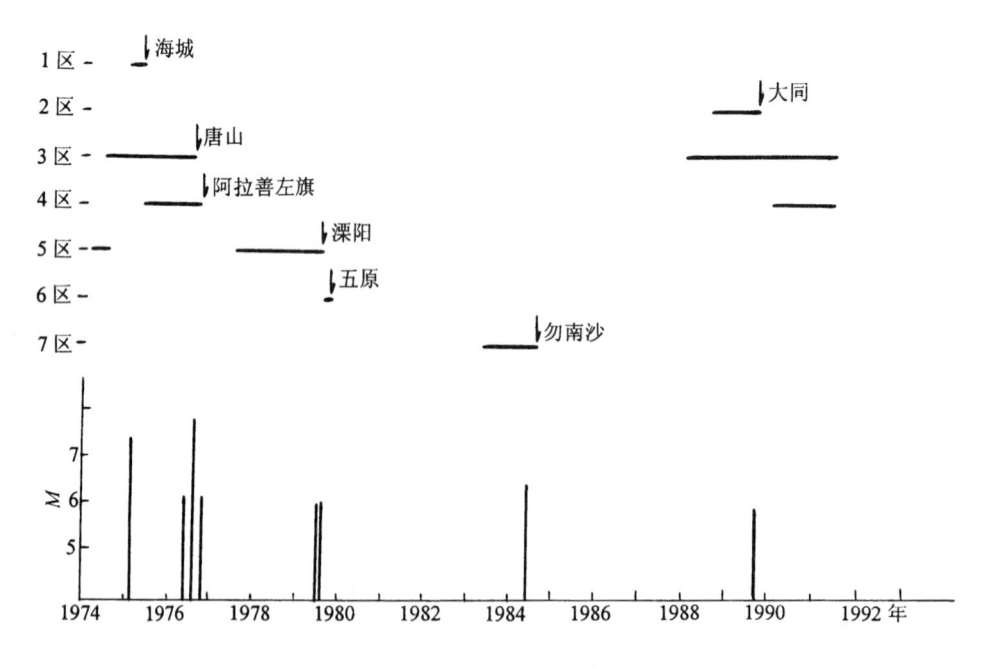

图 2.23  东部 8 次强震回溯性 TIP 预测示意(CN 算法)

在 TIP 预测的基础上进一步作 SIP 回溯性预测研究,取和 TIP 预测区范围大致相当的经纬度矩形区域分别作 SIP-1,SIP-2 和 SIP-3 扫描分析计算,得到的空间权函数表示在图 2.24 中。取 SIP 空间综合函数阈值 $W_0=0.5$,$W_0$ 大于 0.5 的警戒区内用不同灰度表示在图 2.24 中。可以看到 7 次被 TIP 预测的强震有 6 次落在 SIP 警戒区内,仅勿南沙 6.3 级地震落在 SIP 警戒区外,但距警戒区较近,相距不到 50 km。对我国东部近 20 年 6 级以上强震震例的研究表明,8 次强震中有 6 次对应了 TSIP 方法的预测,从预报效能分析,虽然 TSIP 方法比 TIP 方法的报准率有所下降,但由于预报警戒区域缩小,使预报质量相应得到了提高。

121° 122° 123° 124° 125°

| | | | | | | | | |
|---|---|---|---|---|---|---|---|---|
| 0.40 | 0.40 | 0.45 | 0.38 | 0.38 | 0.51 | 0.51 | 0.51 | 0.33 |
| 0.44 | 0.44 | 0.38 | 0.38 | 0.51 | 0.51 | 0.51 | 0.48 | 0.33 |
| 0.39 | 0.38 | 0.44 | 0.51 | 0.51 | 0.51 | 0.38 | 0.31 | 0.39 |
| 0.38 | 0.43 | 0.51 | 0.53 | 0.53 | 0.51 | 0.31 | 0.31 | 0.31 |
| 0.43 | 0.37 | 0.51 | 0.51 | 0.51 | 0.31 | 0.39 | 0.47 | 0.46 |
| 0.37 | 0.51 | 0.50 | 0.44 | 0.31 | 0.31 | 0.39 | 0.44 | 0.17 |
| 0.36 | 0.44 | 0.50 | 0.46 | 0.31 | 0.31 | 0.17 | 0.17 | 0.17 |

42° 41° 40° 39°

(a)

116° 117° 118° 119° 120°

| | | | | | | | | |
|---|---|---|---|---|---|---|---|---|
| 0.31 | 0.31 | 0.43 | 0.43 | 0.31 | 0.37 | 0.44 | 0.44 | 0.44 |
| 0.52 | 0.53 | 0.42 | 0.40 | 0.40 | 0.38 | 0.38 | 0.38 | 0.31 |
| 0.52 | 0.52 | 0.52 | 0.47 | 0.51 | 0.47 | 0.35 | 0.38 | 0.45 |
| 0.51 | 0.51 | 0.55 | 0.53 | 0.53 | 0.51 | 0.55 | 0.48 | 0.37 |
| 0.49 | 0.53 | 0.52 | 0.53 | 0.53 | 0.51 | 0.49 | 0.47 | 0.47 |
| 0.49 | 0.51 | 0.51 | 0.49 | 0.34 | 0.34 | 0.34 | 0.55 | 0.51 |
| 0.49 | 0.45 | 0.45 | 0.42 | 0.49 | 0.49 | 0.49 | 0.34 | 0.60 |

41° 40° 39° 38°

(b)

104° 105° 106° 107° 108°

| | | | | | | | | |
|---|---|---|---|---|---|---|---|---|
| 0.33 | 0.33 | 0.33 | 0.33 | 0.37 | 0.31 | 0.37 | 0.44 | 0.44 |
| 0.33 | 0.33 | 0.33 | 0.37 | 0.44 | 0.52 | 0.53 | 0.53 | 0.52 |
| 0.37 | 0.33 | 0.37 | 0.44 | 0.52 | 0.53 | 0.53 | 0.53 | 0.53 |
| 0.37 | 0.44 | 0.37 | 0.50 | 0.51 | 0.63 | 0.60 | 0.51 | 0.30 |
| 0.44 | 0.37 | 0.37 | 0.44 | 0.56 | 0.58 | 0.52 | 0.40 | 0.40 |
| 0.37 | 0.37 | 0.37 | 0.44 | 0.56 | 0.57 | 0.51 | 0.40 | 0.40 |
| 0.53 | 0.60 | 0.44 | 0.51 | 0.49 | 0.46 | 0.46 | 0.40 | 0.37 |

42° 41° 40° 39°

(c)

117° 118° 119° 120° 121°

| | | | | | | | | |
|---|---|---|---|---|---|---|---|---|
| 0.47 | 0.53 | 0.53 | 0.51 | 0.38 | 0.61 | 0.50 | 0.47 | 0.34 |
| 0.56 | 0.51 | 0.50 | 0.47 | 0.48 | 0.52 | 0.51 | 0.56 | 0.27 |
| 0.59 | 0.66 | 0.47 | 0.50 | 0.52 | 0.52 | 0.50 | 0.51 | 0.51 |
| 0.66 | 0.59 | 0.45 | 0.50 | 0.54 | 0.40 | 0.50 | 0.44 | 0.42 |
| 0.49 | 0.44 | 0.53 | 0.44 | 0.44 | 0.38 | 0.41 | 0.42 | 0.48 |
| 0.41 | 0.44 | 0.44 | 0.40 | 0.34 | 0.34 | 0.38 | 0.38 | 0.45 |
| 0.41 | 0.30 | 0.27 | 0.31 | 0.36 | 0.45 | 0.45 | 0.45 | 0.45 |

33° 32° 31° 29°

(d)

106° 107° 108° 109° 110°

| | | | | | | | | |
|---|---|---|---|---|---|---|---|---|
| 0.17 | 0.34 | 0.17 | 0.17 | 0.17 | 0.44 | 0.17 | 0.33 | 0.33 |
| 0.33 | 0.41 | 0.41 | 0.33 | 0.44 | 0.33 | 0.33 | 0.33 | 0.33 |
| 0.37 | 0.31 | 0.37 | 0.44 | 0.44 | 0.44 | 0.40 | 0.44 | 0.44 |
| 0.44 | 0.52 | 0.53 | 0.60 | 0.52 | 0.67 | 0.51 | 0.39 | 0.39 |
| 0.66 | 0.53 | 0.53 | 0.53 | 0.53 | 0.54 | 0.51 | 0.55 | 0.55 |
| 0.51 | 0.63 | 0.52 | 0.51 | 0.38 | 0.45 | 0.49 | 0.53 | 0.52 |
| 0.51 | 0.68 | 0.60 | 0.40 | 0.40 | 0.37 | 0.44 | 0.44 | 0.37 |

43° 42° 40° 39°

(e)

120° 121° 122° 123° 124°

| | | | | | | | | |
|---|---|---|---|---|---|---|---|---|
| 0.44 | 0.41 | 0.24 | 0.31 | 0.32 | 0.33 | 0.33 | 0.33 | 0.17 |
| 0.44 | 0.44 | 0.49 | 0.34 | 0.27 | 0.33 | 0.33 | 0.27 | 0.17 |
| 0.45 | 0.50 | 0.47 | 0.34 | 0.34 | 0.34 | 0.33 | 0.26 | 0.26 |
| 0.52 | 0.51 | 0.56 | 0.27 | 0.17 | 0.33 | 0.34 | 0.33 | 0.17 |
| 0.52 | 0.50 | 0.51 | 0.51 | 0.37 | 0.30 | 0.37 | 0.27 | 0.17 |
| 0.40 | 0.50 | 0.44 | 0.42 | 0.38 | 0.17 | 0.29 | 0.29 | 0.17 |
| 0.38 | 0.50 | 0.42 | 0.48 | 0.44 | 0.29 | 0.29 | 0.17 | 0.29 |

34° 33° 32° 31°

(f)

112° 113° 114° 115° 116°

| | | | | | | | | |
|---|---|---|---|---|---|---|---|---|
| 0.42 | 0.42 | 0.42 | 0.35 | 0.37 | 0.37 | 0.37 | 0.37 | 0.31 |
| 0.53 | 0.46 | 0.39 | 0.39 | 0.39 | 0.49 | 0.51 | 0.51 | 0.53 |
| 0.52 | 0.46 | 0.45 | 0.46 | 0.51 | 0.51 | 0.51 | 0.51 | 0.53 |
| 0.45 | 0.45 | 0.50 | 0.51 | 0.51 | 0.49 | 0.51 | 0.42 | 0.51 |
| 0.37 | 0.49 | 0.51 | 0.51 | 0.49 | 0.44 | 0.42 | 0.45 | 0.49 |
| 0.45 | 0.49 | 0.51 | 0.51 | 0.39 | 0.39 | 0.42 | 0.49 | 0.57 |
| 0.49 | 0.45 | 0.51 | 0.41 | 0.39 | 0.43 | 0.43 | 0.51 | 0.51 |

41° 40° 39° 38°

(g)

图 2.24　TSIP 方法震例回溯性预测图(图内标值为 SIP 空间综合权函数)

(a)1975 年 2 月 4 日海城 7.3 级震例;(b)1976 年 7 月 28 日唐山 7.8 级震例;
(c)1976 年 9 月 23 日阿拉善左旗 6.2 级震例;(d)1979 年 7 月 9 日溧阳 6.0 级震例;
(e)1979 年 8 月 25 日五原 6.0 级震例;(f)1984 年 5 月 21 日勿南沙 6.2 级震例;
(g)1989 年 10 月 19 日大同 6.1 级震例

# §2.7 预报效能的评价

为了科学地客观评价目前地震预报的水平及各种预报方法的实际能力,鉴别优劣,给定量化综合预报决策提供依据,按一定标准进行评分极为重要。通过评分还可对方法中的参数进行最佳择优研究,有助于方法本身的改进,有利于预报水平的提高。

## 2.7.1 $R$ 值评分

20世纪70年代初,许绍燮提出了 $R$ 评分,延用至今,$R$ 评分成为我国地震分析预报研究工作中使用最为广泛的一种评分,虽不够完善,但使用方便[49]。

一般把地震预报的内容规范化,并假定在所研究的时空范围内,持续作有震或无震预报,则预报简化为两种状态:1和0,即有震和无震。令 $N$ 为预报总次数,$N_1$ 为预报有震次数,$N_0$ 为预报无震次数,$N_1'$ 为实际有震次数,$N_0'$ 为实际无震次数;$n_{11}$ 为报准有震次数,$n_{00}$ 为报准无震次数,$n_{10}$ 为虚报次数,$n_{01}$ 为漏报次数。

表2.9反映了预报的全面情况,简单明了,便于作多种综合评分的统计。

$$\text{定义漏报率}:a = \frac{n_{01}}{N_1'}, \text{空报率}:b = \frac{n_{10}}{N_0'},$$

$$\text{有震报准率}:c = \frac{n_{11}}{N_1'}, \text{无震报准率}:d = \frac{n_{00}}{N_0'}。 \tag{2.52}$$

$R$ 评分定义为:

$$\begin{aligned} R &= 1 - a - b \\ &= c + d - 1 \\ &= c - b \end{aligned} \tag{2.53}$$

$b$ 为空报率,将其推广为预报占时率,则得到"许氏评分",

$$R = \frac{\text{报对地震次数}}{\text{应预报地震总次数}} - \frac{\text{预报占用时间}}{\text{预报研究的总时间}} \tag{2.54}$$

韩渭宾、黄德瑜不约而同地提出,可将 $b$ 值进一步推广为预报占时空域率,则:

$$R = \frac{\text{报对地震次数}}{\text{应预报地震总次数}} - \frac{\sum t_i S_i}{TS} \tag{2.55}$$

式中,$T$、$S$ 分别为预报研究的总时间和空间;$t_i$ 和 $S_i$ 为第 $i$ 次预报警戒的时间和地域。

表2.9 预报情况列联表

| 项 目 |  | 预报情况 |  | 总 计 |
|---|---|---|---|---|
|  |  | 有 震 | 无 震 |  |
| 实 际 情 况 | 有 震 | $n_{11}$ | $n_{01}$ | $N_1$ |
|  | 无 震 | $n_{10}$ | $n_{00}$ | $N_0$ |
| 总 计 |  | $N_1'$ | $N_0'$ |  |

统计样品太少,会影响 R 值的置信水平。表 2.10 按二项分布原则编制了保证具有 97.5% 置信度要求达到的最低 R 值。

**表 2.10 具有 97.5% 置信水平的 R 值表**

(据许绍燮)

| | 漏报次数 $n_1^?$ | 1 | 2 | 3 | 4 | 5 | 6 | 7 | 8 | 9 | 10 | 12 | 14 | 16 | 18 | 20 | 22 | 24 | 26 | 28 | 30 | 40 | 60 | 100 | 200 | 500 |
|---|---|---|---|---|---|---|---|---|---|---|---|---|---|---|---|---|---|---|---|---|---|---|---|---|---|---|
| | 0 | | | | | | | | | | | | | | | | | | | | | | | | | | |
| | 1 | .487 | .325 | .244 | .195 | .163 | .139 | .124 | .108 | 0.97 | .089 | .075 | .065 | .058 | .052 | .047 | .042 | .039 | .036 | .033 | .031 | .023 | .016 | .010 | .005 | .002 |
| | 2 | .572 | .432 | .347 | .290 | .249 | .218 | .194 | .175 | .159 | .146 | .125 | .109 | .097 | .088 | .080 | .073 | .068 | .062 | .059 | .055 | .042 | .028 | .017 | .009 | .004 |
| | 3 | .556 | .453 | .382 | .329 | .290 | .258 | .233 | .213 | .185 | .181 | .157 | .138 | .124 | .113 | .102 | .095 | .087 | .081 | .077 | .072 | .055 | .038 | .023 | .012 | .005 |
| | 4 | .516 | .444 | .388 | .343 | .307 | .278 | .255 | .234 | .217 | .202 | .177 | .158 | .143 | .130 | .120 | .110 | .103 | .095 | .099 | .085 | .066 | .046 | .027 | .015 | .006 |
| | 5 | .475 | .425 | .271 | .344 | .313 | .288 | .266 | .246 | .229 | .215 | .191 | .172 | .156 | .142 | .132 | .122 | .114 | .105 | .101 | .095 | .074 | .052 | .031 | .016 | .007 |
| | 6 | .437 | .401 | .368 | .338 | .311 | .289 | .270 | .252 | .237 | .223 | .200 | .181 | .166 | .152 | .141 | .131 | .123 | .116 | .108 | .103 | .081 | .057 | .036 | 0.18 | .008 |
| | 7 | .402 | .378 | .352 | .329 | .306 | .287 | .270 | .254 | .240 | .228 | .205 | .187 | .172 | .159 | .148 | .138 | .130 | .122 | .116 | .109 | .087 | .061 | .038 | .020 | .009 |
| 报 | 8 | .372 | .356 | .338 | .318 | .299 | .282 | .267 | .253 | .241 | .230 | .209 | .192 | .177 | .165 | .154 | .144 | .130 | .128 | .121 | .115 | .092 | .066 | .041 | .021 | .009 |
| 对 | 9 | .345 | .335 | .323 | .306 | .291 | .277 | .264 | .251 | .240 | .230 | .211 | .194 | .180 | .168 | .157 | .148 | .140 | .132 | .125 | .120 | .096 | .066 | .044 | .023 | .010 |
| | 10 | .323 | .377 | .306 | .294 | .282 | .271 | .259 | .248 | .237 | .228 | .211 | .196 | .183 | .171 | .160 | .152 | .143 | .136 | .129 | .123 | .100 | .072 | .046 | .025 | .010 |
| 次 | 12 | .283 | .286 | .281 | .274 | .266 | .257 | .248 | .239 | .231 | .224 | .209 | .196 | .184 | .173 | .164 | .156 | .147 | .141 | .131 | .129 | .106 | .078 | .050 | .027 | .011 |
| 数 | 14 | .253 | .258 | .257 | .254 | .249 | .243 | .237 | .229 | .224 | .217 | .204 | .194 | .184 | .174 | .165 | .157 | .150 | .144 | .137 | .132 | .109 | .077 | .054 | .029 | .012 |
| | 16 | .225 | .236 | .236 | .237 | .233 | .229 | .225 | .220 | .215 | .211 | .199 | .190 | .181 | .173 | .165 | .158 | .151 | .145 | .140 | .134 | .113 | .085 | .057 | .031 | .013 |
| $n_1^!$ | 18 | .208 | .217 | .220 | .221 | .219 | .217 | .214 | .210 | .207 | .203 | .194 | .186 | .179 | .171 | .164 | .157 | .152 | .145 | .140 | .135 | .114 | .088 | .059 | .033 | .014 |
| | 20 | .190 | .202 | .206 | .208 | .207 | .205 | .204 | .201 | .198 | .195 | .188 | .181 | .175 | .168 | .162 | .156 | .151 | .146 | .141 | .136 | .116 | .090 | .062 | .034 | .014 |
| | 22 | .177 | .183 | .192 | .196 | .196 | .196 | .194 | .192 | .191 | .188 | .182 | .177 | .171 | .165 | .160 | .154 | .149 | .144 | .140 | .136 | .118 | .091 | .083 | .036 | .015 |
| | 24 | .163 | .179 | .180 | .185 | .186 | .183 | .185 | .184 | .182 | .182 | .177 | .172 | .167 | .161 | .157 | .153 | .148 | .143 | .140 | .135 | .118 | .093 | .066 | .037 | .016 |
| | 26 | .154 | .163 | .172 | .174 | .175 | .177 | .177 | .177 | .176 | .174 | .171 | .167 | .163 | .159 | .155 | .150 | .146 | .142 | .138 | .134 | .118 | .094 | .066 | .038 | .016 |
| | 28 | .144 | .155 | .161 | .165 | .168 | .169 | .169 | .169 | .169 | .168 | .165 | .163 | .158 | .156 | .151 | .148 | .143 | .141 | .138 | .137 | .134 | .095 | .066 | .040 | .017 |
| | 30 | .136 | .146 | .152 | .158 | .161 | .161 | .162 | .162 | .162 | .162 | .160 | .158 | .154 | .152 | .148 | .145 | .142 | .139 | .135 | .132 | .118 | .096 | .073 | .040 | .018 |
| | 40 | .105 | .115 | .120 | .127 | .129 | .133 | .134 | .135 | .137 | .138 | .139 | .139 | .136 | .135 | .134 | .131 | .130 | .128 | .126 | .123 | .114 | .097 | 0.73 | .045 | .021 |
| | 60 | .071 | .080 | .085 | .090 | .094 | .096 | .099 | .100 | .103 | .105 | .106 | .108 | .109 | .109 | .109 | .110 | .109 | .108 | .108 | .103 | .093 | .075 | .050 | .024 |  |
| | 100 | .044 | .049 | .055 | .057 | .061 | .062 | .065 | .067 | .068 | .072 | .073 | .075 | .076 | .077 | .078 | .080 | .080 | .081 | .081 | .082 | .082 | .080 | .071 | .053 | .029 |
| | 200 | .022 | .025 | .028 | .030 | .032 | .033 | .034 | .036 | .037 | .039 | .040 | .042 | .043 | .044 | .046 | .047 | .048 | .049 | .049 | .051 | .053 | .056 | .062 | .050 | .033 |
| | 500 | .009 | .012 | .010 | .012 | .013 | .014 | .014 | .015 | .015 | .016 | .017 | .018 | .019 | .019 | .021 | .021 | .021 | .023 | .023 | .025 | .029 | .033 | .033 | .031 |  |

### 2.7.2 模糊评分

地震预报和实际地震的测定均存在一定的模糊性,可用正态模糊集来表示。因此,研究正态模糊集之间的关系可对预报的效能作出模糊评价[50]。

根据两个正态模糊集之间的贴近度关系式,可分别引进三要素的贴近度:

$$A_M^* = e^{-\left(\frac{\Delta M}{\sigma_M + b_M}\right)^2}, A_T^* = e^{-\left(\frac{\Delta T}{b_t}\right)^2}, A_S^* = e^{-\left(\frac{\Delta S}{\sigma_S + b_S}\right)^2} \quad (2.56)$$

式中,$\Delta M$ 为预报震级与实际地震震级的绝对差值,$\Delta S$ 为预报地点与实际震中间的距离,$\sigma_M$ 和 $\sigma_S$ 分别为测定实际地震震级和震中位置的均方差,$b_M$、$b_t$ 和 $b_S$ 分别为预报地震震级、时间和地点的均方差。

为比较预报内容的质量水平,引进三要素的清晰度:

$$I_M^* = 1 - 0.736 b_M, I_T^* = 1 - 0.736 b_t, I_S^* = 1 - 0.736 b_S \tag{2.57}$$

与人们的经验一致,预报意见的均方差越大,越模糊越容易"报对",使贴近度提高,但清晰度下降,预报质量水平降低。用贴近度和清晰度等权构成三要素模糊评分如下:

$$Q_M^* = \frac{1}{2}(A_M^* + I_M^*), Q_T^* = \frac{1}{2}(A_T^* + I_T^*), Q_S^* = \frac{1}{2}(A_S^* + I_S^*) \tag{2.58}$$

对于一次预报,地震三要素等权综合模糊评分为:

$$Q^* = \frac{1}{3}(Q_M^* + Q_T^* + Q_S^*) \tag{2.59}$$

$R$ 值评分可对某种方法的预报能力给出总的评价,而模糊评分还可以对某一次地震预报给出评价并可分别给出三要素的评分。

# 思 考 题

1. 大震前中小地震时空变化有哪些特点?如何识别异常?
2. 地震序列主要可分为哪几种类型?如何区分前震序列和余震序列?
3. 如何认识利用地震波形变化来预测地震的物理基础?
4. 在地震预测中如何应用模式识别方法,试述模式识别方法的思路与工作步骤。
5. 简述 SIP 算法的内容及物理意义。
6. 怎样进行预测方法的评分,预测效能评分有何意义?

## 参 考 文 献

[1] 梅世蓉,中国的地震活动性,地球物理学报,1,1960。
[2] Fedotov, S. A., Regularities of the distribution of strong earthquakes in Kanchatka, the Kuril Island and northeast Japan, Tr. Inst. Fiz. Zemli, Acad. Nauk SSSR, 36, 66~93, 1965.
[3] Liu Puxiong, Huang Deyu, Wang Liping, Wang Zhidong, Zheng Dalin, Feng Hao, Seismicity Pattern over the preparatory process of strong earthquakes. ISCSEP Seismological Press, Beijing China 100~110, 1984.
[4] 陆远忠、沈建华、宋俊高,地震空区与逼近地震,地震学报,4(4),1982。
[5] 陈章立、刘蒲雄、黄德瑜、郑大林、薛峰、王志东,大震前的区域地震活动性特征,国际地震预报讨论会论文选,北京:地震出版社,1981。
[6] 刘蒲雄、陈章立,地震条带及其预报效能估计,地震监测与预报方法清理成果汇编(测震学分册),北京:地震出版社,1989。
[7] 韩渭宾、席敦礼,四川6级以上地震前地震活动条带的特征,地震学报,7(1),1985。
[8] 刘蒲雄,华北成串强震的整体孕育过程,地震科学研究,4,1983。
[9] J. H. Dieterich, Time-dependent friction in rocks, J. G. R., 77, 3690~3698, 1972.
[10] 郭增建、秦保燕,甘肃省的震中迁移现象,地球物理学报,2(7),1966。
[11] 中国科学院地球物理研究所,地震学基础,北京:科学出版社,1976。
[12] 成都地震大队,中国南北地震带地震时空迁移特征,地震,2期,1972。
[13] 黄德瑜、张宇霞、周胜奎等,震级序列的前兆研究,地震预报方法实用化研究文集(地震学专辑),北京:学术书刊出版社,1989。
[14] 国家地震局《一九七六年唐山地震》编辑组,一九七六年唐山地震,北京:地震出版社,1982。
[15] 姜秀娥、单锦芬、邱竞男,华北震群应力场"窗口"效应,地震监测与预报方法清理成果汇编.测震学分册,北京:地震出版社,1989。
[16] 赵根模、刁桂苓,诱发前震预报方法规范化研究,地震预报方法实用化研究文集.地震学专辑,北京:学术书刊出版社,1989。

[17] 刘正荣、孔绍麟,地震频度衰减与地震预报,地震研究,第9卷,第1期,1985。

[18] 陆远忠、宋俊高、戴维乐,一个判断震群的指标——震群的U值,地震学报6(增刊),1984。

[19] 朱传镇、王琳瑛,震群信息熵异常与地震预报,地震预报方法实用化研究文集(地震学专辑),北京:学术书刊出版社,1989。

[20] 马秀芳、傅丽萍、陈佩燕,爆发余震图像B及其预报效能,地震预报方法实用化研究文集,地震学专辑,北京:学术书刊出版社,1989。

[21] 刘蒲雄、黄德瑜、杨懋源、张立明,地震类型和震源机制,地球物理学报,26(3),1983。

[22] 吴开统、岳明生、武宦英、曹新玲、陈海通、黄玮琼、田抗援、卢寿德,海城地震序列的特征,地球物理学报,19,2,1976。

[23] B. C. Papazachos,Foreshocks and earthquake prediction,Tectonophysics,28(4):213~226,1975.

[24] 顾浩鼎、曹天青,前兆震群和S波偏振,地震学报,2(4),1980。

[25] 许绍燮,海城地震的前震活动特征,日本地震学会中国地震考察团讲演论文集,1976。

[26] 王碧泉、杨锦英、王春珍,强余震的准周期性,地震学报,1(2),1979。

[27] 华祥文,唐山强震前后北京、天津周围地区应力场的变化过程,地震学报,2(2),1980。

[28] 冯德益,近地震S、P波振幅比异常与地震预报,地球物理学报,17(3),1974。

[29] 陆远忠、陈章立等,地震预报的地震学方法,北京:地震出版社,1985。

[30] 内蒙古自治区地震队,和林格尔地震活动特征,地震战线,(5),1976。

[31] Lindh,A. G. ,Mantis,C. E. ,Premonitory amplitude changes,Summaries of tectonical Reports,Vol. Ⅵ,184~188.

[32] 迁浦贤,地震波形の相似性からみに前震と群・地震の遠いについて(序报)東京大学地震研究所・報第54号第2册,1979。

[33] Ishida,M. ,Kanamori,H. ,The foreshock activity of the San Fernando Earthquake,Califor.

[34] 国家地震局科技监测司,地震现场工作大纲和震情分析指南,北京:地震出版社,1990。

[35] Masaru Tsujiura,Spectral factures of foreshocks,东京大学地震研究所汇报,1977年52号,3~4册,357~371。

[36] Bakun,W. H. et al. ,P-wave spectra for $M_L$ 5 foreshocks and isolated earthquake.

[37] 时振梁、张少泉、赵荣国、吴开统等,地震工作手册,北京:地震出版社,1990。

[38] 傅昌洪,介质特性(Q值)的变化与地震预报,地震预报方法实用化研究文集,地震学专辑,北京:学术书刊出版社,1989。

[39] 黄德瑜、孙士宏,唐山地震前地震波振动持续时间比$\tau_H/\tau_V$的变化,地震科学研究,第2期,1981。

[40] 冯德益,地震波速异常,北京:地震出版社,1981。

[41] 姜秀娥、陈非比,用单台四震相法讨论唐山大地震的波速异常,地球物理学报,24(1),1981。

[42] 梅世荣、冯德益等,中国地震预报概论,北京:地震出版社,1993。

[43] Gelfand,I. M. et al. , Pattern recognition appeared to earthquake epicenters in California, Phys, Earth Planet. Inter. ,11,1976。

[44] 王碧泉、杨锦英、王春珍,大震前地震活动的图像识别,地震学报,4(2),1982。

[45] 黄德瑜、刘蒲雄、周胜奎等,强震三要素预测的模式识别研究,中国地震,4(1),1988。

[46] 陈颙等译,中期地震预报,北京:地震出版社,1991。

[47] 陈颙等编,非线性科学在地震预报中的应用,北京:地震出版社,1992。

[48] 黄德瑜、吴忠良、周翠英编译,中期地震预报TIP算法程序使用指南与练习,北京:地震出版社,1992。

[49] 许绍燮,震兆分析一例,地震技术资料汇编,地震战线,1973。

[50] 黄德瑜、林命周、张宇霞,华北与西南地区b值时空扫描地震预报效能的模糊评定,华北地震科学,5(3),1987。

# 第三章 地壳形变与地震预报

## §3.1 地壳形变的一般概念

### 3.1.1 全球性构造活动

在地球46亿年的生命过程中,地壳始终处于变动状态。这种变动的后果之一就是地震。地壳变动的空间规模分为全球性的、区域性的和局部性的;时间尺度分为长期变动、中期变动、短期变动和微变动。周期超过1亿年的变动过程叫长期变化;1亿年~1万年之间的变动过程称为中期变化;1万年~1年的变动过程称为短期变化;小于1年的变动过程叫微变化。表3.1中列出地球体积与形状、造山运动、断裂活动、海陆变迁与开合、板块运动等地壳变动形式的四种时间尺度划分与应用研究领域。而研究短期变动与微变动直接与地震预报研究有关[1]。

**表 3.1 地球变动时间尺度的划分**[1]

| 分 期 | 长 期 变 动 | 中 期 变 动 | 短 期 变 动 | 微 变 动 |
|---|---|---|---|---|
| 时间范围 | 46亿~1亿年 | 1亿~1万年 | 1万~1年 | <1年 |
| 地壳变动形 式 | 大冰期<br>地球体积形状<br>造山旋回<br>海陆的开合 | 小冰期<br>海陆变迁<br>地貌变迁<br>造山幕<br>断裂带流变<br>板块运动格局 | 气温趋势<br>海平面<br>阶地、水系<br>地震世、期、幕<br>断裂<br>板块动态 | 气温年变<br>海面潮汐<br>地形微变<br>地震图像<br>断层的微动 |
| 研究应用 | 资源 | 环境 | 环境、地震火山 | 气象、地震、火山 |

在我国,8级以上地震的复发周期不超过数千年,因此可以认为,全新世(距今1万年)以来有过活动表现的地区可能重复发生构造活动;而1万年以来没有发生过活动的地质构造,在未来50~100年内发生突然活动的概率极小。所以,形变观测研究的主要目标是第四纪($Q_4$)全更新世以来的活动构造。

全球性构造活动分成三大体系:环太平洋构造活动体系、大洋中脊构造活动体系和大陆内构造活动体系。它们主要受7大板块的运动所控制。地球上最大单元的地壳运动是板块运动(图3.1)。地球表面被厚度约为100 km的几个大刚性板块所覆盖,这些板块可在低黏性软流层上运动。地球表面上的重大运动均发生在这些板块相互连接的边界上。

板块主要由相对冷的岩石构成,是刚性的。因此,板块在地表运动时,其内部并没有明显的变化。由于岩石圈的厚度大约只是地球半径的2%~4%,因此,它只是一个薄壳。这个薄壳岩石圈的上半部分具有足够的刚性,能有效地传递弹性应力,使得在$10^9$年的时

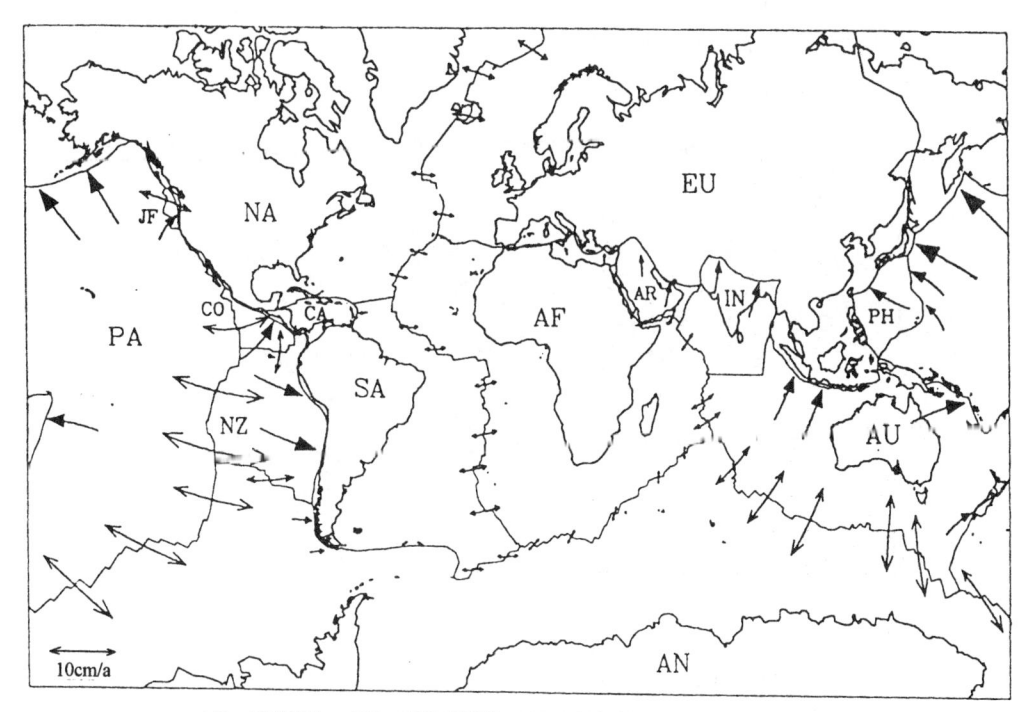

AF: 非洲板块；AN: 南极洲板块；AR: 阿拉伯板块；AU: 澳洲板块；
CA: 加勒比板块；CO: 可可斯板块；EU: 欧亚板块；IN: 印度板块；
JF: 胡安德福加板块；NA: 北美板块；NZ: 纳兹卡板块；PA: 太平洋
板块；PH: 菲律宾海板块；SA: 南美板块

＝发散边界；— 聚合或走滑边界(虚线表示活动性低的或不确切的)

图 3.1 世界上主要的板块和板块边界(变动带)的分布[4]
箭头表示在板块边界上相对运动的方向和速度
(据 Misnter and Jordan,1978;Seno,1977)

间尺度内,弹性应力不出现弛豫[2]。

  板块间发生的相对运动有三种：相互靠近、相互离开和相互错动。在相互靠近的聚合边界上,一侧的板块向另一侧的板块下俯冲。产生俯冲带；如果不能俯冲(如大陆板块对大陆板块)时,则这一相对运动主要靠板块内部变形来维持,产生褶皱山脉和走向滑动断层,称碰撞。在相互分离的发散边界上,产生空隙。物质从地幔上升,填充其间,形成大洋中脊。期间发生的地震是正断层型地震。相互错动的走向滑动边界上,产生转换断层和走滑型地震。地球上大部分地震发生在这些大板块边界上。板块内部的构造活动和地震活动在很大程度上也受全球板块运动力的影响。因此,研究全球板块运动是很有意义的。通过使用很多精确的观测数据确定全球性的板块相对运动。其中,最有意义的是空间大地测量观测数据,在处理这些数据时,把 块体运动看成是在球面上的旋转运动,遵从欧拉定理。用最小二乘法拟合求出全球性板块运动图像。图 3.1 即是这样处理的结果,相对运动速度用箭头表示,箭头长度表示位移大小,板块水平运动速率最高可达每年 10 cm 以上[3]。大陆内构造活动体系以欧亚大陆地区地震构造纲要为例(图 3.2),其中包括经向、纬向构造带和斜向(交叉)构造带。以南北走向的经向构造带为中轴,西部控制地震构造主要是北西向构造;东部控制地震的构造主要是北东方向的。西部活动比东部活动强。在北美洲也有类似构造。

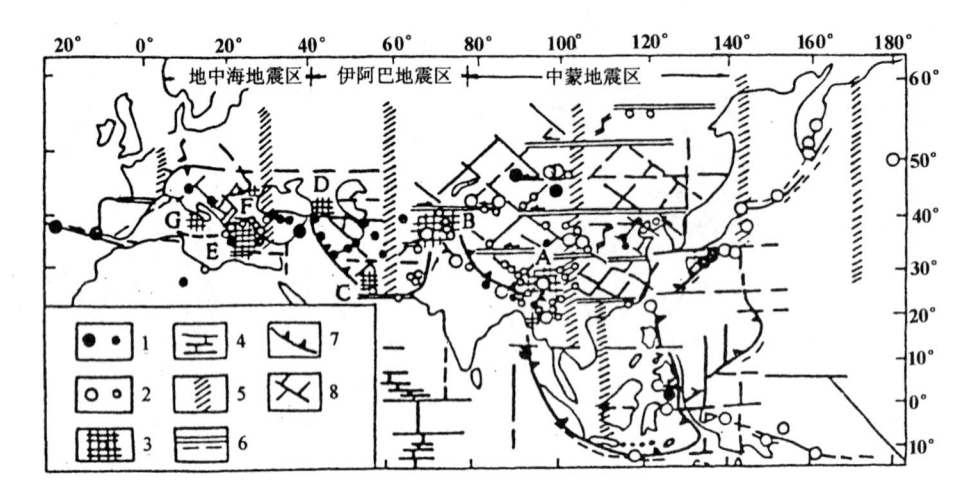

图 3.2 欧亚大陆地震构造纲要图[1]

1. 地球转速减慢年的浅震震中,大实心圆为 8 级地震,小实心圆为 7 级地震;2. 地球转速加快年的浅震震中,大圆为 8 级地震,小圆为 7 级地震;3. 中深震发震地点;4. 洋中脊构造带;5. 经向构造带;6. 纬向构造带;7. 弧形(地壳俯冲)构造带,虚线表示海沟;8. 斜向(交叉)构造带。A. 雅鲁藏布江南;B. 帕米尔;C. 札格罗斯山脉南端;D. 札格罗斯山脉西北端;E. 爱琴海;F. 喀尔巴阡山东南端;G. 意大利东南端及海域

### 3.1.2　区域构造活动

新构造活动具有区域性特点。图 3.3 显示位于欧亚板块内的中国地区新构造活动分区特点及其活动断裂分布图。其中有许多大规模的盆地和断裂。前者有压性和张性之别,后者又分正断层、逆断层和走滑断层。而且,这些现象在中国大陆上的分布并不是均匀的,具有一定的分区特点。新构造期(距今 6 500 万年)以来,以图 3.3 中东西部中间的一级分区线为界,西部总体上是上升的,上升的速率以喜马拉雅山区为最高,依次向北越来越低。其中包含几个强烈下沉区(盆地)。中国东部有几个大盆地。但总体上也是相对上升区。青藏高原和蒙古高原构成一个高原区,在这个高原区的三个边缘带是产生 8 级地震的重要地带;中国东部以华北地区活动最强烈,但整个东部地区的活动比西部弱,活动构造的速率比西部低 1~2 个数量级。构造方向,东部以北东向为主,西部以北西向为主。这是中国的区域活动构造特征[4]。

### 3.1.3　局部构造活动

局部或单体构造活动是指局部地区的活断层和活褶皱运动,活断层包括走滑断层、逆断层和正断层。

走滑断层是水平错动-剪切运动为主的断层,地面显示很好的线性构造。美国的圣安

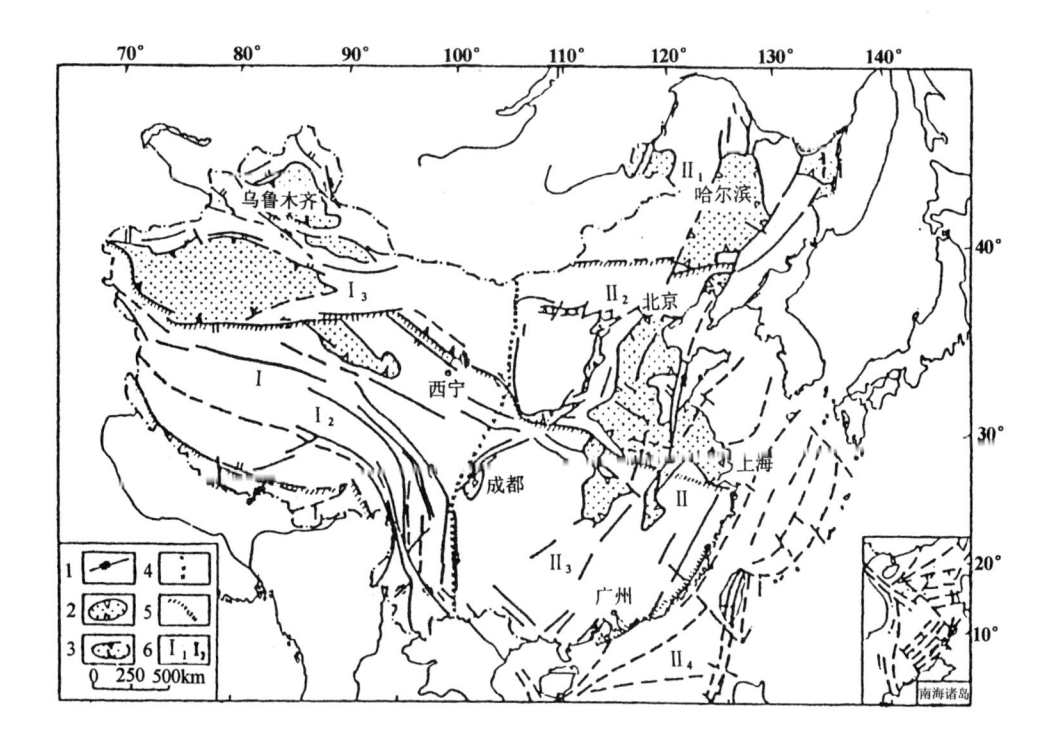

图 3.3 中国新构造分区及主要活动断裂分布图[1]

1. 断裂及走滑方向;2. 拉张型盆地;3. 挤压型盆地;4. 一级新构造单元界线;5. 二级新构造单元界线;6. 构造单元代号。Ⅰ. 印度、欧亚板块碰撞带构造域;Ⅰ₁. 喜马拉雅强烈断块隆起区;Ⅰ₂. 藏北高原面状隆起区;Ⅰ₃. 自新大幅度隆陷起区;Ⅱ. 滨太平洋弧后裂陷构造域;Ⅱ₁. 东北裂陷、隆起构造区;Ⅱ₂. 华北裂陷断隆区;Ⅱ₃. 华南隆起区;Ⅱ₄. 东南沿海和南海海域隆起区

德烈斯断层、中国的阿尔金断裂等都是典型的走滑断层。走滑断层水平运动造成很多地震,地震水平错动量可达数米。

逆断层和褶曲是在侧向力挤压下,岩层褶皱起来,变成歪斜褶皱,进一步发展成倒卧褶皱,以致发生破裂,形成上盘向上逆冲运动。

正断层是在张力作用下,断层上盘顺倾向向下滑动的断层,会造成很多盆地和阶地地貌。一般地说,张性正断层活动造成的地震震级较小。

断层活动是孕育地震的主要原因之一。因此是地震监测、预报研究的主要目标。国内外在这方面的研究成果很多,如断层系活动孕震形变场、断层活动与闭锁、断层活动应变释放比、多应力集中点等。

板内构造块体的相对运动的最新研究成果——"构造块体旋转的运动学与力学"是由 A·努尔 1986 年提出来的[6]。他揭示出,在有众多断层分布的大陆内,断层是分组存在的,由互相平行的走滑断层构成。断层间的块体和断层的旋转与断层滑动直接有关;左旋滑动的断层组发生顺时针旋转;而右旋滑动的断层组发生逆时针旋转(图 3.4)。

从大量的实验室试验研究中确定,沿破裂面滑动所须剪切应力受内聚力强度 $S_1$ 和作用在破裂面上的有效正应力 $\sigma_0$ 控制:

$$\tau = S_1 + \mu(\sigma - P) \tag{3.1}$$

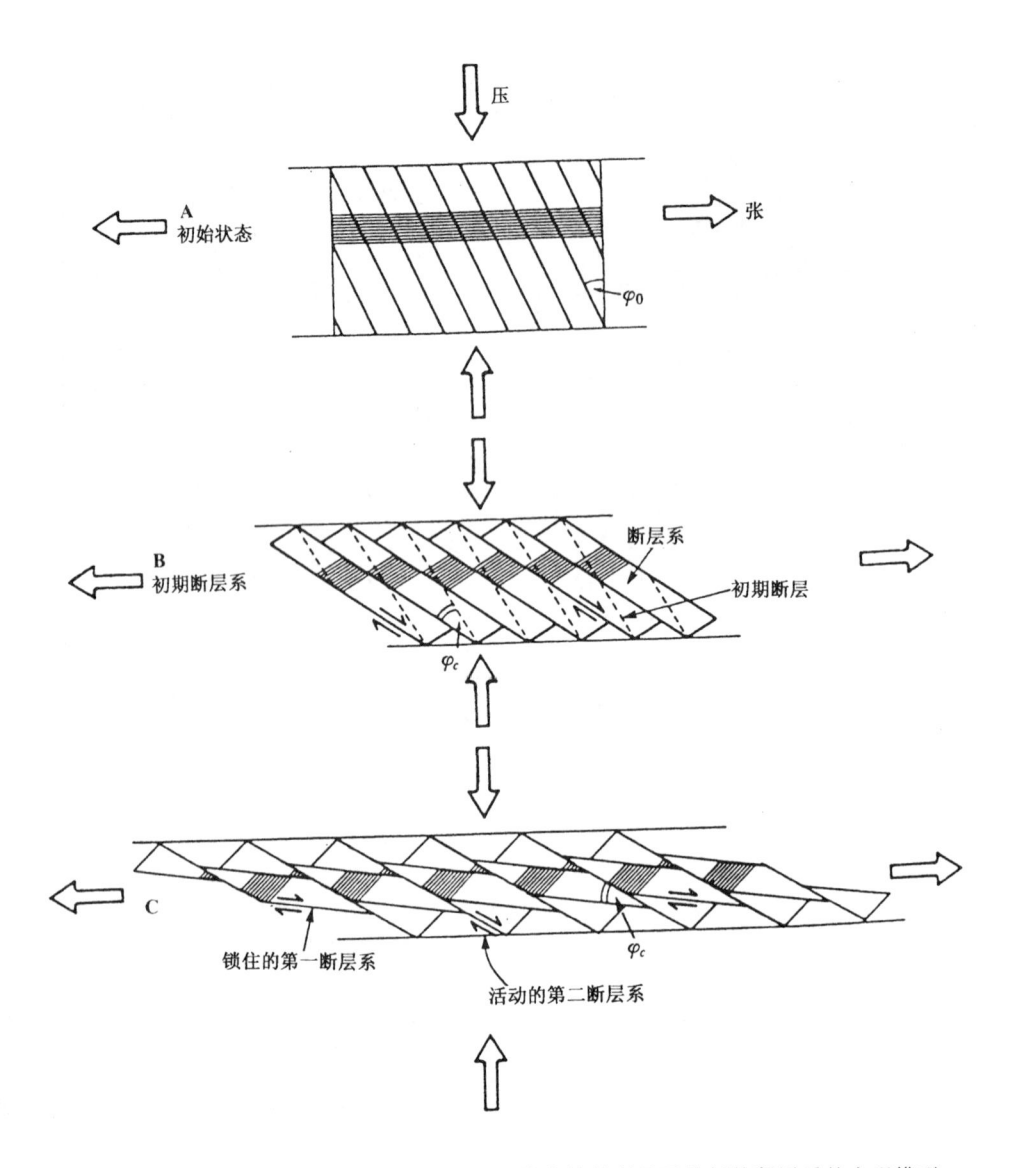

图 3.4 在有极限角 $\varphi_c$ 下,为适应大于 45°的块体旋转所需要的新的断层系的出现模型

式中,$\mu$ —— 摩擦系数;$\sigma$ —— 正应力;$P$ —— 孔隙压力。

与主应力方向交角不同的断层,所受的正应力和剪切应力不同,从摩尔圆图上(图 3.5)可以看出,与最大主应力交角为 $\varphi_0$ 的断层,可在最小差应力$(\sigma_0-\sigma_3)$下首先滑动。

滑动、旋转后,剪切应力减小,正应力增加,不利于继续滑动,而逐渐锁定在某个方向上。而在重新与最大主应力交角为 $\varphi_0$ 的方向上出现破裂和滑动。临界旋转角 $\varphi_c$ 为:

$$\varphi_c = \frac{1}{2}\cos^{-1}\left[1 - \frac{1-S_1/S_0}{1+\mu\sigma_0/S_0}\right] \tag{3.2}$$

在 25°~45°范围内。图 3.4 表明新的剪切断层组出现的过程。断层系中,块体与断层的这种旋转与滑动过程中所遇到的障碍也都有可能成为未来震源。

受到板块运动力影响的板内构造运动要复杂的多,并且有时也很激烈,如地表面的翘

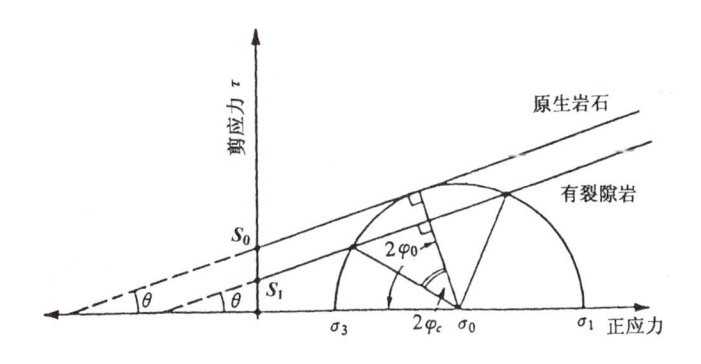

图 3.5 摩尔圆
$\theta=\tan^{-1}\mu$——摩擦角；$S_0$、$S_1$——完整岩石和有断裂岩石的内聚强度；
$\varphi_c$——存在裂隙与重新出现的剪切破裂方向之间的夹角

曲、褶皱作用，山脉、盆地的形成，断层作用及地壳小块体（微板块）的相对运动等。地震时引起的地壳垂直位移有时高达 10 m 之多（如 1964 年阿拉斯加地震时产生的蒙塔古岛），山脉块体相对盆地块体的长年垂直位移年速率可达十分之几毫米，短期速率高达几毫米/年。大地测量方法可以鉴别和测定最新时期的构造作用，构造运动速度和性质，地震与地壳运动的关系等。但精度必须达到可以测出 $10^{-7}$ mm/a 的地壳构造运动速率的要求。

### 3.1.4 潮汐应变

地壳在天体运动中所产生的潮汐形变、应变是被高精度形变测量所观测到的最好的、最真实的全球性地球物理现象，因而常被用来检验仪器观测质量和地壳弹性性质的变化。用精确计算出的理论值标定仪器观测值；用长期监测某地的固体潮波潮汐因子的变化来预报地震。

### 3.1.5 地壳形变中的负荷效应、热效应

弹性地壳在荷载的变化下产生的形变称为负荷效应[3]。最有名的斯堪的纳维亚半岛及北美地区由于冰川、冰床的溶化、负荷的消失，而产生大面积的地壳隆起（图 3.6）是这一效应的最好例证，其速率达 1～2 cm/a。北美波内维尔湖水蒸发失去荷载而产生隆起，以及新水库注水而产生的下沉，也是常被观测到的现象。侵蚀、沉积和断裂引起的地壳荷载的再分布也是地质学中的基本问题。火山岛施加的荷载使夏威夷群岛周围出现了一个深水区，它表明，岩石圈在荷载的作用下发生弹性弯曲。

热效应是地壳表面温度变化通过各种途径引起地壳介质的热膨胀现象，构成了各种地球物理观测中的干扰，必须有效地消除。

按古登堡公式，在地下深度为 $H$ 的地方，受地表温度周期变化（振幅为 $A_0$）影响而产生的温度变化为：

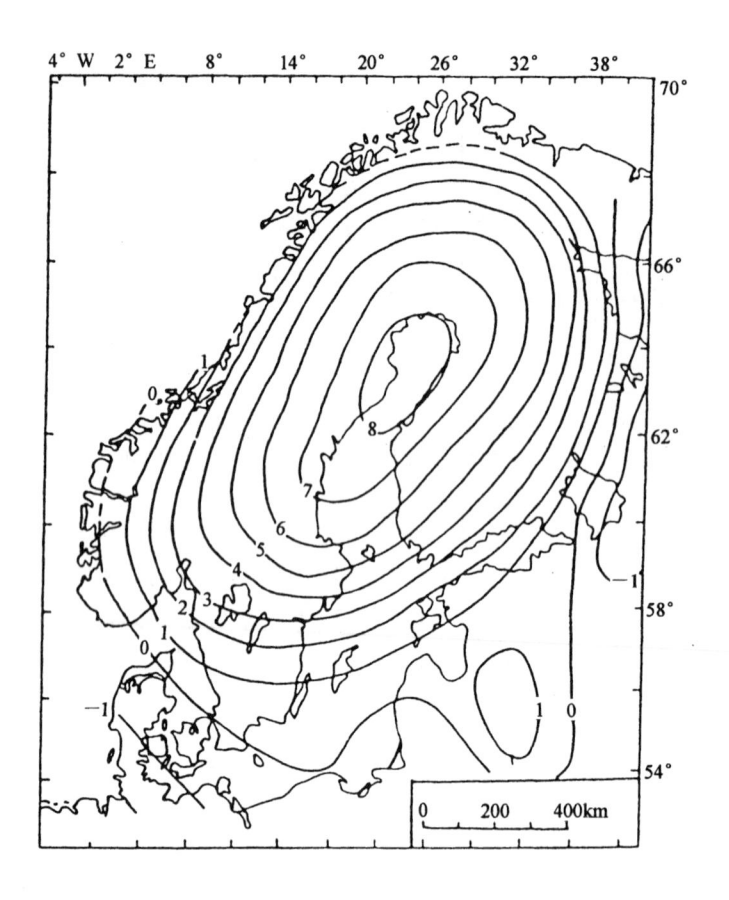

**图 3.6 芬兰斯堪的纳冰后回跃**[3]

等值线表示用精密水准测量得到的每年几毫米的隆起

$$U(H,t) = A_0 e^{-\sqrt{\frac{\omega}{2K}}[H-f(x,y)]} \cos\left\{\omega t - \eta_0 - \sqrt{\frac{\omega}{2K}}[H-f(x,y)]\right\} \quad (3.3)$$

沿铅直方向产生的线膨胀为：

$$\omega(H,t) = \int_H^\infty \alpha \cdot U(Z,t)dZ = \alpha A_0 \sqrt{\frac{KT}{2\pi}} e^{-\sqrt{\frac{\omega}{2K}}[H-f(x,y)]}$$

$$\cdot \sin\left\{\omega t - \eta_0 - \sqrt{\frac{\omega}{2K}}[H-f(x,y)] + \frac{\pi}{4}\right\} \quad (3.4)$$

$x$ 与 $y$ 方向的热倾斜为：

$$\Omega_x = \frac{\partial \omega}{\partial x} = \alpha \cdot A_0 e^{-\sqrt{\frac{\omega}{2K}}[H-f(x,y)]} \cos\left\{\omega t - \eta_0 - \sqrt{\frac{\omega}{2K}}[H-f(x,y)]\right\} \cdot \frac{\partial f}{\partial x}$$

$$\Omega_y = \frac{\partial \omega}{\partial x} = \alpha \cdot A_0 e^{-\sqrt{\frac{\omega}{2K}}[H-f(x,y)]} \cos\left\{\omega t - \eta_0 - \sqrt{\frac{\omega}{2K}}[H-f(x,y)]\right\} \cdot \frac{\partial f}{\partial y} \quad (3.5)$$

式中：$T$ —— 温度变化周期；$\omega$ —— 为角频率；$\alpha$ —— 地壳温度膨胀系数（$\approx 0.95 \times 10^{-5}$）；$K$ —— 热扩散系数（$\approx 1.3 \times 10^{-2}$）。

温度影响的频带很宽,是近代精密地壳形变观测的主要干扰源,特别是在地貌不均匀的地方更突出。加之地下水从地表向下渗流,扩散这种温度效应,非常复杂。难于彻底排除。

## §3.2 地壳形变与地震

### 3.2.1 地震地壳形变的含义

由于地壳结构的不均匀性,在内力与外力的作用下就会产生不均匀地壳形变,它导致某些地壳特殊部位上的应力-应变积累。当这一累积应变达到地壳的极限应变值($10^{-5} \sim 10^{-4}$)或已有断层上的应力积累达到了断层的抗剪强度时[7],地壳便突然破裂,发生地震。我们把这种与地震的孕育和发生过程直接有关的地壳形变过程称为地震地壳形变。孕震过程中的地震地壳形变称为震前地壳形变或称地壳形变前兆;震时地壳破裂引起的地壳形变称为震时(同震)地壳形变;震后地壳形变继续调整过程称为震后地壳形变。

震时地壳形变量较大(震中区地表断裂和沉陷可达数米、数十米之多),容易被观测到。而震前缓慢的形变积累过程(速率约 $1 \sim 2$ mm/a)则不易被发觉。须用高精度、高稳定度的观测技术方能监测到。

### 3.2.2 震前地壳形变

与地震孕育、发展、发生相关的地壳形变称为震前地壳形变,震前地壳形变包括:

(1)断层系和块体运动。如前述,板块内部有地质块体沿断层的相对运动,这种运动导致障碍体上的应变积累,形成地震[8]。宾勒姆和比万(1979)[9]认为地应力积累引起的块体运动是远场观测到的前兆的直接机制。中国海城地震前,远离震中的金县台短水准观测到明显的断层活动前兆。唐山地震前,在华北很大的地区内观测到断层活动。大同地震前也观测到远场断层活动前兆。

(2)近场地壳应变积累。岩石加压模拟实验结果(图 3.7)表明,岩石(尤其孔隙度小

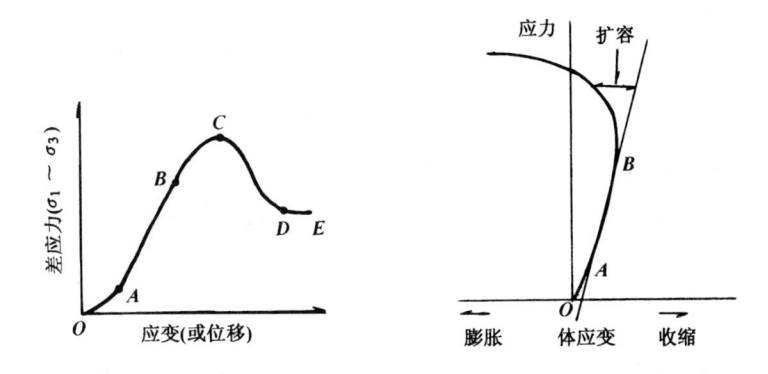

图 3.7a 岩石差应力-应变(或位移)曲线示意图[4]　图 3.7b 轴向应力-体应变曲线[4]

于 1‰)在应力作用下的应变曲线是分段的:OA 段为岩石内原有部分裂纹的闭合效果;AB(直线段)为弹性形变阶段;从 B 点开始,由于应力的增加(达到破裂强度的 2/3 左右),岩石内产生新的微破裂裂纹或已有微破裂的扩展和张裂而引起体积增加(扩容);当差应力达到破裂强度时,便在 C 点开始非稳态破裂,破裂极限应变为 $10^{-5} \sim 10^{-4}$。其后的破裂(CD 段)速度很高,幅度很大。CD 段为破裂面的滑动(蠕动)过程。很多大震(如

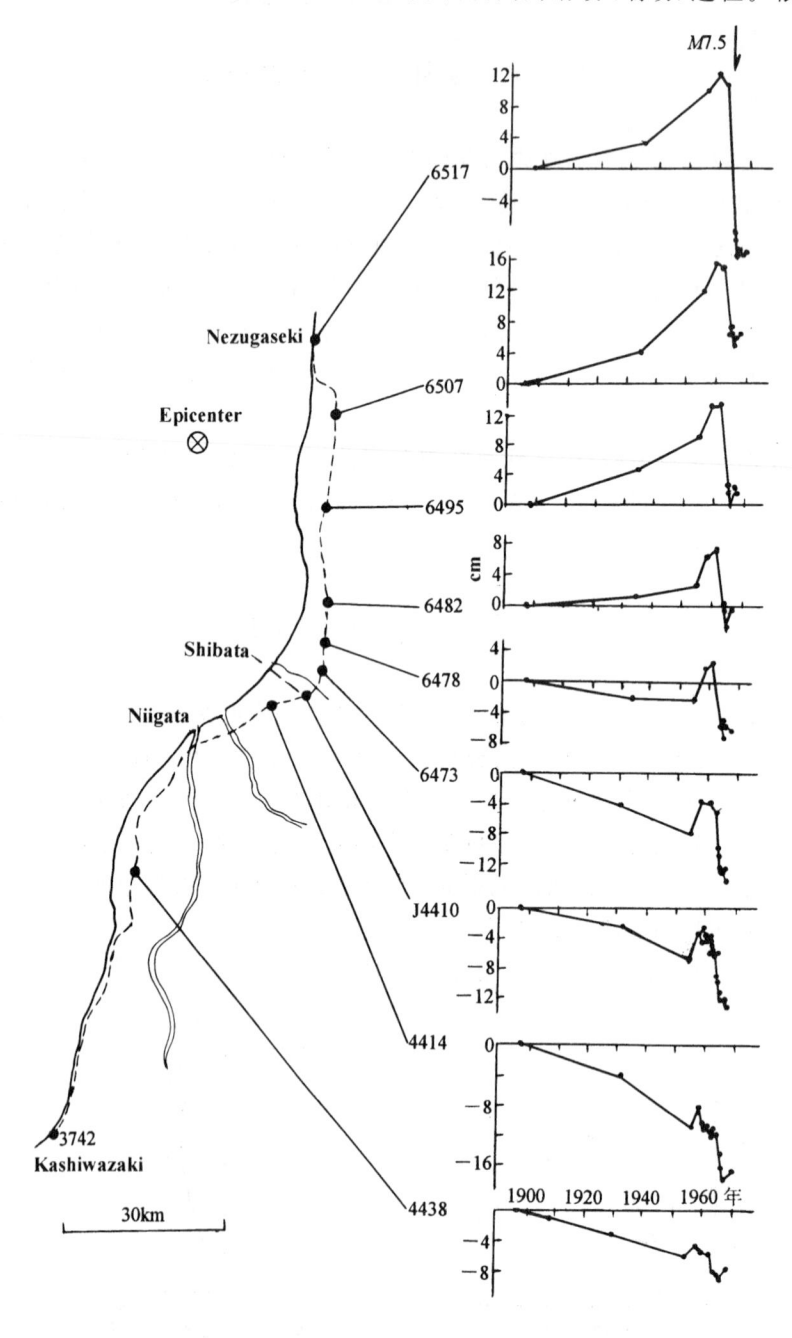

图 3.8　新潟地震($M=7.5$)日本海沿岸水准复测所得到的水准点
(图上黑圆圈)的高程随时间变化图,⊗1964 年震中

新潟、唐山等)前都观测到近场应变积累、隆起。

(3)扩容与地表隆起。如上述,在应力达到破裂强度的 2/3 左右时,近场区开始扩容。在地表可以观测到地表隆起,但随着应力的继续增加,主破裂带的逐渐形成,应变将大量集中在一个有限的最终出现断裂的部位上[8]。其余地区裂隙将闭合,应力-应变将下降恢复。膨胀也将逐渐恢复。可见膨胀区要比未来破裂震源区大一些。大地测量已观测到这种地面隆起过程,如日本新潟地震震前隆起的水准测量结果(图 3.8)。

### 3.2.3 震时(同震)地壳形变

震时过程往往用粘滑机制解释。由外部施加一常速剪应力,在适当条件下,岩石样品发生间歇式非稳定滑动,称为"粘滑"。这一非稳定滑动过程与脆性破裂过程相似,可用凝聚力模型加以描述。因此,常用断层运动模型来研究地震破裂过程。

里德据 1906 年加州大震前后三角测量结果提出了断层弹性回跳模型。此模型的前提是以既存断层为边界的两侧块体作相反方向的缓慢运动。如果两个块体紧固于断层面上,则由于两侧块体长期反向运动的结果,断层周围物质便产生变形和积累弹性应变能。反弹力增大最终达到断层面强度,使断层面破裂而释放积累的弹性应变能,便形成地震。这样,缓慢的无震应变积累和突然的地震应变释放交替进行,便形成地震活动周期(图 3.9a)。

特斯-里奇(1986)的走滑断层力学特性模型很好地表明了断层的本构参量和滑动随深度变化的规律(图 3.9b、c),预测了震前蠕动和震时地表相对位移和隆起(多达数米之多)。

松田(1975)对地震断层长度($L$ km)、位移量($d$ m)与地震震级大小之间关系给出经验(统计)公式:

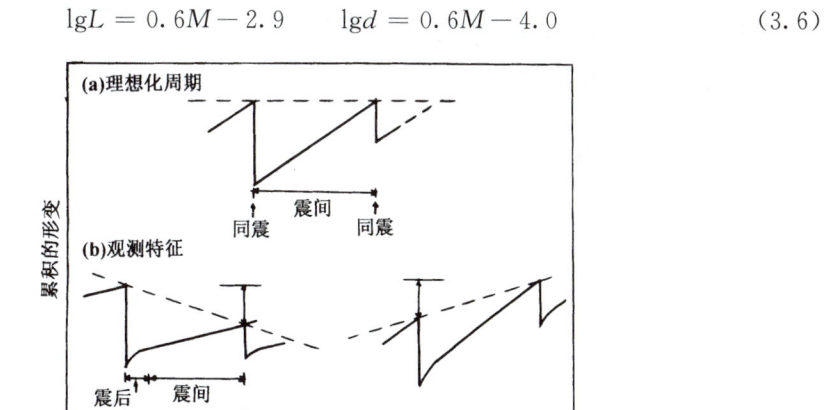

$$\lg L = 0.6M - 2.9 \quad \lg d = 0.6M - 4.0 \tag{3.6}$$

图 3.9a 地震形变周期的简单模式

在地表测得的累积形变(例如应变、倾斜、地面位移)量标绘为时间的函数。梯级错开对应大地震发生时间。虚线表示破裂水平线,在理想化周期(a)中,破裂水平为常数;(b)当包括了永久性非弹性变形影响时,破裂水平随时间而变化[3]

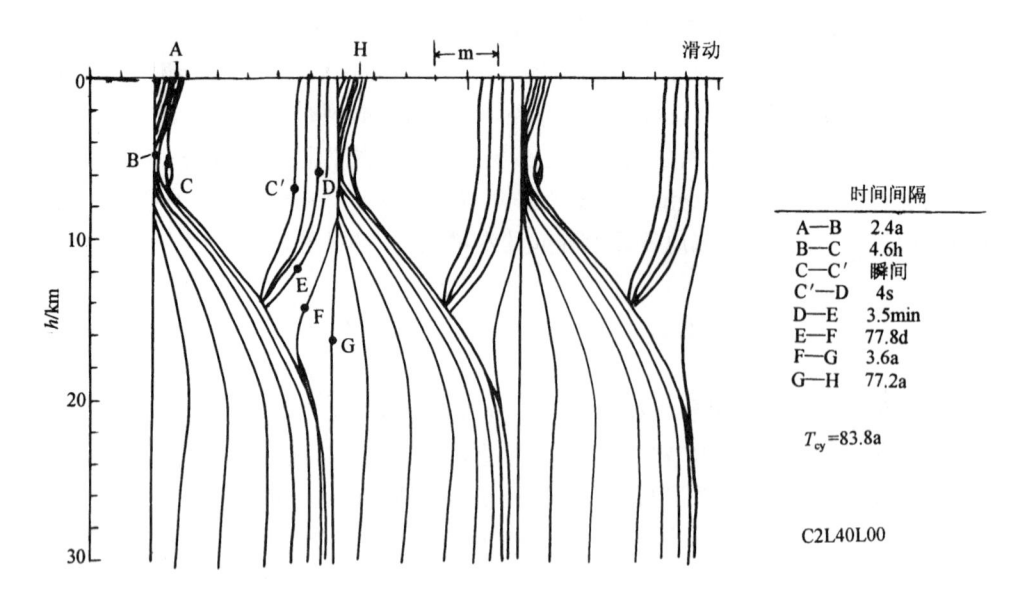

图 3.9b　特斯-里奇的 C2L40L00 模型中的三个地震周期的位移-深度图（1986）[10]

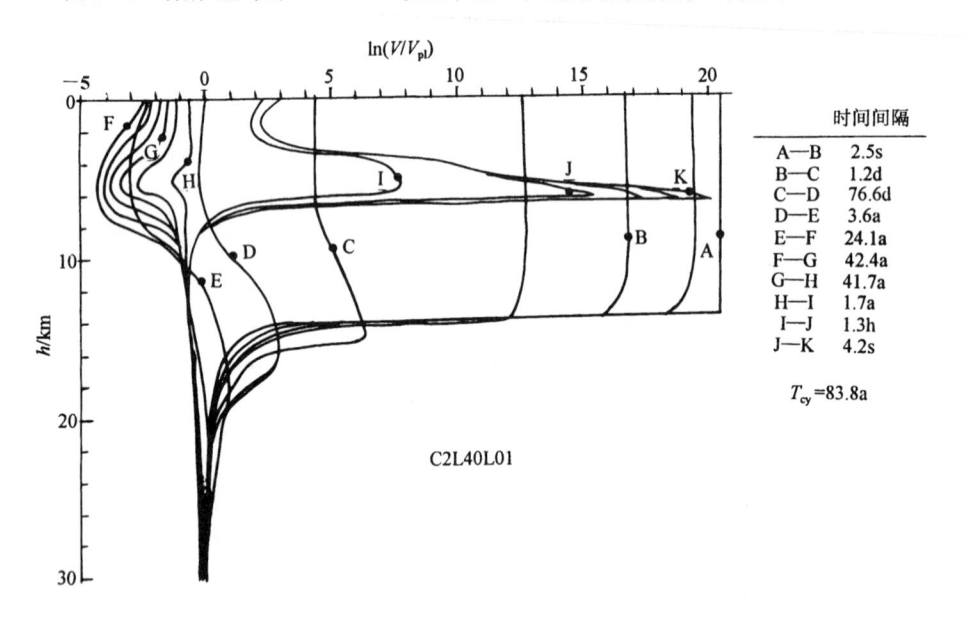

图 3.9c　在图 3.9a 所示的一个地震周期期间的正规化滑动速度之对数与深度关系图[10]

然而,地震断层出露于地表时,并不表现出一个完整的切断面,而常表现为雁行裂缝,并且会在某些地方产生隆起（压力脊）,而在另外的地方产生张裂缝或剪切裂缝等（图 3.10）[10]。这说明,地表形变并不完全与深部形变相一致。这一点必须在地表形变测量分析中加以注意。

大地测量复测资料清楚地表明震时地面形变（水平和垂直形变）分布的特征图案。对走滑型地震,地表形变显示出明显的四项限分布规律,与位错模型计算结果相当一致。震级越大,形变范围也越大。

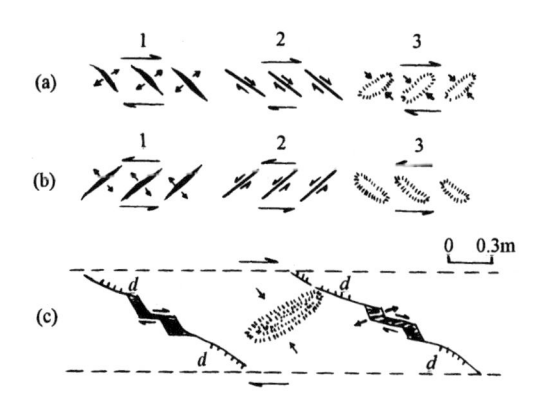

图 3.10 (地表)伴随地震断层出现的各种雁行[10]
(a)右旋走滑地震断层:1. 拉张裂缝(黑色是开口部);2. 剪切裂缝;3. 压力脊。(b)左旋走滑地震断层(1~3同上),
(c)帕克弗尔德地震断层(圣安德烈斯断层的一部分)

## 3.2.4 震后地壳形变

如图 3.7a 所示,DE 段是震后断层面的滑动,这种现象也被观测到,如唐山地震后,宁河台记到的水准测量资料(图 3.11)与理论值拟合较好(赵国光)[11]。震后滑动主要发生在主震后几天至几个月内。其特点是滑动速率成对数衰减,位错量可等于或超过同震滑动(对走滑型地震)。

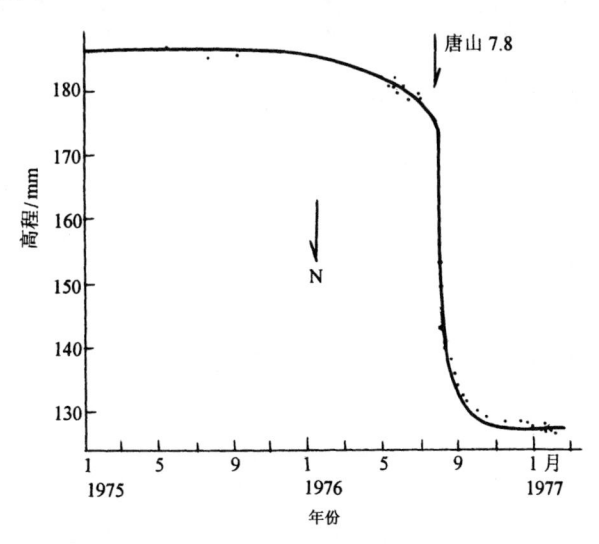

图 3.11 用断层滑动理论模型模拟宁河测点的实测资料
(据赵国光)

## §3.3 地壳形变观测基础

### 3.3.1 信息与噪声

信息与噪声的研究是前兆观测的基础,是前兆观测设计的依据。构造运动,尤其是地震地壳形变是我们要观测的信息。具体地说,这些信息是:

(1)全球性板块运动;

(2)区域构造运动,块体和断层的相对运动;

(3)震前、震时和震后形变、应变场及其演化;

(4)各种临震应变、倾斜前兆信息。

根据实测资料和理论分析,震源弹性应变场随着震中距的立方成反比衰减,在离震中约为震源体半径 10 倍远的地方,应变衰减到 $10^{-9}$ 以下,非高精度仪器是观测不到的。因此,要求长期应变观测精度不低于 $10^{-7}$ mm/a;连续应变倾斜观测精度不低于 $10^{-9}$。对地震预报而言,短临前兆信息观测最重要。中国的大陆构造决定了中国的地震前兆特征与美、日等国家不同。由于遍布复杂的构造(断层),因此使得前兆显著、复杂,且分布地区大(图 3.12)(茂木,1981)。

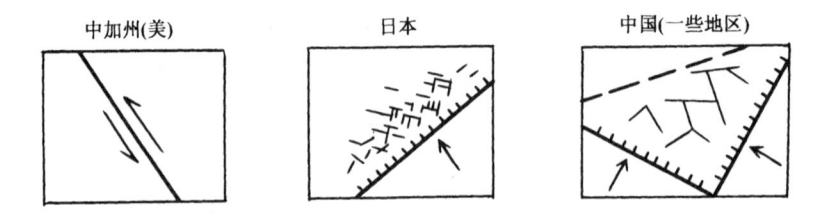

图 3.12 美国中加利福尼亚、日本、中国的前兆现象的简化构造过程及特点

前兆信息的时、空分类(茂木,1982)见图 3.13[12]。

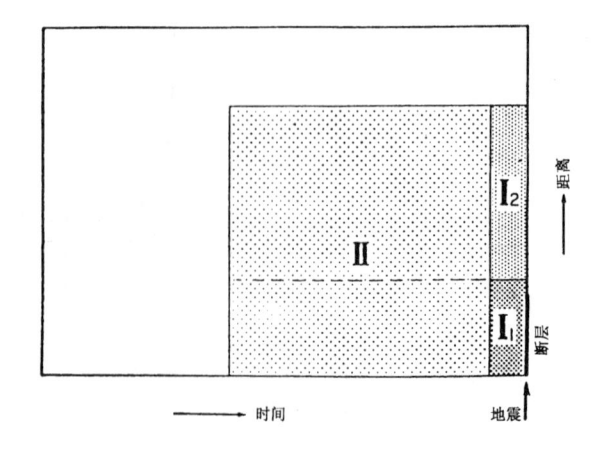

图 3.13 时空图上的前兆现象分类[12]

$I_1$区:震中区附近短临地震前兆;
$I_2$区:远离震中区的短临地震前兆;
Ⅱ区:大范围内的长期前兆。

$I_1$、$I_2$可能是由震前断裂活动造成的;Ⅱ可能是包括震源区在内的很大范围内的形变、应变积累引起的地壳形变信息。

($I_1$)震源及附近地区的短期前兆可能是由于沿地震断层的微破裂在极限应力下的加速过程,主破裂之前,障碍体的破裂加速所表现出的形变(含局部膨胀)加速过程。或局部或非局部的震前滑动造成的信息。

($I_2$)远离源区的短期前兆,可能归因于沿地震断层的形变,使源区与远区之间的力学联系加强。

(Ⅱ)与形变、应变积累有关的长期前兆,如膨胀、隆起,非震断层的延续性滑动,源区地震断层的长期粘滑、在一些应力集中区的局部破裂及断层滑动(或应变变化)等。这些破裂和滑动不只局限在断层面上,而且也广泛地分布在远区内。

地震往往是已有断层的摩擦滑动。断裂作用(Faulting)理论认为,当剪切应力($\tau_t$)达到断层静摩擦阻力 $\tau_{f \cdot s}$ 时,

$$\tau_{f \cdot s} = f_s(\sigma_n - P) \tag{3.7}$$

断裂面即可滑动,形成地震。式中 $f_s$——断层面静摩擦系数(0.85左右);$\sigma_n$——垂直断层面的正应力;$P$——静水压力。因此观测剪应力($\tau$)的增长信息对地震预报是有直接意义的。时刻 $t$ 的剪应力观测值应为:

$$\tau_t = \tau_{f \cdot d} + \frac{GU_0 t}{2b} \tag{3.8}$$

式中 $\tau_{f \cdot d}$——上次地震停止时,遗留下来的剩余剪应力,即断层面的动摩擦阻力强度;$G$——剪应变弹性模量;$U_0$——剪切位移速度;$t$——自上次地震以来的时间;$b$——剪切形变宽度。地震将发生时的剪切应力信息:

$$\tau_{f \cdot s} = f_s(\sigma_n - P) = \tau_{f \cdot d} + \frac{GU_0 t}{2b} \tag{3.9}$$

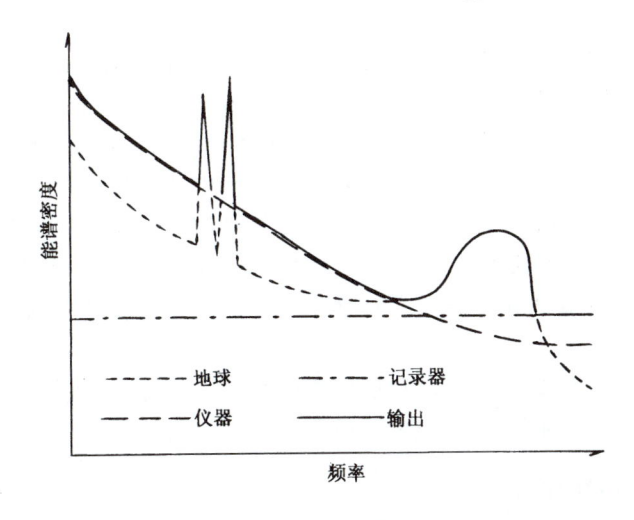

图 3.14 地壳噪声和仪器观测噪声输出[13]

测得下次地震将发生的时间为 $t^*$

$$t^* = (\tau_{f\cdot s} - \tau_{f\cdot d})\frac{2b}{GU_0} \tag{3.10}$$

噪声与信息并存,监测网监测信息的能力常被噪声所限制。图 3.14[13]是地壳形变噪声能谱密度分布图及被它们限制的有效输出限(虚线)。超出这条输出限线的信息才有可能被分辨出来。从而,为提高监测较小信息的能力,必须压低各种噪声(地球噪声、仪器噪声等)水平。这是观测网设计中的主要任务之一。

### 3.3.2 观测技术设计思想

**1. 观测技术要求**

先进的观测技术(仪器和观测方法)是压低噪声、提高信噪比的最佳手段。经过一个多世纪的努力,在地震前兆观测技术上取得了很大的进展,但并没有完全成功。因为连续观测缓慢的(有时是快速的)前兆地球物理信息,需要有高精度、高稳定性的仪器,并要避开大量地表噪声干扰。测到真正的来自地球内部的微小地震前兆信息是很不容易的。

要达到观测真正来自地球内部的地震前兆信息,首先要求选好观测位置,并解决好仪器与地壳的完善耦合问题。

地表观测既省钱又宽敞。人员可以自由接近仪器,便于仪器安装和维修。但是地表层的松散和遍布裂隙又往往使它与深部完整地壳脱节,阻断或者歪曲了地壳深部传来的信息。此外,严重的地表噪声会淹没和模糊了真正的信息。用线性预报理论可以去掉一些干扰,但剩余噪声水平仍然很高。何况有些干扰机制很复杂,不易用数学模型来模拟。因此用数学方法排除干扰,降低噪声水平的能力是有限的。真正解决问题的办法是避开地表层,把仪器直接安装(耦合)在地壳深部基岩上。地表层是很好的温度绝缘材料,它能很快地衰减地表温度向下的传递。图 3.15 就是温度噪声随深度 $Z$ 和频率 $f$ 衰减的情况。它表明深埋 1m,日变周期温度可衰减 50~100 dB。可见效果之显著。此外,深部观测摆脱了地表松散层对信息的阻隔与歪曲,能够取得较真实的信息。所以深井观测技术是目前最理想的方法之一。

研究稳定(无漂移)、抗干扰的仪器是又一个重要观测技术问题。为达到此目的,首先要求建立一个稳定的测量比较参考系;其次,要有一套在被测量量与标准参考系之间进行比较和测量的技术方法(主要是传感器技术)。对不同的测量仪器,满足这些要求的设计是不同的。为削弱温度对仪器稳定性的影响,在设计中常采用长基线、部件对称、材料温度系数小(如用石英、铟钢、炭丝材料)、弹性完善等措施。这就产生了常见的长水管倾斜仪、石英伸缩仪、炭丝伸缩仪等高精度形变连续观测仪器。此外,深埋的井下体积应变仪、井下倾斜仪等更是有效避开地表温度对仪器本身稳定性干扰和基础稳定性干扰的好办法。

除建立稳定的参考系外,要选取和设计高精度、可靠性能强的传感器。比较成熟的传感器有:Michelson 光干涉传感器、电容传感器、电磁传感器(LVDT 线性差动变压器)等。

**2. 先进观测技术的选择**

地震预报实验场内,应该布设精度高、干扰噪声最小、稳定性最好的先进观测技术,以

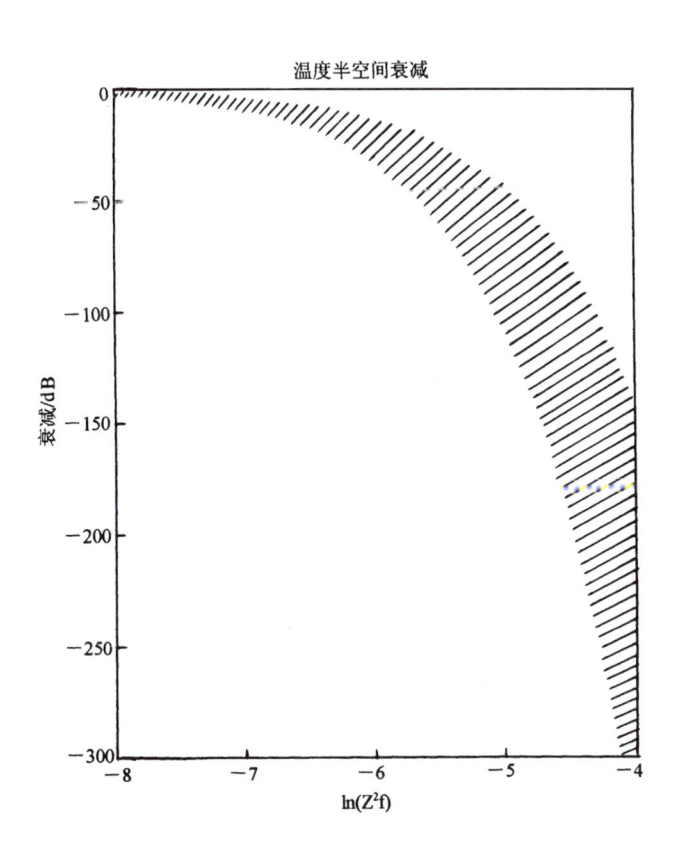

图 3.15　半空间地表正弦型均匀温度变化随深度的衰减[13]

便更有效地捕捉地震前兆。

在诸多连续形变观测技术中,长基线技术(如长基线水管倾斜仪和激光应变仪)和井下观测技术(如井下应变仪和倾斜仪)符合上述要求[14]。因为与长基线比较,短基线对非构造运动短波干扰特别敏感,具有短基线长 AB 的倾斜仪完全响应了短波干扰 $\theta$ 角倾斜。当采用长基线时,干扰会成倍地降低。此外,微小的仪器与基础耦合的不完善和仪器零部件的非均匀变形都会给短基线仪器带来很大的干扰和不稳定。此外,与短基线比较,长基线所测地壳形变具有更大的代表性,长基线结果能更好地反映地壳表面的应变和倾斜。

如前所述,深井观测技术能很好地避开地表噪声干扰和易于接受来自地壳深部的信息。目前发展起来的各种井下应变仪(如 Sacks 井下体积应变仪等)、倾斜仪(如原联邦德国的 Askania 井下倾斜仪等)都表现出了这方面的优越性。年漂移在 $10^{-7}/a$ 左右,噪声水平降到 $10^{-9}$ 以下,能很完美的记录下应变、倾斜固体潮。

空间大地测量(如 VLBI、GPS 等)中,基线更长(数百公里到数千公里),除具备一般长基线的优点外,在测量技术上,不像地面三角(三边)测量那样,定位误差随着距离的增加而增大。这对测量洲际间块体运动大有好处。因此是地球动力学观测中不可多得的先进技术。

跨断层观测技术被证明是观测构造运动信息最有效的方法。薄弱的断层对区域构造应力活动反映最敏感,对应变信息有一种天然的放大作用[14]。

### 3. 综合观测布局问题

在地学中,尤其在地震监测预报科研中,要求形变测量提供在空间上大到地壳板块相对运动、区域应变场,小到震源应变场数据。在时间区域内,要求提供长期、中期和短临地震前兆应变信息。各种形变测量技术有其各自的技术特点,适应于不同的应用范围。

空间技术(VLBI,GPS 等)适合于基线长于 200 km,绝对测量精度优于±1cm 的大范围地壳形变测量(如板块运动);常规大地测量方法(水准、测边三角网等)适应于基线长度为几公里到几十公里,测量绝对精度优于几毫米的区域应变场的测量;应变和倾斜连续测量适合于基线长度短于 1km、绝对测量精度优于 1mm 的震源应变场的测量(图 3.16)。

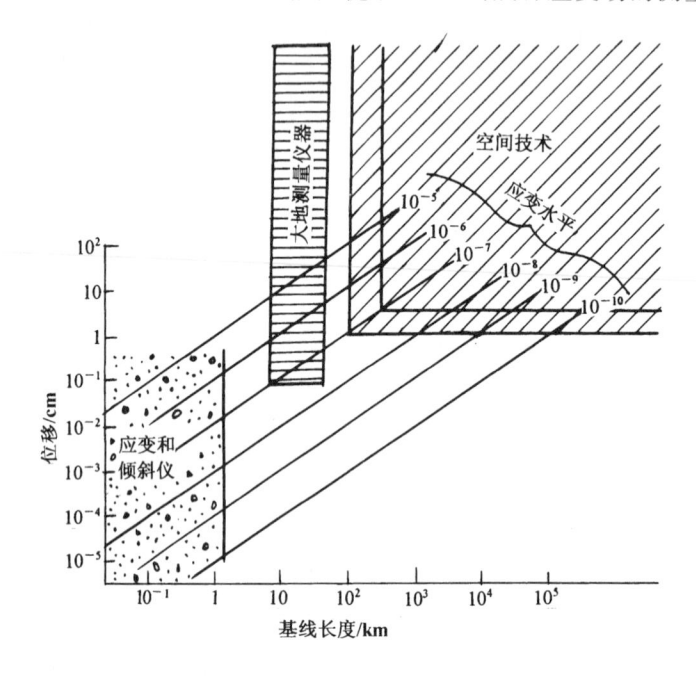

图 3.16 各种形变测量方法的适用范围

在时间域内,绝对测量(空间测量和常规大地测量)适用于周期长于 $t_m$ 的形变前兆信息的测量;周期短于 $t_m$ 的中、短、临形变前兆信息用相对测量(连续应变和倾斜观测),精度高、效果好。C. 阿格纽教授给 $t_m$ 的定义是[15]:

$$t_m = \left[\frac{\sigma_a^2 \cdot t_n}{K}\right]^{1/\alpha} \quad (3.11)$$

表 3.2 系数 $K,\alpha$ 的值

| 系 数 | 倾 斜 | 应 变 |
|---|---|---|
| $K$ | $10^{-23}$ | $8\times 10^{-27}$ |
| $\alpha$ | 2 | 2.5 |

式中,$\sigma_a$——绝对测量中随机测量误差;
$t_n$——由绝对测量采样间隔 $\Delta t$ 确定的 Nyquist 周期;$K$、$\alpha$——高精度应变、倾斜测量精度估计中的常系数,阿格纽给出了它们的数值(表 3.2)。

实际上,$t_m$ 是绝对测量噪声谱线与相对测量噪声谱线的交点处的周期值(图 3.17),

在此处两种测量方法的噪声谱值($P$)相等,即 $\sigma_a^2 \cdot t_n = K/f^a$,由此得到了上面 $t_m$ 的表达式。

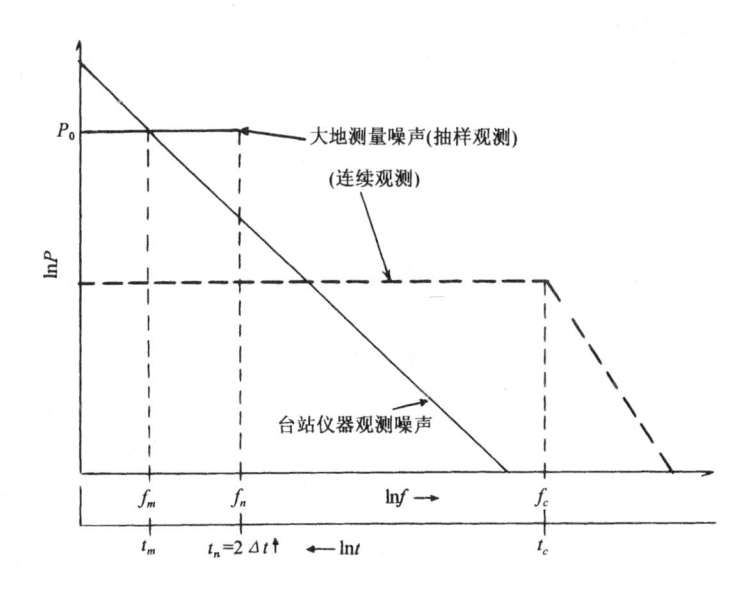

图 3.17　各种形变测量噪声能谱[15]

从图上可以看到,在周期长于 $t_m$ 时,绝对测量比相对测量的噪声低。因此,当信息的周期长于 $t_m$ 时,用绝对测量方法监测,精度高于相对测量方法。

从而,在地震预报试验场内,应同时综合地布设绝对测量和相对测量系统,来全面地、高精度地监测区内长、中、短临形变前兆信息。

### 3.3.3　台网

各种形变监测网中,前兆地形变监测网的设计应该说是最复杂的。

前兆监测台网的功能在于有效地监测一定范围内的一定震级的前兆。给出地震前兆在时间、空间上的分布,以便更好地研究和预报地震三要素。目前世界上还没有很成熟的地震前兆理论,只有一些较接近实际的模型可以帮助我们思考设台问题。这些模型可以近似地给出前兆信息的时、空分布和未来地震震级大小的估计。

下列见解是我们设计和布设前兆监测台网的主要依据[16]。

(1)孕震形变场信息和源区应变信息是监测的目标;

(2)应变、倾斜、断层滑动观测应同时进行;

(3)为提高抗地表干扰,减少地表层对深部信息的吸收和歪曲,应充分重视深井观测技术和长基线观测技术。

(4)应采用综合(cross)观测方案,即,不仅同时平行布设多种前兆观测手段,而且,在同一种手段内,也要布设多种形式的前兆观测方法。这有助于对信息的分析和地震预报。

(5)台网要布设在近期可能发生地震的地区。

(6)建成的台网要同时完成下列三方面的任务:

第一,监测长期前兆性变化;

第二,监测中期前兆性变化;

第三,监测震前短期前兆性变化。

上述任务是按难度增加的顺序排列的。一般地说,随着频率的增加(从长期到短期),前兆异常幅度逐渐减少,检测难度增加。

一个有效的台网应当同时满足下列各项具体设计要求:

**1. 台址**

首先台站应建在地震构造带附近,便于接受前兆信息;但不可太近,因为断层破碎带会带来较大的干扰(如地下水干扰等)。

其次,台站应建在诸多断层中那些易于积累较大剪应力的断层附近,便于监测预报较大地震。在一个地震危险区内有些断层是易于蠕动、不易集中较大应力的,其上不易发生较强地震;而有些断层则易于积累剪应力、存储地震能,是发生强震的地方,监测价值高。利用 Anderson 断层理论,推算出与主应力方向交角成 45°～50°的断层是储能断层,交角为 25°的断层是易蠕动断层。

第三,台站应建在近期地震危险区内,如:

(1)建在历史地震活跃区,最近又有地震活动增强趋势的地区;或在地震活动周期明显,最近发震概率明显增高的地区。如美国的帕克菲尔德地区 6 级地震 20 年活动周期明显,1988 年前后是最高发震概率时段,成为美国重点地震预报试验监视区。

(2)建在上一次大震破裂端点或最新地震破裂空区、空段。如美国的 Anza 地区,是圣安德烈斯断层上地震破裂的一个空段,估计有 7 级地震发生的可能性。已被布设前兆观测网监视起来。

(3)建在一些测量结果表明的应力-应变积累区内,如形变测量结果表明美国圣安德烈斯断层北段的应变释放比较小,而南段较大。应变在北段积累起来,成为未来地震危险区。故美国的前兆仪器监测网大部分设在该断层的北段。

第四,台站应建在地形平坦、地质构造均匀、水文地质条件稳定的地区。这些条件可减小某些前兆观测干扰。

而深井内布设前兆观测仪器的方法是目前公认最佳布设观测网的方法之一。因为深井观测是避开地表干扰、取得真正信息的有效途径。

**2. 前兆观测仪器装备**

所设计的网的监测能力,除依赖于网的位置、结构外,还依赖于网上使用的仪器设计。根据前兆信息的特征,选取和布设监测整个预报区内长、中、短临前兆信息的仪器设计应满足下列各项要求:

(1)监测长期前兆的仪器要具备与 $10^{-7}/a$ 应变相应的观测精度和稳定性。因为实测资料表明,地震活跃区,地壳长期应变速率为 $10^{-7}/a$[如美国加州地区为 $(1\times 10^7 \sim 3\times 10^{-7})/a$],为捕捉到这一长期应变信息,仪器的年漂移量必须小于 $10^{-7}$ 应变或与此相应的物理量。

(2)在一定的台站密度下,仪器的精度应不低于预测的到达该台的最小前兆量。前震和余震表明,前兆活动的能量为主震的百分之几(<10%),按此能量算出的最小预测地震的前兆场应该被台网监测到。在台距一定的条件下,便可算得仪器的必要精度。反之,在仪器精度已知的条件下便可算得台距。如当台距为 40 km 时,监测 5 级以上地震的前兆台网中,仪器的精度应不低于 $10^{-9}$ 应变。

(3)所采用仪器的精度不必要超过地球噪声水平,高于地球噪声水平是无意义的。

(4)台网内应采用多种前兆监测仪器,进行平行的综合监测。①不同的前兆观测方法对长、中、短临前兆的监测能力是不同的。有的监测长期前兆效果好,有的监测短临效果好。综合利用可以取长补短,起到互补作用。②同样,不同监测方法对某种干扰的响应是不同的。某个时期,一种方法受干扰大,监测能力降低,而另一种方法可能受的干扰小,综合起来,仍能保持一定的监测能力。③不同物理量前兆观测综合部署,不仅可以起到观测不同信息的互补作用、互校作用,还有利于前兆信息的鉴别和综合分析。信息的不同物理含义有利于前兆机制分析和做出合理的预报。

(5)绝对测量和相对测量同时布设。绝对测量用于长周期前兆信息监测,相对测量用于短周期前兆信息的监测。它们的分界点在 $t_m$。两种观测同时布设可以有效的监测全频带内的信息。

**3. 台站密度**

目前,世界各国对前兆台网的密度要求没有统一的提法。在经济条件允许的情况下,当然是台站布得越密越好。但从技术角度出发,这应该有一个合理的科学估算。

很明显,全面覆盖地震预报区的前兆监测台网中的台站密度取决于仪器监测能力(覆盖半径),所要预报的最小震级和对其提供的信息的可信度要求等。

(1)台站密度取决于仪器的监测能力,而仪器的监测能力决定于仪器观测的综合噪声水平(仪器的和环境条件的)。综合噪声水平越低,仪器观测精度越高,监测前兆信息的能力亦越高,监测半径越大,台站密度越小。

图 3.18 是走滑断层应变场中应变信息随着震源距的增加而衰减的情况。在台站观测综合水平一定的条件下,不难从图上找到台站的监测能力半径。此监测能力半径长度等于"震源"至综合噪声水平的应变信息分布位置之间的距离。因为在此半径内的信息都大于噪声水平,能被台站监测到。

(2)台站密度取决于所预报的最小震级的大小。震级越大,可被监测到的应变分布越广。台站的有效监测能力半径也越大。

比如,北京地区要求监测 5 级以上地震,则必须监测能量相当于 4 级以上的地震的前兆性活动(某些研究结果表明,前兆活动能量仅相当于主震能量的百分之几),从图 3.18 上不难找到,对 4 级地震的应变场,在台站观测综合噪声水平为 $10^{-9}$(目前水平)的情况下,其监测能力半径为 20km;在同样条件下,如要求监测 6 级以上地震的前兆,则相应的监测能力半径为 50~60km,台站密度可大大减小。

(3)台站密度取决于对台网提供的信息的可信度的要求。上面提到的是单台有效监测能力半径($R$),用此单台有效控制面积不重叠地覆盖住被监视地区的台网的台距为 $2R$。在此台网控制范围内出现的最小被控地震的前兆信息只能被单台检测到,没有佐证,信度不高。因而,需要提高对监测到的信息信度要求。比如,要求一个信息至少能被

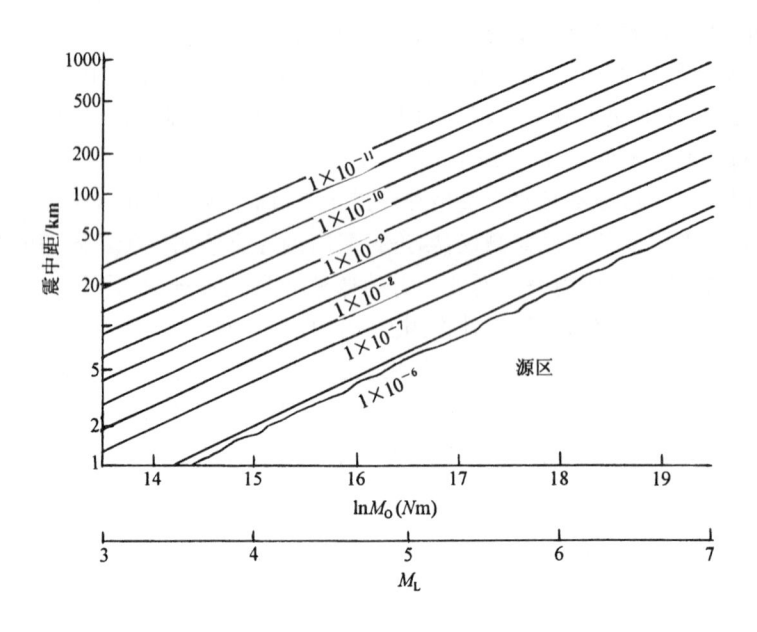

图 3.18　走滑断层应变分布范围

三个台同时监测到,使人们确信是信息而不是局部干扰。为此,台网要加密,台距应从 2R 缩短到 R(简单的几何原理)。这就是提高信度要求后,台距与有效监测能力半径间的关系。

### 4. 采样与传输

为了短临预报的目的,各种前兆观测结果必须及时自动采样与自动传输到分析预报机构。

采样中,除了保证及时和准确外,还要设计正确、合理的采样间隔($\Delta t$)。而采样间隔主要依赖于被测前兆信息的最小周期($T_{\min}$)。

理论上讲,以 $\Delta t$ 为间隔的采样,提供不了高于 Nyquist 频率($f_n$)的前兆信息。由此便得到了欲测前兆的最小周期($T_{\min}$)与采样间隔($\Delta t$)之间的关系。

$$\frac{1}{T_{\min}} < f_n, \Delta t < \frac{1}{2} T_{\min} \tag{3.12}$$

即采样间隔应小于欲测信息最小周期的一半。为顾及很小周期的信息,采样间隔很小。这样,采样量太大,传输负担太重。为解决此矛盾,北京传输网中拟采用缓冲器。即在台站上设置缓冲器硬件。高频采样数据流首先进入缓冲器,经鉴别,如无信息则抹掉不传输,如有信息,则保留并传输至分析中心。与此同时,以较大采样间隔($\Delta t = 1h$)采集的数据流则定时向数据中心传送(详见后面有关章节)。

## §3.4 地壳形变观测方法介绍

### 3.4.1 空间大地测量

利用空间物体(遥远的类星体、月亮、卫星等)进行观测,来确定地面点的坐标及相对定位的空间大地测量方法有 GPS(Global Positioning System,全球定位系统)、SLR(Satellite Laser Ranging,人卫激光测距)、VLBI(Very Long Baseline Interferometry,超长基线电波干涉法)等。

**1. GPS 方法**

GPS 方法是由美国研制的,利用人造卫星定位系统。其相对定位精度可达 1 cm。卫星高度为两万公里。总共有 18 颗适当分布的观测卫星,保证任何时候,在地球表面任一点上都能同时看到 4 颗以上卫星。卫星发出两个频带电波信号:$L_1$ 频带(1.5GHz)载有 C/A 码和 P 码;$L_2$ 频带(1.2 GHz)电波只载有 P 码。地面站接收来自卫星的电波,进行接收机自身位置的准确定位。用两个频带同时观测可以改正电离层影响。不受气象影响,也不必要求地面点间相互通视。

普通 GPS 定位,只需要接收 $L_1$ 频带电波。仅用 C/A 码即可定位,定位精度在 100 m 之内,可为导航用。相对定位时,基线长可达数百公里,精度可达 1 cm。可求出基线的长度和方向(矢量),用观测两个频率做电离层改正。此时需要精密卫星轨道参数和位置。GPS 卫星上装有稳定性极高的铷、铯原子频率钟。故可由 GPS 得到精确时间。

1) 普通 GPS 定位

由接收到的 4 颗卫星发出的信号解译:①来自 4 颗卫星的最新轨道信息;②根据卫星上的准确时间,确定电波离开卫星的时间。据此计算:①由 4 颗卫星的轨道参数,计算该瞬间每颗卫星的三维空间位置;②由卫星时钟记录的电波发出时间和接收机内时钟记录到的电波到接收站的时间之差,求出电波到达该站所需时间。从而可知每颗卫星到达测站的距离。因测站时钟与卫星时钟的不完全一致,所得之距离是有很大误差的;③计算机自动调整时钟,用 4 颗卫星到测站的距离交汇于一点,定出测站坐标来。直接测得的距离包含下列误差:①卫星上时钟与 GPS 时间系统的偏差;②观测站所用时钟与 GPS 时间系统的偏差;③卫星发出的电波在传播到观测点过程中受到的电离层和对流层的影响(传播延迟)。第一项误差可由主监控站计算出来,并通过卫星发送给接收站而加以改正;第二项由计算过程中消除之;第三项经改正后仍有残余影响。

用测定的至各卫星的距离定位观测点的坐标计算如下:

设各卫星坐标为$(X_i、Y_i、Z_i)$、观测点坐标为$(X_0、Y_0、Z_0)$,观测点至卫星的实际距离为$r_{0,i}$,观测距离为$r_i$,设观测距离中已消除卫星钟误差和大气层对电波传播的影响(延迟),则有:

$$r_i = r_{0,i} + S \tag{3.13}$$

其中 $S$ 为接收机钟差对距离数据的影响,并有:

$$r_{0,i} = \sqrt{(X_0 - X_i)^2 + (Y_0 - Y_i)^2 + (Z_0 - Z_i)^2} \tag{3.14}$$

求解未知数 $X_0$、$Y_0$、$Z_0$ 和 $S$ 的最小二乘法是先将未知数用近似值与改正值表示，并予以线性化，即设：

$$\begin{aligned} X_0 &= X' + \Delta X \\ Y_0 &= Y' + \Delta Y \\ Z_0 &= Z' + \Delta Z \end{aligned} \tag{3.15}$$

$$r'_i = \sqrt{(X' - X_i)^2 + (Y' - Y_i)^2 + (Z' - Z_i)^2} \tag{3.15a}$$

$$\frac{\partial r_i}{\partial X_0} = \frac{X'_0 - X_i}{\sqrt{(X' - X_i)^2 + (Y' - Y_i)^2 + (Z' - Z_i)^2}} \tag{3.15b}$$

……

则有：

$$r_i = r'_i + \frac{\partial r_i}{\partial X_0}\Delta X + \frac{\partial r_i}{\partial Y_0}\Delta Y + \frac{\partial r_i}{\partial Z_0}\Delta Z + S \tag{3.16}$$

其矩阵形式为：

$$\begin{vmatrix} \frac{\partial r_1}{\partial X_0} & \frac{\partial r_1}{\partial Y_0} & \frac{\partial r_1}{\partial Z_0} & 1 \\ \frac{\partial r_2}{\partial X_0} & \frac{\partial r_2}{\partial Y_0} & \frac{\partial r_2}{\partial Z_0} & 1 \\ \frac{\partial r_3}{\partial X_0} & \frac{\partial r_3}{\partial Y_0} & \frac{\partial r_3}{\partial Z_0} & 1 \\ \frac{\partial r_4}{\partial X_0} & \frac{\partial r_4}{\partial Y_0} & \frac{\partial r_4}{\partial Z_0} & 1 \end{vmatrix} \times \begin{bmatrix} \Delta X \\ \Delta Y \\ \Delta Z \\ S \end{bmatrix} = \begin{bmatrix} \Delta r_1 \\ \Delta r_2 \\ \Delta r_3 \\ \Delta r_4 \end{bmatrix} \tag{3.17}$$

式中，$\Delta r_i = r_i - r'_i$，上式或可表示为：

$$A \cdot \delta X = \delta R \tag{3.18}$$

则有解：

$$\delta X = A^{-1} \cdot \delta R \tag{3.19}$$

将求得的 $\Delta X$、$\Delta Y$、$\Delta Z$ 和 $S$ 代入(3.15)式，便可求出 $X_0$、$Y_0$、$Z_0$，将第一次求得的 $X_0$、$Y_0$、$Z_0$ 重新作为近似值 $X'$、$Y'$、$Z'$ 代入以上各式进行迭代计算，直至求出的新 $\Delta X$、$\Delta Y$、$\Delta Z$ 很小，可以忽略时，即可停止计算。

2）GPS 相对定位

相对定位是测量由卫星发出的电波到达两测站接收机的时间差（也叫延迟时间），它是由基线长度、方向和 GPS 卫星的位置决定的（图 3.19），如果知道 GPS 卫星某瞬间位置，至少测定三次延迟时间，即可求得基线长度和方向。延迟时间乘以光速即为波程差 ($\rho_1 - \rho_2$)，因此，又归结为求波程差，作为相对定位的第一步。

波程差($\rho_1 - \rho_2$)是从观测 GPS 卫星电波到达二个测站接收机的相位差（时间延迟）中求得。此相位差由整 360°相位周期数加上不足 360°的部分组成。相位观测中含有电离层、对流层中电波传播的延迟效应和各站上接收机内的延迟及时间误差。设某绝对时刻 $t$ 时，卫星上信号相位为 $\Phi_s(t)$[17]：

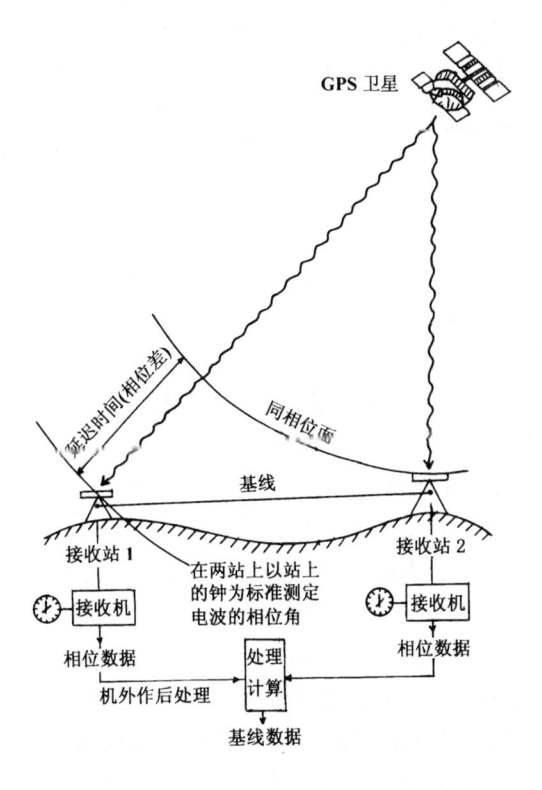

图 3.19　GPS 电波相对观测示意图[17]

$$\Phi_s(t) = \omega_0 t + \Phi_0 \tag{3.20}$$

式中，$\Phi_0$ 为 $t=0$ 时该卫星上的信号相位；$\omega_0$ 为角速度。而此刻在接收站（$i=1,2$）上，接收机接收到的相位为 $\Phi_i(t)$，则有：

$$\Phi_i(t) = \omega_0 \left( t - \frac{\rho_i(t)}{C} - t_{pi} \right) + \Phi_0 + \varphi_i \tag{3.21}$$

式中，$\rho_i(t)$ 为时刻 $t$ 从卫星到观测站 $i$ 接收机的信号传播距离；$t_{pi}$ 为时刻 $t$ 测站 $i$ 上收到的信号通过电离层与对流层时的延迟时间；$\varphi_i$ 为接收机的相位延迟（站内延迟）；$C$ 为光速。实际上，由于各接收站的钟与 GPS 时间有差 $\Delta t_i$，则在测站上的钟时间 $t$（实际上是 GPS 时间 $t^* = t + \Delta t_i$）时刻测得的相位可写成：

$$\begin{aligned}
\Phi_i(t_i^*) &= \omega_0 \left( t + \Delta t_i - \frac{\rho_i(t) + \dot{\rho}_i(t)\Delta t_i}{C} - t_{pi} \right) + \Phi_0 + \varphi_i \\
&= \omega_0 t + \Phi_0 + \omega_0 \Delta t_i - \omega_0 t_{pi} + \varphi_i - \omega_0 \frac{\rho_i(t) + \dot{\rho}_i(t)\Delta t_i}{C}
\end{aligned} \tag{3.22}$$

式中，$\dot{\rho}_i(t)$ 为 $\rho_i(t)$ 的时间导数。

则，观测站 1 与 2 所测相位 $\Phi_1(t_1^*)$ 与 $\Phi_2(t_2^*)$ 之差 $\Delta\Phi_{1,2}$ 为：

$$\begin{aligned}
\Delta\Phi_{1,2} = &\omega_0(\Delta t_{p1} - \Delta t_{p2}) - \omega_0(t_{p1} - t_{p2}) + \varphi_1 - \varphi_2 - \\
&\frac{\omega_0}{C}[\rho_1(t) - \rho_2(t) + \dot{\rho}_1(t)\Delta t_1 - \dot{\rho}_2(t)\Delta t_2]
\end{aligned} \tag{3.23}$$

从中可以看出相位差 $\Delta\Phi_{1,2}$ 观测值中仍包含有两站钟差($\Delta t_i$)、电波传播延迟($t_{pi}$)及站内延迟($\varphi_i$)影响(以两站差形式出现)。在基线较短情况下,传播延迟、站内延迟基本上可以抵消了。在钟差 $\Delta t$ 期间内 $\rho_i$ 有变化,但一般此项($\dot{\rho}_i\Delta t_i$)影响很小,可以忽略不计。而$[\omega_0(\Delta t_1-\Delta t_2)+\varphi_1-\varphi_2]$项可看作是与两接收机硬件有关的未知量,在解算时一起求出。这样,从上式中的相位差观测中求取 $\rho_1(t)-\rho_2(t)$ 波程差的表达式为[17]:

$$\rho_1(t)-\rho_2(t) = \left[(\Delta\Phi_{1,2}+\varphi_2-\varphi_1)\frac{1}{\omega_0}+\Delta t_2-\Delta t_1\right]\cdot C \tag{3.24}$$

但显而易见,相位差 $\Delta\Phi_{1,2}$ 观测值中,只有 0~360°之间的非整周期相位差部分可测出,而整周期(360°)相位差数是多解的。不解决这个问题 $\rho_1(t)-\rho_2(t)$ 的全部值是不定的。

消除 360°整周期相位差数的多解常用逐次消除法。

逐次消除法是由易到难,依次消除多值解的方法。如:用 C/A 码(波长 $\Lambda_1$ 为 290 m)、P 码(波长 $\Lambda_2$ 为 29 m)和 $L_2$ 波的重建载波(波长 $\Lambda_3$ 为 12 cm)观测结果逐步逼近。求解的方法是:首先,设用上述相位差观测法求得的波程差 $\rho_1-\rho_2$ 对 C/A 码是 $Z_1$(实际上是整波长外,不足一个波长的零头值);对 P 码是 $Z_2$;对重建波足 $Z_3$。$Z_1$、$Z_2$、$Z_3$ 比相应的波长 $\Lambda_1$、$\Lambda_2$、$\Lambda_3$ 要小。为了消除 $\rho_1-\rho_2$ 多值解,这里首先要用别的粗略的方法,给出 $\rho_1-\rho_2$ 的近似值 $Z_0$(也可用简单的多普勒频移法求得这个概略值)。这样,首先有:

$$Z_0 \approx n_1\Lambda_1+Z_1 \tag{3.25}$$

式中,$n_1$ 为整数,即波程差中 $\Lambda_1$ 波波长整数部分。由于 $\Lambda_1$ 波波长约为 290 m,则要求 $Z_0$ 给定误差要小于 290 m。则可由上式定出 $n_1$。并以 $\Lambda_1$ 波测定出 $\rho_1-\rho_2$ 值:$n_1\Lambda_1+Z_1$。

接着,用更高精度观测值 $Z_2$ 求 $n_2$,其方法与上面类似,即取 $n_1\Lambda_1+Z_1$ 代替上式左侧 $Z_0$,而以 $n_2\Lambda_2+Z_2$ 代替右侧 $n_1\Lambda_1+Z_1$,则有:

$$n_1\Lambda_1+Z_1 = n_2\Lambda_2+Z_2 \tag{3.26}$$

同样,由于 $Z_1$ 的测定误差小于波长 $\Lambda_2$,则可确定 $n_2$。类似的有:

$$n_2\Lambda_2+Z_2 = n_3\Lambda_3+Z_3 \tag{3.27}$$

从中可求出多解性值 $n_3$ 的确切值,从而得到以测定的 $Z_3$ 的精度求得的波程差 $\rho_1-\rho_2=n_3\Lambda_3+Z_3$。此时已消除 $n$ 值多解的问题。

有了波程差 $\rho_1-\rho_2$,即可进行相对定位的第二步工作,确定测站坐标。其定位解为:

$$\rho_1-\rho_2 = \|\vec{X}_S-\vec{X}_1\|-\|\vec{X}_S-\vec{X}_2\| \tag{3.28}$$

式中,$\vec{X}_S$ 为 GPS 卫星的位置矢量;$\vec{X}_1$ 为测站 1 的位置矢量;$\vec{X}_2$ 为测站 2 的位置矢量;‖ ‖表示绝对值。式右边 $\vec{X}_1$、$\vec{X}_2$ 各含有三个分量未知数。$\vec{X}_S$ 为已知卫星轨道位置。当两个测站中一个测站的位置为已知时,右边只剩下三个未知数。此时,只要观测三颗不同卫星或同一卫星的三个不同时间,便可测出三个 $\rho_1-\rho_2$ 值,从而便可解出三个未知数来,即求出一个测站的位置来。如果未知数不止这些,还有测站硬件未知数(如上述)等,则只需增加些观测量(实际观测量远超过未知数个数)便可用最小二乘法拟合之,求出所有未知数。

相对定位方法较多,这里不一一列举了。

**2. VLBI 方法**

如图 3.20 示,超长基线电波干涉法(VLBI)的基本工作原理是,测定进入两台天线的射电源电波的到时差,其精度可达 0.1ns 以上。该到时差被称为几何延迟时间,用 $\tau_g$ 表示。$\tau_g$ 的值为:

$$\tau_g = \frac{D\sin\theta}{C} \quad (3.29)$$

式中,$\theta$——射电源电波相对于干涉仪基线的入射角;$C$——光速;$D$——基线长(天线间距离)。

天体射电源因地球的自转,每时每刻都改变着可见方向。因此,$\tau_g$ 值也随时间变化。$\tau_g$ 值随时间的变化由基线长度和方向决定。从而测出 $\tau_g$ 随时间的变化,便可求出基线矢量。$\tau_g$ 的测定精度换算成长度值约为 3 cm。这个精度可在几分钟的观测时间内一举得到。由 $\tau_g$ 计算基线矢量时,虽有传播误差,但还是能够以厘米精度求出基线长。VLBI 的基线测定精度从原理上讲与距离无关。因此,基线可增长到数千公里。VLBI 利用电波测距,不受气候变化影响。

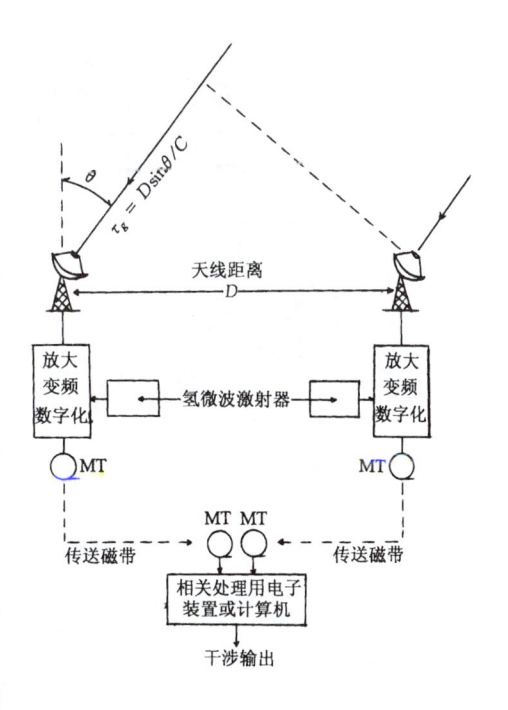

图 3.20　VLBI 的原理[17]

### 3. SLR 方法

人卫激光测距(SLR)方法是用地面激光雷达测定测站到人造卫星之间的距离的方法,其观测精度为 1 cm。据此,计算地面基线实际距离与上述 VLBI 方法由 $\tau_g$ 随时间的变化计算距离时的传播误差有些类似,同样可以得到 1 cm 的精度。由于 SLR 方法有人造卫星轨道运动介于其中,与 VLBI 方法不同,问题略多些。此外,SLR 使用的是可见激光,不能穿透云层,所以只能在晴天观测。

SLR 最突出的优点是能够通过精密的卫星轨道分析研究地球重力场和观测地球自转运动。SLR 的工作原理非常简单,如图 3.21 所示。它是通过激光脉冲的往返时间求距离。观测上空的卫星必须装有反射激光用的直角棱镜反光镜。它与地面激光测距仪基本相同。最大的不同是 SLR 使用激光脉冲。要提高精度,必须用尽可能窄的光脉冲,现在幅度为 0.1ns 左右的光脉冲已投入实际应用。脉冲率为每秒发出几个脉冲,所以卫星每通过一次,可测得数千甚至上万个数据。激光输出功率是 $GW(10^9 W)$。

用 SLR 方法测得的 1977～1983 年世界板块相对运动速度如表 3.3 所示。

北美板内基线(加州至麻省)长度变化不大(+0.3±0.24 cm/a),与板块间测线长度变化比较,说明地壳主要形变集中在板缘上。特别是圣安德烈斯断层活动显著,Sandiego-Quincy(长 896km)测线(跨过圣安德烈斯断层)的长度变化年速率为 −6.0cm/a。

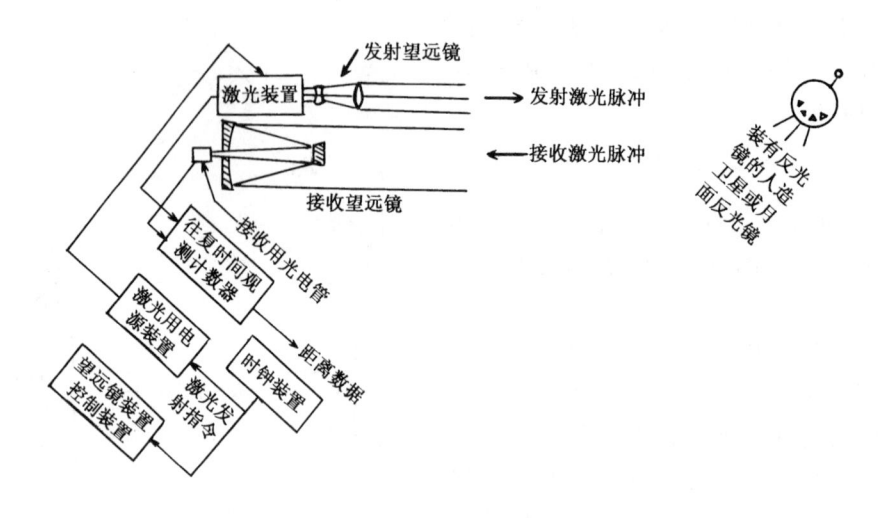

图 3.21　人造卫星激光测距(SLR)的原理[17]

表 3.3　SLR 方法测定的世界板块相对运动速度(cm·a$^{-1}$)

(1977～1983)

| 板　　块 | 运动速度 | 板　　块 | 运动速度 |
| --- | --- | --- | --- |
| 北美板块-南美板块 | －0.8 | 北美板块-欧洲板块 | ＋1.5 |
| 北美板块-太平洋板块 | ＋2.2 | 南美板块-太平洋板块 | ＋4.2 |
| 北美板块-澳洲板块 | －1.8 | 南美板块-澳洲板块 | ＋3.0 |
| 太平洋板块-澳洲板块 | －5.4 | | |

**4. 多普勒频移定位法**

GPS 测量中提到了为消除光程差测量中整波长数的多解问题，常采用多普勒方法粗测至卫星的距离。下面介绍该方法的基本原理。

从图 3.22 很容易理解多普勒频移效应。设地面站相对卫星的距离为 $S$，由于卫星的运动，在 $\Delta t$ 时间内，其距离变化了 $-\Delta S$。卫星发射电波频率为 $f_发$，由于多普勒频移效应，地面接收到的频率为 $f_收$，频移了 $\Delta f = f_收 - f_发$。

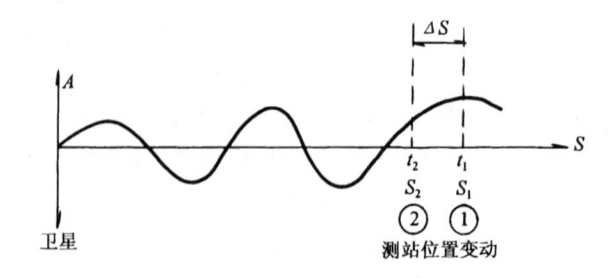

图 3.22　多普勒频移效应示意图

从图上很容易理解这一现象，当测站与发出电波信号的卫星靠近 $\Delta S$ 时($\Delta S$ 为负)，

接收频率应增加 $\Delta f$：

$$\Delta f = f_{\text{收}} - f_{\text{发}} = \frac{-\Delta S/\Delta t}{C/f_{\text{发}}} = \frac{-\Delta S/\Delta t}{\lambda} = \frac{-\Delta S/\Delta t}{C} \cdot f_{\text{发}} \tag{3.30}$$

将上式代入多普勒观测积分 $B$ 中：

$$B = \int_{t_1}^{t_2} (f_0 - f_{\text{收}}) \mathrm{d}t = \int_{t_1}^{t_2} (f_0 - f_{\text{发}} - \Delta f) \mathrm{d}t = (f_0 - f_{\text{发}})(t_2 - t_1) - \int_{t_1}^{t_2} \Delta f \mathrm{d}t \tag{3.31}$$

式中，$f_0$ 为地面站接收机频率，将 $\Delta f$ 值代入(3.31)得：

$$B = (f_0 - f_{\text{发}})(t_2 - t_1) + \int_{t_1}^{t_2} \frac{\Delta S}{C \cdot \Delta t} \cdot f_{\text{发}} \mathrm{d}t = (f_0 - f_{\text{发}})(t_2 - t_1)$$

$$+ \frac{f_{\text{发}}}{C} \int_{t_1}^{t_2} \frac{\Delta S}{\Delta t} \mathrm{d}t = (f_0 - f_{\text{发}})(t_2 - t_1) + \frac{f_{\text{发}}}{C}(S_{t_2} - S_{t_1}) \tag{3.32}$$

从上式中得 $\Delta t$ 时间内台站至卫星的距离变化了：

$$(S_{t_2} - S_{t_1})_{\text{观测}} = [B - (f_0 - f_{\text{发}})(t_2 - t_1)] \frac{C}{f_{\text{发}}} \tag{3.33}$$

相隔半分钟可取一次多普勒积分值 $B$，并可从中算出一个 $(S_2 - S_1)$ 值，从而可算得地面站坐标(图 3.23)。

设卫星在 $t_i$ 时刻的坐标为 $X_i, Y_i, Z_i$；地面接收站坐标(未知数)为 $X, Y, Z$，其近似值为：$X_0, Y_0, Z_0$。则 $X = X_0 + \Delta X, Y = Y_0 + \Delta Y, Z = Z_0 + \Delta Z$。使用多普勒观测中测得的这一差值 $(S_{i+1} - S_i)_{\text{观测}}$，组成误差方程式：

$$(S_{i+1} - S_i) - (S_{i+1} - S_i)_{\text{观测}} = V_i$$

或

$$a_i \Delta X + b_i \Delta Y + c_i \Delta Z + l_i = V_i \tag{3.34}$$

式中：

$$\frac{\partial S_{i+1,0}}{\partial X} - \frac{\partial S_{i,0}}{\partial X} = a$$

$$\frac{\partial S_{i+1,0}}{\partial Y} - \frac{\partial S_{i,0}}{\partial Y} = b \tag{3.35}$$

$$\frac{\partial S_{i+1,0}}{\partial Z} - \frac{\partial S_{i,0}}{\partial Z} = c$$

$$(S_{i+1,0} - S_{i,0}) - (S_{i+1} - S_i)_{\text{观测}} = l_i$$

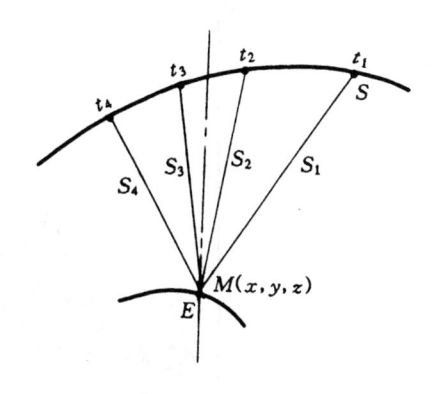

图 3.23 多普勒定位示意图

$V_i$——服从高斯正态分布的随机观测误差。

按 $[V_i^2] = \min$ 的最小二乘原则，由上述误差方程式组成法方程式：即可求解未知数 $\Delta X, \Delta Y, \Delta Z$，从而得地面接收站坐标：$X = X_0 + \Delta X, Y = Y_0 + \Delta Y, Z = Z_0 + \Delta Z$。

### 3.4.2 地面大地测量

比空间大地测量尺度小的地面大地测量是测量地球表面连续形变图的好方法。

## 1. 三角测量及三边测量

三角测量及三边测量的基本原理是：从已知两原点构成的基线(以 $10^{-6}$ 或更高精度丈量之)出发,用测角或测边的方法,确定与此两已知坐标点构成三角形的第三点的坐标。而后再以这一三角形的边作为基础,建造更多的三角形,用测边或测角的方法确定这些新三角形顶点的坐标。以此类推,便可用连续的三角形网布满整个欲测地区。图 3.24 是覆盖日本国土的一等三角形网。按期复测三角形的角(或边),通过三角网的平差计算,便可求得各三角形顶点的坐标变化(点的位移)。用这些均匀分布在地表面的点的位移量即可编出地球某处的地表面的形变图。

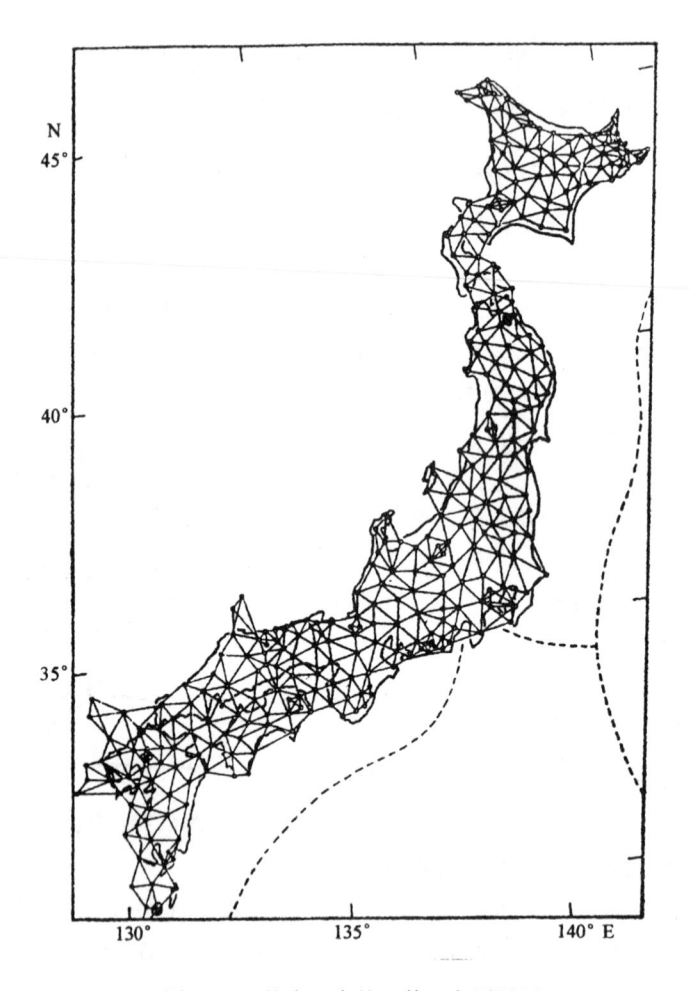

图 3.24 整个日本的一等三角测量网

目前,三边测量的测边精度可达 $10^{-6}$,如用多波段激光测距仪进行测量,测边精度可达 $10^{-7}$。

用三角测量结果计算地表水平应变的方法如下[18]：

设 $X,Y$ 轴方向上三角点的位移为 $u,v$；三角点上线应变为 $\varepsilon_X$、$\varepsilon_Y$；面应变为 $de$；旋转为 $\omega$；剪应变为 $\nu_{XY}$；最大剪应变为 $\Sigma$。其定义是：

$$\varepsilon_x = \frac{\partial u}{\partial x}, \varepsilon_y = \frac{\partial v}{\partial y}, de = \frac{\partial u}{\partial x} + \frac{\partial v}{\partial y}$$

$$\omega = \frac{1}{2}\left(\frac{\partial u}{\partial y} - \frac{\partial v}{\partial x}\right), \nu_{xy} = \frac{\partial u}{\partial y} + \frac{\partial v}{\partial x} \tag{3.36}$$

$$\sum = \left[\left(\frac{\partial u}{\partial x} - \frac{\partial v}{\partial y}\right)^2 + \left(\frac{\partial u}{\partial y} + \frac{\partial v}{\partial x}\right)^2\right]^{1/2}$$

设三角形内三顶点位移量相对其坐标呈线性关系:

$$\left.\begin{array}{l} u = ax + by + c \\ v = a'x + b'y + c' \end{array}\right\} \tag{3.37}$$

对于位移观测值 $u_1, u_2, u_3, v_1, v_2, v_3$ 可写出 6 个上述方程,从中便可求出未知系数 $a, b, c, a', b', c'$。

从以上公式可得:

$$\varepsilon_x = a, \varepsilon_y = b', de = a + b'$$

$$\omega = \frac{1}{2}(b - a'), \nu_{xy} = b + a', \sum = [(b+a')^2 + (a-b')^2]^{1/2} \tag{3.38}$$

这些值便可作为三角形几何中心的各应变量。

当三角形较多时,可用最小二乘法拟合求出各应变参数 $\varepsilon_x, \varepsilon_y, \nu_{xy}, \omega$,它们与三角点 $i, j$ 之间的相对位移 $\Delta_{ji}$ 有如下关系:

$$\Delta_{ji} = \begin{bmatrix} u_j - u_i \\ v_j - v_i \end{bmatrix} = \begin{bmatrix} \mathrm{d}x_{ji} & 0 & \frac{1}{2}\mathrm{d}y_{ji} & -\mathrm{d}y_{ji} \\ 0 & \mathrm{d}y_{ji} & \frac{1}{2}\mathrm{d}x_{ji} & \mathrm{d}x_{ji} \end{bmatrix} \cdot \begin{bmatrix} \varepsilon_x \\ \varepsilon_y \\ \nu_{xy} \\ \omega \end{bmatrix} \tag{3.39}$$

相对 $i$ 点有多少个 $j$ 点就有多少个上述方程。则上式左边可写成:

$$\Delta = F \cdot Z \tag{3.40}$$

其中:

$$\begin{array}{l} \Delta = \begin{bmatrix} \Delta_{ji} & \Delta_{ki} & \Delta_{li} & \cdots \end{bmatrix}^{\mathrm{T}} \\ Z = \begin{bmatrix} u_i & v_i & u_j & v_j & u_k & v_k & u_l & v_l & \cdots \end{bmatrix}^{\mathrm{T}} \end{array} \tag{3.41}$$

$$F = \begin{bmatrix} -1 & 0 & 1 & 0 & 0 & 0 & 0 & 0 & \cdots \\ 0 & -1 & 0 & 1 & 0 & 0 & 0 & 0 & \cdots \\ -1 & 0 & 0 & 0 & 1 & 0 & 0 & 0 & \cdots \\ 0 & -1 & 0 & 0 & 0 & 1 & 0 & 0 & \cdots \\ -1 & 0 & 0 & 0 & 0 & 0 & 1 & 0 & \cdots \\ 0 & -1 & 0 & 0 & 0 & 0 & 0 & 1 & \cdots \end{bmatrix}$$

$\Delta$ 的方差-协方差阵 $D_\Delta$ 为:

$$D_\Delta = F D_Z F^{\mathrm{T}} \tag{3.42}$$

其中 $D_Z$ 为位移平差计算值 $Z$ 的方差-协方差阵,(3.39)式右边可写成:

$$\Delta = \begin{bmatrix} \mathrm{d}x_{ji} & 0 & \frac{1}{2}\mathrm{d}y_{ji} & -\mathrm{d}y_{ji} \\ 0 & \mathrm{d}y_{ji} & \frac{1}{2}\mathrm{d}x_{ji} & \mathrm{d}x_{ji} \\ \mathrm{d}x_{ki} & 0 & \frac{1}{2}\mathrm{d}y_{ki} & -\mathrm{d}y_{ki} \\ 0 & \mathrm{d}y_{ki} & \frac{1}{2}\mathrm{d}x_{ki} & \mathrm{d}x_{ki} \\ \mathrm{d}x_{li} & 0 & \frac{1}{2}\mathrm{d}y_{li} & -\mathrm{d}y_{li} \\ 0 & \mathrm{d}y_{li} & \frac{1}{2}\mathrm{d}x_{li} & \mathrm{d}x_{li} \\ \cdots & \cdots & \cdots & \cdots \end{bmatrix} \cdot \begin{bmatrix} \varepsilon_x \\ \varepsilon_x \\ \nu_{xy} \\ \omega \end{bmatrix} = A \cdot E \quad (3.43)$$

则(3.40)式最终可表达为：

$$\Delta = F \cdot Z = A \cdot E \quad (3.44)$$

则求解 $E$ 未知矩阵有：

$$E = (A^{\mathrm{T}} \cdot D_{\Delta}^{-1} \cdot A)^{-1} \cdot A^{\mathrm{T}} \cdot D_{\Delta}^{-1} \cdot FZ \quad (3.45)$$

$E$ 的方差-协方差阵 $D_E$ 为：

$$D_E = \sigma_0^2 (A^{\mathrm{T}} D_{\Delta}^{-1} A)^{-1} \quad (3.46)$$

式中，$\sigma_0^2$ 为单位权方差，可估：

$$\sigma_0^2 = \frac{V_{\Delta}^{\mathrm{T}} D_{\Delta}^{-1} V_{\Delta}}{n-d} \quad (3.47)$$

$n=2(m-1)$——观测数；其中，$m$——公共点数；$d=4$——未知数个数。

求出 $\varepsilon_x, \varepsilon_y, \varepsilon_{xy}, \omega$ 后便可进一步求出其他一些导出应变参数，如：

最大剪切应变：$\nu_{\max} = [\nu_{xy}^2 + (\varepsilon_y - \varepsilon_x)^2]^{1/2}$

最大主应变：$\varepsilon_1 = (\varepsilon_x + \varepsilon_y + \nu_{\max})/2$

最小主应变：$\varepsilon_2 = (\varepsilon_x + \varepsilon_y - \nu_{\max})/2 \quad (3.48)$

最大主应变方位角：$\varphi = 90° - \frac{1}{2}\mathrm{tg}^{-1}\frac{\nu_{xy}}{\varepsilon_y - \varepsilon_x}$

面应变：$de = \varepsilon_x + \varepsilon_y$

目前三角测量逐渐被精密三边测量代替，这是因为精密激光测距仪，尤其是多波段激光测距的测边精度已达到 $10^{-7}$ 以上。

激光测距的基本原理是：从被测边 $AB$ 的一端发出激光束射向 $B$，经 $B$ 点反光镜反射，光回到 $A$ 点时所走过的时间 $T$ 被测出后，便可算出 $AB$ 间距离 $R$，

$$R = C \cdot T/2 \quad (3.49)$$

$C$ 为光速。不过，在实际工作中，从 $A$ 发出的是经 10～30 MHz 高频调制过的光波。调制光回到 $A$ 后的相位变化为：$2R\omega/C$（$\omega$——调制光波角速度），于是可由测量相位变化来测得距离 $R$。为提高观测精度，现用氦（He）—氖（Ne）激光做光源。白天也能测量。但实测时，必须对大气折光影响作出充分估计和改正。

相位测量法的思想是，用测量调制光波（频率为 $f$）走完测线往返双程后相位变化 $\varphi$ 求出光波走完双程所用的时间 $T$，此时如果大气折光综合指数为 $\mu$，则 $T$ 为：

$$T = 2\mu D/C = \frac{\varphi}{2\pi f} = \frac{2\pi n + \Delta\varphi}{2\pi f} \tag{3.50}$$

式中,$D$ 为测线真长;$C$ 为真空中光速;$n$ 为光波通过往返双程所用的整相位周期($2\pi$)数,$\Delta\varphi$ 为相位变化中不足 $2\pi$ 的小数部分。$n$ 与 $\Delta\varphi$ 从观测中求得。上式可写成:

$$\mu D = R = \frac{C}{2f}\left(n + \frac{\Delta\varphi}{2\pi}\right) \tag{3.51}$$

一旦测得上式右侧 $\Delta\varphi$ 和 $n$ 即可求得距离的观测值 $R$。$\Delta\varphi$ 可以以高精度测得,但 $n$ 是多解的。为了消除 $n$ 的多解性,仪器中配备各种调制频率和它们的组合,形成波长从数十公里到几米的调制波系列。从而,可以利用与 GPS 方法中的类似办法,逐次消除 $n$ 值的多解性。

为了消除大气折光($\mu$)对观测距离的综合影响,从 $R$ 求 $D$ 时,要么测量测线上的所有大气参数算出 $\mu$,从而得 $D = 1/\mu \cdot R$,要么采用多波长测距方法自然消除之。如用二波段测量,则同时有两个测量结果:

$$R_1 = \mu_1 D, R_2 = \mu_2 D \tag{3.52}$$

其中,$\mu_1$ 为用红光时的大气折光综合指数;$\mu_2$ 为用蓝光波长测量时的大气折光综合指数。其差值:

$$R_2 - R_1 = (\mu_2 - \mu_1)D \tag{3.53}$$

$\mu$ 近于 1,设 $N = \mu - 1$,则上式可写成:

$$R_2 - R_1 = (N_2 - N_1)D \tag{3.54}$$

则有:

$$D = \frac{R_2 - R_1}{N_2 - N_1} \tag{3.55}$$

由于:

$$R_1 = \mu_1 D = (1 + N_1)D \tag{3.56}$$

则:

$$D = R_1 - N_1 \cdot D = R_1 - \frac{N_1}{N_2 - N_1}(R_2 - R_1) \tag{3.57}$$

式中 $\frac{N_1}{N_2 - N_1}$ 被称为 $A_r$,$A_r$ 值与 $\mu$ 值不同,它与干燥空气的密度无关,与空气成分关系也不大,较稳定。所以用上式测得的距离 $D$,经 $\frac{N_1}{N_2 - N_1}(R_2 - R_1)$ 项改正,基本消除了大气折光影响,提高了观测精度。

用三波段测距精度更高,这里不多述。

所测得的边长变化 $\Delta D$(复测结果)与应变张量 $\Delta\varepsilon$ 的三分量之间的关系如下:

$$\Delta D = D_0[\Delta\varepsilon_{11}\cos^2\theta + \Delta\varepsilon_{12}(2\cos\theta\sin\theta) + \Delta\varepsilon_{22}\sin^2\theta] \tag{3.58}$$

式中,$\theta$ 为测线方向。原则上说,三条不同方向的测线的复测结果就可单值地定出应变三分量的变化。

## 2. 几何水准测量

粗略地说，水准测量是用精密水准仪望远镜的水平视线在前后两个测点上的水准尺上读数，其读数差就是两个点的高程差。就这样，一个点接着一个点的测下去，累加高程差，就可得到相对于起始基准点的各水准点的高程。这样的测线纵横展布全国，就成了国家精密水准网（图 3.25 是日本布满领土的一等精密水准网）。测量精度：每公里进程的随机均方误差为 ±0.5 mm；系统误差为 0.05~0.1 mm。可以认为与距离比较的相对误差为 $10^{-7}$。随机误差传播规律为：$M = \pm 0.5 \text{ mm} \sqrt{L} \text{ km}$。

与三角、三边测量相比，水准测量精度高，而且省力，易于复测。所以各国都普遍采用水准测量复测领土，以观测地壳垂直形变，其效果很好。全世界出名的新潟地震隆起，就是用这种水准测量方法发现的。

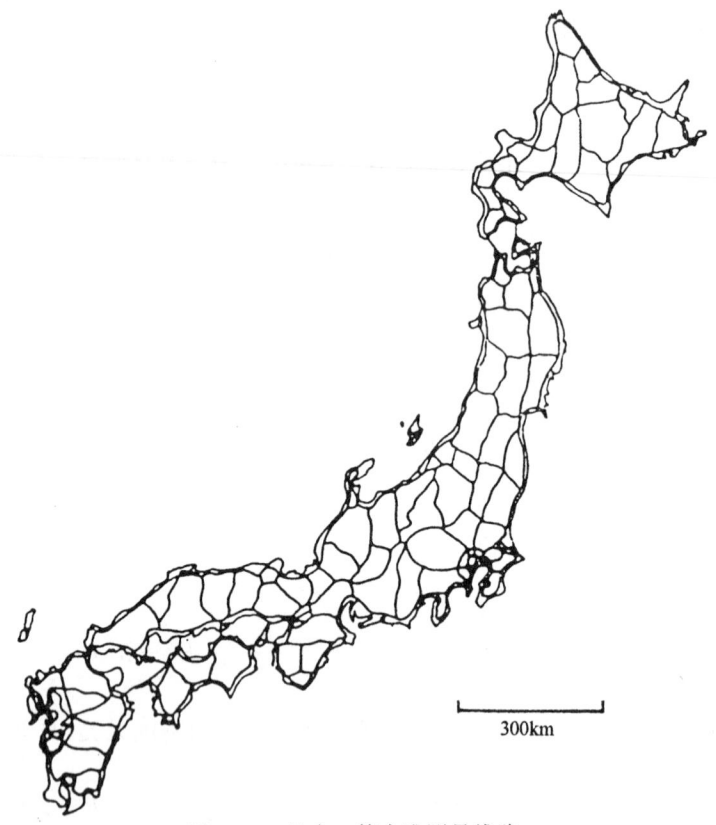

图 3.25 日本一等水准测量线路

通常的水准测量是从一高程已知（$H_0$）的水准原点起算，累加测线高程差。即可求得沿线各水准点的高程，如：

$$\left. \begin{aligned} H_1 &= H_0 + \Delta h_1 + V_1 \\ H_2 &= H_0 + \Delta h_1 + \Delta h_2 + V_2 \\ H_3 &= H_0 + \Delta h_1 + \Delta h_2 + \Delta h_3 + V_3 \\ &\cdots \end{aligned} \right\} \quad (3.59)$$

式中,$H_0$、$H_1$、$H_2$、$H_3$ 为沿线各水准点高程;

$\Delta h_1$、$\Delta h_2$、$\Delta h_3$ 为相邻水准点间测量高差;

$V_1$、$V_2$、$V_3$ 为不断积累的观测误差。

但在地震前兆监测中,往往测线上各水准点都落入地壳形变区。很难事先预见一个高程不变点。因此在上式中所有点的高程值都应该算做未知数。这样在误差方程式

$$\left.\begin{aligned} H_1 - H_0 &= \Delta h_1 + V_1 \\ H_2 - H_1 &= \Delta h_2 + V_2 \\ H_3 - H_2 &= \Delta h_3 + V_3 \\ \cdots & \end{aligned}\right\} \tag{3.60}$$

中未知数($H_i$)个数比必要观测($\Delta h_i$)个数多 1,出现秩亏方程,无定解。

为了解决这类问题,可用别的办法,测出起算原点的高程,减小一个未知数,使上述方程得解。当不能这样做时,往往作些合理的假设来给出一个相对基准值。如假定一个位于稳定地区基岩上的点的高程为不变。但当实际上,这一基准点也不是绝对稳定时,则它的不稳定性会对整个测线(测网)上的水准点的高程值产生影响。

其次,当测区较大,可以假设测区内各水准点的升降运动是均衡的(地壳形变均衡说),则取其网内各水准点变化高程的平均值为不变的"伪逆基准"。

当在某个区域内,可以认为其中某些点是较稳定的,而另一些点可能是动的,则可选定那些被认为是稳定的点的高程平均值为不变的高程基准;或有办法对这些被认为是不动的点的稳定性做出判断,给它们以不同稳定性"权"时,可用"拟稳基准"或"带权基准"。

**3. 短基线、短水准测量**

从误差传播定律可以看出,测量误差是随着距离的增加而增加的。因此,水准测量和基线测量虽然精度很高,但当测线很长,测量误差超过可能的形变量时,测量就变得无意义了。从而产生一个思想,就是采用短基线、短水准测量方法。当测线长只有几个测站时,水准和基线测量精度可达 0.1 mm 以下。用它们测量断层活动是完全可以的。为了弄清断层活动方式,常布设正交和斜交于断层的测线。通过不太复杂的计算可求出断层走滑、倾滑、压、张、左旋或是右旋运动来。

这一方法简单可靠,是在中国最先采用。

此外,还有定线阵、跨断层小四边形网等方法用于断层活动的监视中。

### 3.4.3 连续形变、应变观测

**1. Sacks-Evertson 井下体应变仪观测**

此仪器耦合于地表以下 300~400m 深处的新鲜岩石钻孔内,避开了地表干扰。该仪器传感器是个长 4 m、直径 114 mm 的圆钢筒,内由上下两部分(图 3.26)组成,下部传感体积内充满液体,上部备用液体内充一部份惰性气体。下部传感体积部分在岩石应变的迫使下产生相应的体积应变,此应变迫使内部液体进入或退出上部空间。实际上是流入或流出一个装在隔板上的波纹管中。而波纹管的伸缩量(表征体积变化多少)用差动变压

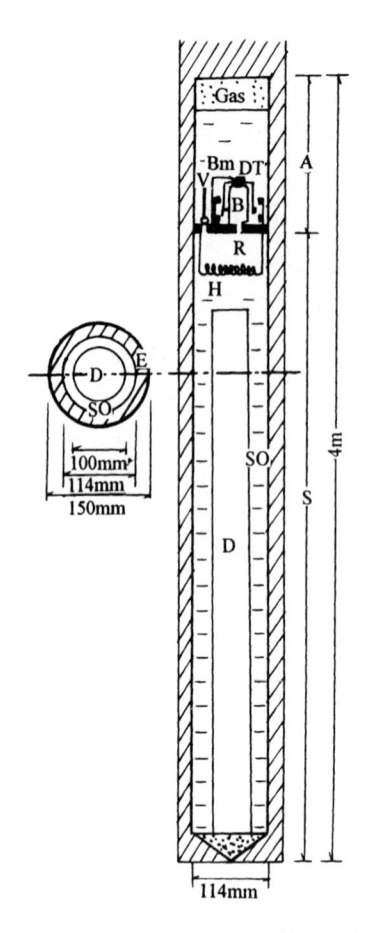

图 3.26　Sacks-Evertson 井下体应变仪[18]
A:检测部分　S:传感部分　E:膨胀水泥　R:毛细管　V:阀门
H:标定加热器　Bm,DT:换能器　B:波纹管　D:填块　SO:硅油

器(或压电传感器)测量之。应变后传感体积为 $V_S$：

$$V_S = V_S^0(1 + D) \tag{3.61}$$

$D$ 为仪器体应变，而波纹管体积变为 $V_b$：

$$V_b = v_b^0 + A_b q \tag{3.62}$$

其中，$A_b$——波纹管有效截面积；$q$——波纹管上端位移量。

按质量守恒原则有(假设波纹管内液体压缩可忽略)：

$$\left[\frac{\rho}{1 + P_S/K_S}V_S^0(1 + D) + \rho(V_b^0 + A_b q) = \rho(V_S^0 + V_b^0)\right] \tag{3.63}$$

式中，$\rho$——液体密度；$K_S$——体涨模量；$P_S$——传感体内液体压力，它等于：

$$P_S = \frac{K_b q}{A_b} + \frac{128\eta L_t A_b}{\pi \cdot b_t^4}\dot{q} \tag{3.64}$$

其中，$K_b$——波纹管弹性系数；$L_t$——导液管长；$b_t$——导液管直径；$\eta$——液体动力粘滞度。

当 $P_S \ll K_S$ 时，上述公式可组成：

$$q\left[1+\frac{K_b V_S^0}{A_b^2 K_S}\right]+\dot{q}\left[\frac{128\eta L_t V_S^0}{\pi b_t^4 K_S}\right]=\frac{-V_S^0}{A_b}D \tag{3.65}$$

此公式表达了不同情况下 $q$ 和 $D$ 的关系。但为了计算地壳应变,还应建立 $D$ 与 $\Delta$(无钻孔地壳应变)之间的关系。很多人从理论上做过计算,其中仪器筒的刚度、耦合水泥的刚度都起作用。当 $\nu=0.25$ 时,$D$ 约是 $\Delta$ 的 3 倍以上。

该仪器灵敏度高(分辨率为 $10^{-11}$ 应变)、工作频带宽(频响从零至十几赫兹)、动态范围大($10^{-11}\sim10^{-5}$),可安至地下 500m 深处,大大避免了太阳热辐射效应、降雨、地面人为干扰等,提高信噪比。它可用于地震前兆观测,确定震源参数、地球自由振荡、应变固体潮、地质构造运动等的观测研究。该仪器被认为是地学研究中理想的仪器之一。

标定分两步,第一步,标定无放大输出电压($U$)与传感器本身应变之间的数值关系;第二步,标定传感器应变与周围岩石应变之间的数值关系(格值或称放大倍数 $M_e$)。完成这两步就可以用观测值电压变化,计算出地壳岩石的应变(标定方法从略)。

### 2. 石英应变(伸缩)仪观测

此仪器是用温度系数很小(约 $10^{-7}/℃$)的溶凝石英管作为长度标准,来比较和测量地面上两点间的距离变化。所以也可称为伸缩仪。

实际上,是将 3m 长一根的石英管焊接起来,用软吊丝自由地悬挂在支架上,其一端固定在被测基线的一端水泥墩上(固定端),另一端(自由端)与被测基线的另一端接近(图 3.27),在它们之间安装差动变压器传感器。差动变压器的磁芯与石英管连接,差动变压器的线圈固定在被测基线端点水泥墩上。当地面基线长度发生变化时(而石英管标准长度不变),则会引起差动变压器的磁芯与线圈之间的相对运动,此运动距离即可被差动变压器输出测得。仪器的标定方法如图 3.28 所示。

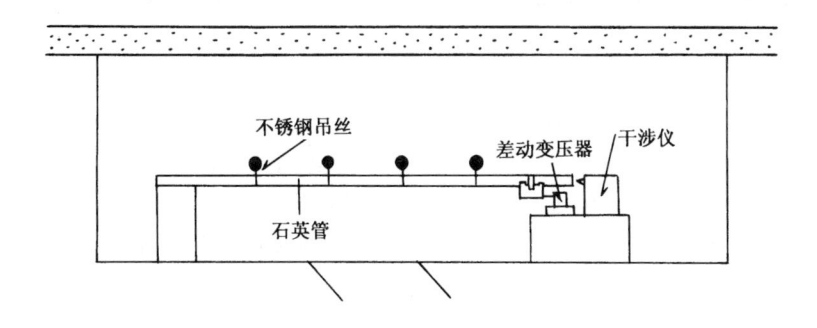

图 3.27 石英伸缩仪示意图

差动变压器(LVDT)线圈固定在由数控马达控制的滑座上,使线圈与滑座一起可以在马达控制下沿固定在水泥墩子上的基线表面运动。数控马达给出精确的位移量(精度高于 $\pm0.1\mu$),差动变压器线圈则输出相应的电压差,从而得到相应的标定格值:设标定位移幅度达 $100\mu$(对差动变压器传感器很容易达到),则标定精度可达 0.1%。

用此标定结果测定固体潮的精度可达 $10^{-11}$ 应变。固体潮振幅可达 $1\sim2\mu$($100\sim200$ mV),按潮汐观测要求,读数误差为 $0.1\sim0.2$ mV。

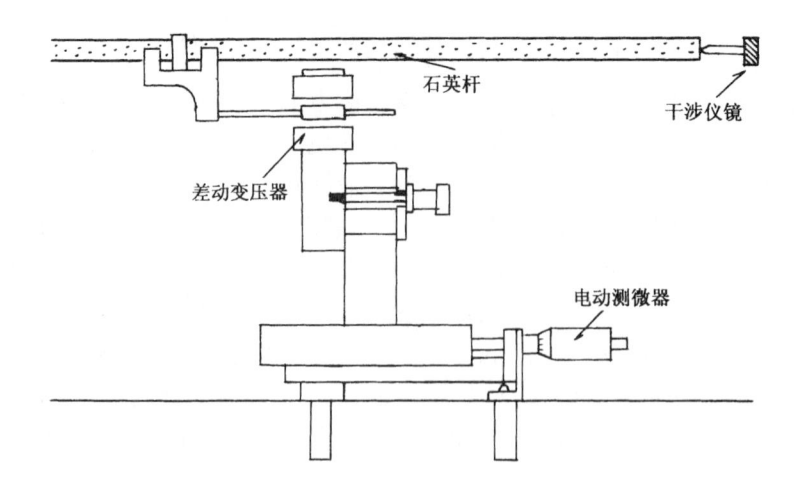

图 3.28 伸缩仪标定示意图

应变仪品种众多,例如,有用炭丝作长度标准的炭丝伸缩仪;用激光在真空管中的波长作长度标准的激光应变仪(长度可达近 1 km)等。

**3. 静力水管倾斜仪观测**

用静水平面作为测量标准的水管倾斜仪是个很理想的无漂移倾斜仪。尤其是基线可以做得很长,这在抗基墩不稳定干扰上有很大的优越性。而采用半充水设计更具优点:其一,它靠自由液体表面的趋平作用,均衡掉局部温度干扰,并允许仪器基线做得很长;其二,半充水水管倾斜仪不只能测倾斜,还能测地面挠曲。因为当地面发生曲率半径为 $R$ 的挠曲时,水管倾斜仪的两端液面会发生相同高度的变化 $\Delta h$,在 $\Delta h$ 和 $R$ 之间存在下列关系:

$$R = L^2/12\Delta h \tag{3.66}$$

$L$ 为基线长。当 $L$ 足够长时,挠曲观测可以发现地表形变波。

用 Michelson 干涉仪监测水管两端水位变化,其原理如下(图 3.29):

一束激光从 $A$ 出发到达半透明镜子 $B$ 后,分成两路(两臂),$C$ 和 $C_1$。$C_1$ 是固定长的固定臂;$C$ 为可变长的测量臂。$C$ 臂的光从埋在水下的棱镜反射回来在 $B$ 处与从固定棱镜反射回来的光相遇,并产生干涉条纹。固定臂长为 $2C_1$,测量臂长为 $2C+2(\mu-1)Z$。$\mu$ 为液体折射系数,当温度为 20℃时,$\mu=1.3317$;$Z$ 为反射面在液体面下的深度;$C,C_1$ 为 $B$ 点到反射镜距离。

二臂光程差为 $2(C-C_1)+2(\mu-1)Z$。当水位(液面)变化 $\Delta Z$ 时,光程差变化 $2(\mu-1)\Delta Z$。干涉记录的干涉条纹变化数为 $n$,相当于光程差变化 $n\lambda$(波长 $\lambda \approx 6.33 \times 10^{-7}$m)则有:

$$n\lambda = 2(\mu-1)\Delta Z \tag{3.67}$$

从中可求得 $\Delta Z$。

当温度变化 $\Delta T$ 时,有改正数(须从 $\Delta Z$ 中减去):

$$\Delta T\left\{\frac{C-C_1}{\mu-1}\alpha + \left(\gamma-2\alpha+\frac{\mu\beta}{\mu-1}\right)Z + (\gamma-3\alpha)d\right\} \tag{3.68}$$

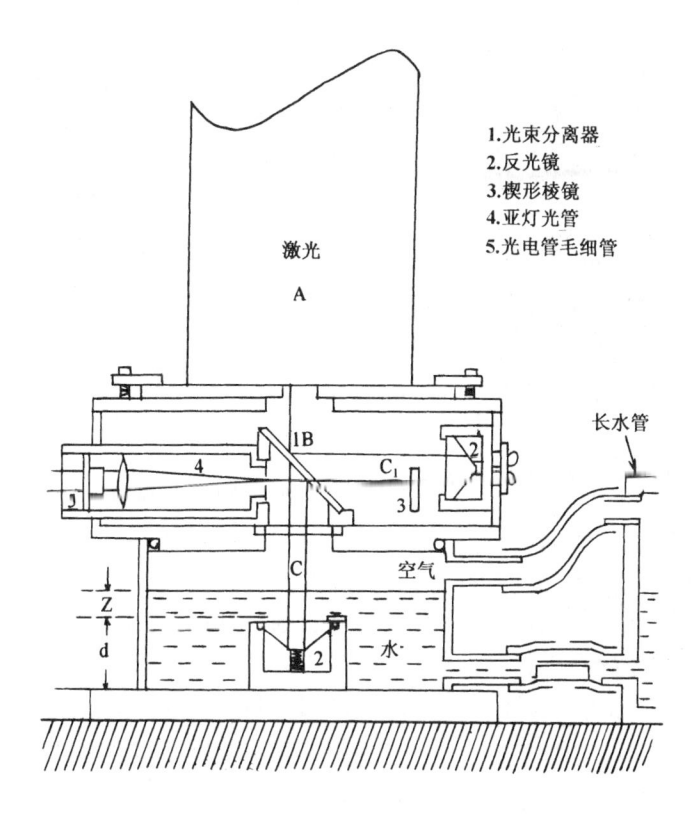

图 3.29 水管倾斜仪示意图

式中，$\alpha$——杯体材料在 20℃时的温度膨胀系数；$\gamma$——液体材料在 20℃时的温度膨胀系数；$\mu$——液体折射系数；$\beta$——$\mu$ 的温度系数；$\Delta T = T - 20$℃。

现用光干涉记录灵敏度为 $\frac{1}{8}\lambda$，用上述光路系统测量水位变化的精度为 $1.2 \times 10^{-7}$ m，相当于 $4 \times 10^{-9}$ 弧度（当 $L = 30$ m 时）。

### 4. 井下倾斜仪观测

目前，世界上使用的井下倾斜仪以垂直摆型为主。德国原 Askania 厂改进和设计的垂直单摆倾斜仪较为典型。单垂直摆摆长 0.6 m，能同时测两个轴向的倾斜（图 3.30）。悬摆簧片允许摆向任何方向运动。用电容传感器测量位移，这些传感器具有很高的灵敏度（$10^5$ V·m$^{-1}$），并且每一个传感器只受一个方向运动的影响，则两互相垂直的传感器可以安装在一个垂直摆上，即用一个摆可以同时测两个方向的倾斜。测量线性度优于 $10^{-3}$（当量程小于 1.5mrad 时），传感摆锤被吊在悬挂套筒中，悬挂套筒与外套管之间有滚珠轴承连接，这些轴承保证了悬挂套筒的自由悬吊。在悬挂套筒的底部有一个柱塞，它可以固定住近于垂直的悬挂套筒管。钻孔护管是密封钢管，其最下部的 2.2 m 是不锈钢的。用水泥固定在井孔内，等水泥充分凝固后，放下倾斜仪（其固定方法见图 3.30），此倾斜仪在干井中工作，并且可以提上来维修。

此 Askania 倾斜仪是用"小球标定"系统来标定地倾斜观测。在摆上有一小室，其底部有二条平行的 V 形槽。就近的电磁铁中供以电流脉冲,可以把小球从一个槽中吸到另一个槽里去。从而引起摆的质量中心的变化,从而引起一个小的人为的视倾斜。在 Askania 仪器中。小球跳过 6mm 的距离,引起已知的 $0.15\times10^{-6}$ 弧度的视倾斜,若标定精度为 0.1%,则在标定量程内绝对标定误差为 $0.15\times10^{-9}$ 弧度。仪器的量程为 $\pm2.5\times10^{-6}$ 弧度。

### 5. 水平摆倾斜仪观测

水平摆倾斜仪(图 3.31)工作原理是:在具有三个地脚螺钉的框架上,用无扭力细丝 $AP$,$NB$ 悬吊一水平摆 $MN$,其水平转动的垂直轴为悬点 $A$、$B$ 的连线,它与铅直线 $OB$ 相交一小角 $i$,$i$ 角的大小左右着水平摆的摆动周期和对垂直于图面方向的倾斜测量的灵敏度。设此倾斜量为 $\varphi$,则水平摆 $MN$ 绕轴转动 $A$ 角。当 $i$ 很小时,有

$$A = \frac{\varphi}{\sin i} = G\varphi \qquad (3.69)$$

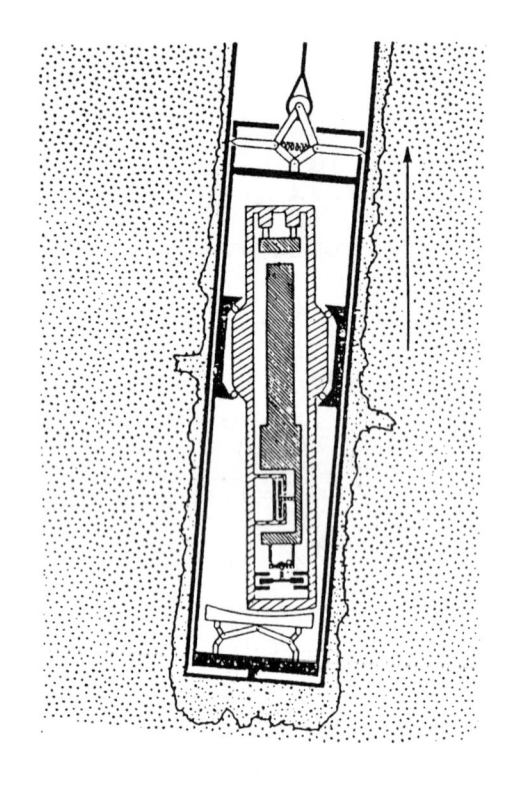

图 3.30 井下倾斜仪示意图

$G$ 称为倾斜测量的放大系数。一般 $i$ 角可调到 10″ 左右,放大系数 $G$ 可达数万倍以上,则 $A$ 角易被记录,记录方法通常用光电记录。当仪器用石英材料制作时(尤其是吊丝)仪器稳定性得到很大提高。该种仪器通常放在深山洞中观测,其精度可达 0.0001″ 的水平。

由于水平摆测量基线很短(20 cm 左右),加之在地表观测,干扰大些,有漂移。但作短临前兆观测是可行的。

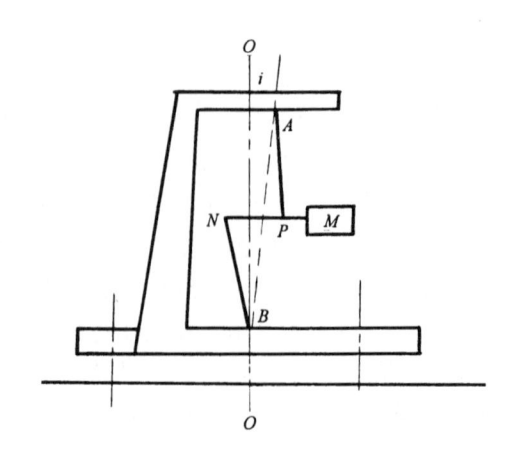

图 3.31 水平摆倾斜仪示意图

# §3.5 地震地壳形变信息的提取

地壳形变观测结果中,不只含有与地震过程有关的信息,也包含着一些与地震过程无关的成分(被统称为"干扰")。干扰主要来自自然环境的变化,如气象、地下水等的变化所引起的非地壳构造运动地壳形变,同时,也可以是正常地壳运动过程,如潮汐应变、倾斜等。提取地震地壳形变信息(尤其是地震前兆信息)就是用数学、物理方法把信息和干扰分开。

提取信息的数学、物理方法可分三类:一类是排除干扰、压低噪声、突出信息,可称"水落石出";二类是增强信息、放大信息,使信息鹤立鸡群,这些都是提高"信噪比"的方法;第三类是利用信息和噪声的不同特性(如频率特性等)来区别和识别信息。目前大量的方法属第一类。

下面分别介绍现今提取地震地壳形变信息的方法。

## 3.5.1 大地测量数据处理

**1. 空间大地测量资料**

在消除电离层、大气层干扰和平差后,所得板块间相对运动数据可代入一定的地球表面板块系统运动模型,解算出模型参数。并根据模型拟合的好坏,检验模型的逼真程度。前面提到的卫星激光测距结果已广泛地被采用在地球动力学研究中。

**2. 地面大地测量资料**

其平差处理中的关键问题是如何选取不动的起算点。由于地球表面没有绝对的不动点,则平差计算中的起算点坐标也往往被当作未知量纳入平差网平差之。这样便产生必要观测数小于未知数的"数亏"现象。系数阵的秩亏,不能用一般凯利逆矩阵求解。此时常用伪观测(或相似变换法)求广义逆阵求解。过程如下:

设独立观测方程组为:

$$AX = L \quad (A \text{ 不满秩}) \tag{3.70}$$

补伪观测方程组:

$$BX = L^* \tag{3.71}$$

其中,系数阵 $B$ 容量为 $O(B)=d$、$u$,秩 $R(B)=d$,$d$——秩亏数;$u$——未知数个数。从而使新方程组:

$$\left.\begin{array}{c} AX = L \\ BX = L^* \end{array}\right\} \tag{3.72}$$

满秩。因此,此时可用凯利逆求解。但此时 $B$ 应满足如下独立性要求:

$$B \cdot B^T = E, AB^T = 0 \tag{3.73}$$

在最小范数:$X^T \cdot X = \min$ 的条件下,得到条件:

$$L^* = 0, B^T = g \tag{3.74}$$

$g$ 为 $A^T A$ 阵的特征值 $\lambda=0$ 时的特征向量。最终的未知数解为:

$$\left.\begin{array}{l}\hat{X} = QA^{\mathrm{T}}L \\ Q = N^{-1} = (A^{\mathrm{T}}A + B^{\mathrm{T}}B)^{-1} \\ Q_{\hat{X}} = Q - B^{\mathrm{T}}B\end{array}\right\} \quad (3.75)$$

$\hat{X}$ 是最小二乘、最小范数解,是有偏估计。

对于水准测量,上述广义逆平差结果是选取各水准点高程的平均值作为不变的基准;对于三角(三边)测量,等于用自由网平差后,用其形变结果 $\Delta X_i$、$\Delta Y_i$ 对全网进行平移和旋转,以达到调整后的新的各点的位移 $\Delta X'_i$、$\Delta Y'_i$ 符合:

$$\Delta X^{\mathrm{T}} \Delta X = \min, \Delta Y^{\mathrm{T}} \Delta Y = \min, -Y^{\mathrm{T}} \Delta X + X^{\mathrm{T}} \Delta Y = \min \quad (3.76)$$

$\Delta X'_i$、$\Delta Y'_i$ 即为广义逆平差结果。但地壳形变往往是不均匀的,有些点的较大的位移,在 $\Delta X^{\mathrm{T}} \Delta X = \min$ 的条件下,会使平差结果失真。此时常采用 Robust(稳键)平差思想。

Robust 平差法,本来是为限制粗差对平差结果的影响的平差方法,是对传统最小二乘法的改进。其核心是对观测值的权矩阵 $P$ 进行 Robust 估计迭代确定。在

$$A^{\mathrm{T}}PAX = A^{\mathrm{T}}PL, \Delta X^{\mathrm{T}} P_{\Delta X} \Delta X = \min \quad (3.77)$$

的条件下,求 $\Delta X$ 的解。$P_{\Delta X}$ 可根据 $\Delta X$ 的大小确定。

### 3. 形变分析

经平差求得的各点的位移是否是实质性位移,要经过检验:

(1)整体检验:检验测网整体内是否有实质性形变常用平均间隙法:

首先求出各点位移列向量 $d$ 的方差

$$\overline{S}_0^2 = \frac{d^{\mathrm{T}} P_d d}{n} \quad (3.78)$$

及观测误差 $V$ 的方差:

$$S_0^2 = \frac{[V^{\mathrm{T}}PV]_1 + [V^{\mathrm{T}}PV]_2}{f_1 + f_2} \quad (3.79)$$

作 $F$ 检验:

$$\overline{F} = \frac{\overline{S}_0^2}{S_0^2} \quad (3.80)$$

如果 $F$ 值超过查表值,则可以认为网内有突出的实质位移。

(2)分组检验和逐点检验:用类似的方法检验一组或一点的位移显著性。

如上述,形变观测结果可纳入应变参量的计算,如纳入位错理论模型或有限元应力场模型内:

$$[K] \cdot \{\delta\} = \{F\} \quad (3.81)$$

式中,$\{\delta\}$——各节点位移矢量;$\{F\}$——节点应力矢量;$[K]$——网格的总刚度矩阵。

从而计算出区域应力场分布状态。

用公式(3.36)~(3.48),从三角点位移平差结果中算得各点的线应变、面应变、旋转、剪应变;用公式(3.58),从边长变化 $\Delta D$ 中求得三角形内平均应变张量 $\Delta \varepsilon$。

用水准测量平差结果绘制地壳垂直形变等值线图。从中可以发现形变高梯度带及其

转折部位。

地下水位变化,尤其是城市工业抽用地下水可以造成局部地区下沉(城市下沉漏斗),在形变分析中常常遇到这类干扰,应认真识别和排除。

垂直形变测量中空气垂直折光误差和尺长改正误差是两大最难识别的干扰,因为它们造成的后果往往与地形地貌有关。而与地貌有关的变化往往会被误认为是继承性构造运动。美国加州帕姆代尔地区的隆起的争论就具有这类性质。

### 3.5.2 连续形变、应变观测数据处理

**1. 多元线性回归法**

连续形变观测给出的观测值 $y_i$ 中包含多种已知干扰因素观测值 $x_1, x_2, \cdots, x_m$。则时间序列为下列线性关系。

$$\left.\begin{aligned} y_1 &= a_0 + a_1 x_{11} + a_2 x_{12} + a_3 x_{13} + \cdots + a_m x_{1m} + V_1 \\ y_2 &= a_0 + a_1 x_{21} + a_2 x_{22} + a_3 x_{23} + \cdots + a_m x_{2m} + V_2 \\ &\cdots \\ y_n &= a_0 + a_1 x_{n1} + a_2 x_{n2} + a_3 x_{n3} + \cdots + a_m x_{nm} + V_n \end{aligned}\right\} \quad (3.82)$$

以矩阵形式表示,令:

$$V = \begin{bmatrix} V_1 \\ V_2 \\ \vdots \\ V_n \end{bmatrix}, Y = \begin{bmatrix} y_1 \\ y_2 \\ \vdots \\ y_n \end{bmatrix}, A = \begin{bmatrix} a_0 \\ a_1 \\ \vdots \\ a_m \end{bmatrix}, X = \begin{bmatrix} 1 & x_{11} & x_{12} & \cdots & x_{1m} \\ 1 & x_{21} & x_{22} & \cdots & x_{2m} \\ \vdots & \vdots & \vdots & \vdots & \vdots \\ 1 & x_{n1} & x_{n2} & \cdots & x_{nm} \end{bmatrix}$$

则(3.82)式可表示为:

$$Y = XA + V \quad (3.83)$$

在 $V^T V = \min$ 条件下,求得线性方程(3.82)中未知系数阵 $A$ 的估值 $\hat{A}$:

$$\hat{A} = (X^T X)^{-1} X^T Y \quad (3.84)$$

将 $\hat{A}$ 代入(3.83),便可求得余差系列 $V$:

$$V = Y - XA \quad (3.85)$$

外推时,如有地震前兆信息,必将含在 $V$ 中。

**2. 积滤波法**

多数情况下,干扰因素对观测值的影响是有记忆的。如雨量、温度等对形变观测值的干扰影响不只限于当时,而且其影响还可延续若干时间。褶积滤波法是下列各种排除这种干扰影响的方法之一。

设形变观测值序列为 $y(t)$;干扰因素观测序列为 $x(t),(t=1,2,\cdots,n)$;线性滤波因子为 $h(\tau),(\tau=0,1,2,\cdots,k)$。

观测方程为:

$$y(t) = \sum_{\tau=0}^{k} h(\tau) \cdot X(t-\tau) + V_t \quad (3.86)$$

与上述方法相同在 $V^TV=\min$ 的条件下求得 $h(\tau)$ 各值。再将 $h(\tau)$ 代回(3.86)即可求得余差序列 $V_i$。所以，褶积滤波法实际上是一种有记忆的线性回归分析法。

### 3. 动态灰箱方法(DGB 模型)[20]

实际上，前兆观测系列中，不仅有平稳随机部分，还有长趋势成分和年变成分。此时用动态灰箱方法较好。

设观测序列为：

$$f(t) = \hat{f}(t) + V(t) \tag{3.87}$$

其中 $\hat{f}(t)$ 是系统正常变化的最佳估值——动态基线值。

$$\hat{f}(t) = \hat{M}(t) + \hat{S}(t) + \hat{\eta}_1(t) + \hat{\eta}_2(t) \tag{3.88}$$

其中 $\hat{M}(t)$ 是长趋势成分 $M(t)$ 的拟合推估值；$\hat{S}(t)$ 是年周期变化部分的多年均值；$\hat{\eta}_1(t)$ 是可测环境因子（干扰）的实际涨落的有记忆影响；$\hat{\eta}_2(t)$ 是剩余随机涨落序列的自回归函数。

(1) $\hat{M}(t)$ 可用观测序列 $f(t)$ 的滑动平均低通滤波法求出 $M(t)$ 序列：

$$M(t) = \frac{1}{2m+1} \sum_{-m}^{+m} f(t), \quad 2m+1 = 1 \text{ 年} \tag{3.89}$$

然后，拟合推估出 $\hat{M}(t)$：

$$\hat{M}(t) = a + bt + ct^2 + \cdots \tag{3.90}$$

(2) 年变随机过程平均值 $\hat{S}(t)$ 可按下式求出：

$$\hat{S}(j) = \frac{1}{N} \sum_{i=1}^{N} [f(t) - M(t)]_{ij} \tag{3.91}$$

式中，$N$ 为序列中包括的整年周期数；$i$ 为各个年周期序号；$j$ 为年周期内取样值序号，如取月均值时，$j=1,2,\cdots,12$。

(3) 可测环境因子实时涨落有记忆影响 $\hat{\eta}_1(t)$ 的确定，求：

$$\eta_1(t) = f(t) - \hat{M}(t) - \hat{S}(t) \tag{3.92}$$

同时将可测环境因子 $W$ 时序用类似方法处理得环境因子实时涨落值序列 $\Delta W(t)$：

$$\Delta W(t) = W(t) - \hat{M}(W(t)) - \hat{S}(W(t)) \tag{3.93}$$

则其对形变观测值有记忆影响的估值以褶积形式表达：

$$\hat{\eta}_1(t) = \sum_{\tau=0}^{k} h(\tau) \cdot \Delta W(t-\tau) \tag{3.94}$$

建立误差方程时间序列：

$$\eta_1(t) - \hat{\eta}_1(t) = V(t) \tag{3.95}$$

在 $V^2(t)=\min$ 的条件下，用最小二乘法求解(3.94)中的 $h(\tau)$ 值，$\tau=1,2,\cdots,k$。从而求出 $\hat{\eta}_1(t)$。

(4) $\hat{\eta}_2(t)$ 的确定,序列:

$$\eta_2(t) = f(t) - \hat{M}(t) - \hat{S}(t) - \hat{\eta}_1(t) \tag{3.96}$$

一般是平稳随机过程。其自回归模型 $\hat{\eta}_2(t)$ 为:

$$\hat{\eta}_2(t+1) = a_0\eta_2(t) + a_1\eta_2(t-1) + \cdots + a_L\eta_2(t-L) \tag{3.97}$$

在 $E[(\eta_2(t)-\hat{\eta}_2(t))^2]=\min$ 的条件下求得自回归系数 $a_0,a_1,a_2,\cdots,a_L$。其中,

$$\begin{bmatrix} R(0) & R(1) & R(2) & \cdots & R(L) \\ R(1) & R(0) & R(1) & \cdots & R(L-1) \\ R(2) & R(1) & R(0) & \cdots & R(L-2) \\ \vdots & \vdots & \vdots & \vdots & \vdots \\ R(L) & R(L-1) & R(L-2) & \cdots & R(0) \end{bmatrix} \begin{bmatrix} a_0 \\ a_1 \\ a_2 \\ \vdots \\ a_L \end{bmatrix} = \begin{bmatrix} R(1) \\ R(2) \\ R(3) \\ \vdots \\ R(L) \end{bmatrix} \tag{3.98}$$

自相关系数 $R(j)$ 为:

$$\left. \begin{aligned} R(j) &= E[\eta_2(t) \cdot \eta_2(t-j)]/E[\eta_2(t) \cdot \eta_2(t)] \\ E[\eta_2(t) \cdot \eta_2(t-j)] &= \frac{1}{N-j} \cdot \sum_{t=j+1}^{N} [\eta_2(t) \cdot \eta_2(t-j)] \end{aligned} \right\} \tag{3.99}$$

用上述办法求得动态基线 $\hat{f}(t)$ 后代入公式(3.87)即可求得余差序列 $V(t)$,从而可求得模型的预测精度 $S_{MP}$。

$$S_{MP}^2 = E[V(t) \cdot V(t)] \tag{3.100}$$

当前兆观测资料的时间序列相对于动态基线的波动超过置信区间 $\pm I_{MP} = 2S_{MP}$ 时,则认为有异常出现(置信度为5%)。

### 4. 带控制项的自回归模型(CAR)方法

在随机观测序列中,部分干扰因素为已知观测值。此时用 CAR 模型。

从 $f(t)$ 中滤去 $\hat{M}(t)$ 和 $\hat{S}(t)$ 成分后得到新序列:

$$D(t) = f(t) - M(t) - S(t) \tag{3.101}$$

CAR 模型表达式为:

$$\begin{aligned} D(t) = & a_1 D(t-1) + \cdots + a_n D(t-n) + b_0 U(t) + \\ & b_1 U(t-1) + \cdots + b_n U(t-n) + e(t) \end{aligned} \tag{3.102}$$

式中,$U(t)\cdots$ 是用(3.101)形式滤去 $M(U(t))$ 和 $S(U(t))$ 成分后的某种干扰因素观测序列;$e(t)$—模型残差;$a_1,a_2,\cdots,a_n$ 是自回归系数;$b_0,b_1,\cdots,b_n$ 是控制项系数;$n$ 是模型阶。

如令:

$$\varphi(t) = \begin{bmatrix} D(t-1) \\ \vdots \\ D(t-n) \\ U(t) \\ U(t-1) \\ \vdots \\ U(t-n) \end{bmatrix}, Q = \begin{bmatrix} a_1 \\ \vdots \\ a_n \\ b_0 \\ b_1 \\ \vdots \\ b_n \end{bmatrix}$$

则(3.102)式可表示为：
$$D(t) = \varphi^{\mathrm{T}}(t) \cdot Q + e(t) \tag{3.103}$$
可求时刻 $t$, $Q$ 的递推最小二乘估值。如果(3.102)式中无已知干扰观测序列，则变为自回归模型(AR 模型)。

### 5. 维纳滤波

如观测序列为平稳随机过程，可用维纳滤波法。令输入 $x(n)$ 为观测序列，$y(n)$ 为输出序列，$S(n)$ 为信号，$V(n)$ 为噪声，$\hat{S}(n)$ 为信号估值，$h(n)$ 为传递函数 $H(z)$ 单位样本响应，有

$$\left. \begin{array}{l} x(n) = S(n) + V(n) \\ y(n) = \hat{S}(n) = \sum_{m=0}^{N-1} h(m) \cdot x(n-m) \end{array} \right\} \tag{3.104}$$

若令 $i = m+1$，且记 $h(i-1)$ 为 $h_i$，$x(n-i+1)$ 为 $x_i$，则可写成：

$$\hat{S}(n) = \sum_{i=1}^{N} h_i x_i \tag{3.105}$$

按最小二乘原则，应使：

$$I = E\{[S(n) - \hat{S}(n)]^2\} = E\{[S(n) - \sum_{i=1}^{N} h_i x_i]^2\} = \min \tag{3.106}$$

则 $I$ 对 $h_i$ 的偏导数应为零，从而求出 $\{h_i\}$，这样有：

$$E\{[S(n) - \sum_{i=1}^{N} h_i x_i] x_j\} = 0 \quad \text{其中 } j = 1, 2, \cdots, N \tag{3.107}$$

即，

$$\Phi_{x_j s} - \sum_{i=1}^{N} h_i \Phi_{x_j x_i} = 0 \tag{3.108}$$

或，

$$\left. \begin{array}{l} h_1 \Phi_{x_1 x_1} + h_2 \Phi_{x_1 x_2} + \cdots + h_N \Phi_{x_1 x_N} = \Phi_{x_1 s} \\ h_1 \Phi_{x_2 x_1} + h_2 \Phi_{x_2 x_2} + \cdots + h_N \Phi_{x_2 x_N} = \Phi_{x_2 s} \\ \cdots + \cdots + \cdots + \cdots = \cdots \\ h_1 \Phi_{x_N x_1} + h_2 \Phi_{x_N x_2} + \cdots + h_N \Phi_{x_N x_N} = \Phi_{x_N s} \end{array} \right\} \tag{3.109}$$

其矩阵形式为：

$$[\Phi_{xx}][h] = [\Phi_{xs}] \tag{3.110}$$

其中，

$$[h] = [h_1, h_2, \cdots, h_N]^{\mathrm{T}}$$

$x$ 的自相关矩阵：

$$[\Phi_{xx}] = \begin{bmatrix} \Phi_{x_1 x_1} & \Phi_{x_1 x_2} & \cdots & \Phi_{x_1 x_N} \\ \Phi_{x_2 x_1} & \Phi_{x_2 x_2} & \cdots & \Phi_{x_2 x_N} \\ \vdots & \vdots & \vdots & \vdots \\ \Phi_{x_N x_1} & \Phi_{x_N x_2} & \cdots & \Phi_{x_N x_N} \end{bmatrix} \tag{3.111}$$

$x$ 与 $s$ 的互相关矩阵：

$$[\Phi_{xs}] = \begin{bmatrix} \Phi_{x_1 s} & \Phi_{x_2 s} & \cdots & \Phi_{x_N s} \end{bmatrix}^T \tag{3.112}$$

由此求出：

$$[h] = [\Phi_{xx}]^{-1}[\Phi_{xs}] \tag{3.113}$$

从而求出维纳滤波器，可用于外推、预测。

### 6. 卡尔曼滤波

它是用前一个估计值和最后一个观测值来估计信号的当前值，它是用状态方程和递推方法进行这种估计的。此方法不限于平稳随机过程，它的信号与噪声是用状态方程和量测方程表示的。

其离散型状态方程为：

$$x(k) = Ax(k-1) + Be(k-1) \tag{3.114}$$

其中，$x(k)$ 是一组多维状态矢量，$A$、$B$ 是矩阵，$e(k)$ 是触发信号。若触发信号源是白噪声，则

$$Be(k-1) = W(k-1) \tag{3.115}$$

则动态系统的状态方程改写为：

$$x_k = A_k x_{k-1} + W_{k-1} \tag{3.116}$$

量测方程为：

$$y_k = C_k x_k + V_k \tag{3.117}$$

其中 $A_k$ 与 $C_k$ 为已知矩阵，$y_k$ 为测得数据，要从 $y_k$ 与估值 $\hat{x}_{k-1}$ 中求出 $x_k$。卡尔曼一步递推公式为：

$$\hat{x}_k = A_k x_{k-1} + H_k(y_k - C_k A_k \hat{x}_{k-1}) \tag{3.118}$$

式中：

$$H_k = P'_k C_k^T (C_k P'_k C_k^T + R_k)^{-1} \tag{3.119}$$

$$P'_k = A_k P_{k-1} A_k^T + Q_{k-1} \tag{3.120}$$

$$P_k = (I - H_k C_k) P'_k \tag{3.121}$$

由(3.118)式可知，当已知 $H_k$，用前一个 $x_k$ 的估值 $\hat{x}_{k-1}$ 与当前观测值 $y_h$ 就可求得 $\hat{x}_k$。若按(3.119)式求得满足最小均方差矩阵的 $H_k$，则根据(3.118)式就可得出最小均方误差条件下的 $\hat{x}_k$。求 $\hat{x}_k$ 的递推过程是：最先，由初始状态 $x_0$ 的统计特性求出 $x_0$ 的均值 $\mu_0$ 和方差 $P_0$。

$$\left.\begin{aligned}\hat{x}_0 &= \mu_0 \\ E[(x_0 - \hat{x}_0)(x_0 - \hat{x}_0)^T] &= P_0\end{aligned}\right\} \tag{3.122}$$

将 $P_0$ 代入(3.120)求出 $P'_1$，将 $P'_1$ 代入(3.119)求得 $H_1$，将 $H_1$ 代入(3.118)求得 $\hat{x}_1$；同时将 $P'_1$ 代入(3.121)求得 $P_1$，由 $P_1$ 又可求出 $P'_2$，由 $P'_2$ 可求出 $H_2$，由 $H_2$ 可求出 $\hat{x}_2$；而且又可由 $H_2$ 与 $P'_2$ 还可求出 $P_2\cdots$。如此，一步一步递推求解最后 $\hat{x}_k$ 值。

顾国华[21]用褶积滤波与其他人用维纳滤波和卡尔曼滤波处理大灰厂等台跨断层短

水准等长年观测资料,滤去降雨影响,显示出唐山大震前的前兆信号(见图 3.32),其效果相近。

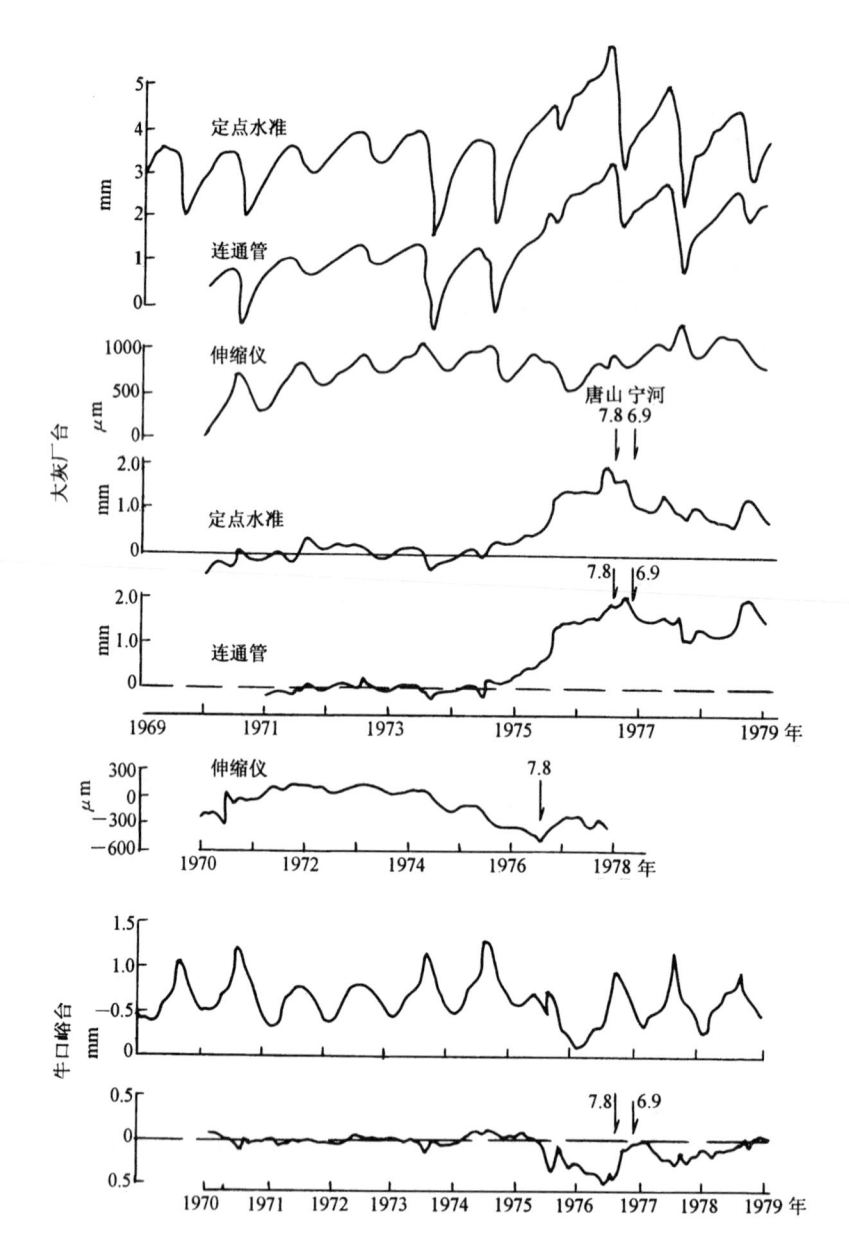

图 3.32 大灰厂、牛口峪定点形变台观测结果及排除干扰处理结果[21]

### 7. 契氏拟合法

用契比雪夫三角多项式 $F$ 拟合无地震影响时的正常状态观测序列 $L(x)$。求出各项系数 $C_i$ 后,代入多项式,求得多项式函数 $F$。在预报段内,用余差 $V=L(x)-F$,判断异常是否存在。所取多项式项数多少是根据正常状态曲线的复杂程度决定的。

### 8. 最大相关系数法

海城地震后,发现地倾斜两分量之间存在着某种相对稳定的关系,从而可在两分量数据间进行回归分析。发现,地震前这种关系被破坏(回归系数也可能变化),对发现震前异常效果较好。进而发展成最大相关系数法,即求两分量间的相关系数,为排除坐标选择的人为性影响,旋转坐标轴,以使相关系数达到最大 $\rho_{max}$。比较 $\rho_{max}$ 的变化,即可识别异常。坐标轴转角 $\theta$ 满足:

$$\mathrm{tg}2\theta = \frac{S_N^2 - S_E^2}{2S_{EN}} \tag{3.123}$$

$S_N^2, S_E^2, S_{EN}$ 分别为南北分量、东西分量的方差和它们之间的协方差。

### 9. 分量和矢量差分法

一阶差分反映形变速率的变化异常情况,二阶差分反映形变加速度的变化。因此,这两种方法能识别震前短临异常。不能识别趋势异常。

### 10. 短时图像类比法、形态异常判别法

用已有长期观测资料,总结、统计出地区干扰典型图像及前兆图像,特别是短临前兆图像。用于台站人员看图做短临预报用。

以上均属第一类提取信息方法——排除干扰。下面介绍第二类放大信息的方法——信息合成法。

### 11. 速率合成法[22]

当单台、单信道前兆信息较小,信噪比不高、异常不明显的情况下,可用形变场内多台、多信道数据的时、空域内的合成法,提取异常场内系统前兆信息。

设某区内多测点观测值变化速率集合为 $V$:

$$V = \{V(i,j), i = 1, 2, \cdots, n; j = 1, 2, \cdots, m\} \tag{3.124}$$

式中,$n$ 是序列数(台站信道数);$m$ 是序列内时间单元数。按下式计算区域内平均速率:

$$\bar{V}_{(i,j)} = \frac{1}{N}\sum_{i=1}^{n}|V_{(i,j)}|, j = 1, 2, \cdots, m \tag{3.125}$$

如想放大异常,还可求区域内速率的连乘积:

$$\bar{\bar{V}}_{(i,j)} = C\prod_{i=1}^{n}|V_{(i,j)}|, j = 1, 2, \cdots, m \tag{3.126}$$

图 3.33a 是唐山震源区周围多个跨断层形变台观测值月均值曲线(细线)及低通滤波曲线(粗线),从这些曲线看,唐山大震前兆并不很明显。图 3.33b 是用速率合成法求得这些观测曲线的 $\bar{V}$ 和 $\bar{\bar{V}}$ 曲线。反应了群体异常的存在,以及 7.8 级大震前的显著异常。同样,可以做概率合成和频次合成等。

### 12. 第三类方法——谱异常分析法

以上方法都是提取时间域内的信息方法。还可以用频谱分析方法,研究观测序列

$x(n)$的正常谱结构,比较谱结构变化,提取谱异常信息。

常采用功率谱密度:

$$\hat{P}_{xx}(\omega) = \frac{1}{N} \left| \sum_{n=0}^{N-1} x(n) \cdot e^{-j\omega n} \right|^2 \tag{3.127}$$

绘制功率谱密度分布图。对某固定台站,在正常情况下,噪声(干扰)谱密度在不同频率上的强度是一定的。某些地壳形变信息在时间域内不突出,但却可能在频谱密度分布图上显示出来。引起谱密度分布异常变化。

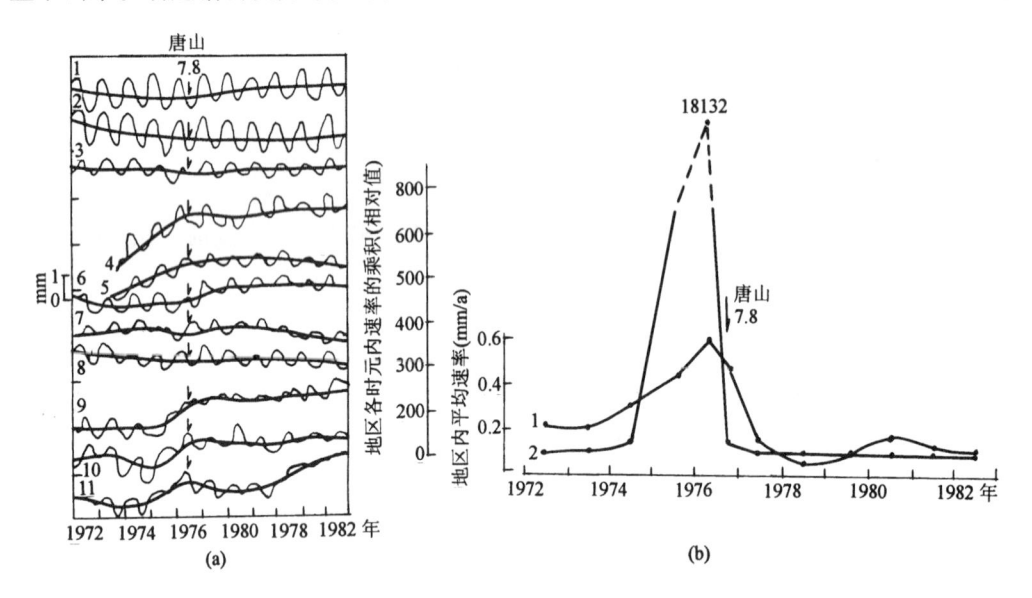

图 3.33 围绕唐山震源的断层形变
(a)细线是月均值,粗线是低通滤波值;(b)围绕唐山震源区的群体异常效应

## 3.5.3 潮汐应变、倾斜数据处理

潮汐应变、倾斜数据具有双重特性,它既是信息也是干扰。故处理方法也有特殊性。

(1)作为信息。可以利用潮汐观测的导纳值(固体潮汐观测值与理论值之比),尤其是利用导纳值中的振幅因子(相位滞后利用得少些)来考察地壳介质在震前发生的弹性性质的变化。因为振幅因子是地壳弹性性质勒夫数的函数,对于地倾斜潮汐振幅因子 $\gamma_2 = 1 + k_2 - h_2$,对体应变潮汐因子 $v_2 = (4h_2 - 12L_2)/3\cdots$。当地壳介质性质发生变化时,勒夫数 $k$、$h$ 等将有变化,从而潮汐因子 $\gamma$、$v$ 等将发生变化。武汉地震研究所的研究表明,若地震区内存在扩容,则倾斜固体潮振幅因子 $\gamma$ 值的变化远较波速比更灵敏。

由于日波受周日气象干扰大,常用半日波潮汐因子 $\gamma_{M_2}$ 作为指标。武汉地震所用维尼迪柯夫调和分析与卡尔曼滤波递推相结合的方法计算全国 40 多个基本台上的地倾斜潮汐因子 $\gamma_2$,确认在地震平静期 $\gamma_2$ 值相当稳定,而在 5 级以上地震前,近台(100 km 内)发生 $\gamma_2$ 值变化是经常的。当 $\gamma_2$ 值出现系统偏离,且达到误差警戒线时,即作为异常的开始。临近发震(相当于 $\beta_2$ 阶段),可能出现 $\gamma_2$ 值的急剧增大或跳动不稳定情况。

由于多台同时观测,可以从 $\gamma_2$ 变化中解算出勒夫数的变化信息,以便和其他前兆对比。

作为信息,也可以用于加卸载响应比的计算。即以潮汐应力增强段,观测到的地壳应变响应率与下降段应变响应率之比的变化,求其地壳弹性性质的前兆变化。即响应比 $F = \left(\frac{\Delta R_L}{\Delta P}\right) / \left(\frac{\Delta R_u}{\Delta P}\right)$。当 $F=1$,正常;$F>1$ 异常出现;$F \gg 1$;$F \to \infty$ 时,失稳。

(2)作为噪声。多频率的潮汐变化掩盖着与其相当(振幅和频率)的形变、倾斜信息。地震信息存在于很宽的频带内,因而,在消除各种频率噪声干扰(含固体潮)时,应特别注意不要损伤了信息。滤波的办法抹掉了某个频带内的全部噪声和信息;组合法(如别尔采夫方法)除了去掉潮汐波外,会将某些频率的信息变形和消弱。而用最小二乘法求出潮汐因子 $\delta_i$ 和相位迟后 $\theta_i$,可将已知潮汐干扰波剔除,无伤害地保留下小的未知信息。

目前,我们用求解潮汐波群因子 $\delta_i$ 和相位迟后 $\theta_i$ 的办法更多地消除体应变潮汐干扰,而不伤小于它的信息。设体应变 $t$ 时刻值为:

$$y_t = a + bt + ct^2 + \sum_{i=1}^{n} \delta_i \sum_{j=1}^{k} A_j \sin(\omega_j t + \varphi_j + \theta_i)$$

$$= a + bt + ct^2 + \sum_{i=1}^{n}(A_i x_i + B_i y_i) \tag{3.128}$$

其中:

$$x_i = \delta_i \cos\theta_i$$
$$y_i = \delta_i \sin\theta_i$$
$$A_i = \sum_{j=1}^{k}(A_j \sin(\omega_j t + \varphi_j))$$
$$B_i = \sum_{j=1}^{k}(A_j \cos(\omega_j t + \varphi_j))$$
$$\delta_i^2 = x_i^2 + y_i^2$$
$$\mathrm{tg}\theta_i = \frac{y_i}{x_i}$$

用观测值 $y'_t$ 组成误差方程式:

$$a + bt + ct^2 + \sum_{i=1}^{n}(A_i x_i + B_i y_i) - y'_t = V_t \tag{3.129}$$

用最小二乘法解之,便可得未知数 $a$、$b$、$c$、$\delta_i$、$\theta_i$。将它们代入(3.129)便可消除大部分固体潮汐,求得余差 $V_t$。用于估算噪声水平(可低于 $10^{-9}$ 应变),或外推判断异常的存在。

图 3.34 是这一方法的算例(东三旗台体应变数据,地震震级 $M=1$,震中距为 0),可以看出与其他方法比较,该方法能留住更多的震前、震时、震后信息。且潮汐信息却较好的被消除了,达到了提高信噪比的要求。

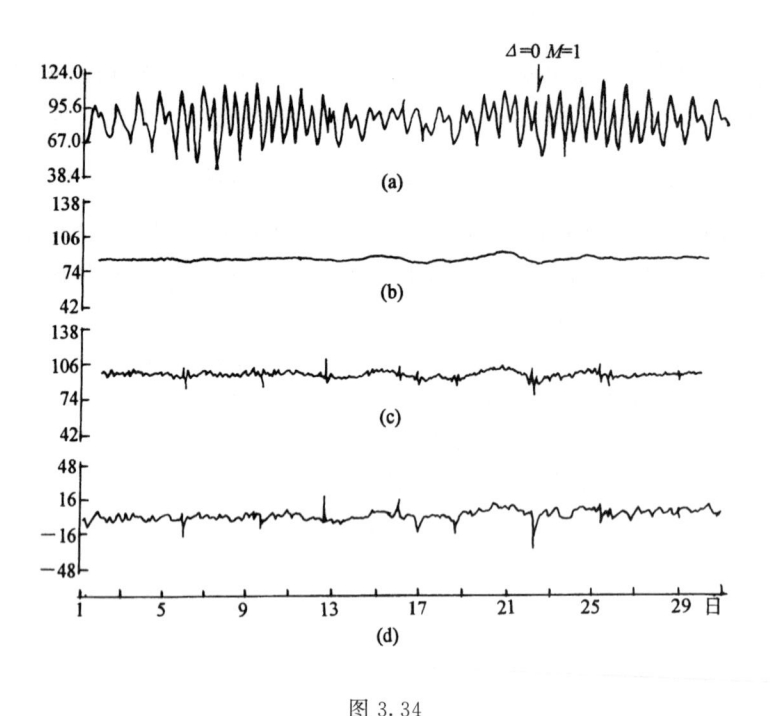

图 3.34
(a)原始曲线;(b)别尔采夫组合法;(c)带阻滤波;(d)最小二乘滤波

## §3.6 地壳形变信息在地震预报中的应用

### 3.6.1 大地测量信息的应用

空间大地测量结果用于全球性构造活动、板块运动(见图 3.1)、亚板块运动、极移、地球自转变化的研究。为全球性地震活动、地震成因和力源的研究提供第一手实测资料。目前,也普遍用于区域构造活动监测,为区域地震预报提供长期及背景性异常。由于空间大地测量在我国才刚刚起步,数据不多,为地震长期预报提供大范围形变异常背景的任务主要还是靠地面大地测量来完成。人所共知,大地测量数据揭示了 1906 年旧金山大地震的弹性回跳机制。我国多年的大地测量结果同样为唐山等大地震震源参数反演提供了可靠的地形变数据。

根据国内外地壳形变测量资料和研究结果,特别是 20 多年来我国大地形变测量工作的实践,张祖胜总结出一些可应用于地震预报实践的大面积地壳形变与地震的关系。以用于全国地震趋势估计的"全国现代地壳垂直形变速率图"(图 3.35)为例,这些关系是:

(1)大面积地壳形变分布反映了最新地质构造运动。可以说地壳形变是地质构造运动的直接结果和外部表象,明显地受到浅部构造的控制。由图可以清楚地看出,全国垂直形变总的趋势是南升北降,以南北地震带为界,可分东西两大部分,西部等值线密集,多呈东西及北西西走向,与构造线方向基本一致;东部等值线相对稀疏,走向多为北北东—北东向,部分为东西及南北向,也与构造走向和分布吻合较好。从局部地区来看,形变等值线的分布和走向也较好地反映了区域地质构造的分布和运动。例如华北地区河北平原下

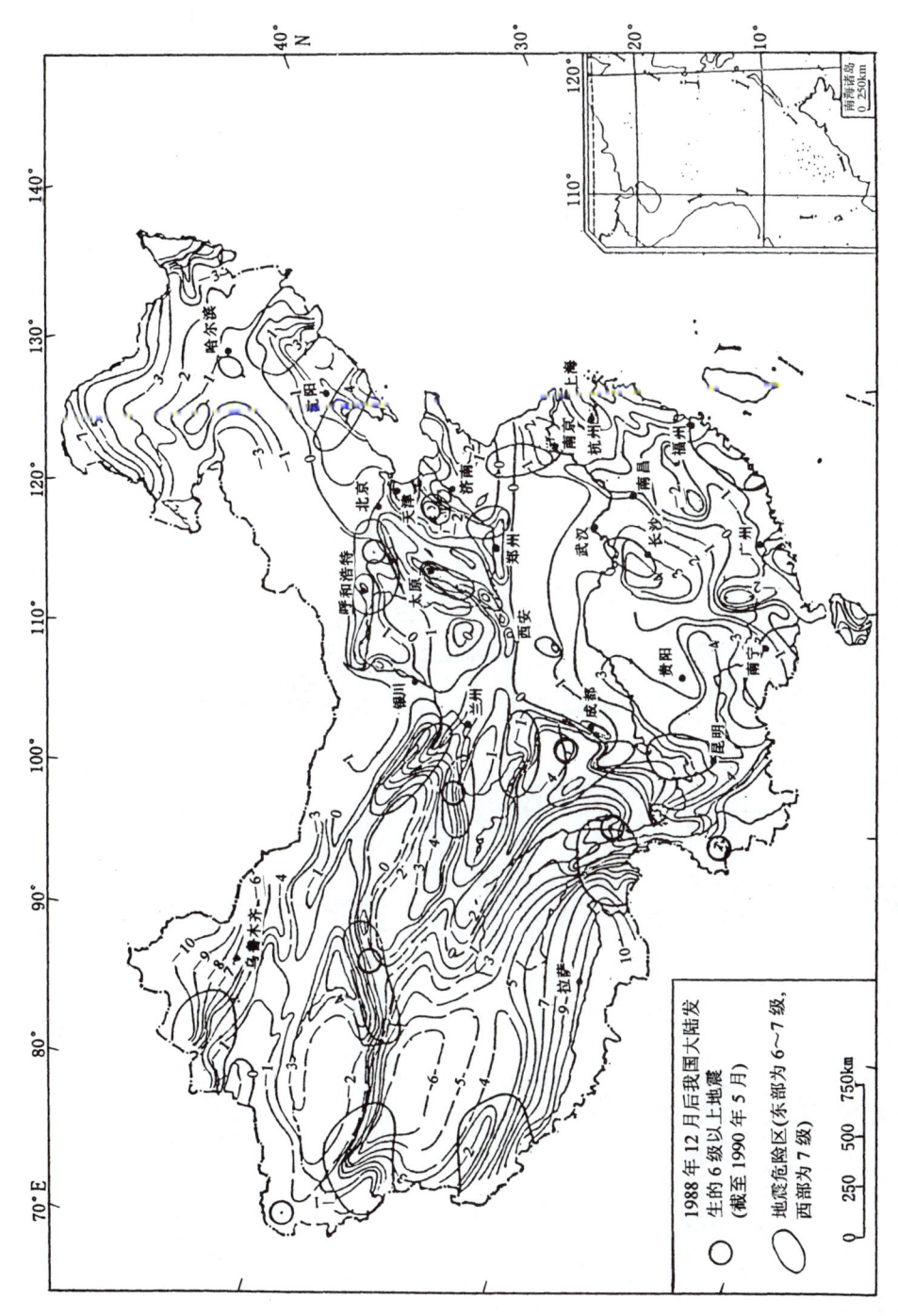

图 3.35 1985年编绘的《中国垂直形变速率图》及1988年所作的中长期地震趋势估计[11]

沉;西部青藏高原的强烈抬升,三大盆地的明显下沉等。

(2)形变场显示出很大范围内,长期稳定应力场作用下的继承性新构造运动。我国大陆西南受印度板块的碰撞挤压,使得青藏高原不断隆起,出现年速率达 10 mm 左右的上升及相应的弧形构造带。东部受太平洋板块和菲律宾板块的俯冲挤压,应力场主要呈北东东至东西向,形成一系列北北东向隆起与下陷。形变测量结果反映了这种第四纪以来的继承性构造运动。

(3)地形变的发展具有明显的阶段性,可分为长期缓慢变化、震前快速变化、震时突变及震后调整等四个阶段。相应地反映了地震过程的应变积累、集中、释放和调整过程。

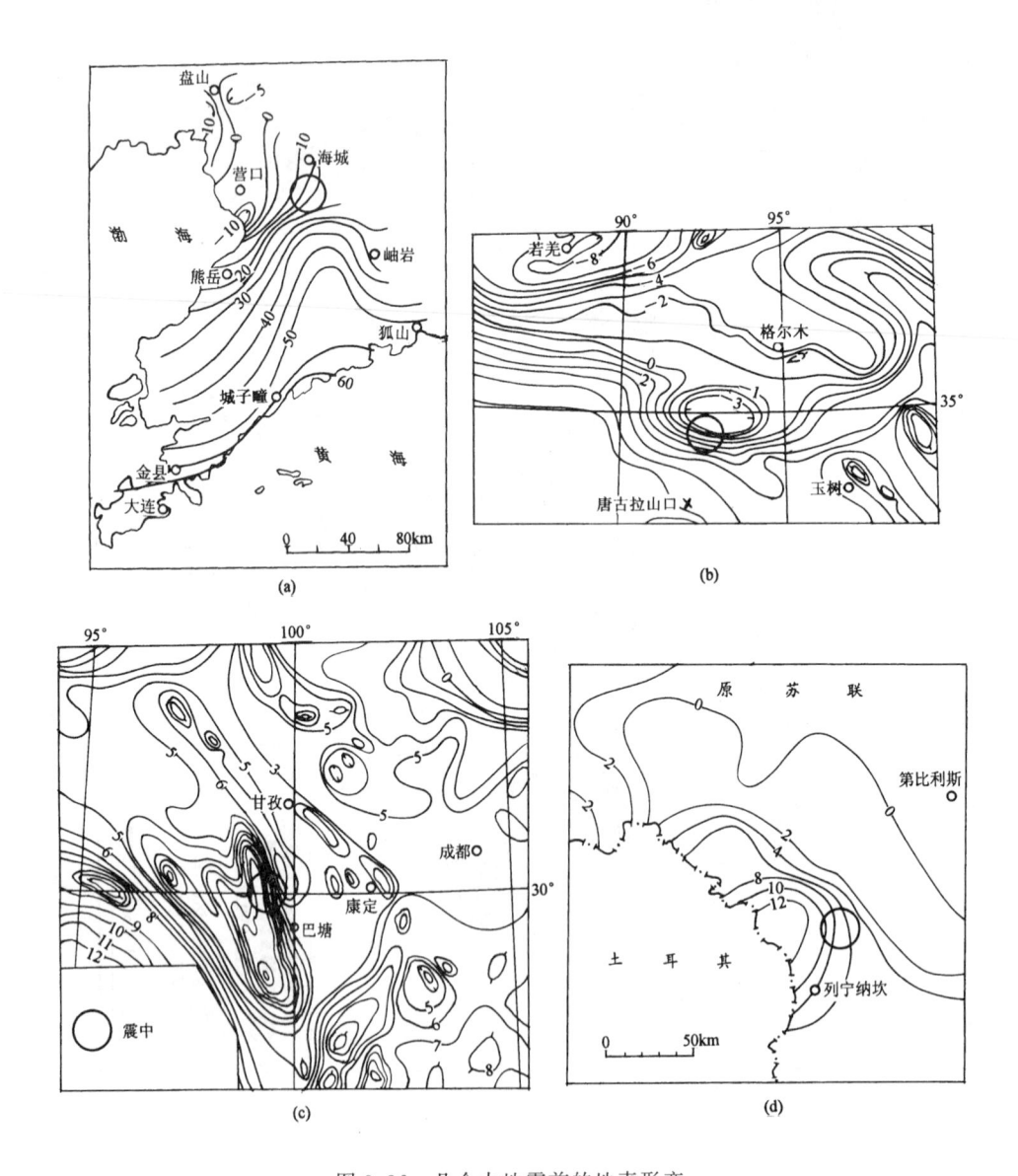

图 3.36 几个大地震前的地壳形变
(a)1975 年的海城 7.3 级地震;(b)1988 唐古拉山 6.8 级地震;(c)1989 年巴塘
6.7 级地震;(d)发生在形变高梯度带上的 1988 年原苏联的亚美尼亚 6.9 级地震

(4)大面积形变资料表明,活动构造单元边缘地带显示出强烈的差异运动,在垂直形变图上表现为形变等值线密集分布区,即形变高梯度带。大地震容易发生在这些应变较大的形变高梯度带上。如1975年的海城地震、1989年的巴塘地震唐古拉山地震;原苏联的亚美尼亚地震等(见图3.36)。

(5)地震震级的大小与异常持续时间长短、异常出现的范围大小有关,而与异常幅度没有绝对的对应关系。板内地震形变异常幅度都比板缘地震小。

根据这些经验,在"我国现代垂直形变速率图"上,1988年圈出20个可能发生强震(东部地区$M \geqslant 6$,西部地区$M \geqslant 7$)的危险区(见图3.35)。近几年的地震活动表明,有些强震就发生在这些圈定的危险区内或其附近。

大面积形变异常持续时间(天)与地震震级的统计关系为:

$$\lg T = 0.68M - 1.82, r = 0.84, \sigma_M = \pm 0.47 \tag{3.130}$$

大面积地形变异常区长轴半径$R$(km)与震级的统计关系:

$$\left.\begin{array}{l}\lg R = 0.26M - 0.04, r = 0.91, \sigma_M = \pm 0.34,或\\ \lg R' = 0.51M - 2.27, \sigma_M = \pm 0.8\end{array}\right\} \tag{3.131}$$

$R'$为平均半径。

大地水准测量还能发现震前震区扩容地面隆起现象(如日本1964年新潟7.5级地震图3.8示、唐山地震)这一地震中长期前兆。

总之,大面积地壳形变测量可为现代地壳动力学、地震危险区划提供背景性资料,为大地震预报提供中、长期地壳形变前兆[24]。

## 3.6.2 断层活动信息在地震预报中的应用

断层是地壳的薄弱部位,对地震应力场活动最敏感。世界知名的海城地震的预报成功,在很大程度上依赖于距震中200 km的金县台测到的断层活动前兆。

**1. 地震断层活动前兆**

(1)蠕滑段与闭锁段的交界处是未来地震危险区。图3.37显示,1973年炉霍大震

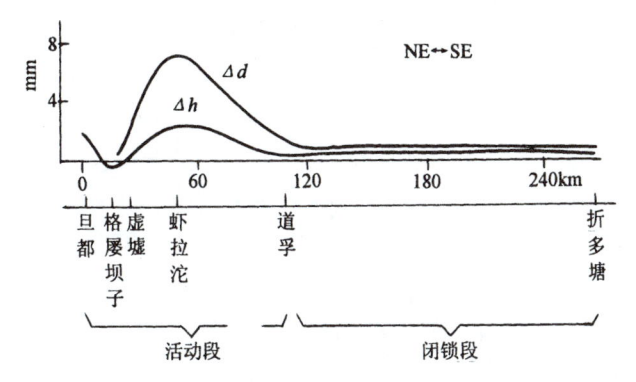

图3.37 鲜水河断裂带断层活动分段状况
(1981年道孚6.9级地震前)(据王新吾)

后,鲜水河断裂 NW 段各测点观测到了明显的断层蠕动(滑动),而 SE 段各测点则呈现相对闭锁状态。道孚大致位于这两段的交界部位。按组合模式(郭增建),此部位应是下一个地震位置,果然,1981 年在道孚发生了 6.9 级地震。

(2)闭锁区临震前的蠕动——地震的短临前兆。宁河测点位于唐山大震断层南端,1975 年以前断层两盘相对运动微弱(见图 3.11),呈相对闭锁状态。从 1976 年 5、6 月间的 7 次观测发现相对闭锁状态已被打破,出现了明显的前兆蠕动,北盘相对南盘下降,倾斜方向指向未来唐山大震震中,这是地震前的预滑短临前兆。

(3)应变释放比前兆。在美国,监测圣安德烈斯断层各段的应变释放比作为地震危险性长期背景。即将蠕变仪测得的断层面蠕动值 $\Delta C$ 与边长为十几公里的激光测距网测得的断层两盘的相对运动值 $\Delta L$ 之比 $\Delta C/\Delta L$ 作为地震危险性指标。当 $\Delta C/\Delta L \approx 1$ 时,说明两盘相对运动已被断层面蠕动全部释放掉了,是未来安全区,当 $\Delta C/\Delta L$ 很小时,说明大部分相对运动以应变形式在断层带内蓄存了起来,是未来危险区。靠这一指标,美国人判定圣安德烈斯断层北段($\Delta C/\Delta L$ 很小)是未来大震危险段,南段($\Delta C/\Delta L$ 较大)是未来少大震区。这一结论基本符合实际。

## 2. 区域断层网络活动——孕震形变场活动前兆[25]

(1)孕震形变场内的断层网络活动前兆。马宗晋等认为(《中国九大地震》),在几次大震中都在距离震中 200 km 左右范围观测到了断层活动异常(见图 3.38)。这些异常的特

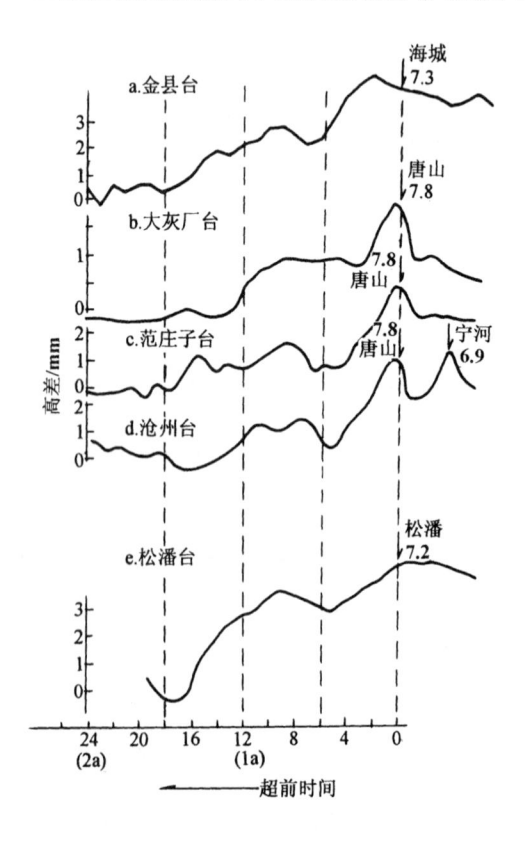

图 3.38 跨断层短水准测量结果及排干扰处理

点是:①对于7级以上地震,约震前一年半开始观测到异常变化,其形态经历了持续发展—转折—加速发展—反向—发震的过程;②虽然震中距不同,但异常形态大体相似;异常点不全在发震断层上。而且唐山地震前3个月内异常有从外围地区向震中区发展的趋势。

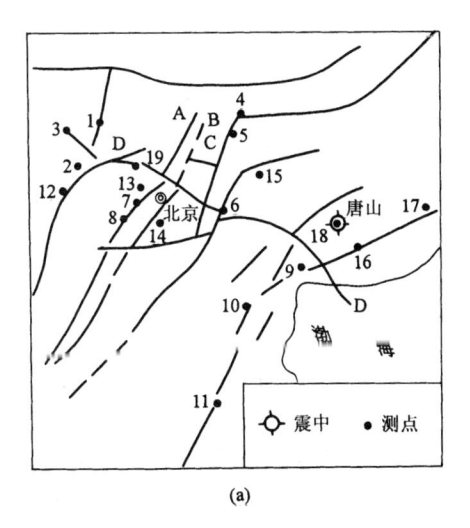

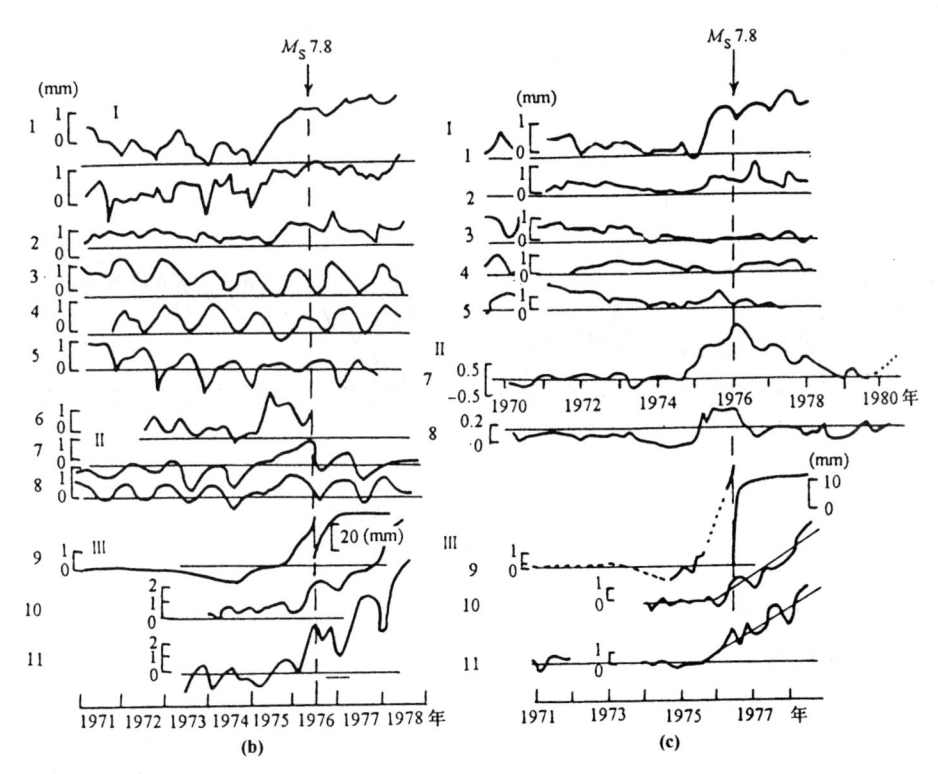

图3.39 (a)跨断层观测点位及唐山地震震中位置示意图;(b)NE,NNE向断层滑动观测值;(c)消除年变干扰后断层滑动值
(1. 张山营;2. 施庄村;3. 小水峪;4. 墙子路;5. 张家台;6. 香河;7. 大灰厂;
8. 牛口峪;9. 宁河;10. 张道口;11. 沧州;12. 燕家台;13. 香山;14. 范庄子;
15. 许家台;16. 曾家台;17. 昌黎;18. 唐山;A、B、C北东向断层;D北西向断层)

从断层系运动学与力学角度看,断层系内任一条与主应力方向交角为 $\theta$(或 $\beta$)的垂直走滑断层所受剪应力($\tau$)和正应力($\sigma_n$)为:

$$\left.\begin{array}{l}\tau = \dfrac{1}{2}(\sigma_1-\sigma_2)\sin 2\theta \\ \sigma_n = \dfrac{1}{2}(\sigma_1+\sigma_2)+\dfrac{1}{2}(\sigma_1-\sigma_2)\cos 2\theta\end{array}\right\} \quad (3.132)$$

当所受剪应力 $\tau$ 达到断层抗剪强度 $\tau_0$ 时,

$$\tau_0 = S_1 + \mu(\sigma_n - P) \quad (3.133)$$

断层即可滑动。从上述两公式中可求出最先(最易)滑动的断层,其与主应力方向的交角满足:

$$\mathrm{tg}2\theta_0 = -1/\mu \quad (3.134)$$

对于 $\mu=0.85$ 时,$\theta_0=62.5°$,$\beta=24.8°$;$\mu=0.64$ 时,$\beta=28.7°$。断层网络内这些断层的滑动将其释放的应力向断层强度高的地方转移,形成多应力集中区,孕育着一个新的地震活动幕。唐山地震前,华北地区准同步异常活动的断层就是与华北主应力(N80°E)方向交角 30°~40°的 NE 向和 NNE 向的最易滑动断层(见图 3.39)[26]。其中,第Ⅲ类活动属地震断层的活动。大同地震前也有类似的活动图像,小水峪台跨断层观测结果是华北 20 多年来各断层活动的典型图像(见图 3.40)。在这 20 多年中,只有两次异常活动,1973~1977 年的异常段对应了 1976 年唐山地震幕;1987~1990 年的异常段对应了 1989 年大同 6.1 级地震幕[27]。

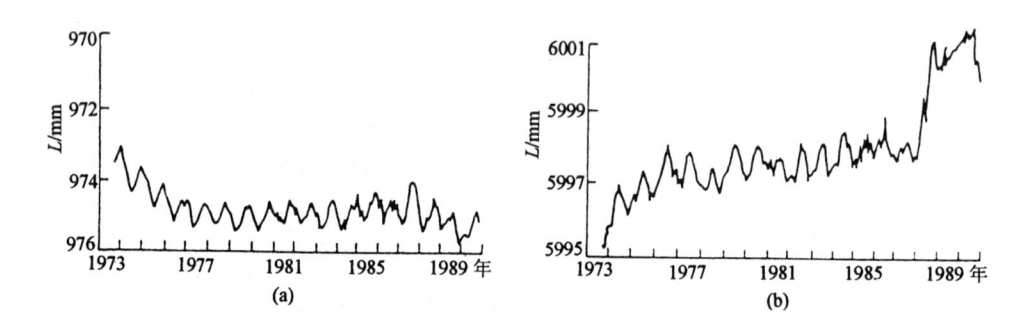

图 3.40 小水峪短基线测量结果
(a)正交断层基线;(b)斜交断层基线

(2)地震危险区的综合判定

剪切破裂危险性可用

$$G = \dfrac{\mu\sigma_n - \tau}{\mu\sigma_n} \quad (3.135)$$

表示。当剪应力 $\tau$ 达到抗剪强度 $\mu\sigma_n$ 时,$G=0$,剪切破裂发生。与此相似,在形变场中可用

$$S_t = \dfrac{\tau_1 - \tau}{\tau_1 - \tau_0} \quad (3.136)$$

表示破裂危险性。当剪应力达到易滑动断层强度 $\tau_0$ 时,$S_t=1$,形变场内易滑动断层开始

滑动。其释放的应力向障碍体上集中，致使其附近剪应力 $\tau$ 继续增加。当 $\tau$ 接近或等于障碍体抗剪强度 $\tau_1$ 时，$S_i=0$。障碍体破裂，发生地震。这就粗略地反映了形变场内的场、源关系。上述公式不便于操作，因为很难得到 $\tau_0$、$\tau_1$、$\tau$ 等参量。$S_i$ 的表达式经过一定数理演化后，得到如下形式[28]：

$$S_i = \frac{2}{\pi}\arcsin\frac{<\Delta\dot{u}>}{2Ad\dot{\varepsilon}} \tag{3.137}$$

公式中 $\Delta\dot{u}$ 为断层滑动速度，$\dot{\varepsilon}$ 为应变速度，它们都是可以观测到的。因而，破裂危险性变成实际可计算。

当某处 $\Delta\dot{u}$ 较大时，$S_i$ 较大，则该处破裂危险性小，可能是形变场内的孕震形变区；当观测到的 $\Delta\dot{u}$ 小，而 $\dot{\varepsilon}$ 大，则 $S_i$ 小，该处危险性较大。当 $S_i$ 接近于零，那里可能是未来震源，即将发震。因此，用形变场内各处的形变、应变速度观测结果计算 $S_i$ 值，进行破裂危险性扫描，可以从形变场中找到未来破裂危险区——震源位置。

图 3.41 显示大同地震前，顺义台上破裂危险性指标 $S_i$ 的变化情况，震前破裂危险性一直在增加（$S_i$ 减小），大同地震后停止发展。

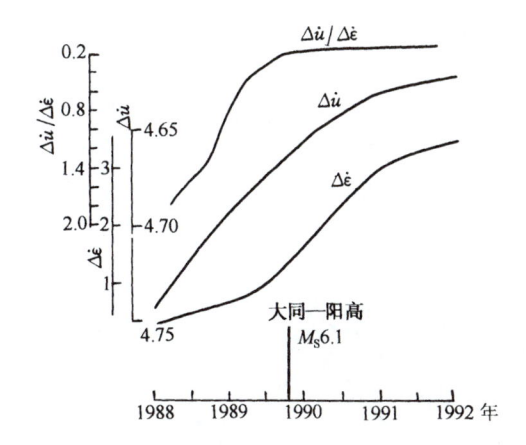

图 3.41　顺义台形变（断层滑动）、应变（体应变）
观测结果及 $S_i$ 指标震前震后的变化

**3. 场和源地壳形变前兆特征**

从对华北多年的形变、应变观测资料的分析与研究中，发现如下符合孕震形变场模型运动学和力学的场与源前兆特征：

对于孕震形变场：①断层活动分布范围相当大，7 级以上地震的孕震形变场分布范围不小于 300 km；②场内各易滑动断层的活动具有准同步性；③断层滑动形变前兆场的异常变化是趋势性的，无明显的短临前兆过程；④形变场的活动具有周期性（华北形变场活动周期为 12 年左右）每个活跃期长约 2～3 年，两个活跃期之间是平静的闭锁期；⑤活跃期高潮前后对应着该区的地震活动幕，而不与单个地震一一对应；⑥形变场内最先、最易滑动的断层是与主应力方向交角近 25°～30°NE 向断层系；⑦形变场内（除震源外）地壳介质力学性质（如潮汐因子等）变化不显著，如涞水台体应变仪观测结果表明，其 $M_2$ 波潮汐因子在大同地震前变化不显著；⑧区内破裂危险性在活跃期内有所上升，即 $S_i$ 值下降，直到地震活动幕内主震发生为止(图 3.41)。

对于源区信息：①分布范围很小，限于源区附近及发震断层带上；②异常出现(短临异常)较晚，有临震短临前兆；③震前有加速过程，震后有蠕变过程；④与场兆不同，一般常与单个地震对应；⑤区内可观测到地壳介质力学性质变化(如固体潮 $M_2$ 波潮汐因子变化)；⑥破裂危险性指标 $S_i$ 值最低($S_i \to 0$)，即抗剪强度高、剪切应力也高。北京地区较大地震，或地震活动幕多发生在剪切应力较高的地区，而不是发生在八宝山断层等易滑动段上。

### 3.6.3 地倾斜、应变信息在地震预报中的应用

**1. 地倾斜分量、矢量前兆异常**

海城 7.3 级地震前，在震中正西方向 20 km 处的营口台记到了明显的短临地倾斜前兆[29]。图 3.42 是营口台地倾斜月均值矢量图，可以明显地看到，1972 年和 1973 年有规律的年变化，而 1974 年形态出现了较大的畸变。图上虚线表示正常变化模型的外推值，则与实测值(实线)相应月份的连线便是月均值异常矢量。定性地看出，1974 年 9 月以后营口地倾斜异常矢量大致指向震中。而在临震前两天，又出现了明显的临震异常(图 3.43)。与正常的倾斜日变矢量图(如 2 月 2 日)不同，2 月 3 日 16 时起发生了强烈的向南倾斜临震异常变化，与上述月均值异常矢量方向相比，转动 90°。

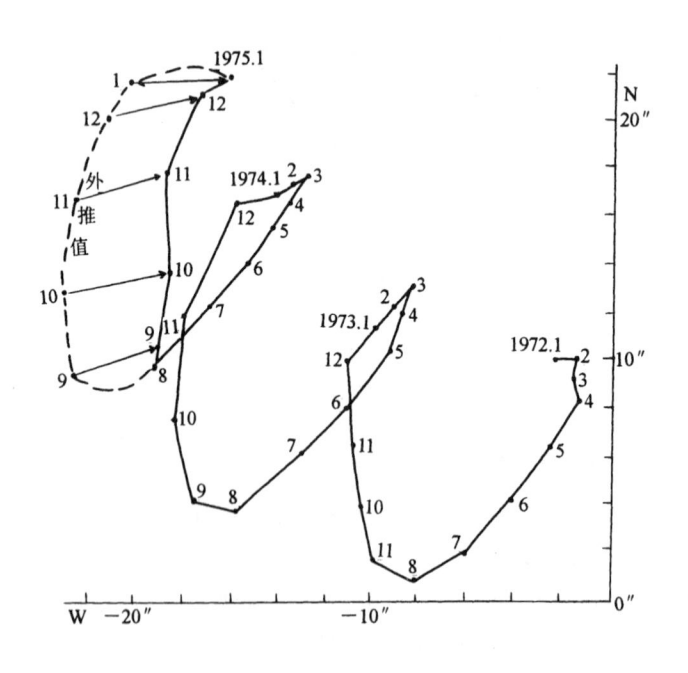

图 3.42 辽宁营口台倾斜矢量图[29]

陈德福等搜集与整理了我国几十次强震与中强震地倾斜前兆异常图形。按其形态大致可分为五类:渐变、突变、畸变、扰动、脉动等，其特点是：

(1) 异常大多开始于震前几分钟到几小时，个别达 10 天左右；
(2) 异常量级多在几毫秒至十分之几角秒，个别达几角秒；

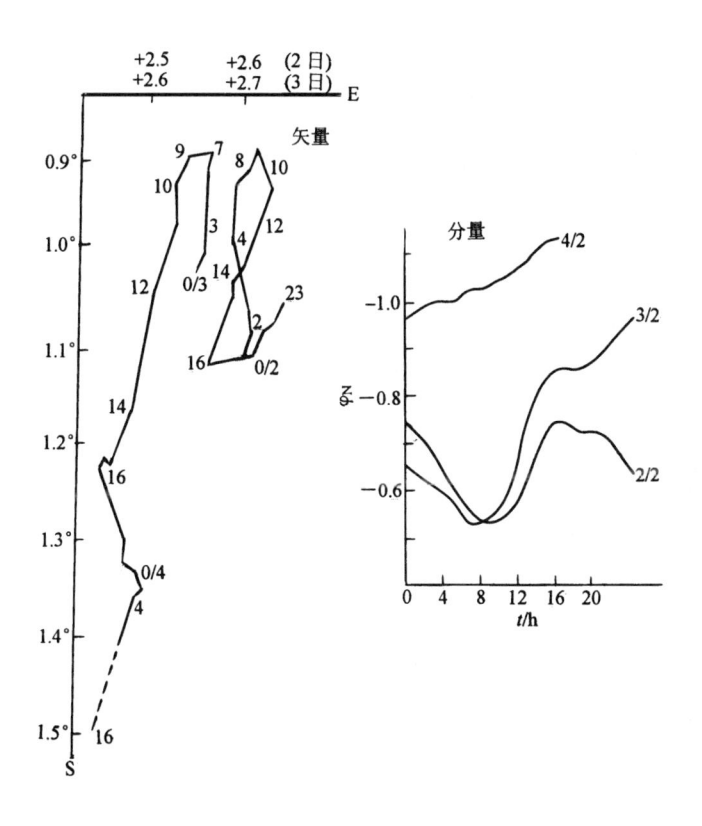

图 3.43　营口台地倾斜瞬时值图[29]

(3) 异常多数在临震前指向震中或背向震中,个别与震中方向垂直;

(4) 如多台同期记录到同一地震异常,则有先远后近,从外围向震中发展的趋势。

这些异常都是用 3.5 节中的信息提取方法在正常模型背景上提取的。大多是震源区附近的短临前兆,也有的是多应力集中点上的异常变化。

### 2. 倾斜、应变潮汐因子变化前兆

据博蒙特和博格计算,如一扩容现象引起 15% 的波速比 ($V_P/V_S$) 变化,则它会引起 60% 的倾斜固体潮振幅因子 $\gamma$ 值的变化。

李平等做了大量的应用计算,总结出若干大地震前 $\gamma$ 值异常的规律[30],其中有:

(1) 近震中台站震前出现 $\gamma$ 值异常的事例较普遍(约半数以上),且异常出现的时间较早,地震一般在异常开始恢复之后的 1~4 个月内发生。

(2) 离震中较远的台,出现 $\gamma$ 值异常往往是在临近地震前。因此,进行一个区域多个台站的 $\gamma$ 值异常追踪分析是十分重要的。有利于地震发生地点等三要素预报。

(3) 发现若干离震中较近的台站无 $\gamma$ 值变化。

(4) 一次地震后,根据 $\gamma$ 值异常展布范围,可以判断后续地震的发展趋势。

在诸方法中,$\gamma$ 因子方法成功率最高。由于它反映了地壳岩石弹性性质的震前变化,所以 $\gamma$ 因子异常大多出现在震源区附近或个别应力集中点上。因为只有这样的地区应力

状态才能达到如此高的水平。

**3. 用异常的综合信度预报地震**[31]

首先统计某种识别异常方法（如 $\gamma$ 值方法、单分量图形态异常方法等）的成功率 $\eta_i$：

$$\eta_i = \frac{N_1}{N_1 + N_2 + N_3} \tag{3.138}$$

式中，$N_1$——为异常对应了地震数；$N_2$——有异常无地震数；$N_3$——有地震无异常数。统计范围（半径）$D$ 的计算方法为：

$$\lg D = 0.303(M_S + 1.6) \tag{3.139}$$

其次，求单台异常信度 $B$：

$$B = 1 - A \tag{3.140}$$

其中，$A = \Pi \xi_i$（$\Pi$ 为连乘号），$\xi_i = 1 - \eta_i$。

当 $B$ 值超过 0.5 时，被认为该台上出现异常。若某一范围内多台上出现异常，则以某 $B$ 值最高的台为中心，$D$（100～500 km 内选择）为半径，计算半径内多台异常信度 $C$：

$$C = \frac{\sqrt{2} \sum_{1}^{n} B_i P_i}{\sum P_i} \tag{3.141}$$

其中，$P_i = (D - R_i)/D$ 为出现异常的台的权，若 $C \geqslant 0.5$，则确认该范围内可能有地震发生，其地震三要素的判定指标是：

①发震时间。当形变速率、方向及岩石物性异常同步出现，多台信度 $C$ 值在某一范围内突然增大时，即将发生地震。

②发震地点。仅有单台异常时，地震地点只能定在有异常的台站附近；多台异常时，地震可能发生在 $C$ 值最大的中心台附近。

③震级。只有单台有异常，周围台站上无异常时，震级不大，可定为 5 级以下。多台异常时，可用 $M_S = 3.3 \lg D - 1.6$ 计算震级。其中 $D$ 为 $C \geqslant 0.5$ 的异常台分布半径。

**4. 慢地震前兆**

不少应变、倾斜观测中发现震前源区的慢破裂过程，尤其在日本 Sacks-Evertson 井下体应变仪台网上，观测到了伊豆大岛地震后，地震断层向伊豆半岛扩展的慢破裂过程，以至引发了伊豆半岛上的地震。可以利用慢地震波的特点，为慢地震定位，从而可以很容易确定未来地震地点。

总之，可利用地壳形变信息按孕震地壳形变发展的四个阶段：

$\alpha$ 阶段，应变长期缓慢积累阶段；

$\beta$ 阶段，应变震前加速阶段；

$\gamma$ 阶段，同震应变快速释放阶段；

$\delta$ 阶段，震后应变调整阶段，

进行地震的长、中、短临期预报。

（1）长期地震预报。主要是用空间大地测量和一般大地测量等方法，观测 $\alpha$ 阶段稳定的长趋势应变积累过程，发现较大范围内出现的高形变梯度带；观测孕震构造形变场内断

层的系统活动,以此大体圈定孕震形变场范围。因为构造形变场内断层系的滑动为场内某些闭锁区提供积累应变能量的条件;高形变(如垂直形变)梯度带是剪切应变较大的地区,它们的发现是长期预报的基础。一般地说,形变区范围越大,未来地震震级越大。这一阶段很长(数十年),可用来估计 6~7 级以上地震的发生。

(2) 中期地震预报。在 $\beta$ 阶段上,由于应变区内微裂隙的发展,岩石体积产生膨胀,从而可用水准测量网监测到地壳隆起及其发展过程;测距等水平应变观测可测到水平应变积累区;跨断层观测可测到形变场内断层活动的加速过程和发现闭锁区,发现远场和近场形变的不同图像和先后出现的顺序(见唐山地震前华北断层活动图像及分类);连续应变、倾斜测量可观测到该阶段地壳介质性质的变化(如潮汐因子的变化,加卸载响应比的变化等),量级在百分之几范围内。中期形变异常最丰富。异常时间不短于一年,未来地震震级往往与异常时间有关。各种形变、应变和倾斜信息的综合分析对预报地震三要素是有意义的。

(3) 短临预报。这是主破裂的临近阶段。在这一阶段上,地震破裂面已形成,其破裂加速扩展,预滑向崩裂急速发展,直至失稳。在这一阶段上。连续形变、倾斜测量可以观测到加速异常、脉冲、阶跃、正常的固体潮波形的破坏、异常倾斜矢量的出现等各种突变异常。

### 3.6.4　形变前兆的不确定性和形变前兆检验门限[33]

地震是地壳岩石圈内的非线性过程,事前有很大的不确定性,形变前兆和构造环境有很大关系,加之干扰和观测误差相混,更增加了形变前兆识别的难度。与异常识别有关的科学是检验理论。一般数理统计假设检验方法都可适应。

正常量的观测序列多属高斯正态分布(图 3.44 左侧为正常场值 $x_0$ 观测的分布概率密度 $P_0(x)$ 曲线),设为 $H_0$ 假设;有异常信息 $x_1$ 出现时,其观测概率密度分布为 $P_1(x)$(图 3.44 右侧曲线)属 $H_1$ 假设。识别异常就是要在 $H_0$ 假设和 $H_1$ 假设之间进行选择。

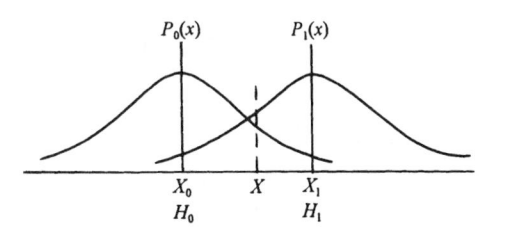

图 3.44　正常与异常期观测的概率分布

设某一值 $\underline{x}$ 为这一判断界限。则在 $H_0$ 假设是正确的时候。由于 $x_0$ 的观测值超过 $\underline{x}$,而选择了 $H_1$ 假设引起的错报(虚报)概率为 $Q_0$。$Q_0$ 即是 $H_0$ 假设中观测值落入 $\underline{x}$ 以外区间的概率和:

$$Q_0 = \int_x^\infty P_0(x) \mathrm{d}x \tag{3.142}$$

然而,如果此时真有 $x_1$ 信息的观测值出现(若 $H_1$ 假设是正确的),则其被检验出来的概率是 $Q_d$。

$$Q_d = \int_x^\infty P_1(x) \mathrm{d}x \tag{3.143}$$

设

$$P_1(x) = \wedge(x)P_0(x) \tag{3.144}$$

则有：

$$Q_d = \int_x^\infty \wedge(x)P_0(x)\mathrm{d}x \tag{3.145}$$

$Q_d$ 越大，说明被检验出来的概率越大。不难看出，信息 $x_1$ 离开 $x_0$ 越远，$Q_d$ 越大，$x_1$ 被检验出来的概率越大。反之亦然。另一方面，如果门限值 $\underline{x}$ 设得越小（靠近 $x_0$），$x_1$ 被检验出来的概率越大；但同时，当 $H_0$ 假设是正确时，虚报概率 $Q_0$ 也越大。

概率的分配取决于单调函数 $\wedge(x)$。Helstrom（1968 年）提出，此单调函数的期望值是 $d^2$（$d$ 为信噪比）。从而得到 $Q_0$、$Q_d$ 和 $d$ 三者之间的函数关系（图 3.45）。

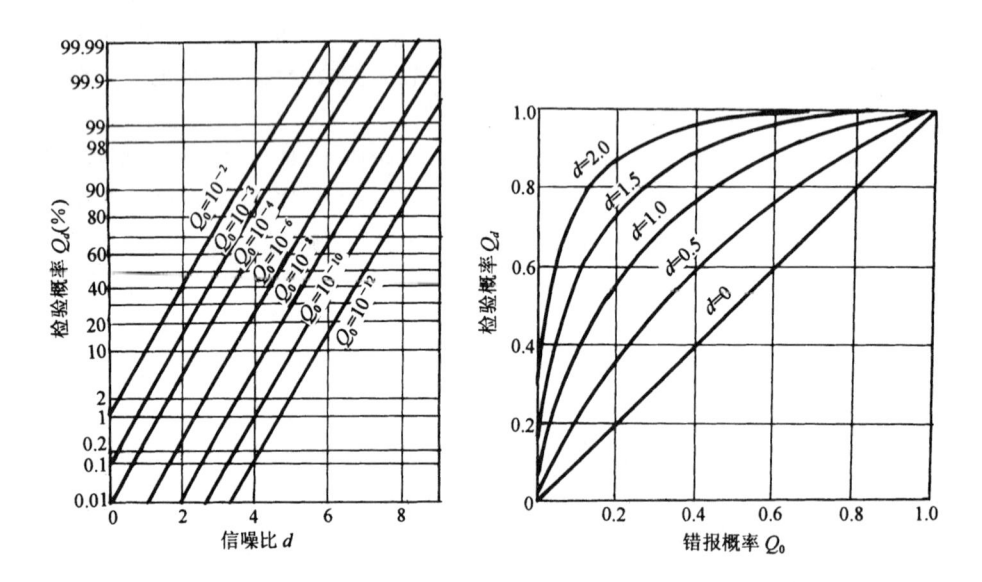

图 3.45 $Q_0$，$Q_d$，$d$ 之间的关系

从计算中可以看到，当 $x = 2\sigma_x$（$\sigma_x$ 观测中误差）时，将出现 4.6% 的虚报概率；而对较大信息，如：信噪比是 3 时，被检验出来的概率是 $Q_d \geq 0.8$。门限值 $\underline{x}$ 降低，检验概率还可提高，但虚报概率也将增大。

把检验理论应用于地震预报，并不是简单地在 $Q_0$ 与 $Q_d$ 之间进行平衡。因为它关系到预报效益问题。很明显，虽然一个地震台上正常观测的分布已知（$\sigma_x$ 已知），在一定的门限 $\underline{x}$ 下可以定出虚（错）报概率 $Q_0$，但虚报的损失又是根据不同经济区而不同的；一定量级的地震前兆信息可以用一定的概率（$Q_d$）检验出来，但该区的地震发生概率不同，报准地震的效益就不同。因此发布警报决策，就是要考虑不同地区的效益平衡问题。其基本原则应是：报准地震的经济社会效益应大于虚报和漏报损失，即：

$$K_1 P_c Q_d \geqslant 2(\Delta T/\delta t)Q_0 + (1-Q_d)P_c K_2 \tag{3.146}$$

公式左侧为报准地震的经济、社会效益，其中，$P_c$ 为本地区地震发生概率，$Q_d$ 为检测概率，$K_1$ 为极准效益与虚报损失的比值；公式右侧为虚报和漏报损失。其中，$(\Delta T/\delta t)$ 为数据量，$Q_0$ 为虚报概率，$K_2$ 为漏报损失与虚报损失的比值。

对一已知地震活动区，在充分估算和给出 $P_c$、$K_1$、$K_2$、$Q_d$ 后，便可求得 $Q_0$，从而求得

预报门限 $\underline{x}=m\cdot\sigma_x$。因而门限不是随意的或按一定概率要求给出的定值,它是随地区的不同而不同的,是预报效益的函数。

### 3.6.5 地震预报的不确定性——概率预报

地震是有前兆的。海城地震前兆为其预报成功做出了贡献。但就世界范围而言,报准率并不高。原因在哪里?这里固然有观测不力的因素,但也有地震演化过程的不确定性原因。这后一点涉及到当代宇宙学对地球这个天体上的气象、地震等自然现象演化规律的研究内容。当代最重要的广义相对论家和宇宙论家史蒂芬·霍金和罗杰·彭罗斯等人的研究成果对地震问题的理解是有帮助的。

伟大的科学家爱因斯坦曾不接受宇宙受机遇控制的理论,犯了拉普拉斯科学宿命论的错误,说"上帝不玩弄骰子"。科学宿命论认为:"只要给定宇宙在某一时刻的结构,由给定的一组定律即能精确地决定它的演化。"或者换一种说法:"如果我们知道系统在任一时刻的态,那么,理论的方程式会把该系统的态在以后(或以前)的任何时刻完全地固定死。"

"不确定性"原理[34,35]告诉我们,这是不可能的,是不符合宇宙演化的自然规律的。即使是"经典宿命论"也不是一个有效的宿命论。因为不能真正充分地知道"初始状态",使得"将来"实际上能被计算出来。有时"初始条件"非常微小的改变会导致最后结果的非常大的差异。例如发生在(经典)宿命性系统中被称为"混沌"的现象——"天气预报"的不确定性即为其中一例。

地震预报与天气预报相似,其困惑也就在此"不确定性"中。如上述,地震孕育的各种初始条件远无法充分地知道,其中能强烈地影响最终结果的微小变化更是捉摸不透;所以无法确定性地预报其是否发生的结果。这种论断使我们对当今不能准确预报每个地震感到少许轻松一点。而且,那个能把任何时刻的"态"计算出来的"理论方程"也不会是那么万能的。地震孕育过程万花筒般的复杂性是否能用可列的"算法"(algorithm)步骤来穷尽?以"算法"来获得真理的手段是非常受局限的。现代理论必须本质上包含"非算法"因素才行[44]。

事实上,我们应该重新将科学的任务定义为发现能使我们在由"不确定性原理"设定的极限内预言事件的规律(定律)[43]。对地震来说,事实上,我们只能在一定范围内做出某些概率性模糊预报。当然,决不能松懈我们的努力。经过努力监测到更多、更充分的孕震状态信息及其变化,就能更好地预报地震。

在上述理论推理基础上,可能应该重视地震预报中的下列意见:

(1)全面、充分地探查孕震过程中的各种状态信息(不只是地震活动性),尤其是临震信息。对地壳状态了解得越多、越全面、越准确、越及时越好。这样可以对演化结果的估计做得更接近真实些。我们现在掌握的信息还是太少。应从数量和质量上努力改善和加强各种观测手段,提高信噪比,扩大信息流。

(2)地球上任何一处的地震都是全球动力学系统中的一部分。在做某局部地区的地震预报时,近处的介质状态固然重要,但也必须考虑到全球地壳活动状态的影响。因为它也是充分的状态条件下的一部分。

(3)复杂的地震演化过程和气象一样是"混沌"的、不确定性事件。加之探测状态信息过程中混入的干扰和误差,地震预报必将和气象预报一样,永远是概率预报。

(4)如上述,地震演化过程的复杂性、多变性不能用可列算法步骤来穷尽,则地震预报必须本质上包括非算法因素。因此,除研究某些算法外,我们必须发掘那些非算法因素和现象;必须重视和依靠现代地震预报科学家们多年实践和研究积累下的宝贵经验、直觉灵感和判断力(非算法成分)。

(5)地震虽然是混沌现象,但它毕竟是局部地壳的破裂过程。它必定有自己演化的独特规律性,是可以预报的。例如,形变活动场的闭锁区之一往往会演化成未来震源。由于区域地壳构造的复杂性,震源外围形变前兆场的分布往往不严格服从四象限(或其他模型)分布规律。但是,一个有经验的预报员能够靠自己的学识、经验、直觉灵感和某些辅助计算判断出这异常形变场的演化趋势、积累能量的多少。从而"看出"未来地震可能发生地点和震级,做出具有一定概率的预报。

# 思 考 题

1. 概述不同性质、不同尺度的地壳形变过程以及与地震过程直接有关的地壳形变特征。
2. 如何设计和选择地壳形变前兆观测技术?如何设计和布设观测台网?
3. 地震地壳形变观测方法有哪些种?每种方法的基本原理是怎样的?
4. 分别论述各种地壳形变信息提取的数学方法。
5. 试论各种地壳形变信息在地震预报中的应用。

# 参 考 文 献

[1] 马宗晋等,地球活动构造解说,北京:地震出版社,1993。

[2] D. L. 特科特,G. 舒伯特,地球动力学(中文),韩贝传等译,北京:地震出版社,1982。

[3] C. R. 艾伦等著,活动构造学(中文),四川地震局译,成都:四川科学技术出版社,1989。

[4] 宇津德治(日本)主编,地震事典(中文),李裕彻等译,北京:地震出版社,1990。

[5] 丁国瑜,中国岩石圈动力学概论,北京:地震出版社,1991。

[6] A. 努尔,H. 罗恩,构造板块旋转的运动学和力学,地震中期预报的观测和物理基础(中文)论文集,美国地质调查局编,360~372,马丽等译,北京:地震出版社,1990。

[7] A. R. Ritsema,The generation of intra-plate earthquakes,in a collection of papers of international symposium on continental seismicity and earthquake prediction,edited by the Organizing Committee of ISCSEP,694~707,Seismological Press,Beijing,China,1984.

[8] K. Aki,The use of physical model of fault mechanics for earthquake prediction,in a collection of papers of international symposium on continental seismicity and earthquake prediction,edited by the Organizing Committee of ISCSEP,653~660,Seismological Press,Beijing,China,1984.

[9] R. G. Bilham,R. J. Beavan. Strains and tilts on crustal blocks,Tectonophysics,52,1979.

[10] T. 塔利斯,室内岩石摩擦基本变化特性及其在地震监视预报领域中的应用,地震中期预报的观测和物理基础(中文)论文集,美国地质调查局编,325~342,马丽等译,北京:地震出版社,1990。

[11] 国家地震局科技监测司,中国地震预报方法研究,北京:地震出版社,1991。

[12] Kiyoo Mogi. Fundamental studies on earthquake prediction in a collection of papers of international symposium on continental seismicity and earthquake prediction,edited by the Organizing Committee of ISCSEP,619~652,Seismological Press,Beijing,China,1984.

[13] D. C. Agnew,Strainmeters and tiltmeters,Reviews of geophysics,24(3):579~624,1986.

[14] J. 比文,中期地壳形变前兆的识别,地震中期预报的观测和物理基础(中文)论文集,美国地质调查局编,343~359,马丽等译,北京:地震出版社,1990。

[15] D. 阿格纽,形变测量中的噪声分析:频率域比较,地震中期预报的观测和物理基础(中文)论文集,美国地质调查局编,373~378,马丽等译,北京:地震出版社,1990。

[16] 何世海等,华北地震预报研究试验场CPR/82/018项目报告,联合国开发署援助项目验收材料之二,分析预报中心,1992。

[17] 日本测地学会,GPS人造卫星精密定位系统(中文),顾国华等译,北京:地震出版社,1989。

[18] 宋惠珍、黄立人、华祥文,地应力场综合研究,国家地震局地震地质研究专辑,石油工业出版社,1990。

[19] I. S. Sacks, S. J. Snoke, Y. Yamagishi, S. Suyehiro, Borehole Strainmeters: long-term stability and sensitivity to dilatancy, Year Book Carnegie Inst. Washington, 287~291, 1975.

[20] 周硕愚等,跨断层定点台站和流动观测资料的分析处理与地震预报(手册),国家地震局地震研究所,1988。

[21] 梅世蓉等,一九七六年唐山地震,北京:地震出版社,1982。

[22] 周硕愚等,断层带地形变资料的分析处理与地震预报,"中国地震预报方法研究"实用化论文集,国家地震局科技监测司汇编,北京:地震出版社,67~78,1990。

[23] 张祖胜,大地形变测量异常分析与地震预报,"中国地震预报方法研究"实用化论文集,国家地震局科技监测司汇编,北京:地震出版社,53~66,1990。

[24] В. И. 乌洛莫夫,地球动力学与地震预报,张肇诚等译,北京:地震出版社,1994。

[25] 何世海,华北地震场和源地壳形变前兆研究,地震,3,1995,199~207。

[26] He Shihai, The nearby fault activities around the 1976 Tangshan earthquake, In Proceedings of China-United States symposium on crustal deformation and earthquakes, Edited by Institute of Seismology, SSB, China, 116~127, Seismological Press, Beijing, China, 1988.

[27] 张国民等,大同-阳高地震研究,北京:地震出版社,1993。

[28] M. Dragoni. A model of interseismic fault slip in the presence of asperties, Geophysical Journal, April, 101(1): 147~156, 1990.

[29] 朱凤鸣等,一九七五年海城地震,北京:地震出版社,1982。

[30] 吴翼麟、李平、李旭东,以定点形变资料探索岩石物性变化及大地震前兆,"中国地震预报方法研究"实用化论文集,国家地震局科技监测司汇编,北京:地震出版社,110~121,1990。

[31] 吴翼麟,地震形变前兆特征的识别与研究,北京:地震出版社,1994。

[32] 刘澜波、杨军等编译,体应变仪专题译文集,1983。

[33] 何世海,前兆异常检验理论与地震预报决策门限,地震,1990,第1期,1990。

[34] 史蒂芬·霍金,时间简史——从大爆炸到黑洞,许明贤、吴忠超译,长沙:湖南科学技术出版社,1996。

[35] 罗杰·彭罗斯,皇帝新脑——有关电脑、人脑及物理定律,许明贤、吴忠超译,长沙:湖南科学技术出版社,1996。

# 第四章 地下水微动态与地震预报

## §4.1 什么是地下水微动态

### 4.1.1 基本概念

地下水动态是指水的物理性质与化学成分（包括水位、水量、水温、化学组分、气体成分等）随时间的变化过程。研究地下水动态对了解地下水的成因，各种环境因素对地下水的影响及对地下水的开发利用等都具有重要的意义[1]。近年来国内外通过对深层地下水动态细微结构的观测与研究，发现了一系列新的重要信息。这些信息具有自己的特点和形成机制，于是科学家们开始加强对地下水动态的观测，扩大观测视野，改造观测技术，逐步创建了一个从研究的对象、内容、目的与方法到理论基础等同传统水文地质学中的地下水动态的概念不尽相同的新的科学领域。为了与过去较宏观的研究地下水动态加以区别，我们称之为地下水微动态研究。

在水文地质学的研究史中，人们对地下水动态及其影响因素的认识有一发展过程。初期，地下水动态研究主要为农业与生活供水服务，主要的对象是潜水层。因此，把气象、水文与人为因素作为影响地下水动态的主体。后来随着开采层位不断加深，研究的内容逐步扩大，人们认识到的影响地下水动态的因素也逐渐增多，先后发现了土壤生物因素、天文因素与地质因素等。影响因素虽然不断增加，但分析、认识、研究地下水动态的核心仍然是水量的增减，它的理论基础仍然是水均衡学说。根据这一观点，当井足够深、与外界隔绝得足够好，不存在任何可能外来水源向含水层增减水量时，地下水位动态应该是稳定的。

但近年来，对大量深井、超深井水位动态的研究表明，即使在水层与外界完全隔离的情况下，水面也不会平静。而且，某些因素造成的变化，表现出井愈深、含水层封闭性愈好，变化愈明显。由此可见，水位变化不仅取决于水量的增减，而且还存在另一种起作用的因素，即含水岩体的应力状态变化（图4.1）。

有些学者按含水介质与水的力学特征，把地下水动态划分为刚性动态与弹性动态。刚性动态指不变形介质中不可压缩的动态，水量增减所造成的动态可归入此类。弹性动态是指变形介质中可压缩流体的动态，是由封闭含水层所受压力的变化引起的。固体潮、气压、地震波等因素激起的地下水变化则属此类[2]。地下水微动态主要研究地下水的弹性动态，但是地下水微动态的研究对象不仅限于弹性动态，同时还要研究岩体受力时发生变形与破坏的力学过程中各阶段的动态。如在破裂阶段地下水变化已不仅是弹性变化，有时还伴随有水量增减、水层混合等因素介入。

总之，地下水微动态是观测、研究含水岩体受力、变形、破坏过程中地下水动态的一门科学。研究对象以较深的层间水、封存水及深循环的泉水为主，研究的影响因素以天文、地震因素为主。它不是以水量增减的水均衡学说作为自己的理论基础，而是着重

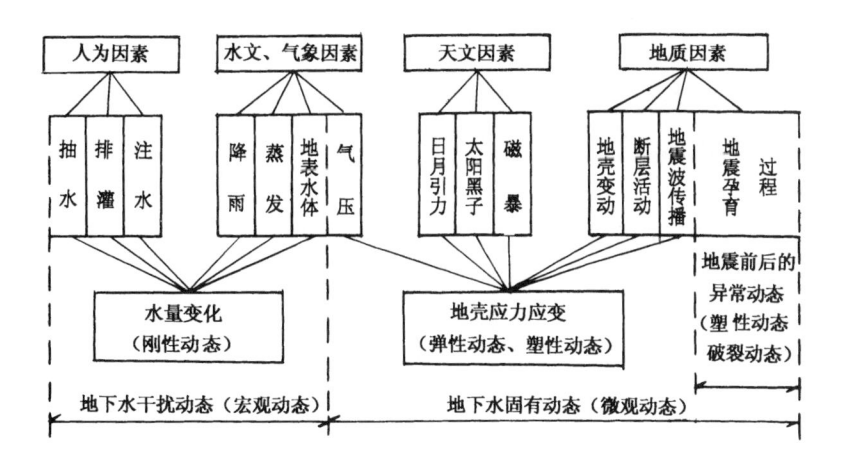

图 4.1 地下水动态的成因分类

研究含水介质在应力应变过程中的地下水动态特征与力学问题（表 4.1）[3,4]。

表 4.1 传统的地下水动态研究与地下水微动态研究比较表

| 名称 | 研究层位 | 动态形成因素 | 动态形成原因 | 动态的力学性质 | 研究的指导思想 | 研究的方法 |
| --- | --- | --- | --- | --- | --- | --- |
| 传统的地下水动态研究 | 潜水层及浅埋层间水 | 以水文、气象、人为因素为主 | 含水层水量增减 | 刚性动态 | 水量均衡 | 较宏观 |
| 地下水微动态研究 | 较深层间水及封存水等 | 以地质、天文因素为主 | 含水岩体应力应变 | 弹性动态、塑性动态、破裂动态 | 含水介质力学过程 | 较微观 |

## 4.1.2 研究目的与方向

自然界的水以固态、液态、气态三种形式存在于岩石圈、水圈、生物圈和大气圈中。其中岩石圈上部的地下水、通过包气带与大气层、地表水进行不同程度的交替。但是参与这一循环的水量仅占地球所有水量的极小部分（约 0.03%~0.04%）。传统水文地质学中，无论研究地下水的形成条件还是探讨动态均衡实质，都以参加交替循环的那很少一部分水作为研究的主体，对赋存于地壳深部的水，迄今为止仍如 В. И. 维尔纳茨基所指出的"深层水几乎全然被摒于研究者的视野之外"。地球中地下水分布的下限迄今为止尚未定论，但随着研究程度的提高，埋藏的深度也愈来愈增大。18 世纪时人们认为地下水赋存下限大约为 5 km 左右。20 世纪初 В. И. 维尔纳茨基指出，水在地壳中广布于 20 km 深度范围内，其含量不少于岩石重量的 8%，估计到 60 km 深度还可能见到液态的水。据他估算，岩石圈中水的数量相当于整个大洋的水量。近年来大批深井与若干超深井的钻探结果已证实，10 km 以下深度肯定有液态水存在。甚至根据火山、岩矿、物探资料推测，在上地幔中赋存有某种状态的水的可能。但是到目前为止，作为水文地质学的研究对象仍然局限于表层浅水与埋藏不深的承压水，恐怕不及整个含水深度的几十分之一。由于注意力集中在浅层水，因此以往对地下水动态的影响因素与成因机理的研究主要强调气象与人为因素的作用，而对深层的地壳应力应变引起的地下水的各种动态现象却鲜为人知。其实，从水文地质整体来看，这个影响因素的存在更为普遍与强烈。地下水微动态研究的着眼点，正是放在对深部含水层自身的变化规律的探讨上，从而扩大了水文地质学的科学视野，把水文地质学的研究引向地壳深部，引向地质作用与地壳活动过程的探索上。这就是研究地下水微动态的目的之一。

水文地质学是一门综合性很强的科学，它与地学方面的其他学科有着极其密切的关系。水是地壳中最活跃的组分之一。原苏联学者 A. M. 奥维奇尼柯夫说："没有一种物质对地质过程的影响之大可与水相比拟"。大到水在地球形成、演化中的作用，小到水对一条断层的蠕动、一次地震的发生、一个矿床的形成或破坏的影响。目前国内外对地下水的研究方兴未艾，日益取得进展，但总体来看，由于对起主要作用的深层水了解不足，很大程度上束缚了这一研究的发展。需知，这仅是水与岩体相互关系的一个方面，因为水与岩体作用是两者互为因果关系的。如果说水对地质过程作用的研究目前已取得一些进展的话，那么地质过程对水的影响的研究，如岩体受力、变形、破坏过程中对地下水的影响，当前开展则还很少。大量事实证明，通过地下水变化去研究地球动力学、大地构造学、地球物理学、地球化学、地震学是大有可为的。促进、推动水文地质与上述学科之间的相互渗透，是研究地下水微动态的目的之二[5]。

人类社会目前已进入以知识和智能为核心的高度发展的信息时代，这种以信息革命为特征的新工业革命浪潮已经强烈地影响着生产、生活与科学研究的各个领域。在认识地球过程中，地震波如同天然的高能 X 射线为我们提供了大量地球内部的信息，如何从地震图中充分开发信息资源，愈来愈受到人们的重视。地下水作为一种物质资源、能量资源是大家所熟知的，但很少有人认识到地下水也是个具有巨大潜力的信息资源，一旦开发出来其价值是不容忽视的。例如，利用地下水的微动态，可取得地球物理、地球化学、水文地质的某些参数；可研究现今的最新、最活的地壳活动形式，地层内应力分布、变化、转移的过程，以及地震孕育、发生、调整和演变等。将地下水作为信息资源加以开发利用，是研究地下水微动态的目的之三。

总之，现代水文地质学发展中，很明显地表现出扩大研究领域，加强学科渗透，开发信息资源的新的趋向。地下水微动态研究，就是在这样的科学发展潮流中兴起的。

### 4.1.3 研究内容与意义

日本学者正冈寿久认为地下流体（水、气）的动态变化好比"地球内部向我们拍发的电报"。原苏联学者 M. A. 萨道夫斯基把深层水微动态视为地震孕育过程的"密码"[6]。中国学者则更形象地把深层水的水位与水化学动态比拟为人体的血压与血液成分，犹如测量血压与验血可了解人体状况一样，监测深部地下水的水压力与化学成分能洞察地层内部所发生的变化。因此，地下水微动态是一个巨大的信息源，是人类研究地球某些动力过程和监测地震孕育的重要途径，有待充分利用与大力开发。

地下水微动态的研究内容十分广泛，意义十分重大，就目前的认识，至少可包括以下几个方面。

**1. 地壳应力-应变状态的研究**

由于地下水具有普遍性、流动性与难压缩性的特点，当它形成具有一定封闭条件的承压系统时，就能够客观、灵敏地反映地壳中应力应变状态的变化。岩体中微小的应变状态的变化能够反映在孔隙压的变化上，并通过静水压力的传递或通过水的渗流在井孔水位动态中表现出来，中间无需经过其他物理量的转化，直观而简便。也就是可将深井地下水微动态观测看作是一台极其敏感的"应变仪"。据现有我国仪器记录分析，其精度可达 $10^{-10} \sim 10^{-11}$ 的体应变量级。因此，地下水微动态研究已成为了解地壳运动、断层活动及进行地震预报的钥匙[7]。

**2. 地下水微动态类型的研究**

岩体从受力后变形到破坏，经历了弹性变形阶段、塑性变形阶段与破坏阶段，相应要研究井水中能观测到的属于岩体弹性、塑性、破坏与恢复阶段的不同类型的地下水微动态特征。例如对属弹性变形阶段形成的动态，固体潮、气压、地震波等引起的地下水变化我们要研究它们的频谱特征、幅度大小、持续时间、滞后时间以及不同地质、水文地质条件的井孔的记录能力等。塑性流变与脆性破裂阶段形成的动态是作者为研究断层蠕动、粘滑、慢地震、预位移及地震同震响应与地震震后效应所划分出的地下水微动态的新类型。这种类型的地下水变化已不是可恢复的弹性阶段变形的表现，它常伴随有因含水层结构破坏而造成的某些水量增减的因素。因此，除研究上述弹性动态的有关内容外，还要研究构造破坏对地下水的影响，如构造破坏引起的越流、顶托、管流、渗透等及其他由此而产生的物理学变化[8]。

**3. 地下水微动态时空特征的研究**

上述弹性、塑性、破裂、恢复各阶段是一个完整的力学过程。从地震预报的角度看是个完整的孕震、发震及震后应力调整过程。通过地下水微动态研究这几个阶段的相互关系与过渡指标，尤其对由塑性流变转变为岩体破坏解体的转折点的研究，具有重要的理论意义与实用价值。

在一次区域应力加强过程中地下水微动态出现异常的空间分布图像同样也具有重要的意义。据现有资料看，地下水微动态出现异常的空间分布具有明显的不均一性，即存在最佳的反映地区、最佳反映深度、最佳反映项目等。犹如人体存在有"穴位"一样，地壳中也存在有"灵敏部位"，这一现象引起了国内外学者的广泛重视与兴趣。如日本已将研究地壳"穴位"现象列入地震研究计划。

**4. 井孔-含水层系统反映能力的研究**

在传统水文地质学中把水文地质单元，或含水层作为一个空间单元来研究，但对于微动态研究而言这一单元就显得太粗太大了。井孔无论对固体潮、气压、地震波或地震前兆与后效的反映，即使是在同一个水文地质单元，甚至同一含水层中也可能完全不同，几乎每口井都具有自身的反映能力。因此需要研究井孔-含水层系统记录微动态的能力，包括其对不同频率的振动的响应能力、井孔的固有振动周期与阻尼大小等。

**5. 地下水微动态与地震关系的研究**

水在岩体中活动促使岩体变形乃至破坏。反过来岩体强烈变形使孔隙水压发生变化也会影响地下水的动态。这是一个矛盾的两个方面，互为因果关系。因此地下水微动态与地震关系的研究实际上可包括以下 4 个方面的内容：

- 记录地震　地震波引起地下水变化。
- 预报地震　地震孕育过程在地下水微动态方面的表现。
- 触发地震　由于地下水活动加速、催化地震孕育过程甚至会触发地震的发生。
- 控制地震　通过调节地下水活动来抑制地震的发生或使地震能量分散释放而避免造成损失。

**6. 地下水微动态在其他领域中的应用**

通过对地下水位的气压效应与固体潮效应的分析，可以计算含水层的某些水文工程地质参数，如弹性贮水率、渗透系数、孔隙度、体积模量等。然而，传统水文工程地质学中对这些参数的求得则要进行大规模的现场试验，不仅不经济，而且要破坏含水层的自然状态。

地下水微动态的研究还有助于地球物理学、地球化学、地球动力学与地震地质学等学科领域中的某些问题的解决。例如，通过水位固体潮频谱分析可研究地球动力学效应，利用水震波记录可以研究井孔-含水层系统的频率响应特征，利用地下流体微动态观测资料分析断层活动的规模与方式等。

## 4.1.4　研究的科学思路

地下水微动态的形成有两个重要的环节，一是含水介质的变形；二是由此引起孔隙压力变化导致的调整性水流运动。将两者结合起来加以综合考虑是研究地下水微动态的基本出发点。因此，对地下水微动态研究的理论基础工作至少应该有下列几点认识。

首先，假设含水层介质是由脆性岩石组成，孔隙相互连通并被水充填，饱水介质的变形总体看来是线弹性的，在某些特殊情况下可表现出非弹性或断裂性质，在此情况下研究介质变形可以用已有的固体力学或岩石力学作为理论基础。其次，假设介质中水的调整流动遵循达西定律，与介质相比较，水的压缩性不能忽略。在研究水的运动时，可以借用已经成熟的地下水渗流理论。最后，还要考虑水的存在对介质力学性质的影响，主要表现在孔隙压力对有效应力的作用，并假设孔隙压力和有效应力之间的关系是线性的。

这样，就可以把含水层看作是一个固、液两相体，这一两相体处于地壳浅部的一个变形场中，介质和水都是非稳态的，介质的变形必将导致孔隙压力的变化，反之，流体的运动也将引起介质的变形。因此，研究其中的一相必须考虑另一相的影响。我们研究的重点是两相体中液相的表现，即水的动态，并通过它来了解固相的受力、变形和破坏特征。

在介质受力、变形的不同阶段，地下水微动态也会表现出不同的形式。当介质的变形在弹性范围内时，介质的力学性质和结构没有发生明显的变化，这时的地下水微动态是一种稳定的、规则性的变化。当含水介质发生蠕变或破坏时，地下水微动态将表现出一种复杂的形态。据此可以将地下水微动态分别称为弹性动态、塑性动态和破坏动态[9]。

另一方面，根据研究问题的性质和含水层单元与外界水力联系的密切程度，可以将含水层的受力变形过程分为两种基本类型，即排水情形和不排水情形。为了计算简化，假设在排水情况时，介质受力变形过程中孔隙内水压力保持不变，即 $\partial P/\partial t=0$。所谓不排水情形是指当外界压力变化时，孔隙中水的质量不发生变化，即 $\partial m/\partial t=0$。与此相对应，又可将地下水微动态从成因上分为两种基本类型，即排水动态和不排水动态。研究表明，介质的排水与否对其力学性质有着很大的影响，而且地下水动态也表现出不同的特点。对于一个含水层系统而言，由于地质结构的非完整性，可以想象含水层的排水是一种普遍的现象，真正的封闭含水体是少见的。而含水层的不排水情况则是相对的和有条件的，这主要与含水层的空间尺度和变形速率密切相关。当变形瞬时发生时，孔隙压力会立即作出响应，这种情形可以视为与不排水的条件相同[10]。

## §4.2 岩体弹性变形引起的地下水微动态

岩体弹性变形指在有限力的作用下产生的可恢复的变形，与这种变形过程中有关的地下水动态，称其为岩体弹性变形引起的地下水微动态。属于这类微动态的通常有地球固体潮、大气压力、降雨、地表荷载、构造活动、地震波传播、人工爆破、机器振动、矿井塌方与滑坡等。

### 4.2.1 地下水位的潮汐效应

反应固体潮的地下水微动态主要有地下水位、水温、流量、化学成分的潮汐现象。井水位的潮汐是地下水诸潮汐影响中最早被观测到的一种现象。据国外有关文献记载，1879 年首先在捷克的达乔尔特（Duchort）地区观测到了井水位潮汐现象。接着扬（Ynung）在 1913 年观测到了一口井的水位有大于 6 cm 的潮汐变化，并指出它可能是地球固体潮引起的。从发现井水位潮汐到 20 世纪 50 年代末，许多学者对它的起因提出了一些看法，但对这种现象的真正研究工作远未展开。直至 60 年代，梅尔希奥尔（P. Melchior）才开始对井水位潮汐现象进行了较为系统的研究。1960 年梅氏指出，井水位潮汐是由于固体潮体膨胀所致。接着他于 1964 年对世界上 10 口井的水位潮汐观测资料，利用固体潮调和分析方法进行了分析，并将分离出来的 $M_2$ 波振幅统一归算到赤道上，发现井潮振幅随深度而增加。1967 年布雷德霍夫特（J. D. Bredehoeft）对井孔-含水层系统反应潮汐膨胀现象做了多方面研究。1971 年鲁宾逊（E. S. Robinson）和鲍（R. J. Bou）分析了含水层的膨胀现象后指出，气压和海潮都可引起含水层体膨胀。

我国井网中，有 190 口井具有水位固体潮效应，占井孔总数的 75.5%。井孔水位固体潮效应是固体潮体应变的次生效应。它是由于天体引潮力作用使地壳产生潮汐变形，其中的含水层也随之变形，从而引起孔隙水压发生变化，导致井孔水位（$h$）随引潮力（$\sigma$）的变化而呈反向周期性变化。井水位与引潮力间一般关系可表示为：
$$P - \sigma = p - rh$$
式中，$P$——含水层压力；$r$——水的比重；$p$——大气压力。由公式可知，当 $\sigma$ 最大时 $h$ 最小，反之则大。这种水位变化反映了含水层体膨胀造成的体积变化。在较理想的边界条件下，固体潮体应变（$\Delta\varepsilon$）与井孔水位变幅（$dh$）之间的基本关系为 $-dh \cdot S_2 = \Delta\varepsilon$，式中 $S_2$ 为承压含水层的弹性贮水率。因此，当一个井孔水位潮差为 10 cm，则其所反映的体应变量级为 $10^{-9} \sim 10^{-10}$，大体上相当 2～13hPa 的潮汐应力，可见深井水位观测效果，相当于一台理想的体应变仪。

井孔水位固体潮动态主要特点是呈峰谷状周期性变化。一般表现出有半日、半月、月、半年等周期性变化，且相位每日后移 0.5～1.0 小时左右。

井水位固体潮的主要特征参数是水位日潮差与相位滞后时间。我国井网中，各井孔的水位固体潮日潮差值与相位滞后时间变化较大，这种差别首先是因为井孔的纬度差引起的，大体上随纬度的增大而变小；但更重要的是与井、含水层特征有关，一般说来，岩性坚硬而致密，弹性模量大或压缩系数小，含水层裂隙发育而透水性强的条件下，井孔水位的潮差偏大。

井孔水位的固体潮，可以分离成 363 个分波。我国地震学家利用维涅第科夫调和分析方法，曾对 30 口井水位多年资料进行了分析，并分离出 5 个主要日波与 5 个主要半日波，并计算得出各自的潮汐参数（$\delta$）与相位（$K$）。

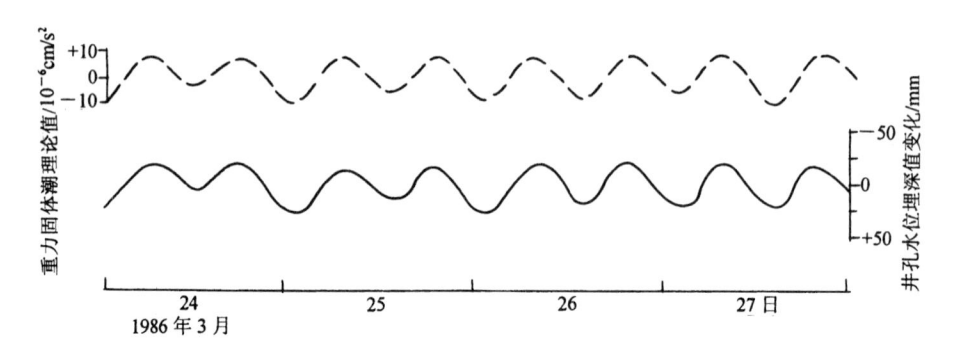

图 4.2　井孔水位的固体潮效应
（北京塔院井）

调和分析结果表明，水位固体潮诸分波中，主要分波的半日波 $M_2$ 波，在水位固体潮振幅中，该波所占的比例高达 30%～40%；其次是 $K_1$ 波、$S_2$ 波、$O_1$ 波与 $N_2$ 波等（图 4.3）。

根据 30 口井统计结果，井孔水位的日潮差（$\Delta H$）大小主要取决于 $M_2$ 波的潮汐系数，其关系为
$$\delta(M_2) = -0.125 + 0.0056\Delta H$$
两者具有较好的线性关系[7]。

大量的统计结果又表明，$\delta(M_2)$ 大小与含水层的弹性贮水率（$S_2$）呈反比关系，弹性贮水率大的含水层井孔的水位潮汐系数小，其日潮差也偏小；$\delta(M_2)$ 大小与含水层地

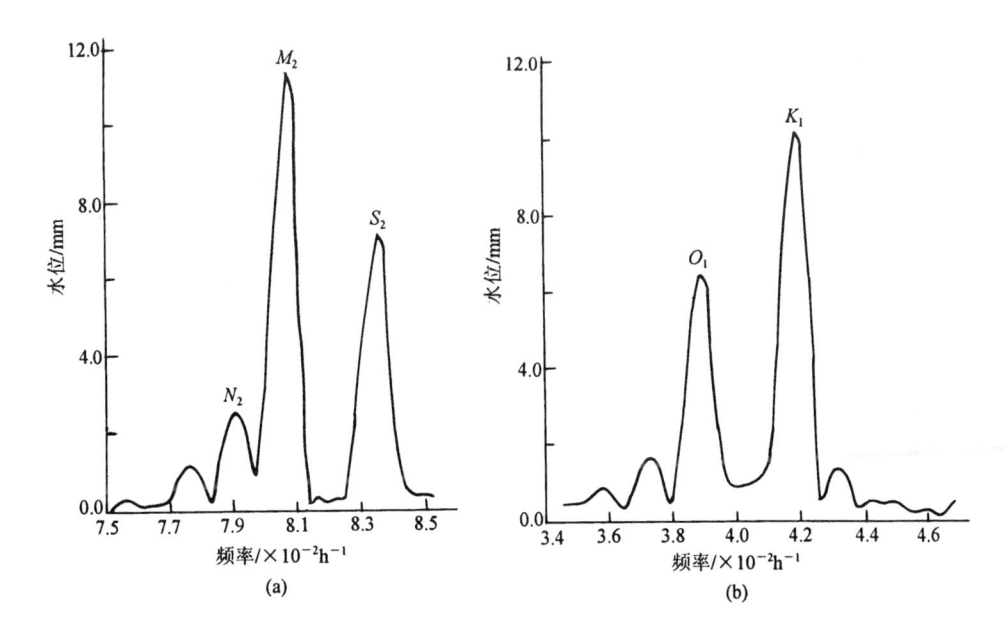

图 4.3 水位固体潮的频谱结构

下水类型之间的关系较为复杂，尚难分析出清晰的规律性；$\delta(M_2)$ 大小与井孔结构的关系较明显，一般说来具有裸孔结构的井孔的 $\delta(M_2)$ 值较滤水管、射孔管结构要大，井径上、下变化小的井孔的 $\delta(M_2)$ 值较上粗下细的井孔要大而且上部水位变动段与下部进水段的井径之比越大，这种差别也越明显。

### 4.2.2 地下水位的气压效应

一般认为井孔水位的气压效应机理是，当大气压力同时作用在井区大地表面与井孔水面上时，由于作用在大地表面上的力是通过含水层顶板以上的覆盖层传递到含水层岩体上，在过程中力将被衰减，因此导致井-含水层之间的压差并引起水流运动。当大气压力增大时，井内水向含水层流动，导致井孔水位下降；而大气压力减小时，含水层内的水向井孔流动，导致井孔水位上升。因此，气压与井孔水位的关系表现出负相关（图4.4）。

井孔水位的气压效应，一般用气压系数或气压效率表述，其概念是单位气压变量引起的水位升降量，常用单位 mm/hPa。大量的计算结果表明，气压系数的大小是因井而异，因时而异，但变化的范围是有限的，一般变化在 1~8 mm/hPa。

气压系数的这种变化，主要取决于井－含水层系统的特征和气压荷载的作用特征两个方面。

大气压力的变化，一般可分离为非潮汐变化与潮汐变化两部分，后一部分称之为气压潮。利用谱分析和调和分析方法，对北京、天津、河南、山东等地的气压观测资料进行分析的结果表明，气压潮的主要组成部分是 $S_1$、$S_2$ 与 $S_3$ 波。以北京塔院井为例，这三个波的波幅占 67.2%，可见大气潮也以日波、半日波与 1/3 日波为主，但其频谱结

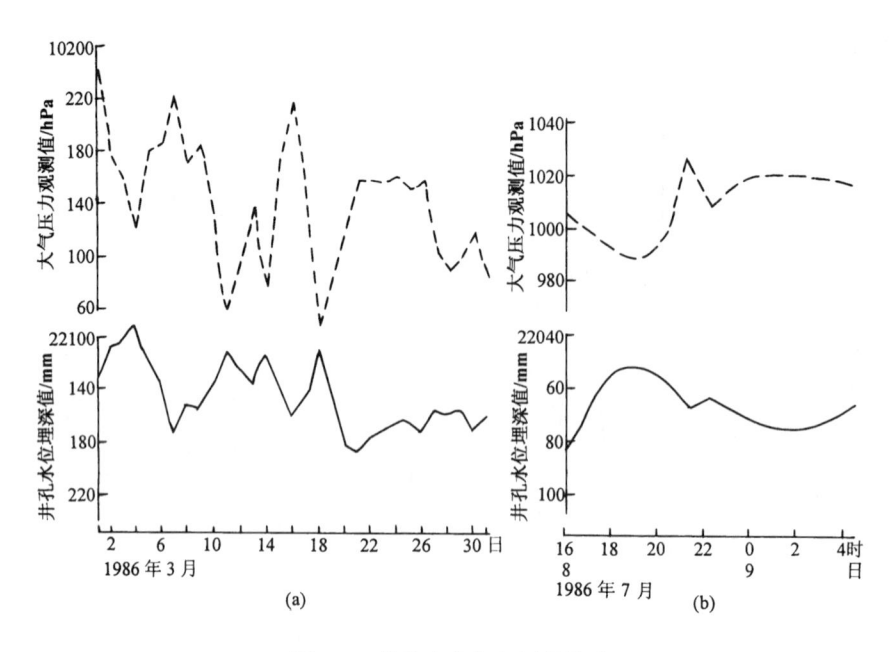

图 4.4 井孔水位与气压的关系

构、初相位等与固体潮不同。气压各分波的波幅随纬度的增大而变小。

大气压的变化范围与变化速率也因地而异，因时而异。例如，在气候干燥、日气温变差较大的西北地区，气压潮的作用十分明显，甚至对水位的周期性变化起决定性作用。又如，我国中低纬度区内，每年的深秋至初春季节因受西伯利亚季风的影响，气压变动较其他季节剧烈等。

对于一口井孔而言，气压系数大小取决于含水层的物理力学特性、透水性与顶板埋深等条件。据统计：碳酸盐类岩石的气压系数 $\overline{B}_p>4$mm/hPa；碎屑岩 $\overline{B}_p>2$ mm/hPa；火山岩、砂岩、砂砾岩 $\overline{B}_p>2$ mm/hPa。含水岩层透水性强、单位涌水量大，其气压系数偏高（表 4.2）。井水位气压系数随含水层隔水顶板埋深的增加而降低（图 4.5）。这是由于气压附加应力由地面向深部传递时，随深度的增加，其高频部分不断衰减和扩散的结果。

表 4.2 井孔涌水量与气压系数 $\overline{B}_p$ 关系

| 涌水量（L/sm） | 井孔数量 | $\overline{B}_p$ （mm/hPa） |
| --- | --- | --- |
| <0.1 | 4 | 2.93 |
| 0.1～1.0 | 5 | 3.56 |
| >1.0 | 6 | 4.33 |

据理论分析，气压系数随含水层空隙率的减小和岩土骨架压缩系数的增加而减少；气压系数随气压波动的频率的增大而变小，随含水层导水性的增大而变大。分析结果与统计结果基本一致。

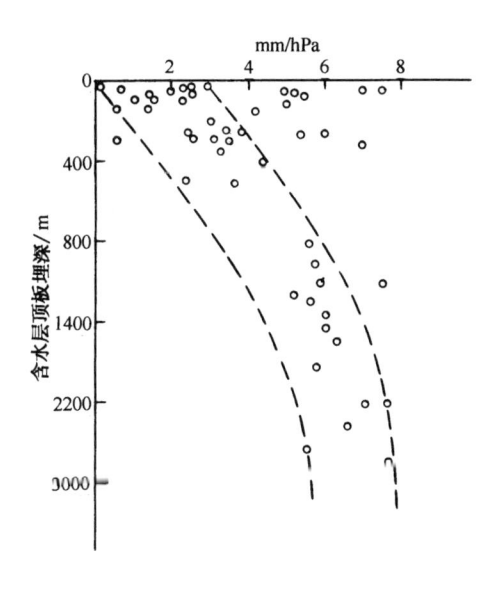

图 4.5　井水气压系数与含水层顶板埋深关系

此外，井孔水位的气压效应存在相位滞后问题。在透水性好的井-含水层系统中，这种时间滞后的现象并不明显，但在透水性较差的井-含水层系统中就比较明显，一般变化在 0.5～1.5 小时的滞后范围内[12,13]。

## 4.2.3　地下水位的降雨荷载效应

我国井网中，有 21 口井能记录到降雨荷载效应。这种效应表现为井区降雨量达到一定值后，深层承压含水层中的井孔水位急剧上升，而这种上升既不是补给区的降雨引起的侧向补给，也不是井区降雨垂直渗入的结果，而是降雨荷载作用于大地表面并传递到含水层中去的结果。

降雨荷载作用，无论是在水位日动态曲线上还是水位年动态曲线上，都表现出降雨后水位立即上升的特征。雨停后，井水位缓慢恢复到原变化基线上来。水位由上升到消退，一般历时几小时至几天。如图 4.6 所示。

井孔水位的降雨效应多见于平原区井孔中。对于一口井而言，也不是每次降雨都有反映，而是降雨量达到一定值后才表现出来。这个值因井而异，一般在十几至几十毫米。

单位降雨量作用引起的井孔水位的升降量，一般称为雨荷系数或雨荷效率。各井的雨荷系数值不等。同一个井孔的系数，也因降雨区的分布、降雨强度的不同而不等，在井区位于雨区中央，且以暴雨形式降雨时，该系数偏大，一般为 0.2～0.8[14]。

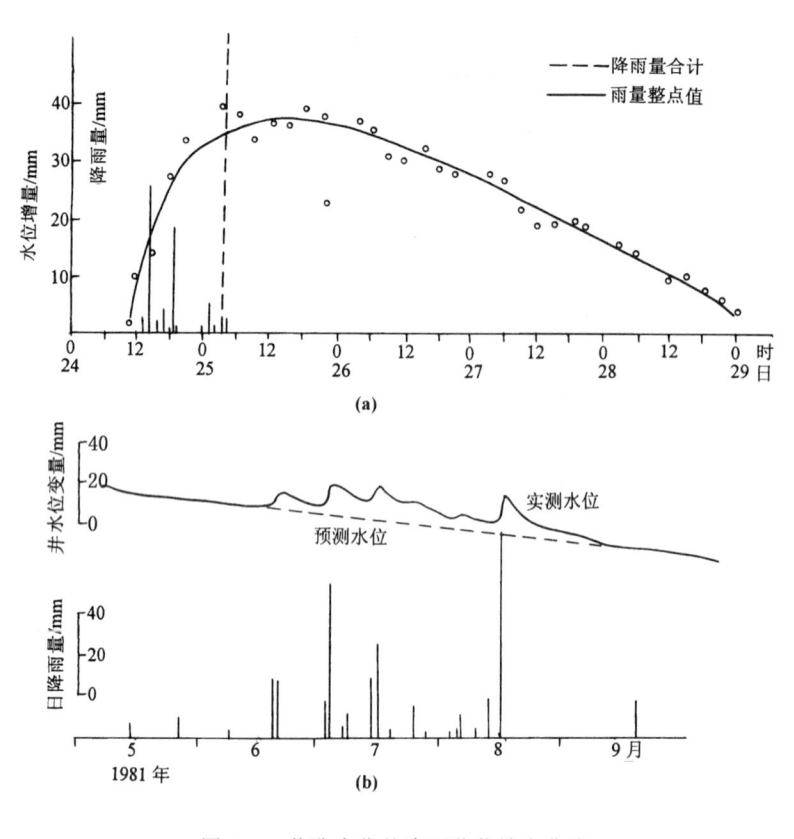

图 4.6 井孔水位的降雨荷载效应曲线
(a) 苏 10 井 1981 年 8 月；(b) 上古林 3 号井 1981 年 5～9 月

## 4.2.4 地下水位的地表水体荷载效应

地表水体荷载指江、湖、海水位的变化引起的对大地表面的加载作用。我国井网中，有 9 口井水位记录到地表水体荷载作用。

最典型的井孔水位对江河水体荷载作用的反映实例是江苏塔 2 井（苏 07 井）水位对洪泽湖入江水道水位起伏的反映（图 4.7）。该井观测为埋深 1557～1583 m 的下第三系孔隙裂隙承压含水层，含水层在地表无露头，地下水与地表水无水力联系。但该井水位对相距 0.6 km 处的入江水道水位的涨落反映极佳，几乎两者同步变化。两者的比值为 0.5987，即江水位变化 1 m，井水位变化 0.5987 m，两者相关系数高达 0.9743。

据上海市水文地质队观测黄浦江水位的潮汐变化与市区各井孔水位动态关系的对比资料，地表水体对井孔水位的这种影响，随井孔距江岸的距离的增大而减小，随井孔观测层埋深的增大而减小（表 4.3），随含水层透水性的减弱而减少。

我国沿海地区的井孔水位受海潮的影响，同时受固体潮的影响，因此表现出复合潮效应。据沿海 8 口井的资料，这些井水位受海潮荷载影响的程度，与井孔距海岸的距离大小的关系十分明显，一般该距离超过 5 km 时，海潮的影响明显减弱。

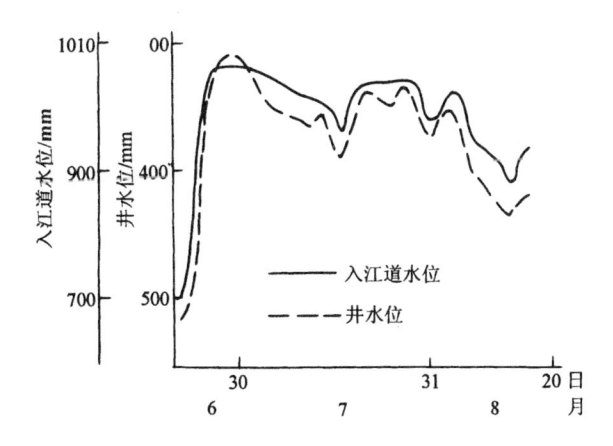

图 4.7 井孔水位的地表水体荷载效应

苏 07 井水位的江河荷载效应

表 4.3 黄浦江水位变化引起的不同含水层井水位变化

（据叶玲玲）

| 观测层 | 观测层埋深/m | 井水位变幅/m | 江水荷载系数 |
|---|---|---|---|
| 第一含水层 | 40 | 1.35 | 0.45 |
| 第二含水层 | 70 | 1.02 | 0.34 |
| 第三含水层 | 100 | 0.74 | 0.25 |
| 第四含水层 | 180 | 0.59 | 0.19 |
| 第五含水层 | 270 | 0.08 | 0.03 |

（黄浦江水位变幅 3 m）。

井孔水位对地表水体荷载反映的比率，一般说来均比对降雨荷载、气压作用的反映比率小，多数变化在 0.01～0.2 之间。这种偏低，主要是地表水体荷载的作用面积有限，荷载向地下传递时既有垂向衰减又有水平方向的衰减所致的。

表 4.4 井孔水位可反映的力学类别与特征

| 荷载类别 | | 主要作用周期 | 作用范围 |
|---|---|---|---|
| 天体引力作用 | 地球固体潮 | 半日、日 | 全球 |
| 地表荷载的变化 | 大气压力变动 | 数十分钟至十几日 | 某一地区 |
| | 降雨积水荷载 | 数十分钟至数日 | 某一地区 |
| | 海潮负荷 | 半日、日 | 局部（距海岸几十公里） |
| | 江、湖水位变化 | 数小时至数日 | 局部（离河岸几公里） |
| 地壳内动力作用 | 地震波作用 | 数秒至几十秒 | 全球 |
| | 断层蠕动 | 数小时至数日 | 局部（沿断层带） |
| 人类活动 | 相邻含水层抽水 | 数日至数十日 | 局部（抽水井附近） |
| | 矿井坍塌 | 数分钟 | 局部（塌方点附近） |
| | 火车振动 | 数分钟 | 局部（铁道附近） |
| | 水压致裂试验 | 数小时 | 局部（压裂井外围） |
| | 地下核爆炸 | 几毫秒至几分钟 | 局部（爆心外围） |

此外，矿井坍塌、水压致裂、火车振动、断层蠕动等都可在地下水微动态上得到反映（表 4.4）[9]。

## §4.3 岩体破坏（地震）前的地下水微动态

### 4.3.1 地震前地下水微动态的异常形态

地下水位短临异常主要有以下五种形态[15]。

**1. 下降型异常**

渐变式下降异常变化指短临异常起始、发展和终止有明显的连续变化过程。一般这个过程持续时间长达几十天，短则几小时。大震前记录到渐变下降短临异常形态最为普遍，地震往往发生在下降至最低点附近或开始回升的时段上。图 4.8a 是唐山市郊岳 42 号专用观测孔（震中距 Δ=20 km，井深 706 m）在唐山 1977 年 11 月 27 日 5.6 级强余

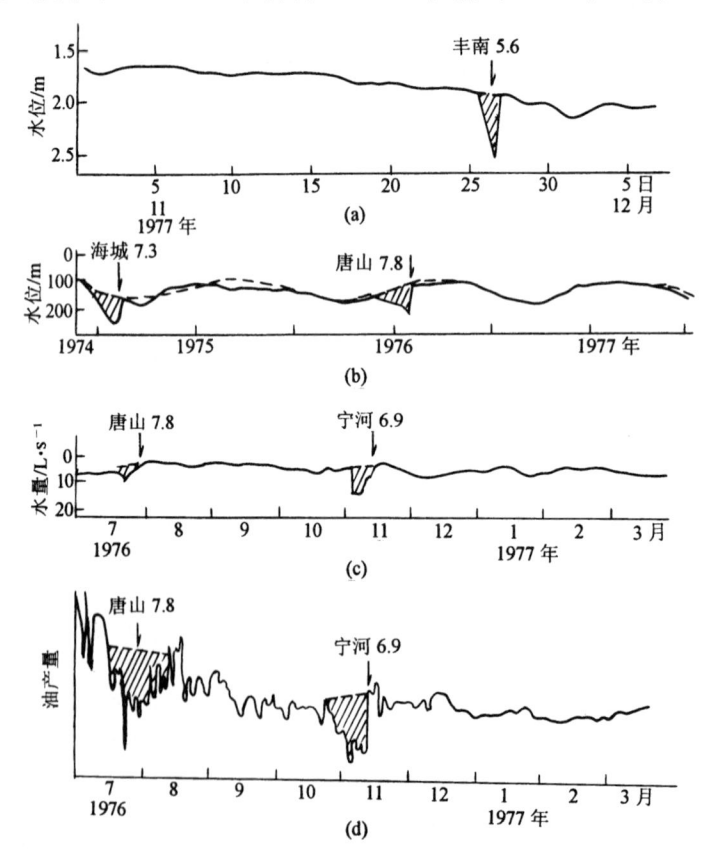

图 4.8 地下水位渐变下降式短临异常
(a) 唐山 5.6 级强余震（岳 42 号井）；(b) 海城和唐山大地震（盘山井）；
(c) 唐山地震（遵化温泉）；(d) 唐山地震（渤海油田某油井）

震前12小时水位下降29 cm的记录。图4.8b表示辽宁盘山井对海城（震中距 $\Delta=50$ km）、唐山（震中距 $\Delta=300$ km）大震的反应，在海城7.3级地震前该井水位剧降89 cm，唐山7.8级地震前水位再次下降40 cm以上。两次大震都表现为震前下降，震后恢复，异常形态十分相似。从图4.8c、d能清楚地看到唐山附近渤海油田某油井油产量与遵化温泉流量在7.8级和6.9级地震前突然减少。

### 2. 上升型异常

除了渐变下降异常外，处在某些构造位置的井孔有时还能观测到渐变上升的现象。如唐山地震前，位于唐山断陷菱形块体南界昌黎-宁河断裂附近的滦南气象站的观测井（震中距 $\Delta=48$ km），1976年6月中旬记录到渐变上升型异常，变化幅度达20 cm以上（图4.9）。

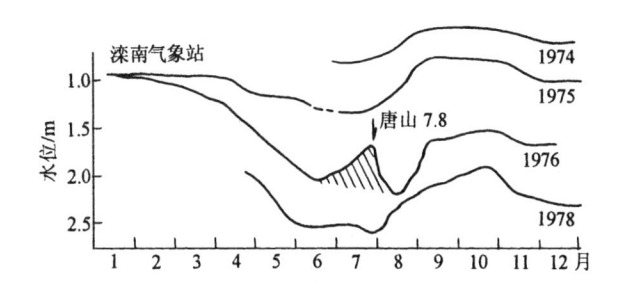

图4.9 地下水位渐变上升式短临异常

### 3. 阶跃式异常

这种类型异常变化形态似台阶状（图4.10）。如河北滦南县气象站的观测孔，水位正常日变幅为1 cm左右，唐山7.8级地震前10小时内水位阶跃式突降5 cm，7.8级与7.1级地震时分别阶跃30 cm与9 cm。这种变化形态与幅度在长期观测中是罕见的。唐山观测站井孔（深140 m）在附近发生4.5级以上地震以前，水位自记曲线多次出现明显的阶跃变化。

### 4. 振荡式异常

少数井孔在地震前出现水位、水压、流量的急剧波动和反复交替的变化，周期与幅度不等，震后逐渐消失。1976年8月四川松潘地震前江油一深110 m钻孔井（$\Delta=140$ km）记录到水位振荡型临震异常（图4.11）。该孔平时水位稳定，8月22日6.7级地震前半小时水位出现8 cm幅度的振荡（图4.11a）。8月23日7.2级地震前3小时水位出现了10 cm幅度的振荡（图4.11b）。

### 5. 固体潮形态畸变

有些井孔水位能准确、灵敏地记录到潮汐波动，位于大震震中附近的这种井孔，在震前所记录的固体潮形态出现畸变。在我国十几年地下水观测中已多次记录了这种畸变。最为常见的有两种形态的畸变，一是相位错动，一是潮差改变，有时两者兼而有

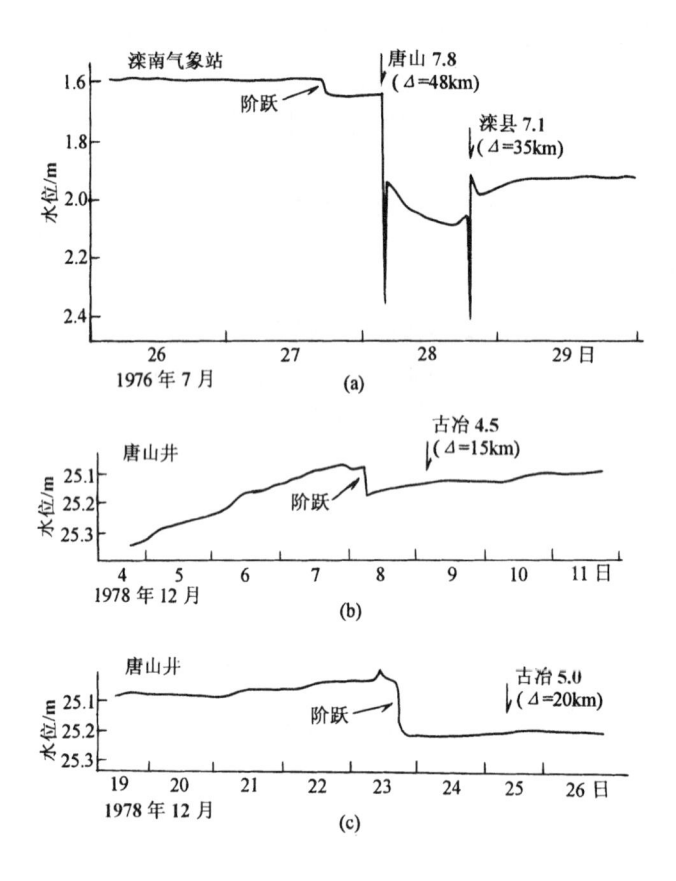

图 4.10　地下水位阶跃式短临异常

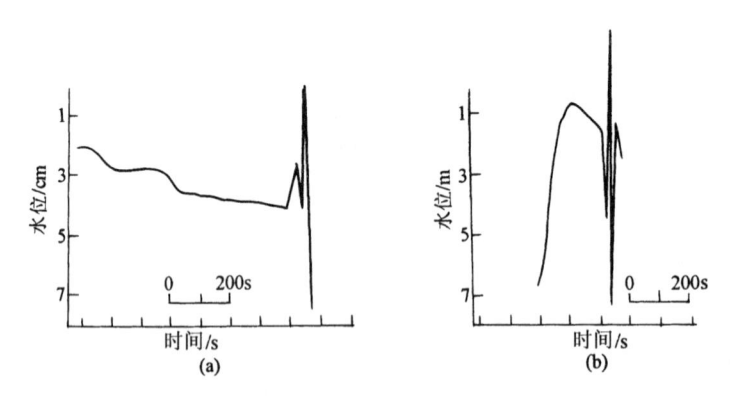

图 4.11　1976 年松潘地震前临震水位振荡型异常
(a) 8 月 22 日 6.7 级地震前；(b) 8 月 23 日 7.2 级地震前

之。

图 4.12 是深 408 m 的卢龙县观测孔，在 1977 年 3 月 7 日当地 6.0 级地震前的水位变化记录。卢龙孔与震中同处于活动性很强的桃园断裂附近，震中距小于 10 km，震前 17 天即 2 月 18 日（正月初一）潮差未增，反而明显减小，震前 9 天（2 月 27 日）水位

· 144 ·

突然下降，下降后仍保持畸形的小幅差，一直到发震，震后潮差恢复正常[11]。

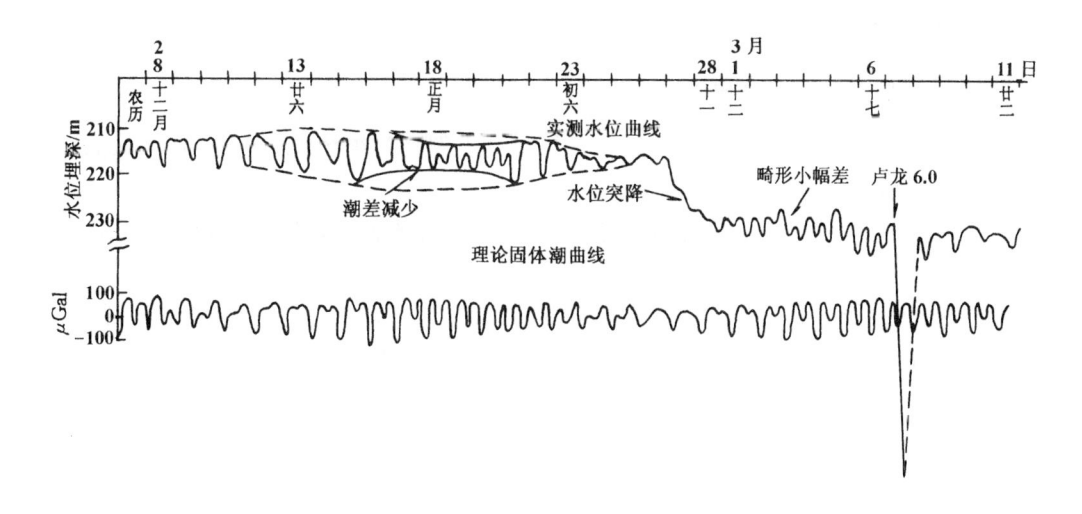

图 4.12 地下水位临震前固体潮形态畸变

## 4.3.2 地震前地下水微动态的异常特征

**1. 异常形态多样，以下降型居多**

无论是地下水位还是地下水其他微动态，其震前异常变化的形态都不是单一的。表现在：变化速率上既有缓变的，也有陡变的；变化方向上既有上升的，也有下降的；组合形式上既有单一型的，也有复合型的。总之，异常形态具有明显的复杂性、多样性。

据 20 多年地下水位所积累的 41 次震例的 139 井次异常统计，地下水位异常可分为下降型、上升型、阶变型、固体潮畸变型以及脉冲-振荡型等异常形态，其中以下降型异常居多，占 37.4%（表 4.5）。

表 4.5 异常类型统计表

| 异常形态类型 | 异常井次 | 占异常总井次的百分数（%） | 备 注 |
| --- | --- | --- | --- |
| 下降型 | 52 | 37.4 | 包括流量下降 |
| 上升型 | 41 | 29.5 |  |
| 阶变型 | 23 | 16.5 | 包括"蠕变水位" |
| 脉冲、锯齿、振荡型 | 8 | 5.8 |  |
| 固体潮畸变型 | 15 | 10.8 |  |
| 合　　计 | 139 | 100 |  |

据京津冀井网统计，1981～1985 年在井网范围内共发生中强以上地震 7 次，在 22 井次地下水位异常中下降型异常，占 11 次，达 50%。

异常形态的多样性和复杂性反映出异常形成条件和形成机理的差异性。异常形态的分析研究不仅是研究异常形成条件和机理的出发点，而且也是我们识别异常和判断异常进而开展地震预报的重要基础。

**2. 异常时间分布散，以短临为主**

据 20 多年来我国地下水位观测所积累的大量震例资料统计，地下水位异常出现在地震发生前几小时至几年范围内，最长的达 4~5 年之久（如唐山、龙陵地震等），最短的仅 3~5 个小时（如大同、澜沧地震等）。但绝大多数异常集中在短、临阶段（几天或几个月内）。

现将 61 次地震的 294 井次异常的开始时间、转折（指上升或下降型异常）或结束（指阶变、脉冲-振荡型异常）时间与发震时间的关系的统计结果列于表 4.6 和表 4.7 中。

表 4.6　异常开始时间统计表

| 异常开始距发震时间（天） | 异常井次 | 百分数（%） |
|---|---|---|
| ≤5 | 40 | 13.61 |
| 6~15≤30 | 41 | 13.95 } 44.90 |
| 16~30 | 51 | 17.35 |
| 31~60 | 57 | 19.39 |
| 61~90 | 27 | 9.18 |
| 91~180 | 56 | 19.05 |
| >180 | 22 | 7.48 |
| 合计 | 294 | 100.0 |

表 4.7　异常转折（或结束）时间统计表

| 异常转折（或结束）时间至发震天数（天） | 异常井次 | 百分数（%） |
|---|---|---|
| ≤5 | 121 | 41.58 |
| 6~15≤30 | 65 | 22.34 } 77.66 |
| 16~30 | 40 | 13.75 |
| 31~60 | 23 | 7.90 |
| 61~90 | 16 | 5.50 |
| 91~180 | 16 | 5.50 |
| >180 | 10 | 3.44 |
| 合计 | 291 | 100.0 |

从表中可以清楚地看出：第一，异常开始时间除 7.48% 的异常离发震时间超过半

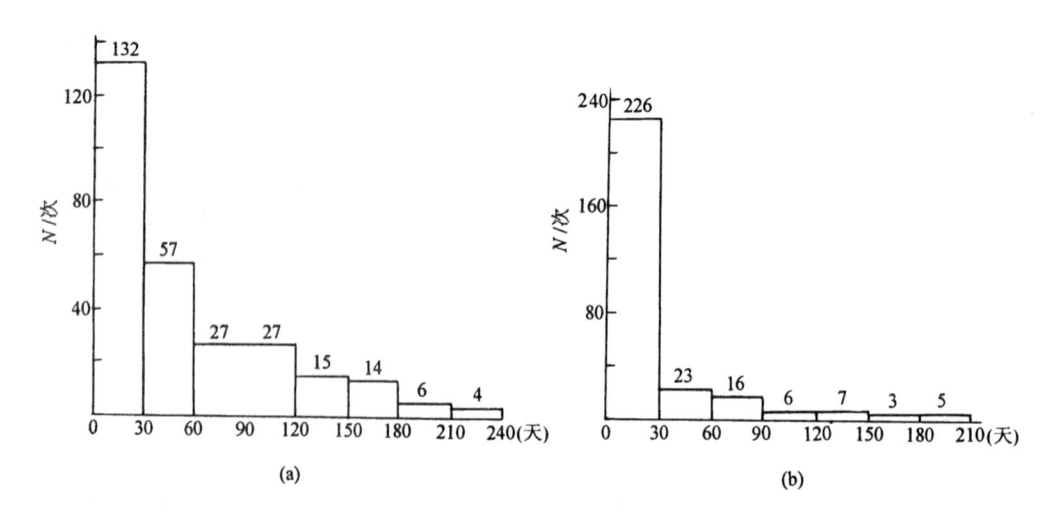

图 4.13　异常的时间分布柱状图
(a) 异常起始时间；(b) 异常结束时间

年属于中长期异常外，其余的 92.52% 均在半年以内，属于短临异常。第二，异常转折（或结束）时间离发震时间的时间间隔 78% 在一个月以内，64% 在 15 天以内，表明地下水动态临震变化较突出（图 4.13）。

此外，294 井次异常开始时间和 291 井次异常转折时间的统计还表明，异常开始时间距发震时间的平均天数为 60 天，异常转折时间距发震时间的平均天数为 25 天。

异常的集中性特征除表现在"异常主要集中在短临阶段"外，还表现在"越临近发震时刻异常数量越多"。这一特征不仅从表 4.6、表 4.7 和图 4.13 中可以看出，而且如果把宏观异常也考虑在内，则更显得突出。

据唐山地震前京津冀地区地下水宏观异常统计，震前一二天异常数量猛增，尤其是水位的升降变化更为突出：临震前 1 天（7 月 27 日至发震）水位升降总次数达 186 起；是 7 月 25～26 日两天水位升降总次数的 2.5 倍，是 22～24 日 3 天的 8.5 倍；是 6 月 21 日至 7 月 21 日一个月内水位升降异常总次数的 15.5 倍。

另外，我们还注意到水位变化的形态随着时间的推移也在变化，早期（1976 年 6 月 21 日至 7 月 21 日）水位的异常形态以下降为主，下降型异常占升降异常总数的 81.8%，上升型异常占 18.2%。但随着地震的临近，上升型异常急剧增加，临震前 1 天上升型异常达 159 起，占到升降异常总数的 85.5%，下降型异常则减少到 14.5%。这一特征对于我们判断发震时间是很重要的一项标志。

**3. 异常空间分布不均一，与构造有关**

根据几个大震前的地下水位观测资料的分析发现，地震前后记录到水位异常的井孔空间分布是不均一的。所谓不均一有两种含义：一是指并非所有的井水位都有异常变化；二是指那些有异常反应的井水位异常不是简单地随震中距增加而均匀衰减。如图 4.14 所示，唐山地震前除唐山地区及其附近形成异常水位变化区外，北京和辽南等地也散布一些独立的异常区。这些异常区在空间上并不衔接，它们的分布往往受构造因素所控制。例如，唐山-宁河的异常区范围大体相当于唐山菱形块体区，块体外围许多井水位没有观测到明显的异常升降变化。但在更远的八宝山断层、郯城-营口断裂带附近

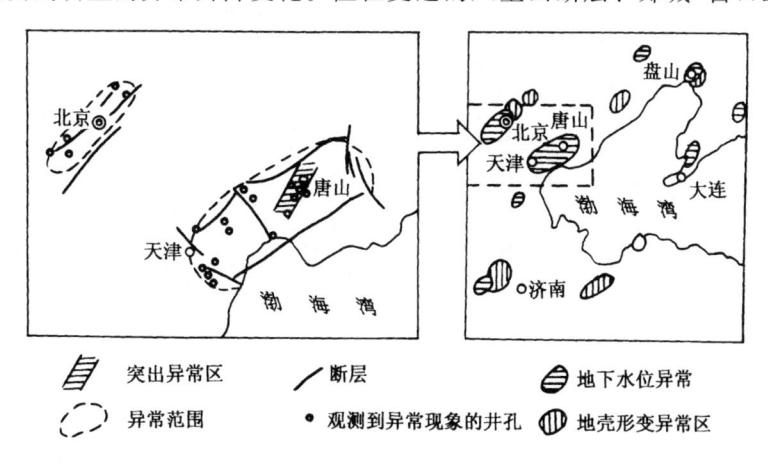

图 4.14 唐山地震前地下水异常点空间分布图

的水井，又观测到十分突出的水位异常。

在一些中等强度的地震前，不均一分布的特征也表现得十分清楚。如1970年5月25日丰南5.2级地震前地下水位异常点的分布可知，有异常的井孔分布在断裂带附近，而非构造带上的井孔异常不明显；每条构造带的地下水异常各有其特点；同一构造带的不同地段有时异常形态也不同。总体来说，震中区与其他异常集中区相比，具有异常观测点的数量多、水位变化大、异常延续时间长和异常形态比较一致等特点。

这种地下水位异常点空间分布受构造条件控制的不均一图像，在国内外的其他震例中也多次被发现。由此可见，过去报道过的某些水位变化十分简单和均一的震例，可能给出的是因资料不足而失真的图像。只要资料足够丰富，客观事物复杂的面貌就清晰地显露出来了。如1981年11月9日隆尧5.8级地震前，在距离震中250 km范围内共有10口地下水动态观测井，但其中只有两口井水位有异常变化，占总井数的20％。距震中150 km的河间马17井水位有明显的异常显示，而距震中不到100 km的极12、泽1和新泽5等水井却无异常变化。分析构造条件不难看出，有异常的两口井（晋19井和马17井）与震中同处于华北平原地震带的轴部。据有关研究资料认为，华北平原地震带是在区域应力场长期作用下剪切应力最大的地带。因而，异常的分布显然是受构造条件控制的。1983年11月7日山东菏泽5.9级地震前地下水位异常的平面分布也与构造条件有密切关系。据初步统计，在距震中400 km范围内有观测井58口，其中仅8口水位有异常显示，占观测井总数的13.8％，比例相当小。但在聊考活动断裂带及其向北东的延伸方向上，8口观测井中却有6口水位出现明显的异常变化，异常井占观测井的75％，充分反映出构造对异常分布的控制作用（图4.15）。

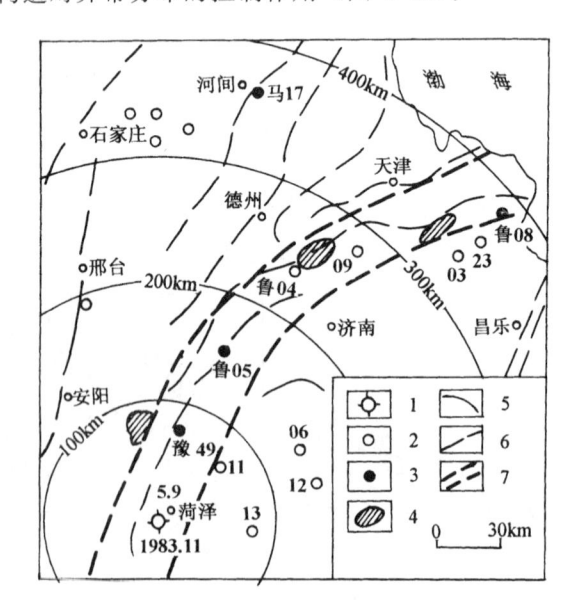

图4.15 菏泽5.9级地震前地下水位异常分布与构造
关系示意图
1.震中；2.观测井；3.异常井；4.油气异常区；
5.等震中距线；6.断裂带；7.异常集中分布带

**4. 异常幅度分布较混乱，与地震三要素关系不明显**

异常幅度与震级、震中距的关系较复杂，这是因为它不仅与震级、震中距有关，而且还明显地受井孔所在地的地质条件、应力-应变状态以及井孔-含水层系统相应能力的控制。

异常幅度大者可达几米、甚至几十米，小者则只有几厘米，甚至几毫米。唐山地震前，位于震中附近地区的丰南岳 42 井，其水位在震前 2 小时突然从埋深 10 m 以下急剧上升涌出地面，变幅在 10 m 以上。据原苏联学者基辛介绍，原苏联一口位于断层上的井，其水位在一次距井孔 70 km 的 5.4 级地震前突降 57 m，这是到目前为止我们了解到幅度最大的震前水位异常变化。1981 年 8 月 13 日内蒙丰镇 5.8 级地震前，距震中 113 km 的万全井，其水位变化与平时正常动态相比是较突出，但异常幅度仅 3~10 mm。

汪成民等根据 1935~1979 年的 54 次中强以上地震的地下水异常综合分析结果认为，从整体上看，震级高时可能观测到的"最大变幅"也越大，但就任意几口井比较，几乎不存在什么规律，当观测区构造条件复杂时更是如此。

1984 年我们选取了一口单井即新 04 井，对其异常幅度与周围 150 km 范围内发生的 9 次地震震级、震中距的关系进行了分析。从整体上看，异常幅度有随震级增高而增大、随震中距增大而减小的趋势，但关系不是很明显。

图 4.16 是根据 61 次震例的异常幅度与震级、震中距关系图。由图可见，点的分布是分散的，规律不明显。因此，异常幅度虽然是单井异常判别的重要指标，但在地震三要素判定中却不能作为主要依据。

**5. 异常时空转移，常是大震征兆**

异常的时空转移是指地震发生前后异常空间分布随时间的演化。

根据 1975 年海城地震和 1976 年唐山地震前后水位异常（包括宏观异常）资料的分析，许多研究者发现大地震发生前后常存在着"震前异常由外围向震中迁移、汇聚，而震后异常由震中向外围扩散"现象。

海城 7.3 级地震发生在 1975 年 2 月 4 日，1974 年 12 月至 1975 年 1 月上旬，地下水异常首先集中在东部东沟、凤城和丹东一带以及西部锦州至盘山一线，随后异常由东西两侧向震中方向迁移，临震前异常最突出的地区是海城—营口一带。根据朱凤鸣等对 205 口水井出现异常的时间与井孔距震中距离关系的统计，地下水异常集中带向震中迁移的视速度大约为 2.7~3.3 km/d，异常带迁移情况见图 4.17。

1976 年唐山 7.8 级地震前，地下水位异常变化由外围向震中集中的现象也相当明显。震前 20 天异常主要集中在外围地区，震中区十分平静，震前 3~5 天异常主要出现在离震中较远的东部沿海地区和迁西、遵化以及玉田的西北部；震前 1~2 天异常出现在包括极震区在内的大部分地区；震前 16 小时异常主要集中到烈度 Ⅷ 度线以内，呈 4 条北东向条带分布。

1976 年 8 月松潘-平武 7.2 级地震前，以地下水为主体的宏观异常集中区也显示了沿龙门山断裂由南向北迁移，向震中地区逼近的时空转移图像。

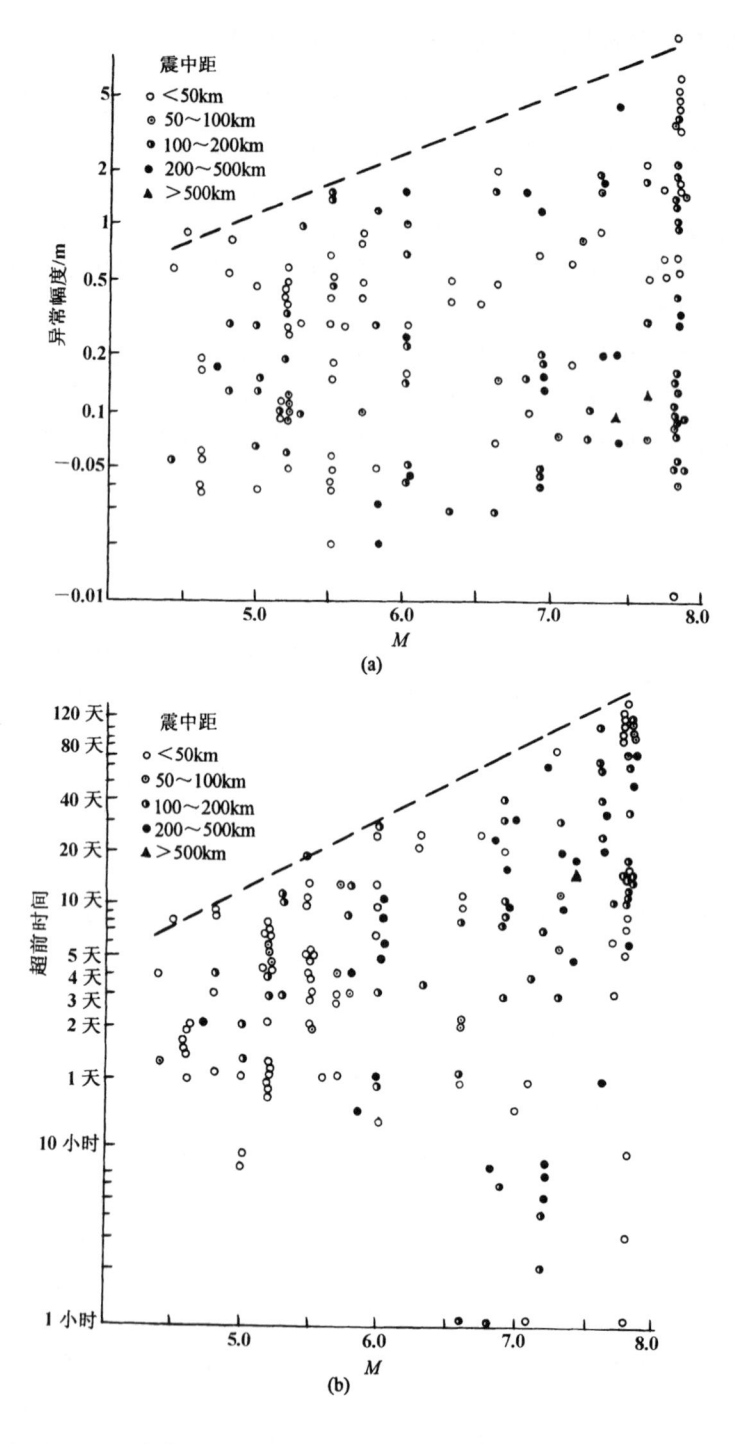

图 4.16 地下水位短临异常幅度 (a) 和异常超前时间 (b) 与震级的关系

关于地震发生后异常由震中向外围扩散的资料也多有报道。唐山地震后"井水自流"区的出现顺序明显地反映了震后异常由震中向外围扩散的规律。前面已介绍过,唐山震中区井水自流发生在震前几分钟到几小时,地震发生后当天,天津东部发现有井水

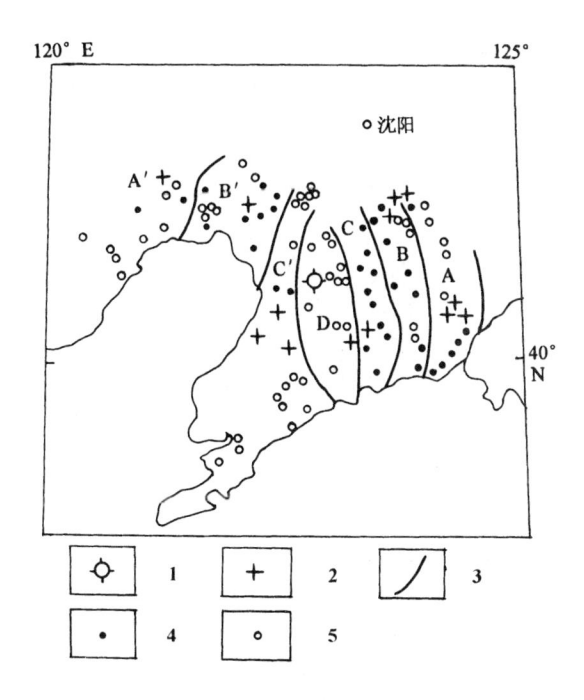

图 4.17　1975 年海城地震前地下水异常等时带图
(据杨成双)

1. 震中；2. 下降点；3. 异常时间分区线；4. 1975 年 1 月 31 日前
上升变浑点；5. 1975 年 2 月 1~4 日上升变浑点（AA′~1974 年
12 月底以前；BB′~1975 年 1 月上旬；CC′~1975 年 1 月中下旬；
D~1975 年 2 月 1 日至 2 日）

自流，7 月 29~30 日发生自流的井在沧州地区出现，7 月 31 日至 8 月 1 日在山东德州与临清出现自流现象，而在济南和淄博地区则迟至 8 月 10 日才陆续出现井水自流现象。根据这一资料可以推算出异常转移的速度约为 40~60 km/d（图 4.18）。

### 6. 异常达极点后回弹多为临震信号

下降或上升异常达到极大值的顶峰（或低谷）后迅速向回反弹时最易发震，我们通常称之为"临震回跳"。

这一现象在 1976 年河北唐山地震观测实践中又被多次记录到，得到了进一步验证。如位于震中区附近的宁河有一口井，井深 67.8 m，观测浅部封闭性较好的咸水承压含水层，水位平日稳定，日变幅小于 1~2 cm。唐山地震前剧降（约 13 m），7.8 级地震前达到最低点，略回升（30 cm）即发震，可惜震后仪器震坏，图纸磨损。7.8 级地震后重装仪器，7.1 级地震前 3 小时取得水位急剧上升 8 cm 的记录，11 月 15 日宁河 6.9 级地震前 4 小时该井水位急剧上升 25 cm，为平日最大变幅的十几倍（图 4.19a）。根据震区调查，唐山、丰南一带有 20 余口井在震前 4 分钟到 3 小时的时间段里已开始自流。汤河温泉等井的观测资料表明，引起震时猛烈上升和变化的动力作用在震前已经开始，并在某些敏感井孔显示出来。震时变化只是在此基础上进一步发展与加剧而已。由于这

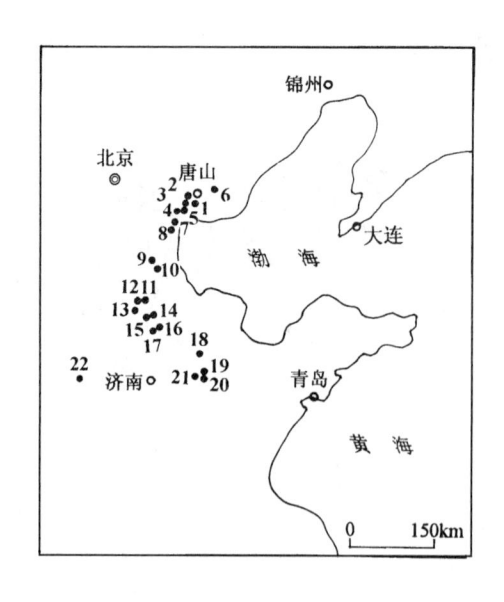

图 4.18  唐山地震后井水自流的地区随时间的
转移（据汪成民）

1～6：大震前的积分中止 n 小时；7～8：7 月 28 日；
9～10：7 月 29～30 日；11～17：7 月 31 日～8 月 1 日；
18～20：8 月 13～16 日；21：9 月 1 日

种变化的方向经常与震后效应一致，而与震前异常方向相反，称为"临震回跳"现象。当然，它的时间过程比力学上的"回跳"要缓慢得多，这一过程如图 4.19b 所示，OA 段时地震尚未发生，水位改变了趋势下降的形态，转为上升，速度逐步加快；AB 段时地震波到达，大地震动，水位猛烈上升，BC 段时震动结束，水位继续上升，但速率逐渐减慢。由曲线上看，这 3 个阶段反映了一次由慢到快再减慢的破裂过程。破裂实验证明，许多岩石的脆性破裂的起始都是以较缓慢的蠕滑为其前导的，可以认为，O 点是能量积累变成能量释放的转折点，A 点是非稳态扩张的起始点。因此"临震回跳"（OA）是主体破坏已开始而主破裂尚未到来的短暂时间间隔中发生的地下水微动态变化[16,17]。

近年来，原苏联以及日本、美国等国科学家也大量地开展了地震前后地下流体（水位、流量、水化、水气）的微动态观测，虽然他们的观测网的规模、数量、深度一般不及我国，但观测精度，尤其地下流体各种参量的综合观测配套程度却远胜于我国。从文献公布的资料，初步统计，截止到 1990 年原苏联公布了地下水异常的地震震例 160 多次，日本约 110 次左右，美国 45 次左右。值得注意的是他们观测到的事实与结论和我们的事实与结论十分一致。这证明了我们对地震前地下水微动态异常形态特征、形成机理的认识是客观的，是有大量事实依据的，是有普遍实用价值的。

例如原苏联学者 M. A. 萨道夫斯基院士提出地震前地下水位异常主要以突发性下降为主，并把它归咎于临震前震中附近的大量张裂隙发育的依据。根据他对远东实验场 27 次地震地下水位异常统计，下降型异常（多为突发性下降）占总异常数的 44%。Г. И. 基辛教授与 А. Н. 苏尔坦霍柴也夫院士在支持地震前地下水位异常形态多样，但

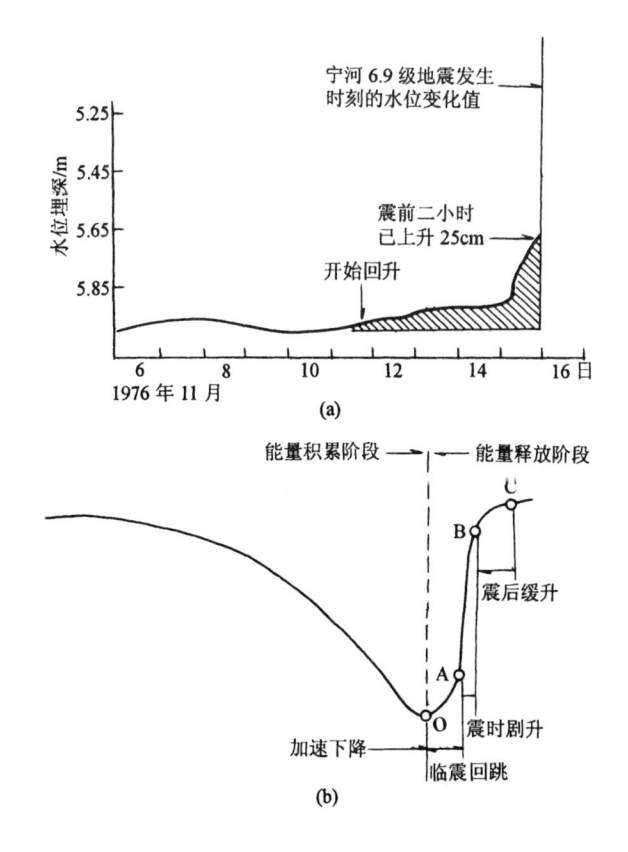

图 4.19　唐山地震前水位"临震回跳"
（a）实际记录；（b）理论解释

以下降为主的观点基础上，深入研究了下降异常空间展布的不均一性，认为张性裂隙以发震断层附近最为发育，可能形成下降几十米的串层现象，被称之为"地震地下水的巨型异常"（图 4.20）[18]。

美国学者 E. A. Rolloffs 曾公布许多在美国观测到的地下水地震前兆震例，她在同意下降异常占比例较大的基础上，特别强调要研究脉冲型异常，图 4.21 是 1980 年 2 月 25 日美国圣哈辛托 5.5 级地震前距震中 31 km 的伯兰格谷地一水井的记录。地震前 88 小时该井记录到一次水位在 4 小时内突升 45 cm，然后恢复正常水平后又突降的异常现象。这是该井观测 2 年中从未有过的。据研究者分析，这一变化可能与断层蠕动、地壳中释放气体有关[19]。

关于断层蠕动与地下水关系早在 20 世纪 70 年代美国 A. Nur 教授及 A. G. Johnson 教授就公开一些令人信服的观测资料。他们在圣安德烈斯断层上开展了多台蠕变仪与多口水井的综合观测研究，资料表明断层蠕动与井孔水位同步发生变化，蠕动量大小与井孔水位变幅有一定比例关系，另外多次观测表明，井孔水位的升降方向、升降起始时间等与发生蠕动的位置距水井方向与距离有关（图 4.22）[20]。

这种断层蠕动、气体逸出、井水位变化的综合对比资料在我国唐山地震前后八宝山断层上也被观测到（图 4.23）。

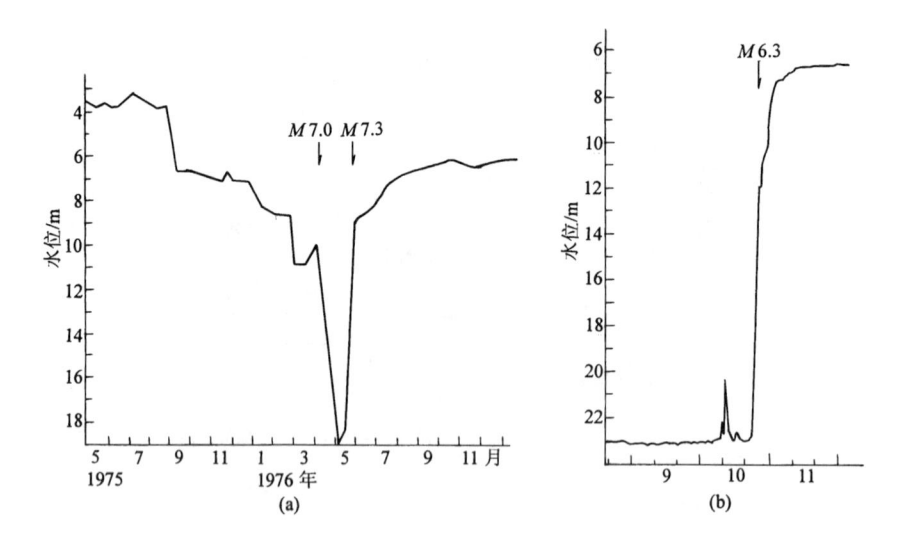

图 4.20 (a) 1976 年 5 月 17 日阿什哈巴德 7.3 级地震前后地下水位的"巨型异常";(b) 1984 年 10 月 26 日塔吉尔干 6.3 级地震前后地下水位的"巨型异常"
(据文献 [18])

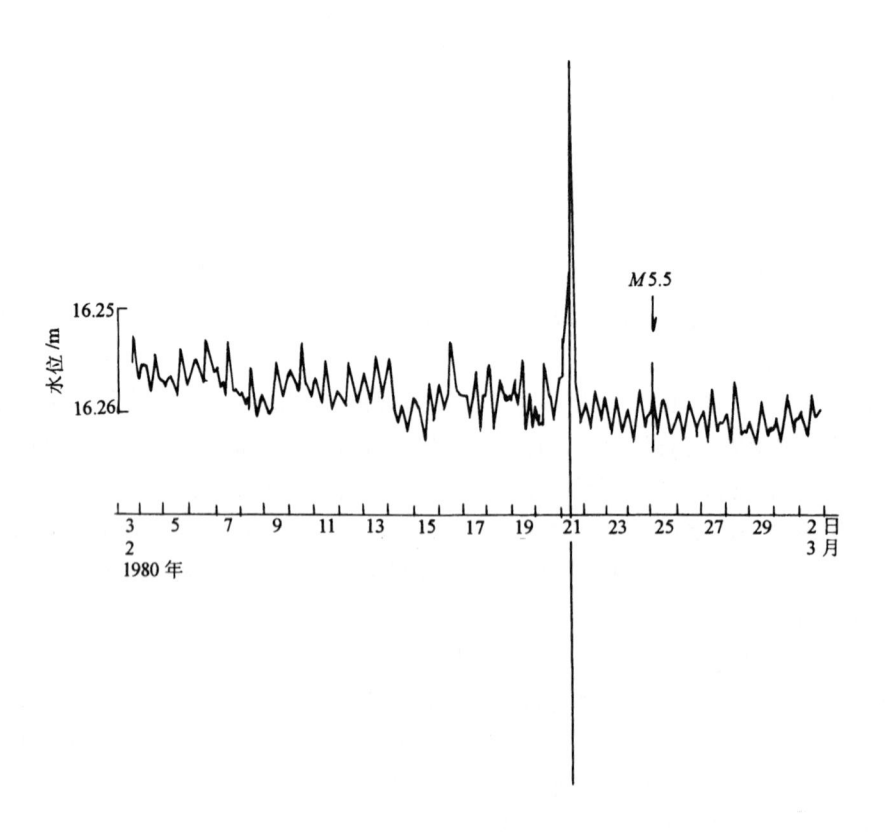

图 4.21 圣哈辛托 5.5 级地震前美国 3N4 井水位的脉冲型异常变化

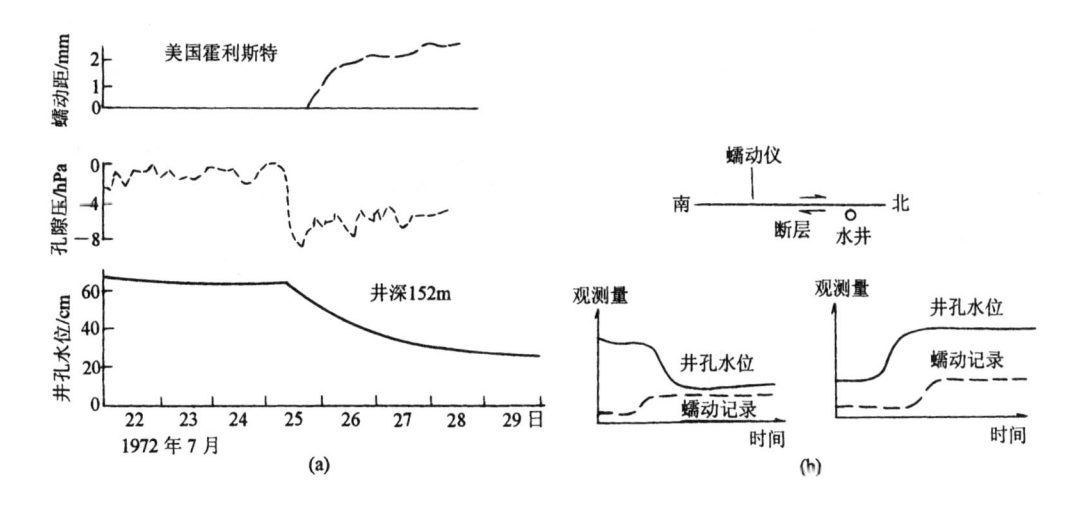

图 4.22　井孔水位与断层蠕动的关系
（据文献 [6]）

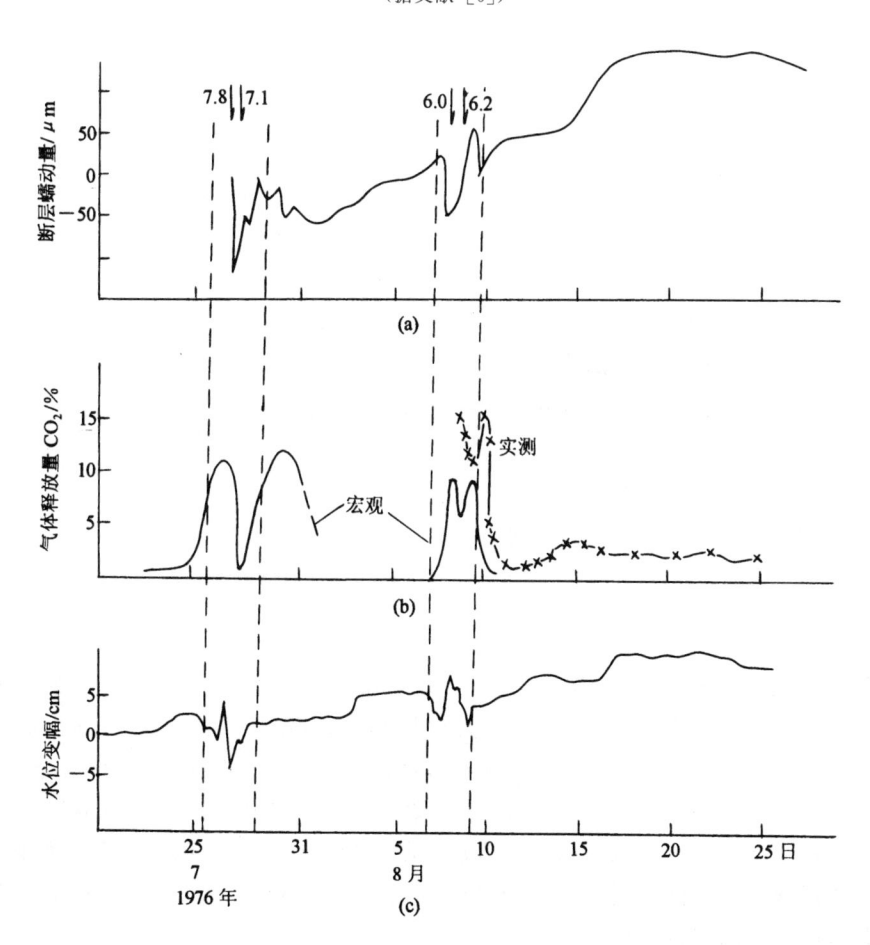

图 4.23　唐山地震前后八宝山断层蠕动（a）、气体逸出（b）、水位变动（c）对比图
（据文献 [15]）

日本学者 H. Wakita、T. Rikitake、T. Narasimhan 公布过大量地震地下水异常变化的日本震例，其中最引人注目的是大量温泉记录实例与多种观测方法的配套观测的结果。

图 4.24 表示出 1980 年伊豆半岛近海的 6.7 级地震前后日本伊豆半岛宇佐美（Usami）的自喷温泉的温度随时间的变化曲线。图中可见在地震前 3 天温度突升了近 2℃ 的突出异常。

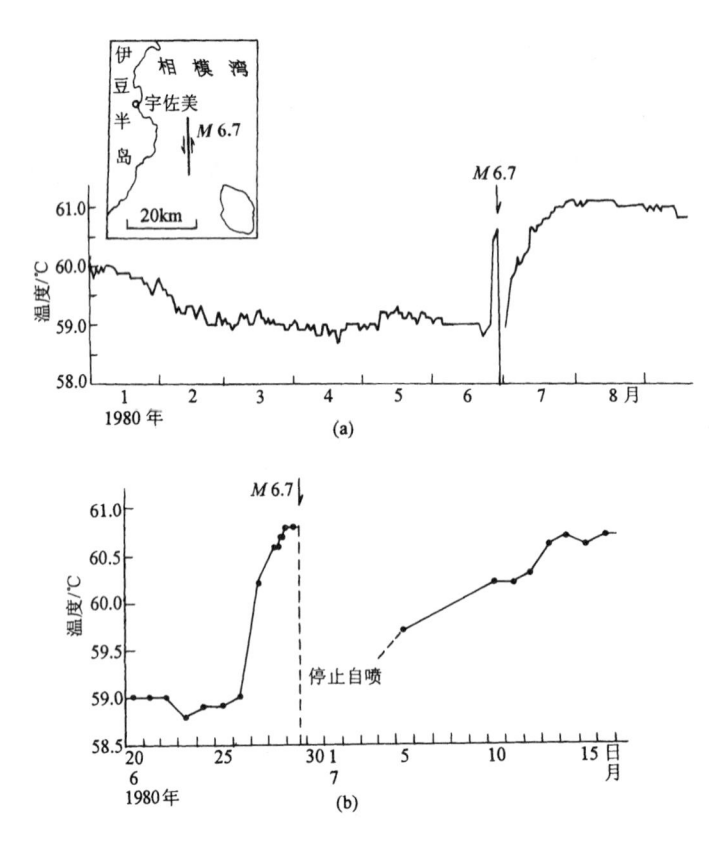

图 4.24　1980 年伊豆半岛东北近海 6.7 级地震前后日本伊豆半岛宇佐美
的自喷温泉的温度随时间的变化曲线
（Y. Kurokawa, 1980）

1978 年 1 月 14 日伊豆 7.0 级地震后，H. Wakita 教授公布了一套迄今为止地下流体震前异常观测中最完整配套的资料。它由四个观测点组成，离震中 25 km 的一口深井水氡含量自动记录仪，离震中 30 km 的一口深井水温与水位自动记录仪，离震中 50 km 的井下体积应变计记录（见图 4.25）。从图中可见，这些观测点出现异常的时间大体同步（超前 40~45 天）。水氡略早，水温略晚，异常形态都表现为下降，都观测到同震效应与震后效应，大体在震后一个月逐渐恢复正常。Wakita 把这些异常都归咎震前震中区附近的裂隙演变过程的反映。

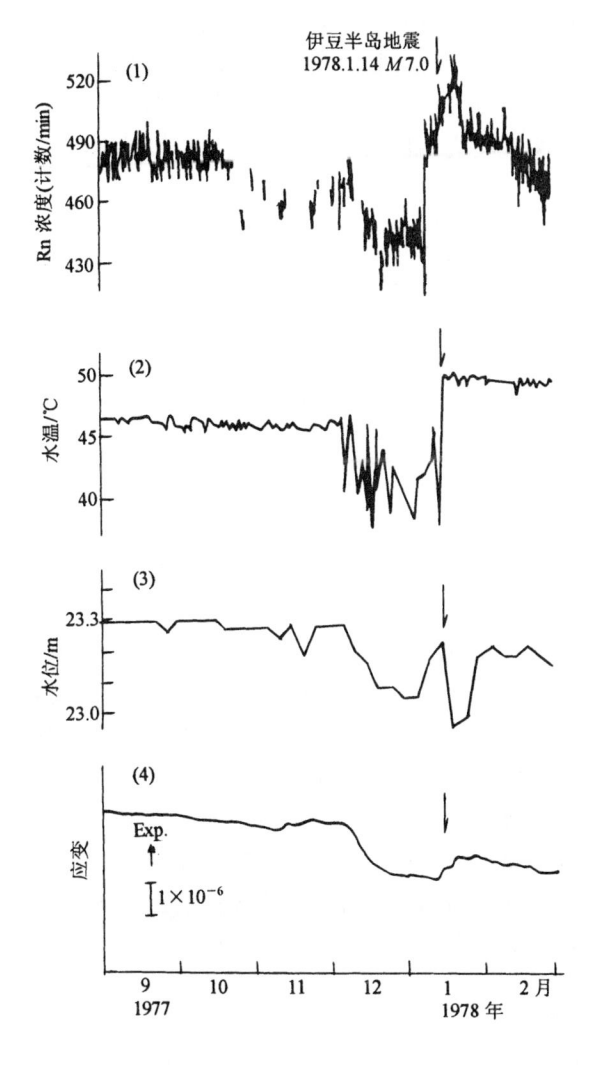

图 4.25 伊豆半岛观测到的 1978 年伊豆-大岛-近海地震的
前兆变化

(1) 在 SKB（$D=25$ km）一口 350 m 深的井的氡浓度变化；(2) 500m 深的井（$D=30$ km）的水温，数据取自 Kish 等（1979）文章的图 2；(3) 500 m 深的井（$D=30$ km）的水位变化，数据取自 Nagai 等（1979）文章的图 22；(4) 石室崎（$D=50$ km）的体积应变计（JMA 测量（1978））

## §4.4　利用地下水微动态异常预报地震

目前国内外利用地下水微动态异常预报地震尚处在经验摸索阶段。但在许多成功的经验中包含有深刻的理论内含。这些经验预报的依据是：第一，在相同条件下，异常现象具有重现性；第二，在相似条件下，异常现象具有可对比性。这种预报的成败取决于经验本身的可靠程度、经验的数量、对经验的理解以及合理应用经验的能力。因此，这种预报的方法与效能同中医治病一样,也是因地而异(井孔所处地点的条件)、因震而异(地震类型与发生的条件)、因人而异(作出判断的人的经验)。

通过总结我国30多年利用地下水动态预报地震的经验,可将已广泛应用并取得一定成效的预报方法及虽未广泛应用但已初显潜力的新方法归纳为单井预报、群井预报、追踪预报、后效预报、前驱预报等5种[21]。

### 4.4.1 单井预报

**1. 方法与概述**

根据单井所观测的资料进行地震三要素(时间、地点、强度)的预报虽然难度较大,但由于许多单井被当地视为保卫本区人民生命财产的岗哨,一有情况当地政府立即要求提供预报意见,客观形势逼迫单井承担预报任务。此外,观测人员由于交通、通讯等原因很难及时得到邻区水井的资料情况,加之各井所处构造、水文地质条件均有较大差别,对比分析困难较多。因此,迄今为止,利用地下水预报地震的实例中一半以上是单井预报的经验。

单井预报又可分为单井单项预报与单井多项预报。单井单项预报常根据异常的性质、形态、幅度与时间进行地震三要素预报。实际上主要是时间预报、根据异常的起始、转折或结束时间及本井以往震例的对比而作出判断。异常的幅度、异常持续时间是震中距与地震强度共同作用的结果,各种作用尚难相互分离。因此,单项预报方法对发震时间的预报效果较好,而对地点与强度的预报常表现出难以区别近区中等地震与远区较强地震的困难。单井多项预报是在单井单项预报的基础上,增加了几个观测项目(如水位、水温、水化、水气等)的相互组合关系作预报判据,从而减小了由于单井单项预报中可能出现的偶然误差的几率,提高预报的可靠性。

**2. 预报实例**

川08井是四川德阳县深3 072 m的石油井,该井含水层埋深大、封闭好,水位多年一直十分平稳。在正常情况下,每月变化不超过1~2 cm。凡出现水位大幅度下降超过6 cm时,一般附近都有较大地震相对应。另外,此井含有一定天然气,当气泡逸出时造成水位脉冲抖动。平时每小时17~20次脉冲,幅度约10~20 mm,当脉冲数量低于7次,幅度小于7 mm时,附近常有中强地震发生的可能。该井就是利用这两种异常进行单井预报并取得一定成效。

川08井1982~1987年的6年间除了1982年水位剧降达60 cm外,其他年份几乎是一条直线(图4.26a),而1982年水位异常则与3次地震活动有关。

从1982年下降异常的细部描述可以看到,整个下降异常恰好分别对应了6月16日四川甘孜6.0级地震(图4.26b);7月3日云南剑川5.4级地震(图4.26c)与8月2~3日剑川4.4、4.8级强余震(图4.26d)。

上述3次震例中以甘孜6.0级地震异常为典型而完整。图4.27a是该井发震前一日水位实测记录,图中明显可见异常起始于6月15日18时10分(震前13小时)出现突发性阶降,这种阶降一共出现了6次,间隔时间越来越短(分别为4.5小时、3.5小

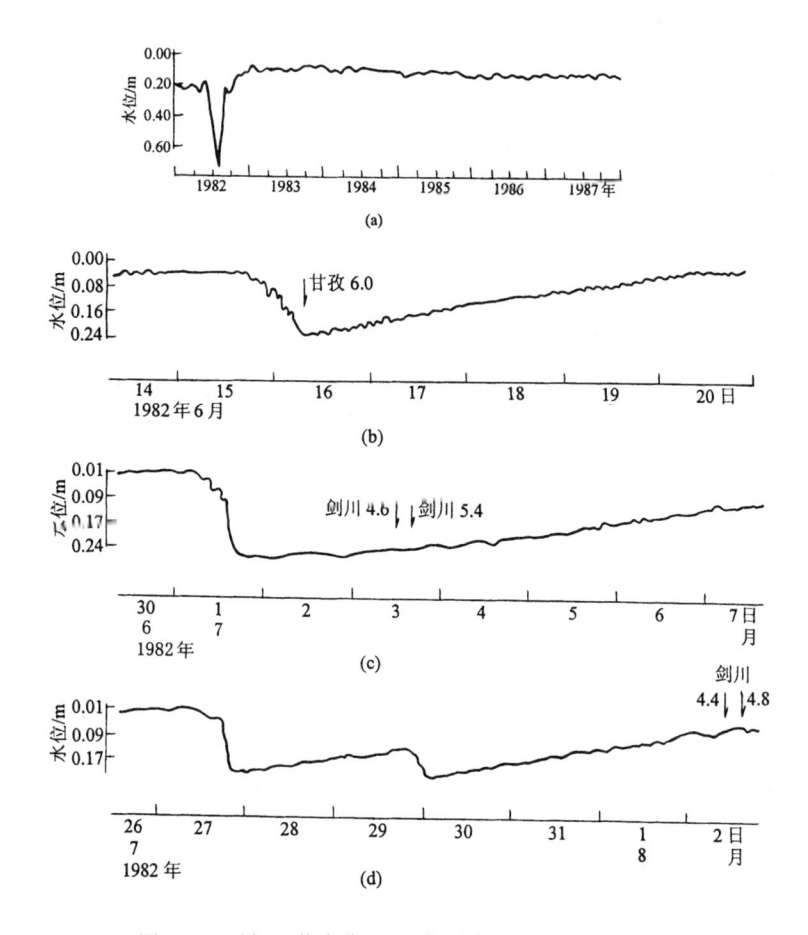

图 4.26　川 08 井水位 1982 年异常与 3 次地震关系图

时、1.5 小时、1 小时），异常越来越明显，显示出岩石破裂群体形成的突发过程的雪崩不稳定破裂模式迹象（图 4.27b）。

1982 年以后，此井再也没有出现急剧下降的异常，但在接近发生中强地震前水位脉冲抖动的数量与幅度却有明显变化（图 4.28）。1988 年 8 月 6 日水位脉冲由正常时间每小时 10～15 次下降为每小时 5～8 次，幅度由 1～1.2 cm 下降为 0.8 cm，一天以后发生了理塘 5.6 级地震，震后异常进一步发展，8 月 11 日脉冲数进一步下降为每小时 1～2 次，幅度下降为 0.2 cm，两天后发生了盐源 5.2 级地震，震后脉冲很快恢复成每小时 10 次以上的正常状态，幅度也增大至 1 cm 以上。这种异常已由多次地震对应实例。

根据上述多次震例总结，该井预报地震的经验是：

发震时间——在水位突降数小时到 5 天，脉冲频度与强度明显减少后 7～10 天发震；

发震地点和强度——在本井 200 km 范围可能发生 4.0 级以上地震，400 km 范围可能发生 5.0 级以上地震。

实际应用结果对龙门山地震带、武都地区及剑川地区效果较好。按此方法该井曾对 1982 年 6 月 16 日四川甘孜 6.0 级地震与 1988 年 1 月 10 日云南宁蒗 5.6 级地震做了较

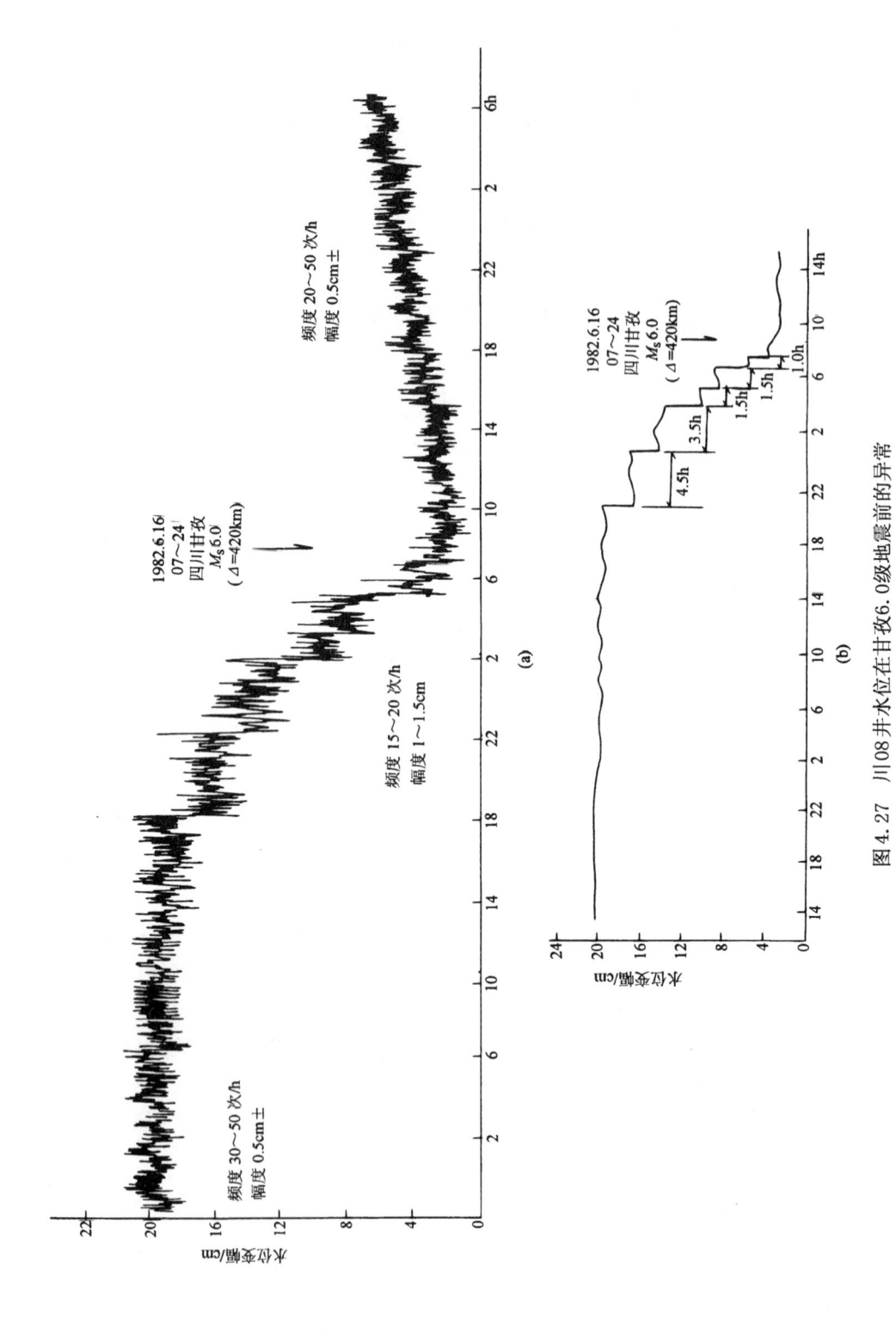

图 4.27 川 08 井水位在甘孜 6.0 级地震前的异常

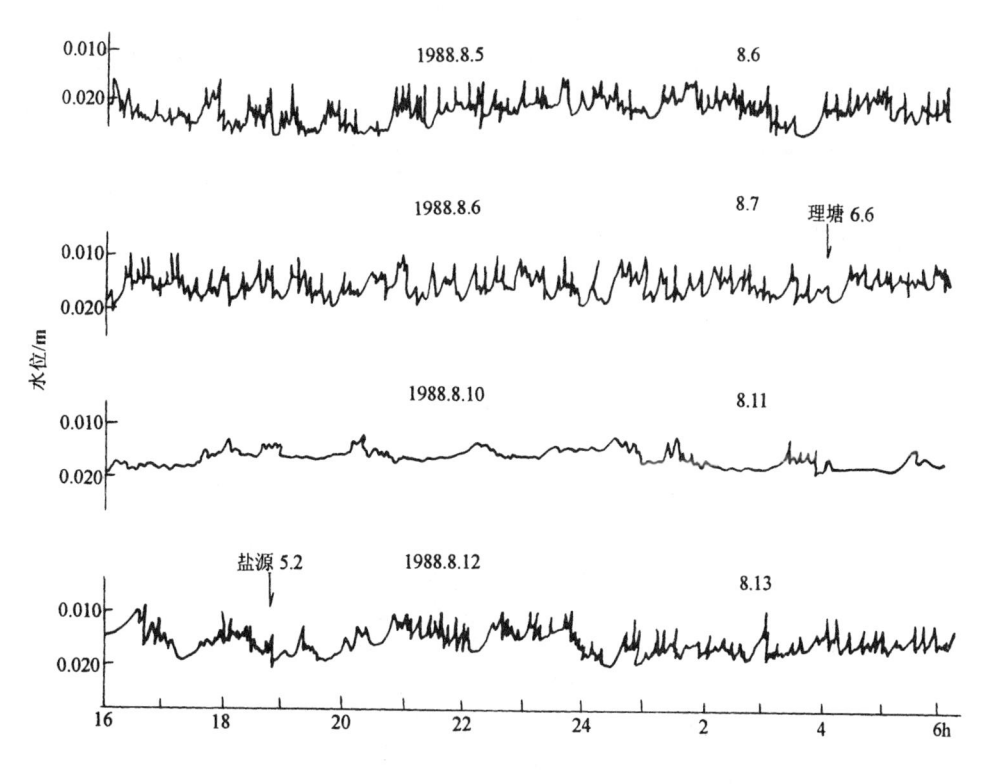

图 4.28　理塘 5.6、盐源 5.2 级地震前后川 08 井天然气脉冲异常图

好的预报。1988 年 1 月 10 日宁蒗 5.6 级地震前，1 月 3~4 日该井出现明显脉冲异常，县地办急报四川省地震局。1 月 7 日省局地下水室派人前往现场，经调查确认异常无误，9 日向局预报室提出正式预报，结果与事实相符。

### 4.4.2　群井预报

**1. 方法概述**

单井预报基本上是发震的时间预报，对地点与强度判别较难。因为地下水微动态变化是反映井-含水层系统体积应变，本身不具有明确的方向性。但有些井的地下水异常具有某些方向性的特点。可能是由于井孔所处构造位置而引起的间接反映，例如某些断层受由一定方向的力所牵动等。

解决预报地点与强度的出路在于开展群井对比观测，进行"场"的分析。这样才能取得异常井密度、异常井空间展布范围与时空转化动态图像等重要资料。因此，群井预报比单井预报对预报地震三要素，尤其地点与强度预报有更多的信息量与更大的预报潜力。

**2. 预报实例**

以 1986 年 10 月 7 日云南富民 5.2 级地震为例，说明群井对比的分析方法。

图 4.29 示出了云南井网中 5 口预报地震效能最强的灵敏井的最佳预报范围。如图所示，滇 01 井与罗茨井（井 03）主要反映南北地震带南段的滇东断裂系上的地震，其中滇 01 井反映范围大，预报效能尤为突出。通海井（井 16）主要反映建水、石屏、峨山、开远一带红河断裂带的南段及构造弧顶附近地震。剑川井（井 06）反映范围较大，主要对红河断裂带的北段下关至中甸以及永胜。宁蒗一带地震的反映较好。保山井（井 14）主要反映保山至下关这一北东向地震带上的地震。

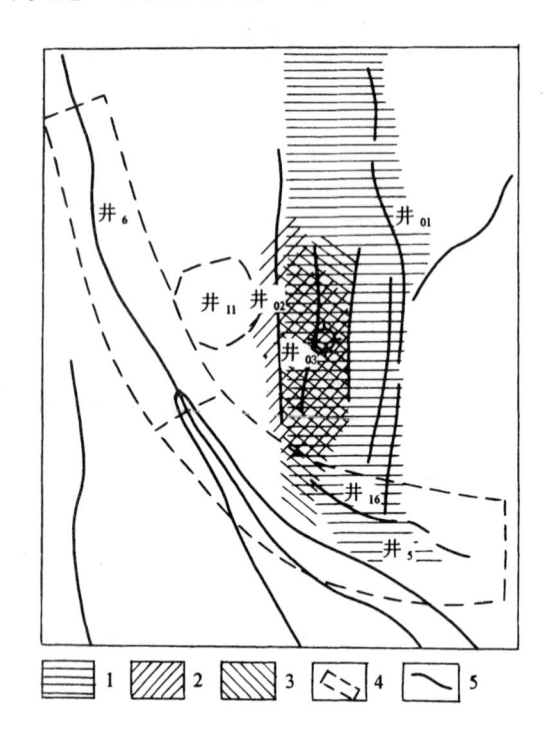

图 4.29　富民 $M_S$ 5.2 级地震前群井异常示意图

有异常反应范围：1. 井 $_{01}$ 异常反应区；2. 井 $_{02}$ 反应区；3. 井 $_{03}$ 反应区；
4. 无异常反应区；5. 主要构造线

1986 年 6 月 2 日至 9 月 29 日，罗茨井（井 03）的水位、流量、水温、水氡在十分平稳的背景上，出现波动变化，水位上升 5 cm，明显打破正常年变幅度。该井有过 3 次震例，以水位变化 5 cm 作为预报指标计，单井预报概率约 50%（图 4.30）。

1986 年 7 月 22 日元谋井（井 02）出现水位突升异常，幅度达 16 cm（图 4.31）。经分析此变化虽与下雨影响有关，但与以往多次相同降雨量相比，变化量约比以往高达 3 倍以上，此变化显然可作为异常。但由于此井以往震例不多，预报效能不高。通过与附近罗茨井异常一并考虑，预报成功概率比单井有所提高。

1986 年 8 月 26 日至 9 月 9 日滇 01 井在水位缓降趋势背景上出现突升，异常幅度达 23.9 cm。据分析，同期并未降雨，也未发现其他可能的干扰。更值得注意的是水位由缓降转为上升，是以 8 月 12 日盐源 5.3 级地震同震变化作为转折点的，这一现象引起了充分重视。

滇 01 井是云南井网中震例最多（12 次）、效能较好的灵敏井。它的预报指标是水

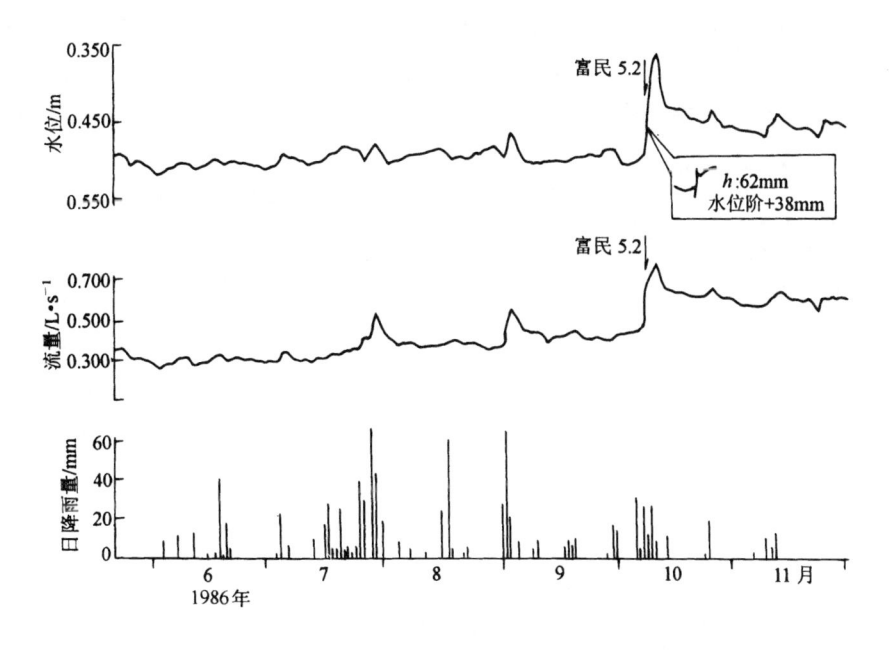

图 4.30　罗茨井水位与流量在富民 5.2 级地震前的异常

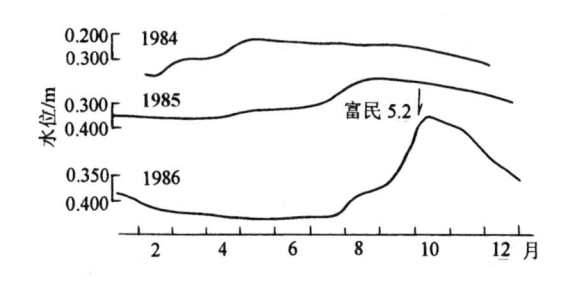

图 4.31　元谋井水位在富民 5.2 级地震前的异常

位日均升降幅＞6 cm，水位日均值一阶差分值＞3.5 倍标准误差，水位日均值别氏滤波剩余值＞3 倍标准误差。这一次异常别氏滤波剩余值达 5.3 倍标准误差，日均值一阶差分达 8.63 倍标准误差，异常是明确无疑的。何况当邻区发生地震出现水位抬升异常后效时，该井预报效果更好。由于滇 01 井异常与罗茨、元谋井的异常组成异常群体，使预报成功概率大增。

9 月 12 日滇 01 井发出如下预报：

| | |
|---|---|
| 时　　间： | 1986 年 9 月中下旬 |
| 地　　点： | 巧家、东川及其邻区 |
| 震　　级： | 5.0 级左右 |
| 结　　果： | 10 月 7 日富民发生 5.2 级地震，三要素基本正确 |

事后总结发现这次地震的地点与时间完全有可能报得更准确些。从地点来看，这 3 口井都反映南北地震带南段的滇东断裂带附近，其中异常密度大的地区是罗茨井附近（100 km 内 4 口井中 2 口井异常，占 50%），罗茨井出现异常最早，延续时间最长（表

4.8)。结果地震震中离罗茨井仅 12 km。事后了解滇 01 井于 10 月 6 日 15 时水位出现明显临震回跳,罗茨井水中 Hg 含量也出现明显临震变化(图 4.32),如果加上这些异常,更有可能作出相当好的临震预报。

表 4.8  富民 5.2 级地震前云南 3 口井水位异常的基本特征

| 井孔名称 | 震中距(km) | 异常起止时间(天) | 异常幅度(cm) | 异常形态特征 | 震时特征 | 震后效应 |
|---|---|---|---|---|---|---|
| 滇 01 | 150 | 42 | 23.9 | 上升—下降—回升 | | 震后 4 天突升 10.5 cm |
| 滇 02 | 75 | 77 | 16 | 上升—突升 | 水位阶变+6 mm | 震后 3 天突升 2 cm |
| 滇 03 | 12 | 127 | 5 | 缓升—下降—回升 | 水位阶变+39 mm | 震后 4 天突升 9 cm |

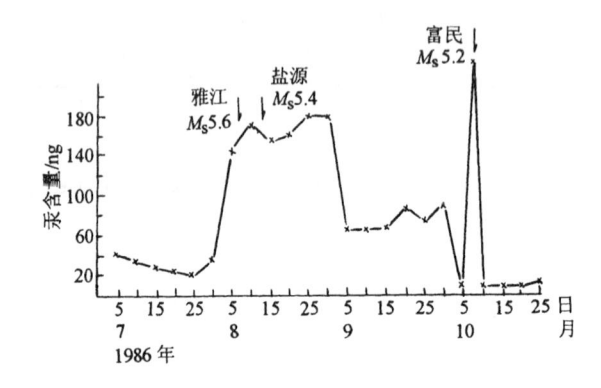

图 4.32  罗茨井汞动态与地震对应图

### 4.4.3  追踪预报

**1. 方法概述**

从地下水预报地震的历史看,无论单井或群井对发震时间的预报效果都较好,但对发震地点的预报则失误较多。为了解决地下水预报地震的地点问题,在长期预报实践中摸索出追踪预报、后效预报等着重研究地点预报的方法。

追踪预报是一种以研究在较大区域内不同地点的井孔出现异常的时间先后次序为线索进行地点预报的方法。多次大震震例表明,在地震孕育的不同阶段,水井出现异常最明显的地区(数量多、密度大、幅度突出)并不是固定不变的,地震发生前异常一般由四周向未来震中区聚集。地震发生后,异常由震中区向外围扩散。当然,不同地震类型在不同构造条件下,异常时空转移图像不尽一致。如松潘地震震前表现为沿龙门山断裂由西南向东北的单向迁移;海城地震震前表现为沿北西向断裂由丹东、盘山两地向震中区的双向聚拢;而唐山地震则表现为由四周向震中区的全面围拢。

追踪预报主要预报地震地点,但有时可根据参与异常聚集、扩散的范围来估计震级,根据合拢的进程来预报时间。

## 2. 预报实例

1985 年 3 月 29 日四川自贡 $M_L$5.5 级地震后，通过地下水位的变化追踪发现云南滇 01 井的特大异常，进而对发生在离滇 01 井仅 80 km 的 1985 年 4 月 18 日禄劝 $M_L$6.3 级地震有所察觉的过程。

如图 4.33 所示，自贡地震后位于震中以北 44 km 的川 12 井几乎与地震同时出现水位阶降（向下）16 cm，而位于震中西南 24 km 的晨光 3 井出现水位阶升（向上）18 cm；2.5 小时后距震中西南方向 68 km 的雷山井出现 4.5 cm 的阶升，地震水位效应随震中距增大而明显减弱。但 18 小时后在西南方向 340 km 的滇 01 井却出现了 2.5 cm 的阶升异常。值得注意的是 26 小时后该井水位变化不仅没有平息下来，反而在上升 2.5 cm 的基础上又猛升 41 cm，明确的显示出自贡地震的影响在此处被大大强化并牵动引起了新的变化。根据这一情况云南省地震局派专家赴现场进行调查，并提出近期小江断裂可能发生 5～6 级地震的判断意见，结果十余天后 4 月 18 日在异常最突出的滇 01 井附近发生禄劝 6.3 级地震。

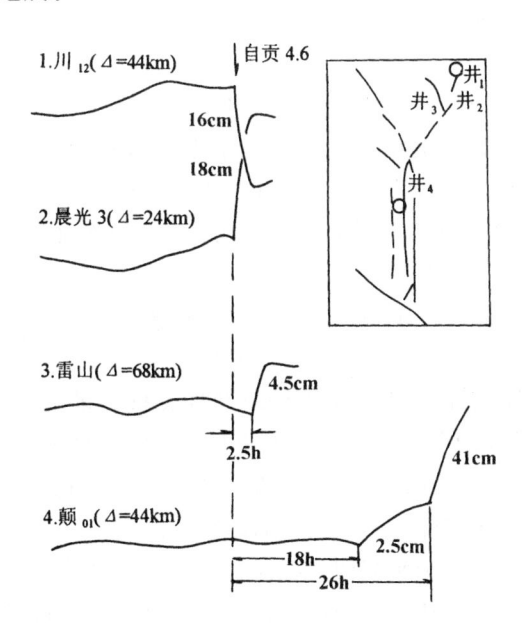

图 4.33 自贡地震外围地下水位变化追踪示意图

## 4.4.4 后效预报

### 1. 方法概述

由于井网分布范围和分布密度所限，能够追踪一群地下水井异常的时空迁移，并勾画出一个完整的迁移图像的情况毕竟不多。在通常情况下，只能取得这种变迁图像中最显著的某些观测点的部分资料。最为常见的是大地震发生后一些外围井点对其响应或被激发而形成的异常，统称地下水的震后效应。

根据我国众多的地下水震后效应资料分析表明，水位后效变化也具有某些预报价值。汪成民在1975年提出"前兆敏感区、后效强烈区、未来发震区三者有某种联系"的观点。实践证明，根据原震区的地下水震后效应异常区的分布可能对强余震的发震地点提供线索，根据震中外围区域地下水震后效应异常区的分析，可能对判断外围牵动性地震，继发性地震的发震地点提出某些旁证。王仁（1980）认为大多数地震都发生在前一次（或前几次）地震发生时应力增高，即安全度下降的地区[22]。地下水震后效应可能是前一次地震区向后一次地震区应力转移动态的某种指示器。

**2. 预报实例**

1976年11月15日宁河6.9级地震后，根据该地震引起的地下水震后效应空间分布图像分析，震中以东地区水位阶变仅上升十几厘米，而处于震中北方的表口、黄庄、尔庄子一带水位上升达60 cm以上。因此，在1976年11月华北会商会上唐山现场地震队提出如下书面预报意见：

| |
|---|
| 时　间：余震活动期内 |
| 地　点：宁河6.9级地震震中附近，尤其西北方向 |
| 震　级：6.0级左右强余震 |
| 结　果：1977年5月12日在预报地点发生6.2级地震，地点、震级预报准确 |

唐山地震后，根据唐山地震引起大范围地下水震后效应分析，山东菏泽、江苏扬州、吉林舒兰等地区震后效应异常突出，结果1979年离扬州不远的溧阳发生6.0级地震，1983年菏泽发生5.9级地震，它们是唐山地震后我国东部最引人注目的两次地震。

## 4.4.5　前驱预报

1974年金森博雄报道了在美国加州曾用应变地震仪记录到1960年5月22日智利大地震前15分钟到达的长周期波，其周期为300～600 s。他认为这种波系由主破裂前震源区的巨大而缓慢的形变引起，称之为前驱波。在我国张文佑（1978）、汪成民（1981）、冯德益（1984）等也作过有关这方面的报道。近年来，随着地震地下水动态观测网的建成，地下水微动态观测研究的不断深入，此现象引起了更广泛的注视与浓厚的兴趣。江苏省地震局郭一新等从全国井网中经过筛选挑出苏03、苏18、苏23、鲁04、本溪、柱坑、汤坑等井进行了系统剖析，提出可能存在两种前驱波动的地下水位异常形态，一种是长周期的水位脉冲；另一种水位固体潮的畸变。

根据苏03井自1982～1985年记录资料统计，在4年水位记录中，共出现脉冲36次，其中脉冲出现后7～10天远距离发生大震的有33次，占异常数的90%以上。另外，苏23井的脉冲、苏18、柱坑、汤坑的固体潮畸变等也对远距离大震有较高的对应率。

图4.34示出了1983年5月26日日本秋田7.8级地震前，苏18井自记水位曲线于震前3天出现脉冲群，幅度大于1 mm，持续51小时，以后平静数小时，再度出现水位脉冲后发震。此井在其他远距离大震前也常出现上述现象。因此，可以利用此现象开展远距离大震发震时间的预报。

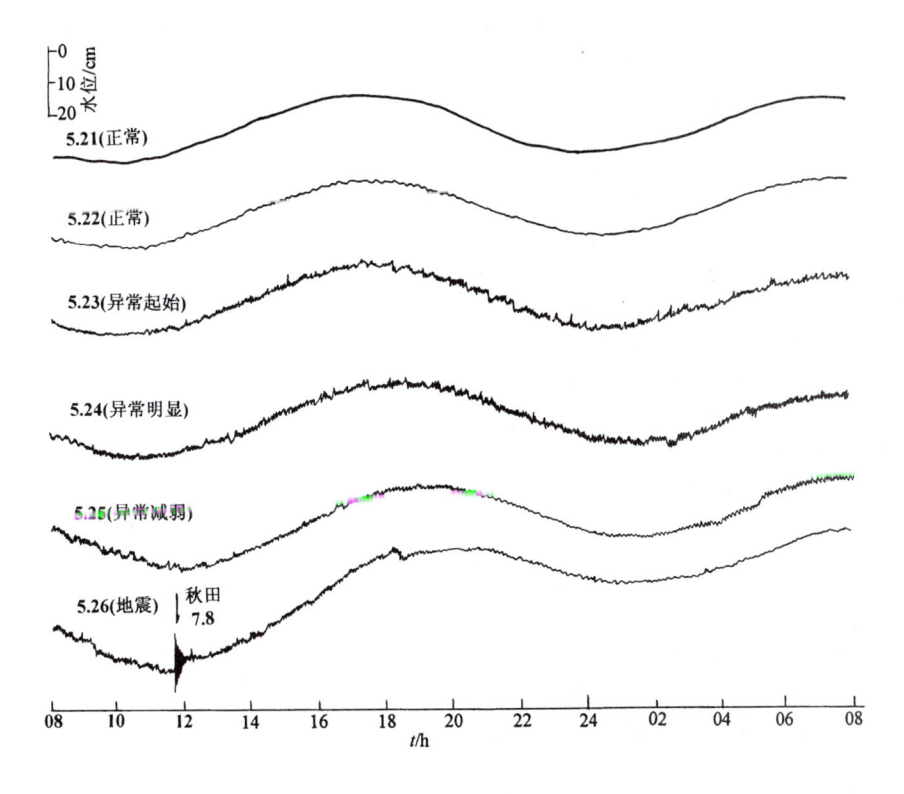

图 4.34　1983 年 5 月日本秋田 7.8 级地震前后苏 18 井水位记录

利用地下水位记录中分析可疑的前驱波信息进行远距离大震发震时间预报，虽然目前还刚开始探索，尚未取得震例，但根据越来越多的远距离大震的水位记录图分析，这种方法可能具有一定的预报潜力。

## 思 考 题

1. 什么是地下水微动态？它与传统的地下水动态有什么区别？
2. 研究地下水微动态的科学思路是什么？
3. 举例说明岩体弹性变形能引起地下水微动态的哪些变化？产生这些变化的主要原因？
4. 地震前地下水位主要有哪些异常形态？
5. 阐述地震前地下水位微动态的异常特征？
6. 哪种异常现象可能是最重要的地下水位的临震信号？
7. 目前利用地下水微动态异常预报地震主要有哪几种方法？

## 参 考 文 献

[1] 王大纯、张人权等，水文地质学基础，北京：地质出版社，1980。
[2] 沈照理，水文地质学，北京：科学出版社，1984。
[3] 汪成民等，地下水微动态研究，北京：地震出版社，1988。
[4] 汪成民等，地震前后地下水异常与岩体裂隙演变，地震科学研究，4 期，1981。

[5] Садовский М. А., Монахов Х. И., Семёнов А. Н., Гидродинамические иредвестники Южно-Курильских землерясений, ДАН СССР, 236（1），1977。

[6] Султанходжаев А. Н. и др., Гидродинамические особености некоторых сейсмоактивных зона,《ФАН》, Узб. СССР, Ташкент, 1977。

[7] 张昭栋等，体膨胀固体潮对水井水位观测的影响，地震研究，4期，1986。

[8] 郭增建、秦保燕等，以震源孕育模式讨论大震前地下水的变化，地球物理学报，17（2），1974。

[9] 车用太等，试论地下水位震前异常的来源、机制与模式，地震，4期，1988。

[10] 刘澜波、郑香媛编译，地下水微动态译文集，北京：科学技术出版社，1987。

[11] 张昭栋等，水井－含水层系统与水位观测系统对固体潮与地震波的响应，地震学报，2期，1988。

[12] 殷世林等，气压与深井承压水位的相关分析，地震，2期，1981。

[13] 张昭栋等，高阶差分法求深井水位的气压系数，地震学刊，2期，1986。

[14] 张昭栋等，水井水位的降水荷载效应，地震学报，增刊，1986。

[15] 汪成民等，地震前地下水位的短期及临震变化异常，地震学报，4期，1982。

[16] 汪成民等，对唐山地震前兆现象的几点认识，唐山地震考察与研究，北京：地震出版社，1981。

[17] 汪成民等，唐山地震前后深井水位变化特征，国际地震预报讨论会论文选，北京：地震出版社，1981。

[18] И. Г. 基辛，单修政译，地震与地下水，北京：地震出版社，1986。

[19] Roeloffs, E. A., Rudnicki, J. W., Coupled Deformation-Diffusion Effects on Water Level Changes Due to Propagating Creep Events, PAGEOPH, 122（2），1985.

[20] 蔡祖煌、石慧馨，地震流体地质学概论，北京：地震出版社，1980。

[21] 万迪坤、汪成民等，地下水动态异常与地震短临预报，北京：地震出版社，1993。

[22] 王仁等，华北地区地震迁移规律的数学模拟，地震学报，2（1），1980。

# 第五章 水文地球化学地震前兆

## §5.1 水文地球化学预报地震研究概述

### 5.1.1 研究概况

20世纪70年代以来，在中国、原苏联、日本、美国等国家建立了大批的地下水化学观测点，对地下水中的常量、微量气体、同位素等组分以及地下水中的其他物理参数进行观测与研究。探索各种组分变化与地震的关系，研究各种组分变化的地震前兆机制，并已获得了许多宝贵资料。

原苏联自1966年4月塔什干地震之后开展了这方面的研究工作。他们在中亚、远东等地建立了许多试验场，开展了多种组分的综合观测和研究，并取得了几次较好的震例。日本自1973年在东海、伊豆半岛等地布设观测点，采用较先进的仪器和设备，获得了1978年伊豆半岛7.0级地震和1995年阪神7.2级地震水化变化的震例。美国的工作开始于1974年，他们的主要工作都集中在圣安德烈斯断层上。尚未观测到强震的震例。

我国利用水化组分变化预报地震的工作是在监测预报的实践中诞生和发展起来的。1966年3月河北邢台发生7.2级强震，震后在邢台地区开展了地下水氡浓度、气体总量、氯、钙、镁等离子组分的观测和研究。1968年开始，先后在河北、天津、北京等地建立了水化观测点，至1969年渤海7.4级地震前，在华北形成了具有26个观测点的地下水化学观测网，在渤海地震的监测和预报中，发挥了一定的作用。此后，在我国其他地区也先后建立了水化观测点，逐渐形成了以华北和西南多震区为重点的全国水化地震观测台网。地震水文地球化学方法作为地震前兆监测手段之一，在我国多次强震的预报中发挥了积极的作用。

在30多年的观测预报实践中，我国还开展了一系列专题研究：如水化观测点的选择；最佳观测环境条件的研究；水化观测方法的改进与提高；水化组分变化的影响因素；强震水化前兆特征；水化地震前兆机理探讨等，并取得了不少有意义的科研成果。

### 5.1.2 研究的目的、意义

地震的孕育和发生是一个复杂的物理-化学过程，在地震的孕育过程中，岩层中应力的积累、应力状态和热动力状态的变化都会引起介质体系的变化和水-岩体系动平衡的破坏，因而导致岩层中各种化学组分的迁移和各种化学过程的变化，并通过由深部流出的或逸出的水和气的物理化学变化反映出来。为此，作为岩石介质组成部分的水和气是反映岩层受力变形、破裂以及热动力状态的十分灵敏的组分。

震前震源及其附近岩层孔隙压力的变化、裂隙的迅速扩展、微裂隙的逐渐增加，加速了地壳介质状态的改变和连续性的动态破裂，导致岩石弹性模量、电性、磁性、化学性质等各种物理-化学变化和气体的逸出，从而引发各类前兆的出现。地下水中化学组分和气体组分的变化属于水文地球化学前兆。近些年来，随着地震前兆研究的进展，水文地球化学方法已成为探索地震前兆的重要手段。

### 5.1.3 研究内容

地震水文地球化学是在地震学、水文地球化学、水文地质学等学科基础上发展起来的一门新的边缘学科，它是研究地震孕育、发生和发展过程中地下水中气体、化学成分变化与地震的关系、地震前后各种水文地球化学效应及其变化规律的一门科学。地震水文地球化学研究有以下几方面内容：

**1. 地下水化学组分正常动态及影响因素的研究**

地下水的化学组分是在漫长的地质时代和复杂的环境中，受到多种因素的作用下形成的。它受自然地理环境因素（气候、地形、水文）、地质因素（岩性、地质构造）、水文地质因素（地下水动态、埋藏条件、运动规律）和人类活动因素等的影响。一般情况下，地下水化学组分的变化受上述因素的控制，呈现出不同形态的变化。不同地区、不同构造位置和不同水文地质条件的水点，其地下水的化学组分显示出一定的区域性和局部性特征。地下水中各种组分的数量和其成分取决于：

(1) 地壳中各种组分的分布和它们的溶解度；
(2) 水与地下围岩的接触时间；
(3) 地球内部的温度和压力。

地下水在循环过程中，由于上述作用，其化学成分不断发生变化。而在使用水文地球化学方法探索地震前兆的过程中，我们将这种非地震因素引起的变化，称为地下水化学组分的正常动态变化。地震前由于地球内部某些特殊的构造部位应力的不断积累、增大，引起了岩层中各种物理-力学和物理-化学的复杂变化过程，从而导致地下水化学成分的变化，我们称之为地震的异常变化。

在地震前兆探索中，正确地识别观测资料的正常和异常是十分重要的，不搞清无震情况下地下水化学组分的正常动态、各种类型地下水化学组分随时间变化的规律及其变化形态，就无法识别其异常变化。因此深入研究不同地质、水文地质条件、地球化学背景条件下的地下水化学组分的正常动态及其影响因素，是水文地球化学地震前兆研究的一项重要内容。

**2. 地下水化学地震前兆效应的研究**

研究地震活动带深部循环的地下水的化学、同位素成分的变化、地下水中各种物理-化学参数与地震的对应关系和探索反映地震灵敏的组分是地震水文地球化学研究的又一重要内容。

为了获取地震的地下水化学前兆，开展了几十项地下水化学成分的观测与研究，目前较常见的观测项目有：$K^+$、$Na^+$、$Ca^{++}$、$Mg^{++}$、$CO_3^=$、$HCO_3^-$、$SO_4^=$、$Cl^-$、$F^-$、

$NO_2^-$、$SiO_2$、$Hg$ 等；气体组分有 $Rn$、$H_2$、$He$、$Ar$、$N_2$、$O_2$、$CO_2$、$CH_4$、$H_2S$；同位素比值 $H^1/H^2$、$^{12}C/^{13}C$、$^{16}O/^{18}O$、$^{36}Ar/^{40}Ar$、$^{32}S/^{34}S$、$^{234}U/^{238}U$、$Ar/He$、$Ar/N_2$，以及 pH、电导、水温、流量等。在地震的孕育过程中，地下环境条件的变化，引起了地下流体动力条件和地下水化学成分的变化。因此开展水化多组分综合观测，对获取地震前兆信息、识别和排除干扰、确定地震引起的地下水化学组分异常具有重要作用。

由于不同地区地下水化学组分具有较强的区域性特征，其变化在很大程度上受观测点所处的地质构造、水文地质条件等环境因素的影响，因此必须深入研究各地的背景条件，寻找各地区的反映地震灵敏的特征性组分。

自1966年以来，我国大陆发生了多次7级以上破坏性地震。这些地震都属于浅源地震。但浅源地震的震源深度也都在十几公里。因此，研究来自深部的各种地震前兆信息具有重要的意义。根据一些元素的地球化学特性，如氦、氢、汞、硼、锂等，它们均来源深部，并与深大断裂和现代构造运动有关。因此选择来自深部的组分并进行观测和研究，是提高地震预报水平的一个重要途径。

**3. 水文地球化学地震预报方法研究**

研究地下水化学组分变化与地震的关系，并利用地下水化学组分的变化判断地震发生的时间、地点和震级，是水文地球化学地震前兆研究的又一重要内容。

该项研究是建立在具有大量的观测资料和多年的地震监测预报的基础上。通过对观测资料的核实分析和对各次震例的深入研究总结，获取地下水化学地震前兆的共同特征，研究水化地震异常的判定方法，提取水化地震三要素预报的判据和指标。

**4. 水文地球化学地震前兆机理的研究**

为了阐明地震前水文地球化学异常的实质，必须开展水化地震前兆机理的研究，阐明地震水文地球化学前兆产生的物理基础。开展与地震孕育机制有关的水化前兆机理的室内模拟实验和野外大型爆破和水压制裂实验，研究岩层受力情况下地下水化学组分的变化特征。运用地球化学研究的基本原理，研究地震孕育过程中震源及外围地区地下岩层中各种化学组分的迁移变化规律；研究水在地震孕育过程中的作用以及水-岩相互作用等问题，是水化地震前兆研究的又一重要内容。

## §5.2 水文地球化学地震前兆机理与实验基础

### 5.2.1 水化前兆机理的实验研究

**1. 室内模拟实验研究**

为了阐明地震前水化组分变化的机理、水化组分异常与地震孕育发生过程的物理联系，在我国开展了一系列室内实验研究。模拟在多种边界条件下不同性质的岩层在压裂、振动、溶滤等不同的作用过程中地下水化学组分的变化规律。

1) 压裂实验

1973 年开始以花岗岩类岩石和混凝土等作为测试样品，在单轴压力下研究加压过程中岩石中氡射气的变化（罗光伟，1977、1980）[1,2]。实验结果发现，当应力达到试件破裂强度 50％以后，氡射气出现显著的变化。当试件受压产生小破裂以至最终产生大破裂时，氡射气出现几倍至十几倍的增长（图 5.1），其他化学组分如钾、钠、钙、镁、氯、重碳酸根、硫酸根、等离子以及电导、pH 值、Eh 值等的变化也十分明显。通过对不同岩性的样品进行压裂试验，发现岩石压裂过程中，岩石中化学成分和气体成分的

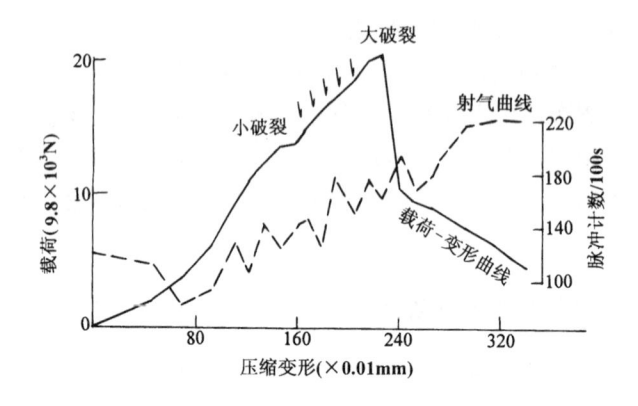

图 5.1　北京八达岭花岗岩压裂试验氡射气变化曲线
（据罗光伟）

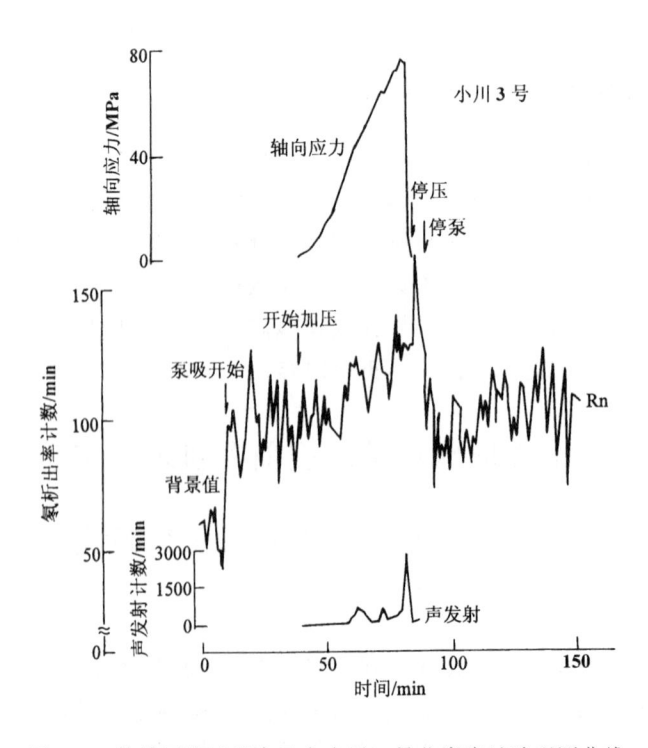

图 5.2　单轴压缩过程中日本小川 3 号花岗岩试验观测曲线

变化，不仅直接与应力的大小有关，而且与岩性成分有关（范树全，1980）[3]。压裂实验表明，在岩层受力的情况下，作为岩层介质组成部分的水和气会出现明显的异常变化。

日本学者楠漱勤一郎等人也开展了以花岗岩为试件的单轴压裂试验，观测应力和声发射变化与氡释放的关系，实验结果发现，岩石破裂释放的氡值随着应力增加而增高。氡的高值出现在岩石完全破裂时（图5.2）[4]。

原苏联科学院大地物理研究所和地球化学研究所等机构合作开展了大尺度岩石模拟实验，研究加压过程中化学成分的变化。用高达5万吨压力机，采用玄武岩和花岗岩大样本，（最大边长达3m）进行了4次综合项目的破裂实验，当岩石出现裂隙时，岩石中的氡、汞都出现了明显的变化（图5.3）[5]。

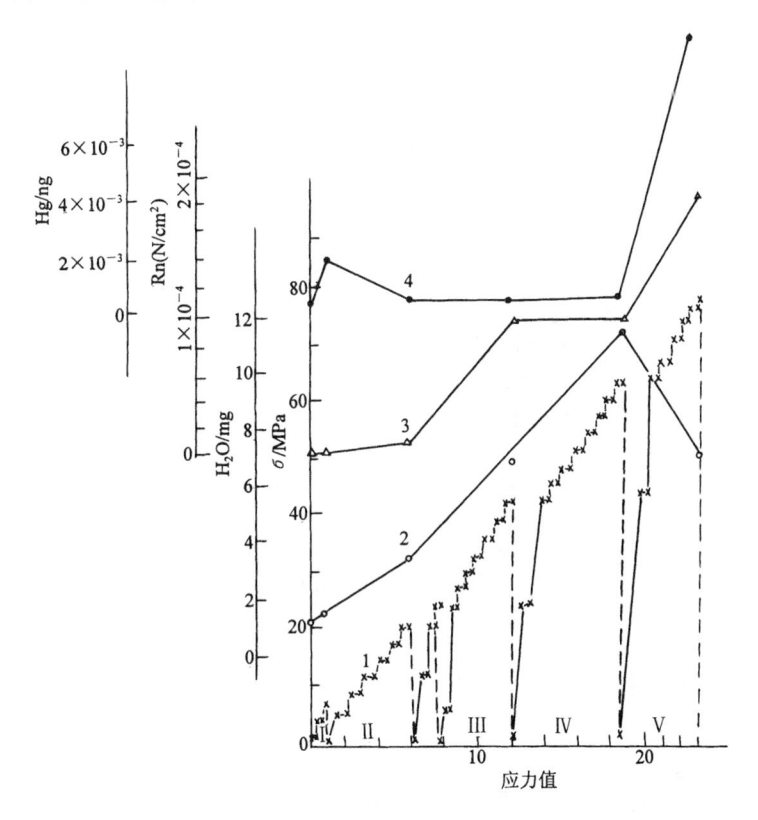

图 5.3  玄武岩标本实验过程中地球化学元素的释放量
1. 单轴压缩应力变化曲线；2. $H_2O$；3. Rn；4. Hg

2）振动实验

（1）超声振动实验

1967年原苏联格拉岑斯基等人通过岩石破裂实验发现，伴随着裂隙的形成过程，会激发出高频的弹性振动，当超声频率范围（$30 \times 10^3$ Hz）的弹性波在岩石试件中传播时，岩石中的气体组分由原来被吸附在岩石的空隙、裂隙及其他的空洞内的吸附状态转化为自由状态，超声振动作用可使吸附力遭到破坏。同时超声振动可使扩散过程加速40～50倍。1977年乌兹别克斯坦苏尔坦霍德扎耶夫又开展了一系列实验，证明超声振动作用不仅使气体由岩石中析出，而且也可使各种微量元素和其他化学组分析出量增大[6]。

1981年冯玮等人在上述工作的基础上，开展了饱水岩石超声振动下氡浓度变化的实验。并提出在超声振动下，岩石微结构有明显的变化，超声振动可以破坏岩石和矿物的完整性。不仅能破坏吸附氡的束缚状态，同时还能释放出封闭氡（图5.4）[7]。1982年冯玮等人还进行了超声振动作用下，岩石释放氢的实验。并认为超声振动加速岩石溶滤作用是氢释放的主要原因。1986年冯玮等人又探索了超声在水介质中传播时次生氢的发射问题。作者认为，水的化学键的断裂是产生氢发射的原因。而超声振动是促使化学键断裂的能源，其化学反应式为：

$$2H_2O \xrightarrow{超声} H_2O_2 + H_2$$

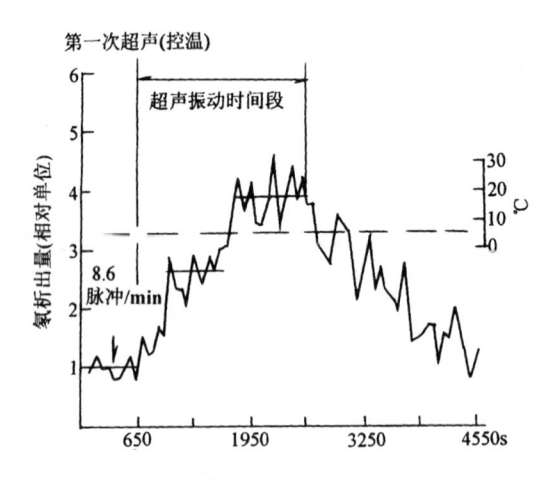

图5.4　超声振动过程曲线

（据冯玮等）

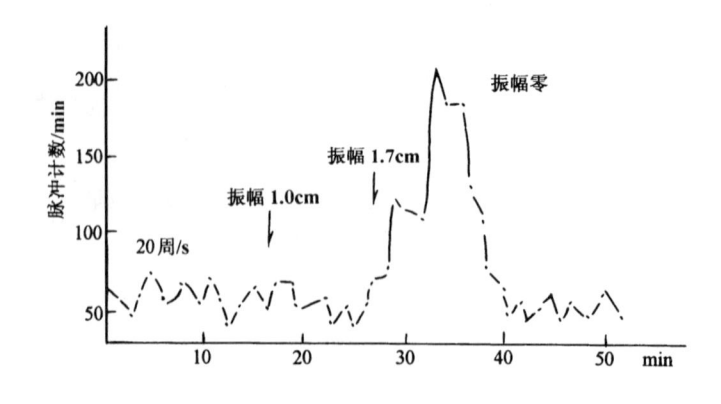

图5.5　音频振动实验曲线

（据罗光伟等）

（2）音频振动实验

1982～1984年罗光伟等人开展了花岗岩类岩石低频振动实验。实验发现当频率在每秒 5 周至 20 周（地震波的振动频率在每秒几周至数十周范围）振幅在 2.5～4 mm 左右时，岩石氡钍射气量成倍增长，因此音频振动在一定条件下可以引起岩石氡钍射气量发生变化（图 5.5）[8]。

1983 年王永才等人在频率 200 Hz，振幅 0.5 mm 的低频振动下，对土壤气中的氡含量变化进行了实验，结果发现其变化与人工爆破土壤氡变化一致（图 5.6）[9]，表明

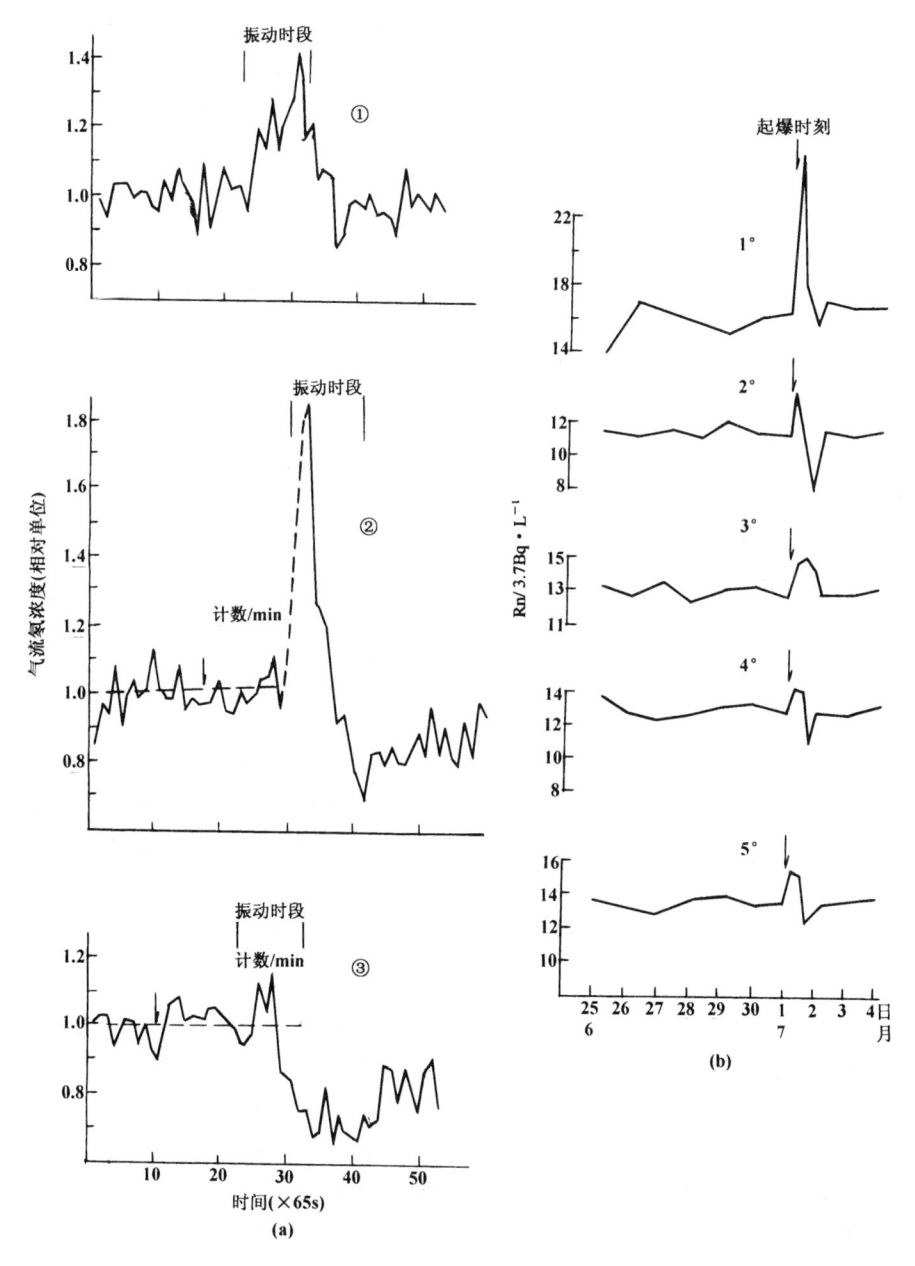

图 5.6 低频振动和爆破时土氡效应
（据王永才等）
（a）低频振动作用下土氡变化过程曲线：①第一次振动；
②第二次振动；③第三次振动。（b）爆破时的土氡效应

低频振动也是震前氡含量变化的主要原因之一。

3）溶解溶滤和压溶实验

我国的地震工作者开展了大量的岩石浸泡实验，对不同类型岩性的岩石进行了不同浸泡时间的实验研究，发现不同岩性的岩石浸泡后溶液中氡的含量有显著的差异。1979年苏刚等人还开展了渗流实验，结果发现沿渗流主流线方向，氡迁移量最大。

1984年李桂茹等人开展了在加压和常压条件下溶解溶滤实验，实验结果表明，加压条件下各种离子的析出量明显增高。通过在高压釜内的常温加压及加温加压（蒋凤亮，1984）溶解实验，加温加压条件下离子成分都有明显增高，实验结果表明，地下水中离子成分含量的变化不仅需要一定的压力条件，同时还需要一定的温度条件（图5.7）[10]。

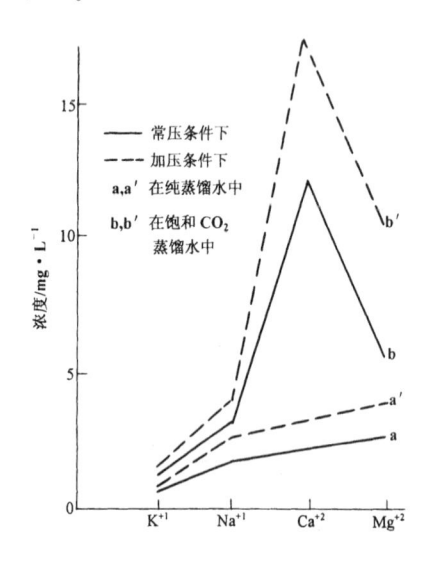

图5.7 加压及常压条件下岩石在水中溶滤程度的变化
（据李桂茹等）

### 2. 野外模拟实验研究

1）爆破实验

人工爆破可分为地面岩层松动爆破、地下矿石开采爆破和地下核实验爆破。爆破是在瞬间起爆后对岩层产生一种持续时间极短的膨胀力。因此爆破与天然地震在使岩层受力这一点上是相同的。研究爆破对岩层施加的瞬时膨胀力所产生的地球化学效应，对探索地震孕育和发生过程中水化组分的变化具有一定的实用价值。

自1969年开始在北京大安山煤矿开始了我国第一次爆破水氡效应实验，至1986年共开展了十几次爆破水文地球化学效应实验（见表5.1、表5.2、图5.8）。实验结果表明，当爆破冲击力作用于岩层时，岩层受压导致含水层水动力条件发生变化，地下水流量、流速发生变化，甚至会造成不同含水层的沟通混合，原有水－岩体系的平衡状态被破坏等现象。地下水的气体组分、化学组分也随之发生明显的变化。不同类型的人工爆破所产生的水文地球化学效应不同，井下爆破比地表爆破产生的化学效应更加显著，化学变量变化的幅度比地表爆破大1倍至几倍，反映距离也较远，是地表爆破效应反映距离的4倍。而地下核爆破由于其当量大，因而可以释放巨大的能量，并对周围岩层产生强大的膨胀冲击力。表5.2给出了1984年地下核爆破水文地球化学效应。由表5.2可以看出，Rn、$H_2$、He、$CO_2$、$O_2$、$N_2$、$CH_4$等气体都观测到不同程度的异常反映。其中以氡的爆破效应最为显著（图5.9），二氧化碳和汞的异常也比较明显。实验结果表明，地球化学爆破效应的强弱与观测点距爆心的远近有明显的关系。距爆心仅有600 m的12K$_1$孔，在12项观测项目中，除He及气体总量反映不明显外，其余10项都有明显异常。其中氢变化了 2 000 倍以上（表 5.2）。

表 5.1 历次地表爆破与井下爆破试验情况一览表

| 序号 | 日期(年.月) | 地点 | 炸药量(t) | 相当震级($M_S$) | 特殊地球化学条件 | 试验观测项目 | 爆破效应情况 明显项目 | 较好项目 |
|---|---|---|---|---|---|---|---|---|
| 1 | 1969.09 | 北京大安山 | 540 | 3.7 | 侏罗系煤矿 | 氢 | Rn | |
| 2 | 1971.05 | 四川渡口 | 10162 | 4.4 | | Rn、$CO_2$、$O_2$、$H_2S$、$NO_2^-$、气体总量、水位、流量、电导、pH、有机值 | Rn | $CO_2$、气体总量 |
| 3 | 1973.05 | 陕西长安 | 1394 | 3.1 | | Rn、$CO_2$、$O_2$、$Ca^{+2}$、$Mg^{+2}$、$SO_4^=$、$HCO_3^-$、$F^-$、$NO_2^-$、耗氧量 | Rn | $F^-$、$HCO_3^-$ |
| 4 | 1975.07 | 安徽铜陵 | 91 | 1.8 | 铜矿（离地面90m的井下爆破） | Rn、$CO_2$、$O_2$、$F^-$、$NO_2^-$、气体总量、总碱度、总硬度、电导 | Rn、$CO_2$ 气体总量 总碱度 | 电导 |
| 5 | 1975.10 | 江西永平 | 55　38 | 2.3　1.8 | 铜矿区 | Rn | Rn | |
| 6 | 1977.08 | 广东云浮 | 671 | 2.9 | 硫铁矿 | Rn、$H_2$、$CH_4$、气体总量、全烃、$Ca^{+2}$、$F^-$、$Cl^-$、$Br^-$、$HCO_3^-$、电导、水位 | Rn、$Br^-$ | |
| 7 | 1977.08 | 宁夏固原 | 160 | 2.0 | 水库,定向爆破 | Rn | Rn | |
| 8 | 1978.12 | 江西永平 | 985.7 | 3.4 | 铜矿区,石炭纪混合岩与花岗岩接触带 | Rn、γ能谱、$CO_2$、$H_2$、气体总量、$Cu^{+2}$、$Ca^{+2}$、$Mg^{+2}$、$Fe^{+2}$、$K^+$、$F^-$、$Cl^-$、$NO_2^-$、pH、Eh | Rn、γ能谱、$Cu^{+2}$、$H_2$、$F^-$ | $Ca^{+2}$、$Mg^{+2}$、$K^+$、$SO_4^=$、pH值 |
| 9 | 1979.11 | 黑龙江牡丹江 | 1020 | 3.5 | 白垩纪砂岩 | Rn、$CO_2$、$H_2$、$H_2S$、$CH_4$、$Na^+$、$Ca^{+2}$、$Mg^{+2}$、$SO_4^=$、$HCO_3^-$、$F^-$、$Cl^-$、$NO_2^-$、pH、Eh、电导 | Rn、$SO_4^=$ | $CO_2$、$F^-$、$HCO_3^-$ |
| 10 | 1982.12 | 福建龙海 | 0.35　0.65 | 1.9　2.3 | 第四纪冲-洪积与海积物,基岩为花岗岩 | Rn、$Ca^{+2}$、$Mg^{+2}$、$F^-$、$Cl^-$、$SO_4^=$、$HCO_3^-$、$SiO_2$、$NO_2^-$、总硬度、电导、pH、水位 | Rn、$Ca^{+2}$、$Mg^{+2}$、$Cl^-$、$SO_4^=$、$HCO_3^-$ | |

表 5.2 1984年地下核爆破水文地球化学效应观测情况

| 观测点概况 ||||||| 核爆效应的异常 |||||||||||||
|---|---|---|---|---|---|---|---|---|---|---|---|---|---|---|---|---|---|---|
| 井泉名称 | 孔深(m) | 岩性 | 距爆心距离(km) | 水温(℃) | 水质类型 | 矿化度(g/L) | Rn | $H_2$ | He | $CO_2$ | Hg | $O_2$ | $N_2$ | $CH_4$ | 总量 | F | pH | $Br^{-1}/F^{-1}$ |
| 甘草泉 | 下降泉 | 第四纪 | 30 | 9 | $SO_4$ $HCO_3$ Na | 1 | 下降30% | / | / | / | 升高1.6倍 | / | / | / | / | / | / | / |
| 机井1号 | 连续抽水 | 砂岩 | 30 | 11 | $SO_4$ $-Cl^-$ $-Na$ | 1.1 | 上升10%(连续记录) | / | / | / | 上升2.4倍 | / | / | / | / | / | / | / |
| 辛格尔泉 | 下降泉 | 砂砾岩 | 10 | 13.5 | $SO_4$ $-Cl^-$ $-Na$ | 1.5 | 下降16% | / | 升高29% | / | / | / | / | / | / | / | / | / |
| $J_4$孔 | 102 | 花岗岩 | 13 | 冷 |  |  | 不明显 | / | / | 降低 | / | / | 降低 | 降低 | 降低 | / | / | / |
| 1Kg孔 | 453 | 花岗岩 | 5 | 冷 |  |  | 上升20% | / | / | 略下降 | / | 略升高 | 略升高 |  |  | / | / | / |
| 12K1孔 | 352 | 砂岩 | 0.6 | 冷 |  |  | 升高100% | 升高2100倍 | / | 下降10倍 | 升高2.8倍 | 升高2.7倍 | 下降12% | 下降2倍 |  | 下降21% | 上升16% | 上升1倍 |

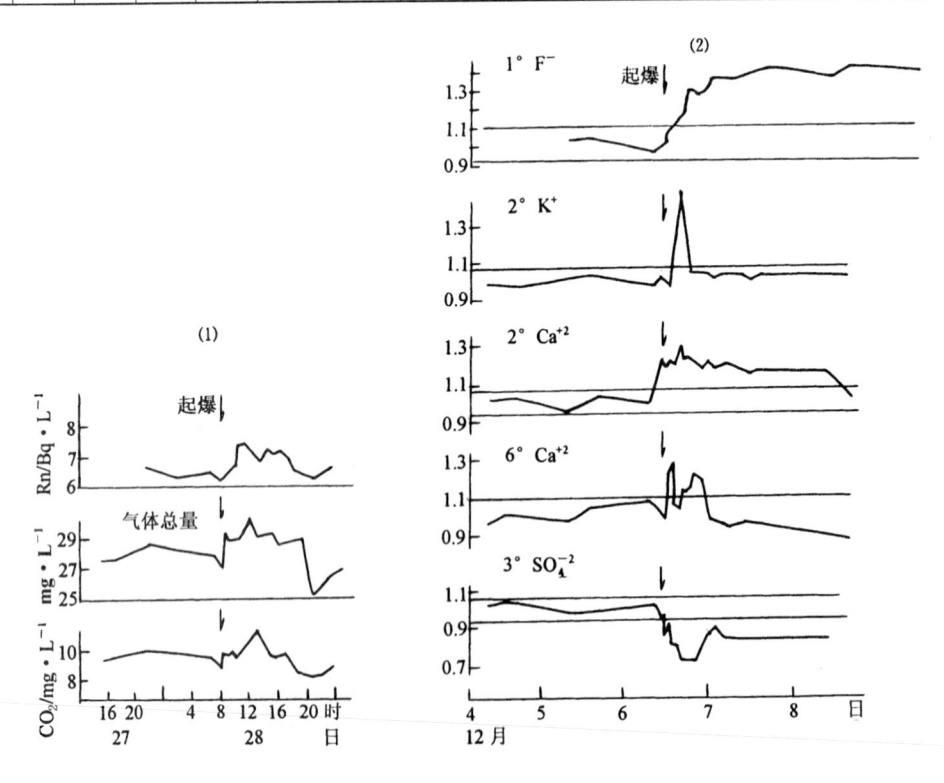

图 5.8 人工爆破水文地球化学效应观测曲线
(1) 安徽铜陵爆破（1975年7月）地下水化学观测曲线；
(2) 江西永平爆破（1978年12月）地下水化学观测

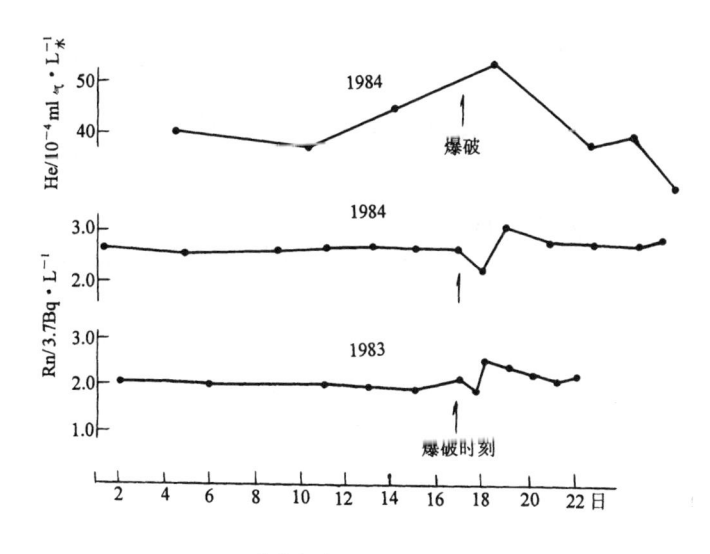

(a) 辛格尔泉 He、Rn 变化曲线

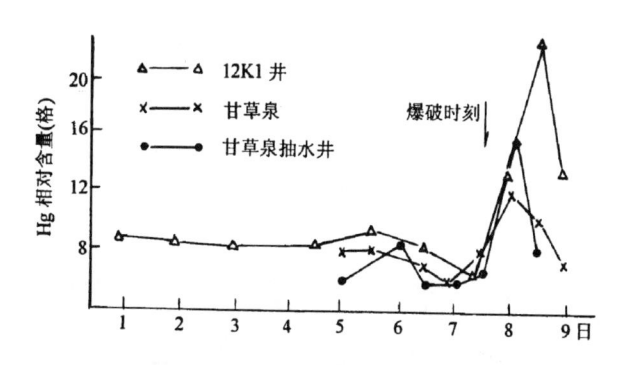

(b) 12K1 井、甘草泉、甘草泉抽水井 Hg 变化曲线

图 5.9 核爆破水化观测曲线

表 5.3 ZK₁₂井水压致裂水化效应

| 井孔概况 ||||| 致裂效应 ||||
|---|---|---|---|---|---|---|---|---|
| 孔深 (m) | 水温 (℃) | 水质类型 | 矿化度 (mg/L) | 与压裂孔距 (m) | 氡 | 溶解气体 | 离子成分 | 物理特征 |
| 629.9 | 73 | $SO_4^=$ $HCO_3^-$ Na 型 | 435.7 | 6 | 自记水氡上升27%，点测氡上升20%，逸出氡上升18% | He 上升1倍，Hg 上升7~9倍，Ar、$H_2$、$CH_4$ 明显升高 | $F^-$ 上升3%，$Cl^-$ 上升4.5%，$SO_4^=$ 上升1.4% | Eh 值上升32.5%，电导和水位有明显效应 |

2）水压致裂试验

为了模拟自然条件下应力逐渐积累，岩层持续受压的过程，采用水压致裂的方法在压裂井孔内给井壁施加一定的压力，使井壁周围岩层承受一定持续的力源，可以人工控

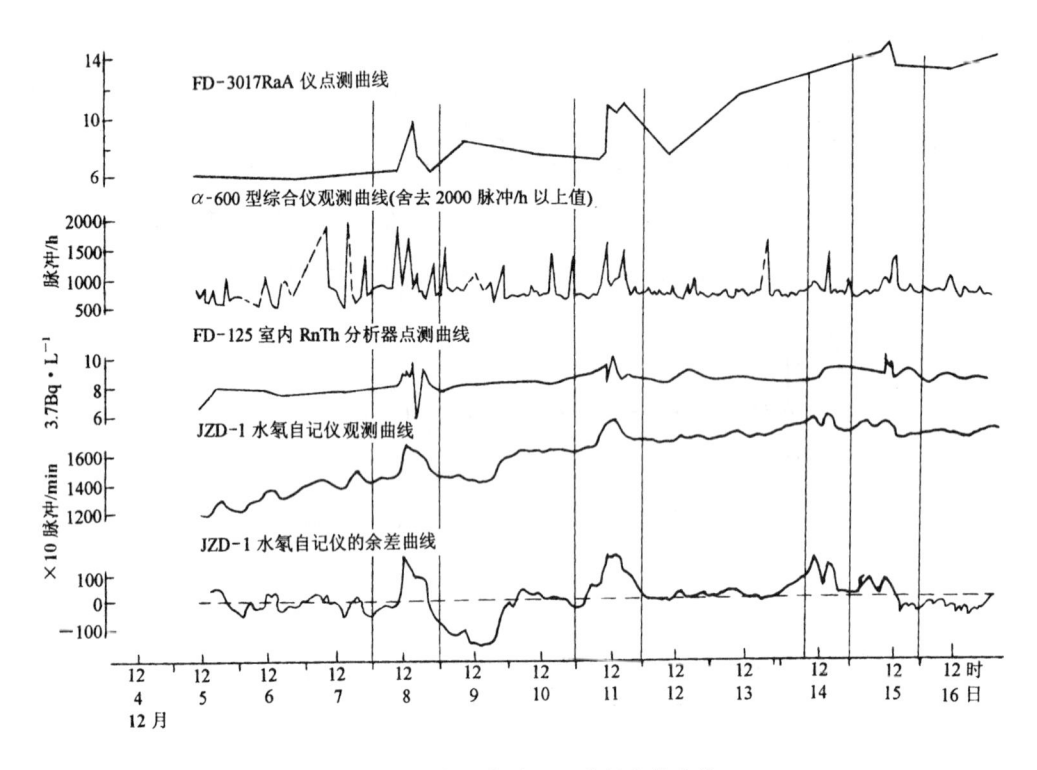

图 5.10　水压致裂 ZK$_{12}$ 井氡变化曲线

（据余兆康等）

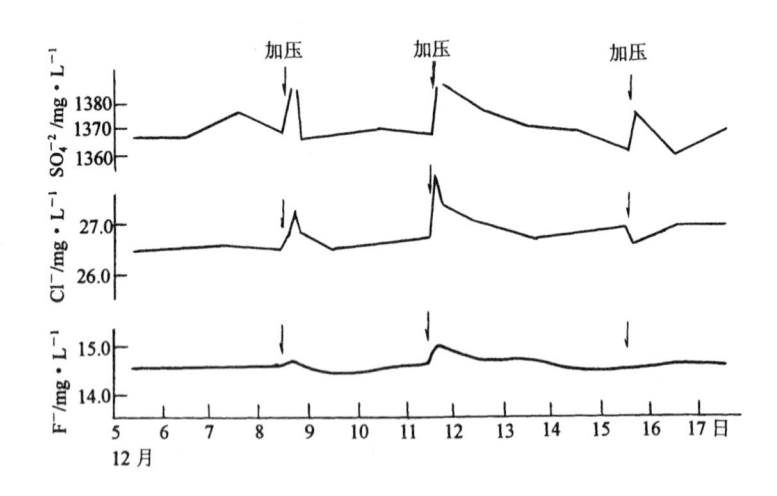

图 5.11　水压致裂试验离子变化曲线

（据魏家珍等）

制施加力的方向和能量的大小，可持续加压至岩层发生破裂，然后观测受力岩层各种地球化学参量的变化。1985 年在福建省南靖县汤坑地热区选择了 7 个钻孔和两个泉点进行了水压致裂水化效应观测，并在压裂孔周围开展了土壤气观测。实验过程中共观测了 20 多种项目，如：Rn、H$_2$、He、Hg、Ar、CO$_2$、CH$_4$、K$^+$、Na$^+$、Ca$^{++}$、Mg$^{++}$、

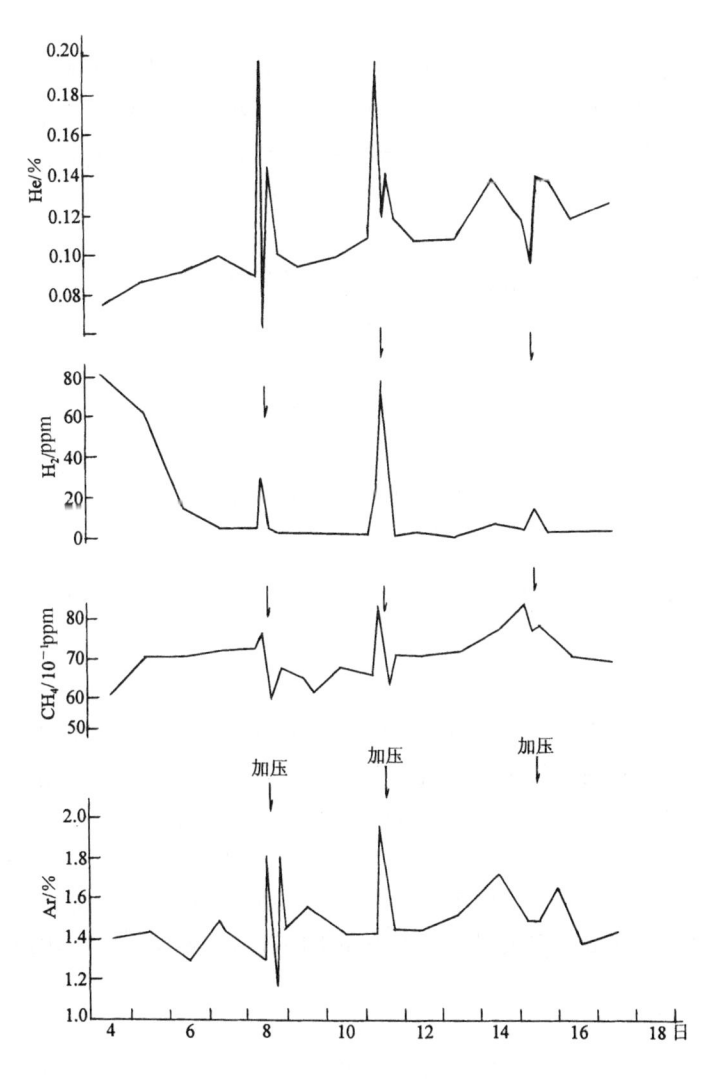

图 5.12 水压致裂试验 ZK$_{12}$井水中溶解气含量变化曲线

(据范树全等)

$SO_4^=$、$CO_3^=$、$HCO_3^-$、$Cl^-$、$F^-$、$SiO_2$、Sb、As、pH、Eh、电导、水位、井下电流等。实验结果表明，水压致裂水化组分反映的显著程度与观测井距压裂井的远近，含水层的结构及地下水径流方向有关。距压裂井（ZK$_{10}$）最近的 ZK$_{12}$井（它们之间相距仅 6 m）致裂效应十分显著（表 5.3）其中 Hg、He 变化达 1~9 倍（图 5.10~12）。

## 5.2.2 水化地震前兆异常机理分析及前兆模型

**1. 前兆机理分析**

水文地球化学地震前兆机理与地震本身的成因问题一样是十分复杂的。多年来人们开展了多种模拟试验，并取得了一系列有价值的科研成果。水化前兆异常产生的物理化学过程及其发生条件，是水化异常机理所要回答的问题。对水化异常机理的认识有以下一些主要观点：

(1) 构造应力的积累、增强与释放是水化前兆产生的基本动力来源。

(2) 地壳岩石的变形及其次生效应是水化前兆产生的直接原因。它们包括：岩石孔隙的压缩或膨胀、裂隙的产生和发展、断层的蠕滑与错动、以及声发射、热动力变化等。

(3) 岩石变形及其次生效应导致地壳介质中水和气迁移，各种化学元素的物理和化学迁移及再分配，从而引起水化组分及气体组分的异常变化。

(4) 地下各种化学作用过程的加剧变化，引起地下水气体、化学成分的变化，这些化学作用包括：混合作用、脱气作用、溶解、溶滤作用、离子交换吸附作用等。

(5) 由于地震地质，水文地球化学条件的差异，各观测点的水化异常机理也不完全相同，因此可以认为水化前兆异常是多成因的。

上述 5 个方面从整体上概括了水化异常产生的原因。不同的研究者对于不同侧面的重要性认识上有差异，因而提出了不同的机理假设。

**2. 有关地震水化前兆异常机理的几种假说**

1) 混合机理

含水层系统内存在水化组分浓度不同的水，不同含水层的水发生混合而造成水化组分含量的异常变化。在混合机理中，人们对于引起混合的直接原因，还存在两种不同的理解。一种是破裂混合观点，因岩层破裂使不同浓度含水层的沟通混合而产生水化前兆。另一种为水动力混合观点，用于解释水氡异常的称为"氡团混合机理"。认为同一含水层内"封存"有高氡水体，由于应力增强，水动力条件改变，可将高氡水挤出，引起混合比变化而造成异常，实现混合是无须隔水层破裂和不同含水层沟通的。

2) 膨胀扩散机理

震前构造应力增强，岩体内出现微裂隙和尺度较小的破裂。对于氡来说，裂隙发育导致岩石射气表面积增大，氡的逸出量增多而产生异常。对于封存在岩石孔隙及裂隙中的其他气体（如 $H_2$ 等），也可因岩石的裂隙发育而释放，出现气体的异常变化。

3) 振动机理

震前岩石产生微小破裂，伴随裂隙产生而发生高频弹性振动或低频振动。可能有两种异常机理。一是超声振动机理，它使吸附在岩石颗粒表面的吸附氡转化为自由氡，并因岩石产生微裂隙而释放出封闭氡；对于氢来说，超声振动即导致岩石中原生的封闭氢释放，也使水分解而生成次生氢。振动的频率为十几至几百赫，它能使土壤颗粒表面或岩石裂隙面上的吸附氡释放，增加土壤气或水中的氡的含量。

4) 空隙压缩机理

岩石受力后发生压缩，岩石的孔隙、裂隙减小或部分闭合，空隙中含有的水、气体被挤压出来而产生水化异常。实验证明，气体、Hg、He、Rn 等在岩石样品加压过程中含量增加。

5）压溶机理

震前构造应力增强，岩石压力增大，可改变地壳中水-气-岩系统的平衡状态，由于溶滤作用致使水的矿化度和某些离子组分的浓度增大，从而造成异常。

6）深部物质上溢机理

这里指的深部是地壳内地震的孕育层位，即在地表 5 km 以下。当地层压力增加时，深部的化学组分及气体便沿着深大断裂上升，进入井孔，在含水层或泉水内形成异常。一些深部元素（如 Hg、He 等异常）的前兆被认为与此种过程有关。

7）多元综合机理

水化前兆异常机理难以用某一种机理统一的解释，具有不同水文地球化学条件，处于不同构造部位的观测点，水化异常产生的机理不尽相同，同一观测点在不同的孕震阶段的机理也有差别。

除以上假说以外，在解释水氡异常方面，还有地球内部放射性元素的积累释放观点；过热水暴沸观点；垂直迁移观点；岩浆冲溶机理等。岩浆冲溶机理认为上地幔熔岩流上涌可引起多种水化组分的异常变化。

国内外地震水文地球化学工作者，开展了大量的实验研究。已证实有关机理的某种基本假说，取得了良好的实验结果。

以上叙述了目前有关水化观测点出现异常机理的假说。由于不同地区（源内、源外、远场区）不同孕震阶段的水化前兆异常特征和异常产生的机理既相似也有差异，因而提出两类水化前兆模式。

### 3. 两类水化前兆模式

近年来在水化前兆理论研究中取得的新认识是，水化异常与水化地震前兆是两个不同的概念。震源和大范围地区水化异常变化的机制有很大差异，需分别建立水化前兆的模式。

1）震源及其附近的水化前兆机理

在地震的孕育过程中，震源及其附近岩石将发生一系列变形，从而伴随产生各种水文地球化学效应。主要是由于该范围内孔隙压力的变化、微裂隙数量的增加、裂隙的迅速扩展以及伴随的高频弹性振动和热动力条件的变化，加速了水-岩系统的相互作用过程，从而导致岩石中各种化学组分的迁移和各种化学作用过程的进行。岩石裂隙的发展可引起不同化学成分含水层的沟通混合，构造断裂带活动为深层水的运移以及浅层水的混合提供了良好的通道。因此，震前产生的水文地球化学异常的根本原因是在剪切构造变形过程中，由于应力应变的发展所造成的地壳介质状态的改变与连续性的动态破裂。多年积累的震例资料清楚地显示出震中及其附近的水化前兆异常的发展具有明显阶段性等特征，表明水化前兆与地震孕育发展过程密切相关。

2）源外地区水化前兆机理

源外区水化异常的发生主要是在区域应力场的作用下，在多个构造应力的集中区，岩石产生变形或断层发生蠕动所引起的水文地球化学效应。显然水-岩的压溶作用、低频振动以及在构造应力敏感区发生的局部性混合等作用是引起水化组分和性质改变的主要机制。从大量观测资料看，源外地区的水化前兆异常多出现在应力易于集中的构造部位，异常点分散，并且以短时间的突发性异常为特点，这可能是由其成因所决定的。

**4. 地震成因理论的地球化学问题**

近年来，随着研究工作的不断深入，使我们认识到，水化前兆是地震孕育过程产生的复杂的自然现象中一种重要的独特的物理-化学现象，尽管由于科学发展水平的限制，目前我们还不能清楚地阐述地震前兆机理问题的本质和细节，但地震孕育过程中的化学、地球化学问题已经引起了我们的注意。

（1）地震发生的动力来源之一有可能来自化学能，如岩石放射性元素衰变产生的巨大热能、岩浆活动产生的热能和动能、矿物结晶发生变化的矿物晶格能等。

（2）不同矿物成分及化学成分的岩石在力学强度和其他性质上的巨大差异，也是地壳发生不均匀破裂的重要因素。

（3）地下水是化学成分复杂的天然溶液，并含有大量的气体（如 $CO_2$、$H_2$、$O_2$ 等），在水-岩相互作用体系中，一些气体的化学腐蚀性、溶解溶滤作用、离子交替吸附作用、氧化还原作用等，都可大大地降低岩石的强度。在地壳和地幔的不同地带，地下水的含量、赋存状态以及化学成分不同，水参与地震过程的程度也有很大差别。地震大多发生在含水量较多的地壳上部。因此研究水在地震孕育过程中的作用对解决地震成因问题具有重要意义。

## §5.3　水文地球化学地震前兆观测

为了获取可靠的地震前兆信息，必须努力探索各种水文地球化学地震前兆效应，研究各种化学组分时空变化特征与地震的关系。

水化地震前兆观测包括以下几方面内容：观测点的选择、观测项目的选择、观测网的布设、观测点的引水采水装置等。

### 5.3.1　地震水化观测点的选择

**1. 水化地震观测点的选择条件**

1）选择有利于获取水化地震前兆信息的构造部位

地震是现代地壳运动的一种表现形式，地震的发生受地质构造条件的控制，从全球范围看，地震总是发生在活动构造带内。但是应当指出，在地震活动构造带内，也不是到处都发生地震，地震大多发生在活动断裂带上。而这些活动的断裂是地壳具有良好穿透性的地段。它们有利于活动的挥发性组分的迁移,为这些组分提供了向地表运动的通道。

大量的震例表明,震源区大多与大断裂或断裂的交汇区有关,这些地区岩层破碎并具有良好的充水量,因此充满水的断裂带及其附近是最易于发震的构造部位。为此我国的水化地震观测点布设在一些重要的地震活动带范围内,台站和观测点分布在主要的断裂带及其两侧(表5.4)。

表5.4 全国水化地震观测点所处的地震活动带及主要断裂带

| 大区 | 地震活动带 | 主要断裂带 |
| --- | --- | --- |
| 华北 | 燕山带、河北平原带、山西带 | 沧东断裂、昌黎-宁河断裂、太行山山前断裂、罗云山断裂等 |
| 西北 | 银川带、六盘山带、天水-兰州带、河西走廊带 | 宝鸡-咸阳-潼关断裂、南北构造带北端、西秦岭北缘断裂、格尔木隐伏断裂、妖魔山断裂等 |
| 西南 | 鲜水河带、安宁河带、则木河带、腾冲-澜沧江带、滇西带 | 鲜水河断裂、龙门山山前断裂、安宁断裂、小江断裂、红河断裂等 |
| 华南 | 东南沿海地震带 | 长乐-诏安断裂、邵武-河源断裂等 |
| 华东 | 扬州-铜陵等 | 聊城-兰考断裂、郯庐断裂南段等 |
| 东北 | 郯城-庐江带北段 | 伊兰-伊通大断裂、金州断裂等 |

2) 选择有利的水文地质条件

地震观测点最好选择封闭或半封闭状态的含水层,这种含水层具有动态稳定、干扰小、水循环深、径流迟缓、途径长等特点,并对地下应力变化具有"放大"作用。潜水由于受自然和人为因素的影响,干扰大,气温、气压、大气降雨以及人为排灌等,都会引起它们的变化。因此潜水井进行水化地震前兆观测效果差。

地震水化观测点最好选择与深大断裂有水力联系的水点,这种水点的地下水有可能携带深部组分,并将深部变化的信息传递至地表。

选择具有承压性的热水系统,因热水的循环部位较深,有时往往与浅源地震的震源深度相当。高温的热异常带,一般分布于现代地壳运动强烈活动的地带,而承压热水系统又能够使水自流至地表,这样有利于进行长期观测,但对于热水要合理解决采样系统问题。

3) 选择不同岩性,不同成分的含水层

要选择不同岩性、不同水化成分的二元或多元结构的含水层,相邻含水层在水化成分上有较大差异时,震前特别是在震源区伴随着微裂隙的形成,有可能产生不同岩性含水层的沟通混合,从而引起大幅度的水化组分异常。

4) 选择观测点要避开干扰

选择地震水化观测点时,要尽量避开人为干扰,如抽水、灌溉、注水等,最好选择自流井和上升泉或连续稳定的抽水井，不规则的断续抽水井或下降泉其干扰大，不宜作地震观测井。

**2. 我国地震水化观测点的条件和类型**

1）含水层岩性

目前我国地震水化观测点的岩性以基岩为主，少数点为第四纪松散层。

2）地下水的埋藏条件

现有的水化观测点大多数属于承压水，占总数的84%，其余16%为潜水含水层。

3）地下水出露条件

可分为三种类型，即自流井、泉、抽水井。目前自流井和泉占70%。

4）地下水温度（见表5.5）

**表5.5　地震水化观测点水温情况表**

| 水温（℃） | 高温热水（>60℃） | 中温热水（40~60℃） | 低温热水（20~40℃） | 冷水（0~20℃） |
|---|---|---|---|---|
| 点数（个） | 31 | 42 | 84 | 160 |

冷水和热水各占一半。

5）水化观测点可分为三种类型

孔隙水观测点、岩溶水观测点、裂隙水观测点。

**3. 不同条件和类型的观测点对地震的监测能力**

(1) 裂隙水的观测点对地震的反映能力高于岩溶水和孔隙水；
(2) 热水点映震能力高于冷水点；
(3) 自流井高于泉和抽水井，但这方面的差异不甚显著。

### 5.3.2　地震水化观测项目的选择

**1. 地震水化观测项目的选择条件**

研究地震活动带深部循环的地下水的化学、同位素成分的变化，是监视岩层中弹性应力-应变有效的方法之一。但是，在地下水中众多的化学组分中，选择哪些组分进行地震观测是今后有待深入研究的重要课题。我们由实践中得出以下几点认识：

(1) 从地震孕育的力学机制出发，最好选择对温度、压力变化反映灵敏的组分，大量的观测资料表明，气体组分能够灵敏地反映地下温度和压力的变化。国内外均已取得了大批的氡、二氧化碳、氦等气体组分变化与地震对应的震例资料（图5.13）。

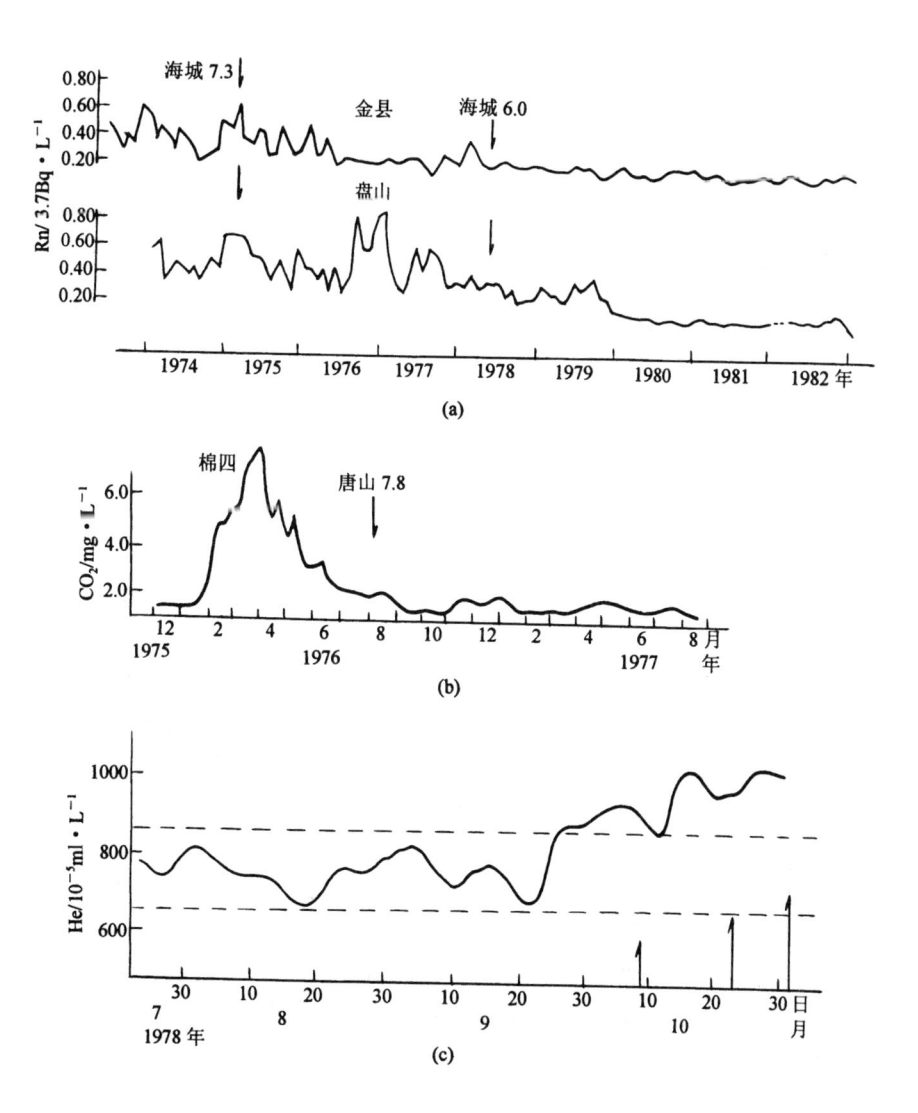

图 5.13　气体组分变化与地震的对应关系

(a)1975 年海城 7.3 级地震辽宁金县、盘山井水氡日差值绝对值的月均值曲线；(b)1976 年唐山 7.8 级地震天津棉 4 井二氧化碳变化曲线；(c)1978 年阿赖 7.0 级地震,原苏联亚伏罗兹热水中氦含量变化曲线

（2）为了获取可靠的信息，要选择物质来源丰富，观测点所在地区地下水的特征性组分。如在花岗岩地区测氡，灰岩地区测二氧化碳等。

（3）为了观测到明显的地震前兆异常，根据震前可能出现的含水层破裂混合的机理，要选择不同含水层或相邻地区差异性较大的组分。

（4）选择来自深部与深大断裂有关能够反映深部信息的组分。

近年来，我们重点地开展了水化预报地震新项目探索，特别是加强了一些深部组分的地震监测预报研究，例如汞含量。自 1984 年开始进行汞含量变化与地震的关系研究以来，已获取了 1985 年北京妙峰山 4.1 级、河北任县 5.1 级以及云南澜沧 7.6 级等多次地震的震例资料（表 5.6）。

表 5.6  Hg 含量变化与地震对应关系

| 地震名称 | 震级 | 发震时间（年.月.日） | 观测点名称 | 震中距（km） | 异常特征 | 异常持续时间（天） | 异常幅度（与背景值比）（倍） |
|---|---|---|---|---|---|---|---|
| 北京妙峰山 | 4.1 | 1985.11.21 | 北京铁路分局热水井 | 40 | 多点高值突跳 | 14 | 45 |
| 河北任县 | 5.1 | 1985.11.30 | | 125 | | 22 | 45 |
| 云南宁蒗 | 5.4 | 1988.01.10 | 四川盐源 | 70 | 多点高值突跳 | 70 | 30 |
| | | | 西昌太和 | 180 | | 100 | 52 |
| 四川会东 | 5.1 | 1988.04.15 | 西昌太和 | 150 | 多点高值突跳 | 45 | 3 |
| | | | 四川盐源 | 170 | | 75 | 100 |
| 河北阳原 | 4.8 | 1988.07.23 | 河北怀 4 | 125 | 多点高值突跳 | 75 | 20 |
| 云南澜沧 | 7.6 | 1988.11.06 | 西昌太和 | 610 | 多点高值突跳 | 184 | 50 |
| | | | 昭觉 | 650 | | 184 | 30 |
| | | | 四川盐源 | 530 | | 184 | 20 |
| 山西大同-阳高 | 6.1 | 1989.10.19 | 河北怀 4 | 160 | 多点高值突跳 | 12 | 30 |
| | | | 北京松山 | 180 | | 28 | 8.8 |

根据汞的地球化学特征，它有可能来源于深部，是地球深部呼吸脱气的产物。因此对地震反映敏感。1989 年山西大同 6.1 级地震前，距震中 145 km 的河北怀来和北京延庆松山水化观测点均观测到了汞含量的明显异常。大量的观测资料表明，汞可以作为地震短临异常新的指标加以推广（图 5.14、图 5.15）[15~17]。

另外，还有氦、氢。氦是一种稳定的轻元素，它具有强扩散能力和化学惰性，可以由地下深处沿破碎带或裂隙向地表迁移。原苏联在氦的观测方面取得了较好的震例资料，我国在不少地区也开展了氦含量的观测。1985 年 11 月北京妙峰山 4.1 级地震前，在北京火车站热水井中，观测到氦含量的异常变化。氦可作为地震前兆观测的灵敏项目，但是在我国由于测试仪器的灵敏度和稳定性方面尚存在不少问题，因而测氦工作尚未获得广泛的发展[18,19]。

氢作为反映深部地球化学信息的灵敏组分，引起了各国科学家的重视。如日本名古屋大学杉崎隆一对氢的逸出与地震活动性的关系进行了研究。其研究结果表明，氢逸出的增加期与附近地震的活动期是一致的，氢浓度和地震活动所释放的能量有关[20]。

（5）选择测试方法干扰小的组分。目前由于探测技术水平及测试仪器方面的局限性，尚不能选择那些测试方法干扰大的组分进行观测与研究。

**2. 水化地震观测项目**

全国水化地震观测台网现有观测项目 34 项，根据观测内容可分为四大部分，即氡及其辅助测项、气体观测项目、水质测项及其他参数，其中以氡最为普遍。在测氡的同时还进行了水温、流量、室温、气压等的观测，这对判断氡的地震异常具有重要意义。

由于氡在大多数地区具有丰富的物质来源，不同含水层、不同地区又具有较大的差异性，其测试方法干扰小[21]，对地下应力反映灵敏等特点，故测氡成为我国水化地震前兆观测中的主要项目。在长达 20 多年的水化地震前兆研究中，对氡的地震前兆机理、氡含量变化的影响因素、观测点的环境条件、测试方法、地震预报效能等方面进行了深

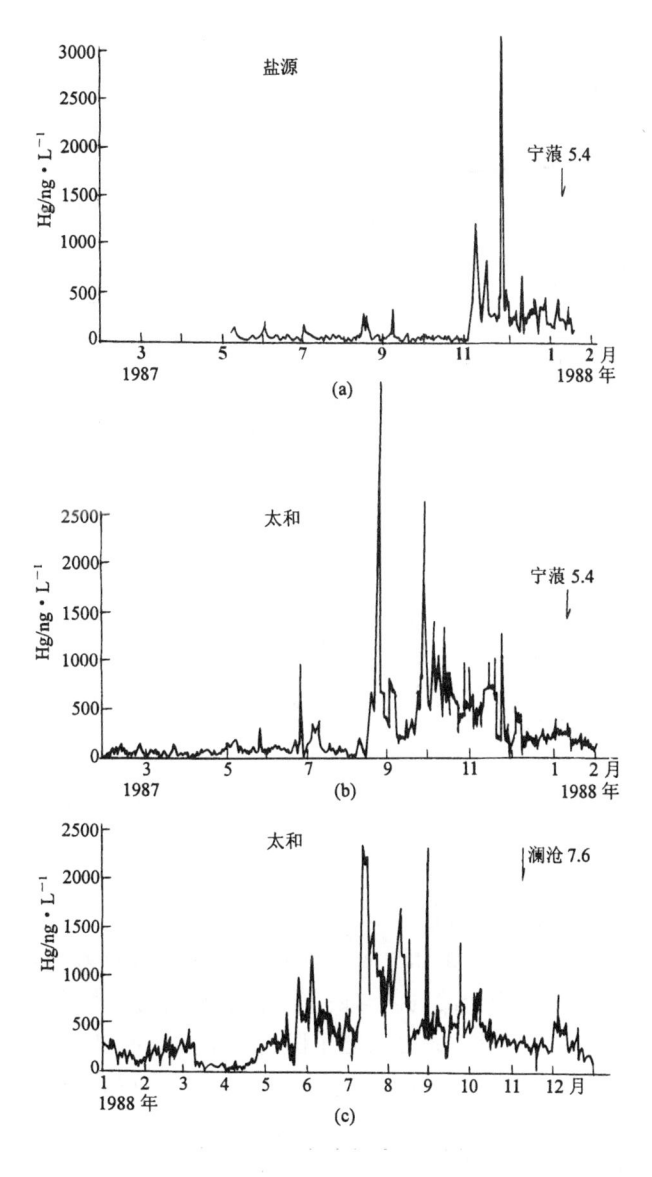

图 5.14　汞含量变化与地震的关系
(据张炜等)

(a)1988 年 1 月 10 日云南宁蒗 5.4 级地震盐源井汞浓度日变曲线；
(b)1988 年 1 月 10 日云南宁蒗 5.4 级地震四川西昌太和井汞浓度日变曲线；
(c)1988 年 11 月 6 日云南澜沧 7.6 级地震四川西昌太和井汞浓度日变曲线

入的研究。今后在加强多组分综合观测研究的同时，必须继续加强氡的地震效应的观测与研究。

在气体组分的观测方面，国外开展较多的为 He、$CO_2$、$H_2$、$CH_4$ 等。杉崎隆一开展了 He/Ar 和 $N_2$/Ar 比的地震观测与研究，并取得了多次较好的震例[22]。我国开展较多的为 $N_2$、He、$CO_2$、Ar、$H_2$、$CH_4$、气体总量、$O_2$ 等。但是由于测试方法的局限性，气体组分虽然对地震反映灵敏，但尚未能在全国范围普及。因此研制灵敏度高、稳

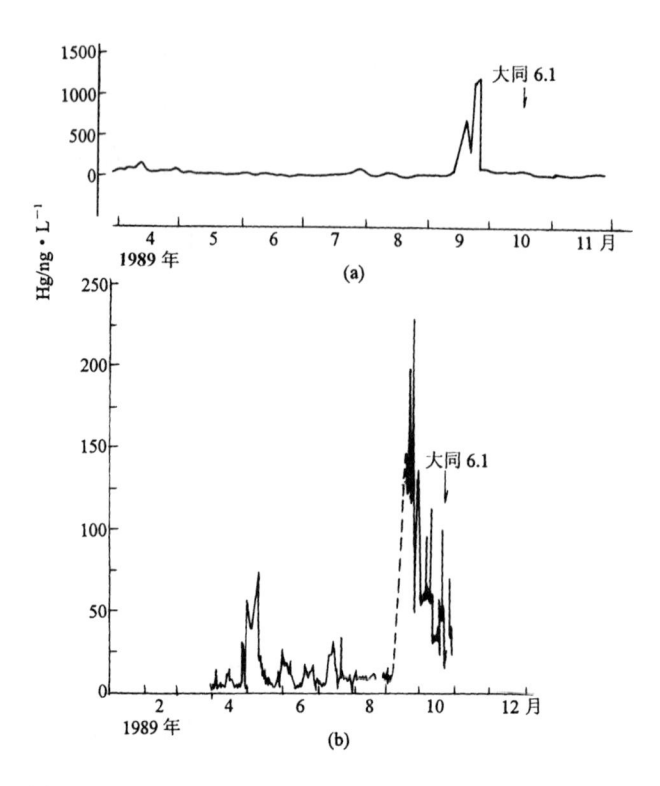

图 5.15 1989 年 10 月 19 日大同-阳高地震汞含量日变曲线

(据宋贯一、申春生等)(a)怀 4 井；(b)松山温泉

定性强、简便易行的气体组分测量仪就显得十分重要。

在离子组分中，目前开展较多的为常量组分。近些年来对来自深部的 F、B、Li、As 等也给予了注意，但微量组分的观测与研究，目前开展的还很不够。

同位素组分的变化与地震的关系已引起了国内外学者的重视，目前日本地球化学专家对反映上地幔物质的 $He^3/He^4$ 比值的变化给予了重视。原苏联科学家还开展了 $C^{12}/C^{13}$、$^{234}U/^{238}U$ 比值与地震关系的研究。阿拉木图地震研究所还开展了 $^{36}Ar/^{40}Ar$ 的观测。我国地震局地质研究所也开展了同位素方面的研究，并已获得了一些有意义的观测资料。国内外大量的实际观测资料已充分表明，在地震的孕育和发生过程中，地下水的气体成分、化学成分、同位素成分都发生了明显的变化。但不同的地区、不同的元素对地震反映的灵敏程度不同。通过大量的震例总结，发现氡、氢、氦、二氧化碳、氟、氯、汞等化学组分、水温、流量、地下水电导等，对地震反映灵敏，并获得了较多的震例资料。

### 5.3.3 地震水化观测网的布设

**1. 水化观测网布设的目的意义和布网原则**

1) 台网建设的目的意义

获取可靠的地震前兆现象，研究各种前兆在地震孕育过程中随时间和空间的变化规律，是解决地震预报问题的一项重要任务。为了阐明地下水化学组分变化与地震的关系，就必须深入研究地震前后各种地球化学组分在震中和外围地区随时间的动态变化过程。为了解决上述问题，就需要在较大的区域范围内布设水文地球化学地震观测网。

我国是世界上地震活动最强的国家之一，地震活动不仅频度高、强度大、震源浅，而且分布范围广，造成的灾害也相当严重。由于我国处在世界上两个最活动的地震带，环太平洋地震带及地中海喜马拉雅地震带之间，有些地区本身就是这两个带的组成部分，因此我国境内发生过多次 8 级以上强震，开展地震前兆观测与研究具有重要的现实意义。

2）水化观测网的布网原则

(1) 监控我国重要的地震危险区和地震活动带；
(2) 在地震预报试验场布设较密的台网，进行水化地震前兆深入研究；
(3) 在少震弱震区布设少量观测点，开展水化正常动态的研究。

**2. 我国水化地震观测台网的规模和监控能力**

1）我国地震水化台网现状

目前在我国已初步建成了华北和南北带地震重点监视区以及京津、滇西两个试验场为重点的水化观测台网。该台网分布范围广，覆盖面积大，分布在除西藏、贵州以外的 28 个省、市、自治区，共有水化基本台 68 个、区域台 110 个、地方台 152 个，共计 330 个台站，366 个观测点（表 5.7）。

与世界其他国家相比，我国水化台网规模之大，居世界之首位。根据现有水化台网的分布，大约可控制全国约 207 万 $km^2$ 的面积，约占全国总面积的 1/4 左右。观测点之间的距离，最大为 300 km 左右，其中以京津、河北地区台网较密，平均间距为 100 km 左右（图 5.16）。

表 5.7 全国水化观测台和观测点统计表

| 大区名称 | 全国基本台网 | | 区域台网 | | 地方台网 | | 总 计 | |
|---|---|---|---|---|---|---|---|---|
| | 观测台数 | 观测点数 | 观测台数 | 观测点数 | 观测台数 | 观测点数 | 观测台数 | 观测点数 |
| 华 北 | 14 | 17 | 15 | 21 | 20 | 20 | 49 | 58 |
| 西 北 | 16 | 26 | 11 | 11 | 55 | 57 | 82 | 94 |
| 西 南 | 11 | 14 | 25 | 25 | 5 | 5 | 41 | 44 |
| 华 南 | 8 | 10 | 16 | 16 | 15 | 15 | 39 | 41 |
| 华 东 | 12 | 12 | 33 | 35 | 19 | 19 | 64 | 66 |
| 东 北 | 7 | 11 | 10 | 10 | 38 | 42 | 55 | 63 |
| 总 计 | 68 | 90 | 110 | 118 | 152 | 158 | 330 | 366 |

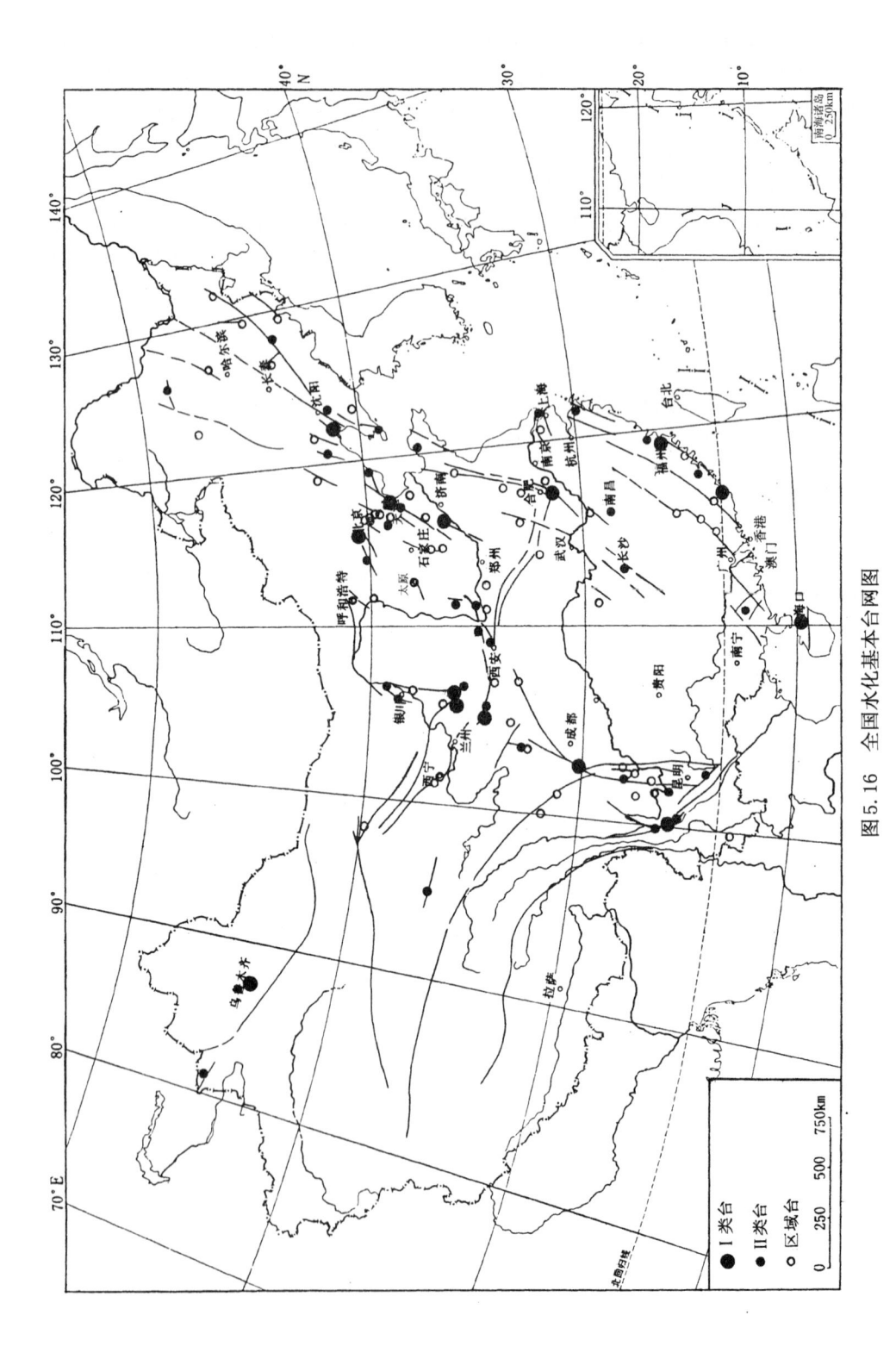

图 5.16 全国水化基本台网图

对全国水化地震观测台网进行了有效的科学管理。国家地震局管理全国水化基本台，各省、市、自治区地震局管理区域台，各地方政府管理地方台。确立了以基本台为骨干、区域台为重点、地方台为补充的分级管理体制。全国水化基本台全部位于重要的构造部位，建立在一些主要的活动断层带上及其附近。大部分选择对地震反映灵敏的自流井和温泉，90%的观测点为基岩含水层。并开展了多项目的，如地下水中常量组分、微量组分、气体组分的观测与研究。

2）水化台网的地震监控能力

我国的水化地震观测台网已积累了大量的宝贵资料，通过对发生在有水化台网地区的 72 次 $M_S>5.0$ 地震的震例总结发现，目前我国水化台网的布局尚存在一些不足之处，不少地区台网密度小，监控地震的能力也较差。根据大量的实际资料，对 $M_S>5.0$ 地震有一定的监控能力的地区（水化测报区）进行了划分。划分的原则是：

（1）根据布网原则，测报区要划在地震带分布范围内。
（2）测报区内要有一定密度的水化观测台网。
（3）测报区内发生的 $M_S>5.0$ 地震曾观测到可靠的水化震例。
（4）测报区内要有一定数量条件较好的全国水化基本台和区域台及反映地震较灵敏的观测项目。

**表 5.8 全国水化测报区表**

| 编号 | | I | II | III | IV | V | VI | VII |
|---|---|---|---|---|---|---|---|---|
| 观测区名称 | | 辽宁 | 京津冀 | 江苏 | 东南沿海 | 甘宁青 | 川滇 | 乌鲁木齐 |
| 观测区面积（km²） | | 16.7万 | 17.6万 | 24.6万 | 43.5万 | 42.3万 | 55.8万 | 6万 |
| 地震活动带 | | 郯城-庐江带北部 | 燕山带河北平原带 | 扬州-铜陵带 | 东南沿海带 | 银川带、六盘山带、天水-兰州带、河西走廊带 | 鲜水河带、安宁河带、则木河带北段、腾冲-澜沧带、滇西带 | 北天山带中段 |
| 观测点 | 基本台数/总台数 | 4/10 | 10/16 | 6/11 | 6/14 | 9/23 | 10/24 | 2/7 |
| | 观测点距（km）最大 | 180 | 162 | 300 | 270 | 270 | 270 | 240 |
| | 最小 | 54 | 48 | 18 | 60 | 36 | 36 | |
| | 平均 | 120 | 107 | 133 | 137 | 121 | 118 | |
| 主要观测项目 | | Rn、Cl⁻ 总硬度 | Rn、$CO_2$、$H_2$、气体总量、F⁻、Cl⁻ 电导 | Rn、Cl⁻ | Rn、Cl⁻、$SiO_2$、F⁻、$HCO_3^-$ | Rn、He、$H_2$ | Rn、Hg | Rn、$H_2S$、$CH_4$、电导 |
| 震例 | 有水化异常的次数/总次数 | 1/2 | 6/8 | 2/5 | 3/4 | 9/11 | 11/22 | 4/4 |

根据上述原则,目前全国划分出 7 个测报区(表 5.8),即辽宁、京津冀、江苏、东南沿海、甘宁青、川滇、乌鲁木齐。根据 72 次 $M_s$>5.0 地震统计,测报区内共发生 56 次地震,占 77.8%,观测到水化异常的地震共 36 次,占 64%;测报区以外共发生了 16 次地震,仅有 2 次观测到水化异常,仅占 12%。由此可以看出,测报区以外地区,水化基本无监测地震的能力。

**3. 国外水化地震观测台网简介**

1)原苏联

原苏联是利用地下水化学组分变化进行地震预报研究最早的国家之一。自 1966 年 4 月塔什干发生破坏性地震之后,就开始了这方面的研究工作。并先后在哈萨克斯坦、塔吉克斯坦、亚美尼亚、土库曼斯坦、吉尔吉斯斯坦、贝加尔裂谷带、阿塞拜疆和格鲁吉亚、摩尔达维亚等地先后开展了地震地球化学观测和研究。并以中亚多震区为重点,建立了塔什干、阿什哈巴德、杜尚别、伏龙芝、阿拉木图等地震预报实验场,并布设了一定密度的地下水化学地震观测台网。

2)日本

自 1973 年开始地震地球化学研究工作。日本在一些地震危险区布设了水化观测台网,如在伊豆半岛和东海地区开展了地下水化学观测。在伊豆半岛布设了 20 多个观测点,在东海地区布设了 16 个水氡及其他化学组分的观测点。由不同的单位在同一地区布点,因此水化地震观测台网在一些重点地区较密。

3)美国

美国的地震地球化学工作开始于 1974 年,工作重点放在加州圣安德烈斯断层及其附近。美国地质调查所金继宇等在加州主要断裂带上布设了地球化学观测台网,到目前为止尚有 11 个水化观测点[25]。张炜等与金继宇合作,在圣安德烈斯断层上安装了国家地震局分析预报中心张平等研制的 SD-1 型连续自动测氡仪,已取得了井水中逸出氢和土壤气氡的连续观测资料。在加州的帕克菲尔德试验场,Sato 等开展了土壤氢气的观测。取得了有意义的科研成果。

## 5.3.4 观测点的引水采水装置和采样方法

水化地震观测点合理的引水采水装置是获取水化地震前兆信息的又一重要环节。各观测点的引水采水系统(井泉点引水采水装置、井口结构)对水化组分的动态有很大的影响。特别是对于高温热水井,其影响程度就更为突出,但是对此问题一直没有给予足够的重视,使得一些具有良好的构造和水文地质条件的观测点,由于引水采水系统不合理,而观测不到可靠的地震前兆信息[26]。为此必须加强井口装置、井泉引水条件对水化观测的影响的研究,探讨最佳观测条件,获取有意义的观测资料。

**1. 引水-采水装置设计的基本要求**

引水-采水装置是在井（泉）口上安装的采水管道系统，其作用是将井（泉）含水层中的地下水引出地表排泄，并设计出取水口以供采集水化观测样品使用。

（1）地下水中的溶解气、自由气以及自地下水表面失散的逸出气，都是地震水文地球化学观测中重要的信息源。因此在采样装置设计时，一定要避免气体的散失。

（2）在井（泉）口安装引水管道时，要保护井（泉）点原有的自然状态，保持地下水的自然平衡条件。

（3）在设计安装井口装置时，要控制流量，如果自流量过大，将危及井孔使用寿命，自流量过小，又降低了水点异常信息的灵敏度。要通过试验获取每口井的最佳自流量。

**2. 水样采取方法**

在地震水文地球化学前兆观测中，水样的采取、保管和运送，是获取可靠的观测资料的十分重要的环节。只有采取正确的采样方法，才能使分析结果正确，反映水中被测组分的真实含量。

采样方法中要注意的问题是：固定采样时间、采样体积、采样位置以及采样至测试的间隔时间。水质成分测量要选好采样容器，对水中易发生变化的测项要进行现场测试等。

为了提高水化地震监测预报的水平，必须对水化地震前兆观测中影响观测资料质量的各个环节，如观测点的环境条件、灵敏观测项目的选取、观测台网的合理布设、采样系统、观测室的条件、测试仪器及观测方法、观测人员的技术水平等给予充分的注意。制定严格的地震水文地球化学观测技术规范，在日常监测工作中认真执行。由于采取了一系列有效措施，使我国的地震水文地球化学观测工作，取得了较好的效果，并在地震的监测预报中，发挥了积极的作用。

## §5.4 水文地球化学地震预报方法

在多年的地震监测预报的基础上，通过对大量的观测资料的分析处理及多次震例的总结，逐渐提炼出具有我国特色的水文地球化学地震预报方法。

### 5.4.1 水文地球化学异常与地震的对应关系

**1. 水化震例统计**

通过对1966～1985年这20年间发生的60次5级以上地震震例的总结发现，在60次震例中，有9次地震发生在无水化观测点的地区，51次发生在有水化观测点的地区，在这51次地震中，有36次观测到了不同程度的水化组分变化，占有水化观测点地区地震的70.6%；有15次地震发生在有水化观测点，但震前未观测到水化异常，这种情况占29.4%（表5.9）。

表 5.9　水化震例情况统计表

| 地震发生地点 | 震例（次数） | 异常情况 ||||
|---|---|---|---|---|---|
| ^ | ^ | 有水化异常的地震（次数） | 占51次地震的比例（%） | 无水化异常的地震（次数） | 占51次地震的比例（%） |
| 有水化观测点的地震 | 51 | 36 | 70.6 | 15 | 29.4 |
| 无水化观测点的地震 | 9 | 无水化观测点 ||||

由上表可以看出，在开展了地震水化前兆观测的地区内已发生的 5 级以上地震，有 70% 的震例都不同程度地观测到水化组分异常。说明地震前确实存在水化的地震前兆异常。

**2. 水化异常与地震对应关系**

通过对 1969～1988 年全国有水化观测网地区发生的 72 次 $M_S>5.0$ 地震前兆异常统计，$M_S>7.0$ 地震中，71.4% 的地震可观测到可靠的水化异常；$M_S$ 为 6.0～6.9 地震中，47.6% 的地震和 5.0～5.9 级地震中 33.3% 的地震可观测到可靠的水化地震前兆异常。（表 5.10）。

表 5.10　水化异常与地震对应关系表

| 震级（$M_S$） | 地震次数（次） | 有可靠水化异常的地震数和百分比 ||
|---|---|---|---|
| ^ | ^ | 地震次数 | 所占百分比（%） |
| >7.0 | 7 | 5 | 71.4 |
| 6.0～6.9 | 17 | 8 | 41.7 |
| 5.0～5.9 | 48 | 18 | 33.3 |

## 5.4.2　水文地球化学地震前兆异常

**1. 地震前兆异常的判别方法**

水化异常包括地震前兆异常（有震异常）和无震异常。前者与地震孕育发生过程关系密切，并可作为预报地震的前兆信息；后者与地震活动关系不密切或无直接联系。

据目前的认识水平，从水化单个异常的曲线形态和异常特点等方面尚难区别有震异常和无震异常。可行的办法是从多水点多测项异常的总体性质，即从群体异常的特征方面判断两者的差异，识别出可能的地震前兆异常。

水化前兆异常的特点是：在时间上成丛（或同步）、空间上相对集中，并含有一定数量的多水点多项目异常群体。

水化地震异常的判据：

（1）异常时间序列的成丛性（或同步性）。在时间进程上，地震的水化前兆异常集中于一定的时间段内，多个异常的时间序列具有由疏到密的结构形式。与其相反，无震异常的出现则多为分散的。因此多个异常是否具有成丛性（或同步性），可作为判别地震前兆异常的一个判据。

（2）异常空间分布范围相对集中。地震前兆异常在空间上相对集中于一定范围内，异常还多出现在地震活动带内。为此，判断地震前兆异常的空间标志是：在相同或相关地震活动带出现的相邻两个异常的距离在 250 km 范围内。

（3）异常要具有一定的数量。根据多次异常的统计结果，群体异常中所含异常的个数愈多，它出现的概率愈小。而对应地震的概率愈高。相反，群体中含单个异常数愈少，出现的概率愈大，反映地震的概率愈低。

**2. 地震前兆异常特征**

根据 72 次 $M_S$＞5.0 地震统计及多年认识得出以下几点认识：

1）不同震级的地震水化异常的明显程度不同

（1）$M_S$＞7.0 地震有 70% 以上的地震可观测到水化异常，40% 以上的 5~6 级地震可观测到水化异常。

（2）不同震级的地震水化异常点的数量占总水点的比例不同。7 级以上地震有 50% 的水点可观测到水化异常，而 5~6 级地震仅有 20%~30% 水点有异常。

2）不同震级地震异常持续时间不同

（1）$M_S$＞7.0 地震具有明显的趋势性异常，持续时间为 1 年左右或至 1 年以上。

（2）7.0＞$M_S$＞6.0 地震多数异常集中在半年内，少部分超过半年，个别异常可达 1 年。

（3）6.0＞$M_S$＞5.0 地震异常持续时间一般在半年以内。

3）不同震级的地震异常发展阶段及异常情况不同

（1）$M_S$＞7.0 地震可观测到中期（半年以上）、短期（半年以内）、临震（1 个月以内）不同阶段的水化异常。70% 以上的异常为中短期趋势性变化，30% 为临震异常。

（2）7.0＞$M_S$＞6.0 地震仅 30% 有中期异常，其余均为短临异常。

（3）6.0＞$M_S$＞5.0 地震全部为短临异常，其中 1 个月以内的临震异常占 50% 以上。

4）不同震级地震异常分布范围有明显差异

（1）$M_S$＞7.0 地震水化异常点分布范围广，集中分布在半径为 400 km 范围内，最远可达 640 km。

（2）7.0＞$M_S$＞6.0 地震异常点集中分布范围为半径 300 km。

（3）6.0＞$M_S$＞5.0 地震除个别情况外，异常点集中分布在半径 200 km 范围内。

5）异常持续时间和震中距关系

异常持续时间和震中距有一定关系，靠近震中的观测点，异常出现时间早，中期异常一般集中分布在距震中 200~300 km 范围内，短期异常一般集中分布在距震中 100~200 km 范围内。

### 5.4.3 水文地球化学地震预报工作程序

根据水文地球化学预报地震的原理与方法，以及我国水化专家在 20 多年的地震预报实践中积累的经验提出如下（图 5.17）水文地震预报工作流程图[27]：

图 5.17 水文地震预报工作流程图

配合上述工作流程，研制了与之相配套的软件程序。

**1. 基本数据的收集整理与基本图件的绘制**

1）建立地震水文地球化学数据库

地震水文地球化学数据库结构图如图 5.18 所示。

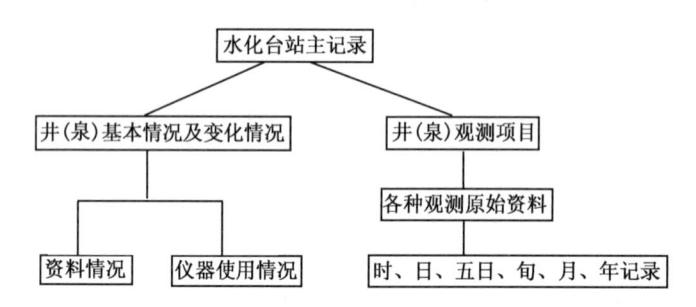

图 5.18 地震水文地球化学数据库结构图

2）绘制各种基本图件

建立水化地震预报绘图程序系统，内容包括：
（1）时间序列的图形绘制，包括时值、日值、五日均值、月均值及年均值。
（2）直角坐标系、单对数坐标系、双对数坐标系及 T 型坐标系等。
（3）其他图形的绘制，如观测点平面分布图、构造带分布图、等值线图等。

**2. 观测资料可靠性评定**

（1）在评定水化观测资料的可靠性时，必须全面了解观测资料获得的全过程，熟悉并掌握水点条件、观测室环境、测试过程、测试技术、观测仪器状况、正常变化动态等各方面的情况，综合地评价观测资料的可靠性。
（2）观测点的构造部位、水文地质条件、含水层岩性、地球化学环境等都比较好的水点，才有可能取得质量高的水化观测资料。

(3) 水点取样条件好，观测仪器性能稳定的水点，才有可能取得稳定的或有规律变化的水化资料。

(4) 观测资料有无正常年变形态，是评价观测资料可靠性的重要指标。

(5) 井口结构、采水装置合理的水点，观测误差小，观测资料的可靠程度大。

(6) 虚假异常多的水化资料其可靠程度差。虚假异常指出现异常无地震对应，无证据表明是构造活动。

**3. 干扰因素分析识别和排除方法**

1) 干扰因素的识别方法

研究一列水化数据的变化，分析其是否出现了异常，应首先进行干扰因素的识别并进行以下几方面调查：

(1) 水点的环境条件有无变化，所观测的含水层有无新的开采、抽水和注水现象；
(2) 观测井（泉）口采水装置有无变更；
(3) 取水条件有无变化？是否按规范定时、定点、定量采取水样；
(4) 观测环节及观测室环境条件有无变化；
(5) 仪器工作是否正常，标定值有无变更；
(6) 测试人员技术水平及人员变更情况，有无人为干扰。

无论上述哪一环节出现了问题，都会影响观测资料的可靠性，并要对干扰进行识别和排除。

2) 干扰因素的排除方法

(1) 野外调查方法，对观测井（泉）点及周围的环境条件进行全面调查，如大气降雨、地表水混入、周围井的抽水、注水、水库蓄水等各种条件变化引起的干扰，找出主要干扰因素，排除干扰。

(2) 现场试验：对可能存在的干扰，采用现场试验的方法加以验证，例如一些抽水井，氡值的变化与开泵抽水时间有关，通过试验找出每口井开泵后多长时间氡测值达到稳定。这样采取开泵后固定的时间取样，即能排除这方面的干扰。

(3) 室内试验：对测试技术、测试方法、仪器标定、实验室内条件改变等引起的干扰，采用室内试验，进行对比分析加以排除。

(4) 用数理分析的方法排除干扰，通过对干扰因素的研究，找出各观测点的主要干扰因素如降雨、流量变化、气温、气压、地温等，采用各种数理统计的方法，如相关分析、多元逐步回归分析、线性趋势分析、最优周期谱分析等，加以排除[28]。

**4. 单点和单项异常的判定**

判定水化地震前兆异常，首先由单点、单项异常的判定做起。由于不同的水点具有不同的正常动态类型，因而要采取不同的数学判定方法，水化日常采用的异常判定方法有以下几种：

1) 均值基线法

用原始数据计算出算术平均值和均方差值，以 2 倍均方差作警戒线判定异常。

2) 余差曲线法

用时序叠加法和回归分析法确定正常基准线，在此基础上判定异常。

3) 差分法

差分法是一种压制长周期变化，突出短期变化的线性滤波器，在地震预报中用此方法突出短临异常[29]。

4) 自适应阈值法

用不同时间的窗长，求滑动基线和滑动均方差，测值超过滑动均方差 $m$ 倍时定为异常。

5) 滑动均值法

该方法可以突出趋势变化抑制短期变化的异常判定方法。

6) 其他方法

（1）利用年均值、月均值的变化判断趋势异常。
（2）用多点观测值日突跳频次变化判断短临异常。
（3）用打破年变规律判别异常，将均值的月均值曲线，旬、五日均值曲线与各水点正常年动态曲线进行比较，若连续数点出现与正常年动态曲线不一致，且向一个方向偏离，在判定无其他干扰因素时，即可判断为异常。

## 5. 地震预报判据指标与预报方法

1) 预报判据

根据多年地震预报实践总结出的水文地球化学多种参数变化作为判断震情的依据。

2) 预报指标

根据震例总结所建立的异常项目多少，长、中、短临异常种类比例，异常台站空间展布范围，异常持续时间长短，异常集中区范围大小，异常发展的时空转折等水化多组分异常特征与地震发生的时间、震级和震中之间的定性和定量关系作为预报指标。

3) 经验公式

根据多年经验，研制了利用水文地球化学组分变化预报地震的经验方法与经验公式。

4）三要素预报

地震三要素预报意见，最终提出地震发生时间、地点、震级三要素的预报意见。

## 5.4.4 地震三要素预报

**1. 地震发震时间的判据指标和预报方法**

1）地震的中期预报

中期预报要解决的是一年左右时间尺度内，水文地球化学观测区内发生的 6 级以上地震。

（1）当测报区内出现了一组水化异常，异常点的数量＞3 个，其中 1 个异常已超过半年以上，其余异常仍在持续发展中，可考虑该区存在发生地震的中期异常。

（2）90％以上的水化异常点分布半径在 200～300 km，并在该范围内相对集中，也是中期预报的一项判据。

（3）出现异常的点数占测报区水化观测点总数 1/3 以上。

当具备上述三项情况时，可考虑进行地震的中期预报。

2）地震的短临预报

短临预报的任务是根据已观测到的水化短临异常特征，提出测报区内几天至几月时间尺度内存在发生 6.0 级以上地震的预报意见。短临预报的判据为以下几点：

（1）测报区内部分水化异常明显结束，在中期趋势异常背景上，水氡、电导等测项出现转折性变化，异常结束、测值下降或加速发展，可考虑在未来 3～6 个月内可能发生地震；

（2）异常点随时间增多，异常速率加大；

（3）水氡和其他组分如气体总量、二氧化碳等出现明显异常，异常结束，半年内可能发震。

3）地震的时间预报方法

（1）条件跟踪预报方法。水化前兆异常发展过程的重要特征是具有不确定性，其原因在于，水化前兆的发生和演化，同时受系统因素和偶然因素的影响。

处于发展过程中的水化前兆，人们很难预知，异常会持续多长时间，最后将出现多少项异常，建立条件跟踪预测方案，可适应前兆异常发展的不确定性图像。

（2）异常系列分析法。该方法以水化多层次前兆图像为依据，水化异常群体在时间演变的趋势与地震活动有关，在地震活跃期间，强震和中强震前，水化异常的演变呈增长趋势，地震与异常之间具有增长-地震或加速-地震的关系。

异常演变的图像具有统计上的自相似性，即可在半年、月、旬等三种时间坐标上出现彼此相似的增长和加速变化图形，从而构成地震的中期、短期和短临的前兆现象。由此可拟定不同尺度时间预报的震情判定方案，并可提出中期震情判断，短期震情判断和短临震情判断。

**2. 震级的判据指标和预报方法**

1) $M_S > 7.0$ 强震的判据指标

（1）7级以上强震水化异常持续时间长，以氡为例，异常持续时间可达一年左右至一年以上。

（2）测报区内水化群体总体特征上表现出异常的发展具有阶段性，中期异常占50%以下，短临异常占50%以上。

（3）7级以上地震，异常空间分布范围广。地震前，在未来的震中及其附近水化异常点相对集中分布在200～300 km范围内，但分布范围不均匀，有异常和无异常的点交错分布。7级以上地震异常分布最大半径为500～600 km（表5.11）。

表 5.11　强震水化异常点分布范围表

| 地震名称 | 震级（$M_S$） | 发震日期 | 水化异常点名称 | 震中距（km） |
| --- | --- | --- | --- | --- |
| 海　城 | 7.3 | 1975.02.04 | 辽阳汤河<br>盘　锦<br>金　县<br>河北廊坊 | 70<br>80<br>200<br>540 |
| 龙　陵 | 7.4 | 1976.05.29 | 龙　陵<br>下　关<br>塘子温泉 | 0<br>175<br>400 |
| 唐　山 | 7.8 | 1976.07.28 | 唐山电厂<br>安各庄<br>天津塘沽<br>天津张道口<br>河北雄县<br>曲　阜<br>江苏清江 | 0<br>40<br>80<br>100<br>200<br>450<br>640 |
| 松　潘 | 7.2 | 1976.08.16 | 松　潘<br>姑　咱<br>甘　孜<br>巴　塘 | 50<br>360<br>405<br>550 |

2) 5、6级中强震的判据指标

（1）异常持续时间短，多数异常出现在震前一个月左右或震前几天，个别点的异常持续时间可达1～3个月，最长为半年左右。

（2）异常分布范围比7级以上强震小，一般集中分布在200 km范围内，其中有多数震例水化异常集中分布在100 km范围内，不能形成明显的异常集中区。

（3）异常点的数量小，一般仅有1/3出现异常，以氡为例，5～6级地震前异常点数占测报区总观测点的20%～30%。

（4）$M_S > 6.0$ 地震水氡异常以短临为主，占60%以上。中期异常在40%以下。5～6级震全部为短临异常。

3) 震级的预报方法

(1) 定性的方法。根据异常的持续时间和异常点在一定范围内集中分布来判断未来地震的震级。如果测报区内的水化观测点出现了一年左右的趋势异常,且异常有多集中分布在 200 km 左右范围内,可考虑未来有可能在异常点密集地区发生 6～7 级地震。

(2) 定量的方法。很多研究者提出,水化前兆时间与震级之间呈对数函数关系即:

$$M = a + b\log T$$

美国学者肖尔茨统计了各种前兆持续时间与震级的关系得出:

$$\log T = 0.685M - 1.5$$

式中,$T$ 为异常的时间;$M$ 为地震震级。

日本学者力武常茨认为异常时间与震级的关系可用公式:

$$\log T = 0.6M - 1.01$$

在京、津冀地区,根据 21 次水化震例资料统计,水化前兆时间 $T$ 与震级 $M_s$ 间呈线性关系,并可用下式表示:

$$M_s = 4.704 + 0.0093T$$

$T$ 为水化前兆时间,具体算法为

$$T = \frac{T_1 + T_2}{2}$$

$T_1$ 为异常开始的时间;$T_2$ 为异常结束的时间。

### 3. 发震地点的判据指标和预报方法

1) 发震地点的判据指标

(1) 根据测报区内水化异常点的相对集中区判断可能发震的地点。

(2) 根据水氡短临异常出现的范围(短期异常大多集中分布在距震中 200 km 范围内),划定未来可能发生地震的范围。

2) 发震地点的预报方法

(1) 判断发震地点要考虑水化异常点的对应距离,采用对应距离交汇法。

(2) 地震大多发生在地震活动带范围内,因此要考虑地震活动带的分布范围,基于上述这两点考虑,可采用综合交汇法。

(3) 综合交汇法的重要问题是确定合理的异常点对应距离,大量的资料统计表明,对于 5 级以上地震,震中周围的异常分布有一个优势范围,不同地区的异常优势范围亦不相同,根据不同地区的水点反应地震的范围(即异常的优势反映范围)决定不同地区水化观测点对应地震的距离(表 5.12)。

表 5.12 不同地区水化点对应地震距离表

| 地　区 | 京津冀 | 甘肃东部及其邻区 | 乌鲁木齐 | 四　川 | 广东及其邻区 |
| --- | --- | --- | --- | --- | --- |
| 对应距离 $D$(km) | 250 | 350 | 150 | 200 | 250 |

（4）综合交汇法的具体步骤：以水化异常点的位置为圆心，对应距离 $D$ 为半径画圆即可满足要求；用异常分布区边缘的二三个异常点作对应圆，各个对应圆和地震带分布范围互相重合的部分，即为发震区。由于台网分布的不均匀，因此该方法在确定发震地点方面存在很大的局限性。在发震地点的判断方面，尚需进一步开展研究。

## §5.5 水化震例与预报实践

我国自 1968 年以来，系统地开展了水化方法预报地震的观测和科研。20 多年来，在布设有水化台网的地区发生了一系列 7 级以上强震和大量的中强震，并在多次地震前观测到了明显的多项水化前兆异常。为一些地震的成功预报提供了依据和预报意见。

1969 年 7 月 18 日渤海发生 7.4 级地震，在距震中 180～340 km 的天津、河北、北京的一些观测点上已取得了近一年的资料。观测到氡浓度、水电导、F 及亚硝酸根离子等的变化。特别是放射性惰性气体氡反映较好。

1973 年炉霍 7.9 级和 1974 年昭通 7.1 级地震前，在有限的资料中，再次发现了氡含量较长时间的上升和临震前个别点的大幅度突跳现象，从而引起了对水氡观测的更多关注。

1975 年海城发生 7.3 级地震，震前已有较多的水化观测点，在辽宁、山东的一些测点上，再次观测到了水氡一年左右的趋势性上升。1975 年 1 月为捕捉地震前兆，在辽宁的汤河(距震中 70 km)等地开展了水氡的加密观测，震前五天汤河点氡含量上升，震前半小时氡由 265.6 Bq/L 突升到 481 Bq/L；盘锦等水点也记录到了氡的突跳现象。

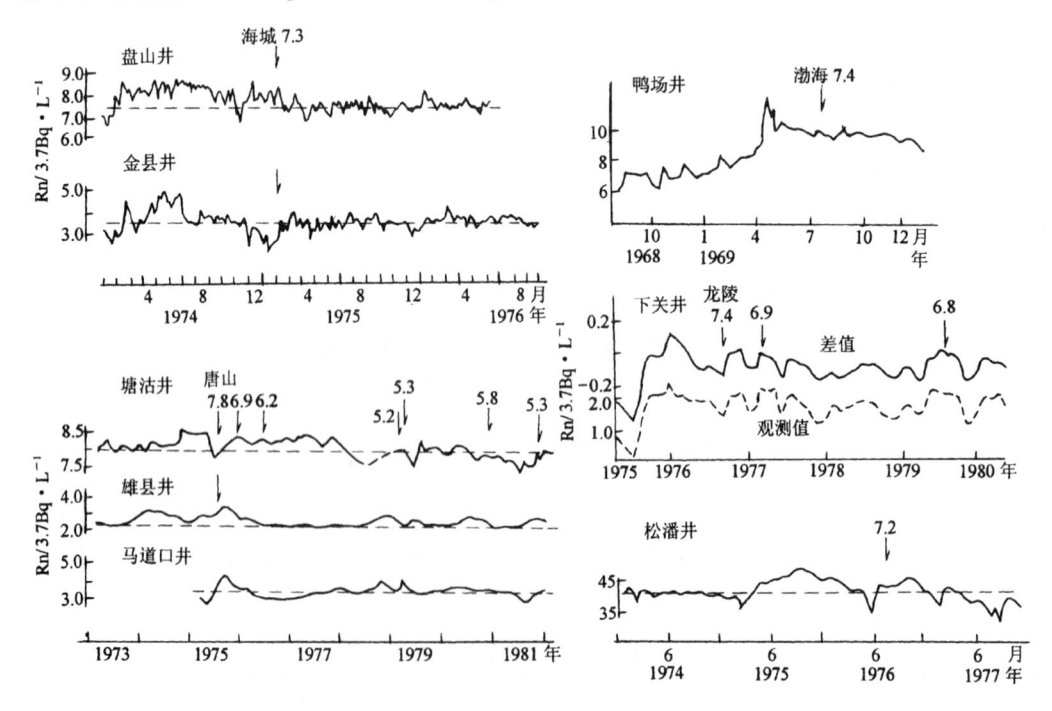

图 5.19 强震前氡值变化曲线

(据张炜)

1976年7月28日唐山7.8级地震发生在水化工作开展较早、台网较密的地区，地震前取得了大量的观测资料。自1973年下半年开始，距震中200 km范围内一些观测孔的氡值逐年上升，特别是距震中40～50 km的安各庄和田疃孔，水氡变化更为突出。至1976年3～4月份水氡始终保持上升的趋势。但至震前3～4个月，距震中200 km范围内多井孔的水氡测值出现明显的转折性变化，在中长期趋势上升的背景上，氡值下降，转平或转负。但在大部分观测点转折恢复后，并没有立即发震。临震前震中及其附近水氡变化比较平稳，突发性异常不突出。震后观测到了明显的后效及强余震的前兆以及强震异常背景的恢复过程。唐山大震获得了一次强震孕育、发生和震后变化全过程的较完整资料。

1976年5月和8月在我国云南和四川发生的龙陵7.4级和松潘7.2级地震前，都曾观测到明显的氡值异常（图5.19）。

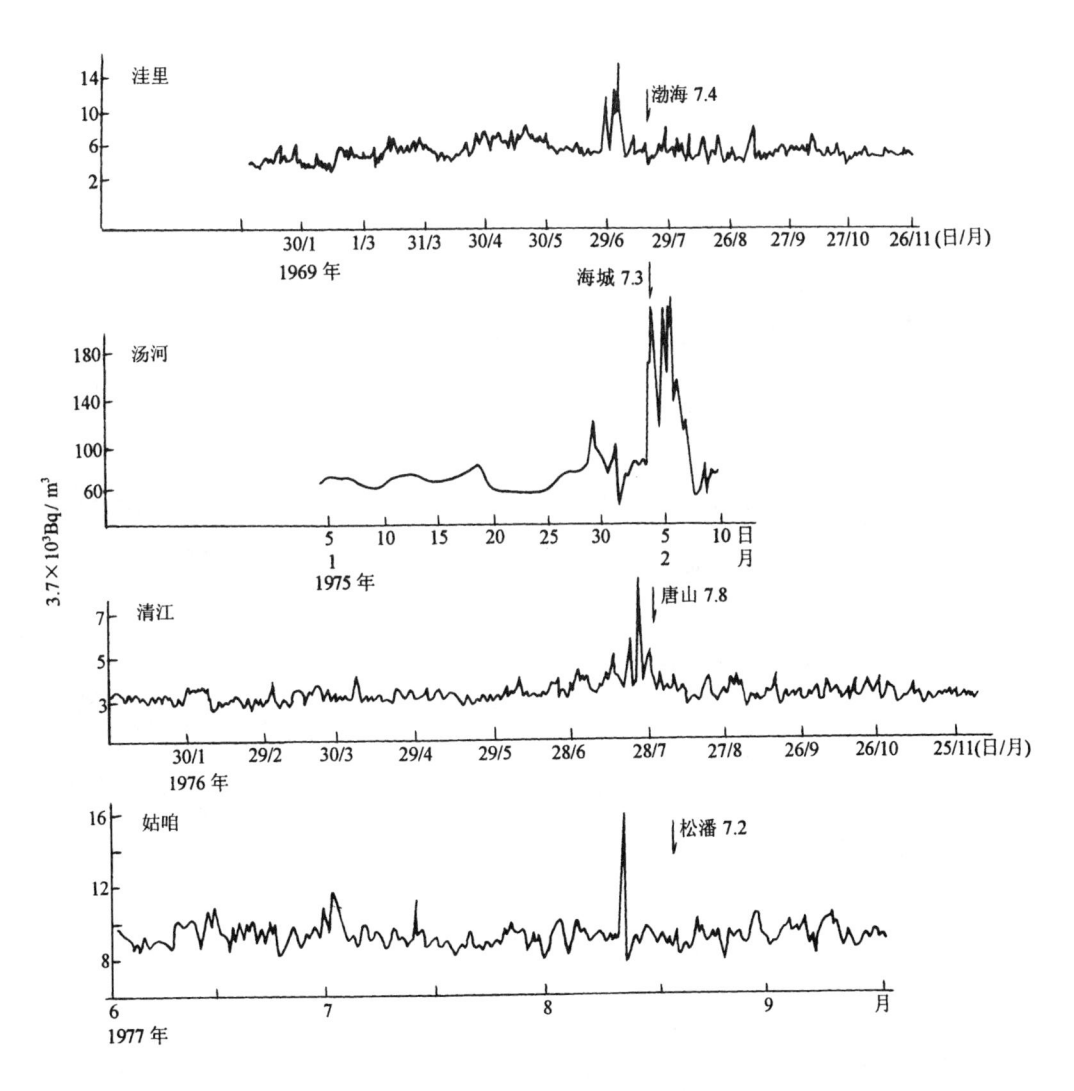

图5.20 强震前氡值突跳异常
（据张炜）

在渤海、海城、唐山、松潘等多次强震前还观测到了氡值的单点或多点突跳。临震前氡的观测值出现明显的离散度加大的现象（图 5.20）。

在多年的地震监测预报实践中，曾根据地下水化学组分的变化不同程度地预报了一些地震。如 1975 年 2 月 4 日海城 7.3 级地震和 8 月 16 日的松潘 7.2 级地震等都不同程度地提出了预报意见。在一些强震的预报中发挥了积极的作用。

根据大量的震例资料及多年地震监测预报实践，认为水文地球化学方法可以从以下几个方面为地震预报提供依据：

（1）按水文地球化学异常持续时间和在一定范围内集中分布来判断未来地震的震级和震中位置。如果出现一年左右的趋势异常，且异常又多集中分布在 200 km 范围内，可考虑未来有可能在异常点密集地区发生 6～7 级或大于 7 级的地震。

（2）可根据异常发展的阶段性，判断发震时间，可参考多井孔水氡突跳频次增高进行时间预测。

1990 年 4 月 26 日，青海共和发生了 7.0 级地震，根据上述总结出来的规律性，在该次地震前，在 1990 年度全国地震趋势会商会上，对共和地震提出了明确的中短期预报意见。

1988 年 10 月以来青海东部多点水氡出现明显的趋势性变化，有的观测点异常持续时间已达 1 年以上，异常点又集中分布在青海西宁至甘肃张掖一带，有的异常已趋于结

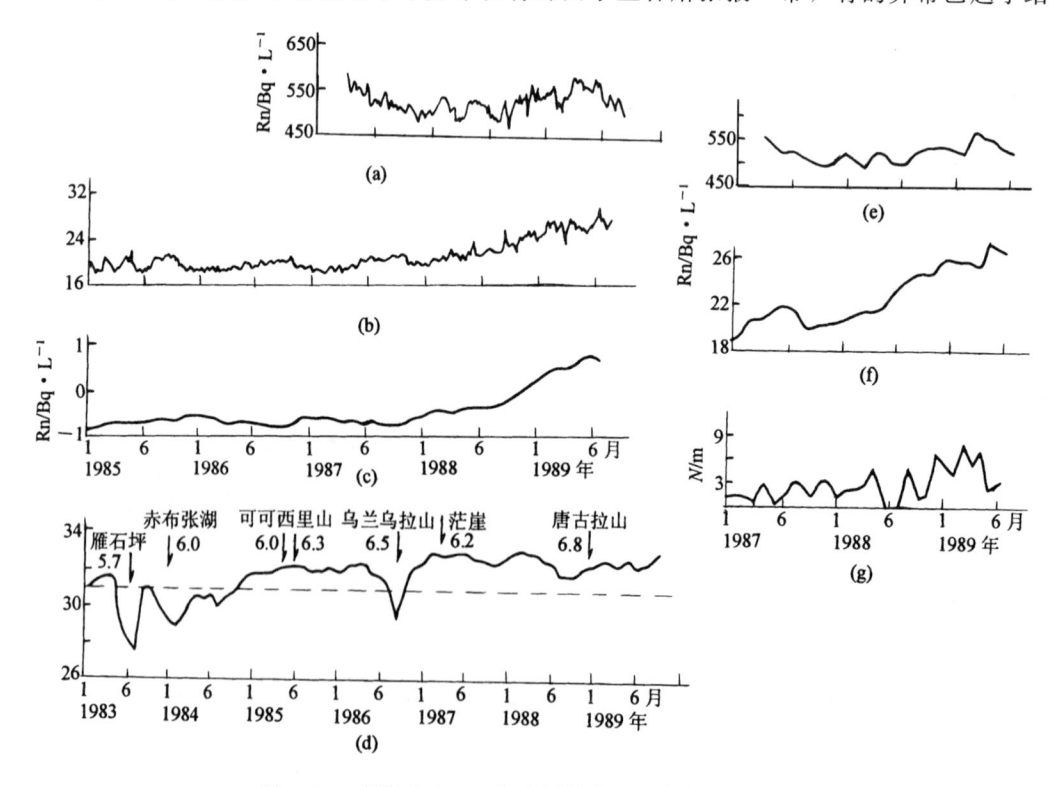

图 5.21 青海共和 7.0 级地震甘青地区水氡异常曲线

(a) 青海乐都水氡五日均值图；(b) 甘肃西武当水氡五日均值图；(c) 甘肃西武当水氡月均值余差曲线图；(d) 青海格尔木水氡月均值图；(e) 乐都水氡月均值图；(f) 西武当水氡月均值图；(g) 35°～40° N，95°～110° 地区 $M_L$＞3.0 地震月频次图

束（图 5.21）。应用水文地球化学地震预报方法指南和软件系统，在震前 3 个月明确地提出 1990 年 3 月底前，甘宁青地区，特别是青海共和及其附近有可能发生 $M_S7.2\pm0.4$ 地震。1990 年 4 月 26 日在青海共和发生了 7.0 级地震，证实了水化方法作出的震情分析基本上是正确的[31]。

# §5.6 气体地球化学方法在探索活断层中的应用

## 5.6.1 活动断裂带地球化学观测

**1. 活动断裂带与水化组分变化**

多年的地震监测预报实践证明，地震大多发生在活动断裂带上。分布在活动断层及其附近的地震水化观测点，水化组分的变化对地震反映灵敏。多次强震的震例表明，震前在一些主要的断裂带上，不仅观测到了地下水的多种宏观异常现象，如井水翻花、冒泡、水质变色变味、水发浑等，而且还观测到了地下水中氡、二氧化碳、氢、氦、气体总量及水质成分氟、氯、汞等组分的变化。因此研究活动断层及其附近地区地下水化组分的变化特征，对开展地震前兆探索具有十分重要的意义[32]。

**2. 利用水化组分变化研究断层的活动性**

断层的活动与地震的发生有着十分密切的关系。近些年来，在活动断层上开展气体地球化学的动态观测与研究引起国内外科学界的重视。为了阐明断层的活动性，兰州地震研究所张必敖、何跟巧等在阿尔金断裂沿断层布设了十条剖面，进行了氦、氢、氩、氧、氮、甲烷、二氧化碳、汞、氡九种气体组分动态观测。测量结果表明，在断裂带上氢、汞、氡、二氧化碳四种气体变化幅度大，在该断层现今有活动的西段气体浓度偏高[33]。开展断裂带上土壤气的动态观测，可为研究断层的活动性、寻找活动的构造部位、探索地震危险区发挥一定的作用。

## 5.6.2 断层气测量方法及测量结果

**1. 测量方法**

利用气体地球化学方法探索活断层，特别是寻找覆盖层较厚的隐伏断层较其他方法更为简单、收效快。工作方法一般是采用在可能的活断层上布设测线，在每条测线上按要求布设测点。断层气的测量方法是抽取不同测点土壤中的气体在现场进行直接测量或采取土样在实验室测定。测氡一般采用能够进行野外现场测量的放射性测量仪如 FD-3017 镭 A 测氡仪、FD-841 型氡管仪、α 卡仪和活性碳 γ 测量仪等。测汞利用金汞齐化技术，将土壤中的微量汞采集于捕汞管中用 XG$_3$ 或 XG$_4$ 型测汞仪测量。也可以直接在测点采取土样用 XG-5Z 塞曼测汞仪进行测量。

测量过程中要注意排除各种干扰，要特别注意土壤表层的污染及土层温度、湿度等各方面的影响等。

**2. 断层气测量实例**

1）北京南口孙河断裂东三旗剖面

该断层为被第四纪沉积物覆盖的隐伏断层，由南口向东南延伸。东三旗剖面位于该断层东南段。在此段布设了土壤汞测线。测试结果示于图 5.22。

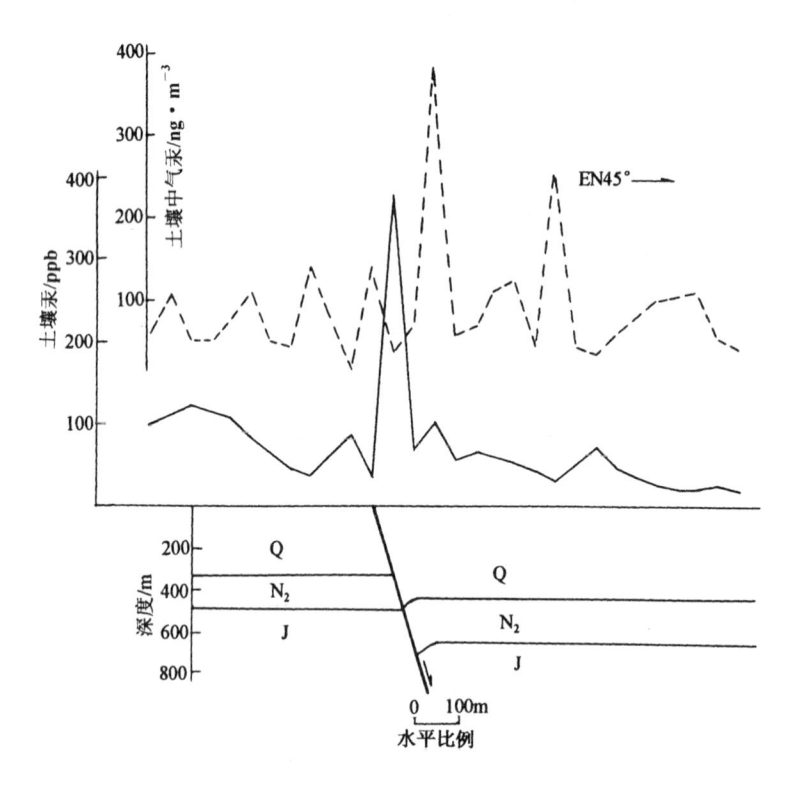

图 5.22　南口-孙河断裂东三旗剖面土壤中气汞和土壤汞分布图
（图中虚线为土壤中气汞，实线为土壤汞）

由图可看出，断层通过处土壤中气汞和土壤汞出现明显的高值异常，为了验证测量结果的可靠性，在不同季节的同一测线上进行了重复测量，测量结果汞的异常形态一致。

2）河南汤东断裂伏道镇剖面

1986～1987 年国家地震局分析预报中心与河南省地震局合作在汤阴地堑的东界-汤东断裂带上，开展了跨断层的气体地球化学观测与研究。在伏道镇南北布设了两条相互平行的垂直于断层的剖面。使用便携式 FD-3017、FD-841 氡管仪、$XG_3$、$XG_4$ 型测汞仪对土层中的氡和汞进行了测量（图 5.23、图 5.24）[34]。

由上图可看出，曲线 a 和 b 为用 FD-3017 测氡仪在同一条测线上（AA′测线）进行测量所取得的结果。两次测量时间不同，相隔 9 个月，但由两条曲线可看出，在汤东断裂与汤东次断裂间存在氡的高值异常区，两条曲线形态相似，均在断层上方出现氡的

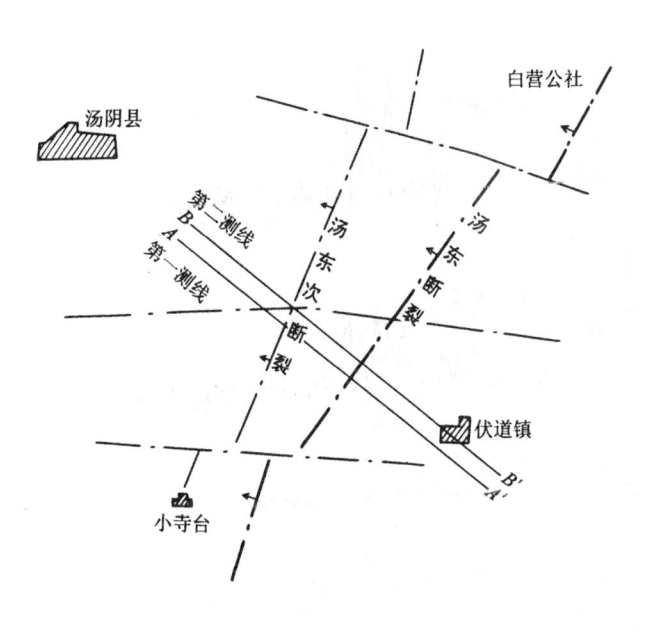

图 5.23　河南汤东断裂伏道镇测线平面位置示意图

高值带。

为了验证所得资料的可靠性，在 AA′测线以北 250 m 又布设了与之相平行的 BB′测线（第二条测线）。利用 FD-3017 进行了土壤中氡含量的测量，结果表明，氡的高值段也位于两个断层之间的破碎带上，其结果与 AA′测线 a，b 曲线一致。由此可以看出，利用相同的仪器、在不同的时间、在两条测线上所取得的结果都表明汤东主断裂和次断裂间存在明显的氡异常段。

利用 FD-841 氡管仪和 XG$_4$ 测汞仪所取得的测量结果（曲线 c、d）也同样可看出氡和汞的异常段均位于断裂带上方。

上述结果表明，在 1986～1987 年不同的时间内，用三种不同的测试方法，在相邻的平行测线上都发现断层上存在氡和汞的异常。5 条曲线都比较清楚地反映了第四纪覆盖层下面隐伏断层的位置。

3）最新地震断层土壤气氡测量剖面

1992 年 6 月 28 日美国南加州洛杉矶东 Landers 发生了 7.5 级地震，震后 3 周，中方到达大震现场，在震中部位选择了地面有严重破坏，水平错动和垂直错动十分明显的地段布设了测量剖面[35]。

（1）Reche 测线

在 Landers 7.5 级地震震中部位 Reche 地段垂直地震新形成的裂缝和沿裂缝带共测了三条剖面。

①垂直测线

在近南北向的地震断裂上，布设了一条跨裂缝的东西向测线，图 5.25a 给出了该测线土壤气氡的观测结果。由图可看出该地区氡值低，在 0～4 个脉冲范围内波动，但在

· 209 ·

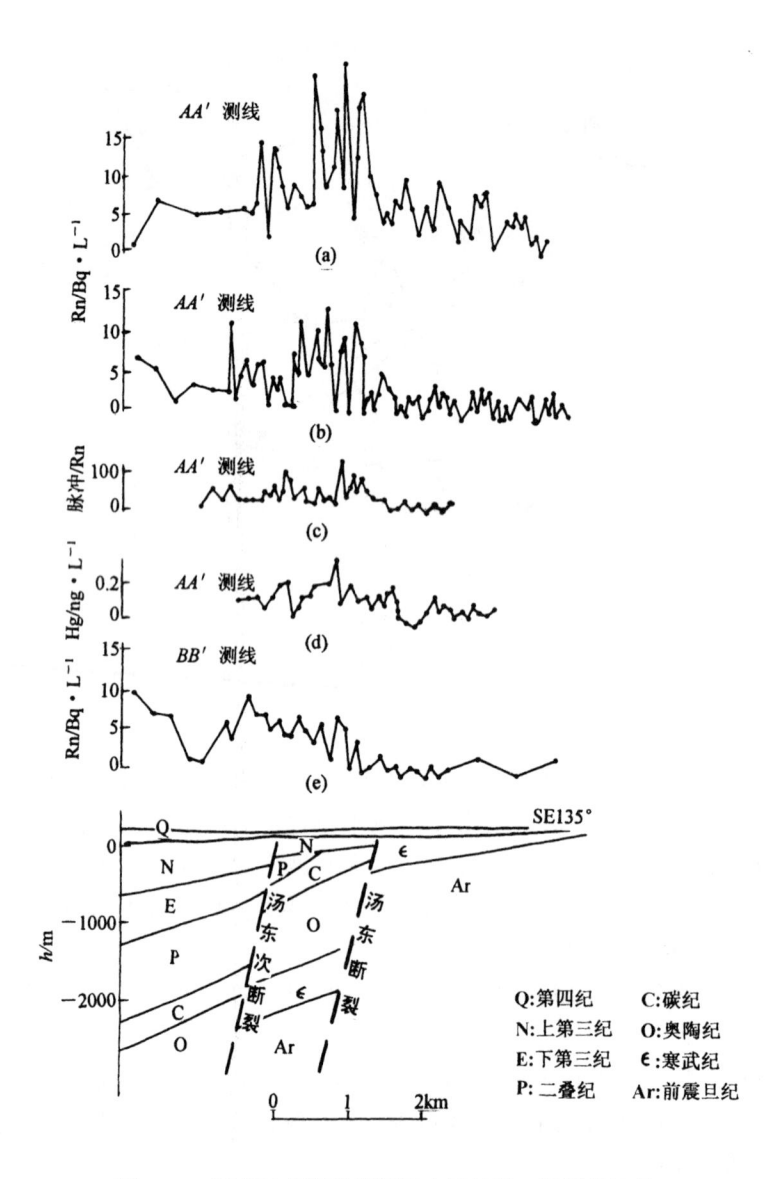

图 5.24 河南汤东断裂跨断层土壤气氡、汞测量结果

(a) 1986 年 FD-3017 测氡曲；(b) 1987 年 FD-3017 测氡曲；(c) 1987 年 FD-841 氡管仪测氡曲；(d)1987 年 XG₄ 测汞仪测汞曲；(e)1987 年 FD-3017 沿 BB′测线测氡曲线

地震新形成的两条断裂上方，氡值可达 25 和 27 个脉冲，异常十分突出。

②沿裂缝测线

为了进一步证实裂缝带上氡出现高值异常，布设了二条南北向测线，测量结果见图 5.25b，由图可看出裂缝上方氡值全部偏高，最高测值可达 40 个脉冲。

(2) Encantado 测线

在 Reche 测线以北 1 700 m 处，布设了另一条跨新地震裂缝的测线和复测线，图 5.26 给出了测量结果。由图可看出，在无裂缝穿过的地区，氡值在 0～2 个脉冲范围内波动。在过地震裂缝的上方，氡值明大，成几倍和十几倍增长，高值可达 11 和 17 个脉

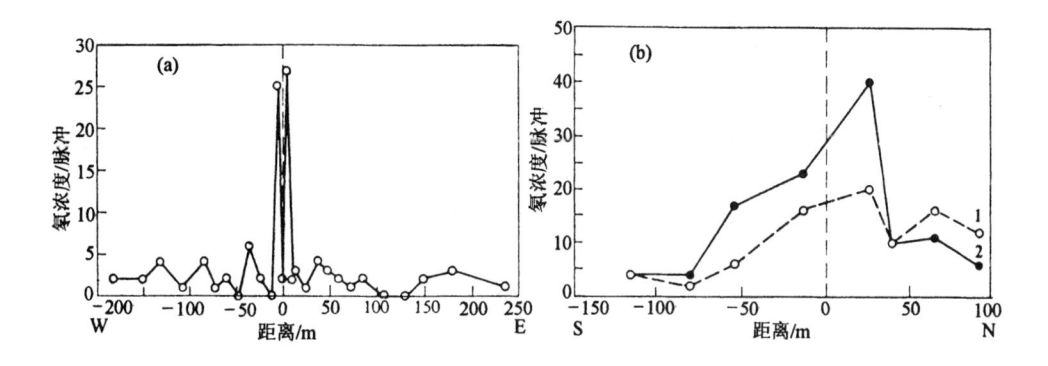

图 5.25 Reche 测线土壤氡测量曲线
(a) 东西向测线;(b) 南北向测线 (1. 为东部测线;2. 为西部测线)

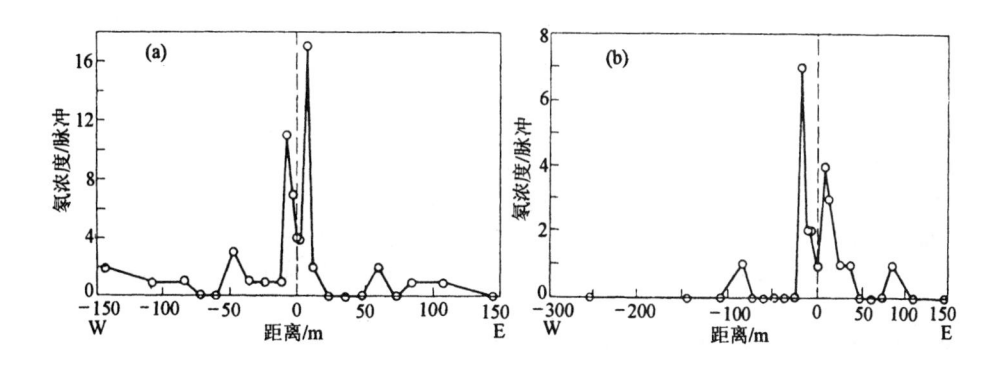

图 5.26 Encantato 测线土壤氡测量曲线
(a) 主测线;(b) 复测线

冲。两条测线的测量结果具有很好的一致性,异常形态相似。

通过上述研究,可以看出活动断层及其破碎带为地下气体向地表迁移提供了良好的通道。因此长期监测活动断层气体化学成分的变化,有可能获取断层活动与地震关系的重要资料。因此在地震重点危险区,在重要的构造部位,开展气体化学成分的观测,有可能获取地震的前兆信息,为地震预报探索出一条新的途径。

水文地球化学作为地震预报的一个重要手段,在观测、预报、科研等方面都取得了明显的进展。近几年来,又不断扩大了研究领域,在地震前兆观测方法、前兆机理、新的灵敏项目探索等方面取得了一些新的认识,在地震短临预报中发挥着重要的作用。但是应当指出,当前地震水文地球化学仍然处于广泛实践的探索阶段。由于地震前兆问题的复杂性,预报地震的理论尚不成熟,监测系统还有待进一步完善,测试技术的现代化方面也有待加强。因此,今后要进一步加强多种学科的综合研究,开展地震孕育过程中地球化学问题的研究,建立符合不同地区、不同构造条件和不同类型地震的水文地球化学地震前兆模型,使水文地球化学预报地震的水平有新的提高。

## 思 考 题

1. 论述利用地下水化学成分变化预报地震的物理机制和实验基础。
2. 简述水文地球化学地震预报研究的内容。
3. 试述水文地球化学地震前兆的研究方法。
4. 阐述水化地震前兆异常的判别方法和异常特征。
5. 简述水文地球化学地震预报工作程序。
6. 水文地球化学地震前兆研究的进展和前景。

## 参 考 文 献

[1] 罗光伟、石锡忠,岩石破裂与氡浓度变化的实验,地震战线,5,1977。
[2] 罗光伟、石锡忠,岩石标本受压时氡和钍射气量的实验结果,地震学报,2(2),1980。
[3] 范树全、高清武,氢气和甲烷与地震关系的实验研究,地震科学研究,2,1980。
[4] 张炜、王吉易、鄂秀满、李宣瑚、王长岭、李正蒙,水文地球化学预报地震的原理与方法,教育科学出版社,1988。
[5] Г. М. 瓦尔沙尔、Г. А. 索鲍列夫等,利用水文地球化学方法研究加压情况下汞由岩石中析出的规律性及其与地震预报问题的关系,Г. М. 瓦尔沙尔主编,张炜等译,地震水文地球化学前兆,地震出版社,1989。
[6] Г. А. 马弗良诺夫主编,孙崇绍、王长岭译,中亚若干地震活动带的水文地球化学特征,地震出版社,1981。
[7] 冯珛等,饱水岩石超声振氡实验研究,地震地质,2,1981。
[8] 罗光伟等,音频振动下花岗岩氡钍射气测定结果,地震,5,1984。
[9] 王永才等,低频振动作用下土壤气中氡浓度变化的初步实验研究,华北地震科学,4(4),1986。
[10] 蒋凤亮、李桂茹等,地震水文地球化学前兆机理的研究,地震监测与预报方法清理成果汇编(地下水分册),地震出版社,1988。
[11] 王吉易等,水氡前兆机理,地震科学研究,6,1984。
[12] 张炜等,水文地球化学地震前兆观测与预报,地震出版社,1992。
[13] Wakita, H. (Director), Earthquake chemistry, Laboratory for earthquake chemistry faculty of Seience, the University of Tokyo, 1988.
[14] Киссин, И. Г., Землетрясения и подземныеводы, Москва, Наука, 1978.
[15] 张炜等,水文地球化学地震前兆观测与新灵敏组分的探索,地震,5,1987。
[16] 张炜等,地震短临异常新指标探索——汞浓度探测,中国地震,5(4),1989。
[17] 陈健民,大同—阳高 6.1 级地震水文地球化学前兆特征的初步分析,地震,4,1990。
[18] 阎立璋等,IP-1 型离子泵测氡仪及其在地震观测中的应用,地震,2,1987。
[19] Барсуков, В. П., Варшар, Г. М. и др., Гидро-геохимические предвестники землетрясе—ний, Геохимия, АН СССР, 3, 1979。
[20] 杉崎隆一等,氢的逸出与地震活动性的关系,张炜、唐仲兴等译校,日本地震地球化学研究,北京,海洋出版社,1993。
[21] 吴慧山等,放射性测量新技术(第二集),地质出版社,1984。
[22] R. Sugisaki, Changing He/Ar and $N_2$/Ar ratios of fault air may be earthquake precursors, Nature, Vol. 275, 5677, 1978.
[23] 张炜等,水化预报区和水化预报指标的讨论,地震预报方法实用化研究文集,水位水化专辑,地震出版社,1990。
[24] H. Wakita, Groundwater of observations for earthquake prediction in Japan, A collection of papers of international symposium on continental seismicity and earthquake prediction, Seismological press, China, 1984.
[25] King Chiyu, Gas-geochemical approaches to earthquake prediction, Physical and observational basis for intermediate-term earthquake prediction, U. S. Geological Survey, 1988.
[26] 王吉易等,井口装置和引水条件对测氡的影响,华北地震科学,4,1985。

[27] 张炜等,水文地球化学预报地震的理论基础、方法与实例,地震,5,1990。
[28] 王吉易等,水氡动态的影响因素及排除方法,地震监测与预报方法清理成果汇编(地下水分册),地震出版社,1988。
[29] 张炜,邢玉安等,地下水中氡含量离散度变化与地震的短临前兆,地震学报,9(3),1987。
[30] 王吉易等,异常系列分析法,地震学报,16卷,增刊,1994。
[31] 国家地震局分析预报中心三室、一室、十室,用水文地球化学方法对1990年地震趋势的初步分析,见:中国地震趋势预测研究(1990年度),地震出版社,1989。
[32] 张炜等,地球化学方法在断层研究中的应用,国家地震局华北地球化学背景场课题组,华北地震水文地球化学研究,上海科学技术文献出版社,1989。
[33] 张必敖,何跟巧等,阿尔金断裂东北段断层气体的初步研究,西北地震学报,9(2),1987。
[34] 张炜,罗光伟等,气体地球化学方法在探索活断层中的应用,中国地震,4(2)1988。
[35] 张炜、金继宇,美国加州主要断裂带氢气测量,地震学报,16(1),1994。

# 第六章 地震的地电前兆

地电学是地球物理学中一个组成部分,它是以物理学中的电磁学和电化学原理为基础,应用于解决地学问题的一门应用科学。应用于解决地学问题的地电方法,统称电法勘探(电法探测)。地震预报领域中的地电观测是从原电法勘探方法移植、发展起来的。因此,方法原理和技术,有很多是可以借鉴的。但也有所不同,为地质勘探所用的电法勘探,只考虑空间变化,而用于地震监测的地电观测,不仅要考虑空间变化,还需研究同一空间中其随时间的变化,即常说的时空变化。此外,前者观测精度低,后者由于地震前地电前兆信息微弱,其观测精度[①]要高些。电法勘探移植到地震预报,经过 30 年来的实践证明,地电前兆已显示它的优越性和重要地位。

## §6.1 地电观测内容、简史及特点

### 6.1.1 观测内容和观测方法

地震预报中地电观测内容和观测方法概括起来可分为三类:一类是研究地球基本电场时空变化与地震关系;第二类是研究岩石电性参数,通常是研究岩石电阻率变化与地震关系;第三类是研究临震前直接从震源处瞬时产生的电磁辐射。按其研究电场性质、观测物理量、开发情况等,大致可列成表 6.1,其中地电前兆探索,电阻率方法是重点。

表 6.1 地电前兆

| 科学分支 | 场的性质及特征 | | 方法名称 | 场源 | 观测物理量 | 开发情况 | |
|---|---|---|---|---|---|---|---|
| | | | | | | 国内 | 国外 |
| 电磁学 | (1)非时变场、静态场或称稳态场 | | 直流电阻率法 | 人工 | 视电阻率(电阻率量纲)常用 $\rho_s$ 符号表示 | 大规模监测台 | 日本、原苏联设有个别试验点 |
| | (2)时变场、动态场 | (1)慢变场(又称过渡场)、准(似)稳态场低频场($10^{-1}\sim 10^3$ Hz) | (1)低频电法、交流电法、频率测探 | 人工 | 视电阻率(电阻率量纲)常用 $\rho_s$ 符号表示 | 唐山马家沟设有试验点 | 日本有试验工作 |
| | | | (2)定点大地电磁测探法(TM) | 天然 | 视电阻率(电阻率量纲)常用 $\rho_s$ 符号表示 | 兰州、北京设有试验点 | |

---

[①] 观测精度,是一个含义不确切的词,地电观测精度(电阻率法)是指 $\Delta\rho_s/\rho_s$ 的相对误差,用 $10^{-2}$、$10^{-3}$ 或 $10^{-5}$ 等表示,如果误差纯由偶然误差引起,观测精度就是指精密度。

续表

| 科学分支 | 场的性质及特征 | | 方法名称 | 场源 | 观测物理量 | 开发情况 | |
|---|---|---|---|---|---|---|---|
| | | | | | | 国内 | 国外 |
| 电磁学 | (2)时变场、动态场 | (2)快变场、高频场-电磁波 | (1)震源辐射的电磁波法 | 天然 | 场强 | 设有大规模试验网点 | 原苏联开展实验工作较早，日本、美国开始开展试验工作 |
| | | | (2)无线电波法(15k~25kHz)(定点和流动) | 人工 | 场强 | 尚未正式开发使用 | 原苏联开展定点监测工作 |
| 电化学 | (1)过滤电动势 | | 大地电场法、大地电场张量法 | 天然 | 场强 | 观测资料较多，尚未深入研究。不极化电极未得到根本解决 | 美国、日本、瑞典有这试验工作 |
| | (2)极化电动势 | | "土地电" | 天然 | 电极化电位差和局部自然电流的综合物理量 | 观测资料很多，条件复杂，处于调整提高 | 希腊开展实验工作 |

## 6.1.2 观测方法特点及其发展简史

**1. 方法特点**

地电方法是一种比较简易、轻便和观测对象较多的观测方法。它可以根据各种不同地电条件（地壳实测视电阻率，可以在 $10^0 \sim 10^2$ 范围内变动），采取不同的手段来探测，解决各种地质问题。它不但可以利用天然电场源，还可以利用人工电场来探测。它可以在不破坏岩层原始状态下。在地表探测地壳浅部的（几百米），也可以从地表探测深部（深达几十公里）的电性参数，这都是它的优点；它的探测精度，低于地震勘探，以及它通常是在高噪声背景上提取弱信号，这是它的弱点。

由于影响电性参数变化的因素多于需要探测的地震前兆信息，地电观测方法在地震预报中，经历了艰难的历程。直到 20 世纪 70 年代，才为从事地震预报的科学家们所注意。为美国、原苏联、日本各国实践地震预报的科学家们所肯定。肖尔茨（C. H. Schoiz）等把它列为地震预报物理探索的测震、形变、水、电阻率四大前兆参数之一，见图 6.1。

**2. 发展简史**

地电手段参与地震预报经历了由不自觉到自觉两个阶段，自觉有意识，有目的地捕

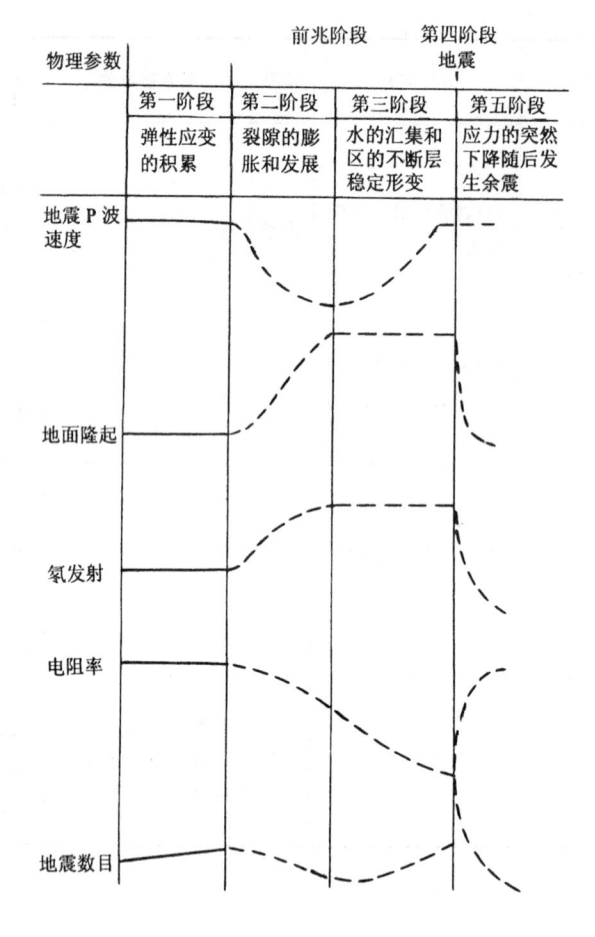

图 6.1 地震前兆的物理探索
（据肖尔茨）

捉和积累地电前兆资料，进行地震预报探索，开始于 1960 年智利大地震。这次地震标志全球地震活动进入了活跃时期。多地震的日本、原苏联和中国于 60 年代中期相继开展了有计划的地震预报探索工作。美国稍后，是向原苏联学习的。以上几个国家的进展情况列于表 6.2。从表 6.2 中可以看出我国仪器设备虽不先进，但积累资料的丰富程度却居领先地位。

表 6.2 中国、日本、原苏联、美国用电阻率法探索地震预报进展情况比较表

| 序号 | 项目 | 日本 | 中国 | 原苏联 | 美国 |
| --- | --- | --- | --- | --- | --- |
| 1 | 探测对象 | 在矿坑内探测基岩电阻率 | 探测地表浅层几百米 | 认为测到震源深处 | 认为测到震源深处 |
| 2 | 工作方法 | 四极等距法（Wenner' Method）AB：1m 左右 | 对称四极 AB：1 km 左右（Wenner' Method or Schtumbrgar' Method） | 偶极法有偶极距：初期 6 km；近期 30～40 km | 偶极法有偶极距：15 km 左右 |

续表

| 序号 | 项目 | 日本 | 中国 | 原苏联 | 美国 |
|---|---|---|---|---|---|
| 3 | 仪器设备 | ① 低频交流：67Hz、69Hz；② 功率：二三十瓦（100、200V）；③ 连续自记；④ 幅度：$\Delta\rho_s/\rho_s - 10^{-5}$；⑤ 能观测到固体潮；⑥ 能分辨 $1\mu V$ | 稳压整流直流设备；1~2千瓦；人工定时读数，精度：$10^{-2}$~$10^{-3}$；测不到固体潮；只能分辨 0.0~0.2 mV | 频率为 0.1、0.2、0.6Hz 的脉冲；供电初期：四五百千瓦（100A、450V）；近期：12~15兆瓦（1000A）；定时示波照相记录；精度：$10^{-2}$；测不到固体潮；估计只能分辨 0.2 mV | 直流换向供电；85千瓦、10 s 方波；200A；定时自动记录；精度：$10^{-1}$；测不到固体潮 |
| 4 | 地震前兆观测结果 | ① 观测到震前 1~7 小时有变化；② 观测到与地震同步突跳；③ 记录到震前变化 34 例，记录到同震突跳例；④ 已有连续 14 年以上资料（1968 年 5 月 14 日值 1982 年 7 月 31 日） | ① 对 7 级以上地震，初步观测到地震前、后及发震同时 $\rho_s$ 值变化全过程，亦观测到震中附近 $\rho_s$ 值在平面上变化的特点，$\rho_s$ 值下降异常区；② 唐山、松潘地震前电阻率短临前兆变化图像的重现性；③ 记录到一些 5 级左右地震前、后 $\rho_s$ 值变化的典型曲线 | 据报道记录到 5 级左右地震前兆异常（?） | 尚未记录到令人满意的震例。以上基本为 Morison 工作，现已停止。与此同时期，NOAA（美国海洋与大气厅，1973）和 NCLA（洛杉矶加利福尼亚大学，1977~1978）曾先后开展过井中和中距离偶极电试验工作，均未记录到震例 |
| 5 | 近期情况 | 近期见到开展 20 m 左右浅井观测资料和短极距的试验工作 | 近期开展一些中距离偶极试验，井中全空间观测、低频交流电法和 MT 定点观测 | 进展不大，开展一些短极距的试验工作 | Maddon 开展过一些自然场的观测试验工作 |

下面以 1960 年智利大地震为界简述地震监测中地电方法发展过程。

1) 1960 年智利大地震前——不自觉阶段

天然电场在地震预报中的应用，早在 19 世纪末，先后报道过 1891 年马纳斯地震、1923 年关东地震等，地震过程中，地电台观测到地电流（位）变化，图 6.2 为原苏联几个地电台对地方震的地电图。这种记录式的现象报道状态，可以说一直持续到 1960 年 5 月 22 日智利大地震。这就是以前地电流（位）与地震关系研究的基本情况。

2) 近一二十年（1960~1989）进展较快——自觉阶段

有意识地研究地电与地震的关系，可以说是 1960 年智利大地震后，全球地震活动进入了一个活跃期之后的事。以地震预报为目标的地电研究，其进展可以分为研究地电场（电化学活动性-局部自然电场和"土"地电）与地震关系，研究电性参数——岩石电阻率与地震关系两个主要方面。近年来，为了解决临震，又开展了震前由震源辐射出来的电磁波和电磁波在地面传播受到震源干扰的两方面研究。

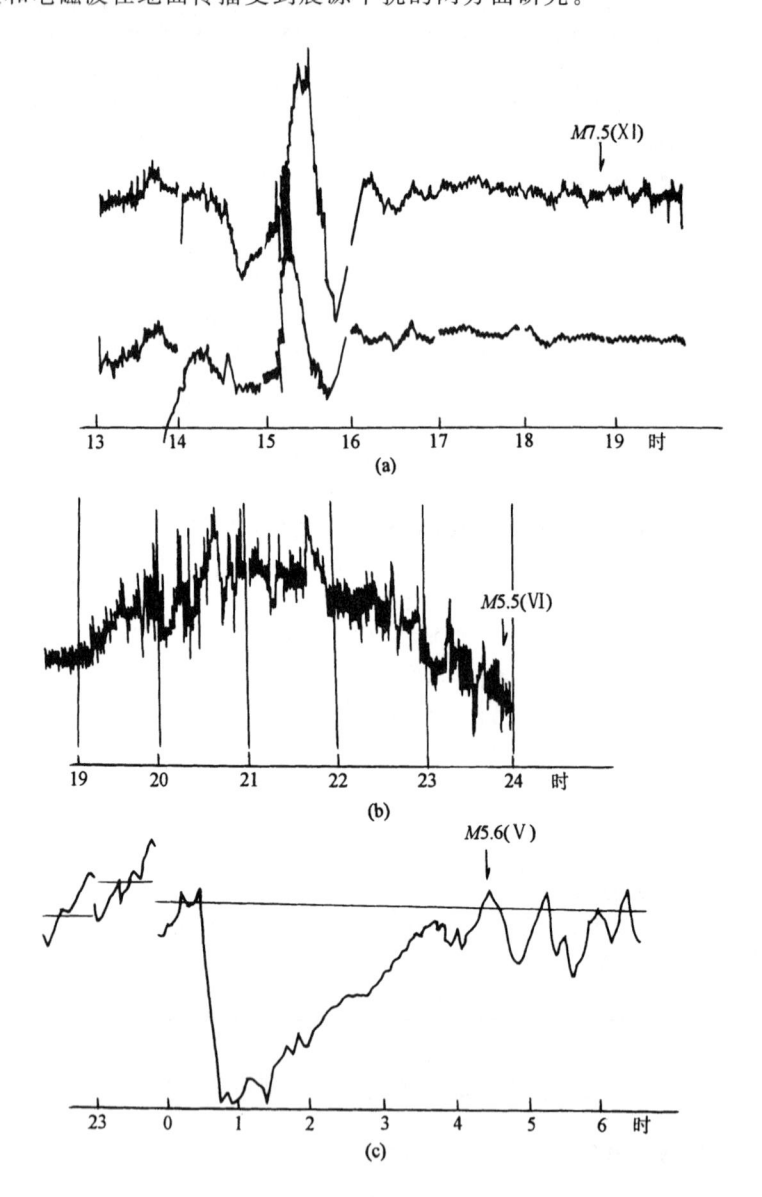

图 6.2　原苏联几个地电台对地方震的地电图像
(a) 阿拉木图台的地电图，1951 年 11 月 24 日。箭头标出地震时刻；(b) 加尔姆台的地电图，1950 年 9 月 28 日。箭头标出地震时刻为当地时间；(c) 卡拉依利亚比鄂毕台的地电图，1950 年 10 月 11～12 日。箭头标出地震时刻

(1) 地电流（位）方面

这方面工作，多属研究天然电场，有时含极化电流。除上面所说，从 1923 年关东地震或早些时间就见到人们报道在地震发生过程，记录到地电流受扰动变化。在这以后

又曾不止一次地报道在地震过程中出现电扰动、脉冲等异常现象，而多半属于单记录结果的报道。到1950年原苏联地球物理所在加尔姆试验区，有意识地研究了这一电扰动现象，他们利用布设在180 km长测线上的四个地电台的记录进行对比，但是事实并不那样简单，他们对所有资料进行研究后说明，有许多次地震前，并没有发现有电扰动。因此，简单地对比不能作为一种能预报地震的标志，以后长期的观测，还发现地电台记录的不仅仅是地电流成分，其中还夹杂着受大气电位的影响及电磁波扰动的成分。

在这方面除原苏联、日本和中国曾有过相似记录报道外，近期（1981年）希腊学者瓦罗佐斯（P. Varotsos etc.）等亦报道了他们记录的情况。从他们介绍使用测量电极采用直径为60 cm的黄铜管做电极，埋入深度40～200 cm，间距50 m，其实质与我国的"土地电"装置相类似。由于观测中干扰大，经过多年努力，他们改进了观测技术，近年采用极化稳定和不极化的电极，改进了观测方法，他们在同一测量中心上采用两组大小不同的极距来消除由于电极极化效应带来的干扰。他们现行的观测，属研究电场性质与原土地电装置有了本质的区别。

此外，还有一些地震前后记录到电位差（也有称电磁扰电位）的资料，如中国和日本亦是极其零星的，见图6.3。

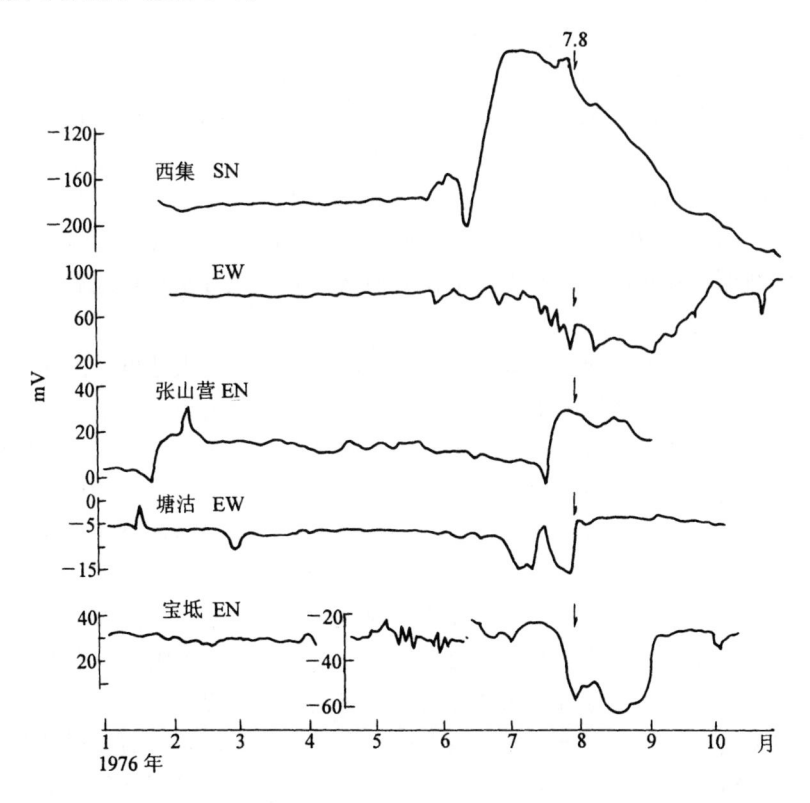

图6.3 唐山地震记录到地电位（流）变化图

总之，地电流（位）方面，由于干扰多，进展不大，没有见到过经过系统研究，获得具有规律性认识的结果。

日本科学家荻原尊礼（1962）和力武常次（T. Rikitake, 1976）研究结果均认为对地电场（地电流）扰动变化与地震关系没有得到最终结论。有关地震前记录到存在电扰动，然而这些扰动的前兆特征（或其异常的规律性）仍是不很明确，仅凭这些零星的报道和报告，无论如何，现阶段还不可作为即将发生地震的前兆，进行地震预报。

（2）用人工电场在地表测定电阻率参数方面的研究

50 年代初，日本科学家横山泉（I. Yokoyama, 1952），开展了利用人工场源测定岩石电阻率变化与地壳应变方面的研究，当时受电子技术水平所限，中途停顿了下来。到 60 年代中期随着地震活动增强，日本在力武常次（T. Rikitake）倡导下，山崎良雄（Yoshio Yamazaki）继续了横山泉（I. Yokoyama）在油壶形变台的视电阻率观测工作，他结合室内岩石破碎试验测定岩石电阻率结果，肯定了地壳应变与岩石电阻率变化的对应关系。原苏联在中亚实验场开展测定大地视电阻率的中距离偶极测深工作。中国在 1967 年后用对称四极（Wenner 或 Schlum berger 装置）装置在地震现场开展短极距 $AB=1000$ m 实验研究工作，他们测的均是视电阻率。但方法和仪器设备各不相同，其效果亦不完全相同，见表 6.2。

在开展电阻率与地震关系研究初期，1963 年日本科学家那须信治撰文地电变化是否直接与地震有关尚待探索。1964 年法国进展杂志（Science progre's, No. 3351, 170~172）撰文报道认为岩石电阻率随湿度、温度等影响发生变化，并认为该方法测量很不正确。持否定态度。中国 1976 年唐山、松潘-平武地震前，对电阻率法测报地震亦是一种低落情绪，表现出对观测结果过分强调地下水干扰和漏电影响。近年来，随着日本、原苏联、美国及中国实验室岩石标本压力破碎试验开展，实验工作结果表明：岩石在大破裂前电阻率是有很大变化的，其主要表现为大幅度下降。同时，各国相继开展野外观测工作，到 70 年代初，各地电台观测到大量的视电阻率在地震前后异常变化的实例，与实验室结果基本相似。客观事实促使人们认识到对该方法测报地震的可能性，在认识上，发生了很大的转变。

（3）用天然电磁场测定地壳深部电性参数（电阻率）——大地电磁测深法（MT）

国内外大地电磁测深法探索地壳深部（次几百米到几十公里）电性分布及其在不同时间的电阻率变化与地壳结构和地震预报之间的关系，略早于目前用人工供电研究浅部的电阻率变化与地震预报之间的关系。该方法理论问题，虽早在 50 年代，1953 年由法国学者 L. 卡尼纳（Cagniard）计算所解决。长期以来，由于观测技术没有得到解决，其观测精度低，数据离散度大，有时可达 10%~20%，大大掩盖了震源体可能发生 10%~20% 的电阻率变化。因此，迟迟没有得到发展。近年来，中国在华北和西北开展了少量试验工作，认为地震前，在震源附近记录到地层电性（电阻率）有所下降，但资料零星，没有观测到地震孕育过程深部电性时空演变的全过程。

原苏联与美国，开始由于天然电磁场方法技术上不过关，采用的大功率电源，其目的在于保证观测精度，由于受天然地电场噪声高的制约，使观测误差能控制在 5% 左右或小于 5%，期望测到地震发生前震源体处，地下 5~20 km 深处，地层 10%~20% 的电阻率变化。由于耗资太大，经费不足美国业已停止。

随着电子技术进步及微机的出现，过去一直认为是测定磁场仪器（超导磁力仪）精度不够，由传感器噪声偏高引起，通过改善超导磁力仪传感器的噪声，其观测偏差并未减小，才逐渐认识到噪声源来自环境的背景干扰。1977 年，美国加利福尼亚大学克拉克（Clarks）等人，用离基站 5～10 km 处设置一至数个远参考站的方法，实现了"同步"测量天然电磁场信号，这种远参考技术极大地减少了估算用磁大地电流（MT）方法测取的各种参量的固有误差，见图 6.4。使解释确定视电阻率的误差，一般可减小到 5％左右。这样使磁大地电流法为观测深部近震源处电阻率前兆提供了良好的前景。此种方法在中国地震监测预报中，正开始试验，目前尚未广泛开展。

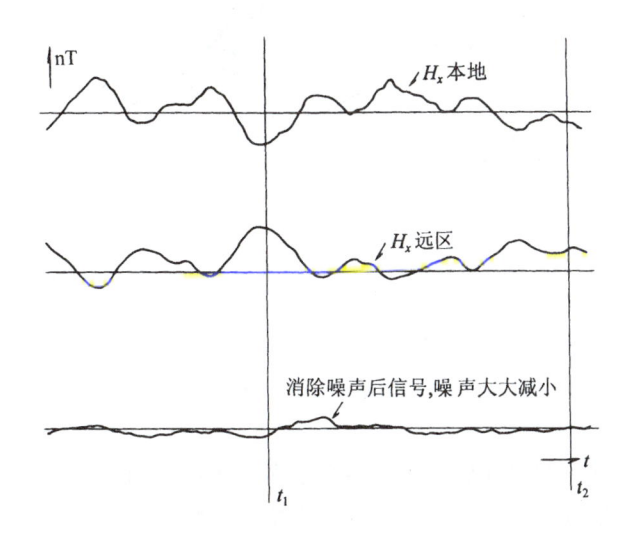

图 6.4　MT 远参考观测结果处理草图

（4）对震源电磁辐射（电磁波）的研究[1]

在 60～70 年代全球地震活动期间，多地震国家如原苏联、日本和我国都有一些关于大地震到来前无线电通讯受到干扰和电子设备出现误动现象，以及震前在震中区见到地光现象等。从而引起地震学家们注意，认为上述现象可能与来自震源的电磁辐射有关。原苏联、美国、日本和我国相继开展上述震前电磁现象的观测和研究工作。

室内岩石破碎实验结果表明，岩石受力发生破裂时记录到电磁辐射，频率一般在 1～500 Hz，并伴随破裂出现发光和声发射，实验结果支持了地震前出现的电磁场扰动和电磁辐射物理现象的科学依据。

按电磁理论，来自震源的电磁波高频部分在传播过程中，被地壳吸收和反射，只有低频部分才可以直接穿透地壳到达地面。10 年来积累的资料，仍然较零星，但说明在大地电磁学中，确实存在"低频窗口"。"低频窗口"根据地壳中电磁波穿透公式 $\delta$（穿透深度）$=503.4\sqrt{\dfrac{\rho(\Omega \cdot M)}{f(Hz)}}$（m）计算，计算结果绘于图 6.5。由图 6.5 不难看出，对震源深度为 5～20 km 的浅源地震，其在地面可接受的频率为 $10^1 \sim 10^{-3}$ Hz 电磁波。实际观测，多数亦是这样的。1989 年 10 月 17 日美国加州 Loma-Prieta 7.1 级地震，震前斯坦福大学（Stanford Univ.）地震学家弗雷泽-史密斯（Antong Fraser-Smith）由美国海军研究局资助、研究 $10 \sim 10^{-2}$——远低于通讯用的无线电频率范围的无线电噪声已有 25 年之久。根据弗雷泽-史密斯回忆，10 月 17 日 $M_S 7.1$ 地震前，震中距 $\Delta = 8$ km 处，设置的该类噪声测定仪，大约在震前两星期，观测到比正常背景大 30 倍的强大信号，震前 3 小时，信号强度突然增大到 100 倍以上，震后随着余震的衰减，异常信号也逐渐消失。但没有收集到实际数据。

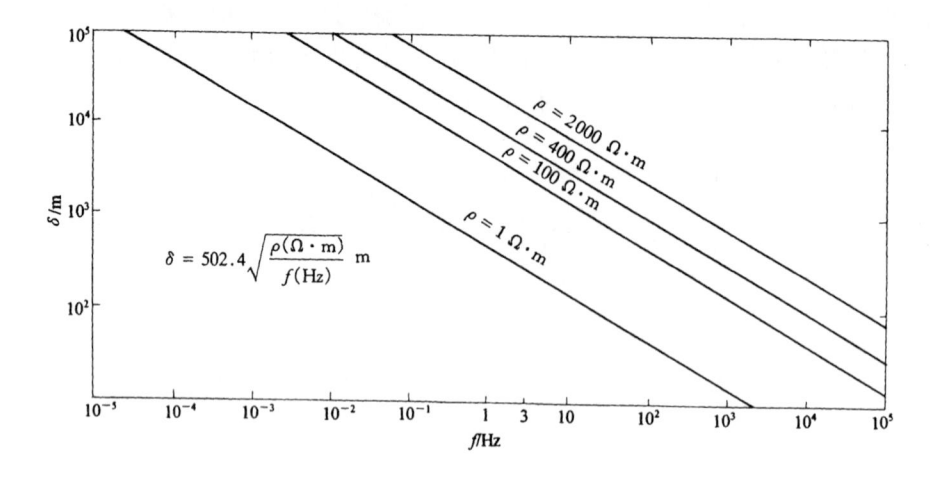

图 6.5　频率 $f$ 与电阻率 $\rho$ 和穿透深度 $\delta$ 的关系曲线

震前电磁波观测还刚刚开始不久，还有很多问题如观测频率段、接受天线形式、观测物理量、记录结果可对比性等，有待进一步统一和解决。

### 6.1.3　与传统电法探测的差异

传统的电法探测是研究地球电性和电场空间分布特点，并用于解决地质问题；而地震预报中的地电监测手段不仅要研究电性和电场空间分布特征，更重要的是与此同时要研究其时间序列特征。以电阻率法为例，具体的差别可归纳成表 6.3。

**表 6.3　与传统电法探测差异表**

| 序号 | 探测（勘探） | 地震预报 |
| --- | --- | --- |
| 1 | 研究 $\rho_s$ 空间变化（三维） | 研究 $\Delta\rho_s/\rho_s$ 时空变化（四维） |
| 2 | 以勘探目的物与周围介质的电性差异为前提 | 震源体形成前后是否能产生电性差异为前提 |
| 3 | 一般只研究宏观机理 | 进入微观机理的研究 |
| 4 | 观测精度低（$10^{-2}\sim10^{-3}$） | 观测精度高（$10^{-3}\sim10^{-4}$） |
| 5 | 理论计算公式精度低 | 反演上要求有精度高的理论公式 |
| 6 | 无电磁辐射（波）方法 | 增加了震源电磁辐射方法研究 |

## §6.2　岩石的导电性

电法探测是一种依据地壳岩石中存在的电性差异来解决地质问题的地球物理方法。在地质勘探中，主要是利用矿体与围岩在导电性的差异。若矿体与围岩不存在导电性的差异，就不能用电法去找矿或解决地质问题。同样，在地震预报中主要是利用地震发生前后，震源体形成过程岩层受力，存在导电性的差异，作为测报地震的物理基础。也可以说，只要地震孕育过程会造成电性差异类型的变化，是有可能观测到电阻率前兆的。

室内岩石压力破碎试验和野外现场观测结果表明，不仅是室内岩石破碎电阻率有变化，并且在有些类型的地震前后的确观测到岩石电阻率变化。

在直流或低频交流（<$10^3$Hz）地电法探测中，用来表征岩石导电性的参数是电阻率（$\rho$）或电导率（$\sigma=1/\rho$）。电阻率与电导率在物理意义上存在着差别。虽然在各向同性介质中，电导率是电阻率的倒数，但从本质上讲，电阻率是介质抵抗电荷流动的度量，而电导率是反映电荷载流子的迁移率。地震监测中虽研究的是离子导电问题。这里还是使用勘探地球物理学中习惯了的电阻率术语。大家知道，三维电阻率的定义是：电流流过某介质组成的 1 m 的立方体时，所表现出的电阻率值。有的书中电阻率与电阻术语混用，两者虽有联系，是有差别的。电阻率的单位为欧姆·米，用符号 $\Omega\cdot m$ 表示，电阻单位为欧姆，用符号 $\Omega$ 表示。介质的导电性越好，其电阻率便越小；反之，某介质导电性较差，则其电阻率值便较高。

### 6.2.1 决定岩石导电的因素[2]

地壳介质按其导电机制可分为电子导电和离子导电两大类。天然金属，属于前者——电子导电。含水岩石属于后者——离子导电。岩石导电能力大小，取决于岩石中含导电金属和含水溶液离子的多少及其连通条件，或者说取决于导电部分其通道的长度和导电部分其截面积的大小。对离子导电来说，还取决于迁移的速率。迁移速率正比于温度高低。

在传统的电法勘探教科书中，在讨论影响岩石电阻率因素时，总把上述导电（电子和离子）能力大小的分析，归纳为成分、结构、含水性（湿度大小和矿化度高低）及温度（高、低）等因素来讨论。考虑到地震过程，多数学者认为是岩石受力破碎和含水条件发生变化为主要过程。为此，这里着重与岩石导电的岩石结构和水两个主要因素有关的麦克斯韦尔和阿尔奇公式。

### 6.2.2 麦克斯韦公式（Maxwell's formula）

固体介质的导电问题，有很多科学家做了研究和讨论。麦克斯韦尔采用等数电阻率的近似理论的研究方法，在研究中为了使问题简化，经常采用一级近似，把被研究的介质作为导电性有所差别的二种介质成分组成的混合体。假定导电性较好的介质（$\rho_1$）包围着导电性差的介质颗粒球型体（$\rho_2$）。从而求得介质电阻率关系式（6.1）。

$$\rho_{介质(岩石)} = \rho_1 \cdot \frac{(\rho_1 + 2\rho_2) - (\rho_1 - \rho_2)V}{(\rho_1 + 2\rho_2) + 2(\rho_1 - \rho_2)V} \tag{6.1}$$

式中，$\rho_1$ 为成岩矿物周围介质的电阻率；$\rho_2$ 为球状成岩矿物；

$V$ 为单位体积内成岩球状矿物所占的体积。

对 (6.1) 式作如下讨论，若 $\rho_1 \ll \rho_2$ 则 (6.1) 式可简化为

$$\rho_{介质(岩石)} \approx \rho_1 \cdot \frac{2+V}{2-2V}$$

孔隙中充满地下水的含水砂岩或砾岩属于这种情况——其中砂或是砾石颗粒的电阻率（$\rho_2 \geqslant 10^6 \Omega \cdot m$）大大高于孔隙水的电阻率 $\rho_1$。大量实测资料说明，岩石孔隙中水的电阻率在 $1 \sim 10 \Omega \cdot m$ 之间。相比之下，成岩矿物（砂或砾石）的电阻率 $\rho_2$ 与水的电阻率 $\rho_1$ 相比，可以近似地视为无穷大。再考虑到通常地下水位以下，岩石饱含水，则岩石体积含水量（或称湿度）为 $\omega = 1 - V$，代入 (6.1) 式，则 (6.1) 式可改写为含水砂、砾石电阻率 $\rho_{岩}$（$\rho_介$）与所含孔隙的电阻率 $\rho_水$（$\rho_1$）及其含水量（湿度）$\omega$ 之间的关系式

$$\rho_{岩} = \rho_水 \frac{2+(1-\omega)}{2(1-V)} = \rho_水 \frac{3-\omega}{2\omega} \tag{6.2}$$

$\omega$ 为单位体积中湿度所占的体积。利用这个公式可以很容易地看出，当湿度减小时，岩石的 $\rho$ 则相应地升高，而当 $\omega \to 0$ 时，岩石的 $\rho$ 则趋近于造岩矿物的电阻率（其 $\rho$ 认为趋近于无穷大）。当孔隙率为 $46\%$（$K = 0.46$）时（相当于颗粒成立方体排列，并且孔隙全部被水分充满），岩石的电阻率比水的电阻率大 1.5 倍。根据湿度 $\omega$ 定义为岩石中所含水分的体积百分数，$\omega$ 亦即单位体积岩石中所含水分的体积。

据 (6.2) 式编制图 6.6。由图 6.6 中理论曲线 2 不难看出，当湿度较小时（小于 5% 时），岩石电阻率几乎与湿度成反比，此时 $\omega$ 的微小变化，可引起岩石电阻率的很大变化。(6.2) 式还反映 $\rho_{岩}$ 与 $\rho_水$ 成正比，而 $\rho_水$ 的变化取决于水的矿化度。根据实验测定结果（表 6.4），当水的矿化度较小（<1 g/mL）时，水的矿化度发生变化（减小），可以引起 $\rho_水$ 很大变化。相应的岩石电阻率（$\rho_{岩}$）亦将随之发生变化。这是电法探测地震前电阻率前兆的有利条件。

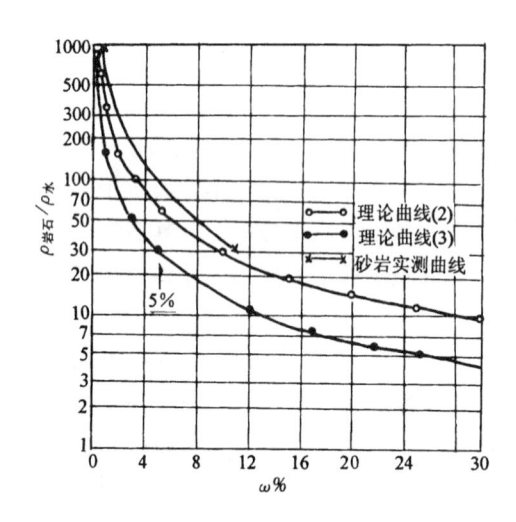

图 6.6 岩石电阻率 ($\rho$) 与其水含量（湿度）$\omega$ 关系图

假定岩石中的孔隙为圆柱管状，并在三个相互垂直的方向上横切岩石，但相互之间没有联系，则可给出与 (6.2) 式相似的下列公式：

$$\rho_{岩} = \frac{3 \cdot \rho_水}{\omega} = 3 \cdot \rho_水 \cdot \omega^{-1} \tag{6.3}$$

(6.3) 式亦只能一级近似地认为孔隙为圆柱状的情况。用上述 (6.2) 式与 (6.3) 式可以粗略地估计岩石电阻率与其湿度的变化关系。实际应用证明 (6.2) 式适用于砂、砾岩。(6.3) 式更适用于火成岩和变质岩，因为火成岩和变质岩中的电流基本上是沿裂

隙流过。

表 6.4 地下水矿化度与水电阻率变化表

| 溶液中的质量 (g/L) | 溶液的电阻率 ($\Omega \cdot m$) | | | |
|---|---|---|---|---|
| | NaCl | KCl | $MgCl_2$ | $CaCl_2$ |
| 纯水 | $25 \times 10^4$ | $25 \times 10^4$ | $25 \times 10^4$ | $25 \times 10^4$ |
| 0.010 | 541 | 578 | 438 | 483 |
| 0.100 | 552 | 58.7 | 45.6 | 50.3 |
| 1.000 | 5.83 | 6.14 | 5.06 | 5.56 |
| 10.000 | 0.657 | 0.676 | 0.614 | 0.664 |
| 100.000 | 0.0869 | 0.0776 | 0.0936 | 0.9340 |

## 6.2.3 阿奇尔公式 (Archie's formula)

在讨论麦克斯韦尔公式时，假定在潜水面以下，岩石孔隙中几乎充满地下水。此时，岩石的含水量便等于岩石的孔隙度。而实验研究表明：即是在潜水面以下，也还不是所有的孔隙都充满了水，或者说岩石含水并不饱和。阿奇尔等人研究表明，大多数岩石的导电性几乎全取决于其中的水含量，并给出了饱和与不饱和水岩石的岩石电阻率（$\rho_{岩}$）与岩石孔隙率、含水性之间实验关系式：

**1. 含水饱和岩石电阻率**

$$\rho_{岩} = \rho_{水} \cdot \varphi^{-m} \tag{6.4}$$

式中，$\rho_{岩}$ 为含水岩石电阻率；

$\rho_{水}$ 为岩石中水溶液的电阻率；

$\varphi$ 为岩石的孔隙率；

$m$ 为胶结因数，其变化范围，由疏松胶结岩石的 1.4 到致密岩石的 2.5。

**2. 含水不饱和岩石电阻率**

$$\rho_{岩} = \rho_{水} \cdot \varphi^{-m} \cdot S^{-n} \tag{6.5}$$

式中，$\rho_{岩}$、$\rho_{水}$ 与 $\varphi^{-m}$ 含义同（6.4）式；

$S$ 为含水体积与孔隙体积的比值；

$n$ 如果 30% 以上孔隙空间为水充填，$n$ 值通常接近于 2.0，但对于较小的含水量来说，$n$ 会更大些。

**3. 结论**

比较上述的（6.2）、（6.3）与（6.4）、（6.5）式，可以得出基本结论是：

(1) 含水岩石（饱和或不饱和）电阻率与所含水的电阻率成正比。

(2) 含水岩石（饱和或不饱和）电阻率与岩石的孔隙率、含水率成反比。

以上两点结论是肯定的。成反比的情况，就各不相同。$m$ 和 $n$ 指数值，当岩石处于弹性阶段，根据实验统计可以在 1~2.5 范围内变化。当岩石处于频临破裂时，$m$、$n$ 值大于 2.5。随着岩石成分、结构、胶结情况、含水性、连通性等条件变化而不同。目前尚无统一的确定的表达形式。这是有待今后进一步研究清楚的课题。

### 6.2.4 温度与岩石电阻率的关系

前面讨论的是岩石和水及其在岩石中分布的连通性对岩石电阻率的影响，并可用各种关系式表示。其中水中的离子导电是起主要作用的。离子导电好坏，除与其水溶液矿化度有关外，还与离子在水溶液中的迁移率有关。迁移速率快的导电性好，反之导线性就差。温度与水溶液中的离子迁移速率密切相关。实际资料表明，一般表现为温度升高时，离子迁移速率加快电阻率降低；反之，温度降低，离子迁移速率减慢，电阻率升高。图 6.7 为一块砂岩样品的电阻率随温度变化的试验曲线。图 6.7 表明，在 0℃ 以上的正温区内，随温度的升高，电阻率缓慢减小，变化不明显，即在常温下，温度变化对岩石电阻率的影响并不大。

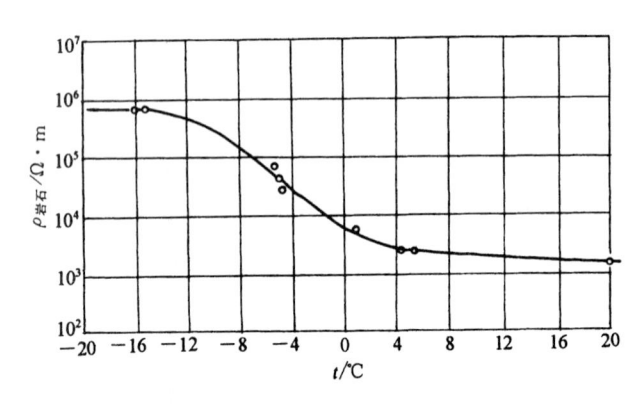

图 6.7 含水砂岩电阻率随温度变化的实验曲线
（孔隙度 12%，湿度 1.5%）

然而，0℃ 以下负温区内，随着温度的降低，含水岩石的电阻率竟高达 $10^6 \Omega \cdot m$，较正温区的电阻率大三个数量级。这是由于岩石孔隙的水溶液结冰后导电性变得很差的结果。在我国北方地区，封冻后表层电阻率的增大，导致台站观测的视电阻率亦相应地升高，在一般情况下，台站观测的视电阻率冬高夏低其原因就在于此。这是用电阻率法观测电阻率前兆的一种带着普遍季节性干扰——年变化。年变化干扰是不利因素，但封冻后，外线对地绝缘程度增高，减少漏电可能性，对提高台站冬季观测质量及数据的可信度和判断 $M_S > 7$ 以上地震视电阻率长、中期趋势异常是有实际意义的。在我们实际经验中，在总结唐山地震时确认电阻率中期趋势下降异常变化的存在，起了很重要的作用。

此外，因地壳系不均匀和各向异性的介质，在观测结果分析中应充分考虑不均匀和各向异性对电阻率前兆特征的反映和影响。

### 6.2.5 前兆异常量大小的估算[3]

本节前面讨论了岩石导电性问题，其目的在于阐明电阻率前兆机理和估计地震前电阻率前兆的异常量大小，以便从量值上识别干扰和正确地判断震情。电阻率前兆异常量大小可按其性质和成因，分为趋势异常、短期异常和临震异常二类来分别加以估算。

**1. 趋势异常量和源外短期异常量**

趋势异常包含反映大震前的中期下降异常和地壳"应力反复"引起的异常变化（含短期和长期的变化）。这种异常本身是基于岩石处于弹性状态或岩石不产生大破裂为前提，即岩层在地应力作用下，表现出在不同时间岩石孔隙中含水量（湿度）相对微量变化引起电阻率前兆异常变化。在这样前提假定下，可应用本节上述（6.2）式进行微分求得。

$$\frac{d\rho_{岩}}{\rho_{岩}} = -\frac{3d\omega}{(3-\omega)\omega} \tag{6.6}$$

当探测区岩石受到地应力增强时（通常地震前监测区地应力是增强的），岩石的孔隙、裂隙被压缩，岩石孔隙、裂隙度 $\varphi$ 相对地减小，而单位体积的含水量相对地增加，两者成反比，由于变量微小，其值可以一级近似地认为 $d\omega = -d\varphi$。再设岩石湿度为 $20\% \sim 30\%$，根据土力学家太沙基（Karl Terzaghi）对疏松岩石压缩试验结果，压力改变 8Pa，其压缩量为 0.6。此时岩石电阻率变化 $d\rho/\rho$ 将减小，其异常量可代入（6.6）式后求得，对水饱和岩石，约为 $-3\%$。非饱和岩石可达到 $-6\%$。因此一般 $-6\%$ 可以认为是趋势异常的极值的参考值。此参考值适用于震源体外与地震发生时刻相适应的外围介质电阻率短期变化（或称源外异常）。

若用（6.4）、（6.5）式估算可获得同样的结果。

**2. 临震异常量**

电阻率前兆临震异常，其异常形态和成因与趋势异常是不同的。电阻率前兆临震异常，就其成因说，一般是指在地震孕育过程中,岩石将出现永久变形,或者说,岩石出现中、小破裂或濒临大破裂过程所引起的岩石电阻率变化的异常现象。这里讨论的是大震前的临震异常量。岩石原状发生变更,裂隙增多,引起孔隙、裂隙度急剧增加,促使岩石中孔隙水作重新分布,这是岩石中湿度随着岩石的孔隙,裂隙度增大地下水流动,而其湿度亦会急剧增大,从物理学的导电实质说,导电体截面积增大,这样导致岩石电阻率成倍减小,这一点可以从图 6.6 中理论曲线和实验曲线上查出。图 6.6 中还显示出湿度在 5% 以下,$0 \sim 5\%$ 的特殊区段,只要湿度发生微量变化可引起岩石电阻率近一个量级的变化。亦就是说大震前临震电阻率前兆可达百分之十几的变化,这对孔隙小的花岗岩、变质岩和其他的火成岩地区布设电阻率法在地电预报地震中就临震变化来说,具有重要的实际意义。根据梁继文统计资料,一般土石孔隙度较大($>5\%$),请参阅表 6.5。

**表 6.5  一般岩石孔隙度统计值表**

(根据梁继文资料)

| 物　质 | 孔隙度(%) | 物　质 | 孔隙度(%) |
|---|---|---|---|
| 土壤 | 大于 50 | 白垩土 | 大约 50 |
| 黏土 | 45 或 45 以上 | 白云岩 | 5 以下 |
| 疏松的砂砾 | 20 高 47 | 花岗岩和其他火成岩 | 1 以下 |
| 砂岩 | 5～25 | 石英岩 | 约 0.5 |

图 6.6 还给出当岩石湿度达到 20% 时，若再增大 10% 到 30%。此时岩石电阻率减小并不大。这就说明：在孔隙度较大和水文地质条件又较均一的疏松岩层地区布设电阻率前兆台站，将观测不到临震前电阻率急剧变化的临震前兆异常。

以上单纯就地震孕育过程中，研究分析岩石孔隙度（湿度）变化，对电阻率前兆异常量大小作出估计。自然界并不那么简单，地下各含水层在有些情况下，其水质彼此间存在着差别，有时水质——矿化度，可相差一倍，水质不均一地区，地震孕育过程中由于岩层濒临大破裂形成的极短期内，地下不同水质的含水层中的水，随着岩石中新的破裂产生而相互连通，相互混合，促使地下水水质重新调整，会引起岩石中水的导电能力发生明显改变，导致所测岩层电阻率亦发生同步变化，其变化与水质电阻率变化成正比。这是由公式（6.2）～（6.6）等理论和经验公式所决定的。水质变化愈大，若由于低矿化水变为高矿化水，则水的电阻率将由高电阻率变为易导电的低电阻率。这一结论，可由图 6.7 和表 6.4 查出。反之水质由高矿化水变为低矿化水时，水的电阻率将由低电阻率变为高电阻率。分析图 6.7 和表 6.4，可以得出以下结论：

(1) 水的矿化度与其电阻率成反比。矿化度增加，电阻率减小。

(2) 水中的溶质变化，对水的电阻率变化，影响不是很大，而水中溶质的浓度（矿化度）变化，直接影响水的电阻率变化。

(3) 若地下水矿化度由 1 g/mL 淡化为 0.5 g/mL，水的电阻率 $\rho_水$ 可上升 30%～50%；相反下降 30%～50%。这样若将水的电阻率 $\rho_水$ 的变化，代入（6.2）式和（6.4）式可使岩石电阻率获得相应的变化量值。

从以上岩石湿度和岩石中水的水质两方面变化分析说明：$M_S \geqslant 7$ 以上地震，在震源尺度内的电阻率前兆台站有可能观测到一个量级的临震前电阻率前兆异常变化。

## §6.3　岩石破裂与电阻率变化实验研究

### 6.3.1　实验研究

地震发生在地下深处，所谓浅源地震，一般系指震源深度在地下 5～10 km。直到目前为止，对地震发生过程，震源处的物理状态和力学条件尚未搞清。根据震后地震记录和震中区现场地表考察，大多数地震是由地球表层内部的断层造成的，这一结论已为多数地震学者所接受。这种假设形成的统一理论到 20 世纪 60 年代为现代地震学的基础。正鉴于此，许多地震学家从 60 年代初开始运用室内岩石受力破裂手段来模拟天然地震，研究岩石受力、破裂过程中其物理化学性质变化的特征，并为地震预报监测中各类前兆手段提供了科学依据。下面简述各国在岩石破裂与电阻率变化研究中的典型实验结果。

**1. 日本**

日本学者山崎良雄[4]曾进行过多次室内岩石标本受压与电阻率变化实验。实验主要结果是：在常温下，电阻率随着压力的增加而下降，电阻率变化约相当于岩石线性变形量的$10^2 \sim 10^3$倍。当外力去消后，电阻率恢复原值，见图6.8。山崎认为这种现象的造成，可能是岩石处于弹性阶段，受力岩石内部孔隙间的水膜联系得到加强，因而电阻率下降，在去消外力后，岩石形变消失，故电阻率恢复。藤井和滨野实验观测又发现，平行受力方向和垂直受力方向电阻率变化不同的现象，见图6.9。

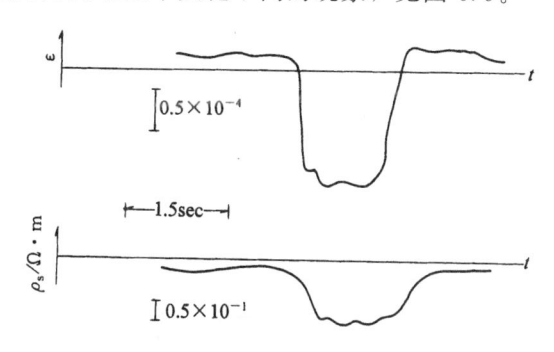

图6.8 凝灰岩标本压缩试验观测到的电阻率$\rho$与线性形变$\varepsilon$比较图

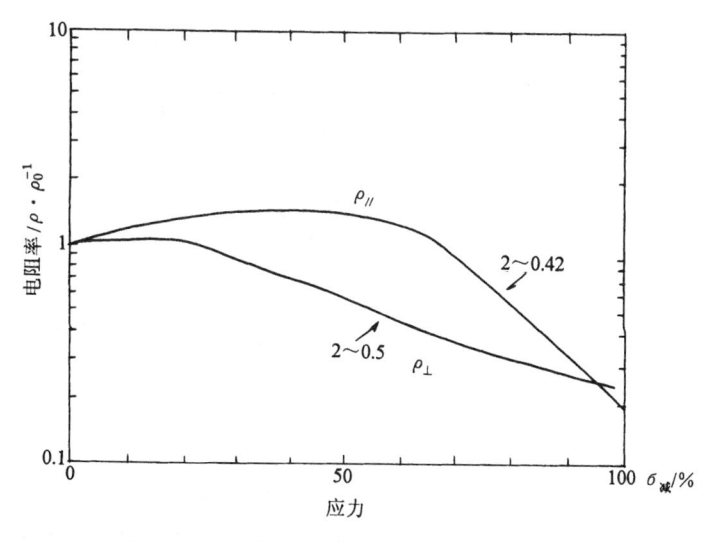

(据文献[4])

图6.9 受力方向不同电阻率变化亦不同的现象

**2. 美国**

布雷斯等人[5]曾发表过在各种不同条件下，受压岩石电阻率变化的实验结果，并做了详尽讨论。这节里引述他们的部分结果，随着压力的增加，初始阶段电阻率随之上升，他们用孔隙的闭合导电通路受阻效应加以解释，见图6.10。当压应力超过一定值（认为压应力超过岩石破裂应力的2/3）时，电阻率将出现明显减小，可达一个量级，似乎这是由于岩石产生新的破裂，从而形成了新的良好导电通路所造成的。布雷斯等人还发现了受压岩石不同方向测定的电阻率变化存在差异的现象，但并未作深入详细研究。

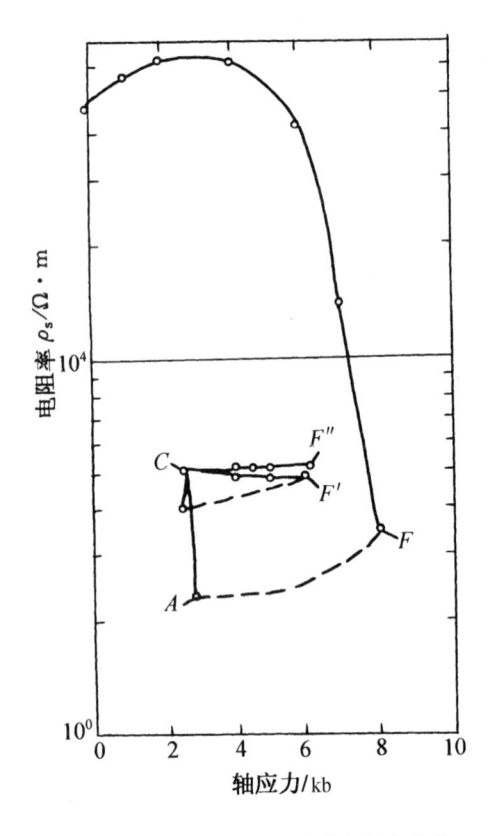

图6.10 花岗岩破裂滑动时电阻率变化
（据文献[5]）

1967年王其允（C. Y. Wang）亦进行了花岗岩在摩擦滑动中电阻率变化实验，观测到电阻率有百分之几的变化，与布雷斯类似实验结果相一致。

**3. 原苏联**

帕尔霍敏柯和彭特命柯（М. П. Впларовмг，А. Т. Бондаенко，1960、1963）先后开展过对于干燥岩石和部分饱和岩石的实验研究，发现温度升高，可导致岩石电阻率下降几个数量级，而压力提高一个数量级，电阻率的变化却不超过10%。

托马采夫娅等人为探索地震预报前兆现象，在室内高围压条件下，进行了岩石标本被轴向压缩直至破裂的过程中，岩石物理特性变化的各参数测定实验。实验记录结果指出：当岩石标本承受最大负载的2/3时起，视电阻率值在岩石破裂前出现明显的减小趋势和在破裂时刻观测到视电阻率的脉冲式变化，见图6.11。

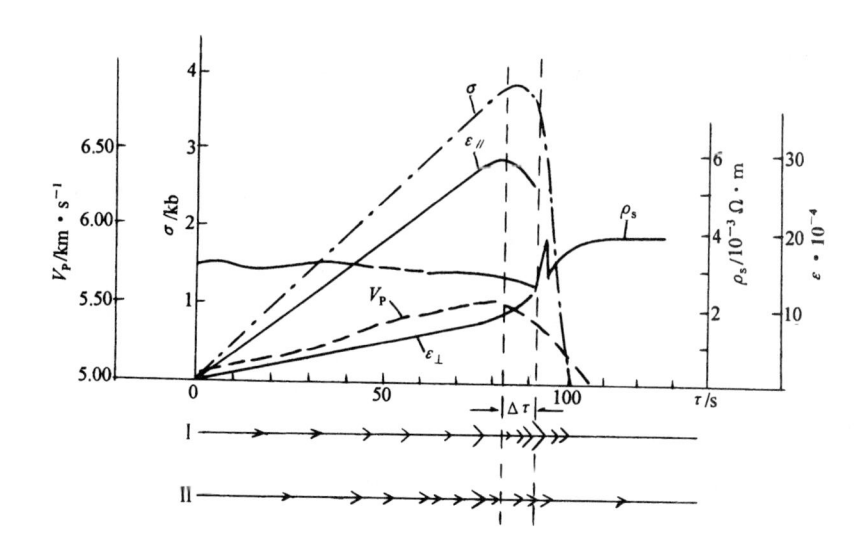

图 6.11 一次实验过程中同时记录到的岩石标本各种物理特性变化的例子

Ⅰ和Ⅱ——在平行和垂直于轴向负荷的方向上分别记录的声发射脉冲随时间的分布（振幅单位：mm）；$\varepsilon_{//}$、$\varepsilon_{\perp}$——上述两方向的应变；$\sigma$——差分轴向负荷；$\rho$——视电阻率；$V_p$——轴向负荷方向上的纵波速度

### 4. 中国

早在1961年，李四光在做地质力学实验时，曾进行过花岗岩和板岩标本受压变形与电阻率变化关系的实验研究。其基本结论是：岩石受压随着应力的增加，观测到电阻率出现明显变化。这一结论，对邢台地震后在中国支持采用电阻率参数，开展地震前电阻率前兆监测起到了积极作用。

1966年，中国邢台地震后，为适应中国地震预报电阻率前兆手段机理及特征研究的需要，北京大学地球物理系在这方面做了不少实验研究。国家地震局所属兰州地震研究所、地质研究所和地球物理研究所等亦做过这方面实验研究，研究内容大致相同。归结起来，着重研究岩石受力、变化（增加或减小）直至岩石破裂过程电阻率变化（含各方位观测）特征。实验研究的岩石标本多数局限于花岗岩和灰岩、大理岩等几种低孔隙岩石。

1986年四川省地震局主持由北大地球物理系、兰州地震研究所、武汉地震研究所等单位联合协作，在西昌地震中心站曾实施花岗岩类岩石大标本破裂初步综合参数测定实验（含电阻率参数），证实岩石临近破裂前电阻率出现变化。

下面概括叙述北京大学地球物理系多次岩石破裂实验所取得的电阻率变化的一些典型结果[6,7]。

(1) 对饱和岩石（饱和度为100%），随着压力增加，视电阻率变化总趋势是上升—平稳—下降的变化形态，岩石大破裂前其下降幅度在15%～20%，如图6.12所示和表6.6的统计值。这个变化值与Scholz、Sykes、Aggarval 膨胀（膨胀-扩容模型示意图（图6.1）中估计值相一致。

(2) 对非饱和岩石（饱和度为50%），随着压力增加，视电阻率变化呈下降—平

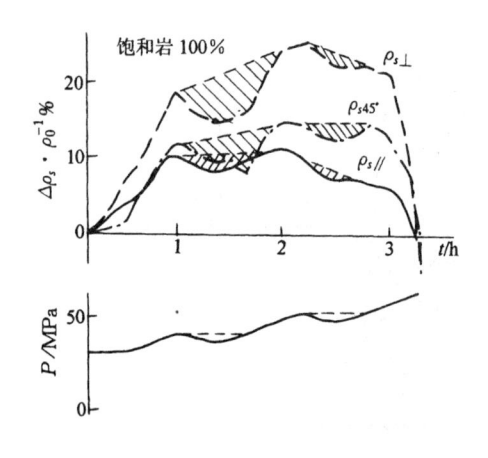

图 6.12 标本 $G_{21}$ 的 $\Delta\rho/\rho$ 及 $P$ 与时间 $t$ 的关系
（据陈大元）

稳—下降变化形态，见图 6.13。

（3）岩石受力处于弹性阶段，若此时压应力出现反复，时大时小，称谓"应力反复"或称"应力调整"。对饱和岩石（饱和度为100%），可观测到视电阻率下降和恢复；对非饱和岩石（饱和度为50%），可观测到视电阻率上升和恢复；对非饱和岩石（饱和度为70%），则将观测到既有上升的，亦有下降的，这三种现象可从图 6.12、图 6.13 和图 6.14 中看到。但以上三种情况记录到电阻率变化幅度（上升或下降），进行统计一般在2%左右，最大变化幅度根据多次实验统计，没有超过 $-3.9\%$ 的（见表 6.6）。

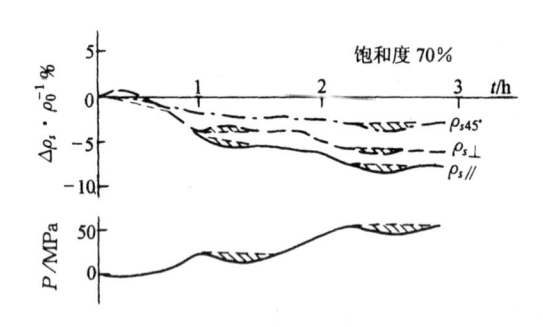

图 6.13 标本 $G_{17}$ 在水饱和为70%时的 $\Delta\rho/\rho$ 及 $P$ 与时间 $t$ 的关系

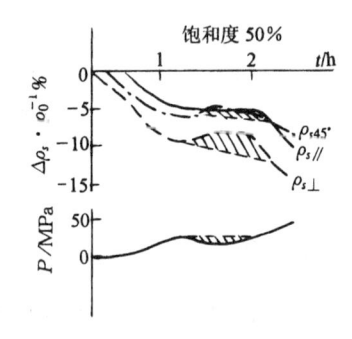

图 6.14 标示 $G_{17}$ 在水饱和为50%时的 $\Delta\rho/\rho$ 及 $P$ 与时间 $t$ 的关系
（据陈大元）

（4）超过弹性阶段，岩石出现破裂。此时岩石电阻率变化幅度多数达 $-15\%$ ～ $-20\%$。个别的幅度在 $-3.4\%$，见表 6.6 和图 6.15。

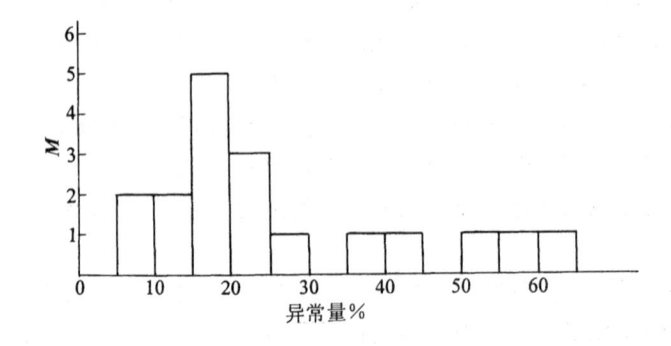

图 6.15 单轴用力下岩样大破裂前 $\Delta\rho_s/\rho_s$ 异常量统计直方图

表 6.6 岩样单轴压力破碎试验视电阻率观测结果统计表

| 观测日期(年.月.日) | 岩样名称(产地) | 岩样编号 | 含水饱和度(%) | 观测方位编号 | 加压过程减压效应($\Delta\rho_s/\rho_s$) 第一次(%) | 第二次(%) | 第三次(%) | 大破碎前异常强度(%) |
|---|---|---|---|---|---|---|---|---|
| 1981.12.19 | 花岗岩(四川白虎洞) | $G_1$ | 100 | 1 | | | | 上升 |
| | | | | 2 | | | | −16 |
| | | | | 3 | | | | −5 |
| 1982.03.31 | 大理岩(北京房山) | $M_1$ | 100 | 1 | | | | −38.5 |
| | | | | 2 | | | | −52.2 |
| | | | | 3 | | | | −60.2 |
| | | | | 4 | | | | −7.4 |
| | | | | 5 | | | | −42.8 |
| 1982.04.02 | 花岗岩(四川白虎洞) | $G_2$ | 100 | 1 | | | | −17.2 |
| | | | | 2 | | | | −10.8 |
| | | | | 3 | | | | −16.7 |
| | | | | 4 | | | | −19.7 |
| 1982.04.04 | 灰大理岩(北京房山) | $M_2$ | 100 | 1 | | | | −3.4 |
| | | | | 2 | | | | −24.5 |
| | | | | 3 | | | | 上升 |
| | | | | 4 | | | | −56.9 |
| 1982.04.06 | 花岗岩(四川) | $G_{17}$ | 70 | 1 | −1.0 | −1.2 | | |
| | | | | 2 | 0 | −0.7 | | |
| | | | | 3 | −0.3 | −0.8 | | |
| | | | 50 | 1 | +0.4 | | | |
| | | | | 2 | +1.4 | | | |
| | | | | 3 | −0.7 | | | |
| 1982.01.04 | 花岗岩(四川) | $G_{17}$b | 100 | 1 | −2.1 | −0.6 | | −7.3 |
| | | | | 2 | +0.4 | −0.6 | | −20.2 |
| | | | | 3 | −1.3 | +0.2 | | −25.5 |
| 1982.03.24 | 花岗岩(四川) | $G_{23}$ | 91.2 | 1 | −3.2 | −3.9 | | |
| | | | | 2 | −2.6 | −3.7 | | |
| | | | | 3 | −1.4 | −1.7 | −2.4 | |
| | | | 71 | 1 | 0 | −0.5 | −2.2 | |
| | | | | 2 | +1.1 | −0.2 | −2.1 | |
| | | | | 3 | +2.4 | −0.4 | | |
| 1982.01.03 | 花岗岩(四川) | $G_{11}$b | 100 | 1 | −3.9 | −3.4 | | |
| | | | | 2 | −3.8 | −2.4 | | −26.4 |
| | | | | 3 | −2.0 | −3.1 | | −12.3 |

注:综合结果,大破裂前的异常量界限参考值为:4%,加压过程减压效应(或称应力反覆),下降最大幅度为:−3.9%,下降最小幅度为:个别为−3.4%;多数为−15%~−20%。

说明:观测方位,1. ∥平行加压方向,用 $AB=3$ cm;$MN=1$ cm 观测;

2. ⊥垂直加压方向;

3. 与加压方位成 45°角;4. 与加压方位成 45°角;

5. 与"1"的方位用 $AB=5$ cm,$MN=1$ cm 观测。

(根据陈大元、贺国玉、陈峰等试验结果整理)

(5)对岩石受力破裂过程中,各方位观测记录电阻率值存在着差异,亦就是说存在各向异性特征。陈大元据此提出各向异性的出现可能是岩石破裂信号和标志,并为 1989 年 10 月 19 日大同 $M_S$6.1 地震,大同地电台观测结果所证实。

以上是岩石小标本轴向加压破裂试验研究的主要情况。至于剪切力对岩石破裂的影响和作用,对地震来说关系重大,目前这方面实验研究甚少,这里就不作介绍了。

## 6.3.2 对地震预报的意义

在本节前小节一开始就说明岩石破裂实验旨在模拟天然地震。实验研究开始采用简单的轴向压裂的方法,后来逐步地改进为三轴、高围压等条件进行压裂实验。观测电阻率方法由测标本单向电阻然后换算成电阻率,改为单点多方位直接观测视电阻率方法。不管怎样其与自然界条件,特别是与地壳深部震源处条件,还是相差甚远。另外,岩石标本对应力的反映,与自然界存在的岩石对应力的反映,也不是等同的。怎样把实验室中,从岩石标本受力实验得到的数据,放到自然界中去应用,是一个相当复杂的问题。这个问题直到现在,还没有完全解决。因此,有人怀疑岩石破裂实验在地震预测中的作用和意义,不是没有道理的。事实证明:采用各种不同条件对岩石进行破裂实验研究,证明实验结果相互之间确实存在差别。但将实验条件与实验结果结合起来分析或从破裂实验结果总体上加以考虑,却可发现实验结果彼此间存在着一些共同现象。这些现象的特征是:①当岩石处于弹性阶段,岩石处于破裂应力2/3以前,岩石电阻率会发生改变,正如前面实验图6.13~图6.15和表6.6所示,有上升的,亦有下降的。其上升或下降的变化量一般在2%左右,个别最大的也只在－3.9%,并且是可逆的,其数值与第二节岩石导电理论估计的数值3%(饱和水)或6%(非饱和水)相近;②对低孔隙水饱和情况下,岩石濒临破裂前会出现大幅度的电阻率变化,其变化量可达一个量级,表6.6统计结果为15%~20%;③岩石濒临破裂前,各方位可观测到视电阻率出现明显差别的各向异性特征,这种表征岩石破裂产生岩石(视)电阻率一个量级的变化和出现各向异性差别,对预测强震临震时刻,具有实用意义。

以上一些共同特征与中国现有地电台站实际观测结果对比,彼此间亦存在着某些相似之点。从这个意义上讲,不能完全低估岩石破裂的实验研究对解释、理解地电前兆现象的物理机制、预测地震、分析干扰和识别电阻率前兆(含长期、中期、短期(震源内外)和临震前兆异常),所具有的某种指导作用和意义。但亦应指出:在应用实验结果时,必须注意其存在局限性一面,如大标本试验和现场的实验研究还会给出一些新认识的可能,目前大标本岩石破碎现场实验研究,尚未给出新的突破性新成果。

## §6.4 电阻率法原理和视电阻率

在地震预报中,电阻率法是最基本的地电前兆方法。它主要包括:人工的直流视电阻率法和人工的低频交流视电阻率法等。而直流的视电阻率法是目前地电台站使用最广的方法。因此,本教程进行重点和详细讨论。

### 6.4.1 直流电法

**1. 基本理论**

研究电磁现象应从研究以下麦克思威尔方程组着手,麦克思威尔方程组在公斤、米、

秒实用单位制中,其微分形式是

$$\nabla \times \vec{H} = \vec{j} + \frac{\partial \vec{D}}{\partial t} \quad \text{(安培定律或全电流定律)}$$

$$\nabla \times \vec{E} = -\frac{\partial \vec{B}}{\partial t} \quad \text{(法拉弟定律)} \tag{6.7}$$

$$\nabla \cdot \vec{D} = q \quad \text{(高斯定律)}$$

$$\nabla \cdot \vec{B} = 0 \quad \text{(高斯定律)}$$

式中,$H$ 为磁场强度;$E$ 为电场强度;$D$ 为电感应强度;$B$ 为磁感应强度;$j$ 为传导电流密度;$q$ 为自由电荷体密度。另外,还有电磁场与介质的关系。

$$\vec{j} = \sigma \vec{E} \quad \text{(欧姆定律)}$$

$$\vec{B} = \mu \vec{H} \tag{6.8}$$

$$\vec{D} = \varepsilon \vec{E}$$

在电导率 $\sigma$ 不为零的介质中,体电荷密度 $q$ 不可能堆积在某一处,经一定时间被介质导走,故在导电介质中

$$\nabla \cdot \vec{D} = 0$$

应用上面公式(6.8),将麦克思威尔方程组可改写成

$$\nabla \times \vec{H} = \sigma \vec{E} + \varepsilon \frac{\partial \vec{E}}{\partial t}$$

$$\nabla \times \vec{E} = -\mu \frac{\partial \vec{H}}{\partial t} \tag{6.9}$$

$$\nabla \cdot \vec{E} = 0$$

麦克思威尔方程组,系统描述了电磁现象过程。它是研究电磁问题的理论基础。从麦氏电磁方程可以看出,稳定电流场是令电磁方程中所有带 $\frac{\partial}{\partial t}$ 的项为零的特例,即

$$\nabla \times \vec{E} = -\frac{\partial \vec{B}}{\partial t} = 0 \tag{6.10}$$

我们根据(6.10)式总可以把电场 $\vec{E}$ 由电位函数 $U$ 来定义的,其式子可写成

$$\vec{E} = -\nabla U$$

并且导电介质各点与电场 $\vec{E}$ 相关的电位必然满足拉普拉斯方程。

$$\nabla^2 U = 0$$

因而研究稳定电流场的电场问题,可以转化为研究电位函数问题。研究电位函数问题,实质上是在一定边界条件上,求解拉普拉斯方程问题。这就是说,通过求解拉普拉斯方程,可以求得野外测定值($\rho_s$)与岩层真电阻率之间的函数表达式。这是电阻率法实质所在,是电阻率法的基本原理和基本概念。

在实践中,现场监测分半无限空间(简称半空间)和全无限空间(简称全空间)两类。考虑到电阻率法是从电法勘探移植过来的,目前地震系统应用最多的是半空间。所以这里主要讲述地面观测的对称四极装置的原理和技术。对全空间只讨论其与半空间之间的差异和其比半空间观测方法所显示的优点,为以后开展全空间工作,作准备。

1)半空间,指观测在地面进行

由物理学中静电学得知,静电场中任一点的电位可由下式确定:

$$V_p = \frac{q}{r}$$

考虑到静电场与直流稳定电场的相似性,可用:

$\frac{I\rho}{2\pi}$ 置换 $q$      全空间应为:$\frac{I\rho}{4\pi}$

则得按图 6.16 装置实际观测时,其电位计算:

$$V_A = \frac{I\rho}{2\pi}\left(\frac{1}{r_{AM}} - \frac{1}{r_{AN}}\right)$$

可同理得:

$$V_B = \frac{-I\rho}{2\pi}\left(\frac{1}{r_{MB}} - \frac{1}{r_{NB}}\right)$$

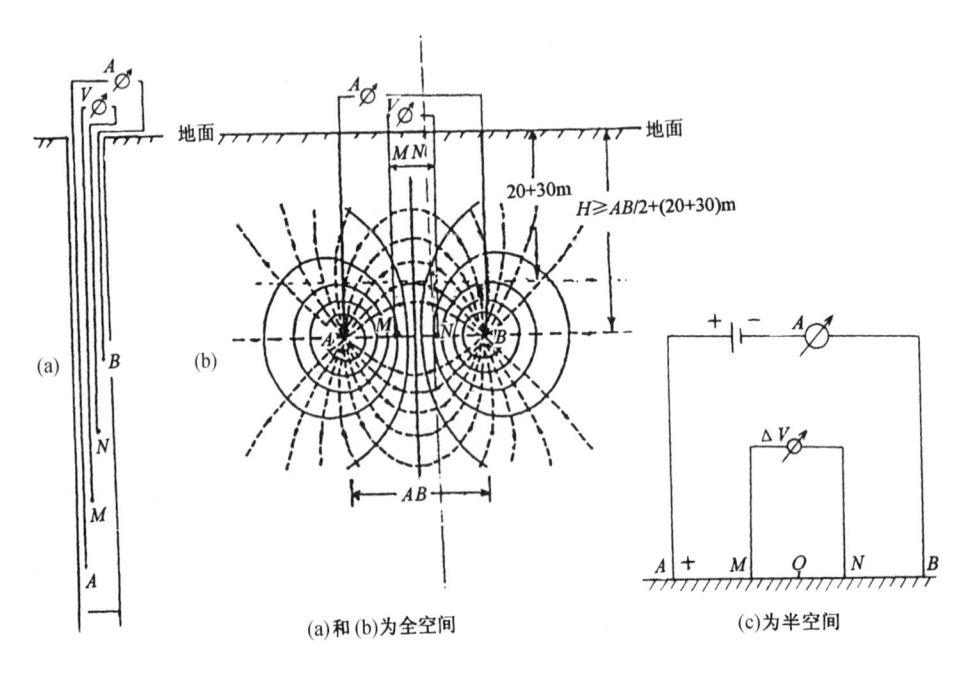

图 6.16 电阻率法观测示意图

MN 之间的电位差为:

$$\Delta V = V_A + V_B = \frac{I\rho}{2\pi}\left(\frac{1}{r_{AM}} - \frac{1}{r_{AN}} - \frac{1}{r_{MB}} + \frac{1}{r_{NB}}\right)$$

$$R = \frac{\Delta V}{I} = \frac{I\rho}{2\pi}\left(\frac{1}{r_{AM}} - \frac{1}{r_{AN}} - \frac{1}{r_{MB}} + \frac{1}{r_{NB}}\right)$$

(6.11)

若设 AMNB 四极对称 AM=BN、AN=BM,(6.11)式右边常数项可改写为:

$$\frac{2\pi}{\frac{2}{AM} - \frac{2}{AN}} = \frac{2\pi}{\frac{2(AM-AN)}{AM \cdot AN}} = \frac{\pi \cdot AM \cdot AN}{MN}$$

令

$$K = \frac{\pi \cdot AM \cdot AN}{MN}$$

则(6.11)式可简化为：

$$\rho = K \frac{\Delta V}{I} \tag{6.12}$$

(6.12)式为三维均匀介质半无限空间的电阻率表达式,与测定金属导线电阻率 $\rho S/L \cdot R = S/L \cdot \Delta V/I$ 式比较,其 $K$ 与 $S/L$ 相当。实际上地壳为不均匀介质却按上式进行运算,这样算得的电阻率在电法探测中用"视电阻率"术语,并在 $\rho$ 下注脚"s"以示与均匀介质中的 $\rho$ 加以区别。

$$\rho_s = K \frac{\Delta V}{I} \tag{6.12'}$$

(6.12')式即台站使用的计算公式。

对不均匀各向异性介质的视电阻率计算较复杂,目前亦仅仅对简单的水平层状电性介质及半无限介质中金属导电球的电场分布,用高等数学及特殊函数进行求解,较为成熟。用其他方法如有限元、边界元等方法解各种不同典型条件,地面观测的视电阻率值,正在研究和探索。下面给出传统的半无限空间水平层状介质及半无限介质中导电球在地表观测的视电阻率与介质真电阻率之间的函数表达式。

(1) 水平层状介质 $\rho_s$ 表达式

对已知水平层状介质,在地面采用对称四极装置观测,$AB \geqslant MN$ 情况下其观测值视电阻率可由下式表达

$$\rho_s = r^2 \int_0^\infty \rho_1 [1 + 2\beta(\lambda)] \cdot J_1(\lambda r) \cdot \lambda d\lambda = y^2 \int_0^\infty T(\lambda) \cdot J_1(\lambda r) \cdot \lambda d\lambda \tag{6.13}$$

式中：$r$ 为观测中心点 O 到点源之间的距离;

$\lambda$ 为积分变量,具有长度倒数(1/m)量纲;

$T(\lambda)$ 称电阻率转换函数(其仅与地下各电性层电阻率和厚度有关,表征地电断面的函数);

$J_1(\lambda r)$ 是贝塞尔函数。

(2) 半无限介质中导电球体的 $\rho_s$ 表达式

对已知半无限介质中导电球体(通常假设震源体为球体,对地电来说应是低阻体)。为计算方便,在地面采用点源三极装置进行观测,可求得观测视电阻率的表达式

$$\rho_a = \rho_1 \left\{ 1 - 2r^2 \sum_{n=0}^\infty \frac{n(\mu_2 - 1)}{(n-1)\mu_2 + n} \cdot \frac{\partial}{\partial x} \left[ \frac{r_0^{2n+1}}{d^{n+1} r^{n+1}} p_n \cos\theta \right] \right\} \tag{6.14}$$

式中,$\mu_2 = \rho_2/\rho_1$,$\rho_2$ 和 $\rho_1$ 分别为球体及围岩的电阻率;

$r_0$ 为导电球体半径;

$r$ 观测中心点到点电源距离;

$d$ 为点电源到球心的距离;

$P_n \cos\theta$ 为勒让得多项式。

对常用的对称四极装置,可根据两点源叠加关系,由下式可求得观测视电阻率值。

$$\rho_s = \frac{\rho_s^A + \rho_s^R}{2} \tag{6.15}$$

以上 $\rho_s$ 表达式亦充分说明,台站实测值 $\rho_s$ 是具有电阻率量纲的与地下各组合电阻率分布状态有关的可确定的函数值[8]。

(6.13)式(6.14)式表达式均可在有关电法勘探教程中查到。

2) 全空间

指观测电极(供电和测量)置于井中。观测满足全空间的条件是：半极距加浅层干扰层 $H$，即 $AB/2+20\to 30$ m，如图 6.16 所示。单井观测亦应满足以上相似条件。这样可以避开表层电性变化带来的干扰。不满足以上条件的观测，不属全空间观测。一般在现有地表对称四极装置观测，虽然采用深埋电极(供电或测量)，达不到以上要求的，均不属于全空间观测。全空间视电阻率计算式子，只须将(6.12′)式中 $2\pi$ 改用 $4\pi$ 代替就可以。全空间观测原理和技术与前面半空间中所讲的相类似。

全空间观测通过实践和试验，其优点是肯定的。它与半空间观测相比较，它的优点是：

(1) 观测 $\Delta V$ 信号大，观测精度可以提高；
(2) 可排除地表工农业和生活设施干扰；
(3) 数据稳定可靠；
(4) 保护范围小，便于管理。

**2. 视电阻率**

为了开展地电电阻率法观测，对视电阻率基本概念和观测技术有关问题，进行必要讨论，以利对观测资料的认识和分析。

1) 视电阻率的概念

上面讨论了岩石电阻率及其测定方法，但所有的讨论对研究的对象做了这样假设，假设被研究的对象(介质)是均匀的各向同性的，对半无限空间又假设地面是平坦的，无限延伸的。实际上，自然界是复杂的，野外所遇到的情况，并不那么简单，被研究的地壳是不均匀的，是由电性不同的，各种产状的岩层组成的，各向又不是同性的介质，地面也并不是平坦的，有时地壳还存在人类生产和生活活动形成的各种地物。这样为了解决方法原理与实际之间的矛盾，把不均匀的、各向异性的、地表不平坦等，按一定电极排列观测到的结果(指向地下通一定的电流强度 $I$，产生的电位差 $\Delta V$)，设想有一个均匀的各向同性的介质(实际上，这种介质并不存在是虚构的)，其观测到的结果(指观测到的电流强度 $I$ 和电位差 $\Delta V$)与之相等，用上述的电阻率(6.12′)式进行计算。为了区分计算出来的结果与理论条件上存在的差别，才引入了"视"这个新词，冠在电阻率前面。

这一变化，它的物理实质又是什么？与介质电阻率的关系又如何？影响视电阻率的因素等，下面作进一步讨论。

2) 视电阻率物理实质

不论从物理学中的电学理论，还是电法勘探理论，上节讨论的视电阻率概念，可用欧姆微分公式来分析。实际上测得的，测量电极 $MN$ 之间的电场 $E_{MN}$ 为：

$$E_{MN} = j_{MN} \cdot \rho_{MN} \tag{6.16}$$

为了把问题简化求解,做了这样假定,与前节说的那样,设想虚构一个介质,使之电场
$$E = j \cdot \rho \tag{6.17}$$
其大小并等于 $E_{MN}$,即 $E_{MN}=E$ 并代入(6.16)式得:
$$j \cdot \rho = j_{MN}\rho_{MN}$$
$$\rho = \frac{j_{MN}}{j} \cdot \rho_{MN} \tag{6.18}$$

正如上面所说,这种介质 $\rho$ 是虚设的,实际上并不存在。所以在(6.18)式 $\rho$ 下角要注脚上"视"

$$\rho_{视} = \frac{j_{MN}}{j} \cdot \rho_{MN}$$

或

$$\rho_s = \frac{j_{MN}}{j} \cdot \rho_{MN} \tag{6.18'}$$

这个(6.18′)式虽很简单,但很重要,是视电阻率的欧姆定律微分表达式。它可以说是分析 $\rho_s$ 变化的出发点,分析(6.18′)式可给出:$\rho_s$ 变化取决于,测量电极($MN$)之间的电流密度和介质的实际电阻率的大小。

概括起来,岩石电阻率是岩石的一种电性参数,而视电阻率的变化是决定于观测场地内电场的分配(布),决定电流密度的分布和 $MN$ 极间介质的电阻率,这与有人认为视电阻率 $\rho_s$ 并不是一个真正的物理性质,而是一个可变的数值,它与地层的产状,物性结构,电极排列都有关系的涵义是统一的,并不存在矛盾。

在台站实际观测中,由于场地的变迁,造成观测值(视电阻率)的变化,这种变化原因常常与该处原来的电场分布状态受到破坏,各处的电流密度发生变化,特别是造成测量电极 $MN$ 之间电流密度发生变化或 $MN$ 极间介质的电阻率变化,从而引起观测场地内电场的重新分配所引起的。

3)电场重新分布

电场重新分布的意思是指向地下送电后,在地壳中形成了电场分布的一种状态,后来由于地壳表层的局部地区,其组成成分、结构的导电性质(电阻率)产生变化,从而改变了电流密度的分布,导致由此形成的电场分布状态与原先的电场分布状态不同,这种不同现象称之谓电场重新分布。

电场重新分布,对定性的分析台站在不同时间内观测到视电阻率值的变化是有益的。比如,台站观测范围内(有关电场有效范围的概念在下节再讨论)由于气象因素(干旱、雨季)、农田(旱田与水田的变迁)、水文地质条件(地下水位的上升和下降)、表层(湖池的干涸和扩大)都会使测量电极 $MN$ 之间 $j_{MN}$ 或 $\rho_{MN}$ 发生变化,或两者同时变化,引起测区的电场重新分布。

其定量关系亦可以改变电性层的厚度和电阻率代入有关的视电阻率计算公式中进行运算,取相应供电电极距与实测视电阻率值进行拟合来确定。

当然,工农业生产建设,人为地破坏观测场地,同样也会引起测量电极 $MN$ 之间 $j_{MN}$、

$\rho_{MN}$的变化和台站观测视电阻率值的变化。

4) 电场"有效范围"问题

理论上讲,向地下供电,电流可以在很大范围内流过,而从现实观测仪器的精度和分辨度来说,其范围是有限的。过小的电位差 $\Delta V$ 是测不出来的。因此,人工电场,实际上影响范围大小也是有限的。这一问题,无论对建站场地选择还是在分析预报中排除干扰,都是分析研究资料时基本科学依据之一。在有效范围外场地变化,在分析中可以不加考虑。有效范围一般多大,粗略的引用电法勘探中,两个电性层接触时的电测深理论曲线计算结果为:

(1) 电极排列垂直接触面时,应使 $AB/2D \leqslant 0.3$;
(2) 电极排列平行接触面时应使 $AB/2D \leqslant 0.4$ 时,为其观测范围之外的变化,对其观测值的影响并不显著。

以上理论计算结果,为实验室水槽试验结果所证实。在实验室做电法水槽试验时,电法 Wenner 测量装置向水槽壁接近过程中,可以观测到电流场受水槽壁侧面的屏蔽影响,而使视电阻率值发生变化,其变化曲线与上述理论计算结果是一致的。这是测视电阻率变化用以解决地质问题的实质所在。

换句话说,$AB \leqslant 0.8D$ 范围内(这是按 5% 精度说,若精度提高,电场有效范围,要大些)介质状态发生变化,将引起"电场的重新分布"可导致观测视电阻率的变化,也就是说,只要在电场"有效范围内"场地受到破坏,可以产生观测视电阻率的异常变化,这种异常变化,不论是地震前兆,还是非震干扰,包括场地破坏,其效果一样的。

5) 探测体积(范围)

电场有效范围只从平面上来讨论。探测体积则从空间上来讨论,它得考虑垂向的范围。通常所称探测体积,按电法理论计算分析,大致如图 6.17 所示。在这个探测体积范围内集中了供电电流的极大部分,而在这范围之外,电流密度就很小,小到其对观测电位差 $\Delta V$ 的影响可予忽略。

在此有效范围之外,地下介质发生变化,将不会导致地面所观测的电场变化。这一结论是很重要的。就地震监测地电台站来说,它探测的是台站地电探测范围内地层电阻率的变化,或者说它探测的是当地地电探测范围内,岩石由于应变及其积累所引起的岩层电阻率的变化。这种变化可以是由区域应力场变化引起,也可以是震源应力场变化引起。两者不能混淆。否则不利于我们对真正反应某些地段要发生地震电阻率前兆异常的识别。

电法探测中图 6.17 所示的 $0.01 \sim 0.03AB$ 地表层对观测 $\rho_s$ 值的影响可予忽略。而在地震监测中,由于观测精度提高,有时地表电性变化造成的影响常以年变现象出现,是不能忽视的。

## 3. 对观测物理量的理解

综上分析,地震预报中电阻率法所测的物理量可以这样理解:观测的物理量是视电阻率值。它应用设在地表的固定装置系统,观测视电阻率不同(随)时间的变化是地震预报

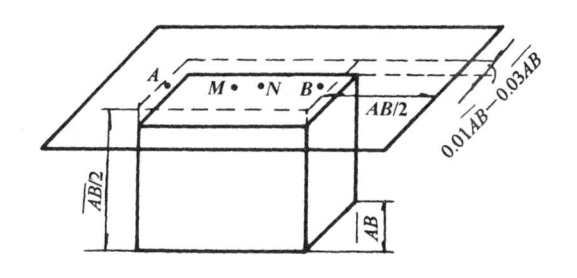

图 6.17 探测体积示意图

中电阻率法区别于物探电阻率法的主要特点。视电阻率具有电阻率的量纲。在均匀介质充满半全空间的条件下,其数值与介质电阻率相等;在非均匀介质条件,介质中或表面一定装置系统所测的视电阻率与介质中各分区均匀部分介质电阻率有确定的函数关系。因此,电阻率前兆观测的物理量是清楚的。

此外,正因为视电阻率与岩石电阻率之间存在着确定的函数关系,它又具有电阻率的量纲。所以在日常电法探测中常常与电阻率术语混用。本书中有时亦混用。严格说这样是欠妥的。它们两者通常是有差别的。只有在有效探测范围内属同一电性介质时,它们才是数值相等的同一物理量。所以,有人认为视电阻率 $\rho_s$ 不是一个真正的物理性质亦是有道理的。

## 6.4.2 交流电法(低频交流法)[9]

根据国内 20 余年直流电阻率法所积累的观测资料统计,$M_S 5 \sim 6$ 中强地震,其大地视电阻率趋势变化,约在 1‰～2‰。目前我国台站大都采用直流电法,测定大地视电阻率。由于大地本身地电场噪声背景较高,通常在 0.1 mV 左右,有时还要大些。所以,直流电法观测精度受噪声背景限制,一般讲,观测精度现阶段 $10^{-2}$。要提高观测精度和观测效果,必须改善信噪比。改善信噪比的措施是:①在原有直流电法工作基础上,加大输出功率,增大观测信号,达到相对地压低噪声的干扰;②运用选频发射和选频接收交流技术,压低噪声水平。采用第一种措施,把讯号在原有水平上提高一个数量级,在很多情况下,还存在困难。实验证明,若采用同样功率的低频交流电法,可以容易地把干扰水平压低一个数量级。这样可使观测精度提高到 $10^{-3}$。这就是地震前兆监测中使用交流电法的出发点。推行和应用交流电法,尚需解决理论上和认识上的有关问题。

**1. 低频交流与直流相似理论的数理基础**

使用交流电法其与直流电法地电前兆观测结果是否一样,是大家关心的问题。为此,从理论上确定交流电法可行性及确定交流电场与直流电场相似性条件,是使用交流电法应解决的理论上和技术上的问题。

物理学告诉我们,直流电场和交流电场之间的根本差别是直流电场起作用的是传导电流 $I_c$,而交流电场起作用的除传导电流 $I_c$ 外,还有位移电流 $I_d$,若用电流密度来表示,其总电流密度可以写成：

$$j_{t(总)} = j_{c(传导)} + j_{d(位移)} \tag{6.19}$$

当 $j_c \geqslant j_d$ 的条件下，可认为交流电场与直流电场相似。大家知道，位移电流大小与电场强度随时间的变化率 $dE/dt$ 成正比，并只与介质的介电常数 $\varepsilon$ 有关，而与介质的电阻率无关。

$$j_d = \varepsilon \frac{dE}{dt} \quad \text{或} \quad j_d = \frac{\varepsilon}{2\varepsilon} \cdot \frac{dE}{dt} \tag{6.20}$$

当 $E$ 为某一频率 $f$（或角频率 $\omega = 2\pi f$）的谐变场（即作正弦规律 $E = E_0 \sin\omega t$ 变化的交流电场）时，，则有

$$j_c = \frac{E}{\rho} = \frac{1}{\rho} E_0 \sin\omega t \tag{6.21}$$

$$j_d = \frac{\varepsilon}{4\pi} \cdot \frac{dE}{dt} = \frac{\varepsilon\omega}{4\pi} E_0 \cos\omega t = \frac{\varepsilon f}{2} E_0 \cos\omega t \tag{6.22}$$

$$j_t = j_c + j_d = \frac{1}{\rho} E_0 \sin\omega t + \frac{\varepsilon f}{2} E_0 \sin\left(\omega t + \frac{\pi}{2}\right) \tag{6.23}$$

将上式写成复数形式得：

$$j_c = \left(\frac{1}{\rho} + i\frac{\varepsilon f}{2}\right) E_0 \sin\omega t = \bar{\sigma} E_0 \sin\omega t \tag{6.24}$$

式中，$E_0$ 谐变场 $E$ 的振幅；

$i = \sqrt{-1}$ 为虚数符号；

$\bar{\sigma} = \frac{1}{\rho} + i\frac{\varepsilon f}{2}$，定义 $\bar{\sigma}$ 为有效导电率。

由上式表明，在直流电场作用下，介质（岩石）的有效导电性性能由 $\bar{\sigma} = \frac{1}{\rho} + i\frac{\varepsilon f}{2}$ 所决定。它由两个部分组成，前者是与频率无关的常数，后者与频率成正比。这两部分，分别影响着传导电流密度 $j_c$ 和位移电流密度 $j_d$ 大小，为讨论简便起见，取两种电流密度 $j_c$ 和 $j_d$ 的比值，用 $m$ 表示之，研究它们在介质中的主次地位。采用实用单位制可得：

$$m = \frac{j_c}{j_d} = \frac{1.8 \times 10^{10}}{\varepsilon_r f \rho} \cdot \frac{1}{\text{Hz} \cdot \Omega \cdot \text{m}} \tag{6.25}$$

式中 $\varepsilon_r$ 为相对介质常数。

当 $m \geqslant 1$ 时介质（岩石）中传导电流起主导作用，此时可忽略位移电流；反之，当 $m \leqslant 1$ 时，介质中位移电流起主导作用，可忽略传导电流。

考虑到野外实际情况，根据(6.25)式计算导体($m > 10$)和介质电导($m < 0.1$)范围，并取 $\varepsilon_r$ 为 5~50，计算结果编成图 6.18。

由图 6.18 可知，对于频率 $f \leqslant 1000$ Hz($10^3$ 及介质（岩石）电阻率小于 $10^5$ $\Omega \cdot$ m 范围内，均可忽略位移电流作用。自然界岩石电阻率一般超过该值，故在低频交流中，一般可不考虑位移电流的影响。

由此可见，交流电场中，当工作频率较低时，只要频率($f$)满足(6.25)式 $\frac{1.8 \times 10^{10}}{\varepsilon_r \cdot f \cdot \rho} \geqslant 1$，可以忽略位移电流的作用，这时交流电场分布可以近似认为其仍遵循欧姆定律。在实际工作中，只要上述条件得到满足，低频交流电场的特性与直流电场相似。为此，我们可

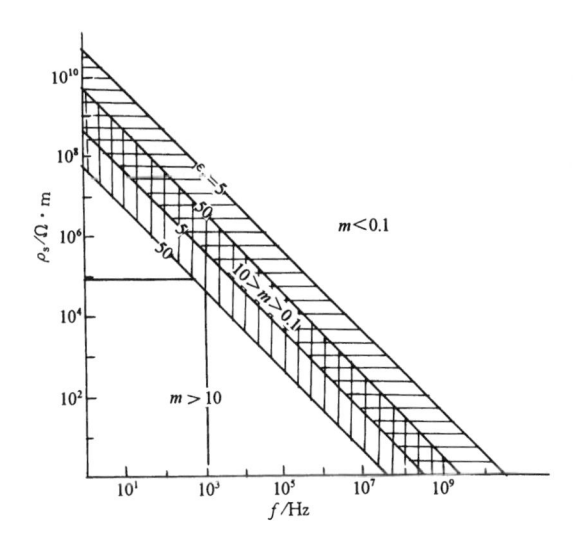

图 6.18　介质导电性与频率的关系

以认为这时的低频交流电场可视为"似稳电场"。

理论和实践证明：交流电法，其工作频率选在 $10^{-3} \sim 10^3$ Hz 的。均可按"似稳电场"处理。

**2. 探测深度(Skin depth)**

一般给人们的印象是，交流电法探测深度浅。这一结论对与直流相同供电极距来说是正确的。事实上人工直流电法，在目前技术装备条件下，要探测几十公里地下深处的电性参数，存在耗资大，精度低弊病及管理维护上存在困难。而使用交流电法，只要符合波区条件和充分利用天然场源，它可以探测地下几十公里至上百公里深处地壳的电性参数——电阻率。大地电磁测深方法(又称 MT 方法)就是基于这一理论基础诞生的。大地电磁测深法，20 世纪 50 年代，原苏联、法国学者(A. H. 吉洪诺夫和 L. 卡尼纳)从理论计算证明，只要工作时采用频率足够低，就能测定几十至上百公里深处的岩层电阻率；相反，工作时采用的频率较高，则只能测几十米甚至更浅处的岩层电阻率。因此，正确理解和认识交流电法探测深度对使用交流电法亦是很重要的。

交流电法探测深度是指电磁波能量的有效穿透深度，也有称集肤深度术语的。交流电法的探测深度是指在这个深度上，振幅衰减到地面数值的 $1/e$($e$=2.71828)。若与直流电法相似地用电流密度的概念来表达，那么也可以说，在这个深度上，在介质内穿过的平面波交流电流将减少到它们原来地表面电流密度的 $1/e$(37%)。

要取得交变电磁场的探测深度的定量值。我们还得讨论交流电磁场在导电介质中的波区范围内传播出发，或者说讨论交变电磁波在地壳介质中的传播出发来求解。为使求解问题简化，作如下假定：

(1)电磁波在各向同性介质中传播；

(2)观测点离场源较远，而且满足波区条件，这时在波区的电磁波，已成为近于垂直向下入射的平面波；

(3)电磁场变化非常缓慢时,忽略位移电流的影响;

(4)取直角坐标系,$O\text{-}XY$平面为地面,$Z$轴向下,见图6.19。

我们仍可得麦克斯韦方程的形式是

$$\nabla \times \vec{E} = \mu \frac{\partial \vec{H}}{\partial t} \quad (6.26)$$

$$\nabla \times \vec{H} = \sigma \vec{E} \quad (6.27)$$

$$\nabla \cdot \vec{H} = 0 \quad (6.28)$$

$$\nabla \cdot \vec{E} = 0 \quad (6.29)$$

式中 $\mu$ 为导磁系数,对较大多数非磁性岩石来说,$\mu$ 值与空气中的相等,在MKS单位制中为1;$\sigma$ 为岩石的导电率;$E$ 和 $H$ 分别为电场强度与磁场强度。假如它们都为谐变场,并不考虑位移电流的影响,求解上述方程组,可获得在实用单位制中,令 $\mu = 4\pi \times 10^{-7}$ H(亨利)/m,低频交流电法在波区穿透深度 $\delta$:

$$\delta = \sqrt{\frac{2\rho}{2\pi f \times 4\pi \times 10^{-7}}} = \frac{\sqrt{10}}{2\pi} \times 10^3 \sqrt{\frac{\rho}{f}}$$

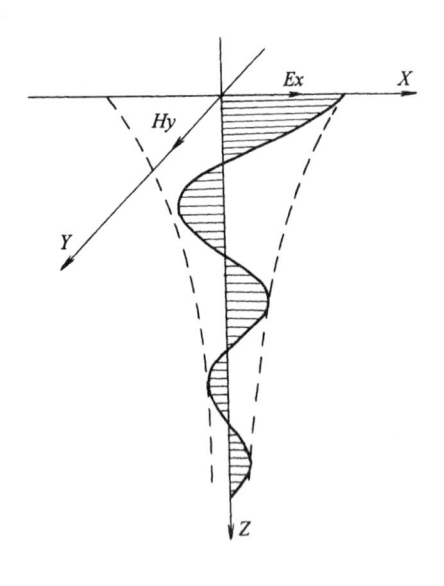

图6.19 平面电磁波地下传播示意图

化简得

$$\delta = 0.503 \times 10^3 \sqrt{\frac{\rho}{f}} = \sqrt{\rho T} \, (\text{m}) \quad (6.30)$$

式中,$\rho$ 为介质电阻率,单位为 $\Omega \cdot \text{m}$;$f$ 为工作频率(Hz);$T$ 为工作周期。

分析(6.30)式可得,交流电法的穿透深度,随介质电阻率的增加和工作频率的减小而增大。为便于讨论,例举一些数字,制表6.7。给出一般情况的探测深度,随频率和电阻率变化特点。由表6.7可以清楚看出,探测深部震源处(5～20 km)岩层电性变化,可采用较低的工作频率($f$:$10^{-1}$～$10^{-3}$)。国内台站现用直流观测方法,其探测深度一般在几百米左右。为此,对不同的地电剖面,可采用不同的工作频率($f$:$10^{-1}$～$10^{0}$),就可达到与直流电法相近的探测深度,这样可弥补在相同极距下,交流电法探测深度比直流电法探测深度略浅的缺陷。

**3. 交流方法在地震前兆监测中显示的优势性**

从1983年7月开始在我国唐山马家沟地电台实施探索交流地电阻率前兆已有20年的历史。其与直流电阻率法观测曲线对比,它的优越性大致有以下五点:

1)交直流观测数据比较

通过数理分析和现场试验对比观测证实:交流工作频率在 $10^{-3}$～$10^3$ Hz 范围内与直流观测视电阻率数据是相近的,见表6.8。

表 6.7 交流电法探测深度估计表

| $f$(Hz) | $\delta$ 探测深度(m)与介质电阻率($\rho$)($\Omega \cdot m$) ||||| 
|---|---|---|---|---|---|
| | $\rho$：$10^{-4}$ | $10^{-2}$ | $10^{0}$ | $10^{2}$ | $10^{4}$ |
| $10^{-3}$ | 160 | 1600 | $1.6 \times 10^{4}$ | $1.6 \times 10^{5}$ | $1.6 \times 10^{6}$ |
| $10^{-2}$ | 50 | 500 | 5000 | $5 \times 10^{4}$ | $5 \times 10^{5}$ |
| $10^{-1}$ | 16 | 160 | 1600 | $1.6 \times 10^{4}$ | $1.6 \times 10^{5}$ |
| $10^{0}$ | 5 | 50 | 500 | 5000 | $5 \times 10^{4}$ |
| $10^{1}$ | 1.6 | 16 | 160 | 1600 | $1.6 \times 10^{4}$ |
| $10^{2}$ | 0.5 | 5 | 50 | 500 | 5000 |
| $10^{3}$ | 0.16 | 1.5 | 16 | 160 | 1600 |
| $10^{4}$ | 0.05 | 0.5 | 5 | 50 | 500 |
| $10^{6}$ | 0.0005 | 0.05 | 0.5 | 5 | 50 |

表 6.8 交、直流视电阻率观测值对比表

| 布极方向 | 极距(m) | 交 流(3Hz) ||| 直 流 |||
|---|---|---|---|---|---|---|---|
| | | $\Delta V$(mV) | $I$(A) | $\rho_s$($\Omega \cdot m$) | $\Delta V$(mV) | $I$(A) | $\rho_s$($\Omega \cdot m$) |
| N69°35′E | $AB=170$<br>$MN=20$ | 63.48 | 1.5 | 47.20 | 145 | 3.4 | 47.8 |
| N20°25′W$_1$ | $AB=260$<br>$MN=20$ | 75.42 | 1.5 | 131.06 | 159 | 3.1 | 135.5 |
| N20°25′W$_2$ | $AB=570$<br>$MN=60$ | 23.22 | 1.5 | 65.17 | 74.5 | 4 | 78.4 |
| S~N | $AB=600$<br>$MN=80$ | 37.68 | 1.5 | 87.11 | 58.5 | 2.1 | 96.7 |

注：取自马家沟台 1984 年 12 月 30 日数据。

2）抗干扰（噪声）能力交流比直流有所增强

采用交流法可将干扰（噪声）背景压低一个数量级，可以抑制在 $10\mu V$，甚至更小。采用交流电法它可以完全消除大风带来的困扰，见图 6.20。使用交流电法对大地电阻率低，观测讯号 $\Delta V < 10mV$ 的地电台，使之改善信噪比达到 100 成为易事。

3）观测精度可以提高

交流精度为 $10^{-3}$ 比直流 $10^{-2}$ 可以提高一个数量级。这样采用交流电法可有效地分辨 1‰~2‰ 的地电前兆异常的存在与否。解决地震系统中，对地电阻率微弱异常（1‰~2‰）长期争论不休的问题。

4）异常显示明显

同一地电剖面条件，理论计算曲线比较表明：交流电法观测得到的异常幅度（强度）比直流电法观测得到的异常幅度要大 4~5 倍。可见 1989 年 10 月 19 日大同 6.1 级地震

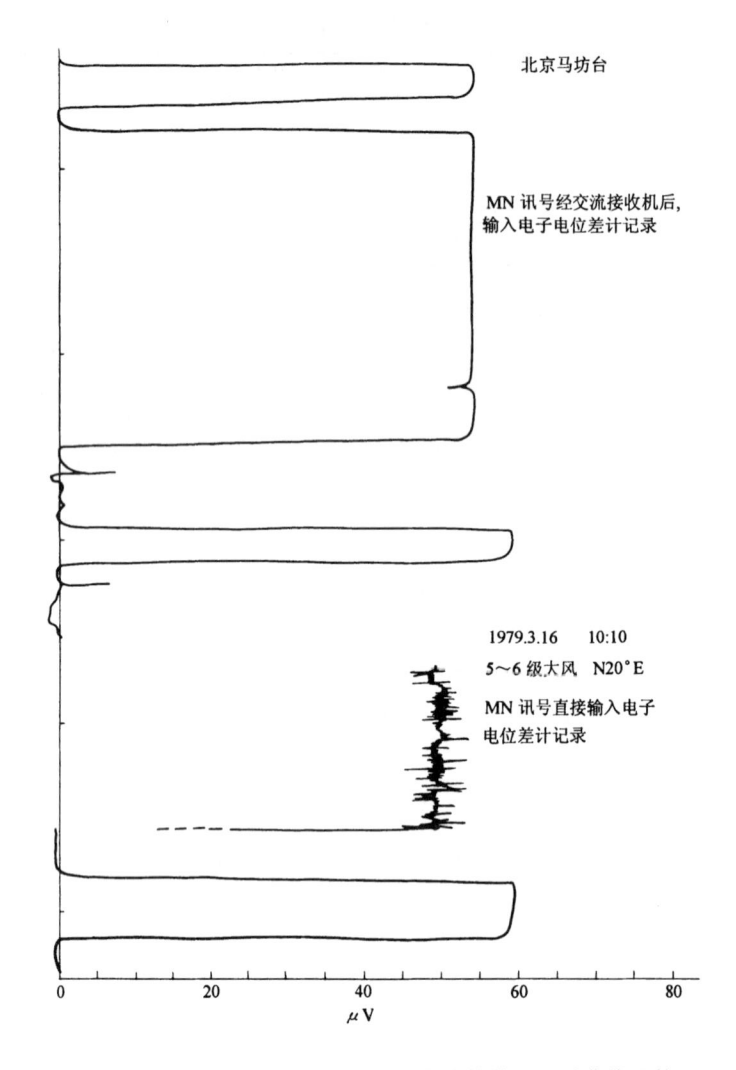

图 6.20 大风噪声直流接收机和交流接收机记录曲线比较

前,唐山马家沟地电台观测到的视电阻率曲线变化实例(见本章 6.7 节图 6.43)。这一结果与同一地电剖面测深理论计算曲线对比是相符的。异常幅度大 4~5 倍。

5)功耗

从试验对比数据说明,探测同样深度,交流电法可比直流电法功耗减少一倍。

综上所述,交流电法引入地震监测工作中,经试验和实践是成功的。它为今后地震监测中开展电磁测深(人工场或自然场)研究地壳内震源处地震前地电前兆信息和震源的物理过程开拓了美好前景。

## §6.5 台网建设

### 6.5.1 选择台站位置的原则

地震预报研究最困难之一是在主震发生前,是否能在震中或附近地区观测到前兆异常。多数学者认为,地震是岩石受力后,在超过岩层破裂强度 1/2～2/3 时的一种岩层破裂现象。而电阻率法是观测岩层破裂过程的间接方法,或者说间接测定岩层电阻率变化来判断岩层破裂过程的方法。因此,在观测台站的建设中不论从监测地震角度,还是捕捉前兆异常,观测点(含探测范围)应选在:

**1. 未来的地震震中或地震活动带附近**

选在未来地震的震中区是最理想的,但一般未来震中在地震预报的现今探索阶段是很难准确确定的。

设在地震活动带上。所谓地震活动带,是根据历史地震资料和现今地震活动趋势来确定的。

**2. 容易发生地震的地质部位**

有时大地震并不都在原地重复。根据地震地质条件考察,通常认为在构造转弯处或断裂交汇的地方,是最容易发生地震的部位。这些部位一般比较脆弱。在选点时,地电探测范围能包含上述部位,那么,在大震前可以观测到震前异常现象的。

**3. 能产生前兆异常的地电前提条件**

为了观测到视电阻率前兆异常,按地球物理方法的传统概念选择观测点,选在岩石受力破裂前后(即地震前后)应具备产生明显的电性差异(电阻率差异),否则就观测不到视电阻率临震前兆异常。

**4. 地电自然噪声低的地段**

地电自然场噪声水平低(直流方法<0.1 mV,交流方法<0.01 mV)的地区为宜。

**5. 台网密度**

网距应按震源尺度(见本章 6.7 中有关震源尺度的条件)大小来确定。对 $M_s \geqslant 7$ 地震的监测网距,采用 $100 \times 100 \ \text{km}^2$ 为宜。

台网布设,在目前水平下,亦可暂按均匀分布进行布设,以积累资料。以上几条必须与确保大城市、大工业、水库大坝、铁路枢纽等人民生命财产相结合。

为了系统地探索观测到地电前兆的规律,还应注意以下的辅助条件。

(1)方法原理要求的工作条件,即地形较为平坦,尽量避开观测地区内沟壑纵横的地段;

(2)为了避免可能的干扰,尽量选择观测场地受季节变化的影响较小及不受铁路、金属管道等各种工、交设施干扰的地段。

在无震区设置少量台站,以研究大地视电阻率在无震区(无>$M_S4$以上地震地区)的正常变化规律,以便解释地震活动的无震异常变化。

在观测点(台站)确定后进一步的工作就是确定观测方法和观测技术。

### 6.5.2 地壳极限应变的统计与确定大地电阻率观测技术依据

前面已谈到,大家认为地震是由于地壳岩石受力(受挤压或剪切)最终导致岩石破裂、滑动而产生的地壳运动现象。如果这是事实的话,那么确定岩石变形到什么程度会发生破裂(极限应变)产生地震,这就是地震预报的关键所在。

**1. 地壳极限应变**

坪井(1933)统计分析了1927年丹后地震和1930年北伊豆等地震由三角测量观测到的地壳变形的早期成果,得出结论:当地壳应变超过$10^{-4}$左右时,岩石便会产生破裂发生地震(见表6.9)。此后一些震例中,地震时的地壳应变,多半没有超过$10^{-4}$的(即万分之一的变形)。

表6.9 地震时在紧邻震中区的地壳应变值

(坪井,1974b,1975a)

| 方法 | 地 点 | 年份 | 震级 | 位 置 | 应变($\times 10^{-5}$) | 备 注 |
|---|---|---|---|---|---|---|
| 水准测量 | 浓 尾 | 1891 | 7.9 | 35.6°N,136.6°E | 5.9 | 测线1 |
| | 浓 尾 | 1891 | 7.9 | 35.6°N,136.6°E | 5.8 | 测线2 |
| | 羽后仙 | 1914 | 6.4 | 35.5°N,140.4°E | 6.2 | |
| | 大 町 | 1918 | 6.1、6.1 | 36.5°N,137.8°E | 3.0 | 双震 |
| | 关 东 | 1923 | 7.9 | 35.2°N,139.3°E | 5.8 | 相模湾海岸 |
| | 丹 后 | 1927 | 7.5 | 35.6°N,135.1°E | 3.2 | 乡村断层 |
| | 丹 后 | 1927 | 7.5 | 35.6°N,135.1°E | 3.5 | 山田断层 |
| | 保加利亚南部 | 1928 | 6.7、6.7 | 42°N,25°E | 15.0 | 双震 |
| | 北伊豆 | 1930 | 7.0 | 35.1°N,139.0°E | 4.0 | |
| | 能 登 | 1933 | 6.0 | 37.1°N,137.0°E | 0.5 | |
| | 长 野 | 1941 | 6.2 | 36.7°N,138.3°E | 2.8 | |
| | 鸟 取 | 1943 | 7.4 | 35.5°N,134.2°E | 1.7 | |
| | 福 井 | 1948 | 7.3 | 36.1°N,136.2°E | 3.6 | |
| | 克恩郡 | 1952 | 7.7 | 35.0°N,119.0°E | 6.0 | |
| | 北宫城 | 1962 | 6.5 | 38.7°N,141.1°E | 3.5 | |
| | 松 代 | 1965 | 6.3 | 36.5°N,138.2°E | 6.3 | |

续表

| 方法 | 地点 | 年份 | 震级 | 位置 | 应变($\times 10^{-5}$) | 备注 |
|---|---|---|---|---|---|---|
| 三角测量 | 旧金山 | 1906 | 8.3 | 38°N,123°W | 17.0 | 圣安德烈斯断层 |
| | 关东 | 1923 | 7.9 | 35.2°N,139.3°E | 7.5 | 海底断层 |
| | 丹后 | 1927 | 7.5 | 35.6°N,135.1°E | 3.5 | 乡村断层 |
| | 丹后 | 1927 | 7.5 | 35.6°N,135.1°E | 3.5 | 山田断层 |
| | 北伊豆 | 1930 | 7.0 | 35.1°N,139.0°E | 9.0 | 丹那断层 |
| | 英佩里尔谷 | 1940 | 7.1 | 32.8°N,115.5°W | 8.5 | |
| | 鸟取 | 1943 | 7.4 | 35.5°N,134.2°E | 5.0 | |
| | 福井 | 1948 | 7.3 | 36.1°N,136.2°E | 5.6 | 隐伏断层 |
| | 克恩郡 | 1952 | 7.7 | 35.0°N,119.0°W | 4.3 | |
| | 美景峰 | 1954 | 7.1 | 39.5°N,118.5°W | 4.3 | |

自坪井分析后,又过了50年,日本又积累了足够多的与地震有关的地壳运动资料。近期力武常次(Rikitake)对现有资料又做了极限应变的统计分析,并根据这些资料做了地壳极限应变的直方图(图6.21),得到的岩层破裂的平均应变 ε 为

$$\varepsilon = 4.7 \times 10^{-5}$$

其破裂应变的标准偏差

$$\sigma = 1.9 \times 10^{-5}$$

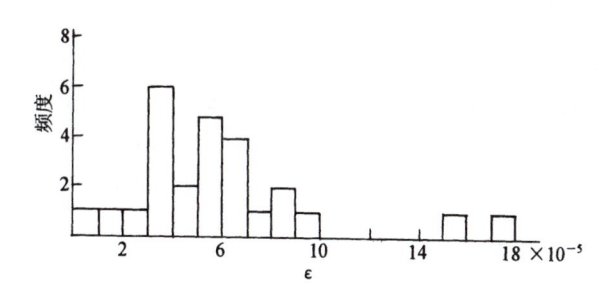

图 6.21 由地震区水准和三角测量推得之地壳极限应变的直方图

### 2. 岩石电阻率变化率($\Delta\rho_s/\rho_s$)与岩石应变之间的关系

岩石电阻率变化率与岩石应变之间的关系,最早是1951年由日本东京油壶形变观测站野外使用 Wenner 装置测定基岩电阻率与形变站观测结果确定,见图6.22。由于当时观测点靠海岸太近,有人认为观测结果受海水侵入岩体影响。为了进一步证实和确定电阻率变化率与岩石应变之间的关系,山崎良雄(1964、1965)又进行了室内岩石标本压力试验,确定了

$$\frac{\Delta L}{L} = S_a \frac{\Delta \rho_s}{\rho_s}$$

实验关系,其中 $S_a$[①]$=10^2\sim10^3$ 倍。说明对不同岩石在不同条件下 $S$ 值是有变化的。这就是我们确定观测大地电阻率变化的仪器设备精度的基本依据,即 $10^{-2}$ 地电仪器,可观测大震($M_s>7$)前 $10^{-5}\to10^{-4}$ 的岩石应变变化。

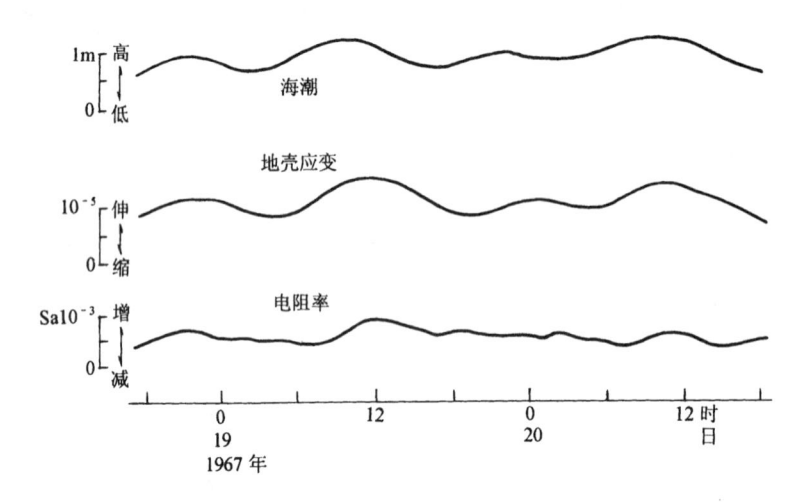

图 6.22 视电阻率、地壳应变和海平面的同时记录

## 6.5.3 观测仪器和技术要求

**1. 观测仪器精度的确定**

从上节地壳极限应变值及应变与岩石电阻率相对变化的室内实验和野外对比观测结果表明,用测定岩石电阻率相对变化的大小来研究地壳形变,比用传统的测量方法要灵敏。大约灵敏 100～1000 倍,即 $10^2\sim10^3$ 不等。根据这一实验关系,观测 $10^{-4}$ 的地壳极限应变,应具备观测 $10^{-2}\sim10^{-3}$ 的分辨岩石电阻率变化精度的观测技术和测试设备。

**2. 观测仪器的技术要求**

电阻率的变种(排列方式)虽然很多,但所利用的都是视电阻率 $\rho_s$ 值。$\rho_s$ 不是一个直接测量所得的值,而是根据测量向地下的供电电流强度 $I$ 及与之相应的测量电位差 $\Delta V_{MN}$ 值,通过公式 $\rho_s=K\dfrac{\Delta V}{I}$ 计算出来的。式中 $K$ 为测量时电极排列系数,是一常数项。因此,电阻率法中设计和选择测量仪器的任务,就在于精确地测量供电电流强度 $I$(单位采用毫安)及测量电位差 $\Delta V_{MN}$(单位采用毫伏)两个物理量。

根据电阻率法的观测特点,即强噪声中提取弱信息和定点研究大地视电阻率的相对变化量 $\Delta\rho_s/\rho_s$ 的特点,仪器的设计和选择应充分考虑以下一些技术要求:

(1)灵敏度高

仪器灵敏度越高可测的 $\Delta V_{MN}$ 值也就越小。

---

① $S_a$ 是电阻率的相对变化量与地层岩石体应变的比例系数,有人称"放大系数"。

(2) 抗干扰能力强

仪器对 50 Hz 工业干扰信号和各种偶然干扰具有很强的抑制能力,以保证仪器的高灵敏度。

(3) 量度宽

把干扰水平(又称噪声)抑制在仪器可读数字的一位数,能读取 4 位有效数字,才能保证 $10^{-3}$ 的观测精度。若读 3 位有效数字,观测精度一般只能是 $10^{-2}$。$10^{-2}$ 的观测精度能有效地分辨 $10^{-1}$ 量级的视电阻率异常,这对观测大震前震中区,$\Delta<100$ km,10% 左右的短临电阻率前兆是有效的。

(4) 稳定性好

台站用的仪器要求能够适应各种气候条件,因此要求仪器能在相当大的温度和湿度变化内,保持性能稳定,同时要求仪器能长期稳定工作。

(5) 输入阻抗高

要求在野外接地条件改变(冰冻的冬天与多雨的夏天)的情况下,仪器仍能保持所需精度,要求仪器具有较高的输入阻抗。

(6) 供电

供电电源输出电流稳定,电压能连续可调,或者输出电流可连续可调。

(7) 自动化仪器

设计自动化仪器时,其测量流程应考虑能测到人工电场的稳定场部分,其稳定场变化,对读数影响值使之≤0.5% 以下。设计时还应考虑,采用双(A/D)数据采集技术,即采集 $\Delta V$ 和 $I$ 同步进行或采集 $\Delta V/I$ 比值。这样可降低对电源稳定度的要求。

**3. 观测技术**

在实际观测中,除仪器外,其他如消除漏电、减小接地电阻、环境保护以及观测室等的技术要求,以测量中引起的各项干扰水平总和,应控制在 1% 左右或小于 1% 为准。

## §6.6 数据处理和地震"三要素"预报[10]

### 6.6.1 数据处理

地电阻率数据处理的目的是在于通过数据整理剔除已查明各种非震因素干扰的无效数据,确定获得可靠连续的数据。在此基础上确定正常与异常。通常情况下,地电前兆异常可从已剔除无效观测数据中,直接地观察到。这是地电电阻率前兆的优点。因此,地电数据处理包括数据整理图示和主要干扰季节性年变化的消除。

**1. 数据整理和图示**

根据观测数据,编制(或使用计算机点绘)地电视电阻率("自然电位")观测值图、日均值图、五日均值图、月均值图和年均值图等时序图。通常用纵轴代表物理量,比例尺选择应考虑到观测精度。横轴代表时间,时间间隔可分为日、五日、月及年。常用 1 mm 或 2 mm 表示时间间隔。时间比例尺不宜过大,要统一,便于对比分析研究。在图的相应位置上应标出,由于各种观测方法、技术、环境因子带来的对观测数据的畸变和干扰,以便在分析研究确定前兆异常时给予剔除。

**2. 消除季节性年变化的方法**

我国多数地电台现场观测是在地表上(即半空间中)进行的。大家知道,表层电性层电阻率 $\rho$ 及其厚度 $h$,常常是随着地表环境的气象、水文地质(如湿度、温度、潜水位等)条件变化而变化。这些变化有时还因地而异。至今尚未找到它们影响地电数据变化的各个单一的函数关系。正是这样,为了消除它们的干扰和影响,只能采用综合改正的办法。这种改正通常沿用气象学上的月距平方法,也有选用监测地区无大于 $M_S$ 以上地震活动水平的年份作为年变的正常背景,作其他年份改正。例如图 6.42b 就是采用此法,分辨出异常的。上述方法,简便易行,使用较为广泛。近年来,消除年变化又提出滑动富氏分析法(赵跃臣、刘小伟,1982)、DAI(digital bandpass filiter)数字滤波器(王贵宣,1991)等方法,可供使用[11,12]。

避开表层干扰的"全空间"现场观测分析、其观测数据无年变改正问题。

整个数据处理过程,可参照图 6.23 地电分析预报流程图中流程进行。

从分析预报流程图中,可以看出,较为突出的是消除年变化和输出预报意见两项。前者说明,地电电阻率观测资料主要干扰是年变化。消除了年变化就可直观地观测到地电电阻率前兆异常变化。当年变化较有规律变化情况下,地电前兆亦可在年变化背景上,直观地发现前兆异常。这是地电电阻率前兆手段的优点,后者预报意见的输出,还得结合下节关于提取"三要素预报"的经验方法进行。

## 6.6.2 地震"三要素"预报方法

目前地电"三要素"预报方法,属于经验总结和统计的方法,按地电方法实用化攻关研究,提出以下两种参考方法。

**1. 统计概率预报法(又称 GSP 方法)**

该方法由赵玉林等人研究提出。采用异常持续时间与震级的统计关系,分析研究给出某时间段内发生地震的概率,并列出预报地震的自然寿命及利用多台提高报警级别的概念;然后利用地电电阻率异常的最大检测范围与震级的统计结果,以异常台为中心,检测范围为半径划出震中范围,震中必落入此圆内,并采用多台异常作出各自的圆,各圆相交重叠公共区域,来预测未来地震的震中区,从而建立起地电电阻率统计概率(G.S.P)预报法[13]。

**2. 模糊信息分配方法**

该方法由钱家栋等人研究提出。

模糊信息分配方法,按照全国各类震例经验,给出了应用地电异常的两个指标分别预报三要素的模糊信息分配矩阵 $Q^M$、$Q^R$、$Q^t$,根据地电异常指标,分别从 $Q^M$、$Q^R$、$Q^t$ 计算出相应的预报震级、震中距和发震时刻的数值,形成预报意见。

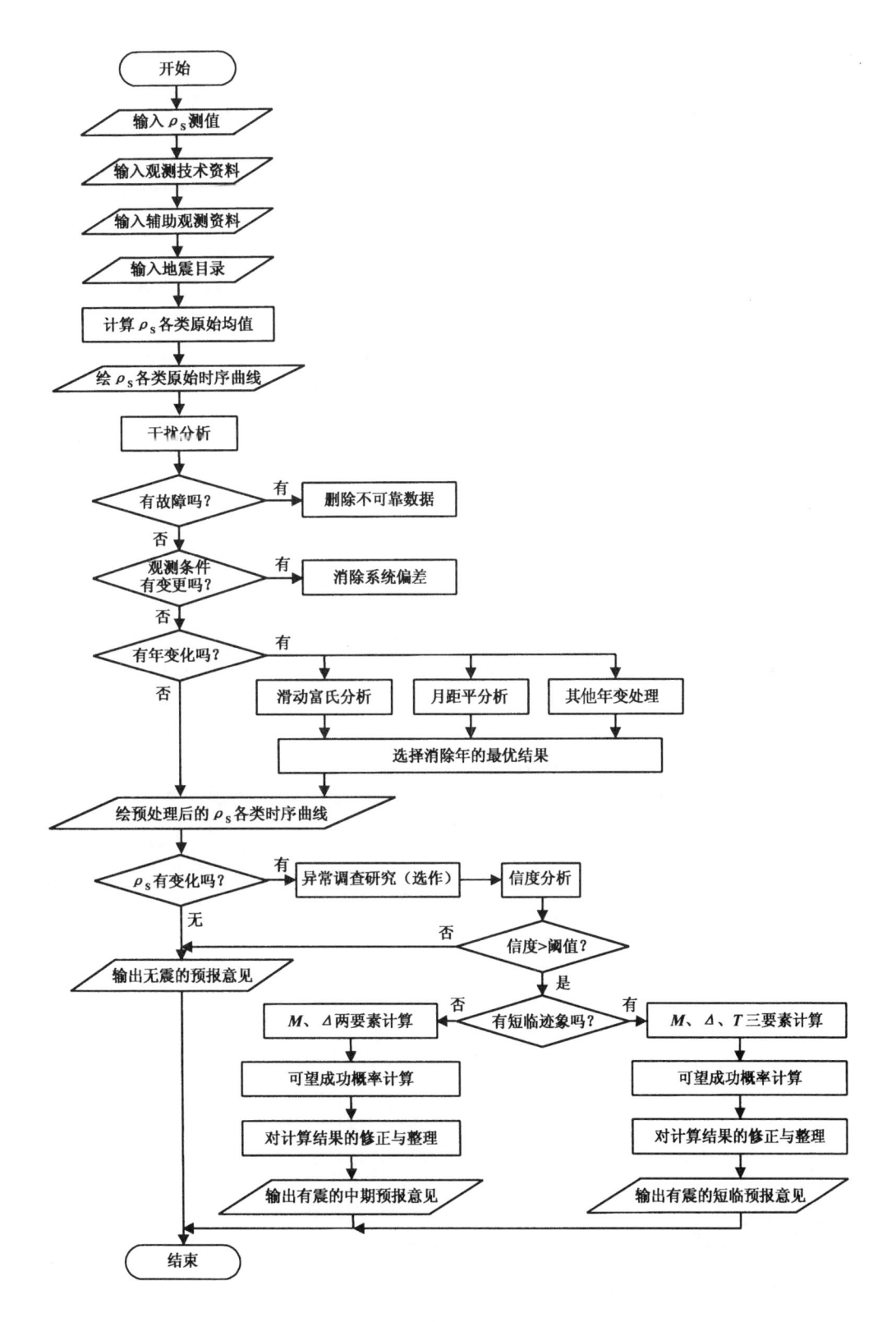

图 6.23　地电分析预报流程图

以上两种预报方法尚有待于实践和检验。经验表明，往往地电电阻率的一段异常变化并不唯一地对应一次强震($M_S \geqslant 7$)或中强震，而可能与一个地震系列的前兆异常，亦可能与一次"地震活动时段"或"一个地区地震活动性加强"有关。因此，在修正和调整预报意见（尤其是中期意见）及在检验预报效果时，也应考虑这一情况。

## §6.7 观测实例

探索地震前地电前兆的方法，在6.1节中介绍了很多，但国内外各种地电方法开展的并不一样。现阶段，国内外开展较多的为电阻率前兆方法。电阻率前兆方法积累的实例（含震例）以我国最为丰富，日本之次，原苏联和美国所发表的震例资料与地电场前兆资料说服力不强。为此，这里着重展示我国和日本的电阻率前兆实例资料。

**1. 中国**

中国从1967年开始在河北河间、邢台地区创建电阻率观测实验台以来，经历了1966～1976年我国大陆地震活跃时段。期间先后发生7级地震10余次；之后又经历了1977～1987年地震活动相对平静时段；从1988年开始又进入了大陆地震的相对活动时段。根据实测资料，在地电台附近($\Delta \leqslant 300$ km)发生过多次7级以上地震，有记录可查的7次，详见表6.10。中强地震($M_S 5 \sim 6.9$)一二十次以上，典型的记录不多。现将分别反映区域性地应力场变化的视电阻率背景异常现象，$M_S \geqslant 7$以上地震和$M_S 5 \sim 6.9$地震三方面内容，介绍记录的较为典型的实例。

表6.10　1973～1988年中国浅源强震($M_S \geqslant 7.0$)和地电观测

| 编号 | 地震日期（年.月.日） | 发震时间（北京时间）（时.分.秒） | 震中位置 $\varphi_N$ (°) | 震中位置 $\lambda_E$ (°) | 参考地名 | 震级 | 震源深度 (km) | 台站 | 震中距 (km) | 情况说明 | 短临异常 |
|---|---|---|---|---|---|---|---|---|---|---|---|
| 1 | 1973.02.06 | 18—37—08.3 | 31.5 | 100.4 | 四川炉霍 | 7.9 | 17 | 甘孜 | 45 | | |
| 2 | 1974.05.11 | 03—35—18.3 | 28.2 | 103.9 | 云南永善 | 7.1 | 14 | 西昌 | 100 | | |
| 3 | 1975.02.04 | 19—36—06 | 40.6 | 122.8 | 辽宁海城 | 7.3 | 12 | 盘山 | | ① | |
| 4—1 | 1976.05.29 | 20—23—18 | 24.4 | 98.6 | 云南龙陵 | 7.3 | 20 | 腾冲 | 50 | ② | |
| 4—2 | 1976.05.29 | 22—00—22.5 | 24.5 | 98.7 | | 7.4 | 20 | | | | |
| 5—1 | 1976.07.28 | 03—42—53.5 | 39.6 | 118.2 | 河北唐山 | 7.8 | 16 | 唐山胜利桥马家沟等14个 | $\Delta < 200$ | | 有 |
| 5—2 | 1976.07.28 | 18—45—31.0 | 39.9 | 118.7 | 河北唐山 | 7.1 | | | | | |
| 6—1 | 1976.08.16 | 22—06—46 | 32.7 | 104.1 | 四川松潘 | 7.2 | 15 | 松潘、武都 | 50、100 | | 有 |
| 6—2 | 1976.08.23 | 11—20—10 | 32.5 | 104.1 | | 7.2 | 22 | | 50、100 | | |
| 7—1 | 1988.11.06 | 21—03—16.8 | 22.9 | 99.8 | 云南澜沧 | 7.5 | | 腾冲 | 250 | ③ | 有 |
| 7—2 | 1988.11.06 | 21—15—43.8 | 23.2 | 99.7 | 云南耿马 | 7.0 | | | | ④ | |

注：唐山地震震中距$\Delta < 200$ km地电观测台，共14个。唐山胜利桥($\Delta = 0$)、唐山马家沟($\Delta = 10$)、昌黎后土桥($\Delta = 70$)、宝坻($\Delta = 80$)、塘沽($\Delta = 80$)、青光($\Delta = 110$)、马坊($\Delta = 110$)、西集($\Delta = 120$)、徐庄子($\Delta = 140$)、八里桥($\Delta = 140$)、忠兴庄($\Delta = 150$)、青县($\Delta = 160$)、小汤山($\Delta = 170$)、马各庄($\Delta = 180$)。

①为1975年3月17日前室内接线错误；②为外线工作欠佳；③为1984、1986年外线工作欠佳；④为震源边缘。

1)反映区域(地)应力场变化的视电阻率背景异常现象

反映区域地应力变化的视电阻率背景异常,在唐山地震后,经历了20余年的资料积累,才把这一有争议的长趋势现象,肯定下来。这类背景异常的特征是:它的异常时间长,有一二年的,亦有二三年的,亦有更长的;其幅度小,一般稳定在1%~2%;无$M_S>7$以上地震与之相对应。根据现有实际资料,这类异常反映三种情况:

(1)正常地壳活动,异常期间地电台监测范围内无$M_S \geqslant 5$以上地震,以甘肃武都台1976年8月至1982年初期间,记录的异常现象为典型代表,见图6.24。

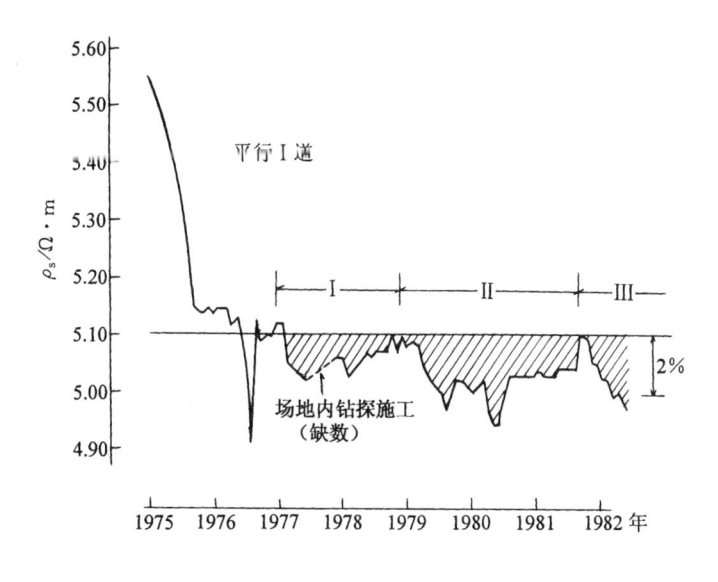

图6.24 甘肃武都台曲线

(2)反映台站监测地区存在中强地震($M_S \geqslant 5 \sim 6.9$)活动背景。出现这类长趋势异常后,其异常幅度维持在1%~2%左右,无明显加速增大趋势,只有短期(几个月)下降和上升变化或出现年变高值下降现象。这一现象与台站500 km范围内$M_S 5 \sim 6$地震活动水平相对应,如宝坻台1984年出现的长趋势异常,1988年初年变高值消失是一例,见图6.25。

(3)由长趋势背景异常发展演化成大震($M_S \geqslant 7$)中期趋势异常。如图6.25宝坻台$\rho_s$月均值图所示。1974年以前的缓慢下降异常(1%),到1974年出现明显的下降,成为2%~3%的中期异常现象。

以上展示的1%~2%长趋势异常实例的说明是多解的。当异常幅度没有出现增大时,是不宜报$M_S>7$地震的。一般只能作出监测地区存在中强地震活动水平背景的估计。

2)$M_S \geqslant 7$地震

地电观测情况见表6.10,地电记录结果说明以下四方面问题:

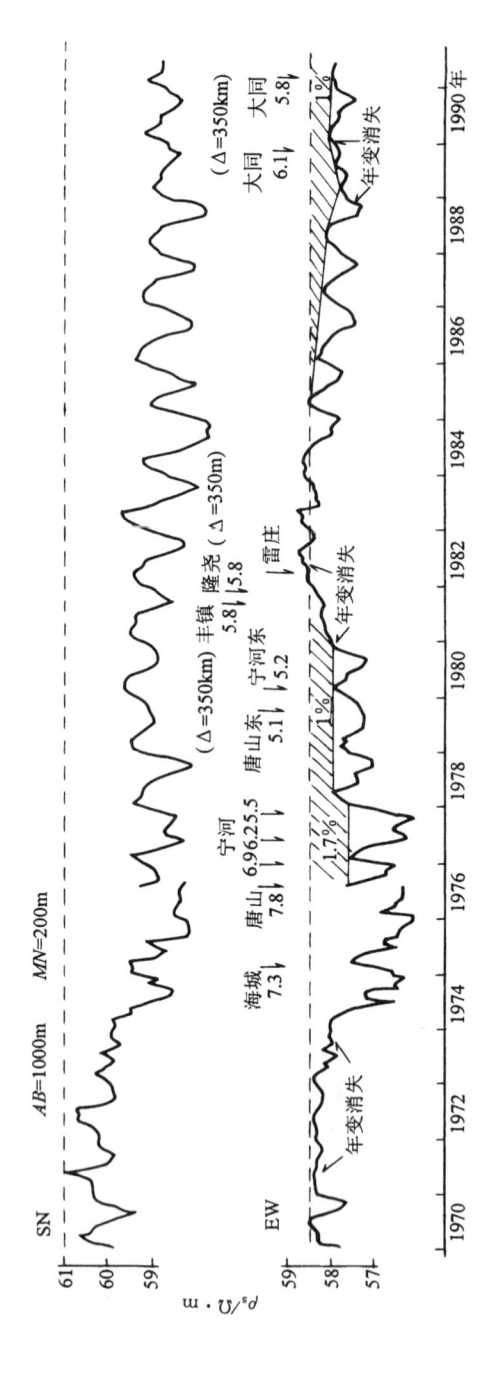

图 6.25 宝坻台月均值图

(1) 震源内和震源外电阻率前兆异常存在差别[①]。

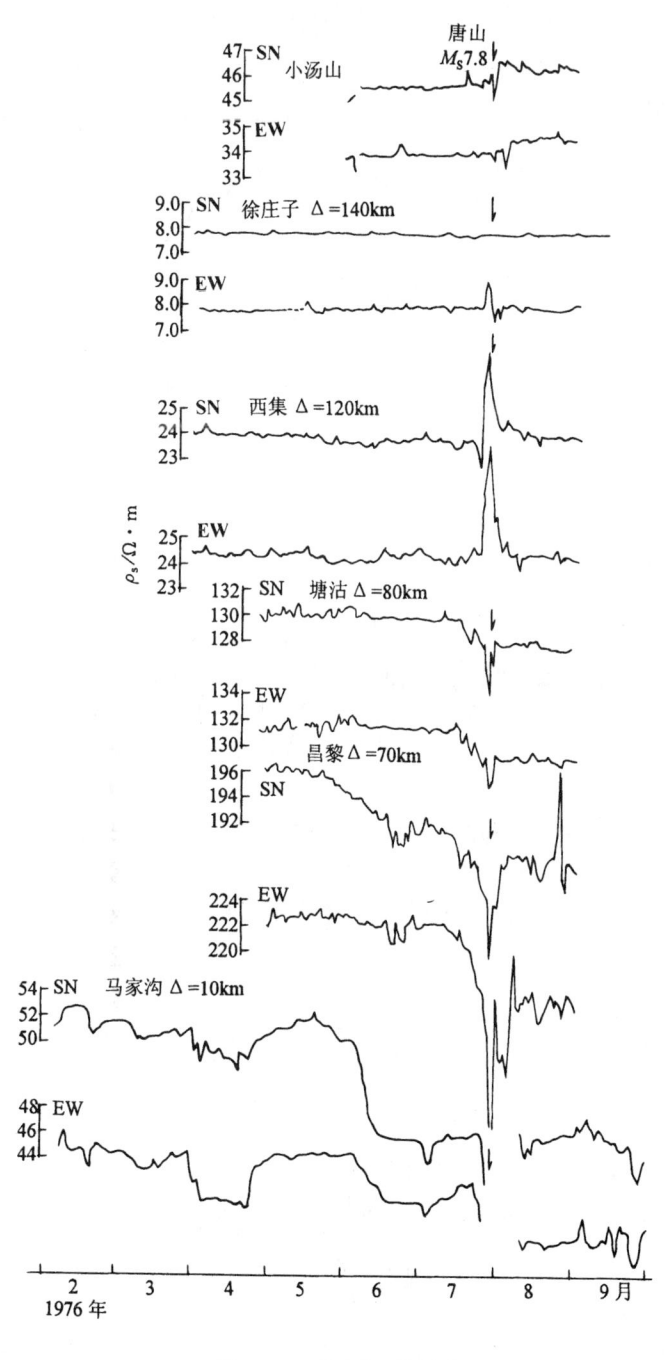

图 6.26 唐山短、临异常图

对 $M_S \geqslant 7$ 的浅源地震,其震源尺度比浅源地震的震源深度大好几倍。这时,震中区

---

① 震源体尺度按近似公式:$\log L(\mathrm{km}) = 0.5 M_S - 2$ 估算。

的台站，应该客观地观测到震源过程的 $\rho_s$ 曲线变化，这种变化应该与震源尺度外观测到的 $\rho_s$ 曲线有所差别。下面介绍的现场观测实例，亦说明了这一点。

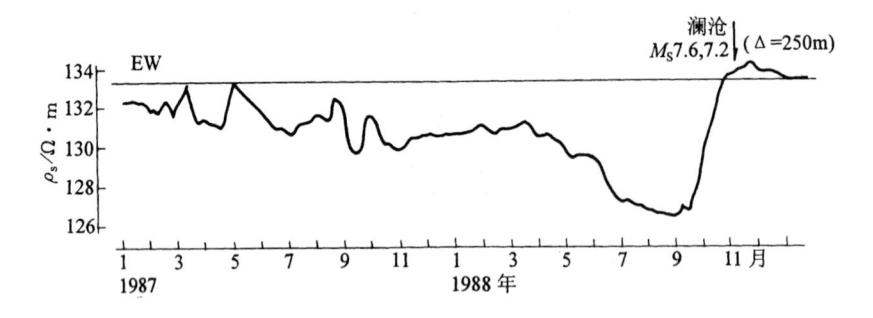

图 6.27　澜沧地震腾冲台短临曲线图

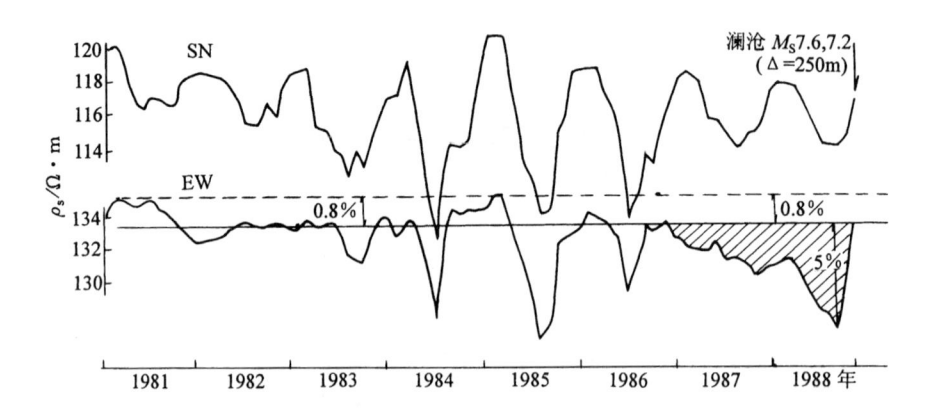

图 6.28　澜沧地震源外腾冲台 $\rho_s$ 中期异常图

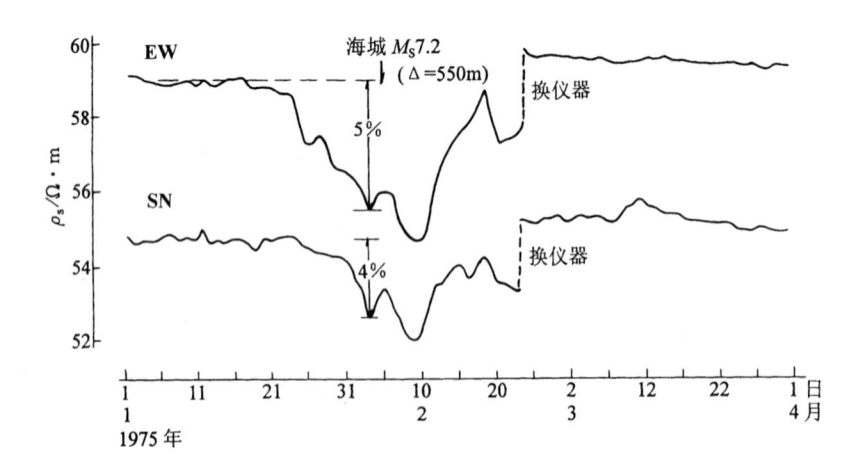

图 6.29　海城地震张山营台 $\rho_s$ 短临异常图

图 6.26 是唐山地震震源区几个地电台短、临 $\rho_s$ 异常曲线图。

图 6.27 是澜沧地震震源外,腾冲地电台记录的震前(短、临)$\rho_s$ 异常曲线图。

图 6.28 是澜沧地震震源外,腾冲地电台($\Delta=250$ km)记录的 $\rho_s$ 中期异常曲线图。

图 6.29 是海城地震时,震源外北京张山营地电台($\Delta\approx550$ km)观测记录到的 $\rho_s$ 短临异常曲线图。

图 6.30 是唐山地震电阻率前兆中期异常在震源区和震源外围区在平面上分布图像。图像反映出震前大区域内多应力集中的特征。它反映出唐山地震前 $\rho_s$ 中期异常范围大,异常强度大的特点。

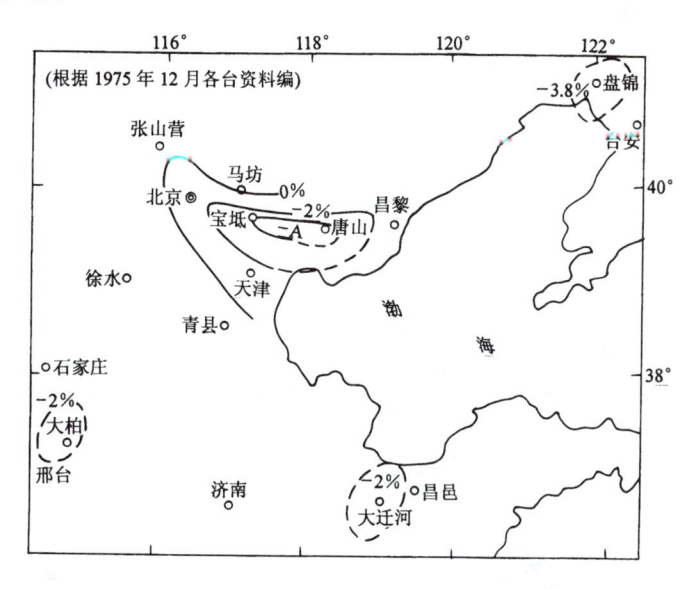

图 6.30  唐山地震异常分布图

(2)电阻率前兆异常与地震活动的关联[14~16]

图 6.31 为唐山地震电阻率中期前兆异常区与地震活动平面分布对比图。从图上可

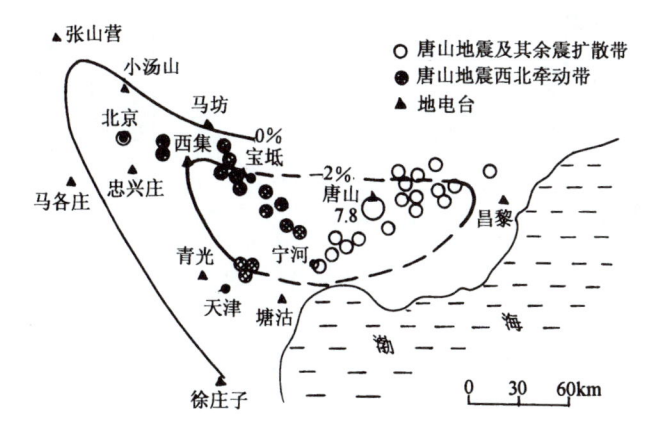

图 6.31  中期 $\rho$ 下降区与地震活动对比图

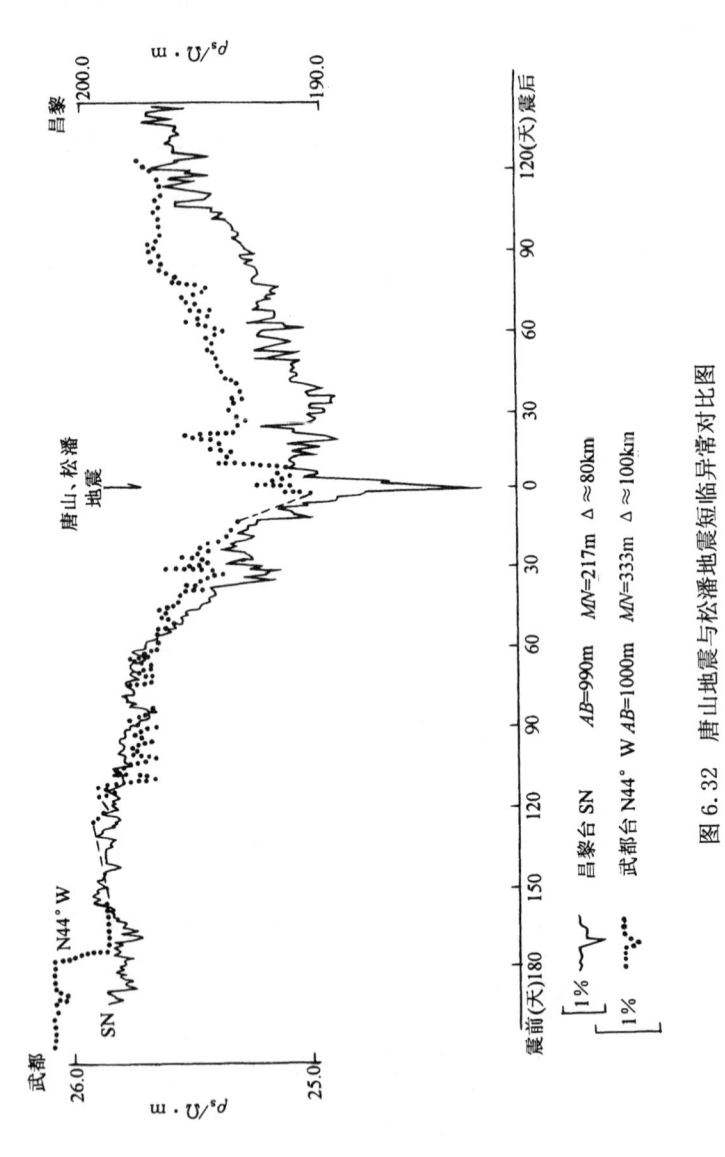

图 6.32 唐山地震与松潘地震短临异常对比图

以清晰地看出,唐山地震后,地震活动范围与地电电阻率中期前兆范围走向一致,说明电阻率前兆异常与地震活动密切相关,它们之间存在着内在联系。

(3) $M_S \geq 7$ 地震短、临异常之间存在着共性。

图 6.32 是唐山地震与松潘地震震源区内($\Delta \leq 100$ km)所记录的 $\rho_s$ 短、临异常曲线。两者基本重合一致。这一实例资料说明电阻率法记录到的电阻率前兆异常是可信的,不是偶然现象。同时亦说明,它们形成异常的机理是一样的——岩层断裂。

(4) 现场观测到的大震短、临现象与岩石破碎实验结果相似。

现场观测到的 $M_S \geq 7$ 以上大震前 $\rho_s$ 短临曲线与布雷斯(Brace)等人破裂实验记录的电阻率变化曲线极为相似。它们两者可以重合。其两者对比曲线见图 6.33,说明电阻率前兆手段是有物理基础的。

3) $M_S 5$ 左右地震

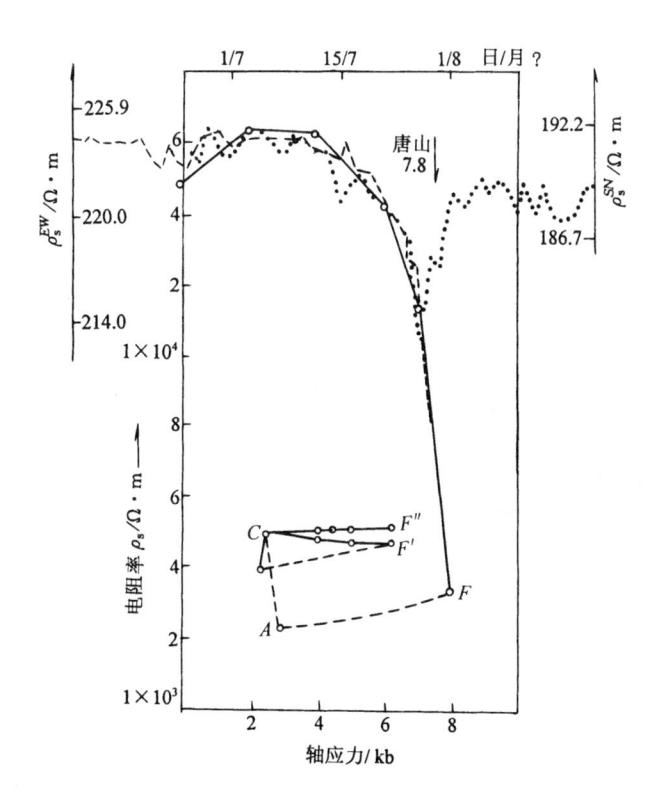

图 6.33 唐山地震 $\rho_s$ 短临异常曲线与 Brace 岩石破碎 $\rho$ 曲线对比

(1) 唐山震区 $M_S 5$ 余震所对应的 $\rho_s$ 的典型记录结果。

唐山地震后,从 1979 年 8 月唐山马家沟地电台震后恢复正常观测记录以来较明显的震例有 $\dfrac{M_S 5.1}{1979.9.2}$ 震群、$\dfrac{M_S 5.0}{1982.3.18}$ 余震、$\dfrac{M_S 5.2}{1980.2.7}$ 余震和 $\dfrac{M_S 5.1}{1992.5.29\sim30}$ 地震 4 个。它们的观测结果见图 6.34、图 6.35、图 6.36 和图 6.37。

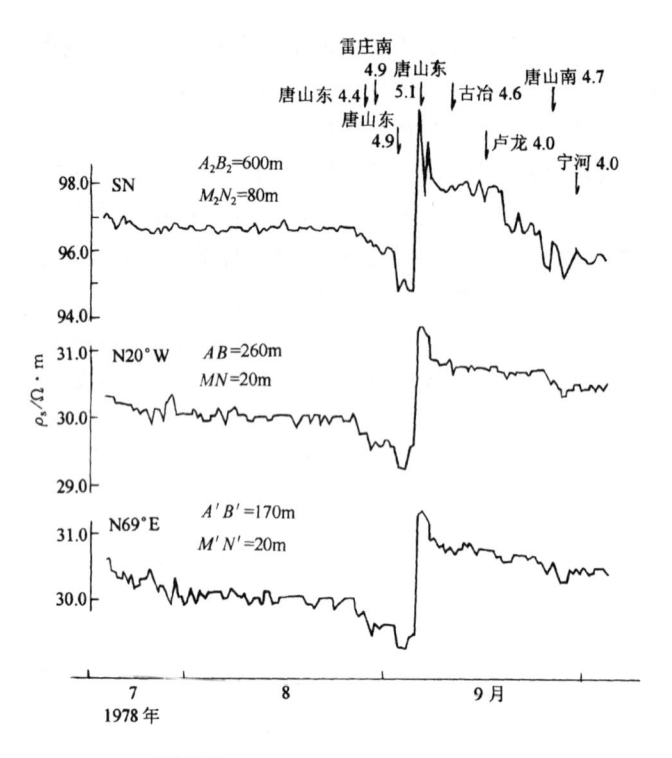

图 6.34　$\dfrac{M_\text{S}5.1}{1979.9.2}$ 地震马家沟 $\rho_\text{s}$ 日均值曲线（$\Delta=17$ km）

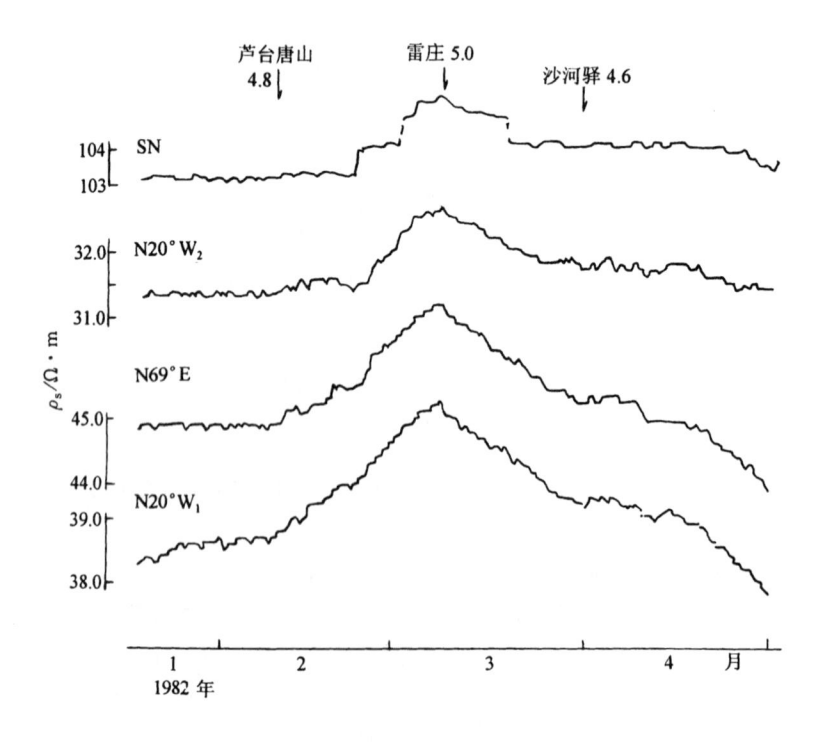

图 6.35　$\dfrac{M_\text{S}5.0}{1982.3.18}$ 余震 $\rho_\text{s}$ 观测结果（$\Delta=30$ km）

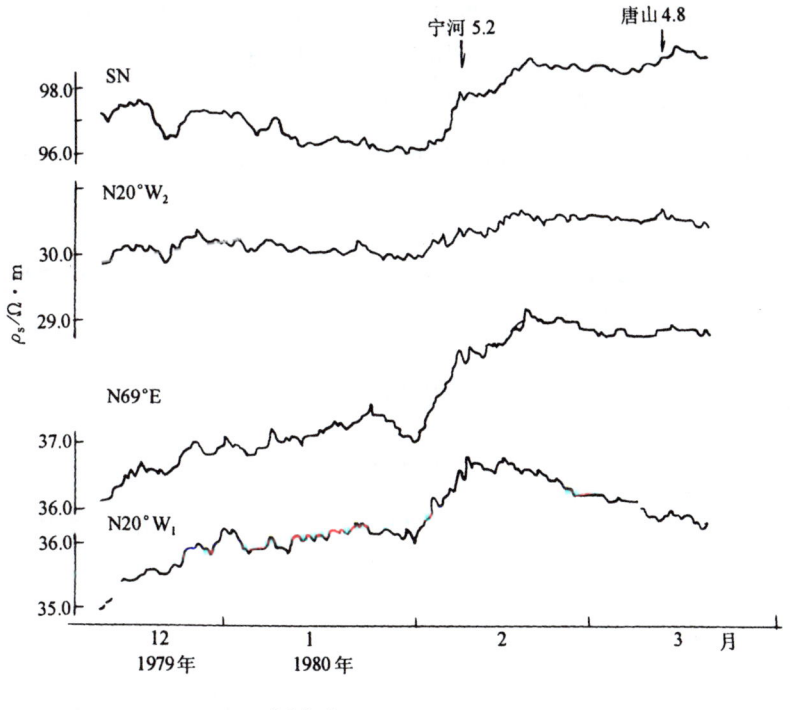

图 6.36 $\dfrac{M_S 5.2}{1980.2.7}$ 余震 $\rho_s$ 观测结果（$\Delta = 30$ km）

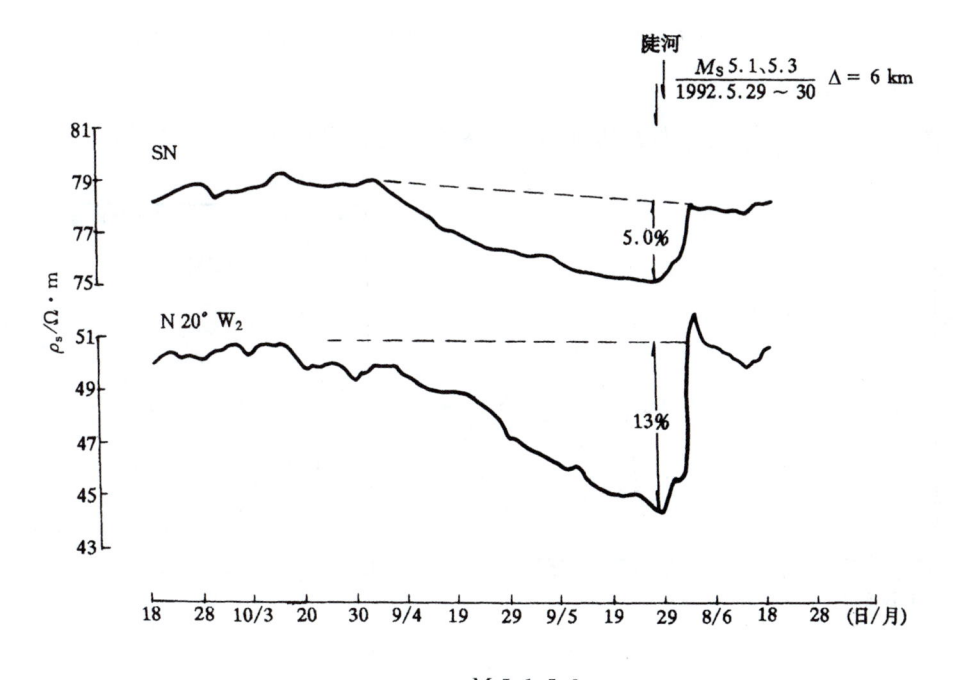

图 6.37 陡河 $\dfrac{M_S 5.1、5.3}{1992.5.29 \sim 30}$ 地震
马家沟地电台记录（交流电法观测结果）

以上 4 个地震震前记录的典型曲线形态各异。其原因是受构造制约,还是与震源机制有关,还是受震源区及其附近应变值影响等,尚待进一步研究。

(2) $M_S 5$ 左右地震,离震源较远台站记录实例。

图 6.38 是 $\dfrac{M_S 5.9}{1983.11.7}$ 菏泽地震前临沂地电台观测到的 $\rho_s$ 异常曲线。

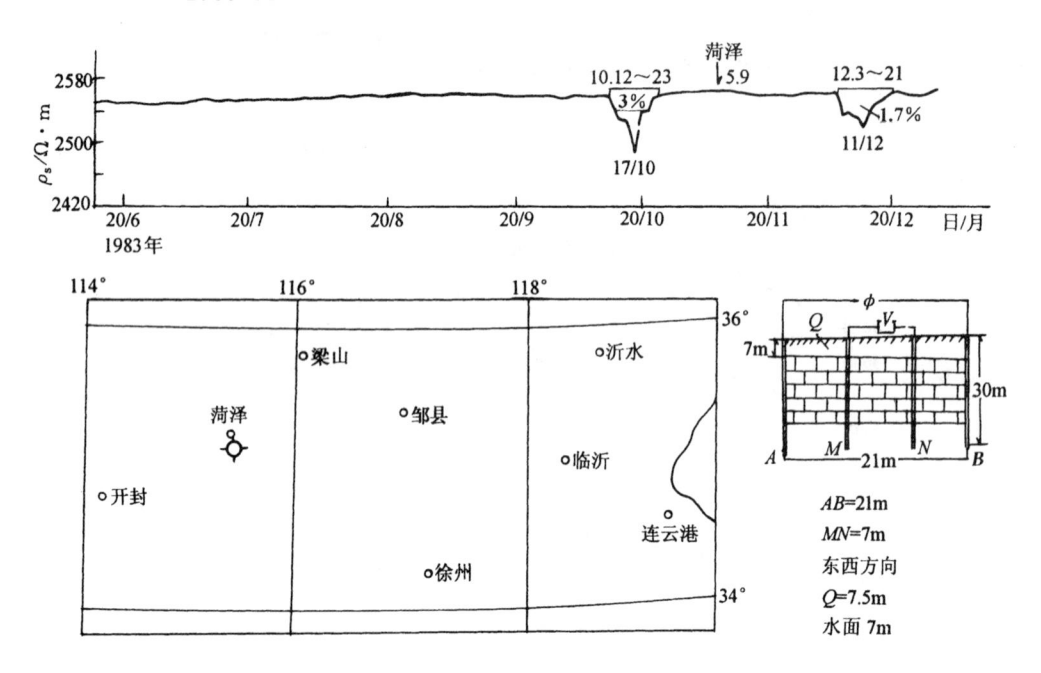

图 6.38 菏泽 5.9 级地震临沂台记录 $\rho_s$ 曲线(全空间观测) $\Delta=260\ \mathrm{km}$

图 6.39 是 $\dfrac{M_S 4.4}{1976.4.22}$ 大城地震前唐山马家沟地电台观测到的 $\rho_s$ 异常曲线。

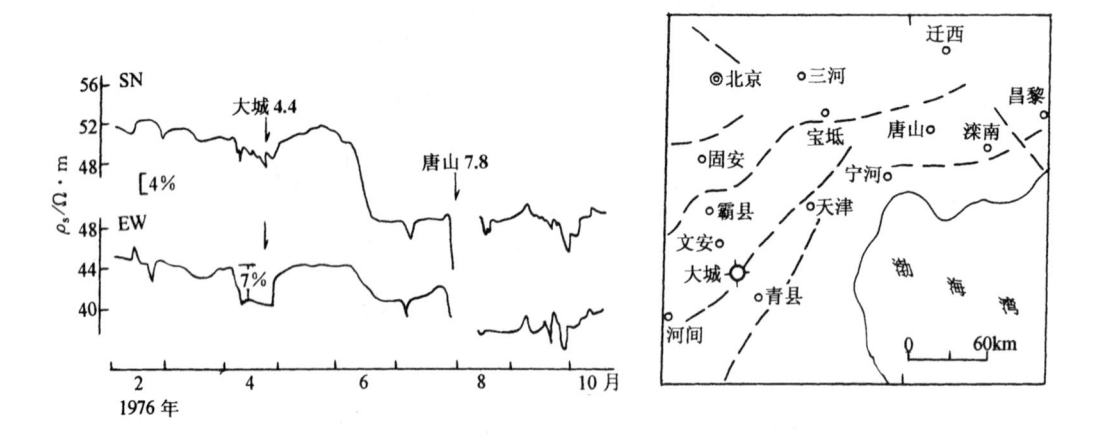

图 6.39 大城 $M_S 4.4$ 地震前唐山马家沟台记录的变化曲线 $\Delta=170\ \mathrm{km}$

（3）1989年大同6.1级地震前震中区内、外观测到的$\rho_s$时序曲线。

图6.40是大同台SN道震前记录的趋势背景异常，它异常特点是1984年以后出现1%的下降异常，持续了约4年时间。在1%背景异常基础上，于1988年又出现继续下降异常，异常下降累计幅度为2.3%，震前有明显回升迹象。

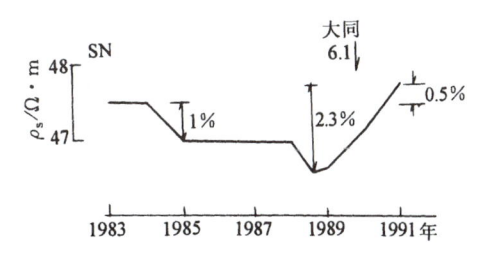

图6.40　大同地震台SN道震前记录的趋势异常

图6.41是大同地电台($\Delta=45$ km)震前观测到的$\rho_s$时序曲线，以3个测道记录的$\rho_s$曲线看，震前有明显各向异性的特征。这与实验室岩石大破裂实验中，岩石大破裂到来前$\rho_s$有各向异性特征相一致。这是值得注意的震前地电前兆。

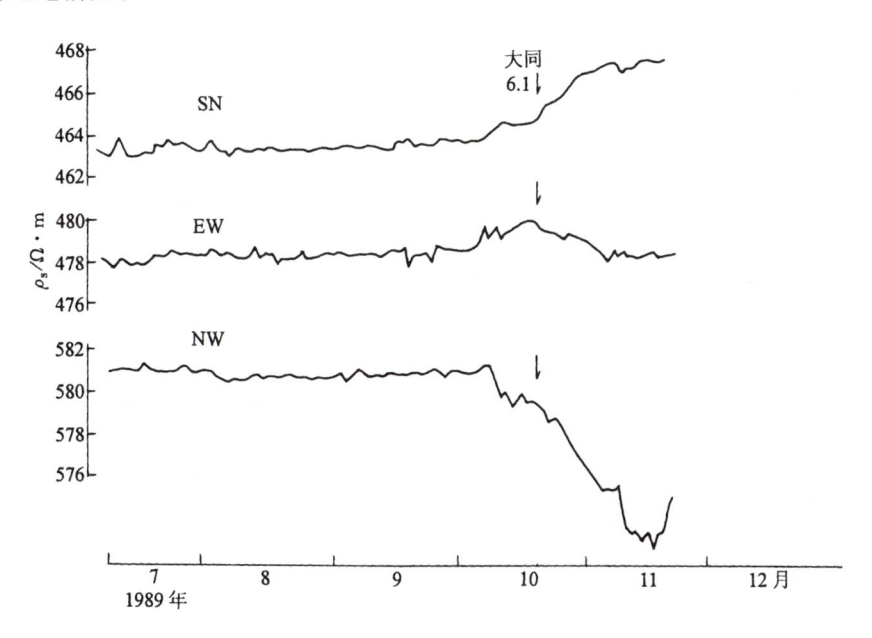

图6.41　大同台$\rho_s$时序曲线 $\Delta=45$ km

图6.42和图6.43分别为处于同一纬向构造带上的距震中$\Delta=280$ km马坊台和$\Delta=380$ km唐山马家沟地电台，在大同地震前后观测到的$\rho_s$时序曲线。

**2. 日本**

只有油壶一个形变台上建立基岩电阻率观测点。从1968年5月14日正式记录到1982年7月31日已连续累计了14年以上的资料，记录到震前变化34例，同震突跳64例。这里仅给出具有代表性的典型记录。

图6.44是$M_S6.9$地震前后低灵敏度道的$\rho_s$原始记录结果($\Delta=100$ km)。

图6.45是$M_S6.9$地震前后高灵敏度道的记录。其中曲线A为原始记录，曲线B为经过滤波后的结果。

· 265 ·

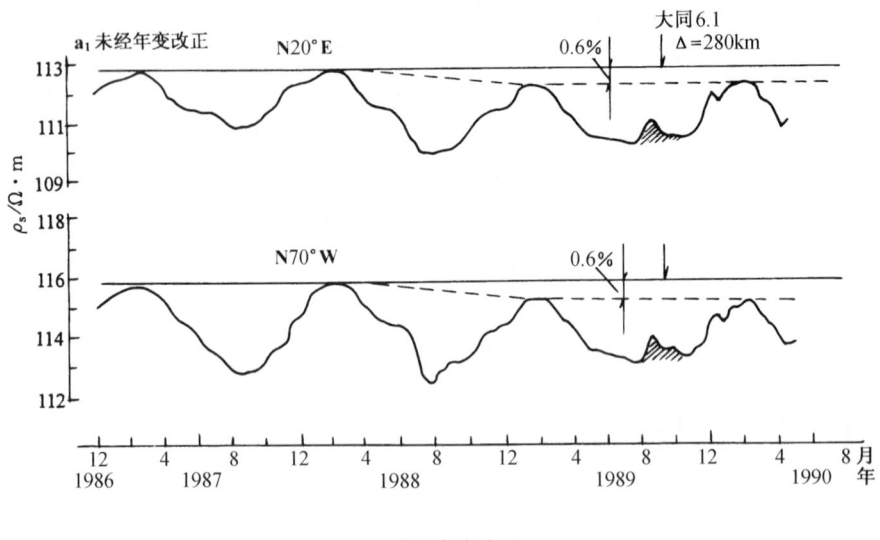

a. 未经年变改正

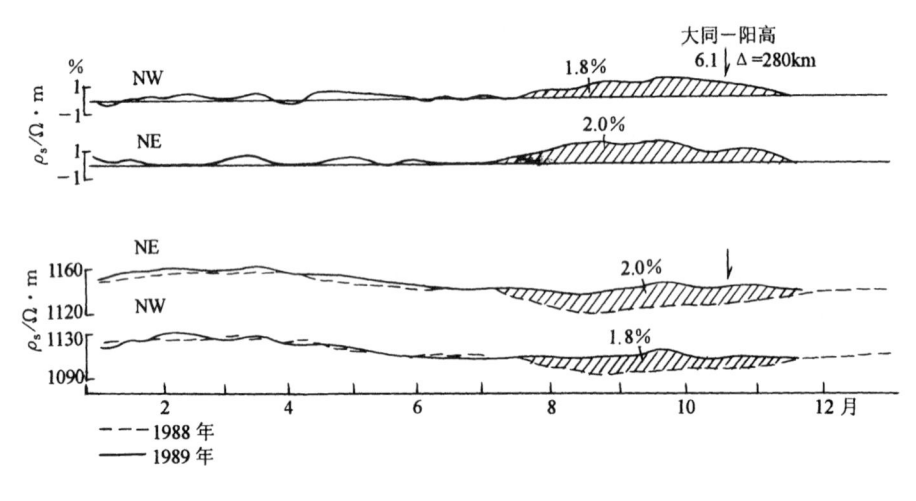

b. 经年变改正后(1988～1989年地电阻率差值图)
图 6.42 同一纬向构造带上马坊台 $\rho_s$ 短临曲线

图 6.45 很清楚地表明前兆变化大约在时刻 $P$ 就开始了,在这次地震时形成的阶跃用 $E$ 表示。

**3. 原苏联**

建立地震实验场,用偶极装置进行观测。图 6.46 是偶极装置分布图。图 6.47 是 $\rho_s$ 观测结果与地震活动的对应关系。其观测结果,我们认为类似于年变化,是否属地震前兆,尚待商榷。

图 6.43 同一纬向构造带上马家沟台 $\rho_s$ 短临曲线

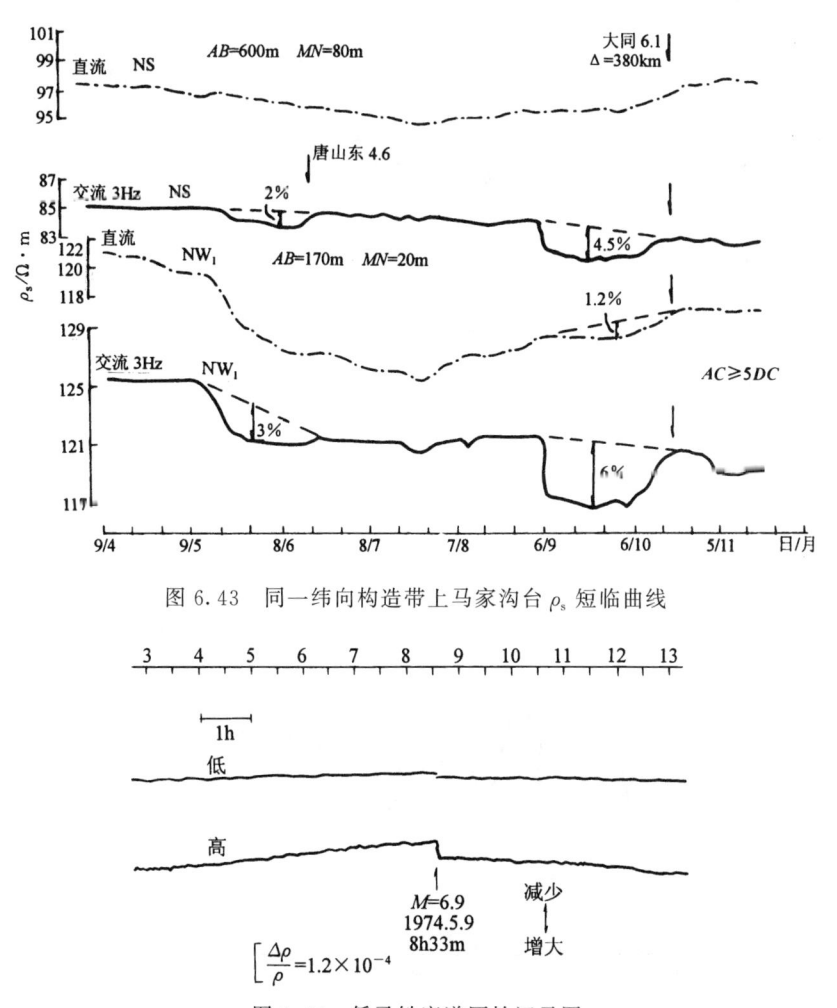

图 6.44 低灵敏度道原始记录图

1974 年 5 月 9 日观测点西南大约 100 km 处 $M=6.9$ 地震前后电阻率变化用高灵敏度道和低灵敏度道记录，$\Delta\rho/\rho$ 表示电阻率仪灵敏度

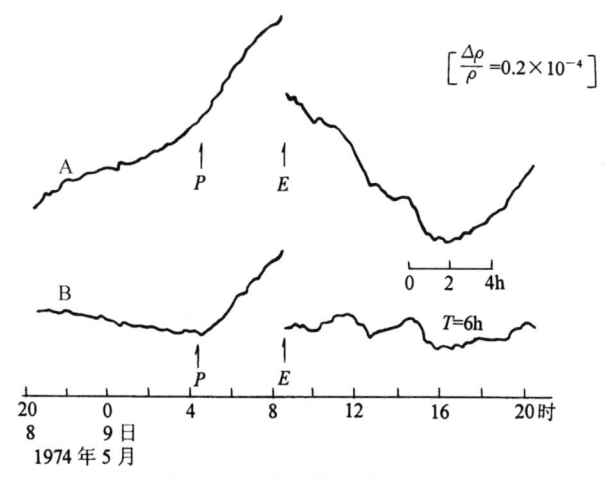

图 6.45 高灵敏度道记录

A：原始记录；B：经过滤波后的结果

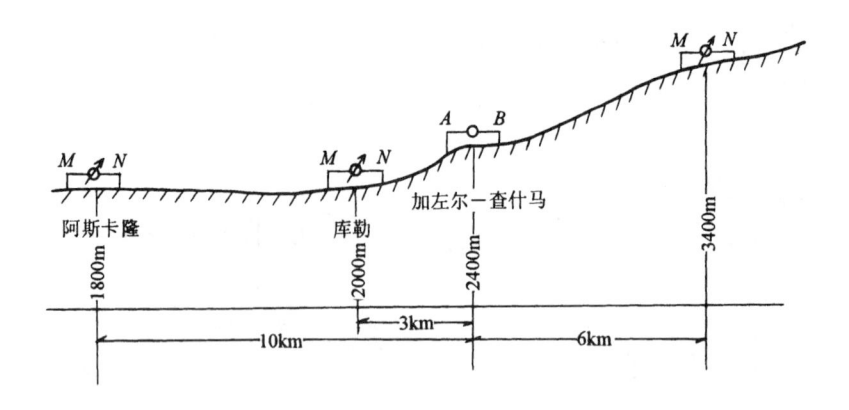

图 6.46 偶极装置分布图

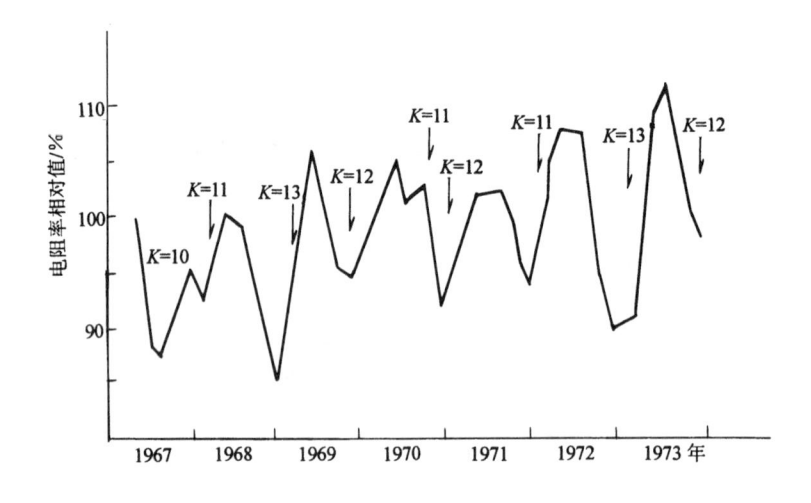

图 6.47 原苏联观测结果

### 4. 美国

观测方法同原苏联。图 6.48 是毛里森（Morrison）在圣安德烈斯断裂上的观测结果。以前认为 1973 年 4 月的 $\rho_s$ 下降变化对应附近的 4 级地震，后经检查，实为观测系统工作不正常所引起。其后又继续观测到 1976 年 6 月，$\rho_s$ 观测值一直没有变化。在此期间，该断裂带上亦未记录到 $M_S \geqslant 5$ 的地震活动。

综上认为，电阻率法观测的是视电阻率值。应用设在地表的固定装置系统，观测视电阻率随时间变化是其区别于物探电阻率法的主要特征。视电阻率具有电阻率的量纲，在均匀介质充满半空间的条件下，其数值与介质电阻率相等；在非均匀介质条件下，介质表面一定装置系统所测得的视电阻率与介质中各分区均匀介质有确定的函数关系。因此，电阻率前兆观测物理量是清楚的。

用电阻率法预报地震的理论基础在于：岩石力学实验结果表明，岩石受力变形时其电

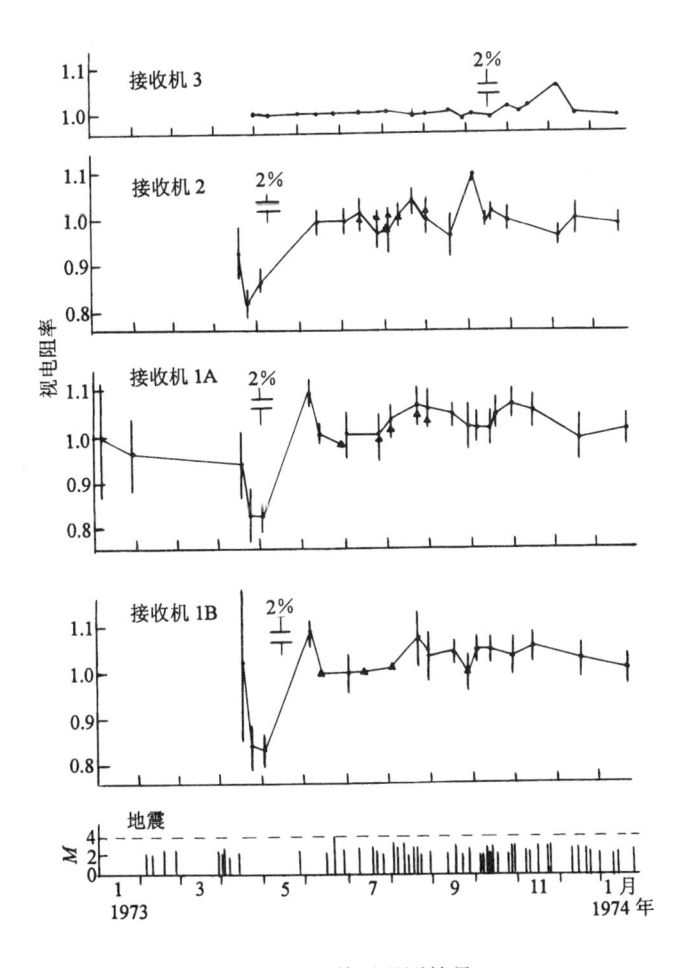

图 6.48　美国观测结果

阻率发生改变,且濒临破碎前会出现急剧变化。这一变化的基本原因是岩石在不同受力阶段上,或因结构——导电通路发生不同程度的改变,或因孔隙变形导致岩石中气、固、液三种不同性质的材料的比例变化(气、固属一类是高阻与液体属于低阻,二种材料的比例变化)。

在此基础上,震源物理的各种前兆模式对电阻率的前兆变化形态都有预测。这些预测与国内外观测的电阻率震例中前兆异常的形态基本相符。我国观测到的几十个震例中,几次 7 级以上地震的异常比较显著,其中 1976 年唐山地震的视电阻率下降区的时空分布与地震活动区吻合较好,又与基线、伸缩仪等应变测量结果有一定呼应,唐山地震与松潘地震短临前兆异常曲线非常一致几乎可以重合。总之,电阻率法已经积累了一些地球物理学可以接受的可信度较高的观测成果。

与其他应变类前兆观测相比,电阻率法有它突出的特点:①它可不必通过钻孔打洞的方法,从而不会改变地壳介质的原态;②它探测的是一个深度达几百米以至更深的探测体积,减少局部影响的可能性。因而在综合预报的方法群体之中,电阻率法能够发挥特殊的作用。

目前,电阻率法还是一种处于探索阶段的地震预报方法,观测结果与孕震过程的关系具有多解性及地区差异性。在探索过程中,虚报与漏报还难以避免。这是电阻率法预报地震的现实水平。

随着地电震例资料的不断积累,基础理论的进一步研究,以及地电学科功能的不断开发,应用电阻率法预测地震水平将会不断的提高,在地震预报领域中将会看到地电学科的作用和效果,会不断的扩大。

# 思 考 题

1. 用麦克思威尔电磁方程分析地震预报中地电探索方法。
2. 正确理解视电阻率的基本概念、物理实质和其欧姆定律的微分表达式。
3. 观测视电阻率的基本方法和技术要求。
4. 地电阻率法观测实例反映出地震监测预报中一些什么现象和问题。

## 参 考 文 献

[1] 石应骏等,大地电磁测探法教程,北京:地震出版社,1985。
[2] 傅良魁,电法勘探教程,北京:地震出版社,1983。
[3] 王贵宣等,唐山地震前大范围趋势前兆异常的物理解释,华南地震,13(2),1993。
[4] Yoshio Yamazake, Electrical conductivity of strained rock. The first paper, laboratory experiments on sedimentary rock,东京大学地震研究所汇报,43(4),1965。
[5] Brace W. F, and Orange A. S., Electrial resistivity changes insaturated rocks during fracture and frictional sliding J. Geophs. Res. 73,1968a,1433~1445。
[6] 陈大元等,单轴压力下岩石电阻率的研究、电阻率的各向异性,地球物理学报,26卷,增刊,1983。
[7] 陈大元等,岩石受压过程中"应力应变"对电阻率的影响,地震学报,9(3),1987。
[8] 中南矿冶学院物探教研室,金属矿电法勘探,北京:冶金工业出版社,1980。
[9] 桂燮泰等,低频交流电法的试验和研究,西北地震学报,10(2),1988。
[10] 桂燮泰等,地电分析预报规范程序化指南,中国地震预报方法研究(国家地震局科技司编),北京:地震出版社,1991。
[11] 赵跃臣、刘小伟,一种消除年变的数据处理方法,华北地震科学,2(2),1984。
[12] 王贵宣,消除地震前兆观测中干扰的一种DAI数字滤波器,地震,第2期,1991。
[13] 赵玉林等,地震的地电阻率统计概率(GSP)预报,地震学报,14(2),1992。
[14] 唐山地震工作队,唐山地震地电异常发展过程与地震"三要素"的预报,唐山地震短临前兆资料,北京:地震出版社,1977。
[15] 桂燮泰等,视电阻率异常现象与地震活动性分析,西北地震学报,5(2),1989。
[16] 桂燮泰等,唐山、松潘地震前视电阻率短临异常图像重现性,西北地震学报,11(4),1989。

# 第七章 地震的地磁前兆

有关伴随地震过程地磁场产生异常变化的记载可追溯到一个世纪以前,随着有关地震前地磁场各种异常变化报道的增多,震磁关系的研究也在向纵深发展,并逐渐形成了一门新兴的介于地震学与地磁学之间的边缘学科[1]。

## §7.1 震磁关系研究的历史与现状

### 7.1.1 震磁研究的历史

地震过程是一个极其复杂的过程。从地震的孕育、发展到突然发生,能否引起地磁场的变化,很早便成了人们关注的课题。自 1891 年日本浓尾 8.0 级地震时人们发现当地地磁偏角突然发生数分的偏转后,地磁与地震之间相关性的研究便从推测向实地观测发展。随着一些大地震前出现地磁场异常变化的报道增加,地震与地磁关系的研究逐步形成了一个相对独立的领域。回顾震磁研究的历史,可以大致分为以下几个阶段。

**1. 初期阶段**

此阶段大致为 20 世纪 50 年代之前,主要是分散的研究和报道,多以描述观测到的震磁现象为主。对所观测资料的可靠性、观测仪器的稳定性及精度较少推敲;对地震与地磁异常的物理机制也较少涉及,即便有一些推测亦未开展系统的研究。初期阶段报道的有关震磁现象往往异常幅度很大,有的偏角异常达数分,分量异常达数百 nT,而且因时间服务精度较低,多数可能是震时引起的仪器振动造成,所以这些资料对震磁关系的机理研究意义不大。

**2. 中期阶段**

此阶段开始于 20 世纪 50 年代,其最大特点是:震磁研究开始纳入某些国家或实验室的科研计划;高精度的地磁绝对观测仪器问世并得到广泛使用;及有计划的野外观测与室内实验及理论研究同步进行。原苏联在此方面是走在前列的,卡拉什尼科夫等[2],卡皮查等[3]先后成功地完成了若干岩石磁性的压缩实验,证实了岩石磁性随着应力的变化而增减,从而奠定了压磁理论的实验基础,将震磁关系的研究推进了一个新的阶段。随后斯特西[4],永田武[5]等也先后进行了压磁实验,并在理论上对实验结果进行了归纳和解释,同时还结合典型的构造模型进行了压磁效应计算,以此为基础,永田武[5]还进一步提出了"构造磁学"这一新概念。

**3. 现期阶段**

该阶段基本可从 20 世纪 60 年代末 70 年代初算起,这一阶段划分的主要标志是:一些国家如中、美、日和原苏联等多震国家在野外观测、室内实验与理论研究的基础上,开始了利用地磁手段从事预测地震发生时间、地点和强度的研究或实践,尤其是中国、原苏联和日本将地磁作为地震预报的手段正式列入国家计划;第二个标志是在理论上除了压磁理论外,又先后提出了思路迥异的"感应磁效应"、"电动磁效应"、"热磁效应"和"相变磁效应"理论,使得震磁研究的视野更为广泛;第三个标志则是一些国家建立了以地震预报为主要目的的观测台网或测网,并获得了许多宝贵的观测资料;第四是一些国家、地区利用地磁方法成功地预报了一些地震。

目前震磁研究已构成一个从观测、实验、理论到预测预报的系统工程,而且在每一领域都取得了新的重要成果。但是,随着震磁研究的深入,也遇到了许多新的问题,比如台网布设的有效性、仪器性能的可靠性、实验结果的复杂性,理论机理的普适性、预报方法的准确性等。这些问题的揭示与提出,一方面说明了震磁研究的艰巨性和长期性,同时这也正是震磁研究的重要进展,表明震磁研究已步入一个新阶段。

## 7.1.2 震磁研究的基本特点与内容

**1. 震磁研究的主要特点**

地震地磁学或称震磁关系是在地震预报研究中形成的一门边缘学科,其主要特点是:

1) 以观测为基础的学科

伴随地震而产生的地磁场异常是迭加在地磁场之上的信息。地磁场是随着时间和空间在变化的,而地震的发生无论是其时间、地点和强度虽然在时、空上有一定的规律可循,但基本上是一种偶发性的随机事件。因此,要想捕捉震磁信息,布设一定密度,分布合理的台站,并且具有足够稳定性和精度的配套仪器是必不可少的,只有观测到地磁场在时间域、空间域和频率域中的细微变化,才有可能经过各种处理筛选而获得震磁信息。同时,由于震磁信息与正常的地磁场变化相比其幅度微小、空间范围有限的特点,因此可以说震磁信息是一种在极强的干扰背景下迭加的微弱信号。这样就需要对观测台址的选择、台网的布局、仪器的配套性能都有特殊的要求,同时在资料的采集和分析方面则不同于传统地磁学方法。

2) 实验与理论依据有待深化

尽管关于震磁研究的物理实验和理论研究方面取得了许多令人信服的成果,并在此基础上提出了"压磁效应"、"感磁效应"、"电动磁效应"、"热磁效应"等诸多理论模式且都较成功地解释了一些震例,但随着震磁研究的深入,尤其是随着观测技术的提高,震例的增加和室内实验的积累,以上每种模式均遇到了困难。实践表明,地震过程远不像人们早期所想像的那样单一和典型,它的复杂性越来越被人们所认识,而伴随地震所产生的地磁变化也同样越来越显示其多样性和复杂性。看来在不同地质条件下,不同受力状况下,在地震不同的发育阶段震磁关系可能由不同的震磁效应所主导。当然,也不能排除至今我们还未能探索到真正的震磁机理的可能。

**2. 震磁研究的主要内容**

(1)由于震磁研究是以观测为基础的学科,因此首要的任务是获得地震前后具有一定空间密度,具有相当精度,地体环境条件明确的地磁观测资料。为此,按照较明确的理论预测布设合理的观测台网和架设配套的地磁仪器是至关重要的。

(2)加强室内与野外实验获取翔实的实验数据并在此基础上进行更深入的理论研究也是提高震磁研究水平的重要方面,与此同时,强化与其他方法手段之间的综合研究是不可忽视的。

(3)深入细致地认识地磁场各种长期、短期变化及扰动变化的时空特征,将其作为提取震磁信息的背景场是震磁研究中的一项主要内容,只有提高对背景场的认识水平和计算水平,才能获取足够精度的震磁信息。

## §7.2 震磁关系的实验与理论

### 7.2.1 压磁实验与理论

**1. 压磁实验及主要结果**

岩石的压磁效应实际上指两类物理机理不同效应的总和。一种压磁效应是岩石的剩余磁化强度在应力作用下会发生变化;另一种是岩石的磁化率在应力作用下发生变化。对于不同种类的岩石,两种效应所占比重是不同的,一般对于某些剩余磁化强度很大的岩石,如火成岩和变质岩,前一种效应会占主导地位,对于某些含软磁成分较多的岩石,它们的磁性主要由感应磁化强度所决定,故一般后一种效应占主导地位。

压磁效应通常所用实验方法可分为两种,一种为探头法;一种为感应法。

在实验室中对磁性岩石样品进行压力实验,首先是原苏联学者卡拉什尼科夫[2]和卡皮查[3]。在20世纪60年代,澳大利亚的斯特西[4]进行了类似的压磁实验,随后又有许多学者[5~8]也进行了压磁实验。

永田武[5]在《构造磁学》一文中将在较小应力和弱磁场下岩石磁化强度与应力的关系分为两类。

第一类是具有热剩磁 TRM 或化学剩磁 CRM 的硬剩磁 $J_{HR}$ 岩石的压磁效应,称为可逆效应,其变化机理由自发磁化矢量 $J_S$ 的可逆性旋转产生,其压应力 $\sigma$ 方向和垂直压应力方向上的剩余磁化强度随应力变化,以 $J_{HR}^0$ 表示受压前的值,∥与⊥分别表示轴向和垂直轴向,则有:

$$J_{HR(\sigma)}^{/\!/} = J_{HR}^0 \left(1 - \frac{3\lambda_S}{4K_u}\sigma\right) \tag{7.1}$$

$$J_{HR(\sigma)}^{\perp} = J_{HR}^0 \left(1 + \frac{3\lambda_S}{8K_u}\sigma\right) \tag{7.2}$$

其中,$\lambda_S$ 为各向同性的饱和磁致伸缩系数;$K_u$ 为有效单轴各向异性常数。

第二类是不可逆效应,这类效应主要是压剩磁 PRM 和软剩磁的应力效应,其主要机理是 90°畴壁的不可逆移动引起的。对较低磁场较小压应力作用下($H<100\ e$, $2\ \text{MPa}<\sigma$

<20 MPa),当 $H<h_c$（矫顽力）时，压剩磁 PRM 的公式为：

$$J_{FRM}^{//} \cong \frac{16}{5\pi} B h_a H \sigma^*  \tag{7.3}$$

$$J_{FRM}^{\perp} \cong \frac{12}{5\pi} B h_a H \sigma^*  \tag{7.4}$$

式中，$\sigma^*$ 为不可逆效应中的应力，$B$ 为常数，而软剩磁在应力作用下的理论值为[5]：

$$J_{SR}^{//} = J_{SR}^0 \left(1 - \frac{16}{15\pi} \frac{h_a \sigma^*}{H}\right)$$

$$\frac{\sigma^*}{H} \leqslant \frac{1}{h_a} \tag{7.5}$$

$$J_{SR}^{\perp} = J_{SR}^0 \left(1 - \frac{4}{5\pi} \frac{h_a \sigma^*}{H}\right)$$

$$\frac{\sigma^*}{H} \leqslant \frac{1}{h_a} \tag{7.6}$$

$$h_a = \frac{3\lambda_S}{\sqrt{2} J_S} \tag{7.7}$$

以上所推导结果可归纳为表 7.1。其中 $T$ 为张应力，$\sigma$ 为压应力。

表 7.1 应力下岩石磁性变化

|  | 第一类(可逆效应) |  | 第二类(不可逆效应) |  |
| --- | --- | --- | --- | --- |
|  | 磁化率 | TRM,CRM | PRM 的获得 | 应力退磁 |
| $\sigma // J$ <br> $\sigma \perp J$ | $K_0(1-\beta'\sigma)$ <br> $K_0\left((1+\frac{1}{2}\beta'\sigma)\right)$ | $J_{HR}(1-\beta''\sigma)$ <br> $J_{HR}\left(1+\frac{1}{2}\beta''\sigma\right)$ | $+CH\sigma^*$ <br> $+\frac{3}{4}CH\sigma^*$ | $J_{SR}\left(1-\frac{\alpha'\sigma^*}{H}\right)$ <br> $J_{SR}\left(1-\frac{3}{4}\frac{\alpha'\sigma^*}{H}\right)$ |
| $T // J$ <br> $T \perp J$ | $K_0(1-\beta'T)$ <br> $K_0\left(1-\frac{1}{2}\beta'T\right)$ | $J_{HR}(1-\beta'T)$ <br> $J_{HR}\left(1-\frac{1}{2}\beta'T\right)$ | $+CHT^*$ <br> $+\frac{3}{4}CHT^*$ | $J_{SR}\left(1-\frac{\alpha'T^*}{H}\right)$ <br> $J_{SR}\left(1-\frac{3}{4}\frac{\alpha'\sigma^*}{H}\right)$ |
| 备注 | $J_S$ 的旋转 |  | 90°畴壁的移动 |  |

斯特西和约翰斯顿利用磁晶自由能极小原理，在假设磁晶随机取向在较低压力 0~30 MPa)情况下，导出磁化率与应力的关系为：

$$x^{//} = x_0(1 - S_k\sigma)$$

$$x^{\perp} = x_0\left(1 + \frac{1}{2}S_k\sigma\right) \tag{7.8}$$

其中 $x_0$ 为未受应力时的各向同性磁化率，$S_k$ 称为磁化率的应力灵敏度。利用钛磁铁矿六面晶体可以推导出 $S_k$ 为：

$$S_k = \frac{\lambda_{100} + 5\lambda_{111}}{3NI_S^2 - 4\left(K_1 + \frac{1}{3}K_2\right)} \tag{7.9}$$

其中 $\lambda_{100}$ 和 $\lambda_{111}$ 分别为在 [100] 和 [111] 晶轴上饱和时的磁致伸缩常数，$K_1$ 和 $K_2$ 为磁晶各

向异性常数，$I_s$ 为自发磁化强度，$N$ 为取决于磁晶几何常数的退磁系数。

对于剩余磁化强度与应力的关系为：

$$I^{/\!/} = I_0(1 - S_R \sigma)$$
$$I^{\perp} = I_0\left(1 + \frac{1}{2} S_R \sigma\right) \tag{7.10}$$

而 $S_R$ 为

$$S_R = -\frac{3\left(\lambda_{100} + \frac{1}{2}\lambda_{111}\right)}{5\left(K_1 + \frac{1}{3}K_2\right)} \tag{7.11}$$

其中，$I_0$ 为未受应力作用时各向同性剩余磁化强度。

以上这些关系与早期的实验结果基本一致，且计算值与实验值也较为一致。

永田武等的这些震磁理论推导是具有开创性的，这不但将过去的实验结果给予了理论上的解释，同时对震磁研究起到了推动作用。用这种理论和其他实验结果所计算的震磁效应与观测到的震磁异常在量级和空间分布上基本吻合。但也要指出，以上的推导是在某些假设条件下得到的，比如假定体积变化为零，磁晶的磁致伸缩各向同性，在磁化率计算时只考虑 180°磁畴壁的移动，在剩磁计算时用 90°磁畴壁的不可逆移动作为微观机理。尤其是在计算中使用单畴模型，这无疑是本模型的致命弱点。

随着震磁研究的深入和实验数据的增多，人们发现用旋转模型解释含有单畴(SD)和准单畴(PSD)尺度磁性颗粒的岩石是适合的，而对于多畴(MD)的钛磁铁矿颗粒的岩石，$S^{\perp} \neq 0.5 S^{/\!/}$。实验结果还发现许多样品的 $S_x^{\perp}$ 实际接近零，而 $S_x^{/\!/}$ 比计算值几乎大 7 倍。随着实验数据的进一步增多和实验技术的提高，人们发现压磁效应实际上要复杂得多。

许多人对剩磁和磁化率应力灵敏度进行反复测量后研究了微破裂的影响，指出，磁化率的应力灵敏度与围压，加载循环次数和伴随膨胀的微破裂的出现没有关系，而仅与偏应力有关。并发现，在高应力条件下，应力灵敏度下降。另一方面，在零磁场中，自然剩余磁化强度在第一循环结束时表现出明显的退磁，而在随后的循环中，退磁效应明显减小，如果增加应力峰值，将进一步出现不可逆退磁，即岩石似乎有对应力的记忆作用。同时，在应力循环过程中，含钛磁铁矿岩石的剩磁强度的方向在加载开始阶段转向应力轴，然后随着荷载的增加($\sigma > 200$ MPa)，虽然有一明显的滞后时间，剩磁矢量偏离压力轴而具有与卸载时相同的图像。而最初的偏转($\sigma < 30$ MPa)与旋转理论所预测的符号恰恰相反，具有该特性的样品所含最大颗粒为 $20\sim30\ \mu m$，这表明出现以上现象的原因实际上是 MD 畴壁效应远远大于旋转效应。

铁磁矿的单畴临界尺寸一般为 $0.05\sim0.08\ \mu m$，而在 $0.08\sim15\ \mu m$ 之间的常称为准单畴，而具有此种尺度的较小的多畴颗粒显示出相当稳定的永久磁性。Dunlop 的结果表明，室温下的黏滞磁性获得系数 $S_a$，在铁磁矿颗粒尺度为 $2\ \mu m$ 时较低，当由 $2\ \mu m$ 增加到 $14\ \mu m$ 时，$S_a$ 几乎线性增加至原来的 3 倍。另外，黏滞磁性衰减系数 $S_d$ 在这一粒度范围内几乎为常数。也就是说，作为黏滞磁的"获得"和"衰减"的综合效应是黏滞剩磁随着颗粒黏度的增大而增加。

通过以上介绍，可以得到以下几点结论：

(1)尽管不同的实验结果之间存在差异，但均表明无论是岩石的剩余磁化强度还是感应磁化强度的压磁效应是存在的,尤其是对含单磁畴晶体的岩样实验结果与理论推导基本吻合,这便基本上奠定了压磁理论的基础。

(2)实验表明,压磁效应的应力关系是复杂的,压磁敏感系数取决于诸多因素,如岩石的成分、岩样的产地、岩样的结构,尤其是岩样中铁磁性颗粒的多少和成分,许多结果遵从 $S^\perp = -0.5S^\parallel$,但也有许多结果表明 $S^\perp \neq -0.5S^\parallel$。

(3)实验表明,压磁效应的规律可以分为若干类型,基本上分为可逆的和不可逆的两种,同时还存在一种极不规则的第三类。从目前实验和理论分析,比较一致的看法是岩石中铁磁晶体的尺度大小是其主要原因,磁晶尺度的大小也即铁磁晶体是单畴还是多畴晶体,或者是准单畴晶体。含单畴和准单畴晶体的岩石其规律性明显,而含多畴磁晶的岩石则表现出非规律性的变化。

(4)关于压磁实验的应力感应系数,不同岩石和不同作者的结果存在较大差异,$S_X$ 和 $S_R$ 均可相差一个量级以上,因此在应用这些结果时应当慎重。

**2. 压磁效应数值模拟**

在震磁研究中,除了实验研究和理论分析外,同时还有许多学者进行了压磁效应的数值模拟。所谓数值模拟,就是在某种震源模式的基础上,借助于岩石的室内实验结果,对一些典型化的构造形式和应力分布,或对一震源区实际构造格架加以简化后进行压磁效应的计算。通过计算,对于前者可以获得震磁效应的量级估算和空间分布,而对于后者则可进一步与震前震后的地磁观测结果相比较,以验证压磁模式的正确与否,并能进一步在两者的矛盾分析中对震源模式和压磁模式加以研讨,同时对观测结果的可靠性加以判断。因此,数值模拟作为一种研究手段是有其一定意义的,实际上它是理论模型、室内实验、野外观测联系的桥梁。

Stacey[4]最早完成了一种二维模型的计算。他假设断层是单一的,并且为一垂直的走滑断层,并假定沿垂直向均匀,从而简化为二维的问题。在这种假设条件下,第一次计算了平均压磁异常场的空间分布,开了压磁效应数值模拟的先河。但由于他的简化条件过于简单,一些边界条件也存在明显不合理处,因此其结果的实用性有较大的局限。随后 Shamsi 和 Stacey 对 1906 年旧金山地震和 1964 年阿拉斯加地震进行了计算,计算中他们采用了复合旋转位错模型和复合刃型位错模型,并假设断层为无穷长。这种假设是比较合理的,因此结果的信度大大提高。永田武发表了对 1964 年新潟地震震磁效应的模拟计算,他根据形变测量求得地壳应力范围,根据震源机制解得出断层方向、错动方式及剪应力,在消除了局部地磁场长期变化差异之后,用他本人提出的构造磁学模型计算了该地震的磁效应,与观测结果极为吻合,从而得出压磁模型是实用的结论。他的计算方法与 Stacey 等的方法相似,后来他又对伊豆大岛地震的磁效应进行了计算分析。并(Sasai)提出了一种新的计算方法,他使用弹性位错理论作为震源模式,并将地面压磁位错场用断层面上亚磁位元的积分加以表示。这种方法使计算有了很大改进,但仍为二维模型。

郝锦绮、Hastie 和 Stacey[8]提出了一种三维位错模式的压磁效应计算方法,在该方法中,可以把矩形断层面处理为若干子位错面的叠加,而对子位错面边界可能出现的应力奇异点问题,在计算中用与子位错面尺度相同的体积单元的平均应变加以计算。在这种假

设下,计算了由任意走向、倾向、尺度和深度的走滑和倾滑断层的压磁场空间分布。具体计算过程如下:

压磁矩 $\Delta I$ 定义为单位体积岩石受力后磁矩 $I$ 的变化量。计算中采用直角坐标系,$x$ 轴为断层面的地表迹线,$z$ 轴垂直地面指向地心,$y$ 轴垂直 $x$ 轴,最后可导出用应力表示的体积单元内压磁矩分别为:

$$\begin{aligned}
\Delta I_x a^3 &= S\left[I_x\left(\sigma_{xx}-\frac{1}{2}\sigma_{yy}-\frac{1}{2}\sigma_{xx}\right)+\frac{3}{2}I_y\sigma_{xy}+\frac{3}{2}I_z\sigma_{xz}\right]a^3 \\
\Delta I_y a^3 &= S\left[I_y\left(\sigma_{yy}-\frac{1}{2}\sigma_{xx}-\frac{1}{2}\sigma_{zz}\right)+\frac{3}{2}I_x\sigma_{zy}+\frac{3}{2}I_z\sigma_{yz}\right]a^3 \\
\Delta I_z a^3 &= S\left[I_z\left(\sigma_{zz}-\frac{1}{2}\sigma_{xx}-\frac{1}{2}\sigma_{yy}\right)+\frac{3}{2}I_x\sigma_{xz}+\frac{3}{2}I_y\sigma_{yz}\right]a^3
\end{aligned} \quad (7.12)$$

其中,$a$ 为体积单元正方体的边长,$\sigma_{ij}$ 为体积单元的应力分量。

假设居里等温面平行地表面,深度为 20 km,且居里面以上至地表面整个计算区域中岩石的磁化都是均匀的并与环境地磁场方向一致,由此可以根据式(7.6)、(7.7)的结果计算地壳压磁场的三个分量为:

$$\begin{aligned}
\Delta X &= \iiint_\Omega \frac{A}{(x_1^2+y_1^2+z_1^2)^{3/2}}\mathrm{d}x\mathrm{d}y\mathrm{d}z \\
\Delta Y &= \iiint_\Omega \frac{B}{(x_1^2+y_1^2+z_1^2)^{3/2}}\mathrm{d}x\mathrm{d}y\mathrm{d}z \\
\Delta Z &= \iiint_\Omega \frac{C}{(x_1^2+y_1^2+z_1^2)^{3/2}}\mathrm{d}x\mathrm{d}y\mathrm{d}z
\end{aligned} \quad (7.13)$$

其中:

$$\begin{aligned}
A &= \Delta I_x(2x_1^2-y_1^2-z_1^2)+\Delta I_y(3x_1y_1)+\Delta I_z(3x_1z_1) \\
B &= \Delta I_y(2y_1^2-x_1^2-z_1^2)+\Delta I_z(3x_1y_1)+\Delta I_x(3y_1z_1) \\
C &= \Delta I_z(2z_1^2-x_1^2-y_1^2)+\Delta I_x(3x_1z_1)+\Delta I_y(3y_1z_1)
\end{aligned}$$

式中,$x_1=x'-x$,$y_1=y'-y$,$z_1=z'-z$,$(x',y',z')$ 是所求场点坐标,$(x,y,z)$ 是体积单元中心的坐标。$\Omega$ 为积分区间,压磁场的计算实例见图 7.1。

**3. 野外实验及主要结果**

岩石样品的压磁效应在实验室实验中已被证实,但室内实验毕竟有其较大的局限性,即岩样的尺度与地震震源尺度相比相差太多,这种小样品的实验结果能否推广应用于地质实体是需要深入研究的。我们知道,实际的地质体往往是由多种地质块体构成的,而每一块体又是由多种岩性物质组成。这样,当地震孕育过程中应力作用于岩体时,能够观测到的将是一种综合效应。同时,任一地区的地质构造也是复杂的,往往存在不同类型、不同规模及不同参量(走向、倾向等)的多个断层,因此其压磁效应也是一种复合效应。这些就是所谓的"尺度效应"的内涵所在。幸好,可以在野外找到了与震源体尺度相近的实验条件,水库的蓄水与排水过程即是理想的实验,大型爆炸、火山活动亦是验证压磁效应的野外实验。

Davis 和 Stacey 在 1971～1972 年间对澳大利亚的塔尔宾果水库进行了观测,原苏联

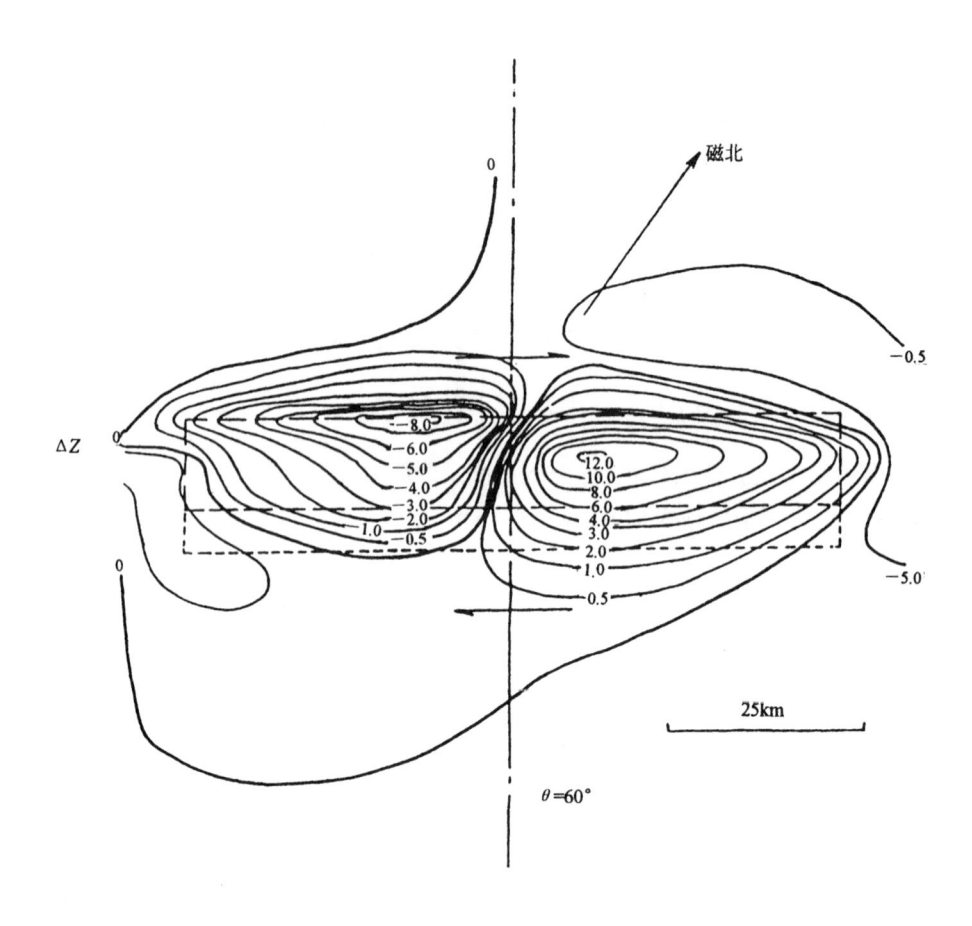

图 7.1 唐山地震引起的 $Z$ 分量异常场
（单位：nT，断层倾角 60°）

的 Shapiro 等在 1975 年和 1976 年对恰尔瓦克水库也进行了观测。詹志佳等在 1983～1987 年间在北京密云水库利用流动磁测资料和几年间蓄水排水引起水位及水量变化计算出水位高度系数 $f_h$ 和体积系数 $f_v$。

表 7.2 是这几个观测的结果。

表 7.2　几个水库构造实验的结果

| 水库名称 | 最大水深(m) | 测点数 | 测量时间 | 测量次数 | $f_h$(nT/m) | $f_V(1\times 10^{-8}\text{nT/m}^3)$ |
|---|---|---|---|---|---|---|
| 塔尔宾果 | 140 | 16 | 1971～1972 | 15 | −0.025 | |
| 恰尔瓦克 | | 35 | 1975<br>1976 | 10～15<br>10～15 | | −1.09<br>−0.71 |
| 密　云 | 63.5 | 2×21 | 1983～1987 | 15 | −0.28⊥0.22 | −0.35⊥0.31 |

图 7.2 是恰尔瓦克水库贮、卸水所引起的磁场变化[10]。

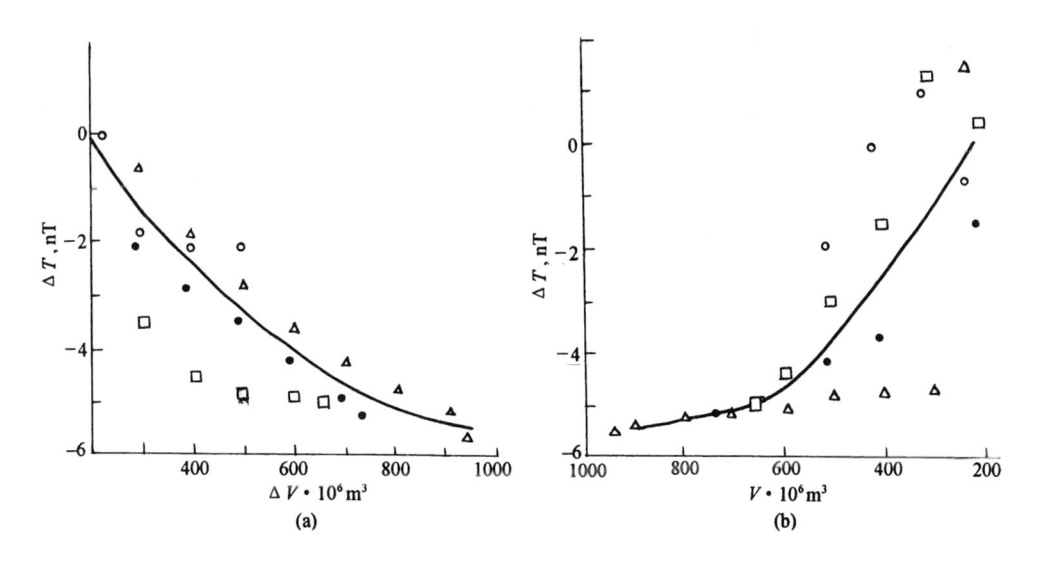

图 7.2　磁场异常变化与水库加载(a)及卸载(b)时水量的关系[10]
○1974 年；□1975 年；△1976 年；●1977 年

## 7.2.2　感应磁效应

地球上任意一点的磁场特征不仅依赖于源场(这可以来自于地球内部，也可以来自地球外部)，同时也与空间介质的感应强度直接有关。这些介质既包括地球介质亦包括日地空间介质。由于在地表处空气的磁化率接近于零，它远远小于地壳介质的磁化率，因此其感应场基本上完全来源于地下介质，从而研究感应磁场便成为探索地球内部介质物性及介质状态的一种重要手段。近年来，在此领域中获得了极其丰硕的研究成果，在地磁学方面，这种研究不仅提供了大量的地下结构及电磁物性结构的成果，同时还为地震预报提供了一种可能的手段。

本世纪初叶，Schuster、Chapman 研究了地磁静日变化 $S_q$ 的电磁感应问题，奠定了电磁感应的理论基础并建立了地球电导率沿深度变化的一维电导率分布模型。在 30 年代，Lahiri 和 Price 研究了磁暴 $D_{st}$ 场的变化和感应，进一步补充和修正了 Chapman 的模型。到 20 世纪 50 年代，Kihonov、Price 和 Cagniard 先后研究了平面地球的电磁感应理论，特别是 Cagniard 的电磁测深方法，将一维问题发展为二维问题，揭示了地球内部电磁构造的局部特性，充分显示了电磁感应研究在探索地球内部结构方面的重要性。到了 60 年代和 70 年代，电磁感应的研究取得了很快的发展，一是对源场的分析更为切合实际构造情况；二是由二维问题向三维发展，从而揭示了更多的局部结构和异常。这些成果的取得，主要归功于观测技术的不断提高和电子计算机的发展与普及。与此同时，利用电磁感应进行地震预报的研究工作也取得了重要进展，感应磁效应理论的提出和发展便是其中的主要组成部分。

**1. 岩石电阻率变化与地震**

感应磁效应的基本条件是地下电阻率的变化,地震感应磁效应的基本前提是地震孕育过程会引起地下岩石的电阻率变化。前一章已经详细介绍了这方面的实验、理论及野外观测结果,证实了地震会引起地下岩石电阻率变化,从而为震磁感应效应奠定了坚实的物理基础,对此这里不再重述。

**2. 电磁感应基本理论**

这里主要是介绍三维电磁感应的一些结果。

如果取直角坐标系,$z$轴指向地心,$x-y$面位于地球表面,当$z<0$时为自由空间,电导率$\sigma=0$;$z>0$时,$\sigma=\sigma(x,y,z)$。考虑到磁场记录中频率较低,这部分电磁场的变化满足$\varepsilon\omega\ll\sigma$,这里$\varepsilon$为介电常数,$\omega$为角频率,位移电流可以忽略,麦克斯韦方程便成为:

$$\nabla \times H = 4j$$
$$\nabla \times E = -\frac{\partial B}{\partial t} \tag{7.14}$$
$$\nabla \cdot B = 0$$
$$\nabla \cdot D = \rho_j$$

对于各向同性介质

$$B = \mu H$$
$$D = \varepsilon E \tag{7.15}$$
$$j = \sigma E$$

$\rho_j$为体自由电荷密度,在导体内部此电荷随时间指数衰减;因频率很低,故$\rho_j=0$。这样便可容易得到电磁场的扩散方程:

$$\nabla^2 H = \mu\sigma \frac{\partial H}{\partial t} \tag{7.16}$$

$$\nabla^2 E = \mu\sigma \frac{\partial H}{\partial t} \tag{7.17}$$

若假定外源场可以分解成若干由时间变化因子$e^{i\omega t}$的函数叠加,对每一特定频率的$\omega$的外源场,式(7.16)、(7.17)可简化为亥姆霍兹方程:

$$\nabla^2 H = i\eta^2 H \tag{7.18}$$
$$\nabla^2 E = i\eta^2 E \tag{7.19}$$

其中,$\eta^2 = \mu\sigma\omega$。

但应指出,由于我们感兴趣的是电导率不均匀问题,故$\nabla\sigma$不能处处为零,从而三维电磁感应的基本方程为:

$$\nabla^2 B^x + \frac{1}{\sigma}\left[\frac{\partial \sigma}{\partial y}\left(\frac{\partial B^y}{\partial x} - \frac{\partial B^x}{\partial y}\right) - \frac{\partial \sigma}{\partial z}\left(\frac{\partial B^x}{\partial z} - \frac{\partial B^z}{\partial x}\right)\right] = i(\sigma\omega)B^x \tag{7.20}$$

$$\nabla^2 B^y + \frac{1}{\sigma}\left[\frac{\partial \sigma}{\partial y}\left(\frac{\partial B^x}{\partial y} - \frac{\partial B^y}{\partial z}\right) - \frac{\partial \sigma}{\partial x}\left(\frac{\partial B^y}{\partial x} - \frac{\partial B^x}{\partial y}\right)\right] = i(\sigma\omega)B^y \tag{7.21}$$

下面讨论边界条件。

1) 内部边界讨论为(在任何交界面上)

(1) $H$ 连续,即,
$$H_{i_0} = H_{j_0}$$
其中下标 $i_0$ 和 $j_0$ 表示两区域 $i,j$ 交界面上的点。

(2) 在交界面上,$E$ 的切分量连续,由方程(7.14)中的 $\nabla \times H = 4\pi j$ 可导出。

$$\frac{1}{\sigma_i}\left(\frac{\partial H_z}{\partial y} - \frac{\partial H_y}{\partial z}\right)\bigg|_{i_0} = \frac{1}{\sigma_j}\left(\frac{\partial H_z}{\partial y} - \frac{\partial H_y}{\partial z}\right)\bigg|_{j_0} \tag{7.22}$$

$$\frac{1}{\sigma_i}\left(\frac{\partial H_x}{\partial z} - \frac{\partial H_z}{\partial x}\right)\bigg|_{i_0} = \frac{1}{\sigma_j}\left(\frac{\partial H_x}{\partial z} - \frac{\partial H_z}{\partial x}\right)\bigg|_{j_0} \tag{7.23}$$

$$\frac{1}{\sigma_i}\left(\frac{\partial H_y}{\partial x} - \frac{\partial H_x}{\partial y}\right)\bigg|_{i_0} = \frac{1}{\sigma_j}\left(\frac{\partial H_y}{\partial x} - \frac{\partial H_x}{\partial y}\right)\bigg|_{j_0} \tag{7.24}$$

(3) 界面上 $H$ 的法向分量的法向梯度连续,即,
$$\left(\frac{\partial H_n}{\partial n}\right)\bigg|_{i_0} = \left(\frac{\partial H_n}{\partial n}\right)\bigg|_{j_0} \tag{7.25}$$

2) 外部边界条件

因为三维构造的电磁感应问题,特别是震磁问题,主要是研究小范围的局部异常,故只要离开异常区足够远,则此局部异常所产生的电磁扰动可以忽略,那里的场值由原背景解得出,这种边界距离一般用数个穿透深度的距离而定,而其穿透深度主要依赖于频率的高低,与频率高低成反变化。

由于电磁波在向地下传播时遵从波动方程,而波动方程的解是以指数形式出现,其虚部表明其沿传播方向上的震荡特性,而实部则表明其沿传播方向的衰减特性。我们定义当场强衰减为地表场强的 $1/e$ 时的深度为穿透深度 $h$,或称趋肤深度,可以导出:

$$h = \left(\frac{2\rho}{\pi\mu\omega}\right)^{1/2} \tag{7.26}$$

由此可见,穿透深度与介质电阻率 $\rho$ 平方根成正比,与磁导率 $\mu$ 的平方根成反比,与周期的平方根成反比。电磁波的周期越短,穿透深度越小,能量越集中在表面层附近。这一现象称为趋肤效应。表 7.3 给出一些岩石和矿物中的不同周期的电磁波穿透深度。

表 7.3 几种周期的电磁波在不同介质中的穿透深度

| 物 质 | $\bar{\rho}(\Omega\cdot m)$ | 穿透深度(km) ||||| 
|---|---|---|---|---|---|---|
| | | $T=1$ s | $T=40$ s | $T=160$ s | $T=600$ s | $T=7\,200$ s |
| 海 水 | $10^{-1}$ | 0.16 | 1.01 | 2.02 | 3.9 | 13.4 |
| 地幔物质 | $10^0$ | 0.50 | 3.18 | 6.36 | 12.3 | 42.6 |
| 地 表 土 | $10^1$ | 1.59 | 10.1 | 20.2 | 30 | 134 |
| 沉 积 岩 | $10^2$ | 5.03 | 31.8 | 63.6 | 123 | 426 |
| 火 成 岩 | $10^4$ | 50.3 | 318 | 636 | 1 230 | 4 260 |

后将述及,在磁场的各种扰动变化中具有各种频率成分,其中高频成分相当丰富。对于那些非单一频率成分的变化磁场,可以用若干个周期函数的叠加表示,这些周期函数的振幅、周期和位相可以通过傅氏变换求得。

不同的频率成分可以穿透不同深度的地层。因此根据不同频谱成分所感应成分的大小,则可探知地下不同深度的电性结构,而根据这种感应成分中有无随时间的变化,并结合其他地震前兆观测手段可推知某些深度上的应力变化情况,进而对地震预测作出有益的判断。同时,通过地下电磁性质的探测,可以寻找易于孕震的地体构造环境,达到地震长期预报的目的。

**3. 感应磁效应在地震预报中的应用**

本章中只讨论利用天然地磁场资料计算电磁感应的问题,不涉及电场观测,这种方法又称为大地磁测深方法(MT)。这种技术自开展以来已被广泛使用。表示感应结果的方法一般可归纳为两类,一是感应矢量法;一是转换函数法(详见 7.4.3 小节)。

大地磁感应方法应用于地震预测的研究,自 70 年代以来有了较快发展。首先,利用该方法可以对地震活动地区和非地震区的地下结构加以研究。在 1976 年唐山大地震前,陈伯舫[11]对位于唐山地震附近的昌黎台等地磁资料进行了研究,结果表明这里有一明显的高导层异常带,并指出这种异常带可能是一种地震易发地区。唐山地震后,为进一步分析其环境背景,揭示震源区深部构造与唐山地震孕育过程之间的关系,祁贵仲等[12]分析了渤海周围 25 个地磁台站地磁记录中的磁暴急始、湾扰等地磁短周期变化事件,发现包括地震区在内的渤海地区存在地磁短周期变化异常。应用前面的三维电磁感应数值理论,拟合了与这种异常变化相应的上地幔高导层电性结构,发现该地区上地幔高导层有一局部隆起,唐山地震正好位于隆起部位的北侧边缘上,并认为唐山地震的动力源很可能就是造成高导层隆起的热流动力。

在我国其他几个地震带也先后发现有类似的地磁短周期变化异常。侯作中等发现,在云南省内有一条北西—南东向的分界线,此线的东北与西南,地磁短周期事件垂直分量的变化呈现反向变化,由此推断,在该地区地下存在着一条北西—南东方向的电导率高异常带,这一高导带与地震条带分布基本一致,与构造体系也较吻合。对甘肃东部地区的研究以及对陕西关中地区的研究均表明了类似的结论。以上这些高导异常与大地电磁测深结果较为一致,与地震测深中的低速层也相当吻合,也说明这种方法的有效性。

除以上背景资料的研究以外,大地磁感应法还常用于地震的中短期预报研究,感应矢量和转换函数法都已应用于该项研究中,尤其是转换函数方法,近年来在国内外发展较快。佐野幸三对柿岗台转换函数系统分析与其周围地震活动的对比,充分显示了转换函数的有效性;Beamish[13]对 Carlisle 地震前根据周围三个台站转换函数的分析也发现在震前数月转换函数无论实部还是虚部均有明显的起伏变化,这些地磁短周期事件中周期越短,变化越明显。我国地震学者对唐山地震和若干其他地震均进行了广泛深入的研究,均发现转换函数在震前震后有明显变化。

### 7.2.3 电动磁效应

**1. 电动磁效应物理基础**

1）岩石破裂实验与扩容

岩石破裂实验表明，在围压条件下岩石在压应力作用下从初始加载到产生宏观破裂（图 7.3）大致可分为四个阶段。第 I 阶段为压密阶段，即岩石中原存裂隙的闭合。第 II 阶段为弹性应变阶段，该阶段岩样进入弹性阶段。随着差应力增加，体积和应变基本成线性变化。第 III 阶段为扩容阶段，又有人称为屈服阶段，它的起点往往发生在岩石破裂应力（即 C 点应力）的 1/2 至 2/3 处，这依赖于岩石种类、围压条件、加载方式等若干因素。所谓扩容是指从属于弹性变形的第 II 阶段之后，应力-体应变曲线偏离这一延长线，不再呈线性变化，随应力的增加应变速度加快，似乎在线性变化的基础上又附加了一部分变化，人们通常把这部分附加变化称为扩容。从微观角度看，扩容的实质是此时岩石在压应力作用

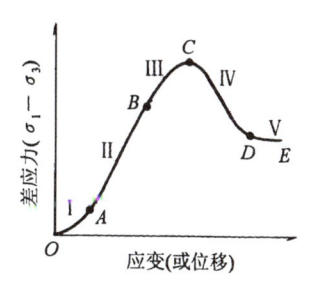

图 7.3　岩石差应力-应变（或位移）曲线示意图

下产生了大量的微裂隙，这从声发射（AE）和岩样切片观察中得以证实。大量微裂隙的产生使得体积增大。从地震孕育角度分析，第 III 阶段是应变积累加速阶段，也是各种地震前兆具有明显变化特征的阶段。在这一阶段，岩石除产生大量微裂隙外，随着应力的增加，这些微裂隙会增大、合并和贯通，从而会沿某些应力方向形成贯通性的宏观或亚宏观裂缝；第 IV 阶段 CD 称为非稳态的破裂（或滑动）阶段，C 点应力称破坏应力，又叫岩石的强度，这一应力同样依赖于岩样的种类，围压等环境条件和加载方式。DE 段为第 V 阶段，此时岩石的宏观破裂已经完成，宏观断面已经形成，岩石的应力－应变曲线所表示的，是沿断裂面两侧岩石的摩擦滑动。

2）孔隙压力和有效应力定律

绝大多数岩石都含有孔隙，孔隙往往充有某种流体，而这种孔隙流体可以具有一定的压力，称作孔隙压力 $P_P$。孔隙压力的大小取决于孔隙中流体的填充程度及与外界连通情况，可以设想，如果岩体某一非贯通孔隙中充有部分流体，伴随应力增加达到扩容阶段时此孔隙如突然增大，而外部流体来不及补充进扩大后的孔隙中，则流体的密度会突然变低，孔隙压 $P_P$ 会突然降低。随着外界流体补充，孔隙 $P_P$ 又会慢慢恢复。

实验表明，对于岩石破裂和摩擦滑动等问题，由于存在孔隙压力 $P_P$，岩石的强度不但取决于岩石骨架的应力强度 $\sigma_{ij}$，同时也与孔隙压力 $P_P$ 有关。为了减少描述岩石应力状态参数的个数，可引入有效应力 $\bar{\sigma}_{ij}$。

有效应力定律即指 $P_P$ 存在的讨论下，仅由 $\bar{\sigma}_{ij}$ 即可以完全描述岩石的力学性质，且诸如破裂、摩擦、变形等性质和无 $P_P$ 存在时与 $\sigma_{ij}$ 的关系一致。这就是说，若我们在没有孔隙压力情况下获得岩石性质与 $\sigma_{ij}$ 的依赖关系，那么利用有效应力定律便能根据实验结

果,对于岩石破裂和摩擦滑动等问题恰好具有最简单的函数形式,这就是有效应力定律。

$$\bar{\sigma}_{ij} = \sigma_{ij} - P_P \tag{7.27}$$

3) 岩石渗透率和孔隙间液体的流动

前面讨论的有关岩石中某区域孔隙压力,若地质过程进行非常缓慢,可以看作准静态过程,孔隙压力场随时可达到平衡,但若地质过程进行得足够快,以致必须考虑孔隙流体的流动问题时,则必须研究孔隙压力的分布。

多孔介质中孔隙流体的流动规律遵从达西公式:

$$q_j = -K_{ij}\frac{\partial P_P}{\partial x_j} \tag{7.28}$$

其中 $q_j$ 代表 $j$ 方向单位时间通过单位面积的流量,$\frac{\partial P_P}{\partial x_j}$ 是孔隙压力 $P_P$ 在 $j$ 方向上的压力梯度。$K_{ij}$ 是二阶张量系数,为岩石渗透率。

如果用 $\mu$ 代表孔隙流体的黏滞系数,且岩石是均匀、各向同性的,则式(7.28)可简化为:

$$q = \frac{K}{\mu}\frac{\partial P_P}{\partial x} \tag{7.29}$$

流体在孔隙岩石中的流动完全遵从扩散方程

$$\nabla^2 P_P = \frac{1}{\alpha}\frac{\partial P_P}{\partial t} \tag{7.30}$$

其中,

$$\alpha = \frac{K}{\mu\beta}\left[\frac{\beta_S - \bar{\beta}}{\beta} + \eta\left(1 - \frac{\beta_S - \bar{\beta}}{\beta}\right)\right]^{-1}$$

$\beta_S$ 是岩石骨架的压缩系数,$\bar{\beta}$ 为有效压缩系数,$\beta$ 为液体压缩系数,$\eta$ 是岩石孔隙度,如果 $\beta \gg \bar{\beta}, \beta \gg \beta_S, \eta \ll 1$,则 $\alpha \approx \frac{K}{\mu\beta}$,当初始条件和边界已知时,孔隙流体的流动有确定解。

当流体在扩散过程中,其孔隙内外压力差随时间会逐渐减小,我们定义当两者压力差达 10% 时所需时间为扩散方程的特征时间 $t_\alpha$,可以导出简单关系:

$$t_\alpha = \frac{L^2}{\alpha}$$

$L$ 为孔隙长度。当 $t \gg t_\alpha$ 时,其解趋于稳定(对一维简化情况)。

$$P_P = P_0(P_0 - P_1)\frac{x}{L} \tag{7.31}$$

$P_0$ 和 $P_1$ 分别代表孔隙两端压力值,$x$ 为孔隙中任意一点的坐标。

**2. 电动磁效应的实验基础**

水谷[14]等最早建议把地下水流动引起的电动现象作为一种可能的地震预测手段。他们还认为,与松代震群有关的磁场变化可以用水扩散引起的电动现象来解释。祁贵仲[15]则提出"膨胀效应"的概念,把流体电动效应模式化并计算了若干地震的磁效应。后来 Fitterman[16] 提出了分层半空间中地表电位异常和垂直断层附近因流体运动在地表产生磁场的定量模型。

1) 偶电层

如果不同化学成分的两相物质接触,在两相物质界面处将产生电位差。假定这两相物质是岩石和电解液体,则固体表面会带有负电荷,电解液体接触面上则有相应的负电荷,形成一种复杂的电荷分布结构。在几种电偶层模式中,改进的 Stern 模式被普遍采用,其分布如图 7.4 所示。就整体而言,分界是电中性的,在固体的净电荷密度 $\sigma_0$ 与溶液一边的净电荷密度 $\sigma_S$ 符号相反。根据 Stern 图像,$\sigma_S$ 的一部分 $\sigma_H$ 黏附在固体上,其余的 $\sigma_i$ 扩散分布在溶液中,电扩散层 EDL 的扩散部分称为 Gouy 层,它相当于定向的电力和无定向的热力共同作用下的离子。

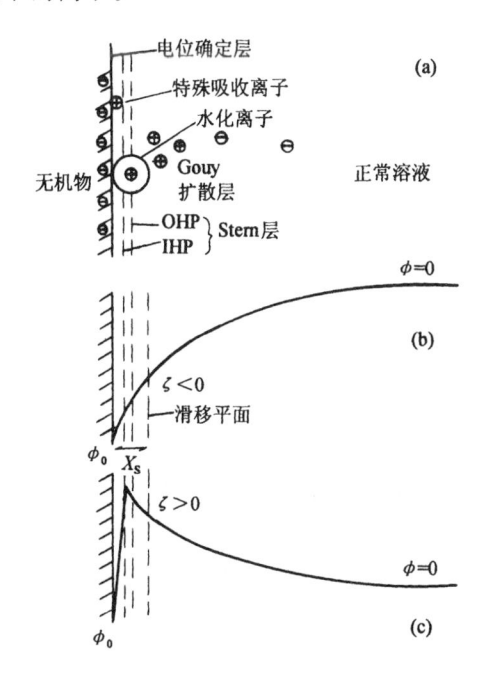

图 7.4
(a)电偶层的 Stern 模型;(b)根据 Stern 模型得到的电位变化(在 Stern 层内,电位成线性变化);(c)当 Stern 层含有较多的正电荷时,则需要电位变化以平衡固体上的负电荷

在一定条件下,Stern 层可以含有比平衡 $\sigma_0$ 还要多的对应电荷,所以扩散 Gouy 层内的电荷和 $\sigma_0$ 符号相同,这是由于离子在 Stern 层的特殊吸附作用下产生的,当固体与电解溶液之间有相对运动时,有可能发生剪切外层而从内层扩展偶电层。这种剪切平面的电位定义为 $\zeta$(Zeta)电位。热力学方法已经证明,$\zeta$ 电位在所有动力学现象中都是基本的。

2) $\zeta$ 电位的实验结果

证实 $\zeta$ 电位的存在将是电动磁效应的关键。用实验方法来验证 $\zeta$ 电位的存在并给出量级大小,便成为电动磁效应是否存在的首要工作。

确定ζ电位的大多数方法是利用所研究系统的电位梯度或压力梯度而引起的电动现象。如果将两电极放入带有孔隙的固体内,溶液在一压力差$\Delta P$的推动下通过微粒群而移动,则两电极间的流动电位可用来计算ζ电位。自1962年起,Watanade,Tewari,Parks及Ishido等先后做了大量的实验,实验获得如下结果:

(1)流动电位与推动压力成正比;
(2)ζ电位随溶液的pH值而变化;
(3)等电位点pH值(IEP)对不同岩石矿物亦不同;
(4)流动电位与温度关系密切。

综上所述,从实验中可以证实岩石裂隙中当有溶液流动时确能产生可观的流动电位,也就是可产生ζ电位。虽然这种关系是复杂的,受多种因素的制约,但有变化是毫无疑问的,Martin等进行的类似的实验结果表明电溶液在岩样中的扩散确实引起了可测量的磁场变化,且与Fiterman的理论估算一致。Martin等还指出,磁场大小依赖于:①岩石的孔隙率;②裂隙壁的表面面积;③岩石的渗透性;④液体—孔壁系统的ζ电位。这与前面结果完全一致。

### 3. 电动效应模型计算

如前所述,孔隙水的流动会产生ζ电位,若流体沿裂隙扩散将引起电荷的移动,这样便会产生电场和电势差,这种电场可以称为流动电场,其电场强度$E$为:

$$E = \frac{\varepsilon\zeta}{4\pi\mu\sigma}\frac{\partial P}{\partial x} \tag{7.32}$$

$x$为孔隙伸展方向,即流体扩散方向,其孔隙半径为$r$,则

$$E = -\frac{3}{2}\frac{\mu\zeta}{\pi\sigma r^3}u_0 \tag{7.33}$$

$u_0$为流体平均扩散速度。

为便于计算这种电场在地表产生的磁场,祁贵仲[15]采用了如下的计算模型:当震源产生膨胀(扩容)后,若周围有水存在,震源体随水的流动积累过量电荷,如在地表下$h$深度存在高导层平行地面,则由于存在电位差而产生电流,该电流在地面便会形成一附加磁场。图7.5为在这一模型下计算的7级左右地震磁异常各分量空间分布等值线图。

### 4. 震荡型电动磁效应

卢振业[16]在电动磁效应及地震包体模式的基础上,着重讨论了不排水情况下岩体膨胀硬化致稳,流体扩散软化失稳引起的震荡型磁效应的可能机制。

如前所述,当岩体受到了应力作用达到其强度的1/2～2/3时会产生大量微裂隙,即扩容。扩容的体积是局部的,其大小相当于震源体积。这样便可假设震源体是一个无限弹性介质中镶嵌了一个力学性质完全不同,几何形状规则而物理性质均匀的非弹性包体。图7.6a为包体的失稳过程示意图。图中横坐标为剪应变,纵坐标为剪应力,曲线$OC$为包体的应力-应变曲线,直线$OL$为包体外围岩石的应力-应变曲线,斜线簇$BB'$为Eshellby线,其斜率即为包体外围弹性体的卸载刚度。

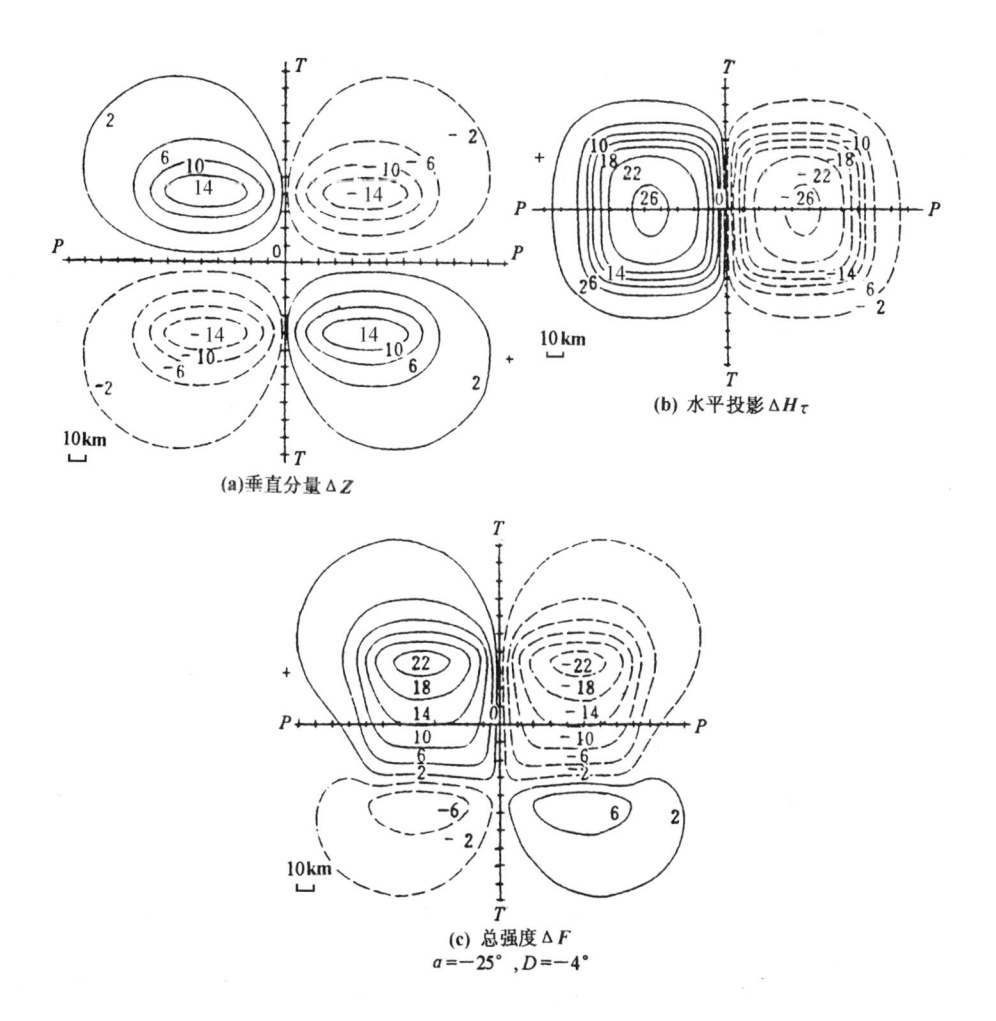

图 7.5　7 级左右地震磁异常各分量空间分布等值线图(单位:nT)

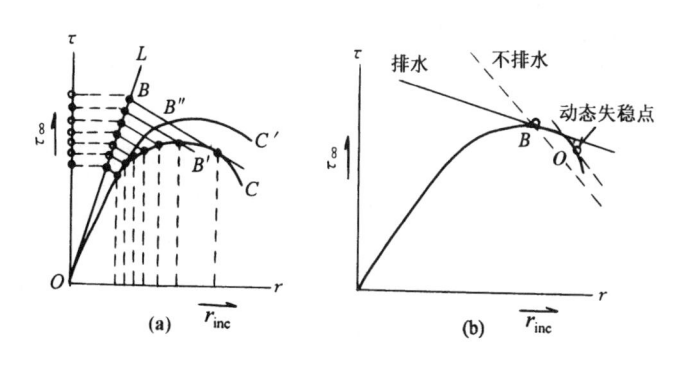

图 7.6　包体失稳过程示意图

从图 7.6 可以看出当外围介质的剪应力 $\tau_\infty$ 增加时，Eshelby 线簇与 $OC$ 曲线的交点随 $\tau_\infty$ 的变化在变动，在 $B'$ 点前，包体应力-应变曲线的斜率均大于周围岩石的卸载刚度，说明这时包体处于稳定状态。但是当 $\tau_\infty$ 增加到 $B$ 点时，Eshelby 线与包体应力-应变曲线相交在 $B'$，该点的斜率正好与周围介质的卸载刚度一致，从而包体达到动态失稳临界状态。但是，当包体扩容时，内部产生微裂隙，由于裂隙空间的增加而使 $P_P$ 下降，根据有效应力定律，$\bar{\sigma}_{ij}$ 将增加，从而使包体硬化，产生致稳作用，亦即 $OC$ 曲线又向上方移动变为 $OC'$，过 $B$ 点的 Eshelby 线与包体的应力-应变曲线在 $B''$ 点相交，从而又达到一个新的稳定状态，这就是硬化致稳作用。

如果包体周围存在流体（如水），当包体扩容后，流体将向包体渗流而进入微裂隙，$P_P$ 将随流体的补充而回升，$\bar{\sigma}_{ij}$ 将再度下降，包体应力-应变曲线 $OC'$ 再次向下方移动，并引起包体的再度失稳——再度硬化致稳的反复过程。这一过程并没有严格的周期，其时间取决于区域应力 $\tau_\infty$ 增加时包体的变形速率与流体扩散速率。包体在临界失稳状态时的形变速率是很快的，而流体扩散速率则由流体扩散特征时间 $t_a$ 决定。

$$\begin{cases} \dfrac{\partial^2 P_P}{\partial X^2} = \dfrac{1}{\alpha}\dfrac{\partial^2 P_P}{\partial t}, \qquad \dfrac{1}{\alpha} = \dfrac{\mu\beta\eta}{K} \\ P_{(r,0)} = P_0\left[1 + \dfrac{2r_1}{\pi r}\sum_{n=1}^{\infty}\dfrac{(-1)^n}{\pi}\left(\dfrac{\pi^2}{12}\right)^{n^2}\sin\dfrac{n\pi r}{r_1}\right] \\ P_{(r,0)} = P_0 \end{cases} \quad (7.34)$$

由式(7.34)求得：$t_a = L^2/\alpha$。

其中 $K$ 为岩石渗透率，$\mu$ 为孔隙流体的黏滞系数，$\beta$ 为孔隙液体的压缩系数，$\eta$ 为岩石的孔隙率，$r_1$ 为包体的半径，$r$ 为包体内任意点的坐标，$L$ 为孔隙流体所流经的距离，$P_0$ 为外围孔隙压力，包体内部压力 $P_p$ 的解可近似为一指数形式：

$$P_p \approx P_0(1 - e^{-\gamma}) \quad (7.35)$$

式中，$\gamma$ 为取决于包体尺度及介质物理性质的一个常数。一般将流体向包体扩散分为两类，当 $t_a$ 远大于包体失稳时形变所需的时间时，称为不排水情况，反之为排水情况。在这两种情况下流体的作用是不一样的。图 7.6(b) 是流体作用示意图，图中排水直线代表水渗透非常及时的情况，不排水直线则代表水渗透缓慢滞后的情况，从图中可以看出，在排水情况下，包体失稳点为 $B$ 点，在不排水情况下，包体要延迟到 $O$ 点才能失稳。

综上所述，可以得到这样一幅图像，岩体在区域应力场作用下，在未来的震源体应力集中，当应力达到一定程度时产生扩容，岩体内产生大量微裂隙，由于孔隙的增加或增大，孔隙压力下降，岩体内孔隙压力下降，岩石的有效应力增加。若岩体原已处于准静态失稳状态，则岩体因膨胀而强度增加，即硬化，从而岩体暂时致稳。若震源体（包体）周围存在流体（如水），则流体会向暂时致稳的包体内扩散，孔隙压力再度增加，有效应力再度下降，包体会再度失稳，再度膨胀致稳。这种过程会反复进行，直到膨胀致稳效应再不足以抵挡失稳作用时，岩体达到动态失稳状态，从而产生破裂或滑动，这就是地震事件。在伴随这种反复的失稳、扩散、致稳过程中，如前面实验和计算表明的那样，将有一种震荡型的附加磁场叠加其上，这种震荡型磁场可能是临近地震的征兆，在地震短临预报中可能更具有实用价值。

## 7.2.4 其他磁效应

**1. 热磁效应**

1) 热退磁效应

正如前面所述,地震观测的磁场均是感应强度 $B$,它是原磁场和感应场的叠加。感应场主要来自地表的地壳岩体,而地壳岩体的感应场又主要来自岩石中铁磁性物质。铁磁性物质的一大特点是当温度超过居里温度时铁磁性突然消失而变为顺磁性物质。不同的铁磁性物质的居里温度是不同的,比如磁铁矿的居里温度为 580 ℃左右。

根据钻孔测量和地表热流量推算,一般公认地壳中温度梯度为 30 ℃/km 左右,这样居里等温面恰好在 20 km 左右的深度上,而这一深度正是板内浅源地震的多震层,绝大多数板内中强地震的震源深度位于 14~25 km 之内。考虑震源不是点源这一事实,可以认为居里等温面正好处于多震层内。

如果由于某种原因居里等温面上升,则这上升部分的铁磁性物质将变成顺磁性物质;如果居里等温面下降,则这下降部分的顺磁性物质会获得铁磁性而变为铁磁性物质,那么在地表将引起可观的地磁场变化。取居里等温面以上附近岩石的磁化率为 $3\times 10^{-3}$ e.m.u,居里等温面深度为 20 km,如果居里等温面上升的范围为 10 km×10 km,而上升幅度为 30 m,可以估算在地表将引起 10 nT 左右的变化。这就是热退(生)磁效应的基本机制,这里不详细推导。

2) 热应力效应

热磁效应还包含有另一种机理,就是热应力效应。当高温物质遇到围岩中的断裂时,将会侵入并导致应力增加,根据压磁理论,这种应力增加亦会产生附加的磁异常场。

**2. 相变磁效应**

关于居里等温面的升降还有另一种可能的机制,这就是相变机制。相变是指物质成分不变而仅仅结构发生变化的现象。相变时往往伴有热过程,有些相与相之间转化时放出热量,而有些相与相之间转化时则吸收热量;同时,相变时有时物质体积增加,有时则体积减小。反之,有时因物质受到温度和压力的变化,会发生相变。对处于居里温度附近的物质,如果发生相变,一方面使物质磁性发生突变,使地表磁场剧烈增减,同时,伴随相变而放出或吸收的热量足以使得居里等温面上升或下降,这样就会在地表产生地磁场的异常变化。

引起相变的原因很多,或许与地震成因直接有关的是压力和温度。许多多相物质的转变可以由物质受压情况的变化而发生,尤其是某些多相物质处于相变点的临界状态时,压力条件无需太大的变化则会引起的相变的发生,相变过程往往是一种连锁反应,因伴随相变会有体积、温度等的变化,这种体积、温度等因素的变化往往又诱发进一步的相变过程。

**3. 位移磁效应**

如果一个磁性物体在空间移动了位置,那么它所产生的磁场将在空间发生变化,我们把这种纯粹由磁体因移动空间位置或是因其本身体积发生形变而产生的磁效应称为位移磁效应。

众所周知,地震孕育过程往往是地体在区域应力作用下从能量积累到释放的过程,伴随这种过程,岩体往往会产生移动或变形,特别是沿断层面两盘岩体常有宏观上的滑动;同时,伴随这一过程,也往往会引起岩体的隆起或沉陷,这些现象将使得原先的物质空间分布发生相对位置的变化,这些物质如果带有磁性,那么相应所产生的磁场也将发生变化。日本的 Sasai 曾经计算了这种磁效应,并称其为 $M_1$ 和 $M_4$ 效应,结果表明这种效应与压磁效应相比量级更小,从而一般情况下可以忽略。当然,某些地区如果发生大规模的蠕动,并且相对位移两盘的岩石磁性差异悬殊,这种效应也是可以大到足以观测的程度,不过如果发生这样大的蠕滑,人们往往可以通过直接观测蠕动而推断地震的发生与否,而没有必要再间接通过地磁观测反推地壳的运动状态并进而预测地震的发生与否。

## 7.2.5 各种震磁效应间的关系

通过以上所述,可以看出各种震磁理论都有一定的物理根据和震例加以支持,都曾较圆满地解释过一些震磁异常现象,同时每种震磁理论似乎又不能解释观测到的所有震磁现象。

其实,地震本身是一个非常复杂的过程,到目前为止,还很难说人类对其已有了一个基本的了解。人们对地震过程的知识充其量还是停留在设想和假说的阶段,因此用目前一些"地震模型"和"震源模型"来解释震磁现象,很难不出现矛盾和困难。在目前人们尚未完全了解地震过程和震磁机理的情况下,最好不要人为地认定哪一种模型是合理的或不合理的。而应当将所有模型中的合理因素均接受下来,从中或许可以产生出一种更为合理的模式。

在一次地震过程中,可能有多种震磁效应同时存在,这些效应在不同的地震阶段所占比重不同。另外,在不同的地震中,占主导作用的震磁效应可能是不同的,这要由地震的地质条件,力学条件等因素所决定。比如有大量水存在的地区,水向扩容后的岩体中扩散既可产生电动效应,更可产生感磁效应,因为裂隙水的存在与否及多少对电导率的影响是极敏感的。而在热流异常地区,对热物质的迁移和侵入是不能不加以考虑,从而热磁效应的存在是很可能的,同时因岩石电导率对温度也是敏感的,故如有热物质迁移或其他因素引起的温度改变,感磁效应也应是敏感的。至于相变磁效应,正如前面所指出的,它往往伴有体积、温度和电导率异常变化。因此,可能同时会有压磁、热磁、感磁现象发生。如果伴随相变又有流体的析出,产生电动磁效应也是有可能的。当然,压磁效应似乎总可伴随地震孕育过程产生,只要震源区的岩体有足够数量的铁磁性物质成分,在地震震源区及邻区就可能观测到这种效应。

还需要指出的是,在考虑震磁效应时,人们往往只考虑震源体小范围内的过程,把地震过程狭隘地理解为单一震源体介质的孕育过程。实际上,任何震源体都不是孤立的,它只是区域地壳块体应变积累过程中多个集中点中的一个。或者说在区域地壳块体应变积累过程中,会产生多个集中点,至于这些集中点中哪个发生地震或先发生地震,这既取决于这些集中点中的应力情况,同时又取决于该处的介质情况,只有那些最先达到动态失稳条件的集中点发生地震。因此,虽然地震仅发生在震源处,但在发震之前的应变积累过程及伴随现象绝不仅局限于震源体这样一个狭小范围内,在其他应变集中区均有伴随地震能量积累过程的前兆现象。震磁现象当然也是这样,所以在研究分析震磁现象时除了对震源附近的地震现象加以分析研究外,对与此相联的外围地区,尤其是已被揭示的地体构造上密切相关的地区也应进行详细研究,这样才能更详尽地全面认识地震过程和伴随产生的震磁现象。

## §7.3 地球磁场的基本特征与震磁观测

地磁学是一门历史悠久,从观测到理论均为完整的学科,本书不可能作详细介绍,只能对与本章有关的基本特点简述如下,详细内容可参阅[18][1]。

地球磁场是一个矢量场,在地球空间中处处都有它的存在。为了描述某一地点某一时刻的地磁场强度,需要有三个独立的分量。所用坐标不同,三个独立的分量不同。在常用的直角坐标系、柱坐标系和球坐标系中出现的分量有北向分量 $X$,东向分量 $Y$,垂直分量 $Z$,水平分量 $H$,磁偏角 $D$,磁倾角 $I$ 和总强度 $B_T$(或 $F$),但这 7 个分量并不互相独立。

地磁场是由不同来源的磁场叠加而成的,从场的来源分,有产生于地球内部的稳定场 $B_T^0$ 和产生于地球外部的变化场 $\delta B_T = \delta B_内 + \delta B_外$,$B_内$ 中的偶极子场 $B_0$ 和非偶极子场 $B_m$ 合称基本磁场 $B_n$,$B_n$ 的缓慢变化成为地磁场的长期变。变化场又可分为平静变化 $\delta B_q$ 和扰动变化 $\delta B_d$。

地磁场是一个弱磁场,地表处强度约为 $0.5 \times 10^{-4}$ T,T 是特斯拉缩写。$10^{-9}$ T=nT,为常用单位。

### 7.3.1 地磁场长期变的时空特征

**1. 地磁场长期变的时间特征**

地球基本磁场与变化磁场的大小如同湖水的水深,如果把水面的波浪、波纹看作变化磁场的话,那么由湖底至湖面(去掉波动部分)则可比作基本磁场。基本磁场占了磁场的绝大部分,它的变化称为地磁场的长期变化。这种变化来源于地球内部,往往在相当长时间段内表现为单调的增减,这种时间段常常持续数十年或更长。图 7.7 为我国及邻区部分台站地磁场 $Z$ 分量和总强度 $B_T$ 的年均值曲线,从中可以看出地磁场的增减及转折情况。根据长期变化的资料进行谱分析,显示存在 22 年、50~70 年、180 年或更长时间的周期变化。

充分认识长期变的时间特征对识别震磁信息是极为重要的,因为震磁效应的长周期成分是叠加在长期变化之上的,而长期变的幅度和速率常大于震磁变化,不能充分认识长期变的时间特征则难以从中提取震磁信息。

**2. 地磁场长期变化的空间特征**

地磁场的长期变化在地球各处是不同的,从图 7.7 可以看到不同台站不同分量的变化无论是变化幅度、变化速率还是转折时间都是有差异的。但仔细分析长期变的这种差异,发现在空间上有着明显的规律性,即空间上形成某些特定时段的分布图像,这种分布甚至可以用地理位置的函数加以表示。图 7.8 是全球垂直分量 $Z$ 年变率的等值线图。其他分量也可绘出等变线图,但各分量的分布图是有明显差异的,同时对同一分量,不同时段的分布图也是不同的。前面曾提到,长期变化还会出现转折,这种转折发生的时间各台站是不同的。它亦是地理位置的空间函数。图 7.9 是我国地区 $Z$ 分量 20 世纪 70 年代转折时间的空间分布[19]。

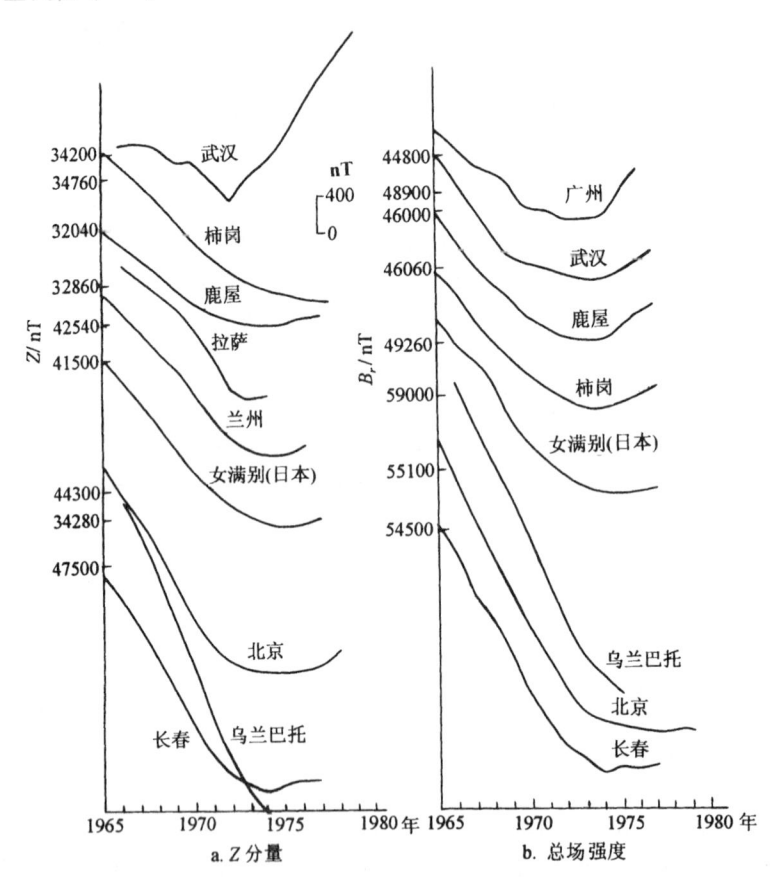

图 7.7  中国及邻区部分台站地磁场年均值曲线

对长期变的空间特征进行精细分析,既要充分认识其空间上的差异,同时又要较好地揭示其在空间上的相互依存关系,这对识别震磁信息是极其重要的,一方面它可使我们避免错误地把其空间差异作为震磁信息使用,同时又为更精确科学地提取震磁信息提供依据。后面所讲时空参考场法正是基于以上认识而发展起来的。

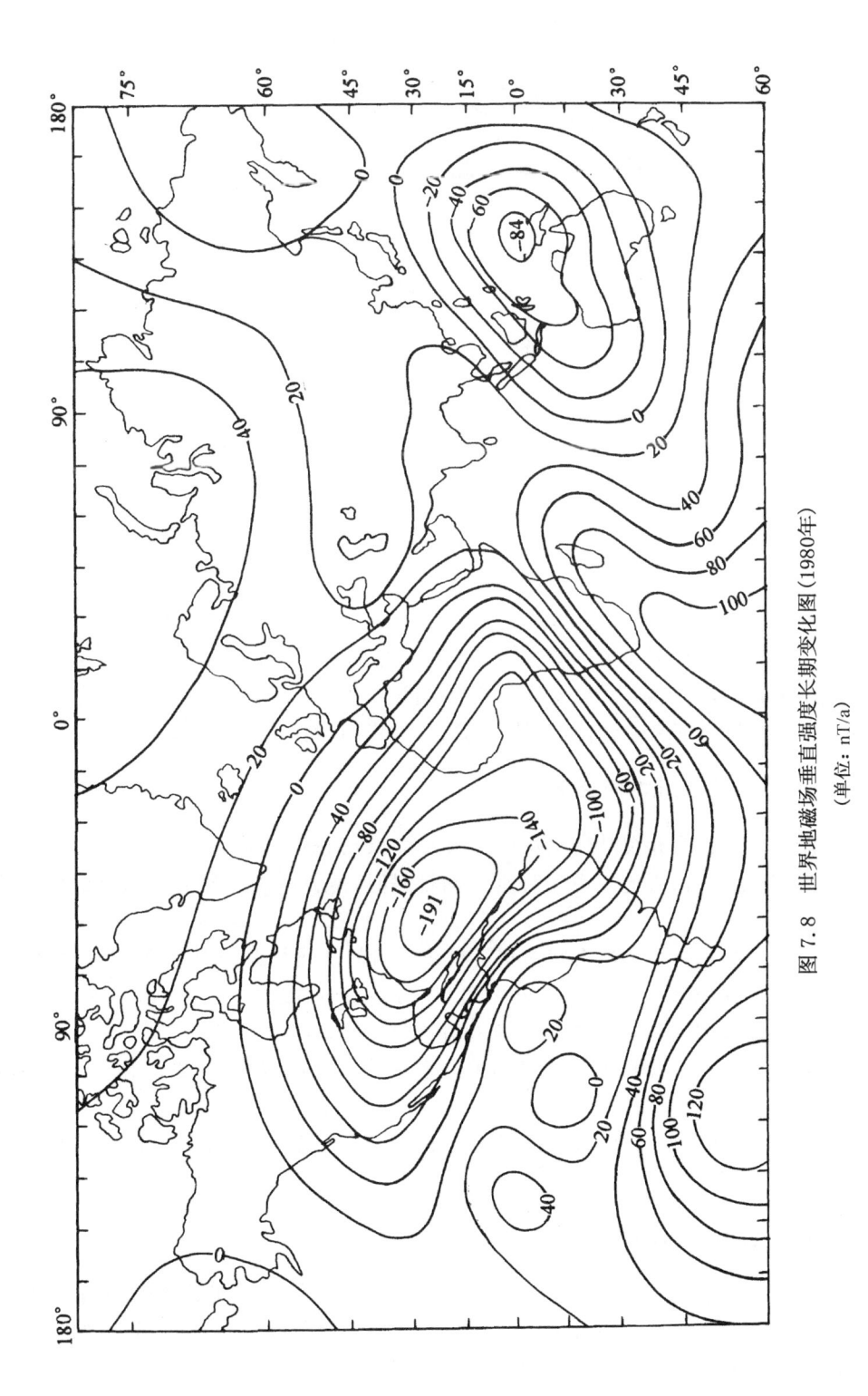

图 7.8 世界地磁场垂直强度长期变化图 (1980年)
(单位: nT/a)

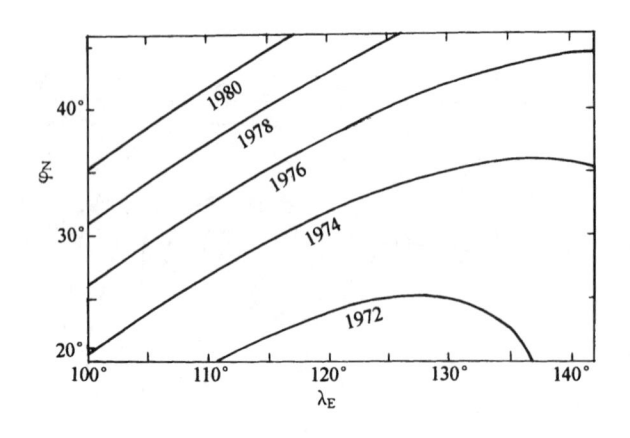

图 7.9　中国 $Z$ 分量转折时间分布图

### 7.3.2　变化磁场的时空特征

地球变化磁场是起源于固体地球外部的各种电流体系。电流体系与太阳、月亮相对位置关系极为密切，同时又受高空各种带电粒子流的强烈影响。因此变化磁场可以分为周期性的和随机性的两种类型，又称前者为平静变化，称后者为扰动变化，太阳静日变化 $S_q$ 和太阴日变化 $L$ 即为前者，而磁暴、亚暴、各种扰动和脉动之类则属于后者。

**1. 地磁场平静变化的时空特征**

这里主要以 $S_q$ 来介绍其变化特点。$S_q$ 最主要的特点是其变化依赖于地方时，或者说依赖于太阳的位置，因此在分析处理观测资料时，地方时不一样的台站应进行时差改正。

图 7.10 是根据世界地磁台网多年资料统计出的变化场北向分量 $\Delta X$，东向分量 $\Delta Y$ 和垂直分量 $\Delta Z$ 随磁纬度的分布。从中可以看出不同纬度处变化形态、幅度、位相的差异，不同地磁要素间的差异；同时也可看出随纬度变化情况的规律性。

值得指出的是，$S_q$ 变幅具有明显的季节变化，同时还具有明显的太阳活动周期的变化。

我国地处北纬中低纬度地区，地跨纬度范围为几十度，$S_q$ 变幅的空间差异较全球为小，其规律更为明显。

**2. 地磁扰动变化的时空特征**

地磁扰动变化又称磁扰，类型很多。一类是全球性的变化，如磁暴；一类是区域性的或局部的，如极区磁扰、脉动和钩扰等。对地处中低纬度的我国而言，后者出现机会很少，或者出现地域极小，幅度不大，所以主要介绍磁暴的一些特征。

1) 磁暴的全球性和同时性

磁暴是由太阳喷发粒子流作用到地球磁场上产生的一种电磁效应，因此是一种全球

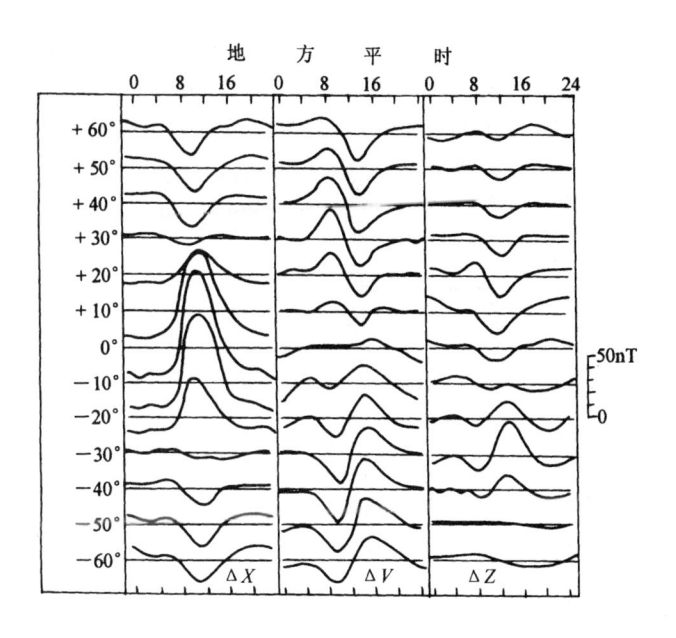

图 7.10 春分、秋分期间 $S_q$ 随磁纬度的分布

性的地磁现象。对于一个磁暴,在地球的赤道处和两极均可观测到。由于磁暴是一种电磁过程,因此磁暴的发生在全球几乎是同时的,这一点是磁暴最为重要的特征,也是震磁方法中差值法消除干扰的依据。

2) 磁暴的空间分布

磁暴虽然是一种全球的,同步变化的磁扰,但它在地球不同地方其变化幅度是不一致的,同时变化形态也和地磁纬度有密切关系。

统计表明,暴时变化 $D_{st}$ 水平分量 $H$ 在南北半球具有相同的形态,随纬度的增高其磁暴的变化幅度逐渐减小。垂直分量 $Z$ 暴时变化差异不大,南北半球形态相反,在北半球随纬度增加变化幅度增大,南半球则减小,而地磁赤道附近幅度几乎为零,而磁偏角变化基本无规律可循。

3) 磁暴的时间分布

对一个单一磁暴的发生时间是一种随机性的偶然事件,但对大量磁暴的统计分析表明却具有一定的规律性。

首先是磁暴具有相隔 27 天左右再次发生的重复现象。这主要和太阳自转周期为 27 天有关,因为太阳粒子流喷发是产生磁暴的原因,而产生太阳粒子流喷发的区域往往在相当一段时间内相对稳定,从而使磁暴具有 27 天重现的几率增加。

其次是磁暴的数目和强度与太阳活动 11 年周期关系极为密切,同时磁暴的发生与季节有关,也即与太阳与地球相对位置有关,春秋季多,冬夏季少。

总之,地磁场是随时间和空间而变化的,其变化的空间范围和幅度远远大于震磁效应。这些变化从空间域讲,既有全球性的,也有区域性的,还有地方性甚至局部的;从时间域讲,持续时间不一,既有以百万年计的磁场极性倒转现象,也有以数十年计的长期变化,

· 295 ·

既有以年、季为单位的变化,又有以天计的日变化,既有以小时计的暴时变化,还有以分、秒计的脉动变化;从频率域看,地磁变化成分是一种广谱结构,从极低频到较高频,几乎均有谱峰存在。所有这些特征都给震磁信息的识别和提取带来极大困难。但是从另一方面看,地磁场的这种时空变化无论是在空间上还是在时间上都表现出较强的规律性,即空间上的连续上,时间上的平稳性,磁暴的同时性及全球性。通过地磁场的这种规律性的分析,即可通过一定的数学处理而获得有用的震磁信息。这也就是之所以能在较强的变化背景中提取到微弱震磁信息的基础。

### 7.3.3 震磁观测

地磁学是一门以观测为基础的学科,震磁研究更是脱离不开高精度、高稳定性及高密度的观测。观测台网的布设是否合理而有效,观测资料是否全面而可靠直接影响着震磁研究的发展和震磁预报的水平。

**1. 震磁观测台网的要求和特点**

就目前较公认的观点认为,一个中强地震所产生的震磁效应在地表仅为几至几十个 nT,震磁效应所波及的空间范围在量级上与震源相当,即几十到百多 km,持续时间一般在几年。为了在震前能够获得这样大小的震磁信息,就要求为震磁研究服务的地磁观测比许多部门所要求的精度更高,台网更密,测量周期更短。为了更好地消除长期变化的影响,还需加强专为研究地球基本磁场服务的基准台网观测。

任何一种观测台网的设计与布设,总是为其最终目的服务的。目的不同,台网布设的位置、密度及配制仪器均会不同。震磁观测台网需要考虑两个因素,一是震磁信息的量级;二是布在何处更易获取震磁信息。

震磁观测台网应具备以下几点功能。首先,应该能够提供足够精度的背景场资料,这种资料包括基本场的长期变化,又包括变化场的平静变化和干扰变化。其次,应具有足够的观测精度和稳定性,这种精度应高于震磁信息的量级。同时,在未来地震区及周围地区应具有足够密度且分布适中的台站,以保证能在未来地震的震磁效应所波及的范围内有一定数量的可资对照的台站。为此,除延用传统的均匀布网原则外,尚应在震磁效应的易显部位布台。

**2. 我国震磁观测台网的历史与现状**

我国震磁观测台网建设大致可分为三个阶段。

1)初创阶段

1966年邢台地震至70年代初为初创阶段。此阶段地磁观测点主要分布在邢台震区及个别地区,地磁观测用房多为普通建筑,所用仪器多为单分量磁秤。同时也有部分从事地磁基础研究的基准台参与了震磁观测。

2)发展阶段

70年代初,全国地震会议召开,地磁作为地震预报的重要手段开始在全国推广,震磁台网建设进入全面发展阶段。早期的部分台站开始建设专用仪器观测室,配备三分量地磁仪。此时质子旋进磁力仪及分量仪在我国研制成功,这种精度高、性能稳定、操作方便且价格便宜的绝对观测仪器伴随全国震磁台网的布设,使我国震磁观测进入了新阶段。

3)充实调整阶段

70年代末至80年代初,我国震磁台网发展进入第三阶段。1978年国家地震局颁布了《地震台站观测规范》,1981年又确定了全国地磁台站布局方案,该方案明确了分级设置、分级装备、分级成网的原则,即大尺度的我国的全国级基准台网;各地震区(带)的区域台网和临时及流动巡测网相结合的三级台网体系。

至1986年,全国各类地磁台发展到169个,其分布如图7.11所示。其中Ⅰ类台15个,间距约1 000 km,配有精度高,稳定性好的绝对观测和相对观测仪器。其主要目的是与世界台网一起提供地磁场的正常分布与变化规律。Ⅱ类台共26个,间距约500 km,也配有较齐全的地磁观测仪器,目的是更细微地研究区域地磁场的分布及变化特征,为提取与探索震磁信息提供背景资料。Ⅲ类台为区域台,主要设在多震区和重点监视区,共有128个,间距不等,有密有稀,以地震预报为主要目的,震磁野外巡测,又称流动磁测,它应用高精度绝对磁力仪在测点进行定期重复测量,其目的是弥补区域台网在密度上的不足,研究局部地区震磁效应。

**3. 观测台网的仪器与设备**

地磁观测仪器分绝对观测与相对观测仪器。如前所述,如果把湖水水深比作磁场总量,则湖面波纹可比作磁场的变化磁场。测量总量大小的(包括各分量)仪器称为绝对观测仪器,而只观测变化部分的称为相对观测仪器。

绝对观测仪器可分为传统的机械式测量仪和近代的电子式测量仪两大类,前者多采用地磁经纬仪和感应仪测量$H$、$D$和$I$。后者有质子旋进磁力仪,光泵磁力仪,磁通门磁力仪和超导磁力仪等,多以测量总强度为主,经改装也可测量$H$和$Z$。绝对观测多为定时观测,目前还难以做到长期连续稳定的观测。

相对观测一般只记录磁场变化部分,其目的是获得连续的高精度的观测资料,相对观测常用机械式的磁变仪,现今磁通门磁力仪也常被使用记录短周期地磁变化。磁变仪通常测量$D$、$H$、$Z$,相应的测变仪就称为偏角磁变仪、水平分量和垂直分量磁变仪。各磁变仪的结构与观测可参阅文献[1,18,20]。

绝对观测与相对观测结合起来便可获得连续、稳定的高精度观测资料,这种观测是地磁观测最终所需资料。但是在仅研究变化磁场时,有时可不用绝对观测资料。

相对观测仪器还可分为快磁仪和慢磁仪(常规)。所谓快磁仪主要是为适应对地磁短周期事件进行研究而安装的。在震磁研究中,无论是从感应磁效应出发,还是从临震时伴随岩体快速破裂产生短周期震磁效应出发,快磁仪的布设是非常必要的。

野外磁测,实际是一种室内观测与野外测量相结合的工作。因为野外测试时间带有

图 7.11 我国主要地磁台分布图

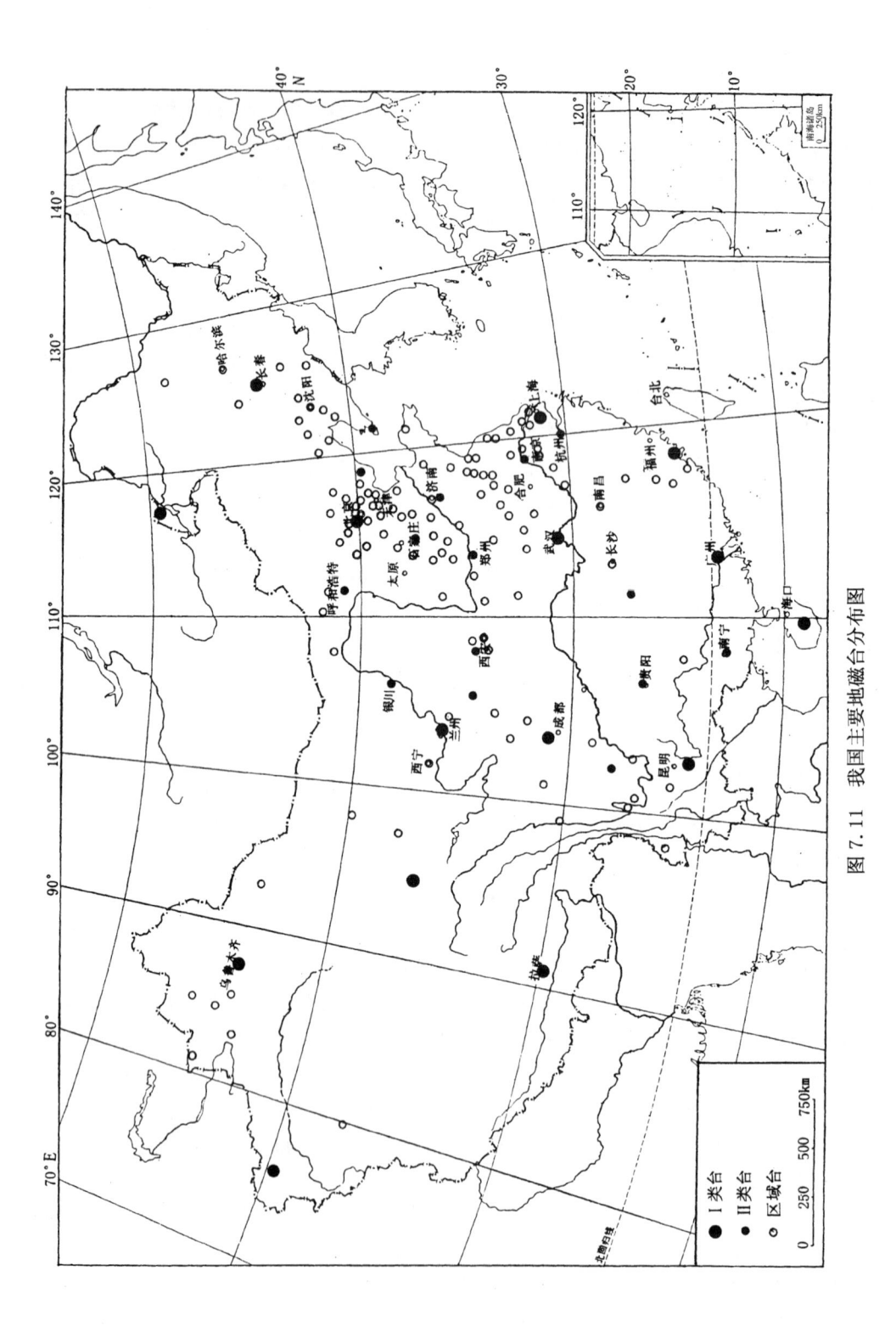

随机性,测量的量是测量时刻的绝对值,而由于变化场叠加其上且每时每刻不等,故需要用一定的方法根据邻近的参考台进行通化处理。所以,野外测量除设置正副测桩作为点位标志外,还要严格选取参考台进行通化处理。详细内容可参阅《地震地磁野外测量规范[21]》。

## §7.4 提取地磁前兆信息的方法简介

由于对震磁机理的认识不同,地磁台站地理分布的差异及各台站地磁资料的局限等各种原因,也由于地震本身的复杂性,所以提取震磁信息的方法很多。从另一角度也说明了到目前还未找到可靠的通用的地磁前兆识别方法。由于篇幅所限,只能介绍一些具有代表性的方法,从中揭示震磁信息提取方法的基本思路。

### 7.4.1 时间域中的震磁信息提取法

在时间域中识别时序曲线的变化,是一种最为直观的方法,最为符合人们日常的感觉、习惯,因此是识别震磁信息的最普遍采用的方法。

**1. 简单差值法**

由于地磁场随时间和空间变化的特征,这就决定了不能使用单一台站来识别震磁信息。也就是说,为了识别震磁变化,必须找到一个不受震磁变化影响的台站作为参考台。通过两者的比较方可判断震磁变化的有无。

简单差值法就是震区台站的地磁参量(直接观测值或经简单数学处理的值)与参考台的相应参量直接相减的方法。参量的选取往往取决于所提取信息的时间尺度和对震磁模型的假设,如果认为震磁信息持续时间较短,可以采用日参量值,如果认为持续时间较长,可以采用月参量值甚至年参量值,如日均值、21点值、月均值、年均值等。

从感应磁效应或电动磁效应模型出发有时常采用变幅值、频幅值或采用极大极小值,而从压磁或热磁模型出发,则多采用均值,其目的是滤掉短周期的变化成分。

简单差值法要求参考台不能太近,否则两台如同时有震磁变化在相减时会抵消,但参考台又不能离得太远,否则两台的地磁变化(长期变化、季节变化、局部变化等)将有较大差异,相减后这种差异的大小如果和震磁信息相当甚至更大,则难以判定震磁信息的真伪。同时,不同震级的地震要求相减台站的距离也不尽相同。

1984年5月21日南黄海勿南沙 $M_s$6.2 级地震发生在黄海内,距震中约 60km 的琼港观测站、110km 的海安地磁台以及 130km 处的射阳地磁台,在震前都观测到 $Z$ 分量变化异常。异常以 N610W 为界,形态反向,其中琼港、海安为正异常,射阳为负异常。异常持续数月,在异常恢复前后发震。见图 7.12。

**2. 复杂差值法**

复杂差值法不是两台相应参量直接相减,而是对相应参量进行时空改正或数学处理后再相减,或者是相应参量相减后再进行数学处理。复杂差值法在参考台的距离要求上

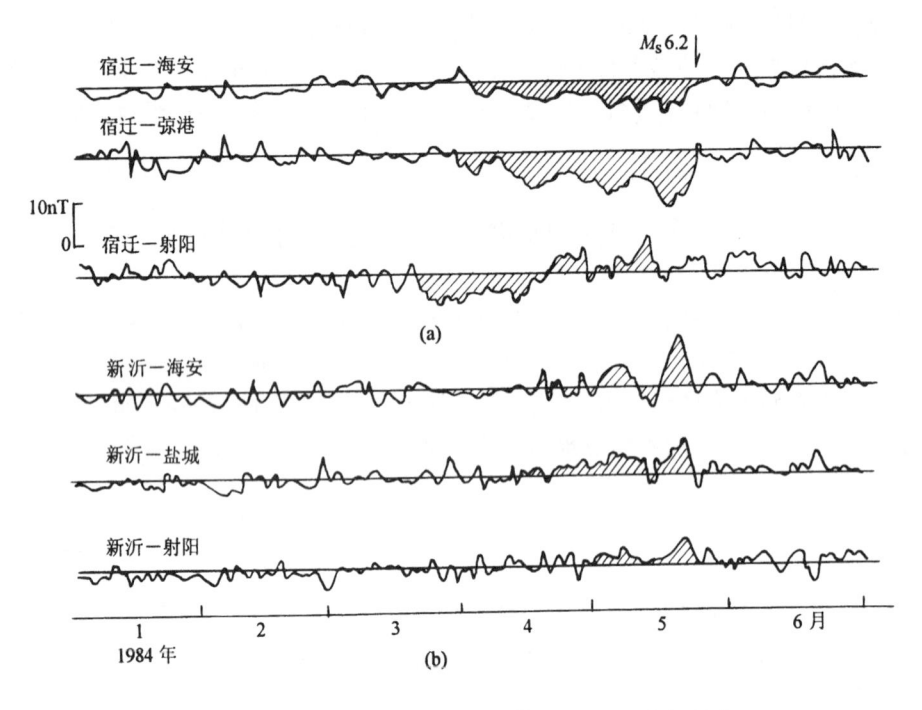

图 7.12　勿南沙地震前后地磁 $Z$ 差值(a)和 $Z$ 日变幅差值(b)

和提取信息的精度上有较大的改进。

1) 空间相关差值法

空间相关法的基本出发点是，尽管有相当距离的两台其地磁变化并不完全一致，但两者却存在着比较固定的相关关系(线性或非线性)，因此通过相关值法可以将这种差异同时消除干净，从而提高震磁分析的精度。同时也可适当放宽对两台间距离的要求。相关差值法其实是一种加权差值法。

2) 时间相关差值法

地磁日变化是提取长趋势震磁信息时首先要消除的变化成分，但因日变化依赖于地方平时，因此当两台站具有时差时，直接相减并不能消除掉变化的影响，因此需要进行改正。

最简单的改正办法是求出两台间地方时差，然后依地方时量取测值再相减。有时因均为整点数据，可用时间最大相关法求得相应值，然后再相减。这样可以更干净地消除日变化的影响，如果再结合空间相关联合使用，效果更佳。

### 3. 时空参考场法

参考场法实质就是用场分布来代替单一参考台的方法。我们知道，背景场的分布与变化具有空间上的连续性和时间上的延拓性。它的时空分布特征可以用确定的数学函数来表达，从而可以从空间有限个点的观测值推算其他点的未知值，可以用过去的变化预测未来的趋势。这一点在地震预报中是特别重要的。所谓震磁异常就是相对正常背景场的一种非随机的偏离。时空参考场是将用参考台作为分析震磁信息标准的方法改用参考场作为识别标准的方法,这样不但可以完成由点到面的方法过渡,同时使分析精度大大提高,更重要的是时空参考场有时间上的延拓性,具有时间上的预测功能,这对地震预报的日常监测有着极为重要的意义。

时空参考场是在空间参考场基础上发展起来的提取震磁信息的方法。

1) 空间参考场法

一般情况下,地磁长期变在地表随经度、纬度分布的函数形式,可用泰勒多项式表示,其具体做法就是根据实测的地磁资料,用最小二乘法,建立地磁场空间分布的泰勒多项式模式。然后,利用这一模式,计算任意地点的磁场值,并根据这些计算值作为分析各台(点)有无震磁异常的参考标准,所以又把它称为空间参考场。

多项式幂次的选取主要取决于对长期变分布的物理分析,也与多项式收敛的快慢、精度要求有关。从纯数学讲,多项式幂次越高,拟合越好,但等值线图上出现的极值也随之增多,而且对台站数量也要求增多。卢振业等[22]以我国华北及邻区为例,指出拟合多项式的幂次以两次为宜,具体方法如下:

如所讨论的空间范围较小,可将地表视为平面,故采用直角坐标系,$X$ 轴表示经度,$Y$ 轴表示纬度,中心位置 $(\lambda_0, \varphi_0)$ 为坐标原点,如第 $i$ 号台站地理经、纬度分别为 $\lambda_i, \varphi_i$,则:

$$X_i = \Delta \lambda_i = \lambda_i - \lambda_0$$
$$Y_i = \Delta \varphi_i = \varphi_i - \varphi_0$$

设 $E$ 代表地磁场某一分量在点 $(X,Y)$ 处的年变率,则 $E$ 的二次分布为:

$$E = a_1 + a_2 X + a_3 Y + a_4 X^2 + a_5 XY + a_6 Y^2 \tag{7.39}$$

$a_1, a_2, \cdots, a_6$ 为一组待定系数,可用最小二乘法由各台站的实测值求出,从而可确定分布函数 $E(X,Y)$。同时,为了说明这种拟合程度的好坏,应求出显著性检验的 $F$ 值和相关系数 $R$ 以及拟合值与实测值的均方差 $\sigma_n$。

空间参考场只是某一时刻地磁场各参量的空间分布场,在时间上是离散的不能给出随时间连续变化的参考场,这对地震预报的日常监测是不方便的。

2) 时空参考场方法

卢振业和孙若昧[23]利用 1969~1978 年我国华北及邻区地磁资料,在空间参考场的基础上,又提出时空参考场方法。用泰勒多项式表示地磁场长期变在地表随经度、纬度、时间分布的函数形式。$\lambda$ 表示经度,$\varphi$ 表示纬度,中心位置是 $(\lambda_0 = 36°N, \varphi_0 = 115°E)$,中心时间 $t_0 = 1974$ 年。设 $E(\lambda, \varphi, t)$ 为地磁场某分量在点 $(\lambda, \varphi)$,时间 $(t)$ 的年变率,则:

$$E(\lambda, \varphi, t) = a_1 + a_2 \Delta \lambda + a_3 \Delta \varphi + a_4 \Delta t + a_5 \Delta \lambda^2 + a_6 \Delta \lambda \Delta \varphi$$
$$+ a_7 \Delta \lambda \Delta t + a_8 \Delta \varphi^2 + a_9 \Delta \varphi \Delta t + a_{10} \Delta t^2 \tag{7.40}$$

式中,$a_1, a_2, \cdots, a_{10}$ 为待定系数,$\Delta \lambda = \lambda - \lambda_0$,$\Delta \varphi = \varphi - \varphi_0$,$\Delta t = t - t_0$。第 $i$ 台站 $(\Delta \lambda_i, \Delta \varphi_i)$ 某年 $\Delta t (t_1 - t_0)$ 观测到的年变率 $D_i$ 可视为正常长期变 $E$ 与偏差部分 $\varepsilon(\lambda_i, \varphi_i, t_i)$ 之和,即:

$$D_i = E(\Delta\lambda_i, \Delta\lambda_i, \Delta t_i) + \varepsilon(\Delta\lambda_i, \Delta\lambda_i, \delta t_i) \tag{7.41}$$

震磁异常亦属局部因素影响的偏差部分。由台站坐标($\Delta\lambda_i, \Delta\varphi_i$)和时间 $t_i$ 的年变率观测值 $D_i$，用最小二乘法可求出式(7.41)中的每一个系数，从而确定了地磁场某分量长期变年变率 $E(\Delta\lambda, \Delta\varphi, \Delta t)$ 的时空分布函数。$E$ 的实际数值如下：

总场强度 $F$ 的年变率分布为：

$$\dot{F} = -7.00 + 0.622\Delta\lambda - 1.083\Delta\varphi + 4.589\Delta t - 0.014\Delta\lambda^2$$
$$- 0.001\Delta\lambda\Delta\varphi - 0.024\Delta\lambda\Delta t + 0.052\Delta\varphi^2 + 0.077\Delta\varphi\Delta t - 0.195\Delta t^2 \tag{7.42}$$

拟合均方差 $\sigma=1.94$ nT，拟合相关系数 $R=0.99$，显著性检验 $F=654.08$。垂直强度 $Z$ 的年变率分布为：

$$\dot{Z} = -1.01 + 0.013\Delta\lambda - 0.944\Delta\varphi + 4.168\Delta t - 0.012\Delta\lambda^2$$
$$+ 0.043\Delta\lambda\Delta\varphi - 0.0632\Delta\lambda\Delta t + 0.008\Delta\varphi^2 + 0.156\Delta\varphi\Delta t - 0.076\Delta t^2 \tag{7.43}$$

$\sigma=1.6$ nT，$R=0.99$，$F=957.62$。

这样可由以上二式给出地磁场任一时刻任一分量年变率的等值线图。同时，也可给出任一地点（所拟合范围及近邻）的时序曲线，只要把某一点的观测值与逐年的年变率进行积分即可。

图 7.13 为昌黎台在唐山地震前后 $Z$ 分量拟合时序曲线与实测曲线对比图，从图中可以看出实测曲线在 1973 年即偏离了正常场，在 1975 年下半年达到极大，为 10 nT 左右，然后逐渐恢复，在恢复中发生了 7.8 级强烈地震。

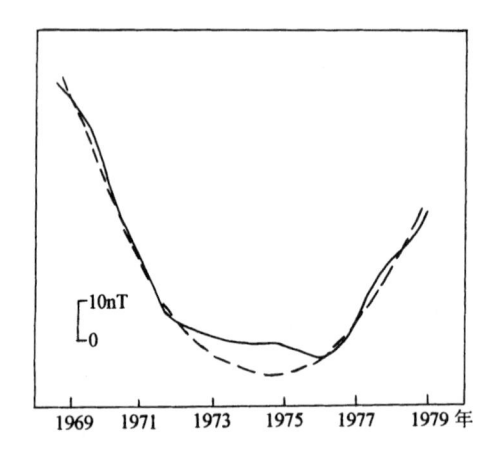

图 7.13　昌黎台拟合曲线（点线）及实测曲线（实线）——垂直分量

3) 球谐分析方法

球谐分析法是地磁基本场分析的常用方法，也是地磁学中最基本最重要的分析方法。它的基本出发点是地磁场是位场，基本场仅是内源场，这样便可用球谐级数来表达地磁场的分布。

设 $U$ 是地磁位函数，$X, Y, Z$ 分别为北向、东向和垂直分量，$r$ 是从地心算起的径向距离，$R$ 为地球半径，$\theta$ 为地理纬度，$\lambda$ 是地球经度，则：

$$U = R \sum_{n=1}^{m} \sum_{m=1}^{n} \left(\frac{a}{r}\right)^{n+1} (g_n^m \cos m\lambda + h_n^m \sin m\lambda) P_n^m(\cos\theta) \tag{7.44}$$

$$X = \frac{1}{r}\frac{\partial U}{\partial \theta}, Y = \frac{-1}{r\sin\theta}\frac{\partial U}{\partial \lambda}, Z = \frac{\partial U}{\partial r} \tag{7.45}$$

$P_n^m(\cos\theta)$ 为 schmidt 准正交 $n$ 阶 $m$ 次缔合 Legendre 函数,它是这样定义的:

$$P_n^m(\cos\theta) = \frac{1}{2^n n!} \left[\frac{E_m(n-m)!(1-\cos^2\theta)^m}{(n+m)!}\right]^{1/2} \frac{\mathrm{d}^{n+m}(\cos^2\theta-1)^n}{\mathrm{d}\cos\theta^{m+n}} \tag{7.46}$$

$$E_m = \begin{cases} 1 & m = 0 \\ 2 & m \geqslant 1 \end{cases}$$

$g_n^m, h_n^m$ 是球谐系数,当 $n=m=8$ 时,共 80 项。

参考场的年代如为 $t_0$,其他年代的球谐系数可从下式得到:

$$C_n^m(i) = C_n^m(i_0) + \dot{C}_n^m(i - i_0) \tag{7.47}$$

$\dot{C}_n^m$ 是长期变化的球谐系数,单位为 nT/a。

根据地磁实测资料即可定出球谐系数,从而也就得到了提取震磁信息的地磁参考场。

### 7.4.2 频率域中的震磁分析方法

人们不但在时间域中观察分析各种变化,同时也在频率域中观察分析。随着科技水平的发展,尤其是计算机技术的长足进步,在频率域中分析识别各种变化的能力大大提高。在震磁信息的识别中更是如此。

**1. 谐波分析法**

谐波分析又称调和分析。在感应磁效应一节中曾讲到地磁事件的不同频率成分所穿透的深度,即其感应深度是不同的。由地磁学可知,任何地磁事件都不是由单一频率成分所组成的。以 $S_q$ 为例,尽管它的周期性极为明显,但并不是一个正弦函数,这表明 $S_q$ 含有多种周期的谐波成分。谐波分析就是通过数学方法将其谐波成分分离开来,然后再对每单一的成分进行分析研究。

以 $S_q$ 为例,基本周期 $T=24\ h=2\pi$,设为 $f(t)$

$$f(t) = \frac{a_0}{2} + \sum_{m=1}^{\infty}(a_m \cos mt + b_m \sin mt) \tag{7.48}$$

其中,

$$a_0 = \frac{1}{\pi}\int_0^{2\pi} f(t)\mathrm{d}t, a_m = \frac{1}{\pi}\int_0^{2\pi} f(t)\cos mt\,\mathrm{d}t, b_m = \frac{1}{\pi}\int_0^{2\pi} f(t)\sin mt\,\mathrm{d}t, \tag{7.49}$$

$a_m$ 和 $b_m$ 称为调和系数,每一谐波成分的周期 $T_m=2\pi/m$,与 $m$ 对应的谐波成分又称为 $m$ 次谐波。

对于其他事件,可采用同样方法加以处理,然后根据其感应深度,选取那些刚好能与震源尺度相一致的谐波成分进一步处理分析,提取震磁信息。谐波分析法往往用于那些较短周期的事件,如 $S_q$、磁暴、钩扰、湾扰或脉动。因为这些事件的主要谐波成分所穿透的深度往往与震源深度相当。

在实际处理中，$m$ 值往往不需要很高即可得到较理想的拟合结果。如对 $S_q$，一般取前四项即可获得误差很小的拟合结果。

**2. 谱分析法**

在提取震磁信息工作中，由于地磁场的时序曲线是由多种周期的波形构成的，而不同的频率成分的成因和时空特征各不相同，它们反映着不同的物理过程和物理背景，所以需要对其进行谱分析，进而研究不同谱成分的时空特征及异常变化，提取震磁信息。

设地磁记录为 $h(t)$，据傅立叶变换

$$H(\omega) = \int_{-\infty}^{\infty} h(i) e^{-i\omega t} \mathrm{d}t \tag{7.50}$$

式中，$H(\omega)$ 是频率变量 $\omega$ 的复函数，

$$H(\omega) = R(\omega) + iI(\omega) = |H(\omega)| e^{-i\omega t} \tag{7.51}$$

其中，

$$|H(\omega)| = \sqrt{R^2(\omega) + I^2(\omega)}, \theta(\omega) = \mathrm{artg}[I(\omega)/R(\omega)]$$

$H(\omega)$ 为 $h(t)$ 的振幅谱，$\theta(\omega)$ 为 $h(t)$ 的位相谱。众所周知，自功率谱函数为：

$$E_{XX}(\omega) = \int_{-\infty}^{\infty} H(\omega) H^*(\omega) \mathrm{d}\omega \tag{7.52}$$

卢振业等[24]对唐山地震前后昌黎、北京和红山地磁台的 $Z$ 分量进行了谱分析，对不同周期的功率谱值绘制三台的时序曲线，然后求出昌黎台与北京台的差值，图 7.14 为各周期成分的震前震后异常。

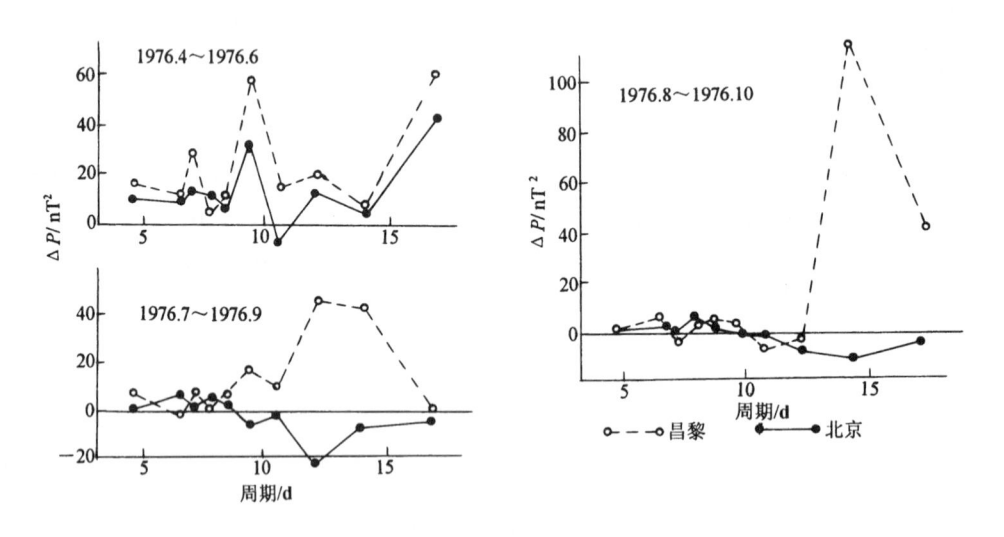

图 7.14　北京、昌黎二台与红山台各周期成分差值随时间的变化

### 7.4.3　转换函数和感应矢量法

**1. 转换函数法**

对于地磁短周期变化事件，同一地点的垂直分量 $\Delta Z$，水平分量 $\Delta H$ 和磁偏角 $\Delta D$ 常

有简单的线性关系：
$$\Delta Z = A\Delta H + B\Delta D \tag{7.53}$$
这里 $A,B$ 是地理位置、时间和频率的函数，故又称为转换函数。其实质反映了该地区地下的电磁性质。

实质上 $A,B$ 函数为复数，即：
$$\Delta Z = \left(\frac{A}{B}\right)(\Delta H, \Delta D) \tag{7.54}$$
在最小二乘法意义下，式(7.54)是有唯一解的非相容性方程，可由多个地磁事件用最小二乘法求解，并能根据傅立叶谱的实部和虚部分别求出转换函数 $A$ 和 $B$ 的实部和虚部。

在震磁研究中，首先是选取那些恰当的地磁短周期事件如磁暴急始、钩扰、湾扰及其他磁扰事件，然后用谐波分析法求出不同频率的成分来，然后再根据式(7.53)或(7.54)进

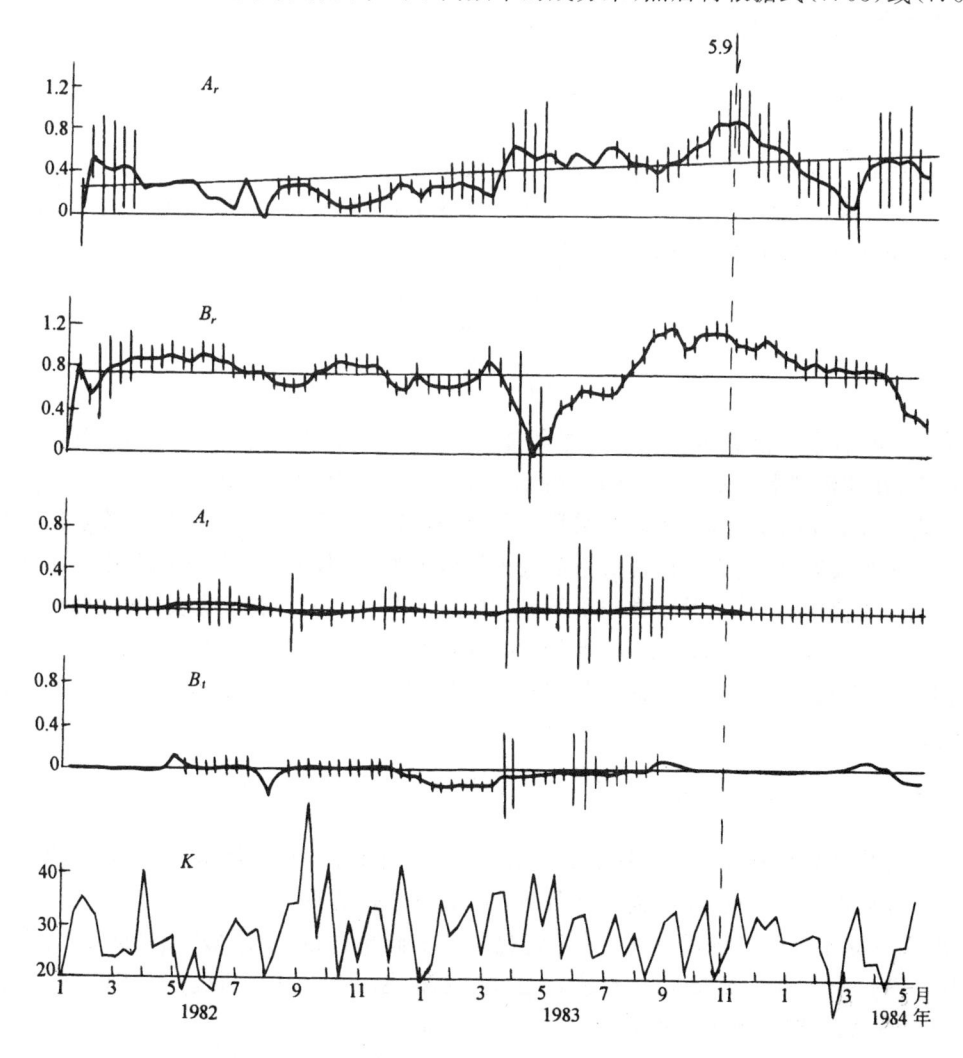

图 7.15 持续时间小于 360 s 的地磁事件的转换的时间变化

($A_r, B_r$ 为转换函数 $A, B$ 的实部；$A_i, B_i$ 为转换函数 $A, B$ 的虚部；$k$ 为相应日期磁情指数日总和。竖线棒表示转换函数准偏差大小；斜线为转换函数回归直线)

行计算 $A,B$ 的实部和虚部。

王琦[25]对 1983 年 11 月 7 日菏泽 5.9 级地震前后菏泽地磁台的资料进行了转换函数计算。计算中把全部地磁事件按周期分为两类,一类是小于 360 s 的;一类是大于等于 360 s 的。图 7.15 是小于 360 s 的周期事件的转换函数,从图中可以看到在地震前转换函数的实部和虚部,尤其是实部出现了明显的变化,这可能是地震引起的。

其他许多地震前亦发现具有同样的现象,如我国的唐山地震、英国的卡莱尔地震[13]、日本柿岗台附近的若干地震。

**2. 感应矢量法**

式(7.53)表明了地磁短周期事件三个分量变化之间存在着简单的线性关系,这种关系有时常用矢量法加以表示。地磁场本来就是矢量,只是在观测它时人们是通过各个分量的测量来实现。地磁短周期事件 $\Delta Z, \Delta D, \Delta H$ 也构成一个矢量。

1)帕金森(W. D. Parkinson)矢量法

帕金森指出,地磁短周期变化矢量基本被限定在一个平面内。当三个分量的变化值 $\Delta Z, \Delta D, \Delta H$ 均采用相同单位(如 nT)表示时,变化矢量的方向由矢量与垂直地面(向上)方向的夹角 $\theta$ 和与水平方向间夹角 $\varphi$ 表示,

$$\mathrm{tg}\theta = \frac{[(\Delta H)^2 + (\Delta D)^2]^{1/2}}{\Delta Z} \tag{7.55}$$

$$\mathrm{tg}\varphi = \frac{\Delta D}{\Delta Z} \tag{7.56}$$

矢量常采用球极投影法表示。大量观测资料证实变化矢量在球极投影图上基本都位于一个平面上,在球极图上显示为一个圆。帕金森称这个平面为优势平面。

为表示优势平面的方向,帕金森采用一个矢量,称为帕金森矢量,该矢量就是优势平面法线的水平投影,它的方向即优势平面向上倾斜的方向,其大小与倾角的正弦成正比。

在地震预报中,地震的孕育常与地下介质的应力状况和岩性特征有关,而这两者均可引起介质电导率的变化。帕金森矢量是揭示地下电导率区域异常和时间变化的有效方法,因此在地震预报研究中被更多人利用来研究地震孕育的地体环境和地震引起的中短期变化。

2)韦斯(H. Wiess)矢量法

韦斯矢量与帕金森矢量在本质上是一致的,其差别只是矢量的指向不同,帕金森矢量指向地下介质电导率高的方向,而韦斯矢量背向良导体的方向。

图 7.16 是韦斯矢量的表示法,只要把观测到不同事件的 $\Delta H/\Delta Z$ 和 $\Delta D/\Delta Z$ 作图,然后用这些点求出直线关系 $DE$,直线在 $\Delta H/\Delta Z$ 和 $\Delta D/\Delta Z$ 轴上的截矩分别为 $1/A$ 和 $1/B$,然后由 $A,B$ 即可得韦斯矢量 $OC$。

在实际应用中,韦斯矢量更为直观和简便,因此更为人们所使用。

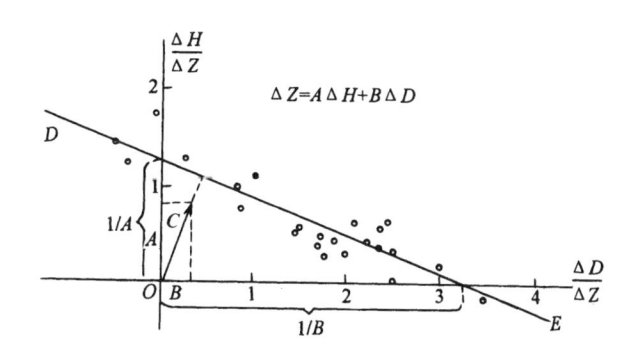

图 7.16　韦斯矢量图示法

## 7.4.4　数学统计法

这里所说的统计有两种类型,一是参量统计法,其目的是利用大量的资料突显震磁信息;一是单纯的地震事件与地磁事件之间对应关系的统计法,姑且简称为对应统计法。

**1. 参量统计法**

有时人们虽然在震前震后获得了大量的观测资料,但或者由于地震较小,或者远离震中,所获得的震磁信息均很微弱。从单一台(点)的观测资料中难以显示明确的震磁信息,可是从中似乎又有与误差水平相当的变化。在空间上讲如果有大量集中分布的台(点)均存在这种虽然微弱但又确定的变化,那么则可以确认这种变化不是偶然的。或者,如果在时间上讲,单一测次或较短时间内难以确定震磁信息的存在,但在多测次或较长时间段内均存在这类信息,那么也可以确认这种在时段上集中连续的微弱信息也是可信的。这就是参量统计法的出发点。

范国华等[26]曾对唐山地震前后北京测区的流动地磁测量资料应用参量统计法进行统计,发现虽然从单一测点或单一测次中难以发现唐山地震引起的震磁变化,但将测区进行分区分段统计后,有若干参量在唐山地震前具有明显变化。

**2. 对应统计法**

在地震预报实践中,人们发现许多地磁事件与地震事件有着极好的对应关系,尽管目前人们还难以说明之间的机理,但将其应用到地震预报中却有一定的预报效果。

1)低点位移法

垂直分量 $Z$ 的 $S_q$ 曲线存在一个最低值,其出现时间称为低点。对于地处北半球中低纬度的我国而言,低点时间应出现在地方平时 12 点左右,在全国范围内,以北京时计,其低点出现时间依经度由东向西逐渐推迟,其空间应该连续。但有时却发现在全国低点分布图上低点时间发生突变(相邻台相差 2 h 以上),且形成明显的分界线将全国低点分布图分为两部分或形成一个闭合区,对这种现象丁鉴海[27]称之为低点位移现象。

当出现低点位移现象后的第 27 天(前后两天)或 41 天(前后两天)在分界线附近会发生较强地震。地震具体地点事前不能确定,但根据其他前兆手段可以粗估。而震级常和分界线的形状有关,一般闭合形分界线附近对应的地震为中强地震,而将全国一分为二的分界线所对应的地震为强震。

预报效果的统计结果如下:

(1)全国范围内为两大区域或因两个地震叠加分为三个区域的低点位移,在 1966~1990 年之间出现 70 次,其中 40 次发生 6.0 级以上地震,对应率约 60%,其中 13 次震前提出了不同程度预报。

(2)对在约半个中国范围内分为两个区域的低点位移与中强地震有一定的对应关系,但常有虚、漏报。

(3)对于更小区域内的低点位移与地震的对应关系不好。

从统计结果看,这种对应关系较好,从预报效果看,用这种方法震前曾有多次较成功的预报。虽然目前还难以阐明其中的物理机理,但单从预报效果看还是有其一定的价值的。而且随着震磁研究的深入,这种现象也可能隐含着某种更深刻的物理机制。

2)幅相法

幅相法原称"红绿灯法"[28],该方法的实质是以震中区地磁日变幅度和相位的异常变化预报地震的方法。

把两台站第 $i$ 天 $Z$ 分量各整点值相减得到一条差值曲线 $A_i$,差值曲线最高值与最低值之差为瞬时差幅度 $\overline{A}$,然后与瞬时差幅度值相减并减去一调整值 $a$,即得 $\Delta Z_i = A_i - \overline{A} - a$,当 $\Delta Z_i$ 曲线连续 $n$ 天为正值(或负值)时,则视为异常,由结束之日 $N$ 起往后推 $n$ 天(或 $2n$ 天)即为发震预报日。如果 $(N+n\pm 2)$ 日有震发生,则该预报结束,如无震,则再预报 $(N+2n\pm 2)$ 日有震。

在具体操作过程中,对 $N$ 的长度及 $A_i$ 的判别均有一些规定,详细可参阅[1]。这种异常与地震的对应关系也是饶有趣味的,它的预报效果有时还是不错的,至于其 $N+2n$ 或 $N+n$ 的机理至今还在努力思索之中。

# 思 考 题

1. 压磁效应的主要实验结果和理论要点是什么?
2. 感应磁效应和电动磁效应的物理基础是什么?
3. 震磁研究的基本特点和主要内容是什么?
4. 提取震磁信息常用的方法主要有几类?

## 参 考 文 献

[1] 丁鉴海、卢振业等,地震地磁学,北京:地震出版社,1994。

[2] Kalashinikov et al., Magnetic susceptibility of volcanic rocks under elastic stresses, Dokl. Akad. Nauk. USSR, 86, 521, 1952.

[3] Kapitsa S. P., Magnetic properties of eruptive rocks exposed to mechanical stresses, Izv. Akad. Nauk. USSR Fig. Zemli, No. 6, 489, 1955.

[4] Stacey, F. D., Theory of magnetic susceptibility of stressed rocks, Phil. Mag., 7, 551~556, 1962.

[5] Nagata,T. et al. ,Tectonomagnetism,International Association of Geomagnetism and Aeconomy Bulletin,27,12~48,1969.

[6] Kean,W. F. et al. ,The effect of uniaxial compression on the size and composition of their constituent tianomagnetites,J. G. R. ,81,861~872,1976.

[7] Martin Ⅲ,R. J. ,et al. ,The effect of stresses cycling and inelastic volumetric strain on remannent magnetization,J. G. R, ,81,3485~3406,1978.

[8] 郝锦绮等,岩石剩余磁化强度的应力效应,地震学报,11(11),1989。

[9] 詹志佳等,密云水库的构造磁效应,地震学报,12,70~78,1990。

[10] 阿勃杜拉别可夫,地壳中的电磁现象,北京:学术书刊出版社,1990。

[11] 陈伯舫,渤海两岸的电导率异常,地球物理学报,17(3),1974。

[12] 祁贵仲等,地震的电磁感应效应,地球物理学报,24,196~208,1981。

[13] Beamish,D. ,A geomagnetic precursor to the 1979 Carlisle earthquake,G. J. R. Astr. Soc. 68,531~543,(1982).

[14] Mizutani, H. and Ishido, T. , A new interpretation of magnetic field variation associated with the Matsushiro earthquake, J. Geomag. Geoelectri. ,28,179~188,1976.

[15] 祁贵仲,膨胀磁效应,地球物理学报,21,18~33,1978。

[16] Fitterman,D. V. ,Theory of electrokintic－magnetic anomalies in faulted hakf－space,J. Geophys. Res. ,84,6031~6040,1979.

[17] 卢振业,一种震荡型磁效应的可能机制,西北地震学报,9(1),1987。

[18] 北京大学地球物理教研室,地磁学教程,北京:地震出版社,1986。

[19] 卢振业、孙若昧,地磁场时序曲线的转折,地震战线,6期,1980。

[20] 国家地震局,地震台站观测规范,1978。

[21] 国家地震局,地震地磁野外测量规范,1986。

[22] 卢振业、孙若昧,华北地区长期变空间模式及其应用,地震科学研究,3,1981。

[23] 孙若昧、卢振业,唐山地震前后地磁长期变的局部异常,地震研究,5(4),1986。

[24] 卢振业、孙若昧,唐山地震前后地磁 Z 分量功率谱异常,地震,2,1983

[25] 王琦,菏泽地震5.9级地震转换函数变化,地震学报,10(1),49~58,1988。

[26] 范国华等,唐山地震对北京地区地磁场总强度的影响,地震学报,1(1),1979。

[27] 丁鉴海、黄雪香,地磁"低点位移"现象及其与地震的关系,地震学报,10(4),1988。

[28] 丁鉴海、黄雪香,变化磁场及其跨跃式预报方法,西北地震学报,3(4)1981。

# 第八章 重力预报地震研究

重力场是地球基本场之一,地面重力加速度主要与地球质量的分布有关,与测点相对地球质心的距离有关。由于地球内部质量分布不均匀、不恒定,加上地球在天体之间的运动和自身变形等因素,重力场将随时间、空间发生变化。通过对地球重力场的观测,可研究地球质量的分布、地球运动及地球自身变形规律。因而,重力场时空变化是地球动力学的重要组成部分,对地球物理学家研究地震孕育过程,了解深部地壳环境的变异,具有十分重要的意义。

## §8.1 与地震预报有关的重力研究

在研究地震成因和探索地震重力前兆过程中,国内外地震学家对于地震有关的重力场变化主要开展了以固体潮、地壳介质性质和地震前重力观测的前兆等为主要内容的广泛研究。

### 8.1.1 固体潮研究

海水一天内产生两次涨落的现象早已被人们所熟悉。19世纪末,英国人开尔文进而发现,地球固体表面也发生与海水相类似的周期性涨落现象,并把这一现象主要归因于日、月对地球的引力。人们把地球整体在日、月引力作用下的变形称为固体潮。因固体潮变化幅度小,周期长,不易被人们察觉,人们只能通过精密仪器才能观测到这种微小变化。据计算,日、月引力导致地球变形的固体潮产生的地面重力加速度为 $3 \times 10^{-6}$ m/s², 约为地球平均重力加速度(9.8 m/s²)的 $3 \times 10^{-7}$,造成的地面最大起伏为 50 cm, 约为地球半径的 $1.0 \times 10^{-7}$。

环绕地球的大气层和电离层等在日、月等天体的引潮力的作用下,也会产生相应的潮汐现象。对于相互吸引着的其他天体而言,潮汐现象是普遍存在的。

**1. 引潮力位**

引潮力与引力是两个不同的概念。天体(如月球)对地球质心的引力与对地面任意一点引力之差,称为天体在该点的引潮力,相应的力位为引潮力位。由于太阳距地球相对较远,其对地球的潮汐作用要比月球对地球的作用小得多,因而在以下分析中主要考虑月球与地球之间的作用。如图8.1,月球对地心的引力位可写为:

$$V_0 = -GM/d \tag{8.1}$$

同样,对地面 $P$ 点的引力位也可得到:

$$V_P = -\frac{GM}{\rho} \tag{8.2}$$

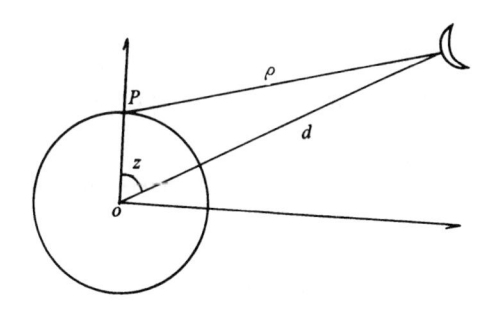

图 8.1 地月系统示意图

在重力场研究中,经常遇到 $1/\rho$ 这个函数,为研究方便,通常将其写成展开形式:

$$\frac{1}{\rho} = \sum_{n=0}^{\infty} \frac{r^n}{d^{n+1}} P_n(\cos Z)$$

上式称为勒让德多项式。式中,$Z$ 为月球天顶距,$P_n(\cos Z)$ 为勒让德函数,其具体展开式见文献[1]。将上式代入式(8.2)有:

$$V_P = -\frac{GM}{d} \sum_{n=0}^{\infty} \left(\frac{r}{d}\right)^n P_n(\cos Z) \tag{8.3}$$

如果地月系统处于静止,则式(8.3)减去式(8.1)即可得到 $P$ 点的引潮力位,但由于月地系统围绕月地公共质心旋转,该质心位于月地质心连线距地心 $0.73\,r$ 处,因此产生一个惯性离心力 $Q$,以使月球绕地球旋转时保持平衡。该惯性离心力的大小为:

$$Q = \frac{GM}{d^2}$$

这个力是相对地心而言的,其在 $OP$ 方向上的投影为 $\Delta Q = \frac{GM}{d^2}\cos Z$。由于 $\Delta Q$ 的存在,使 $P$ 与 $O$ 之间出现一个新的位差 $\Delta V$:

$$\Delta V = -\int_0^r \frac{GM}{d^2} \cos Z \mathrm{d}r = -\frac{GM}{d^2} r \cos Z \tag{8.4}$$

在顾及 $\Delta V$ 后,地月系统中地球表面 $P$ 点引潮力位为

$$\begin{aligned} V &= V_P - V_O - \Delta V \\ &= -\frac{GM}{d} \sum_{n=0}^{\infty} \left(\frac{r}{d}\right)^n P_n(\cos Z) + \frac{GM}{d} + \frac{GM}{d^2} r \cos Z \\ &= -\frac{GM}{d} \sum_{n=2}^{\infty} \left(\frac{r}{d}\right)^n P_n(\cos Z) \end{aligned} \tag{8.5}$$

同理,在地球-太阳系统中,将式(8.5)中的 $d$ 和 $Z$ 换成 $d_S$ 和 $Z_S$,便可得到在太阳引力作用下,地面 $P$ 点的引潮力位。

式(8.5)为天体位置以天顶距 $Z$ 表示的地面任意点的引潮力位表达式,通常在实际应用中都用测站的纬度($\Psi$)和天体的时角($t$)以及赤纬($\delta_M$)表示 $Z$,这种表示需在天体坐标系中,通过球面三角作以下变换才能进行:

$$\cos Z = \sin\Psi \sin\delta_M + \cos\Psi \cos\delta_M \cdot \cos t \tag{8.6}$$

· 311 ·

## 2. 引潮力场

引潮力是惯性力,适用于位的普遍处理原理,即可根据引潮力位的方向导数便可求得潮汐引力在任意方向的分量。将 $Z$ 用 $\Psi$、$\delta_M$ 和 $t$ 代替后,对式(8.5)就地表垂直方向、水平方向(包括南北和东西两个方向)求导,便可得到潮汐引力的垂直方向分量($\delta g_Z$)和水平方向的分量($\delta g_X$ 和 $\delta g_Y$):

$$\delta g_Z = -\frac{\partial V}{\partial r} = \frac{GM}{d^2}\sum_{n=2}^{\infty} n\left(\frac{r}{d}\right)^{n-1}\left[P_n(\sin\Psi)P_n(\sin\delta_M)\right.$$

$$\left. + 2\sum_{K=1}^{n}(-1)^K\frac{(n-K)!}{(n+K)!}P_n^K(\sin\Psi)P_n^K\sin\delta_M)\cos Kt\right]$$

$$\delta g_X = -\frac{\partial V}{r\partial\Psi} = \frac{GM}{rd}\sum_{n=2}^{\infty} n\left(\frac{r}{f}\right)^n\left[\frac{\partial P(\sin\Psi)}{\partial\Psi}P_n(\sin\delta_M)\right.$$

$$\left. + 2\sum_{K=1}^{n}(-1)^K\frac{(n-K)!}{(n+K)!}\frac{\partial P_n^K(\sin\Psi)}{\partial\Psi}P_n^K(\sin\delta_M)\cos Kt\right]$$

$$\delta g_Y = -\frac{\partial V}{r\cos\Psi\partial\lambda} = -\frac{GM}{rd\cos\Psi}2\sum_{n=2}^{\infty}\sum_{K=1}^{\infty}(-1)^K$$

$$\frac{(n-K)!}{(n+K)!}P_n^K(\sin\Psi)P_n^K(\sin\delta_M)\frac{\partial\cos Kt}{\partial\lambda} \tag{8.7}$$

式中,$\lambda$ 为测站经度。上三式为计算潮汐引力的严密公式,实际应用中只需顾及 2~3 阶便可得到足够的计算精度的引潮结果。通过上述表达式可对地球表面的引潮力最大值进行估计,结果为,垂直方向的最大引潮力为 241 $\mu$Gal,水平方向的最大引潮力为 189 $\mu$Gal。

## 3. 潮汐应力与应变

引潮力是一种体力,在引潮力位式(8.5)及上节中给出的引潮力在地球内部分布的基础上,通过求解以下平衡方程,便可得到在引潮力作用下的潮汐应力表达式。

$$(\lambda+\mu)\frac{\partial\theta}{\partial x} + \mu\nabla^2 u + \rho\frac{\partial V}{\partial x} = 0$$

$$(\lambda+\mu)\frac{\partial\theta}{\partial y} + \mu\nabla^2 v + \rho\frac{\partial V}{\partial y} = 0 \tag{8.8}$$

$$(\lambda+\mu)\frac{\partial\theta}{\partial z} + \mu\nabla^2 w + \rho\frac{\partial V}{\partial z} = 0$$

式中,$u$、$v$、$w$ 为 $x$、$y$、$z$ 方向上的潮汐位移;$\lambda$、$\mu$ 为介质的拉梅常数;$\nabla$ 为拉谱拉斯算子;$\rho$ 为地球介质密度;$V$ 为式(8.6)中的引潮力位,$\theta$ 为应变第一不变量:

$$\theta = \frac{\partial u}{\partial x} + \frac{\partial v}{\partial y} + \frac{\partial w}{\partial z} \tag{8.9}$$

假设地球为各向同性的均匀弹性球体,选取右旋直角坐标系,以地心为原点,以地球和月球的中心连线为 $z$ 轴,$x$ 轴在白道面内,$y$ 轴垂直于白道面。仅用二阶引潮力位求解,设地球表面为自由边界,利用文献[2]给出的方法进行坐标转换,便可得出均匀弹性地球内部的潮汐应力的一般表达式($\theta = 90° - Z$):

$$\sigma_r = \frac{2(4\lambda+3\mu)}{19\lambda+14\mu}\frac{GM\rho}{R^3}(a^2-r^2)(3\cos^2\theta-1)$$

$$\sigma_\theta = -\frac{8\lambda+6\mu}{19\lambda+14\mu}\frac{GM\rho}{R^3}(a^2-r^2)(3\cos^2\theta-2)+\frac{3\lambda+2\mu}{19\lambda+14\mu}\frac{GM\rho}{R^3}r^2$$

$$\sigma_\Psi = -\frac{2(4\lambda+3\mu)}{19\lambda+14\mu}\frac{GM\rho}{R^3}(a^2-r^2)+\frac{3\lambda+2\mu}{19\lambda+14\mu}\frac{GM\rho}{R^3}r^2(3\cos^2\theta-2) \quad (8.10)$$

$$\tau_{r\theta} = -\frac{6(4\lambda+3\mu)}{19\lambda+14\mu}\frac{GM\rho}{R^3}(a^2-r^2)\sin\theta\cos\theta$$

$$\tau_{r\Psi} = 0$$

$$\tau_{\theta\Psi} = 0$$

式中,$\sigma_r$ 为半径方向的潮汐正应力,$\sigma_\theta$、$\sigma_\Psi$ 分别为地面两个主方向的潮汐正应力,其他为剪应力。鉴于我们的前兆观测是在地表进行,即 $r=a$,将 $r=a$ 代入上述公式便可得到地表潮汐应力分布:

$$\sigma_r = \tau_{r\theta} = \tau_{r\Psi} = \tau_{\Psi\theta} = 0$$

$$\sigma_\theta = \frac{3\lambda+2\mu}{19\lambda+14\mu}\frac{GM\rho}{R^3}a^2 \quad (8.11)$$

$$\sigma_\Psi = \frac{3\lambda+2\mu}{19\lambda+14\mu}\frac{GM\rho}{R^3}a^2(3\cos^2\theta-2)$$

体应力的表达式为

$$\sigma = \sigma_r + \sigma_\Psi + \sigma_\theta$$

$$= \frac{3\lambda+2\mu}{19\lambda+14\mu}\frac{GM\rho}{R^3}a^2(3\cos^2\theta-1) \quad (8.12)$$

利用地球、月球和太阳的已知数据,可对月球及太阳对地球的潮汐作用在地表产生的最大潮汐应力响应进行初略估计。设 $\lambda=\mu$,$\rho=5.5\text{ g/cm}^{-3}$,$GE=3.986\times10^{20}$,$M/E=1/81.3$($E$、$M$ 分别为地球和月球的质量),取地球平均半径 $a=6.37\times10^8\text{ cm}$,月地平均距离 $R$ 为 $3.844\times10^{10}\text{ cm}$,则因月球所引起的地表潮汐应力的最大变化量为 $\sigma_{\max}=87.6\text{ g/cm}^2$。

对于太阳而言,$S/E=3.330\times10^5$($S$ 为太阳质量),日地平均距离为 $14.96\times10^{12}\text{ cm}$,则太阳在地球表面造成的潮汐应力最大值为 $40.0\text{ g/cm}^2$。两者叠加,地球表层可能达到的最大潮汐应力为 $127.6\text{ g/cm}^2$,约为 $0.13$ 个大气压。

限于篇幅,本书不详细介绍潮汐应变的一般表达式,有兴趣者请参见文献[3]。在此仅给出地表应变在球坐标中的表达形式:

$$\varepsilon_r = \frac{\lambda}{2\mu(19\lambda+14\mu)}\frac{GM\rho}{R^3}a^2(1-3\cos^2\theta)$$

$$\varepsilon_\theta = \frac{3\lambda+2\mu}{2\mu(19\lambda+14\mu)}\frac{GM\rho a^2}{R^3}+\frac{\lambda}{2\mu(19\lambda+14\mu)}\frac{GM\rho a^2}{R^3}(1-3\cos^2\theta)$$

$$\varepsilon_\Psi = -\frac{3\lambda+2\mu}{2\mu(19\lambda+14\mu)}\frac{GM\rho a^2}{R^3}-\frac{\lambda+\mu}{\mu(19\lambda+14\mu)}\frac{GM\rho a^2}{R^3}(1-3\cos^2\theta)$$

$$\varepsilon_{r\Psi} = \varepsilon_{r\theta} = \varepsilon_{\theta\Psi} = 0 \quad (8.13)$$

体应变

$$\Theta = \varepsilon_r + \varepsilon_\theta + \varepsilon_\Psi = \frac{1}{19\lambda+14\mu}\frac{GM\rho}{R^3}a^2(3\cos^2\theta-1) \quad (8.14)$$

若取 $\lambda=\mu=5\times10^{11}$，其他参数如上所给，则可得出地表最大潮汐体应变值为 $\Theta_{\max}=5\times10^{-8}$。

**4. 固体潮对地震的触发作用**

在地震孕育过程中，日月潮汐将对孕震系统无疑将起着加卸载作用。前面我们已从引潮力的角度从理论上导出了地表潮汐应力和应变的一般表达式，从公式及其最大作用来看，日月引力的潮汐作用在探索地震孕育过程中的应力变化是不容忽视的，潮汐作用的结果，一方面导致应力的进一步积累；另一方面，对应力积累到末期的潜在震源起着触发作用，从而加速地震的发生。

基于上述想法，多震国家的地震学家正从多途径探讨固体潮的触发作用。从体力角度出发，研究固体潮对地震的触发作用可以通过寻找月相与发震时刻的相关性来达到。美国的赖亚尔、琼斯等人对1966年加利福尼亚的特拉基地震的余震进行了统计，发现余震的发生与月相有明显的相关性；原苏联的塔姆拉兹扬于1974年指出，1966年塔什干地震及其14次最大余震与双周潮具有很好的相关性；我国的丁鉴海等人也曾用中国大陆1910年以来6.0级以上和首都圈地区1966年以来1.0级地震资料，对地震活动的月相效应进行了研究。结果表明，发生在各个月相上的地震频次明显受月相的调制和制约，呈现出一定的规律性，月相效应的最大幅度可影响地震活动平均频次的25%以上，证明了地震活动的月相效应明显存在，其影响不可忽略。他还发现，月相效应的基本特征是具有半月和全月周期性，此外，对首都圈地区地震活动以及唐山、邢台余震序列的研究还可以看出具有明显的1/4周期性，地震活动的频度、强度在朔、望、上弦、下弦附近出现相对极值。

## 8.1.2 地壳介质性质（潮汐因子）的研究

**1. 勒夫数**

据文献[4]，引潮位产生的水准面的经向位移（即平衡高）为

$$u'_r = \frac{V}{g} = \sum_{n=2}^{\infty} \frac{V_n}{g} = \zeta \tag{8.15}$$

引潮位引起的垂线偏差为

$$\zeta = \frac{\partial V}{gr\partial\Psi} = \sum_{n=2}^{\infty} \frac{\partial V_n}{gr\partial\Psi}$$

$$\eta = \frac{\partial V}{gr\cos\Psi\partial\lambda} = \sum_{n=2}^{\infty} \frac{\partial V_n}{gr\cos\Psi\partial\lambda} \tag{8.16}$$

则水准在南北和东西方向的位移分别为

$$u'_\Psi = r\times\zeta = \frac{\partial V}{g\partial\Psi} = \sum_{n=2}^{\infty} \frac{\partial V}{g\partial\Psi}$$

$$u'_\lambda = r\times\eta = \frac{\partial V}{g\cos\Psi\partial\lambda} = \sum_{n=2}^{\infty} \frac{\partial V_n}{g\cos\Psi\partial\lambda} \tag{8.17}$$

假设地球是横向均匀的,则有
$$\lambda = \lambda(r), \mu = \mu(r), \rho = \rho(r)$$
那么,弹性地球在引潮力作用下,其变形为
$$\begin{aligned} u_r &= H(r) u'_r \\ u_\Psi &= L(r) u'_\Psi \\ u_\lambda &= L(r) u'_\lambda \end{aligned} \tag{8.18}$$

$H$ 和 $L$ 都是 $r$ 的函数,开尔文证明了不同阶引潮位的 $H$ 和 $L$ 与对应的 $V_n$ 成正比,即

$$\begin{aligned} u_r &= \sum_{n=2}^{\infty} H_n(r) \frac{V_n}{g} = \sum_{n=2}^{\infty} \zeta_n \\ u_\Psi &= \frac{1}{g} \sum_{n=2}^{\infty} L_n(r) \frac{\partial V_n}{\partial \Psi} \\ u_\lambda &= \frac{1}{g} \sum_{n=2}^{\infty} L_n(r) \frac{\partial V_n}{\cos\Psi \partial \lambda} \end{aligned} \tag{8.19}$$

相应的体积膨胀为

$$\Theta = \sum_{n=2}^{\infty} f_n(r) \frac{V_n}{rg} \tag{8.20}$$

由于地球变形和由此引起的质量重新分布将使引潮力位本身也发生变化,这种附加的引潮力位可以写成

$$V' = \sum V'_n = \sum_{n=2}^{\infty} K_n(r) V_n \tag{8.21}$$

在地表

$$H_n(a) = h_n, L_n(a) = l_n, K_n(a) = k_n, f_n(a) = f_n \tag{8.22}$$

其中 $h$ 和 $k$ 称之为勒夫数,$l$ 为志田(Shida)数。从式(8.18)和(8.21)看出,它们都有具体的物理意义,这几个常数从不同的角度反映出地球潮汐变形的弹性特征。其中,$h$ 是弹性地球的固体潮高与刚性地球的平衡潮(静力海潮)高之比;$k$ 是地球弹性变形引起的附加力位与引潮力位之比;$l$ 则是地壳的水平位移与相应的水准面的水平位移之比;而 $f$ 为体积膨胀和相应的平衡潮高之比。如果地球是绝对的刚体,则这些比值均为零,表示地球在引潮力的作用下没有发生任何变形。若这些比值等于1,则表明地球是理想的流体,在引潮力的作用下,任何地方都像水准面一样,产生静力学变形。由于实际地球介质接近弹性体,故这些常数的值在 0 与 1 之间。

若地球是完全弹性、不可压缩的均质球体,开尔文从理论上证明勒夫数与介质力学参数 $\rho$、$\mu$、$\lambda$ 存在有如下关系

$$\begin{aligned} h_2 &= \frac{5}{2P} \\ k_2 &= \frac{3}{5} h_2 = \frac{3}{2P} \\ l_2 &= \frac{3}{10} h_2 = \frac{3}{4P} \end{aligned} \tag{8.23}$$

式中,$P = 1 + \frac{19}{2} \frac{\mu}{\rho g R}$。上述关系是在简化的地球模型基础上得出的,实际地球与理论地

球模型存在一定差异,从大量实际资料得出的平均勒夫数(2阶)为$h_2=0.638,k_2=0.30$,$l_2=0.080$,它们之间并不完全服从上述关系。

鉴于勒夫数与理论地球模型介质力学参数存在着式(8.23)的关系,并且现代地震学研究中,人们已导出地球弹性常数$\lambda,\mu$与地震波的压缩分量(纵波)和剪切分量(横波)之间有如下关系

$$V_P = \sqrt{\frac{\lambda+2\mu}{\rho}}$$
$$V_S = \sqrt{\frac{\mu}{\rho}} \tag{8.24}$$

而有震例表明,地震前在未来震中或其附近地震波速度比$V_P/V_S$发现存在下降的异常变化,其变化幅度有可能达到$10\%\sim20\%$。表明在区域应力场应力作用下,地震孕育到一定阶段,震源或其附近地壳介质性质有可能发生变化。因而通过多种途径探索区域应力场中局部地壳介质弹性参数的变化,有可能会捕捉到强震前的前兆异常变化。由于勒夫数具有明显的物理意义,开展强震前震源及其邻近地区地壳介质勒夫数随时间变化特征的研究已日益得到人们的重视,有望取得积极成果。

**2. 潮汐因子**

潮汐因子表示实测潮幅与理论潮幅之比,目前在固体潮潮汐分析中主要有重力潮汐因子($\delta$)、地倾斜潮汐因子($\gamma$)、经纬度潮汐因子($\Lambda$ 由天文观测测得)和体膨胀潮汐因子($f$)。它们与勒夫数存在以下关系:

$$\begin{aligned}
\delta_n &= 1 + \frac{2}{n}h_n - \frac{n+1}{n}k_n \\
\gamma_n &= 1 + k_n - h_n \\
\Lambda_n &= 1 + k_n - l_n \\
f_n &= (ah'+2h_n) + 2h_n - n(n+1)l_n
\end{aligned} \tag{8.25}$$

它们可通过对实测潮汐资料的调和分析得到,理论上,二阶潮汐因子为

$$ah' + 2h_2 = -0.25, \delta_2 = 1.16$$
$$\gamma_2 = 0.68, \Lambda_2 = 1.21, f_2 = 0.498$$

通过勒夫数及潮汐因子与地壳介质弹性参数之间的关系看出,在孕震过程中,震源或其附近地壳介质性质一旦在应力作用下发生变化,势必影响实际固体潮观测曲线偏离其正常变化,产生畸变,所以在实际地震前兆数据分析中一旦发现固体潮波形发生畸变,在核实无其他因素干扰的前提下,应注意其有可能是地震前兆。

### 8.1.3 重力场的非潮汐变化

潮汐变化是外部天体对于地面观测站相对位置的变化造成的附加引力而引起的,它具有和这些天体运动相同的周期性质。而地震学家感兴趣的是要从实际重力观测资料中分离出与地震孕育有关的非潮汐因素影响的重力变化。

重力非潮汐变化主要源于地球本身的质量再分配和局部介质的密度变化,它的变化

机理比潮汐变化复杂,诸如核幔边界变形、地幔对流、板块运动、局部地壳的应变、地震的形成过程、地下流体的运动等都将引起地面重力场发生非潮汐变化。目前人们还无法对非潮汐变化进行理论上的预报,只能利用精密仪器进行现场观测。具有 10 $\mu$Gal 精度的重力仪器便有可能观测到重力场的非潮汐变化（1 $\mu$Gal$=10^{-6}$Gal,1 Gal$=$1 cm/s$^2$,1 g$=$980 cm/s$^2$）。由于重力场非潮汐变化能为现代地壳运动和地震预报提供有用信息,所以,地震学家正以极大的热情,克服重重困难,通过地面重力观测,努力探索强震前重力场非潮汐变化规律。

据文献[5],重力场随时间变化具有以下形式

$$\dot{g} = \frac{\partial \dot{g}}{\partial r}r + G\iiint \frac{\dot{\rho}(r)}{(r'-r)^2}\mathrm{d}V \tag{8.26}$$

上式第一项与地壳垂直形变有关;第二项与地壳介质密度有关,$\partial g/\partial r$ 为重力垂直梯度,$r$ 是地面点至地心距离的时间变化,它可通过水准测量近似求得,而 $r$ 只有空间技术才能提供严格的数值。上式左边 $\dot{g}$ 也可由观测得到,而第二项一般是无法预先测得的,但利用 $\dot{g}$ 和 $(\partial g/\partial r)r$ 的已知值,对右端第二项作一些反演,便可得测点附近地壳内部的密度变化。

若通过有关方法能证实重力点附近无明显的密度变化时,则上式右端第二项为零,此时可将重力变化转化成高程变化。由于重力测量具有快速而经济的特点,因而目前很多人主张用重力方法来普查大面积的地壳垂直运动,以克服大面积水准测量的误差积累、作业效率低和耗资大的缺陷。在短时期内（如几个月）提供全国地壳垂直形变的图像,水准测量的办法是无法办到的,而重力测量却能使成为可能。所以重力测量在快速提供地壳垂直变形,研究地下介质运动或密度变化,为地震中长期预报提供背景性依据具有很大的潜力。

重力场的潮汐变化和非潮汐变化都有可能包含着地震孕育信息、理论模型和实际震例表明,大地震前的重力非潮汐变化可达 100 $\mu$Gal 量级,潮汐因子变化可能在千分之几,最多是百分之几微伽的量级变化。目前 LCR 高精度重力仪已广泛投入重力观测,检测震前这种量级的异常变化是完全可能的,故重力观测在地震预报中势必发挥较大作用。

从流动重力测量中提取非潮汐信息,首先需对观测资料进行干扰因素的剔除,从目前来看,地下水的变化对重力观测具有较大影响,在利用实际重力观测资料进行地震预报研究时,必须对重力资料进行排除地下水干扰的处理。经处理后的重力数据才能用于异常分析与地震过程中物理场的变化机制研究。目前实际重力观测资料异常判别常用分析方法是分析各重力测点相对于某起始测点的重力值（点值）、重力段差和点值变化,据此作出重力段差的点值变化曲线、点值平面分布图,分析区域重力场的时空变化趋势及梯度值 $\Delta h/\Delta g$ 的时空变化特征,分析测区质量分布变化等,在震例经验的基础上,以此判定地震重力异常。

### 1. 无限平层改正公式的应用前提

已有研究表明[6],地下水位升降变化对地表重力观测有着较大的影响,在分析重力与孕震过程有关的变化中应予以相应的改正,这就是众所周知的无限平层改正公式

$$\Delta g = 42\Delta \rho \Delta h \tag{8.27}$$

式中，$\Delta\rho$ 为湿岩石与干岩石密度之差，即岩石空隙度，$\Delta h$ 为水位变化高度。上式是无限平层为前提的，而实际中，无限平层条件是不满足的，因而有必要探讨无限平层改正公式的应用范围。

先从讨论均匀介质平层重力效应的影响范围着手。以 $r_i(i=1,2,\cdots)$ 为半径，无数个同心圆环中第 $i$ 环质量对圆心 $O$ 点的引力效应的垂直分量为

$$g_i = G\Delta\rho \int_0^{2\pi} \int_{h_1}^{h_2} \int_{r_{i+1}}^{r_i} \frac{rh\,\mathrm{d}\alpha\,\mathrm{d}r\,\mathrm{d}h}{(h^2+r^2)^{3/2}} = -\pi G\Delta\rho \left[\frac{h_1^2-h_2^2}{r_i} - \frac{h_1^2-h_2^2}{r_{i+1}}\right] \tag{8.28}$$

根据所讨论的问题，均匀介质层多大范围以外的质量对地面 $O$ 点的引力效应的垂直分量之影响是否忽略不计？若半径 $r$ 以外的质量对 $O$ 点的引力垂直分量之和小于 $1\,\mu\mathrm{Gal}$，则 $r$ 以外的质量影响可以忽略不计。即

$$\begin{aligned}g &= G\Delta\rho \int_0^{2\pi}\int_{h_1}^{h_2}\int_r^{r'} \frac{rh\,\mathrm{d}\alpha\mathrm{d}r\,\mathrm{d}h}{(h^2+r^2)^{3/2}} \\ &= \lim_{r'\to\infty}\left[-\pi G\Delta\rho(h_1^2-h_2^2)\left(\frac{1}{r}-\frac{1}{r'}\right)\right]\leqslant 1\end{aligned} \tag{8.29}$$

$$r \geqslant \pi G\Delta\rho(h_2^2-h_1^2) = 2\pi G\Delta\rho\frac{h_1+h_2}{2}(h_2-h_1)$$

利用上式便可对无限平层的应用范围进行估计。根据有关文献[6]介绍，对于华北地区，潜水层平均水位小于 5 m，水位变化小于 3 m，而空隙度小于 0.25。将已知数据代入式(8.29)便可得到 $r\geqslant 160$ m。由此可见，在华北地区，无限平层 160 m 以外的质量，其引力垂直分量总和不会超过 $1\,\mu\mathrm{Gal}$。对其他地区利用式(8.29)也可作出相应的范围估计。

上述分析表明，无限平层公式在华北地区的适用条件相当宽松，只要在半径为 160 m 以内的圆形区域内保持地形平坦，该项改正就能保证 $1\,\mu\mathrm{Gal}$ 以内的精度，160 m 以外的质量对计算的影响便可忽视不计。

**2. 地下水位升降对地面重力影响已有结果的修正**

地表重力观测值是地下物质变化及地面升降等因素作用的综合结果，若地下水位升降的同时地面高程也在发生变化，那么，利用无限平层公式改正水位影响时可能会产生一定偏差。图 8.2 为水位变化和地表运动同时存在时的测点运动图解。

从图 8.2 中可直观地导出

$$\Delta W = W_2 + h - W_1 = h + \Delta W' \tag{8.30}$$

$\Delta W' = W_2 - W_1$ 为 $t_2$ 时刻相对 $t_1$ 时刻的水位实际变化量。将式(8.30)代入式(8.27)，有

$$\Delta g = 42\Delta\rho\Delta W = 42\Delta\rho(h+\Delta W') \tag{8.31}$$

若地面 $t_2$ 时刻的高程变化 $h$ 完全由构造运动所致。此时期间地下水位实际未变，而实际观测到的水位 $W_2$ 却与 $W_1$ 不同，未修正公式中的水位变化不等于 0，即 $\Delta W' = W_2 - W_1 = -h$，将此值代入无限平层公式进行水位校正，刚好把所需的构造运动信息去掉了，这对利用重力变化资料寻求构造运动信息十分不利。若采用修正公式就有可能保留有用信息。即，此时的 $\Delta W = h + \Delta W' = h - h = 0$，从而重力改正值 $\Delta g = 0$。

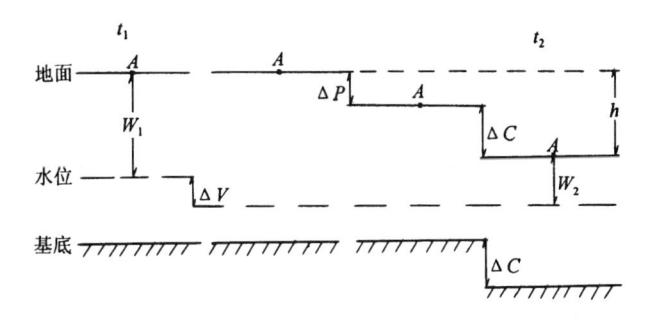

图 8.2  水位升降和地表垂直运动并存时地面测点高度变化过程

图中：

$\Delta P$=水位下降导致的压实量；

$\Delta C$=构造运动产生的地面升降；

$h=t_2$ 时刻相对 $t_1$ 时刻 $A$ 高程变化，$h=\Delta P+\Delta C$；

$W_1=t_1$ 时刻的水位观测值；

$W_2=t_2$ 时刻的水位观测值；

$\Delta W$=纯水位升降，是无限平层公式中所需的水位变化量

## §8.2  重力数据处理方法[7]

### 8.2.1  日均值方法

这种方法是台站资料处理中最常用的而又是简便的方法。这里要讨论一下这种方法的实质：

日均值的数学表达式是：

$$y_m = \frac{1}{24}\sum_{i=0}^{23} y_i \tag{8.32}$$

如果 $y_i$ 是完全线性的，则 24 小时的平均读数即为 11.5 小时的读数，即 $y_m=y_{11.5}$。对台站资料来说，$y_1 \neq y_{11.5}$，为了阐述这个问题，可以把 $t$ 时刻的 $y_i$ 表示成：

$$y_i = \sum_{1}^{n} R_n \cos(\omega_n t + \varphi_n) + \varphi_1(t) + \varphi_2(t) \tag{8.33}$$

式中，右边第一项为潮汐波，第二项为仪器零漂，第三项为其他非潮汐成分。把式(8.33)代入式(8.32)得：

$$y_m = \frac{1}{24}\sum_{0}^{23}\sum_{1}^{n}\cos(\omega_n t + \varphi_n) + \frac{1}{24}\sum_{0}^{23}\varphi_1(t) + \frac{1}{24}\sum_{0}^{23}\varphi_2(t) \tag{8.34}$$

利用坐标组合原理，上式右端第一项可以写成：

$$\frac{1}{24}\sum_{0}^{23} R_n \cos(\omega_n t + \varphi_n)$$
$$= \frac{1}{24}(\cdots Y_{11.5} + Y_{10.5} + \cdots + Y_{1.5} + Y_{0.5})$$

$$= \frac{1}{24}\left[Y_6 Y_3 Y_{1.5}\left(Y_1 + \frac{Y_0}{2}\right)\right]$$
$$= M(\omega_n)R_n\cos(\omega_n t + \varphi_n) \tag{8.35}$$

式中,$Y_i = y_i + y_{-i}$

$$M(\omega_n) = \frac{1}{6}\cos 6\omega_n \cos 3\omega_n \cos 1.5\omega_n \cos^2\left(\frac{\omega_n}{2}\right) \tag{8.36}$$

$M(\omega_n)$为日均值的振幅因子,它是输入信号频率的函数,显然$M(\omega_n)$越小,则说明这种滤波器对频率为$\omega_n$的分波具有较好的滤波功能。$M(\omega_n)$的数值见表8.1。从表8.1中看出,对于所有主波,$M(\omega_n)$都很小,它说明日均值可以消除潮汐波的大部分。因此可以写成:

$$\frac{1}{24}\sum_0^{23}R_n\cos(\omega_n t + \varphi_n) \approx 0 \tag{8.36'}$$

表8.1　$M(\omega_n)$、$P(\omega_n)$和$L(\omega_n)$

| 分波滤波器 | $K_1$ | $O_1$ | $P_1$ | $Q_1$ | $M_1$ | $M_2$ | $S_2$ | $N_2$ | $K_2$ | $L_2$ |
|---|---|---|---|---|---|---|---|---|---|---|
| $M(\omega_n)$ | −0.0005 | 0.0126 | 0.0005 | 0.0197 | 0.0058 | −0.0060 | 0.0000 | −0.0003 | −0.0005 | −0.0028 |
| $P(\omega_n)$ | 0.0002 | 0.0031 | −0.0001 | 0.0107 | −0.0002 | −0.0007 | 0.0000 | 0.0019 | 0.0004 | −0.0012 |
| $L(\omega_n)$ | 0.0000 | 0.0065 | 0.0000 | 0.0272 | −0.0003 | 0.0040 | 0.0000 | −0.0173 | 0.0002 | 0.0035 |

现在再看式(8.34)的第二项。我们把$\Phi_1(t)$在中心时刻$t = 11.5$ h处展开成台劳级数。

$$\Phi_1 = \Phi_1(t_0 + \Delta t)$$
$$= \Phi_1(t_0) + \Phi'_1(t_0)\Delta t + \frac{1}{2!}\Phi''_1(t_0)\Delta t^2 + \cdots$$

取$\Delta t$以日为单位,并做一些书写上的简化,则得:

$$\Phi_{-11.5} = \Phi_0 - \frac{11.5}{24}\Phi'_0 + \frac{1}{2!}\left(\frac{11.5}{24}\right)^2\Phi''_0 + \cdots$$
$$\Phi_{-10.5} = \Phi_0 - \frac{10.5}{24}\Phi'_0 + \frac{1}{2!}\left(\frac{10.5}{24}\right)^2\Phi''_0 + \cdots$$
$$\Phi_{-0.5} = \Phi_0 - \frac{0.5}{24}\Phi'_0 + \frac{1}{2!}\left(\frac{0.5}{24}\right)^2\Phi''_0 + \cdots \tag{8.37}$$
$$\Phi_{0.5} = \Phi_0 + \frac{0.5}{24}\Phi'_0 + \frac{1}{2!}\left(\frac{0.5}{24}\right)^2\Phi''_0 + \cdots$$
$$\Phi_{11.5} = \Phi_0 + \frac{11.5}{24}\Phi'_0 + \frac{1}{2!}\left(\frac{1.5}{24}\right)^2\Phi''_0 + \cdots$$

式(8.37)中共有24个式子,把它们代入式(8.34)右端第二项后,所有奇阶项全部自动抵消,只剩下偶阶项。这个级数收敛很快,只须保留0和2阶项,即:

$$\frac{1}{24}\sum_0^{23}\Phi(t) = \Phi_0 + \frac{1}{24^2}(0.5^2 + 1.5^2 + \cdots + 10.5^2 + 11.5^2)\Phi''$$
$$= \Phi_0 + 0.42\Phi''_0 \tag{8.38}$$

顾及式(8.35)和式(8.37),式(8.34)变为

$$y_m = \Phi_0 + 0.42\Phi''_0 + \Phi_2(t) \tag{8.39}$$

此式就是日均值的最后结果,它包含三部分:坐标原点的零漂值 $\Phi_0$,当天的 42% 的非线性零漂($0.42\Phi''_0$)以及其他非潮汐成分 $\Phi_2(t)$。

### 8.2.2 别尔采夫滤波器

这是一个 18 阶的组合,它曾被国际固体潮中心(ICET)推荐为世界各国统一使用的计算瞬时仪器零漂值的方法。它的形式是:

$$y_p = \frac{1}{15}(y_0 + Y_2 + Y_3 + Y_5 + Y_8 + Y_{10} + Y_{13} + Y_{18}) \tag{8.40}$$

同样可以把式(8.33)代入上式得:

$$y_p = \sum P(\omega_n)R_n(\cos\omega_n t + \Phi_n) + \frac{1}{15}\sum \Phi(t) + \Phi_2(t) \tag{8.41}$$

式中

$$P(\omega_n) = \frac{1}{15}[2\cos 5\omega_n + 4\cos^2(5\omega_n) - 1](1 + 2\cos 8\omega)$$

$P(\omega_n)$ 与式(8.36)的 $M(\omega_n)$ 类似。其值列于表 8.1。这时有:

$$\frac{1}{15}\sum R_n(\cos\omega_n t + \varphi_n) \approx 0 \tag{8.41'}$$

对式(8.41)右端第二项作类似式(8.37)的处理可得:

$$\frac{1}{15}\sum \Phi_1(t) = \Phi(t_0) + 0.080\Phi''(t_0) \tag{8.42}$$

式(8.42)的意义与式(8.40)完全一样。这时式(8.41)变为:

$$y_p = \Phi_1(t_0) + 0.080\Phi''(t_0) + \Phi_2(t) \tag{8.43}$$

它与式(8.39)具有完全相同的意义。

### 8.2.3 同时消除潮汐波和漂移的滤波器

从上面的讨论中可以看出,这两种滤波器基本上是等价的。它们的共同点是两者都保留着仪器零漂值 $\Phi_i(t_0)$ 和非潮汐信息 $\Phi_2(t)$,所以这两种方法实际上都未能达到提取非潮汐信息的目的。为了提取非潮汐信息,我们必须重新设计滤波器,使之能同时消除潮汐波和漂移。相对而言,它必须是一个高通滤波器。为此我们给出如下的三阶 Z 型滤波器。

$$\begin{aligned} y_1 &= Z_1 - Z_2 + Z_6 - Z_7 - Z_{10} + Z_{11} + Z_{14} \\ &= Z_{15} - Z_{13} + Z_{19} - Z_{26} + Z_{27} \\ &= Z_{12.5}Z_6Z_{0.5}\left(y_8 + \frac{y_0}{2}\right) \end{aligned} \tag{8.44}$$

式中, $Z_i = y_i - y_{-i}$ ,把式(8.33)代入式(8.44)得:

$$y_i = \sum_n L(\omega_n)R_n\cos(\omega_n t + \varphi_n) + \sum_{x=1}^{4} N_3^{(x)}\Phi_1^{(x)}(t) + \Phi_2(t) \tag{8.45}$$

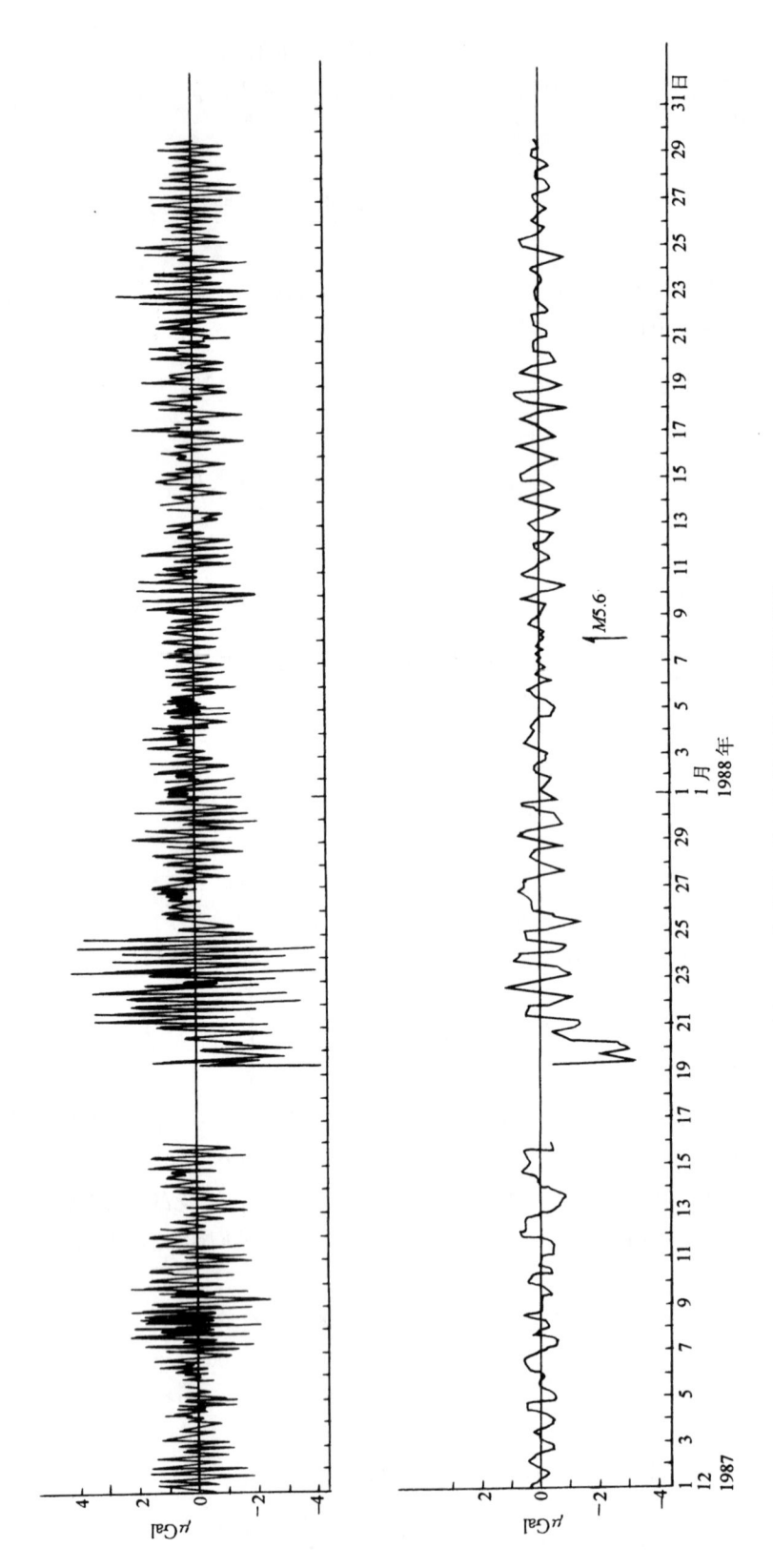

图 8.3 宁蒗地震前后弥渡台重力非潮汐变化

式中右端第二项是把零漂函数展开成四阶导数的级数；$\Phi^{(x)}(t)$ 和 $N^{(x)}(t)$ 分别表示 $x$ 阶导数和与之相应的系数。$L(\omega_n)$ 是式 (8.44) 的振幅因子。它对于每个主波也接近于零，说明式 (8.44) 对潮汐波有较好的滤波功能，$L(\omega_n)$ 的数值见表 8.1。

式 (8.45) 右端的第二项经类似于式 (8.35) 的处理后可得：
$$N^{(1)} = N^{(2)} = N^{(4)} = 0, N^{(3)} = 0.21$$
即
$$\sum_i^4 N^{(x)} \Phi_1^{(x)}(t) = 0.021 \Phi_1^{(3)}(t) \tag{8.46}$$

所以经过式 (8.44) 的滤波后，同时消除了潮汐波和仪器零漂的主项。这时得：
$$y_i = 0.021 \Phi_1^{(4)}(t) + \Phi_2(t) \tag{8.47}$$

比较式 (8.39)、(8.43) 和 (8.47) 就可以发现滤波器式 (8.44) 确实优于式 (8.32) 和 (8.40)。它的主要优点在于它同时滤除了潮汐波成分和仪器零漂值，而单独保留了非潮汐成分 $\Phi_2(t)$，因为百分之二的四阶非线性零漂可以完全忽略不计。

图 8.3 为利用三阶 Z 型滤波器，式 (8.44) 对宁蒗地震前后弥渡台重力资料进行滤波后得到的重力非潮汐变化曲线。

## §8.3 地震前重力观测的异常变化实例

### 8.3.1 1965 年日本松代地震震群的重力变化

日本松代震群是在 1965 年 8 月开始活动，1965～1967 年期间，有感地震不断。伴随 1965～1967 年松代震群所观测的重力变化，是与地震活动有关的一个最为突出的实例。

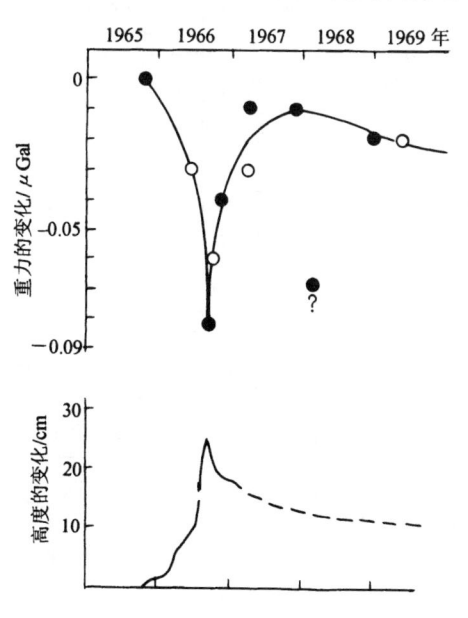

图 8.4 松代地震台一等重力点重力随时间变化曲线及该处地面隆起对比曲线

在地震活动地区曾布设有很多重力观测点,日本地震研究所和国土地理院分别对该区进行各自独立的重力观测。观测结果表明,震群初期(约1966年左右)在震区一些重力点上观测到一定幅度的重力异常变化,之后重力逐渐恢复。此间,地面高程呈现相反方向的地面隆起运动,图8.4为松代地震台一等重力点的重力变化与该处地面隆起对比曲线[6]。

据基斯林格[8]推测,在地面隆起期间,重力值最初减小的速率与自由空气校正率相差不大,而且这种变化能用重力点下地壳密度的减小来解释,这种减小可能因地壳介质膨胀所致;在之后的重力以较大速率上升,人们试图用裂隙闭合、密度增加予以解释,但还不能给出令人满意的结果。

### 8.3.2 1975年海城地震的重力变化

1972年6月,辽宁省地震局在横跨辽东半岛的北镇至庄河建立了一条长约250 km的北西—南东向重力重复测量路线,测线中段经过营口市和盖县,距海城7.3级地震震中约50 km(图8.5a)。海城地震前,在1972年6月、11月和1973年5月对这条测线进行了三次重力复测,震后于1975年2月和7月以及此后曾作过多次复测,测线上相邻两个测点间重力差的测量均方误差均小于40 $\mu$Gal。从1972年6月至1973年5月的三次观测结果表明,测线东南段重力值显著下降,幅度最大达353 $\mu$Gal(图8.5b)。1975年震后第一次复测发现,该区重力已恢复到1972年6月建点时的水平。1975年7月再次复测,发现重力场重力值继续上升,最大为382 $\mu$Gal,之后的观测结果再未出现明显变化。海城地震前后重力观测结果显示出,震中地区震前记录到了重力值较大的下降异常和震后重力的较大回升变化。

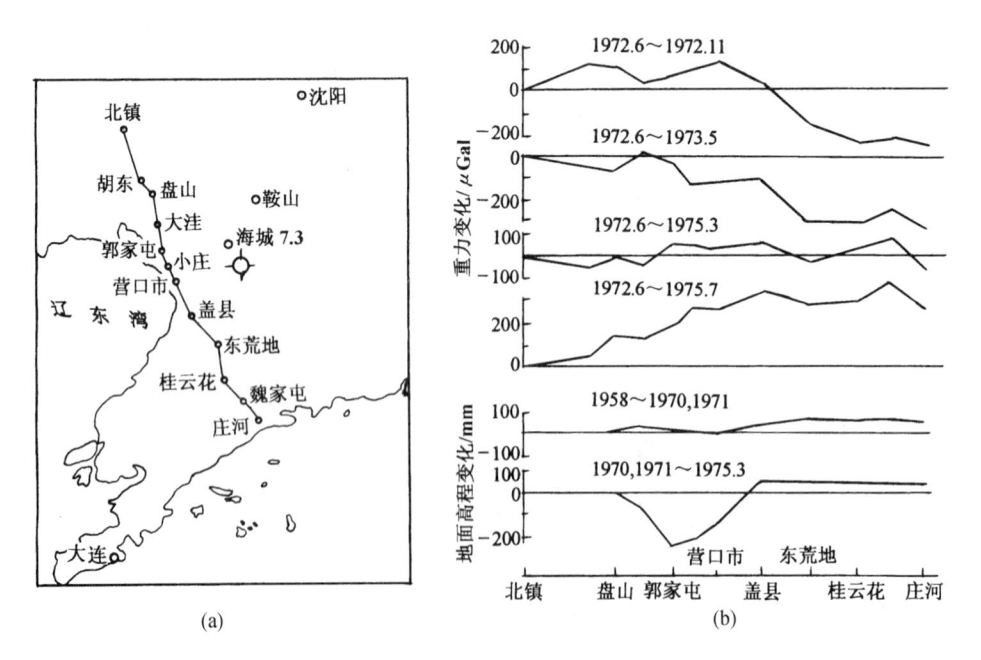

图8.5 重力复测线路分布及海城地震前后重力变化
(a) 北镇—庄河的重力测线;(b) 北镇—庄河的重力及高程变化

## 8.3.3 唐山地震前后的重力变化

河北省地震局于 1970 年 4 月开始着手在京津唐地区布设重力测线,并进行重力观测。测线中有两条穿过唐山,一条是北京—天津—唐山—山海关铁路测线;另一条是北京—三河—玉田—唐山—乐亭(图 8.6a)。这两条测线在唐山各有一个测点(唐山 I 和唐山 II),两者相距 2 km。

从图 8.6b 可看出,在北京—山海关测线上的唐山测点上,以北京为起点的唐山重力测点重力值曲线在唐山地震之前的异常变化是相当显著的,异常累计上升约 130 $\mu$Gal,震后重力变化趋于正常。北京—乐亭测线 1976 年 3 月 24 日进行第一次测量,震前 7 月初进行第二次复测,震后又进行了第三次复测。若以第一期资料为基准,则北京—乐亭测线的重力剖面如图 8.6b 所示,从图可看出,测线的东段,即唐山震中附近重力值有较大幅度的上升,幅度最大为 165 $\mu$Gal,震后测量结果表明,重力值逐渐恢复(图 8.6c)

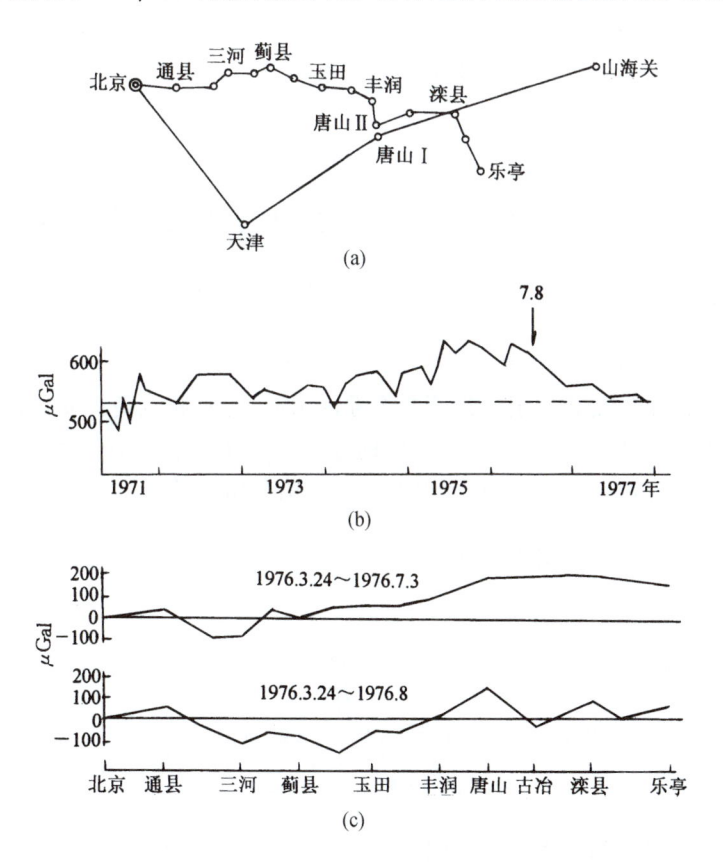

图 8.6 重力测线分布及唐山前后重力变化曲线
(a) 重力测线分布;(b) 唐山相对北京的重力变化;(c) 北京—乐亭的重力变化

### 8.3.4 龙陵地震和松潘地震前后的重力变化

龙陵地震前,云南省地震局于 1975 年 10 月在震区附近进行过一次流动重力测量,完成了保山—腾冲—龙陵—保山闭合环的观测。环线全长 376 km,分 10 个测段。龙陵地震后,于 1976 年 6 月下旬对此重力环线进行了复测。以保山为基点,两次重力复测的重力变化显示出,在怒江以西靠近震中的地区,地震前后重力值出现大幅度的变化,与震前相比,震后震中区的重力值下降了 300 多 $\mu$Gal。

松潘地震前,国家地震局物探队曾在 1974 年 10 月布设了东起广元,经文县,南坪向西至塔藏,并经松潘、较场坝、茂汶、汶川、银杏、灌县到成都的重力测线。震前 2 个月,即 1976 年 6 月及 7 月对该测线的成都至较场坝的测段进行了复测,该段北端的茂汶至较场坝一带距离震中较近,约 70~100 km。1976 年 6 月下旬和 7 月中旬两次复测结果与 1974 年 10 月的观测值相比,靠近震中的银杏以北至较场坝一带重力变化明显,总体上看,还呈现出随着向震中接近,重力变化递增的趋势。其中跨过活动构造带的银杏—汶川一带重力段差变化最大,1976 年 6 月和 7 月的复测结果与 1974 年 10 月相比,重力变化达 400 多 $\mu$Gal。

## §8.4 与地震孕育有关的重力场变化的理论研究

### 8.4.1 孕震过程中形变、地壳密度等变化引起重力变化的理论分析

地面上某点的重力变化主要由以下几个原因引起:①观测点高程变化;②观测点下方地壳介质密度发生变化;③观测点地下物质的迁移。由于地震孕育过程中可能伴随着有以上三种现象出现,因而地震前后可能会观测到重力异常变化。

**1. 观测点高程变化对重力的影响**

设地面点的初始重力值为

$$g_0 = \frac{GM_0}{R_0^2}$$

式中,$G$ 为引力常数。若地面点高程变化 $h$,相应的重力值变为

$$g = G\left(\frac{4}{3}\pi R_0^3 \rho_E\right)\frac{1}{(R_0+h)^2}$$

因地面点高程变化导致的重力变化梯度为

$$\frac{\mathrm{d}g}{\mathrm{d}h} = -2G\left(\frac{4}{3}\pi R_0^3 \rho_E\right)\frac{1}{(R_0+h)^3} = -\frac{8\pi}{3}G\rho_E = -0.3086(\mathrm{mGal/m})$$

上式为地面点仅因高程变化导致的重力变化梯度值,称之为自由空气改正或自由空气梯度。

**2. 地面高程变化,但地下介质密度保持不变**

这种情况表明,地面高程增大,介质体积膨胀,由于有外界物质进入,从而保持密度不变。即把自由空气改正部分用相同密度 $\rho_E$ 物质补充。所以,重力在自由空气改正的基础上,还要加上厚度为 $h$ 的平板层(密度为 $\rho_E$)的重力影响,经计算,这种情况下的重力综合变化为 0.193 mGal/M(布格重力异常,具体推导见后)。

## 8.4.2 圆管体公式

在重力异常计算中,圆管体公式具有重要意义,现将其推导过程简述如下。

设一个内外壁半径分别为 $r_1$ 和 $r_2$,高为 $h$ 的圆管体(管体介质密度为 $\rho$),现欲求解圆管体在 $M$ 的点重力,图 8.7 为圆管体及坐标系示意图。

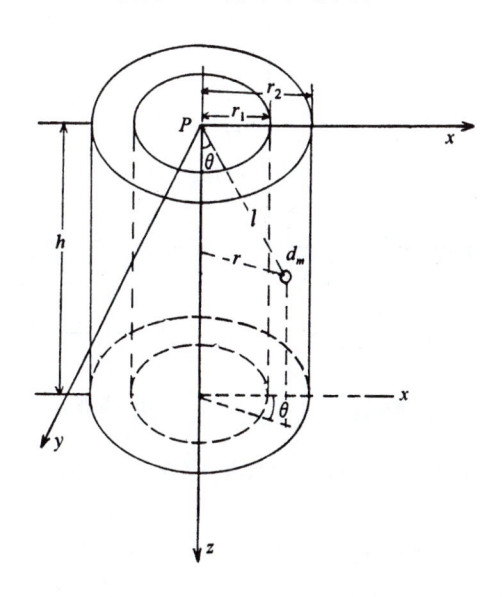

图 8.7 圆管体及坐标系示意图

圆管体中任意一个体积元其体积为 $r\mathrm{d}r\mathrm{d}z\mathrm{d}\theta$(柱坐标表示),相应的质量 $\mathrm{d}m$ 为 $\rho r\mathrm{d}r\mathrm{d}z\mathrm{d}\theta$,该体积元在 $M$ 点产生的引力为

$$\mathrm{d}F = \frac{G\rho r\mathrm{d}r\mathrm{d}z\mathrm{d}\theta}{S^2}$$

其中,

$$S = \sqrt{r^2 + Z^2}$$

通过对整个圆管体积分,即

$$F = \int_0^{2\pi}\int_{r_1}^{r_2}\int_0^{h_o} \frac{G\rho r\mathrm{d}r\mathrm{d}z\mathrm{d}\theta}{S^2} \tag{8.48}$$

上式积分结果为

$$\Delta g = F = 2\pi G\rho(\sqrt{r_1^2+h^2}-r_1-\sqrt{r_2^2+h^2}+r_2) \tag{8.49}$$

当 $r_1\to 0$ 时,圆管体演化为圆柱体,$\Delta g=2\pi G\rho(r^2-\sqrt{r_2^2+h^2}+h)$;当 $r_1\to 0$,当 $r_2\to\infty$ 时,圆管体演化成厚度为 $h$ 的无限平板,$\Delta g=2\pi G\rho h$。

前已述及,布格异常=自由空气改正+无限平板改正,即

$$\frac{\mathrm{d}g}{\mathrm{d}h}=-\frac{8}{3}\pi G\rho+2\pi G\rho h=0.193(\mathrm{mGal/m})$$

### 8.4.3 膨胀变形及其重力效应[8]

根据扩容假说,地震孕育到一定阶段,孕震体介质在应力作用下发生体积膨胀。设孕震体为一半径是 $a$、高为 $H$ 的圆柱体,假定在膨胀期间,圆柱体侧面和底面不发生位移(围岩约束)。因体积膨胀导致圆柱体顶部上升 $h$,圆柱体膨胀后的体积变化为 $\Delta V=V-V_0=\pi a^2 h$。圆柱体变形过程见图 8.8 所示。设圆柱体质量为 $m_0$,膨胀前介质密度为 $\rho_0=m_0/V_0$,膨胀后密度变为

$$\rho=\frac{m_0}{V}=V_0\left(1+\frac{h}{H}\right)=\rho_0\left(1-\frac{h}{H}\right) \tag{8.50}$$

故,膨胀前后的介质密度变化为 $\Delta\rho=\rho-\rho_0=-h\rho_0/H$。

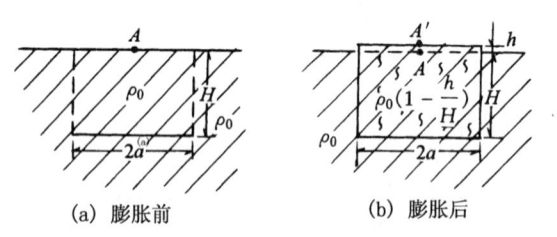

图 8.8 孕震过程中震源体膨胀形变示意图

图 8.8 为膨胀变形过程的示意图,膨胀后震中 $A$ 点抬升至 $A''$。$A''$ 的重力值可分解为图 8.9 所示的两个部分。即密度不变而隆起 $h$ 的部分(隆起部分为一半径为 $a$、高为 $h$、密度为 $\rho_0$ 的圆柱体,见图 8.9a),和半径为 $a$、高为 $(H+h)$、密度为 $(-\frac{h}{H}\rho_0)$ 的圆柱体(图 8.9b)。其中前者又可分解成图 8.9c 中所示的 $a_1$ 和 $a_2$ 两个部分。

图 8.9c 中 $a_1$ 部分为自由空气效应,$A$ 点的重力变化为

$$\delta g_{a1}=-\frac{8}{3}\pi G\rho h$$

则有 $\delta g_{a1}=-0.3086h$。$a_2$ 部分的重力效应已在前一节中求得,即

$$\delta g_{a2}=2\pi G\rho_0\left[h-\sqrt{a^2+h^2}+a\right]=2\pi G\rho_0 h$$

因此,图 8.9a 中 $A'$ 点的重力效应为

$$\delta g_a=\delta g_{a1}+\delta g_{a2}=-0.3086h+2\pi G\rho_0 h$$

图 8.9b 部分的重力效应为

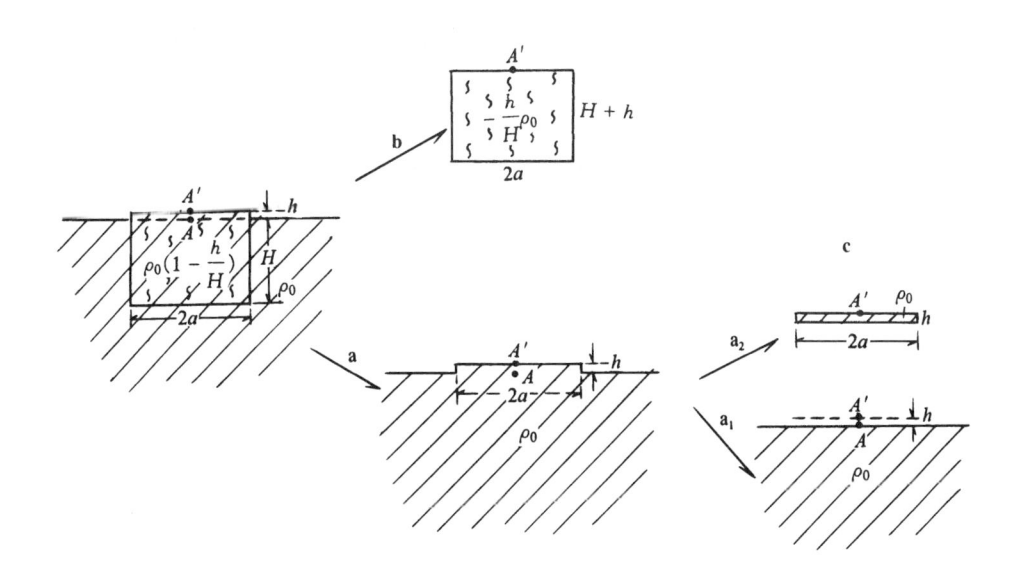

图 8.9 孕震体膨胀形变的重力效应分解图

$$\delta g_b = 2\pi G\left(-\frac{h}{H}\rho_0\right)\left[H+h-\sqrt{a^2+(H+h)^2}+a\right]$$
$$= -2\pi G\rho_0\left[1-\sqrt{1+\frac{a^2}{H^2}}+\frac{a}{H}\right]h$$

于是由于孕震体内裂隙发育、扩展和张合引起的体积膨胀并导致高程变化的重力效应 $\delta g_D$ 等于 $\delta g_a$ 和 $\delta g_b$ 之和，即

$$\delta g_D = -0.3086h + 2\pi Gh\rho_0 - 2\pi G\rho_0\left[1-\sqrt{1+\frac{a^2}{H^2}}+\frac{a}{H}\right] \tag{8.51}$$

上式可以看出，$\delta g_D$ 介于自由空气效应（$-0.3086h$）和布格效应（$-0.196h$）之间。

## 8.4.4 深部或远处介质向孕震体内原有空隙和膨胀裂隙内迁移并填充所引起的重力变化

仍以圆柱体来讨论问题，由于地壳岩石中存在已有空隙和裂隙（岩石的孔隙度 $\Phi_0$ 可在 $10^{-1}$ 到 $10^{-4}$ 之间变化），且在地震孕育过程中还将产生新的裂隙。设孕震过程中震源体内的空隙度为 $\Phi$，其 $\alpha$ 部分被来自深部或远处密度为 $\rho_F$ 的物质填充，则迁入震源体内的质量为 $m = \alpha\Phi V_F$，因而孕震体的密度将增加 $\Delta\rho = \alpha\Phi\rho_F$。那么，由此引起 $A'$ 点重力值的变化就相当于半径为 $a$、高为 $(H+h)$、密度为 $\alpha\Phi\rho_F$ 的圆柱体的重力效应，其表达式为

$$\delta g_m = 2\pi G\alpha\Phi\rho_F\left[1-\sqrt{1+\frac{a^2}{(H+h)^2}}+\frac{a}{H+h}\right](H+h)$$
$$= 2\pi G\alpha\Phi\rho_F(H-\sqrt{H^2+a^2}+a) \tag{8.52}$$

这就是地震孕育过程中深部或远处介质迁入并填充震源体内部分空隙所引起的重力效应。

综上所讨论的问题,整个地震孕育过程中孕震体变形和介质质量迁移所引起的总的重力效应为

$$\delta g = \delta g_D + \delta g_m$$
$$= -0.3086\, h + 2\pi G\rho_0 h - 2\pi G\rho_0 \left[1 - \sqrt{1 + \frac{a^2}{H^2}} + \frac{a}{H}\right]$$
$$+ 2\pi G\alpha\Phi\rho_F(H - \sqrt{H^2 + a^2} + a) \tag{8.53}$$

### 8.4.5 构造变形引起的重力非潮汐变化[7]

构造变形会引起质点的位逐变化和介质的密度变化。这些变化将导致重力非潮汐变化及重力梯度变化。利用三维有限元法可以计算理论模型支持下的重力非潮汐变化及梯度变化,可以应用实测的流动重力值和地形变资料,计算由构造变形引起的重力及其梯度的变化。

设变形局限于连续介质分布域 $V$ 内,如图 8.10 所示,在变形过程中测点 $Q(\zeta,\eta,\varphi)$,经过 $\Delta t$ 时间后变形到 $Q'(\zeta_1,\eta_1,\varphi_1)$。其重力变化为:

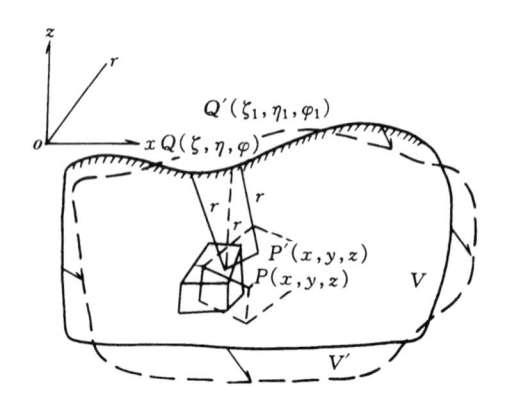

图 8.10 地质体变形及坐标示意图

$$\Delta g = g(Q_1, t+\Delta t) - g(Q,t)$$
$$= [g(Q_1, t+\Delta t) - g(Q_1,t)] + [g(Q_1,t) - g(Q,t)] \tag{8.54}$$
$$= \Delta g_d + \Delta g_m$$

其中:
$$\Delta g_d = g(Q_1, t+\Delta t) - g(Q_1, t)$$
$$\Delta g_m = g(Q_1, t) - g(Q, t)$$

而:
$$g(Q_1, t) = G\int_v \frac{\rho(x,y,z)(\zeta-z)}{r_1^3} dV$$

$$g(Q_1, t+\Delta t) = G\int_v \frac{\rho(x,y,z)(\zeta_1-z_1)}{r_3}\mathrm{d}V$$

所以

$$\Delta g_d = G\int_v \frac{\rho(x,y,z)(\zeta_1-z_1)}{r^2}\mathrm{d}V - G\int_v \frac{\rho(x,y,z)(\zeta-z)}{r_1^3}\mathrm{d}V$$

$$\Delta g_m = G\int_v \frac{\zeta_1-z}{r_1^3}\rho(x,y,z)\mathrm{d}V - G\int_v \frac{\zeta-z}{r_0^3}\rho(x,y,z)\mathrm{d}V + g_F\Delta u\mid_a$$

重力变化

$$\Delta g = \Delta g_d + \Delta g_m = G\int_v \left(\frac{\zeta_1-z_1}{r^2} - \frac{\zeta-z}{r_0^3}\right)\rho(x,y,z)\mathrm{d}V + g_F\Delta u\mid_a \tag{8.55}$$

其中

$r_0 = QP, r_1 = Q_1P, r = Q_1P_1$

$g_F = -3.086\mu\mathrm{Gal/cm}$，为正常重力垂直梯度。

$G$ 为万有引力常数。

$\zeta_1 = \zeta + \Delta u_z\mid_Q$

$z_1 = z + \Delta u_z\mid_F$

$\Delta u$ 为从 $Q$ 到 $Q'$ 的位移矢量。

$\Delta u_z$ 为垂直位移。

$g_F\Delta u\mid_Q$ 是域 $V$ 以外介质的影响，其效应相当于地面变形所导致的自由空气校正。

将域 $V$ 分为几个单元，计算地表 $Q$ 点变形前后的重力变化，其公式为：

$$\Delta g(g_F\Delta u)_Q - G\sum_{i=1}^{n}\int_{\Delta v_i}\rho(x,y,z)\left(\frac{z+w+\zeta_1}{r^2} - \frac{z-\zeta}{r_0^3}\right)\mathrm{d}V \tag{8.56}$$

$\Delta v_i$ 为小单元，$i=1,2,\cdots,n$；$w$ 为随时间变化的位移量。

用有限元法计算所得的位移，代入上式，可求得构造变形前后的重力变化。

重力梯度计算式为：

$$\frac{\Delta g}{\Delta u_z} = \frac{(g_F\Delta u)\mid_Q}{\Delta u_z} + \frac{G}{\Delta u_z}\int_v \left(\frac{\zeta_1-z_1}{r^2} - \frac{\zeta-z}{r_0^3}\right)\rho(x,y,z)\mathrm{d}V \tag{8.57}$$

$$= g_F + \frac{Q}{\Delta u_z}\int_v \frac{z-\zeta}{r_0^3}\rho(x,y,z)\mathrm{d}V + \frac{G}{\Delta u_z}\int_v \frac{\zeta_1-z_1}{r^3}\rho(x,y,z)\mathrm{d}V$$

上式中第一项为自由空气校正，第二项相当于变形前的布格校正，第三项相当于变形后的重力梯度。说明重力梯度变化是自由空气梯度，布格梯度和反映构造变形引起的重力梯度所组成。

在黏弹塑性问题中用物性约束方法处理边界条件，其平衡方程如下，通过它可解出变形前后的位移。

$$\left(\int [B]^T[\overline{D}]_{K-1}^{eq}[B]\mathrm{d}V + \int [N]^T[\overline{n}][\overline{D}]_{K-1}^{eq}[B]\mathrm{d}s\right)[u]_K$$

$$= \int [N]^T[x]_K\mathrm{d}V + \int [N]^T[\overline{T_1}]_K\mathrm{d}s + \int [B]^T[\overline{D}]_{K-1}^{eq}\{\varepsilon^e\}_z\mathrm{d}V$$

$$+ \int [N]^T[\overline{n}][\overline{D}]_{K-1}^{eq}\{\varepsilon^e\}_k\mathrm{d}s \tag{8.58}$$

其中，

$[B]$ 为位移的应变矩阵；

$[\overline{D}]^a$ 为弹性矩阵 $[D]$ 的等效矩阵；

$[N]$ 为等参元的形函数矩阵；

$[\overline{n}]_K$ 为方向余弦矩阵；

$[\overline{x}]_K$ 为 $t_K$ 时的体力矢量；

$[\overline{T}_1]_K$ 为 $t_K$ 时的面力矢量；

$[\varepsilon^c]$ 为 $t_K$ 时的蠕变；

$[u]_K$ 为 $t_K$ 时的位移矢量。

## 8.4.6 实际震例重力异常的理论解释

根据上述推导的孕震过程中地形变和质量迁入所引起的重力效应公式，本小节将介绍利用海城、唐山和龙陵地震前后实际观测资料所进行的重力异常可能原因的理论解释。

在海城、唐山和龙陵三次地震前后，重力测点附近都有水准观测资料，这样可根据重力测点上的高程变化利用式(8.51)来计算其重力效应的数值。海城地震前重力测线上的庄河和城瞳附近的水准测点，自 1958～1970、1971 年相对对营口上升约 60 mm，若依次近似地作为重力变化阶段的变形量，并令 $a \approx H$，则其重力效应约为 $-15\ \mu\mathrm{Gal}$。而震前庄河相对营口的实际重力变化却达 $-200\ \mu\mathrm{Gal}$，重力变化要比高程变化重力效应大一个数量级，又以唐山地震为例，震前唐山附近的水准点 1971～1975 年上隆 28 mm，若取 $H=40\ \mathrm{km}, a=80\ \mathrm{km}$，则由上隆尤其的重力变化为 $-8\ \mu\mathrm{Gal}$。而震前的重力实际变化达 100 $\mu\mathrm{Gal}$ 以上，两者之间相差一个量级。此外，龙陵地震后震中附近重力相对震前普遍降低 300 多 $\mu\mathrm{Gal}$，而震中附近的一些重力点的高程大震前后只有几十毫米的变化，因此实际观测到的重力变化比仅因形变引起的重力效应大得多。

从上述初步估计可看出，地面变形所造成的重力变化不足以解释海城、唐山和龙陵地震前后所观测到的实际重力变化，因而这几次地震前后的重力变化有可能是因地下质量迁移所致。由于地壳岩石中本来就存在空隙、裂隙，地震孕育过程中新发育的裂隙可能会使原有的裂隙相互勾通而造成质量迁移。若考虑在质量迁移中空隙体积的十分之一(即取 $\alpha=0.1$)被填充或空出(质量迁出)，就有可能引起足够大的重力效应。以唐山地震为例，分别取 $\Phi=5\times10^{-4}, \alpha=0.1, a=80\ \mathrm{km}, H=40\ \mathrm{km}, \rho_F \geqslant \rho_0$，按式(8.52)，即可算得质量迁移导致的重力效应理论估计值 $\delta g_m \geqslant 171\ \mu\mathrm{Gal}$。对海城和龙陵地震也可作出类似的估计。

另外，除了物质向孕震体内裂隙中迁移外，沿震源及其附近深处地壳底部的深大断裂，还有可能有地壳深部或上地幔热熔物质上涌，这种物质迁移的方式也可能产生足够大的重力效应。

因此，大震前后震中附近地区数百微伽的重力变化，可能主要是由于地壳运动和质量迁移的结果。

## 思 考 题

1. 何谓重力固体潮?
2. 简述引潮力和引力之间的差别,地球表面垂直方向和水平方向的最大引潮力有多大?
3. 简述利用重力资料研究地壳介质性质及重力随时间的变化在地震预报中的意义。
4. 重力数据分析处理中的无限平层公式的推导。

## 参 考 文 献

[1] 管泽霖、宁津生,地球形状及外部重力场,北京:测绘出版社,1981。
[2] 钱伟长,弹性力学,北京:科学出版社,1965。
[3] 张国民、杨军,潮汐现象和地震前兆观测,地震,1期,1984。
[4] 李瑞浩,重力引论,北京:地震出版社,1988。
[5] 梅世蓉、冯德益等,中国地震预报概论,北京:地震出版社,1993。
[6] 力武常次著,冯锐、周新华译,地震预报,北京:地震出版社,1978。
[7] 国家地震局科技监测司,地震预报方法实用化研究文集,形变、重力、应变专辑,北京:地震出版社,1991。
[8] Kisslinger,C.,Processes during the Matsushiro earthquake swarm as revealed by levelling,gravity and spring flow observation,Geology,3,1975.
[9] 马宗晋、傅征祥等,1966~1976年中国九大地震,北京:地震出版社,1982。

# 第九章 地震前兆综合研究

地震预报科学探索的思路是建立在地震是有前兆,并可利用它们进行未来地震发生地点、强度和时间预测的科学假定之上。因而地震前兆研究在地震预报中占有重要位置。20世纪80年代初起,我国开展了一系列针对地震前兆识别、地震前兆指标及地震前兆机理等内容的总结性研究,取得了一批可应用的研究成果,在我国地震跟踪预报工作中发挥了积极作用。

## §9.1 地震前兆概述

### 9.1.1 地震前兆的含义

地震前兆研究在国际范围内已取得了很大的进展,得到了两点基本的共识,即:地震(至少是许多地震前)是有前兆的;地震前兆是复杂的[1]但是,对"地震前兆"的含义则有不同的理解,研究它们的科学途径也有所不同。一种理解是:地震前兆是确定性的,应来自震源。另一种理解是:地震的孕育、发生和发展是一个极其复杂的过程,影响因素很多,伴随这一过程有许多异常现象;把这些与地震孕育、发生相关联的有别于正常变化背景的异常变化称之为地震前兆。IASPEI在1988年下半年发起的征集、推荐和评选优秀地震前兆震例的活动追求前者[2],为狭义前兆。《中国地震分析预报方法指南》对地震前兆的理解采用后一种含义[3],为广义前兆。在我国地震前兆探索的过程中,两种理解并存,甚至在开始阶段更寄期望于前者,希望获得单个或多个确定性的前兆,用以解决地震预报问题,但进展缓慢。中国大陆地震的观测实践表明,地震孕育是一个复杂的过程,利用群体(综合)前兆解决地震预报问题可能是更现实的途径。因此,中国地震学家对地震前兆的理解采用广义的含义。当然广义前兆中包含有狭义前兆,也就是并不放弃对确定性前兆的探求。

大陆构造地震是长时间大区域范围内构造运动的一种结果。大区域构造运动使某些震源区应力-应变积累并导致在震源发生弹性破裂。大陆地震的孕育过程是在区域地质构造系统的范围内发生的,这一系统我们称之为孕震系统,其过程称之为孕震过程。孕震过程中,孕震系统内可孕育一个或多个震源。单个震源从形成直到发生破裂的过程,我们称之为震源过程。因而孕震过程含震源过程。孕震过程中自然界会发生各种异常现象,这些与地震孕育、发生相关联的有别于正常变化背景的异常变化就是广义地震前兆。

### 9.1.2 异常和前兆的鉴别原则与方法

按上述定义,地震前兆需具备两个基本条件:一是正常背景上出现的异常变化;二是与孕震过程相关联的异常现象。地震前兆也被称作地震异常、前兆异常或前兆信息。前兆信息的提取是一个复杂的工作,从获取可靠的观测资料、确定异常到判定地震三要素,直至震后变化过程要进行一系列提取和鉴别工作。工作流程如图9.1所示。

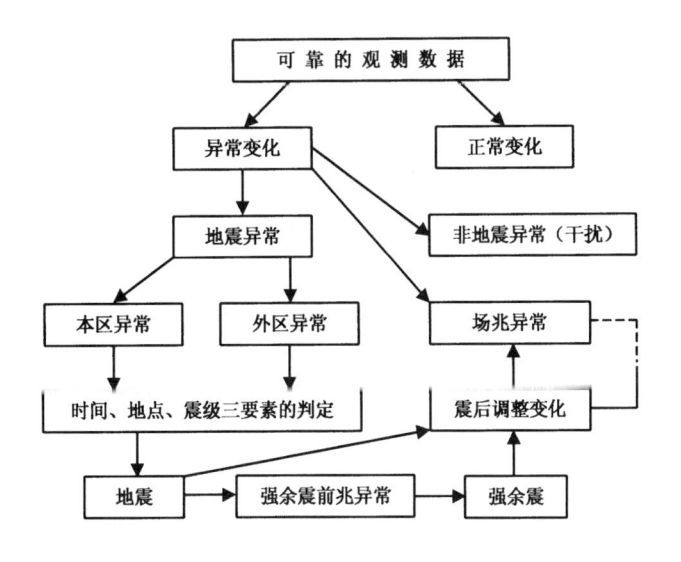

图9.1 前兆信息提取工作流程示意图

### 1. 正常与异常变化的鉴别

异常是相对于正常而言的。正常情况下项目的观测常会受到系统因素和偶然因素的影响。前者造成观测值相对缓慢的趋势性变化(自然动态变化——基准线),后者表现为观测值在基准线上下的随机跳动。这两类因素在成因上有质的差别,在处理上需采取不同的方法。图9.2为观测值正常变化示意图。图9.2a中,AA′为自然动态基准线,BB′和

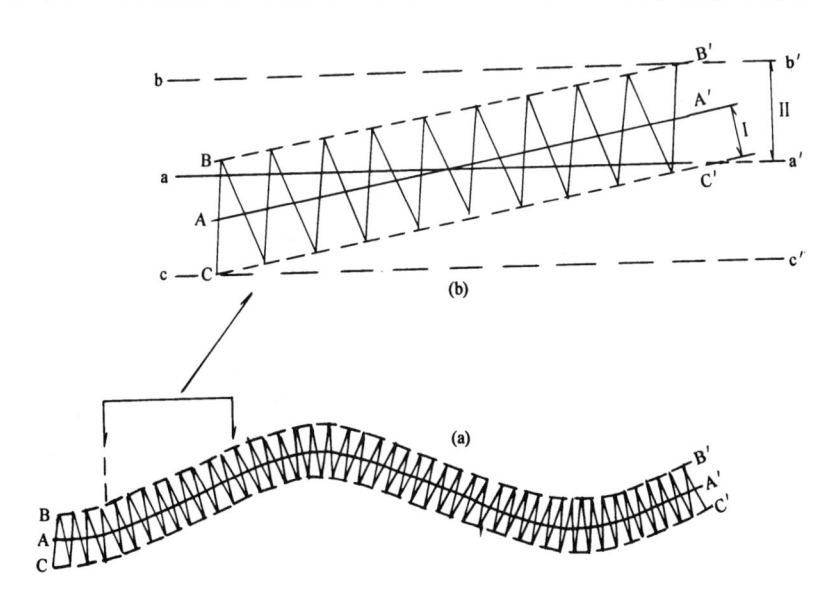

图9.2 观测值正常变化示意图

CC′为偶然因素影响下观测值在基准线上下跳动的界限,幅度以Ⅰ表示。一般情况下AA′不是一条水平线,或为周期性变化或为向一定的方向变化,这种系统因素影响下的变化应采用回归分析(一元、多元、回归分析)、频谱分析及其他方法进行处理,以确定正常动态变化规律,超出统计允许范围的变化则为异常变化。偶然因素影响下产生的变化,在AA′动态基准线上随机波动,其变化服从误差分布的规律,应采用方差分析的方法进行处理,通常取2或3倍的均方差$\sigma$为其正常变化范围(Ⅰ=$n\sigma$),超出$n\sigma$的变化定为异常变化。图9.2b是图9.2a上的一段动态曲线,aa′为此段观测值的均值线,bb′和cc′是其变化范围,观测值相对于均值的变化幅度用Ⅱ表示。由图可见,只有当动态基准线为常值时或近于常值时(动态的特例),Ⅰ$\backsim$Ⅱ,此时观测值的分析方可用方差分析方法处理。一般情况下,Ⅱ$\neq$Ⅰ,而且Ⅱ$>$Ⅰ,需要用回归分析等方法研究系统动态变化,在消除动态变化的影响后才可用方差分析研究随机变化的性质。以上是鉴别异常变化的最基本原则和方法。各学科手段异常鉴别的具体原则和方法很多并在不断发展,在此不多介绍。

**2. 地震异常的鉴别**

当确定在正常变化背景上出现异常变化后,需要进一步鉴别是否为地震异常。鉴别的原则和方法大致可分为四个方面。

首先,应排除非地震干扰因素的影响,核实每一个单项异常的可靠性。一方面要实地调查环境因素、观测条件、仪器状态等自然和人为因素的可能影响;另一方面则需要进行可能干扰因素的统计分析,以最终确认可能为异常,然后提供进一步分析。

第二,要对出现异常的全部观测资料进行系统的分析,按统一的标准和方法统计异常和地震的对应关系,给出作为地震异常可靠性的评价[4~6]。

第三,异常在时间和空间上分布的相关性分析。多种地震异常在时间上应是准同步分阶段成批出现,空间上在某一地区相对集中,并且有一动态发展的过程,孤立和少量异常的可靠性较差。关于地震异常的时空分布特征后面再作介绍。

第四,异常的配套性及其在物理上的联系。地震异常是综合的现象,尽管目前对前兆机理和孕震的物理过程还知之甚少,但可以认为地震异常与孕震过程中能量积累所引起的地壳应力应变等地球物理乃至地球化学和热动力学过程有关。因此地震前的多种异常在能量交换和地质构造等方面应是互相呼应和协调的,至少不应是明显矛盾的。经验表明,物理上难以解释的、远超出一定量值并与其他观测量明显矛盾的异常,往往不是地震异常。海城、唐山等大地震前观测到了这种异常的配套性。

以上四个方面是鉴别地震异常的一些主要原则和方法。单个异常的核实统计评价是最重要的基础,多个异常的综合分析和判断则可以大大提高确定为地震异常的可靠性。根据目前对地震前兆的研究水平,当出现异常经排除各种因素而不得其解时,通常作为地震异常来考虑。因而地震异常的鉴别是相对的,采用的是排它法,其可靠性的确定以统计的原则和方法为主,物理的分析为辅,但后者不可缺少。

### 9.1.3 地震前兆的分类

地震前兆既多样又复杂,可从不同的角度和不同的原则出发划分不同的前兆类型,归纳于表 9.1,并加以说明。

表 9.1 地震前兆分类表

| 序号 | 划分原则 | 地震前兆类型 | 备 注 |
|---|---|---|---|
| 1 | 学科和研究对象 | 测震、形变、地电、地磁、重力、地下水位、地下水化学、地应力…… | 可进行更详细的划分,如形变中的大地测量、短水准、地倾斜等 |
| 2 | 时间 | 长期(几十年)、中期(数年)、短期(几月)、临震(数日) | 根据异常随时间发展(孕震过程)的阶段性变化划分前兆类型 |
| 3 | 距离 | 远场、近场 | 远、近场的距离界线尚无明确的标准;有人主张以震源尺度的 3 倍为远、近场的标准 |
| 4 | 变化速率 | 趋向性、加速性、突发性 | 趋势相对稳定的缓慢变化;迅速持续加速的变化;多样的突发变化 |
| 5 | 显著性 | 宏观、微观 | 以仪器为主观测得到的微小变化和可直接观察到的明显变化 |
| 6 | 与构造应力场和震源应力场的关系 | 区域性、局部性;"场兆"、"源兆" | 前者可能与区域性地下变动或区域构造应力场的活动有关,后者可能与局部应力场或震源形成过程有关 |

**1. 地震前兆的学科分类**

我国的地震前兆分属测震、形变、地电、地磁、重力、地下水物理(水文地球动力学)、地下水化学(水文地球化学)、地应力等 8 个主要学科及部分其他学科(天文、气象、生物等)。各学科在观测仪器、观测环境、观测方法、干扰因素、异常分析和信息提取等方面都有各自的研究内容和方法,在前兆特点、成因和与地震的关系上亦有差异。它们从不同的侧面对地震前兆展开深入系统的研究,使前兆的应用和理论研究建立在坚实的学科发展的基础上,从而促进了科学探索。地震活动性、震源机制等地震学前兆数量多与地震的关系最直接,在观测资料的分析处理和前兆特点等方面与其他学科的前兆差别较大,可以考虑把学科前兆分为测震学前兆和其他学科前兆两大类。

**2. 地震前兆的时间分类**

地震前兆的出现为一发展变化过程,不同阶段有不同的特点,反映了孕震过程的阶段性。根据我国的观测资料,按异常随时间的阶段性变化,可把地震前兆分为长期、中期、短期、临震四种类型。长期前兆为震前几十年出现的缓慢异常变化,中期为几年,短期几个月,临震则在数日内。应当说,阶段和时间的划分并不严格,要根据具体地震的前兆变化加以确定,常常出现过渡型的情况,而短、临阶段常难以分开。根据大多数震例的情况,为了统计上的划一,《中国震例》一书[7~11]在震例研究报告编写规范中规定长期为震前 5 年以上,中期为半年至 5 年,短期为半年至一个月,临震为几天至 1 月内。多数临震异常一般出现在震前几小时到几天内,经常几起几落可延续一个月左右。这与独联体国家、日本的分类相似,但同一名词下的时间概念不同(表 9.2),这反映了地震前兆的地区性特点,也与观测资料的积累和研究程度有关。

表 9.2　中、俄、日三国地震前兆阶段划分比较表

| 项目 | 长 期 | 中 期 | 短 期 | 临 震 | 文献 |
| --- | --- | --- | --- | --- | --- |
| 中国 | 5至几十年(几十年) | 0.5~5年(几年) | 1~6月(几月) | 一个月内(几天) | [7] |
| 俄罗斯 | 几 年 | 几 月 | 几天至几小时 | — | [12] |
| | 几年—几十年 | 几月~几周 | 几天内 | — | [13] |
| 日本 | 超过一月 | — | 一个月内 | 三天内 | [14] |

### 3. 近场前兆与远场前兆

大陆地震前兆的分布范围甚广。原苏联学者提出了远距离前兆问题，"灵敏点"、"穴位"问题在国内外均有讨论。但划分远场和近场的界限目前尚无明确的标准，有人主张以震源尺度的3倍为远近场的相对标准[15,16]。

### 4. 趋势性异常与突变性异常

在地震孕育过程中不同阶段变形速率不同，与此相应的地震前兆在观测值曲线上可呈相对缓慢的趋势性变化，也可以是背景值上随机的大幅度突然波动。它们在形态上不同，在统计特性上也不同，前者属于系统变化，称为趋势性异常，后者具有突发性，称为突变性或突发性异常。如前所说，对两者进行异常鉴别的数理统计方法也不同。

### 5. 地震前兆的显著性分类

地震前兆可以很微弱，只有用仪器才能观测到；也可以相当明显，用人的感官就可以觉察。根据异常的显著性可把地震前兆分为微观和宏观两大类型。测震、形变、应力、重力、地磁、地电等基本属于微观异常，而地下水动态的部分变化、动物习性异常、宏观地声与地光等属于后者。宏观前兆多出现在短临阶段和震中区附近。

### 6. 与应力场关系的分类——"场兆"与"源兆"

我国的地震科学家根据地震前观测到的大范围前兆异常现象，早在70年代就提出了区别"场"兆和"源"兆的思想。这里的"场"指的是大范围地区，或区域应力场；"源"是指震源。文献[17]在研究华北地区中强以上特别是7级以上地震震例前兆的基础上，提出可按异常与构造运动和孕震过程的可能联系区分区域性和局部性两类地震前兆的意见。区域性前兆在大范围内广泛分布，可能与区域构造运动和应力场的活动有关，具有标志区域应力场增强的意义；局部性前兆的分布地区比较集中，可能与局部应力场的变动和震源形成过程有关，可期望从中得到较可靠的震源信息。张国民和高旭在文献[18]中系统讨论了"场兆"和"源兆"的问题。日本学者石桥克彦把地震前兆分为物理性前兆和构造性前兆[18]。在中、俄地震预报研讨会的纪要中使用了构造(场)前兆的用语[19]。《中国地震分析预报方法指南》[3]中把场兆和源兆定义为：源即震源，源的研究系指对震源形成和演变过程的研究，源兆即为在此过程中震源区及近源区出现的各种效应；场即区域应力场，地质构造块体在边界力作用下形成区域应力场，由于块体内部结构的不均匀，因而在一些特殊部位形成多个应力集中区，其中有的可能发展成为孕震区，有的则为反映应力场变化的敏感点，场兆即为在震源形成及演变过程中，大范围区域应力场在众多敏感点显示的异常

现象。由上可见,在这里"场"的含义为构造应力场,"源"则为震源。

以上 6 种分类从不同角度对地震前兆进行描述,有助于地震前兆的深入探索,从而获得全面的认识。虽然还可以有其他分类方法(如曲线形态的分类等),但以上几种分类是最基础的。各种类型的前兆在时空进程和形成上是有机联系的,表 9.3 示出其间的关系。

**表 9.3  各种类型地震前兆关系示意表**

| 地 震 前 兆 类 型 ||| 说　　　明 |
|---|---|---|---|
| 长期前兆 | 趋势性异常 | 微观前兆 | 很缓慢的相对稳定的趋势性变化 |
| 中期前兆 |  |  | 趋势相对稳定的缓慢持续变化 |
| 短期前兆 | 加速性异常 | 宏观前兆 | 多样化的迅速持续变化,可伴随有零星突发性异常和宏观异常 |
| 临震前兆 | 突发性异常 |  | 多样化的突发性异常和宏观异常,可伴有快速趋势性变化 |
| 测震学前兆及其他学科前兆 ||| 测震学异常和形变异常在各阶段均可出现,其他前兆主要出现在中、短、临阶段,随震级升高而更早出现 |
| 远场异常和近场异常 ||| 随震级升高异常范围加大,远场异常增多,近场异常更多、更强,时空分布更复杂 |
| 区域性前兆和局部性前兆——"场兆"和"源兆" ||| 各阶段均可出现 |

## §9.2  中国大陆地震前兆综合分析

### 9.2.1  中国地震震例的研究

1966 年以来,我国发生 5 级以上地震有数百次,其中有前兆观测资料的地震达百余次,已发表过不少大地震的专著[20~26]。1986~1987 年,在地震监测与预报方法清理研究工作的基础上,国家地震局组织 18 个单位进行了"我国大陆 5 级以上地震震例的再研究"。《中国震例》一书[7~9]是这一研究的成果,包括 1966~1985 年 60 次地震的震例研究报告。此书是以地震前兆为主的系统的、规范化的震例研究成果,其中的前兆资料是迄今经过系统整理的最完整的资料,在国际上也是最丰富的。在《中国地震预报概论》一书[27]中,作为实例,简短介绍了 8 次震例的情况,以便读者对不同级别地震的前兆获得某些具体概念。为节省篇幅,在此不多赘述。60 个震例的研究开始了我国震例的系统、深入研究的新阶段,为地震预报判据和指标的研究及地震分析预报方法指南的制订提供了基础统计依据。与此同时,于 1992 年在国家地震局分析预报中心完成了"中国地震震例数据库"的建库工作。

国家地震局科技监测司于 1992 年开始组织第二批(1986~1991)5 级以上 60 余次震例的研究工作[10,11]。1993 年,对第一批震例的《震例报告编写规范》进行了修订,在地震系统内部正式颁布试行《震例研究报告编写规范》,在国家地震局分析预报中心成立了"震例研究技术管理组"。我国地震震例的科学研究和管理工作逐步纳入了规范化、制度化的轨道。

## 9.2.2 地震前兆异常的统计

1966～1985 年的 60 次地震分布在 18 个省、市、自治区(图 9.3)，共取得前兆异常 927 项次(地震前异常项目出现的次数，以台、点上独立观测或经过独立方法处理得到的单个异常资料为一项次，同一项目出现几次计为几次)，分归 11 类观测手段和 75 种异常项目，这是目前进行我国地震前兆系统统计工作的基础资料[28]。观测手段和异常项目及其序号见表 9.4。

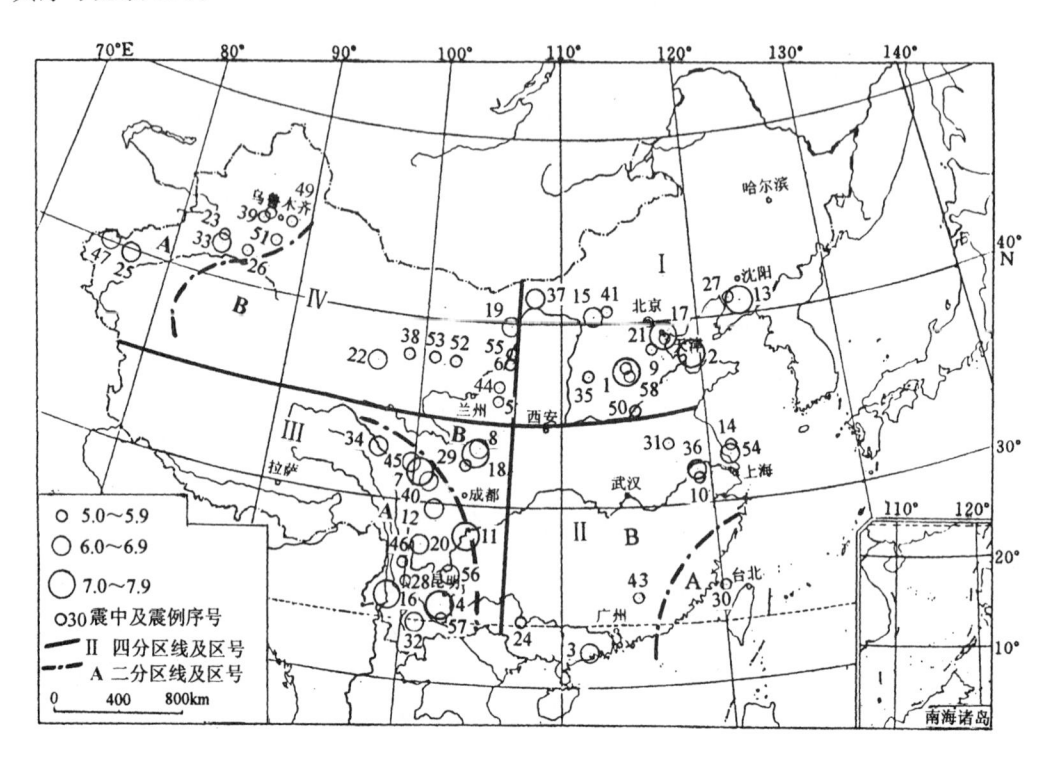

图 9.3 地震震例震中分布及统计分区图

震中区附近台网和观测项目的分布、工作状态及条件是不平衡的，异常项目和项次数只表示出现这一异常项目及其次数的记录。而缺某一异常项目的地震情况可能是多样的，或有观测无异常，或缺观测资料，或有资料但未作处理分析。考虑到这些，除了对出现的 927 项次异常按地区、震级档次和异常阶段进行统计分析外，还对规定震中距范围内有异常和无异常的定点观测项目作了异常台项百分比的统计(不包括测震学项目)。按照《中国震例》一书《地震震例报告编写规范》的规定，对 $M_S \geq 7.0$ 地震在震中距 500 km 内，$6.0 \leq M_S < 7.0$ 地震在 300 km 内，$5.0 \leq M_S < 6.0$ 地震在 200 km 内的定点观测资料进行了异常台项百分比的统计。下面分别给出地震异常数量、定点观测项目异常百分比及观测手段和异常项目等三方面的统计结果。

**1. 地震异常数量的统计和分析**

表 9.5 给出了我国大陆不同震级档次地震的异常数量分区和分时段的统计结果。表

表 9.4 观测手段和异常项目分类表

| 观测手段 | 异常项目序号及其名称 |
|---|---|
| 测 震 | 1. 地震条带；2. 地震空区(段)；3. 地震活动分布；4. 前兆震(群)；5. 震群活动；6. 有震面积数($A$)；7. 应变释放(能量释放)；8. 地震频度；9. $b$ 值；10. $h$ 值；11. 地震窗；12. 缺震；13. 前震活动(前震)；14. 断层总面积($\Sigma l$)；15. 震情指数$[A(b)]$值；16. 地震活动度 $\gamma$；17. $\eta$ 值；18. $D$ 值；19. 小震综合断层面解；20. P 波初动符号矛盾比；21. 应力降；22. 介质因子($Q$ 值)；23. 波速；24. 波速比；25. S 波偏震；26. $\tau H/\tau V$；27. 振幅比；28. 地脉动；29. 地震波形；30. E、N、S 三项指标；31. 小震调制比 |
| 地形变 | 32. 水准测量(长水准)；33. 定点水准(短水准)；34. 流动水准；35. 海平面；36. 定点基线(短基线)；37. 流动基线；38. 地倾斜 |
| 重 力 | 39. 定点重力；40. 流动重力 |
| 地 电 | 41. 视电阻率 |
| 地 磁 | 42. Z 变化；43. 幅差；44. 日变低点位移；45. 日变畸变；46. 总场(总强度)；47. 流动地磁；48. 偏角 |
| 地下水化学 | 49. 水氡；50. 气氡；51. 土氡($\alpha$ 粒子径迹密度)；52. 总硬度；53. 水电导；54. 气体总量；55. $CO_2$；56. $H_2$；57. $H_2S$；58. $SiO_2$；59. $Cl^-$；60. $F^-$ |
| 地下水物理 | 61. 地下水位；62. 地下水位与湖水位；63. 水(泉)流量；64. 水温 |
| 应力-应变 | 65. 电感应力；66. 钢弦应力；67. 振弦应变；68. 体积应变 |
| 气 象 | 69. 气温；70. 干旱；71. 旱涝 |
| 其他微观动态 | 72. 石油井动态；73. 地温；74. 电磁波 |
| 宏观动态 | 75. 宏观现象 |

表 9.5 我国大陆 $M_S \geq 5.0$ 地震异常数量综合对照表

| 震级 | | $N$ | 地区 | $m$ 总 | $m$ 均 | $n$ 总 | $n$ 均 | $n_L$ 总 | $n_L$ 均 | $n_A$ 总 | $n_A$ 均 | $n_B$ 总 | $n_B$ 均 | $n_C$ 总 | $n_C$ 均 | 平均最长时间(年) | 平均最远距离(km) | 备注 |
|---|---|---|---|---|---|---|---|---|---|---|---|---|---|---|---|---|---|---|
| ≥7.0 | 7.2～7.8 | 4 | 华北 | 73 | 18 | 226 | 57 | 33 | 8 | 110 | 28 | 38 | 10 | 45 | 11 | 44.9 | 426 | |
| | 7.1～7.7 | 5 | 西南 | 64 | 13 | 111 | 22 | 4 | 1 | 56 | 11 | 19 | 4 | 32 | 6 | 7.9 | 442 | |
| | 7.1～7.8 | 9 | 全国 | 137 | 15 | 337 | 37 | 37 | 4 | 166 | 18 | 57 | 6 | 77 | 9 | 24.3 | 435 | |
| 6.9～6.0 | 6.0～6.3 | 2 | 华北 | 25 | 13 | 42 | 21 | 5 | 3 | 24 | 12 | 4 | 2 | 9 | 5 | 13.9 | 188 | 主震 |
| | 6.3～6.9 | 2 | | 15 | 8 | 23 | 12 | 0 | 0 | 8 | 4 | 15 | 8 | 15 | 8 | 0.4 | 238 | 余震 |
| | 6.0～6.9 | 8 | 西南 | 79 | 10 | 123 | 15 | 0 | 0 | 54 | 7 | 36 | 5 | 30 | 4 | 3.5 | 369 | |
| | 6.0～6.2 | 3 | 西北 | 17 | 6 | 20 | 7 | 2 | 1 | 7 | 2 | 5 | 2 | 6 | 2 | 6.7 | 213 | |
| | 6.0～6.4 | 3 | 华南 | 44 | 15 | 87 | 29 | 8 | 3 | 31 | 10 | 14 | 5 | 34 | 11 | 32.5 | 284 | |
| | 6.0～6.9 | 18 | 全国 | 180 | 10 | 295 | 16 | 18 | 1 | 116 | 6 | 67 | 4 | 94 | 5 | 9.7 | 294 | |
| 5.9～5.0 | 5.2～5.9 | 4 | 华北 | 32 | 8 | 52 | 13 | 0 | 0 | 16 | 4 | 8 | 2 | 28 | 7 | 2.6 | 473 | 主震 |
| | 5.3～5.8 | 4 | | 39 | 10 | 55 | 14 | 0 | 0 | 8 | 2 | 29 | 7 | 18 | 5 | 1.4 | 211 | 余震 |
| | 5.3～5.4 | 4 | 西南 | 25 | 6 | 33 | 8 | 0 | 0 | 8 | 2 | 13 | 3 | 12 | 3 | 1.5 | 191 | |
| | 5.1～5.8 | 13 | 西北 | 84 | 7 | 101 | 8 | 0 | 0 | 34 | 3 | 30 | 2 | 34 | 3 | 4 | 188 | |
| | 5.0～5.5 | 6 | 华南 | 38 | 6 | 54 | 9 | 4 | 1 | 21 | 4 | 19 | 3 | 10 | 2 | 5.1 | 197 | |
| | 5.0～5.9 | 31 | 全国 | 218 | 8 | 295 | 10 | 4 | 0 | 87 | 3 | 99 | 4 | 102 | 4 | 3.4 | 230 | |
| 总 计 | | 58 | 全国 | 535 | 9 | 927 | 16 | 62 | 1 | 369 | 6 | 223 | 4 | 273 | 5 | | | |

表 9.6 我国大陆定点观测

| 震级 ($M_S$) | | N | 地 区 | 异 常 百 | | | | | | | |
|---|---|---|---|---|---|---|---|---|---|---|---|
| | | | | 300 或 500≥Δ>200 km | | | | | | | |
| | | | | 台 站(点) | | | | 项 目 | | | |
| | | | | α | $α_A$ | $α_B$ | $α_C$ | α | $α_A$ | $α_B$ | $α_C$ |
| ≥7.0 | 7.3~7.8 | 2 | 华北* | 34 $\frac{22}{64}$ | 21 $\frac{13}{63}$ | 11 $\frac{7}{64}$ | 19 $\frac{12}{63}$ | 32 $\frac{27}{84}$ | 18 $\frac{15}{83}$ | 8 $\frac{7}{84}$ | 16 $\frac{13}{83}$ |
| | 7.1~7.6 | 4 | 西南* | 51 $\frac{25}{49}$ | 29 $\frac{14}{48}$ | 15 $\frac{7}{48}$ | 22 $\frac{11}{49}$ | 39 $\frac{30}{76}$ | 21 $\frac{16}{75}$ | 11 $\frac{8}{75}$ | 14 $\frac{11}{76}$ |
| | 7.1~7.8 | 6 | 全国 | 42 $\frac{47}{113}$ | 24 $\frac{27}{111}$ | 13 $\frac{14}{112}$ | 21 $\frac{23}{112}$ | 36 $\frac{57}{160}$ | 20 $\frac{31}{158}$ | 9 $\frac{15}{159}$ | 15 $\frac{24}{159}$ |
| 6.9~6.0 | 主震 6.0~6.3 | 2 | 华北 | 33 $\frac{2}{6}$ | 33 $\frac{2}{6}$ | 17 $\frac{1}{6}$ | $\frac{0}{6}$ | 15 $\frac{3}{20}$ | 10 $\frac{2}{20}$ | 5 $\frac{1}{20}$ | $\frac{0}{20}$ |
| | 余震 6.3~6.9 | 2 | | $\frac{0}{2}$ | $\frac{0}{2}$ | $\frac{0}{2}$ | $\frac{0}{2}$ | $\frac{0}{4}$ | $\frac{0}{4}$ | $\frac{0}{4}$ | $\frac{0}{4}$ |
| | 6.0~6.4 | 3 | 华南 | 7 $\frac{2}{29}$ | 3 $\frac{1}{29}$ | 7 $\frac{2}{29}$ | 7 $\frac{2}{28}$ | 11 $\frac{6}{56}$ | 6 $\frac{3}{53}$ | 4 $\frac{2}{56}$ | 5 $\frac{3}{55}$ |
| | 6.0~6.9 | 8 | 西南 | 33 $\frac{16}{49}$ | 19 $\frac{9}{48}$ | 8 $\frac{4}{48}$ | 8 $\frac{4}{49}$ | 21 $\frac{19}{89}$ | 14 $\frac{12}{87}$ | 5 $\frac{4}{88}$ | 4 $\frac{4}{89}$ |
| | 6.0~6.8 | 5 | 西北 | $\frac{0}{1}$ | $\frac{0}{1}$ | $\frac{0}{1}$ | $\frac{0}{1}$ | $\frac{0}{1}$ | $\frac{0}{1}$ | $\frac{0}{1}$ | $\frac{0}{1}$ |
| | 6.0~6.9 | 20 | 全国 | 23 $\frac{20}{87}$ | 14 $\frac{12}{86}$ | 8 $\frac{7}{86}$ | 7 $\frac{6}{86}$ | 16 $\frac{28}{170}$ | 10 $\frac{17}{165}$ | 4 $\frac{7}{169}$ | 4 $\frac{7}{169}$ |
| 5.9~5.0 | 主震 5.2~5.9 | 4 | 华北 | | | | | | | | |
| | 余震 5.3~5.9 | 4 | | | | | | | | | |
| | 5.0~5.5 | 6 | 华南 | | | | | | | | |
| | 5.3~5.4 | 4 | 西南 | | | | | | | | |
| | 5.1~5.8 | 12 | 西北 | | | | | | | | |
| | 5.0~5.9 | 30 | 全国 | | | | | | | | |

\* 邢台地震、渤海地震、通海地震未统计在内。

项目地震异常百分比统计表

百　分　比　（%）

| 200≥Δ>100 km ||||||||  100≥Δ≥0 km ||||||||
|---|---|---|---|---|---|---|---|---|---|---|---|---|---|---|---|
| 台　　站(点) |||| 项　　目 |||| 台　　站(点) |||| 项　　目 ||||
| α | $α_A$ | $α_B$ | $α_C$ | α | $α_A$ | $α_B$ | $α_C$ | α | $α_A$ | $α_B$ | $α_C$ | α | $α_A$ | $α_B$ | $α_C$ |
| 74 | 47 | 30 | 44 | 67 | 42 | 26 | 38 | 90 | 67 | 70 | 60 | 89 | 56 | 63 | 57 |
| $\frac{34}{46}$ | $\frac{21}{45}$ | $\frac{14}{46}$ | $\frac{20}{45}$ | $\frac{41}{61}$ | $\frac{25}{59}$ | $\frac{16}{61}$ | $\frac{22}{58}$ | $\frac{27}{30}$ | $\frac{18}{27}$ | $\frac{21}{30}$ | $\frac{19}{29}$ | $\frac{41}{46}$ | $\frac{24}{43}$ | $\frac{29}{49}$ | $\frac{25}{44}$ |
| 75 | 38 | 38 | 50 | 69 | 38 | 23 | 31 | 100 | 50 | 17 | 33 | 78 | 50 | 13 | 25 |
| $\frac{6}{8}$ | $\frac{3}{8}$ | $\frac{3}{8}$ | $\frac{4}{8}$ | $\frac{9}{13}$ | $\frac{5}{13}$ | $\frac{3}{13}$ | $\frac{4}{13}$ | $\frac{6}{6}$ | $\frac{3}{6}$ | $\frac{1}{6}$ | $\frac{2}{6}$ | $\frac{7}{9}$ | $\frac{4}{8}$ | $\frac{1}{8}$ | $\frac{2}{8}$ |
| 74 | 45 | 31 | 45 | 68 | 42 | 26 | 37 | 92 | 64 | 61 | 60 | 87 | 54 | 57 | 53 |
| $\frac{40}{54}$ | $\frac{24}{53}$ | $\frac{17}{54}$ | $\frac{24}{53}$ | $\frac{50}{74}$ | $\frac{30}{72}$ | $\frac{19}{74}$ | $\frac{26}{71}$ | $\frac{33}{36}$ | $\frac{21}{33}$ | $\frac{22}{36}$ | $\frac{21}{35}$ | $\frac{47}{54}$ | $\frac{27}{50}$ | $\frac{30}{53}$ | $\frac{27}{51}$ |
|  |  |  |  |  |  |  |  | 100 | 67 | 67 | 67 | 50 | 25 | 38 | 25 |
| $\frac{0}{1}$ | $\frac{0}{1}$ | $\frac{0}{1}$ | $\frac{0}{1}$ | $\frac{0}{2}$ | $\frac{0}{2}$ | $\frac{0}{2}$ | $\frac{0}{2}$ | $\frac{3}{3}$ | $\frac{2}{3}$ | $\frac{2}{3}$ | $\frac{2}{3}$ | $\frac{4}{8}$ | $\frac{2}{8}$ | $\frac{3}{8}$ | $\frac{2}{8}$ |
| 14 |  | 7 | 7 | 12 |  | 5 | 7 | 18 |  | 13 | 5 | 12 |  | 9 | 3 |
| $\frac{8}{56}$ | $\frac{0}{56}$ | $\frac{4}{56}$ | $\frac{4}{56}$ | $\frac{9}{76}$ | $\frac{0}{76}$ | $\frac{4}{76}$ | $\frac{5}{76}$ | $\frac{7}{40}$ | $\frac{0}{40}$ | $\frac{5}{40}$ | $\frac{2}{40}$ | $\frac{7}{58}$ | $\frac{0}{58}$ | $\frac{5}{58}$ | $\frac{2}{58}$ |
| 29 | 7 | 4 | 29 | 9 | 5 | 2 | 15 | 56 | 20 | 20 | 33 | 32 | 8 | 9 | 19 |
| $\frac{8}{28}$ | $\frac{2}{28}$ | $\frac{1}{28}$ | $\frac{8}{28}$ | $\frac{12}{63}$ | $\frac{3}{62}$ | $\frac{1}{63}$ | $\frac{9}{62}$ | $\frac{9}{16}$ | $\frac{3}{15}$ | $\frac{3}{15}$ | $\frac{5}{15}$ | $\frac{12}{37}$ | $\frac{3}{37}$ | $\frac{3}{34}$ | $\frac{7}{36}$ |
| 38 | 18 | 21 | 11 | 28 | 13 | 11 | 7 | 58 | 32 | 26 | 17 | 38 | 18 | 15 | 11 |
| $\frac{15}{40}$ | $\frac{7}{39}$ | $\frac{8}{39}$ | $\frac{4}{38}$ | $\frac{21}{76}$ | $\frac{9}{72}$ | $\frac{8}{74}$ | $\frac{5}{74}$ | $\frac{11}{19}$ | $\frac{6}{19}$ | $\frac{5}{19}$ | $\frac{3}{18}$ | $\frac{15}{39}$ | $\frac{7}{39}$ | $\frac{6}{39}$ | $\frac{4}{38}$ |
| 38 | 13 | 13 | 25 | 20 | 7 | 7 | 13 | 67 | 33 | 33 |  | 67 | 33 | 33 |  |
| $\frac{3}{8}$ | $\frac{1}{8}$ | $\frac{1}{8}$ | $\frac{2}{8}$ | $\frac{3}{15}$ | $\frac{1}{15}$ | $\frac{1}{15}$ | $\frac{2}{15}$ | $\frac{2}{3}$ | $\frac{1}{3}$ | $\frac{1}{3}$ | $\frac{0}{3}$ | $\frac{2}{3}$ | $\frac{1}{3}$ | $\frac{1}{3}$ | $\frac{0}{3}$ |
| 26 | 8 | 11 | 14 | 19 | 6 | 6 | 9 | 40 | 15 | 20 | 15 | 28 | 9 | 13 | 10 |
| $\frac{34}{133}$ | $\frac{10}{132}$ | $\frac{14}{132}$ | $\frac{18}{131}$ | $\frac{45}{232}$ | $\frac{13}{227}$ | $\frac{14}{230}$ | $\frac{21}{229}$ | $\frac{32}{81}$ | $\frac{12}{80}$ | $\frac{16}{80}$ | $\frac{12}{79}$ | $\frac{40}{145}$ | $\frac{13}{145}$ | $\frac{18}{142}$ | $\frac{15}{143}$ |
| 28 | 3 | 6 | 25 | 17 |  | 3 | 15 | 29 |  | 7 | 23 | 22 |  | 9 | 14 |
| $\frac{10}{36}$ | $\frac{1}{36}$ | $\frac{2}{36}$ | $\frac{9}{36}$ | $\frac{10}{60}$ | $\frac{0}{60}$ | $\frac{2}{60}$ | $\frac{9}{59}$ | $\frac{4}{14}$ | $\frac{0}{14}$ | $\frac{1}{14}$ | $\frac{3}{13}$ | $\frac{5}{23}$ | $\frac{0}{22}$ | $\frac{2}{23}$ | $\frac{3}{21}$ |
| 15 |  | 12 | 4 | 11 |  | 9 | 3 | 30 | 2 | 22 | 9 | 23 | 1 | 18 | 6 |
| $\frac{11}{75}$ | $\frac{0}{75}$ | $\frac{9}{74}$ | $\frac{3}{75}$ | $\frac{11}{97}$ | $\frac{0}{97}$ | $\frac{9}{96}$ | $\frac{3}{97}$ | $\frac{17}{56}$ | $\frac{1}{56}$ | $\frac{12}{54}$ | $\frac{5}{56}$ | $\frac{19}{81}$ | $\frac{1}{81}$ | $\frac{14}{78}$ | $\frac{5}{81}$ |
| 47 |  | 24 | 29 | 29 | 3 | 15 | 15 | 17 | 17 | 17 |  | 18 |  | 18 |  |
| $\frac{8}{17}$ | $\frac{0}{17}$ | $\frac{4}{17}$ | $\frac{5}{17}$ | $\frac{10}{34}$ | $\frac{1}{34}$ | $\frac{5}{34}$ | $\frac{5}{34}$ | $\frac{1}{6}$ | $\frac{1}{6}$ | $\frac{1}{6}$ | $\frac{0}{6}$ | $\frac{2}{11}$ | $\frac{0}{11}$ | $\frac{2}{11}$ | $\frac{0}{11}$ |
| 11 |  | 11 | 5 | 5 |  | 5 | 3 | 46 |  | 33 | 23 | 30 |  | 19 | 11 |
| $\frac{2}{19}$ | $\frac{0}{19}$ | $\frac{2}{19}$ | $\frac{1}{19}$ | $\frac{2}{40}$ | $\frac{0}{40}$ | $\frac{2}{40}$ | $\frac{1}{40}$ | $\frac{6}{13}$ | $\frac{0}{13}$ | $\frac{4}{12}$ | $\frac{3}{13}$ | $\frac{8}{27}$ | $\frac{0}{27}$ | $\frac{5}{26}$ | $\frac{3}{27}$ |
| 36 | 2 | 18 | 20 | 25 | 1 | 14 | 12 | 48 | 5 | 38 | 24 | 28 | 2 | 17 | 17 |
| $\frac{16}{44}$ | $\frac{1}{44}$ | $\frac{8}{44}$ | $\frac{9}{44}$ | $\frac{19}{76}$ | $\frac{1}{77}$ | $\frac{11}{76}$ | $\frac{9}{76}$ | $\frac{10}{21}$ | $\frac{1}{21}$ | $\frac{8}{21}$ | $\frac{5}{21}$ | $\frac{15}{49}$ | $\frac{1}{49}$ | $\frac{9}{49}$ | $\frac{8}{49}$ |
| 25 | 1 | 13 | 14 | 17 | 1 | 9 | 9 | 35 | 3 | 24 | 14 | 26 | 1 | 17 | 10 |
| $\frac{47}{191}$ | $\frac{2}{191}$ | $\frac{25}{190}$ | $\frac{27}{191}$ | $\frac{52}{307}$ | $\frac{2}{308}$ | $\frac{29}{306}$ | $\frac{27}{306}$ | $\frac{38}{110}$ | $\frac{3}{110}$ | $\frac{26}{107}$ | $\frac{15}{109}$ | $\frac{49}{191}$ | $\frac{2}{190}$ | $\frac{32}{187}$ | $\frac{19}{189}$ |

中:震级分为三个档次(5.0～5.9,6.0～6.9,≥7.0),N 为地震震例数;大体以 35°N 和 107°E 为界把中国大陆分为华北、华南、西北、西南四个区(见图9.3);m 为异常项目数,表中为各次震例中出现的异常项目的累计数,在一次震例中同一异常项目不论出现几次异常,均计为一个异常项目;n 为异常项次数,表中为各次震例中异常项次的累计数,在一次震例中同一异常项目出现几次异常,即计为几个异常项次,$n_L$、$n_A$、$n_B$、$n_C$ 分别为长(L)、中(A)、短(B)临(C)阶段的异常项次数,$n=n_L+n_A+n_B+n_C$。长(L)、中(A)、短(B)、临(C)阶段分别定义为5年以上,6个月至5年,1～6个月,几天至1个月。实际统计工作中,若超过一个月,不足1.5个月算临震;超过6个月不足6.5个月者算短期。异常最长时间以该震例中异常出现最早的时间计算;最远距离指异常记录的最远震中距。

从表9.5可以看出:

(1)地震异常的平均数、最长时间和最远距离随震级增高而明显增加;而在各地区的情况则比较复杂,单个震例的统计数波动较大。

(2)华北和华南的地震异常的平均数及6级以上地震异常的延续时间超过西南和西北。

(3)华北地区6级以上余震的平均异常数和延续时间低于同级主震。

(4)异常分布范围从统计数字来看,各地区间没有明显差别,均远远超过震源。

**2. 定点观测项目异常百分比的统计和分析**

为阐明震前有异常和无异常台站和观测项目的分布情况,根据各地震震例报告提供的资料,分区分震级档次分异常阶段统计了不同震中距范围内测震学以外定点观测项目的异常百分比。统计中仅使用观测质量达到一、二类的资料,结果见表9.6。由于定点观测资料超出5年以上的不多,表中仅给出了中、短、临阶段的异常百分比($α_A$、$α_B$、$α_C$)。α 为不分阶段的总异常百分比。栏目中上面的数字为异常百分比,下面分数的分子是异常台、项数,分母为台站或项目总数,从而可以了解样本数量。

统计分析结果表明:

(1)地震前,同一台站上并非所有的观测项目都出现异常,同一项目在各阶段并非都有异常,大部分项目或同一项目在各阶段都出现异常的情况十分少见。

(2)异常百分比随震级升高而增大,7级以上地震异常的百分比明显高于6.0～6.9级和5.0～5.9级两个档次,而后两者之间差别较小。

(3)异常百分比随距离增大而减小。在各震级档中这一现象都是明显的。

(4)异常的阶段性随震级增高而更加完整。7级地震前观测到长、中、短、临异常(仅在7级地震前有少量长期异常观测资料,表中没有给出),5.0～5.9级地震的中期异常很少见,主要为短临异常。而6.0～6.9级地震可有中期异常,但波动很大。

(5)华北地区余震的分布范围明显小于同级主震。6.0～6.9级余震的异常分布在距震中 200 km 内,100 km 内的异常百分比也明显低于同级主震。

**3. 观测手段和异常项目的统计与分析**

表9.7给出了按观测手段得出的异常统计数字。其中:$\sum N$ 为该异常手段的各项目在60次地震中出现次数(震次,每次地震计为一次)的总和,震次出现率 $Q=\sum N/535\times$

$100\%$；$\sum n$ 为该异常项目在 60 次震例中异常项次的总和，$\sum n = n_L + n_A + n_B + n_C$，异常项次出现率 $R = \sum n / 927 \times 100\%$。表中对测震学手段做了进一步的分类统计。表 9.8 列出了我国和各地区的前 15、10、5 名的主要异常项目及异常项目总数。项目出现次数相同者并列。

表 9.7 观测手段分布情况表

| 观测手段 | 项目序号 | $\sum N$ | $Q$ | $n_L$ | $R_L$ | $n_A$ | $R_A$ | $n_B$ | $R_B$ | $n_C$ | $R_C$ | $\sum n$ | $R$ |
|---|---|---|---|---|---|---|---|---|---|---|---|---|---|
| 测震学 地震空间分布 | 1~6 | 75 | 14 | 24 | 25 | 51 | 53 | 17 | 18 | 5 | 5 | 97 | 10 |
| 时间与震级系列 | 7~18 | 109 | 20 | 15 | 9 | 101 | 62 | 30 | 18 | 18 | 11 | 164 | 18 |
| 震源机制和介质特性 | 19~29 | 37 | 7 | 5 | 12 | 28 | 67 | 3 | 7 | 6 | 14 | 42 | 5 |
| 其他 | 30~31 | 8 | 1 | 0 | 0 | 3 | 38 | 3 | 38 | 2 | 25 | 8 | 1 |
| 总计 | 1~31 | 229 | 43 | 44 | 14 | 183 | 59 | 53 | 17 | 31 | 10 | 311 | 34 |
| 地形变 | 32~38 | 61 | 11 | 15 | 14 | 45 | 42 | 21 | 19 | 27 | 25 | 108 | 12 |
| 重力 | 39~40 | 12 | 2 | 0 | 0 | 8 | 47 | 5 | 29 | 4 | 24 | 17 | 2 |
| 地电（视电阻率） | 41 | 30 | 6 | 0 | 0 | 19 | 36 | 19 | 36 | 15 | 28 | 53 | 6 |
| 地磁 | 42~48 | 29 | 5 | 0 | 0 | 5 | 13 | 11 | 29 | 22 | 58 | 38 | 4 |
| 地下水化学参量 | 49~60 | 62 | 12 | 3 | 2 | 48 | 28 | 61 | 35 | 62 | 36 | 174 | 19 |
| 地下水物理参量 | 61~64 | 37 | 7 | 0 | 0 | 18 | 22 | 29 | 35 | 35 | 43 | 82 | 9 |
| 应力-应变 | 65~68 | 23 | 4 | 0 | 0 | 36 | 46 | 18 | 23 | 25 | 32 | 79 | 9 |
| 气象 | 69~71 | 4 | 1 | 0 | 0 | 3 | 43 | 0 | 0 | 4 | 57 | 7 | 1 |
| 其他微观动态 | 72~74 | 11 | 2 | 0 | 0 | 3 | 14 | 1 | 5 | 17 | 81 | 21 | 2 |
| 宏观动态 | 75 | 37 | 7 | 0 | 0 | 1 | 3 | 5 | 14 | 31 | 84 | 37 | 4 |
| 总计 | 1~75 | 535 |   | 62 | 7 | 369 | 40 | 223 | 24 | 272 | 29 | 927 |   |

表 9.8 各区主要异常项目表

| 名次顺序 | 全国 | 华北地区 | 西南地区 | 西北地区 | 华南地区 |
|---|---|---|---|---|---|
| 1 | 水氡 | 水氡 | 水氡 | 水氡 | 水氡 |
| 2 | 电感应力 | 地下水位 | 地震频度 | 地倾斜 | 电感应力 |
| 3 | 地下水位 | 电感应力 | 电感应力 | 宏观现象、波速比、b 值 | 宏观现象、地倾斜、地震空区 |
| 4 | 地震频度 | 视电阻率 | 地震条带 | 视电阻率 | 应变释放、Z 变化（磁）、F⁻ |
| 5 | 视电阻率 | 地震频度 | 地下水位 | 地震频度 | b 值、定点水准、电磁波 |
| 6 | 地倾斜 | 地震窗 | 地震空区 |   |   |
| 7 | 地震空区 | 地倾斜 | 地倾斜、视电阻率、宏观现象 |   |   |
| 8 | 宏观现象 | 地震条带 | 地震窗 |   |   |

续表

| 名次顺序 | 全　国 | 华北地区 | 西南地区 | 西北地区 | 华南地区 |
|---|---|---|---|---|---|
| 9 | 地震条带 | 地震空区 | 水　温 | | |
| 10 | 地震窗 | $CO_2$ | $b$值、定点水准 | | |
| 11 | $b$　值 | | | | |
| 12 | 定点水准 | | | | |
| 13 | 波速比 | | | | |
| 14 | 应变释放 | | | | |
| 15 | 水准测量 | | | | |
| 异常项目总数 | 75 | 60 | 34 | 28 | 33 |

统计分析结果表明：

(1)地震前兆是多样的,这是地震综合预报清理研究时已做出的结论[1],60次地震给出了具体的数量统计结果。

(2)各观测手段和异常项目有各自的优势分布异常阶段。测震学手段以中期异常最发育,有一定数量的短期异常,长期和临震异常较少。其他前兆观测手段的情况则不同,一般分布在中、短、临阶段,有的主要出现在短临阶段,仅地形变有长期异常,有个别超过5年的水化学观测资料,宏观异常主要出现在临震阶段。

(3)各地区的异常项目总数、具体项次数量和主要项目有明显的差别。这里既有地区性特点也与震例数量、台网密度和工作情况有关。全国的15个项目,或在各地区均有出现,或少数在三个地区出现,是全国性的主要项目,各地均有一些地区性项目。

(4)测震学异常项目有31个,占75个项目中的41%,按震次和项次统计,分别为43%和34%,是前兆观测的主要手段。结合不同震级档次和时空分布资料进行分析,测震学前兆与其他手段前兆有不同特点,他们可在不同震级地震发生前较大震中距范围内出现,往往出现较早,中期异常较多。测震学异常项目往往有各自的分析方法,常呈一定面积或条带分布,不宜作异常百分比的统计,因而与其他前兆项目在分析方法上宜分别进行。

## 9.2.3　地震前兆的综合特征

单个震例资料的取得具有一定的随机性、不完整性乃至多解性。然而,多个震例的分层次统计分析结果表明,尽管统计数字有较大的波动,但在一定范围内给出了量值估计或参考值,比较清晰地显示了某些规律性和定性的认识,各种统计图表往往从不同侧面提供证据。工作中,实际上是把不同的地震,按地区、震级和异常阶段,合成在一起,类似于系统科学中的微信息合成方法,起到了信息补充、增益的作用,给出了综合图像。文献[1]对我国大陆地震前兆的主要特征做了初步总结。通过60次震例的研究可以进一步归纳出以下5条基本特征。

**1. 地震前兆的多样性和综合性**

地震前兆是多样的,过去已有总结。11类观测手段75个项目所观测到的927条异常进一步揭示了前兆的多样性及其丰富内涵(见表9.4)。表9.5给出了不同级别异常数量的统计,7、6、5级地震档的平均异常项目数和项次数分别为:15和37;10和16;7和

10。异常最多的唐山地震的异常项次数达 147。图 9.4 为各震级档地震前兆的异常起始时间 $T_0$ 与震中距 $\Delta$ 关系图。从图上可见,异常随震中距增加而减少,近震中异常多而且出现早。各方面的情况表明,孕震过程中自然界发生了综合的变化,以应力应变为主的力学过程通过不同形式的能量转换,以多种物理和化学等异常变化表现出来。因而多样性和综合性是地震前兆的基本特征。

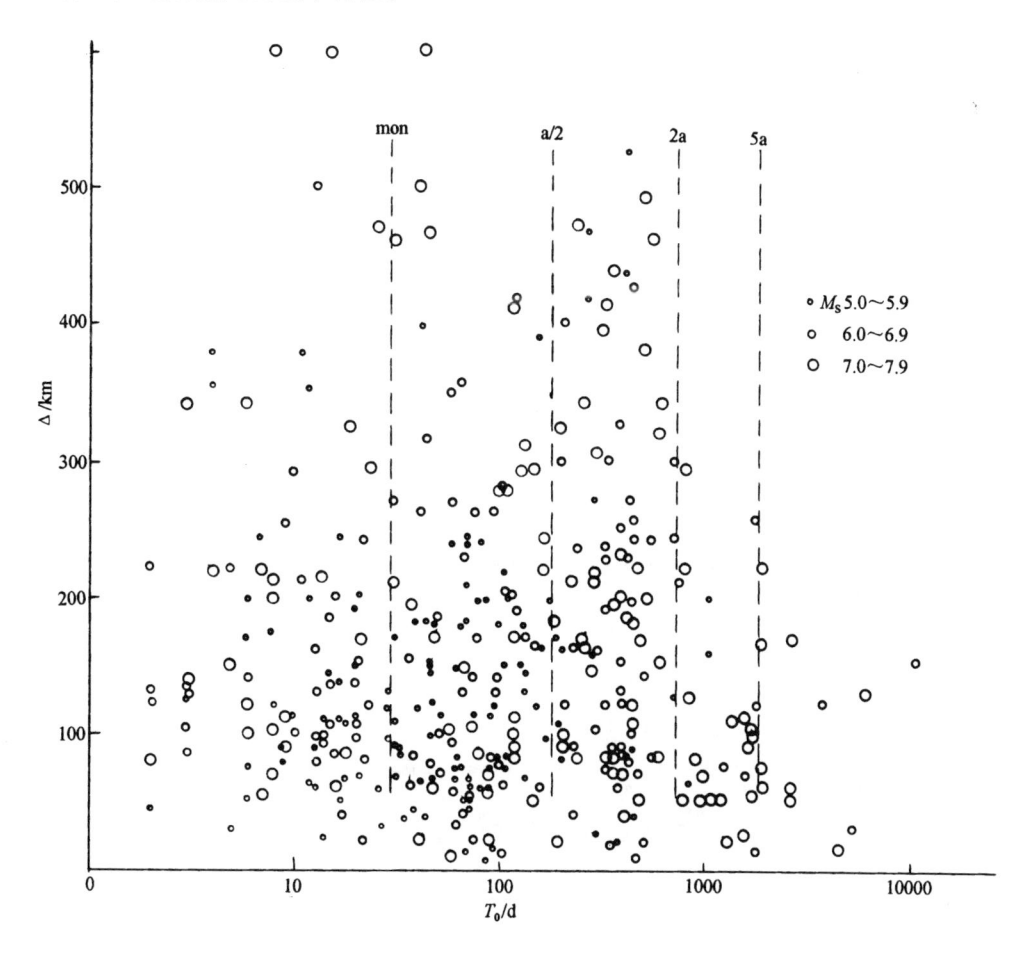

图 9.4 中国大陆前兆项目异常 $\Delta - T_0$ 关系图

### 2. 异常持续时间的长期性和阶段性

时间长并呈明显的阶段性是中国大陆地震前兆的重要特点。从表 9.5 的异常平均最早出现时间和在各震例中可以看到,总体异常时间可达数年至数十年,分阶段的异常持续时间也比世界各国观测所得的结果要长,临震异常可以几起几落长达一个月左右。异常有呈阶段准同步成批出现的特点:长、中期异常为趋势异常;短期异常以加速性的趋势异常为主,可有零星突发性异常;临震异常则以突发性异常为主。图 9.5 为测震学项目和测震学以外前兆项异常的 $M_S - T_0$ 关系图,展示了各次地震的异常起始时间分布。图 9.6 为华北地区三次强震的前兆时空分布,中、短、临三阶段的划分极为明显,并有很好的一致性,中期阶段异常从震中向外围扩展,短期阶段异常在较大范围内大体同时出现,临震阶段异常自外围向震中收缩。长、中、短、临异常反映了孕震过程的阶段性,与理论和实验结果是一致的。

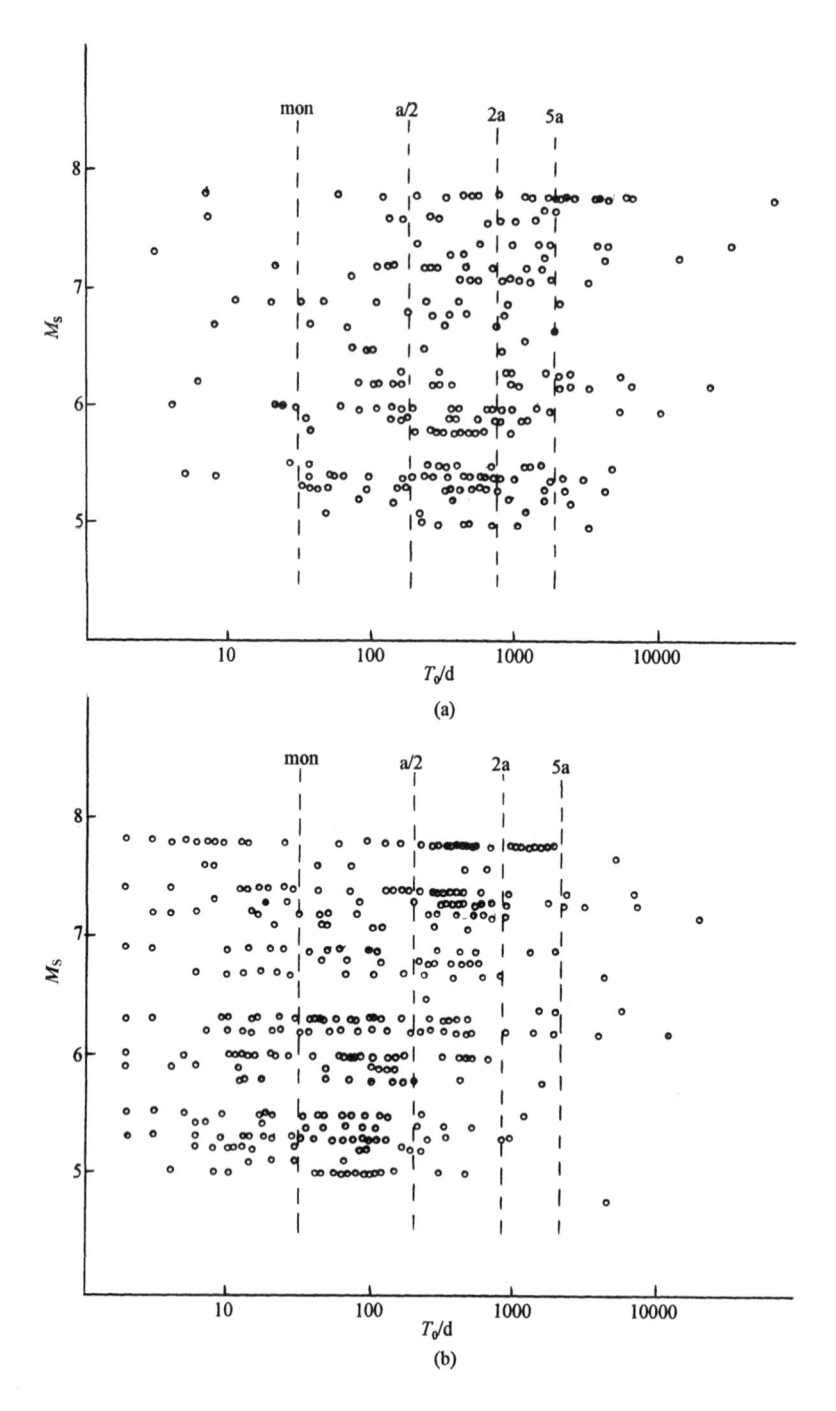

图 9.5 中国大陆前兆项目异常 $M_S$-$T_0$ 关系图
(a)测震学项目;(b)其他前兆项目

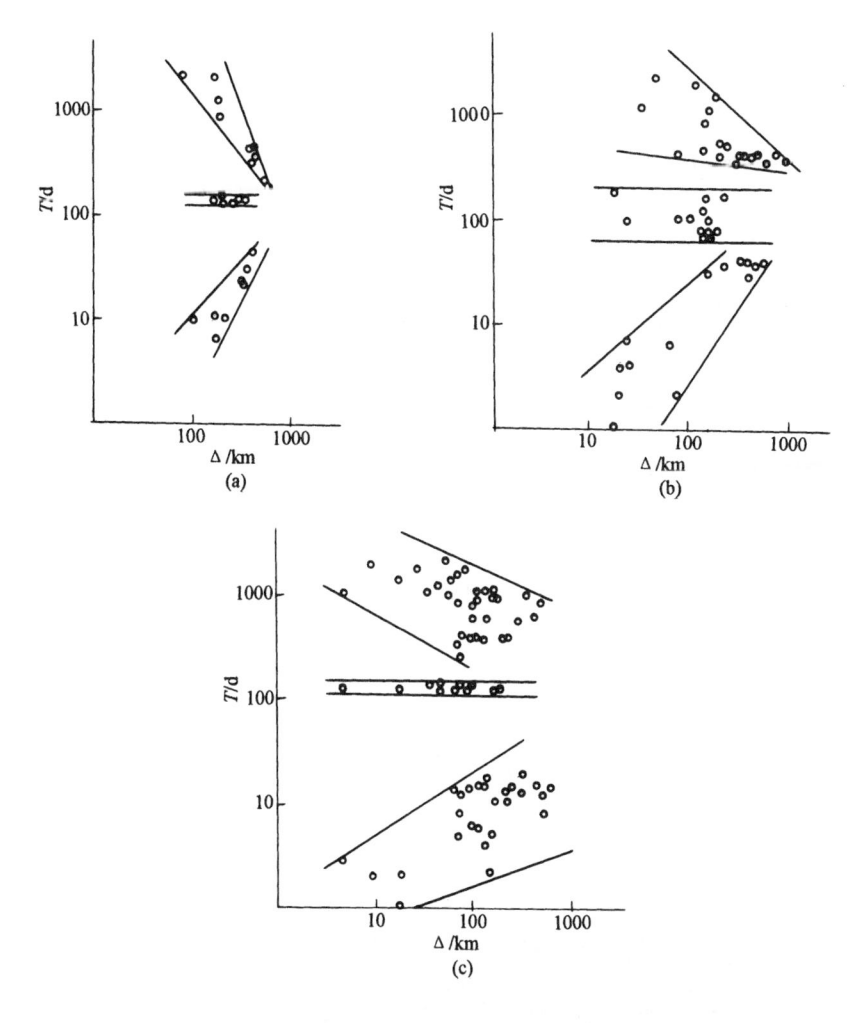

图 9.6 华北地区 3 次强震前兆异常的时空分布图
(a)1969.7.18 渤海 7.4 级地震;(b)1975.2.4 海城 7.3 级地震;(c)1976.7.28 唐山 7.8 级地震

### 3. 前兆分布范围的广泛性与非均匀性

震例的研究从定性和定量上比较充分地肯定了这一特征。表 9.5 中给出了各震级档次的异常平均最远距离,异常范围随震级增高而增大。图 9.7 展示了测震学以外前兆项目异常的 $M_S - \Delta$ 关系。从图上可见,异常分布在距震中数百公里内,中期异常范围较大,短期异常有所缩小,临震异常扩展最远,中期异常较好地显示了异常范围随震级增高而加大的现象。表 9.6 的定点观测项目异常百分比统计结果给出了异常不均匀分布的特点,多次震例表明异常还有沿断裂带分布的特点。总之,大量资料表明,地震前兆分布范围一般数十倍于震源(可达 500~600 km 以远),镶嵌式的不均匀分布,并在未来的震源附近相对集中(距震中 200 km 左右范围内最密),构成了以震源为中心异常大范围不均匀分布的图像。

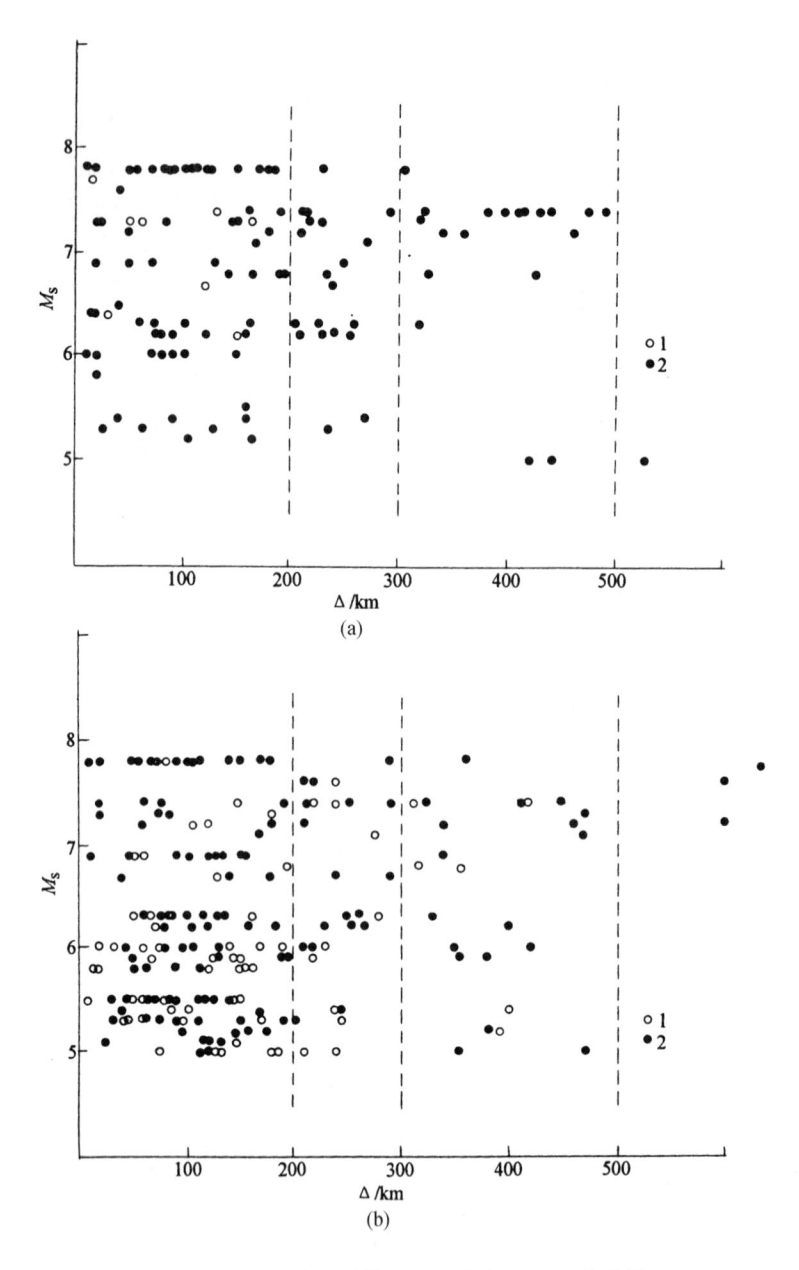

图 9.7 中国大陆地震前兆项目异常 $M_S$-$\Delta$ 关系图

(a)长、中期异常;1——长期,2——中期;(b)短、临异常;1——短期,2——临震

### 4. 地震异常的统计量与震级间存在着正比关系

60 次地震的统计结果表明,异常种类、时间、距离、数量、百分比等统计参量均随震级的增大而升高。这一总体特征是明显的,从上面的异常数量、百分比等的统计和分析及震级、震中距和异常起始时间的关系图上均已揭示了这一特征,不再赘述。关于震级与时间的关系在中期异常阶段更明显,可求得各种统计关系式,可用 $\lg T = AM + B$ 表示,国内外

的研究结果都比较一致;然而对于不同地区、不同观测手段关系式的系数($A$、$B$)变化很大。至于其他统计参量与震级的关系,目前仅得到定性结果,统计关系还需要进一步工作。

**5. 地震前兆的高度复杂性**

复杂性是中国地震前兆的总体特征,尽管世界各地的地震前兆都比较复杂,但大陆地震前兆的复杂性则更为突出。从目前的研究程度来看,复杂性主要表现在七个方面,即上述四个方面综合特征的具体表现及异常的类型、地震的类型和地区性三个方面。前面四条共性特征寓于大量的复杂的个性异常表现之中,每个地震的异常均有自己的时、空、强特点,没有完全相同的震例,各种统计参考量都有较大范围的波动,在震例和统计表中都有所反映,在此不拟多谈。关于异常类型的复杂性在第一节中已经介绍,地震类型和地区性问题在第二节中讨论,详见文献[29~33]。

进一步研究大陆地震前兆的综合特征,从理论和实践上对解决地震预报问题都有重大意义。地震前兆的综合研究将为解决地震前兆和地震的成因及实现物理预报提供科学基础;把握异常发展的阶段性可能解决不同尺度的时间预报问题;研究前兆分布范围的广泛性与不均匀性可为地点预报提供依据;异常统计量与震级关系的研究可给出震级预报的判据和指标;研究复杂性的具体表现,综合分析地震前兆异常时间、空间、数量等变化,并与地质构造环境和可能的物理机制相结合,才能使地震前兆的综合特征在预报中得到恰当应用。

与日本、美国和原苏联相比,中国大陆地震前兆具有明显的特点。滨田和郎[14]收集整理了日本自1300年,主要是近100年的420次地震的前兆现象,并将异常分为长期(超过一个月)、短期(一个月内)和临震(3天内)三个阶段。以日本1976~1985年10年内发生的10次5.5~7.0级地震为例,前兆最多的1978年伊豆大岛7.0级地震的异常项目数为17,项次数为33,与中国的唐山地震相差极大。美国至今取得前兆资料很少,并且不乏无前兆的震例。显然,中国大陆的地震前兆与板块俯冲带和转换断层附近发生的日本和美国的地震前兆在数量、种类、时间、空间等方面都不同。苏联与中国的地震大部分都是大陆板内地震。据文献资料和1982~1992年出版的12册《地震预报》丛书[34],中国和原苏联的地震前兆颇多共同之处。苏联学者多次提到了地震前兆的远距离反映[35,36];认为地震异常时间和距离与震级呈正相关关系[13,37];注意到了地震前兆的不均匀性,开展了1~2 m大样本岩石的破裂实验[38];注意到了地震前兆的复杂性,提出了地球物理介质的不连续层次结构模型的思想[39]。与此同时,中国取得了较多的震例资料,特别是大地震的近震源区观测资料,从而给出了较丰富的定性的认识和统计参数,并总结出了近震中异常相对集中的结论。显然,大陆板内地震前兆的综合特征尚须进一步研究,从而寻求理论和实践上的新进展。

## §9.3 地震前兆的复杂性探讨

### 9.3.1 我国大陆孕震环境与地震前兆的复杂性

地震前兆的复杂性是世界地震学者所关注的热门话题。中国大陆地震前兆尤为复杂。地震前兆的群体性和复杂性是否是客观事实？其存在的物理基础是什么？应如何对待这一复杂性？这是当前地震预报需要明确回答的迫切问题，也关系到地震综合预报的地质和物理基础。文献[40]对这一问题进行了专题研究。

**1. 地体环境与地震活动的不均匀性**

我国大陆位于欧亚板块的中国-东南亚板块上(图9.8)，为典型的大陆板块地区。相对于海洋板块而言，它具有整体性特征，是由坚厚地壳组成的辽阔大陆，但其内部和边界条件又很不均匀。中国大陆内部，从地形地貌、深浅部地质构造、地壳形变、应力场、地震活动等方面分析，大体以105°～107°E 和 35°N 左右为界，东西部有很大的不同，南北也有差异。东西部地体环境条件的比较见表9.9。

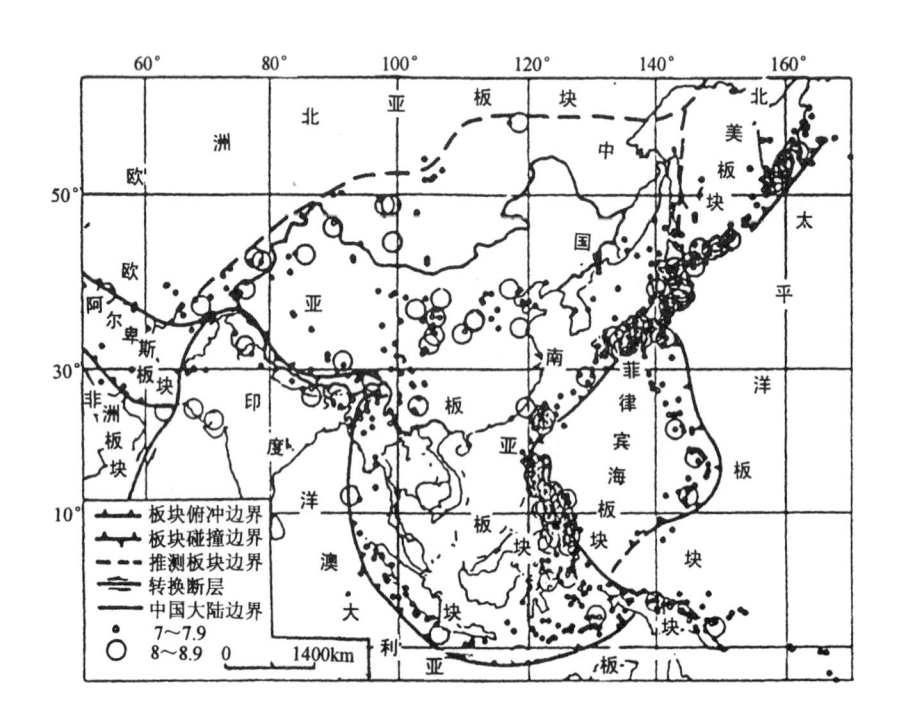

图 9.8 中国大陆板块构造位置及 $M_S \geq 7.0$ 地震震中分布图[41]

表 9.9 中国大陆东西部地体环境条件比较表

| 东 部 | 西 部 |
| --- | --- |
| 1. 新构造活动较弱，地质发展史上地台区占较大面积 | 1. 新构造运动强烈，地质发展史上地槽区占主要地位 |
| 2. 地壳厚度较薄，一般在 30～45 km | 2. 地壳厚度较厚，一般在 50～60 km，青藏高原达 70 km |
| 3. 地壳形变速率较低，1976～1982 年地壳曲面平均变化速率(平均间隙值[41])为 2.12 mm/a | 3. 地形变速率高，1976～1982 年的地壳曲面平均变化速率为 4.48 mm/a |
| 4. 区域构造应力场受太平洋板块的挤压影响为主。华北地区主压应力轴方向为北东东—近东西，华南地区为北西西—北西 | 4. 区域构造应力场受印度洋板块的挤压影响为主。西南地区(青藏高原，川滇)主压应力轴自东而西按北东东—东西—北西—南北方向转动，西北地区(含新疆)在北西—北东范围内，并以南北为主导方向 |

续表

| 东　部 | 西　部 |
|---|---|
| 5. 地震活动水平较低,6级以上地震年频度为0.18次（据560年资料统计） | 5. 地震活动水平较高,6级以上地震年频度为2.89次（据200年资料统计） |

从表可见,东西部的差别极为突出,其分界线为南北构造带(地震带)的东边缘,在布格重力图和航磁图上为明显的梯度带。中国大陆上有两条重要的东西构造带(北部自天山东部边缘,经狼山、阴山、燕山,直至辽宁北部千山一带;中部自帕米尔附近,经昆仑山秦岭,直至大别山及其以东地区),在其南北地体环境亦有较大差异。上述地体环境与地震活动的不均匀性深刻地反映了大陆结构的不均匀性。

### 2. 构造物理条件与地震活动的不均匀性

构造地震的发生,本质上是地球内部的构造物理现象。我们注意到在上述的复杂的地体环境之中,存在某些具有规律性的观测事实。

我们把大陆分成三个区带,把文献[42～45]中的有关参数整理列入表9.10。该表清晰地展示了从板块接触带(俯冲带或碰撞带)到大陆板块近边缘地带,至大陆板块内部,有关参数发生了规律性的变化:地震复发周期逐步加长,$b$值逐渐减小,地壳垂直形变速率逐渐减小等。它们反映了上述不同地带的构造和物理条件的差异,它们之间有明显的地质和物理联系,从而由此提出了构造物理条件与地震活动不均匀分布的关系的问题。基于这一考虑,作者等把《中国震例》60次地震中辑入的近千条前兆异常按板块近边缘地区和板块内部地区进行了统计[7～9,38]。在相同的震级档中,板块内部的统计数字几乎都超过了板块近边缘地区,进一步反映了构造物理条件对地震活动和地震前兆特点的影响。

### 3. 地球动力学条件与地震活动动态发展的不均匀性

我国大陆位于太平洋、印度洋和欧亚三大板块相互作用的地区(图9.8),具有特定的地球动力学条件。三大板块的碰撞、俯冲和挤压联合作用于这一内部构造和边界条件都很不均匀的大陆,形成了我国构造应力场的复杂分布图像[46]。尽管许多研究者对这一应力场的模拟和描述细节上有所差异,但总体上是一致的。从各方面资料分析,中国大陆新构造时期以来至现代的应力场基本格局是相对稳定的[47];地质历史上,现代应力场是历史演变的结果。根据地震活动、地壳形变测量及新构造运动资料综合分析,在现代构造应力场基本格局大体稳定的情况下,应力场强度和方向可能产生微小动态变化。因而,为了阐明地震前兆的复杂性,仅考虑静态的因素是不够的,还需要研究地球动力学和地震活动等的动态变化。

作者等研究了中国及其周边地区近百年来6级以上的地震活动[48,49],可以把大陆的地震活动划分为4个活跃期(1889～1911;1920～1937;1947～1955;1966～1976)和4个平静期(1912～1919;1938～1946;1956～1965;1977～1987)。平静期内周边板块边界附近发生的7级以上地震勾划出大范围的相对平静背景区(无7级以上地震),然后在此范围内出现大地震活动,形成大陆的地震活跃期和相应的主体活动地区(发生8级或多次7级以上地震的地区)。各期的地震活动主体地区是变动的,有自西往东迁移的现象(图9.9)。

作者等还对中国—东南亚板块的地震活动层次结构进行了初步研究[49]。结果表明，研究区内的地震活动在时间和空间上都具有层次结构，并在韵律性（或准周期性）上有自相似特点，但又表现出极大的复杂性：从板缘区到板内的板块近边缘区和板块内部区有几十年到数百年的活动周期，这与表9.10给出的总体特点是一致的；三个区的地震活动具有不同的特征，同时又表现出明显的不均匀性；从边缘到内部地震活跃期的起始时间及其主体活动时段在时间上有逐渐滞后的现象。

表9.10 中国大陆及邻近地区不同构造部位地震活动性

| 参数名称 | 板块接触带附近 | 大陆板块近边缘地带 | 大陆板块内部 | 来源 |
|---|---|---|---|---|
| 地震重复周期($a$) | 日本东北 35～40<br>台湾东部 30～40<br>青藏高原南部和喜马拉雅南缘 35～40 | 日本西南 100±<br>台湾西部 100±<br>青藏高原中部 100± | 华北 300～370<br>东南沿海 300<br>青藏高原北部 300～350 | 据[42]整理 |
| 地震活动 $b$ 值 | 台湾东部 0.86<br>兴都库什 0.87<br>青藏高原南部 0.91<br>喜马拉雅南缘 0.72 | 台湾西部 0.68<br>天山 0.68<br>青藏高原中部 0.76 | 东南沿海 0.59<br>蒙古阿尔泰—贝加尔 0.48<br>青藏高原北部 0.60<br>华北 0.53 | |
| 地震断层滑动速率（cm/a） | 喜马拉雅 5.6<br>当雄 3.47 | 腾冲—澜沧，鲜水河，托索湖-花石峡，阿尔金 1 | 小江带，安宁河带，南北带中段，北祁连，银川 0.2～0.3 | 华北 0.06 | 据[43]整理 |
| 垂直形变速率（mm/a） | 藏南雅鲁藏布江沿岸 10 | 狮泉河—尼玛 2～4<br>滇西南 5～7<br>藏北高原 5～6 | 川西高原 −1～−3<br>若尔盖 −4<br>山西盆地 −1～−2<br>三江平原 −4 | 据[44]整理 |
| 应力降 | 小<br>($1\times10^6$～$6\times10^6$ Pa) | 中 | 大<br>($1\times10^7$～$1.8\times10^7$ Pa) | |
| 破裂长度（相同 $M_S$） | 大 | 中 | 小 | |
| $m_b$（相同 $M_S$） | 小 | 平均大0.5 | | 据[45]整理 |
| 1～2 s 短周期震源振幅（相同 $M_S$） | 小 | 大 2～4 倍 | | |

把地震活动的时间和空间变化图像与板块构造（图9.8）作比较不难作出推测，地震活动动态与区域地球动力学环境及动力学过程有密切的关系。地震活动动态是应力场活动的反应，不均匀的中国大陆在欧亚、太平洋和印度洋三大板块的联合作用下会发生区域应力场的动态变化，进而引起地震活动图像的动态变化。这一推测从应力场变化的数值模拟中得到了证明。耿鲁明、张国民等[50]用简化模型模拟了大陆地震活动表现为平静和活跃交替的轮回活动特征及各轮回中强震活动呈现出时间和空间上的迁移特征。结果表明：不均匀的系统（模型）在定常应变速率的边界加载作用下会出现类似于实际地震活动的上述特征；如果把模型中元件上接近破裂的高应力与前兆加以联系的话，发现模型中的

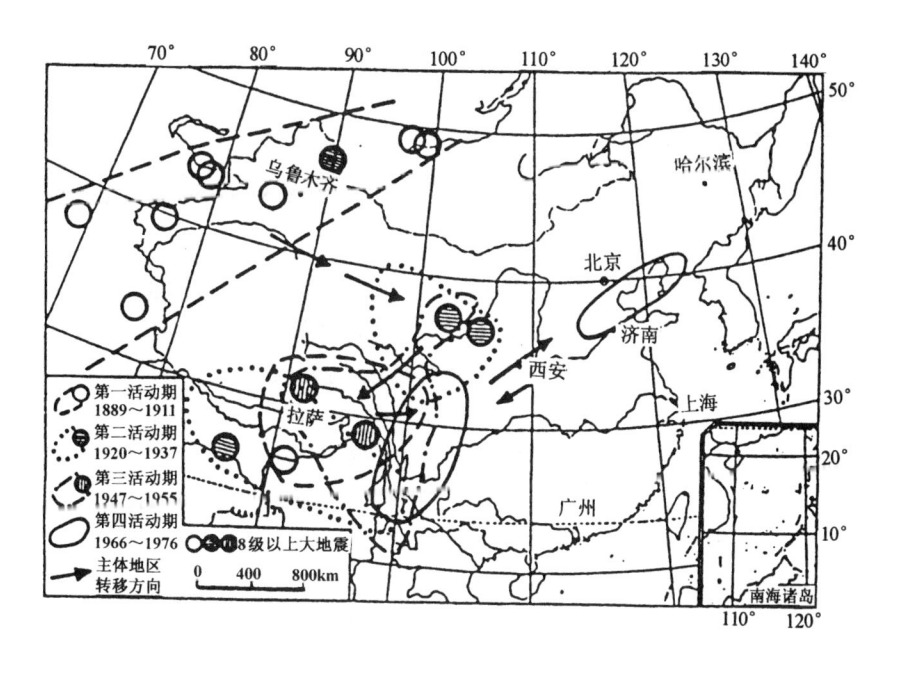

图 9.9  中国大陆地震活跃期地震活动主体地区的分布与迁移图

前兆变化具有复杂性,大事件的前兆并不是集中在大震的周围,而是在整个系统中大范围出现。梅世蓉和车时[51]对中国现代构造应力场方向与大小及其与地震活动性的关系进行了数值模拟,讨论了板块边界作用的非均匀性与板块内介质结构、物理性质的非均匀性对现代构造应力场方向与大小的影响,及其与全国地震活动性的关系。结果表明,中国大陆及邻区现代构造应力场显示的区域与总体规律性,可以用三大板块的联合作用获得基本解释;在非均匀边界作用下,边界某一部位运动方向及速率的变化会对大陆相当大范围内的区域构造应力场发生明显的影响,例如,台湾弧顶和察隅弧顶处运动方向及速率变化的影响范围很大,特别对西南和华南地区影响更为显著。因此地球动力学与地震前兆的关系应是引起地震前兆复杂性的一方面重要原因。

**4. 震源物理与地震前兆**

构造地震是岩层受力超过破裂强度发生脆性破裂的结果,其前兆机理必然首先与震源区发生的物理过程,特别是与从震源孕育至岩石破裂的力学机制有关。文献[31,32]研究了断错型和块断型两类地震前兆的特征及其发生机理。显然,这两类地震在前兆特征上是有显著差别的,震前的地震活动性图像、大地形变及其他前兆异常的表现都有不同,在岩石破裂的力学机制上前者基本上属于原有断层的再滑动(黏滑),而后者则为岩石的新破裂(断裂)。岩石破坏过程中力学机制的不同导致了前兆特征的不同,从而定性地提出并论证了地震前兆与震源岩石破坏机制的关系。文献[33]进一步分析了这两种类型地震的前兆和力学成因,研究表明两类地震的前兆在异常的时空分布和统计特性(不同阶段和不同震中距范围内的异常数量和百分比)都有明显的差别。联系到这些地震在序列类型和构造类型[52]上的差别,目前取得的资料已经能初步勾画出震源类型和地震前兆的密切关联,特别是力学机制上的成因联系,即震源物理上的联系。因此,震源物理与地震前兆的关系应是造成地震前兆复杂性的又一重要原因。

**5. 地震前兆的地区性**

地震前兆的地区性表现在异常项目、前兆持续时间、异常数量及主要地震类型等多个方面。中国大陆东部异常的数量高于西部,板块内部地区的地震异常数明显高于板块近边缘地区。图9.10为华北和西南地区$M_S \geqslant 7.0$地震前兆(不包括测震学项目)的震中距($\Delta$)和异常起始时间($T_0$)关系图,两地区的$\Delta - T_0$图像有明显的区别。华北地区异常时间长、近震中的异常早出现;西南地区异常时间略短,远近异常大体同时出现。图9.6为华北地区3次7级以上强震的前兆异常时空分布图[53]。图上可以见到,三次地震的前兆图像极为相似,均属于块断型地震。据统计,《中国震例》60次地震中炉霍、道孚、通海等6.7级以上断滑型地震目前主要分布在西南地区,而华北的几次大地震都为断块型地震。这些地区性特点可能并非偶然,与前面谈到的大陆板块近边缘区和内部区地震活动性参数、地形变速率和地震前兆统计特点的差异是呼应的,特别可能是与层块结构及其规模和构造物理条件有关。需要进一步强调的是震源及其附近介质的特性往往更具有地区性或局部性,这种差异也会是引起地震前兆复杂性的重要因素。某一地区多方面条件的组合制约了该地区地震前兆的地区特点,地震前兆的复杂性对不同地区应具体地加以剖析。

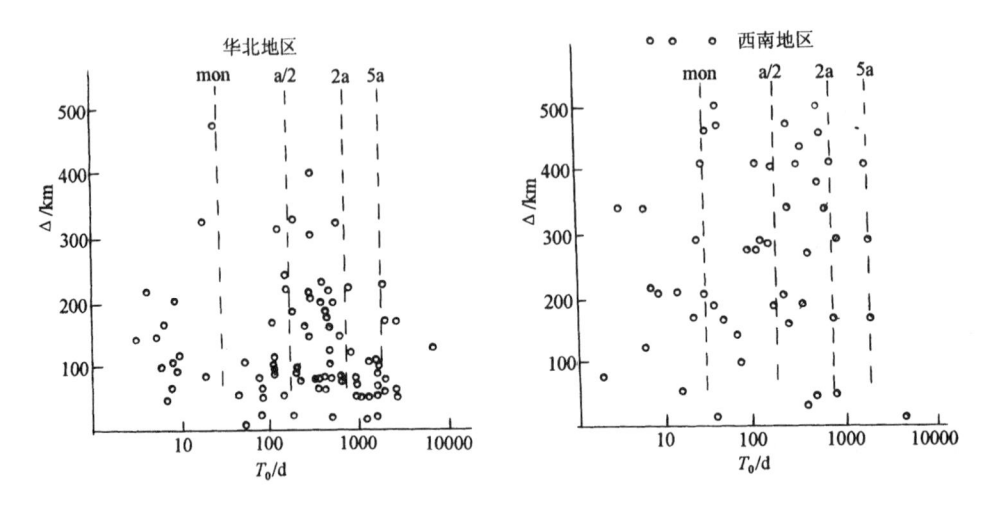

图9.10 华北和西南地区$M_S \geqslant 7.0$地震前兆异常$\Delta - T_0$关系图

**6. 中国大陆地震前兆的基本特征及其复杂性**

在第一节中已经介绍,中国大陆1966～1985年发生的60次$M_S \geqslant 5.0$地震的前兆共计有异常项目数75种,异常的累计出现次数(项次数)近1000次,地震前兆具有某些基本综合特征及极大的复杂性。概括起来,呈现出一幅多种前兆在时间上呈阶段、空间上大范围不均匀展布、并在未来震源附近相对集中的复杂的动态发展图像。《中国地震预报概论》对地震前兆的共性和复杂性做了进一步的讨论。共性为地震预报提供了可能性,复杂性决定了地震预报的难度。

综上所述,地震前兆的复杂性是客观的、又是可以理解的事实,肯定这一点具有重要的科学和实践意义,其产生原因首先与上述孕震环境的不均匀性密切相关。

通过上述研究可以得到以下认识:

(1)大陆地震前兆的群体性和复杂性是客观的,它的出现有深刻的构造和地球物理成因基础,其产生的基本原因源自从地质构造环境到震源介质,不同尺度、不同层次和孕震过程不同阶段物理条件的不均匀性,即孕震环境的不均匀性。大陆地震的预报必需承认和正视地震前兆复杂性这一客观现实,不仅不回避,而且要从复杂性中去探索地震预报的有效途径[21,27]。

(2)大陆地震的孕震过程是在广阔的区域构造孕震系统内发生的,这是一个开放的系统,复杂的地球动力学、构造物理和震源的条件决定了孕震过程和震源过程必然是复杂的,构造运动的变化随时随地都存在,而与构造地震孕震过程和震源过程有关联的有别于正常变化的多种(群体)异常变化必然会在大范围、长时间内出现,这就是广义地震前兆存在的物理基础。广义前兆中既有与孕震过程有关联的构造应力场变化引起的异常("场兆"),也有与震源过程有关联的异常("源兆"),研究和鉴别它们是当前地震前兆研究的关键。

## 9.3.2 华北地区成组地震前兆的研究

中国大陆的强震往往成组发生。单个地震震例前兆的研究有一定的局限性,它把大区域、长时间、几次地震前后的异常变化过程,人为割裂成以单个地震震中和发震时间为中心的片段,这不利于利用前兆观测资料研究地震大形势(活跃期和主体地区的进一步确定)和成组地震连续发生的过程及其追踪预测。为此,选择观测资料最多的华北地区,试对1966～1976年地震活跃期成组地震前兆发展过程进行综合研究,作可行性的探讨。

**1. 华北地区的地震活动动态和强震活动在平原带及其渤海附近地区的丛集**

华北地区成组或成串强震的现象早已引起重视,文献[54～58]对成组强震的特点、过程及产生机理进行了讨论,肯定了成组强震现象的客观性及其与区域构造应力场增强的关系。华北地区有300年左右的地震活动周期[59],在华北地区的不同活动期地震活动的主体地区有迁移的现象。华北地区第三活动期(1484～1730)与第四活动期(1815～)相比较,地震活动的主体地区自山西地震带向东迁移到了华北平原地震带及其以东地区(图9.11)。在1966～1976年的中国大陆近100年来的第四次活跃期中,华北成为主体活动地区,地震活动在其东部显著增强,7次6.5级以上的地震(其中邢台2次,唐山2次)都发生在华北平原带及其渤海附近地区(图9.12),反映了区域应力场在这一地区的增强。

**2. 渤海及其附近地区地壳形变的加强**

华北是我国形变资料最多的地区,在1966～1976年的地震活动高潮期以及继后的平静期中取得了比较详细的观测资料。

(1)1966～1976年的活跃期中,地壳形变在华北的渤海及其附近地区明显加强(图9.13)。1979年渤海地震前鲁北沿海地区的形变差异运动比较明显(图9.13a)。渤海地

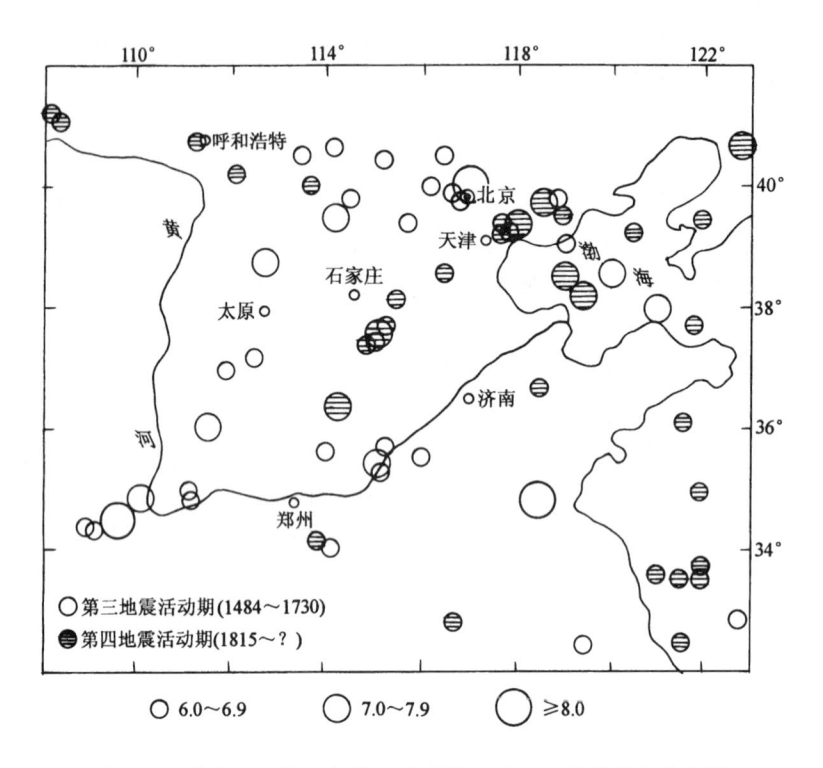

图 9.11 华北地区第三和第四活动期 $M_S \geqslant 6.0$ 地震震中分布图

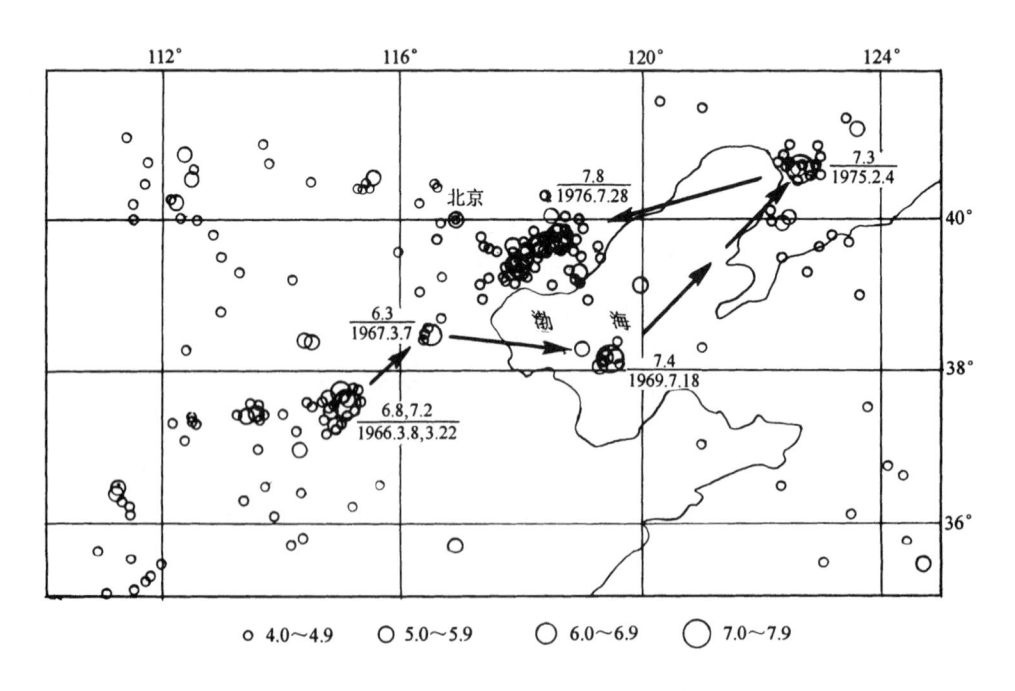

图 9.12 1962～1976 年华北地区 $M_S \geqslant 4.0$ 地震震中分布图

震之后形变异常最明显的地区转为唐山和辽东湾附近(图 9.13b)。渤海周围验潮站的观测资料也旁证了这一点[60,61]。

(2) 周硕愚用多点跨断层测量资料研究了北京附近地区断层系统的现今运动,给出了 1972~1992 年断层系统的现今整体运动速率曲线图(图 9.14)。从图上可以看到:1977 年以前,为"加速滑动段",与地震活跃段相一致,发生了唐山等一系列地震;1978~1987 年,为"定常滑动段",与地震平静段相吻合;1988 年以后,为"加速滑动段",与地震活跃段相一致,发生了大同 6.1 和 5.8 级地震。

(3) 黄立人等用大地测量资料研究了首都圈及其邻近地区 1966~1992 年 6 个时段内现今地壳垂直运动的演化特征及其与地震活动的关系,并用"地壳差异运动强度"$R$ 值来衡量区内差异运动的激烈程度。6 个时段的变化特征如下:

1966~1970 年,整个地区的地壳垂直运动总体上呈现出一种继承性运动,只有区内东北部的遵化、三河、玉田一带出现局部的不同于继承性运动的反常运动,是否可能与后来附近的唐山大地震孕育有关待研究。此时期的差异运动强度 $R$ 值处于低值,等值线走向以北东方向占优势,总体上为继承性为主的相对平缓的正常运动状态。

1970~1975 年,唐山、滦县一带的上升区范围大为扩大,与整个北部山区的隆起区联成一片,形成了大范围抬升,区内的继承性运动为主的基本特征消失,等值线分布"破碎"和 $R$ 值增加,显示了唐山地震前的明显异常。

1975~1979 年,震前、震时和震后剧烈调整过程的综合结果。无论是地壳垂直运动的幅度及差异活动强度 $R$ 值都比前两个时期强烈得多。全区都在其影响范围之内。

1979~1983 年,此时期继承性运动又有比较明显的反映,与 1966~1970 年的状态有

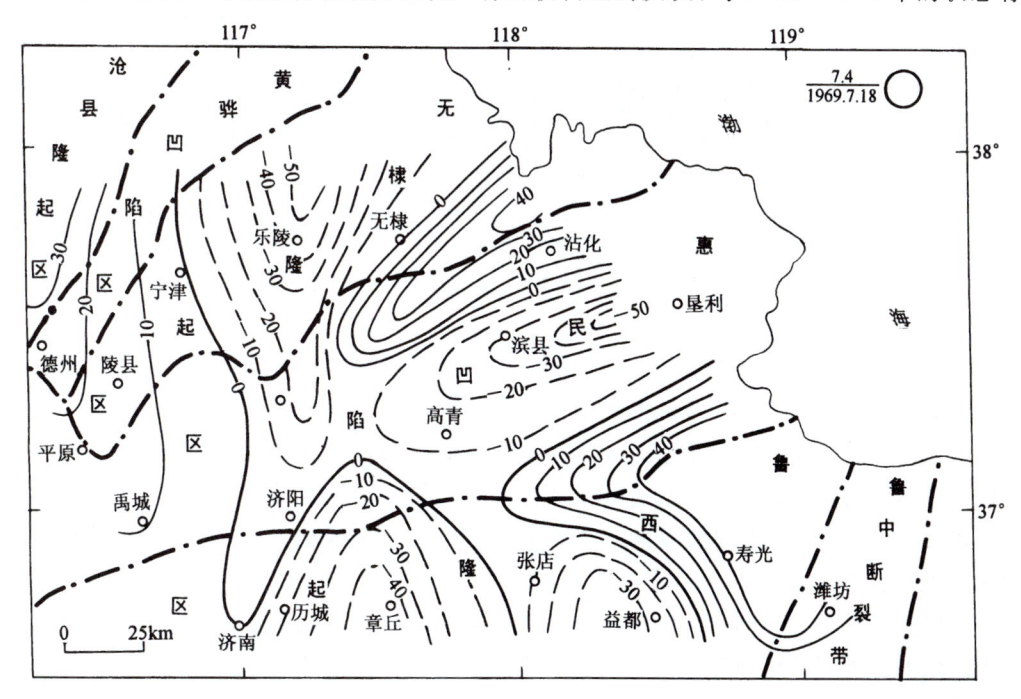

图 9.13 渤海附近地壳垂直形变图
(a) 1953~1965 年鲁北沿海地区地震地壳垂直形变[62]

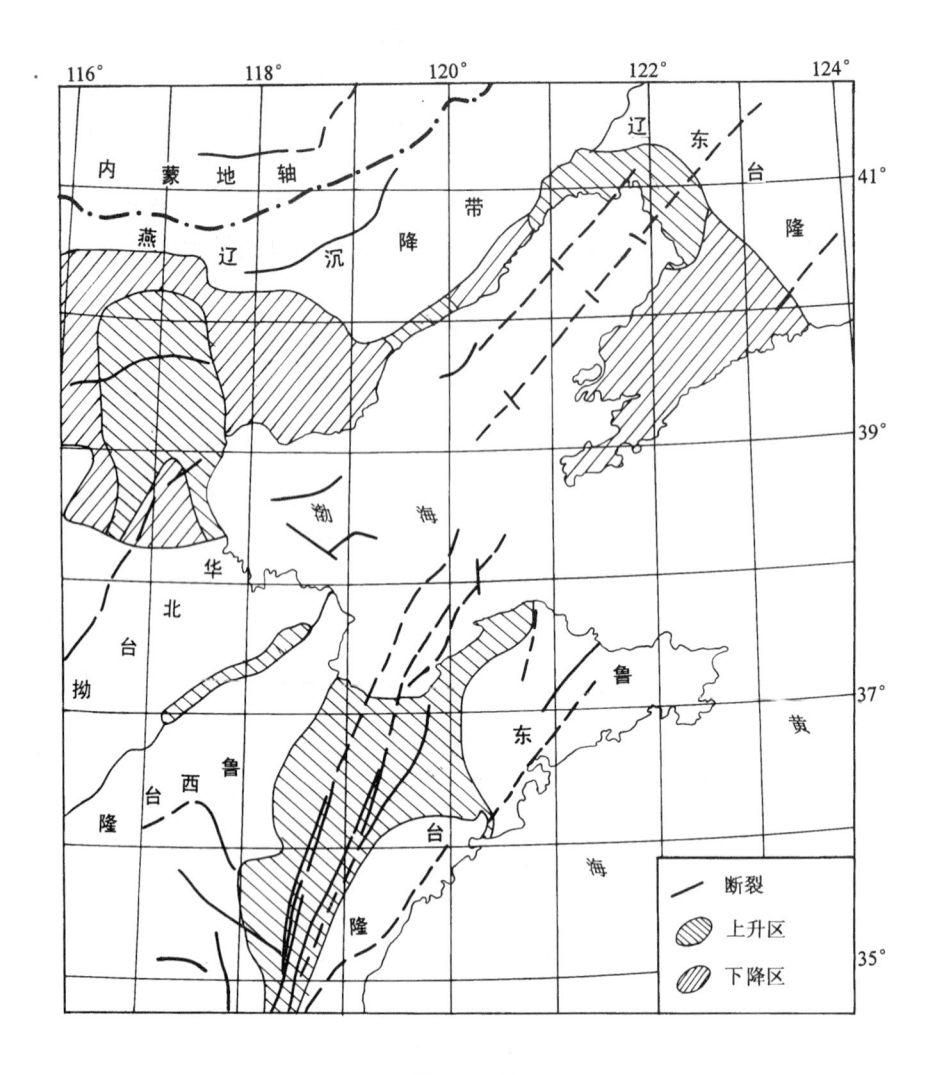

图 9.13(续)

(b) 1953～1970 年渤海附近地壳垂直形变(据国家地震局地震测量队资料)

某些相似,可看作是唐山地震后该地区恢复正常构造运动的调整时期。

1983～1988 年,整个西部和北部都呈明显的上升趋势,其中东北部上升量小,而西部较高。此时期差异活动强度 $R$ 值也较高,处于类似唐山地震前的地壳运动相对活跃期,但活动区域移到了西北部,这里于 1989 年发生了大同 6.1 级地震。

1988～1992 年,原先的大面积上升区转为下降,差异运动强度迅速下降,表明调整过程比唐山地震后短得多。

从以上资料中可看到:1966～1976 年的地震活跃期中华北的渤海及其附近地区出现了大区域的地壳运动增强和区内的动态演化,渤海周围的形变异常地区在 1969 年渤海地震后转移到了唐山和辽东湾附近,这一地壳运动的增强区域与活跃期成组强震的分布范围有很好的一致性。随着未来强震震中的转移,区域内形变异常突出地区也发生转移;在地震活动和地壳运动的平静期(正常期)形变特征以继承性差异运动为主,在地震活跃时

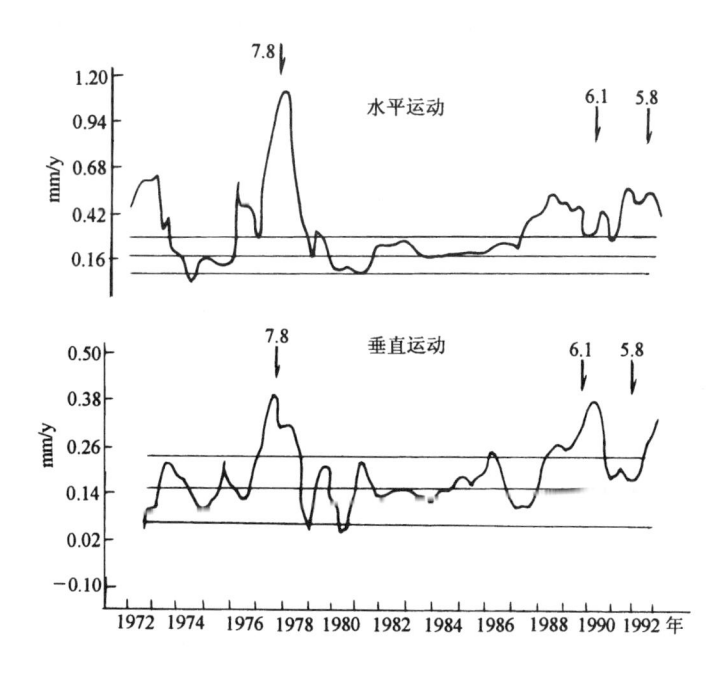

图 9.14 北京附近地区断层系统垂直运动和水平运动整体活动水平
（据周硕愚）

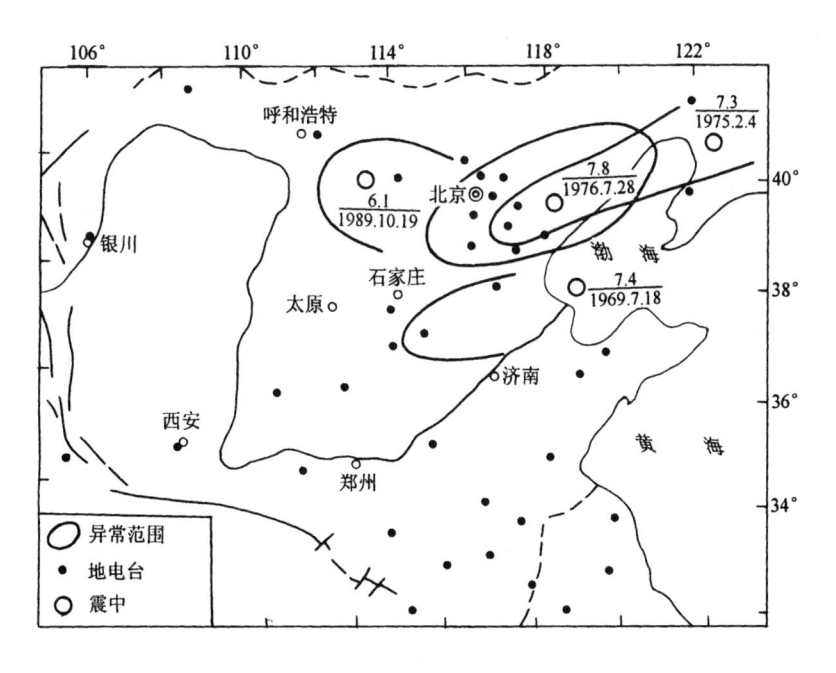

图 9.15 华北地区 3 次 7 级地震到大同 6.1 级地震前地电阻率异常分布范围图
（据汪志亮）

期（异常期）以继承性为主的形变特征时显时隐，出现特征性的形变局部化异常，差异运动加强，强度和分布上都表现出有别于正常动态的异常特征；首都圈及其附近地区大地测量和跨断层定点形变观测的结果也有较好的一致性,唐山地震前后有明显异常,震后逐步恢复正常,平静十几年之后又出现异常,与大同地震的发生相吻合。

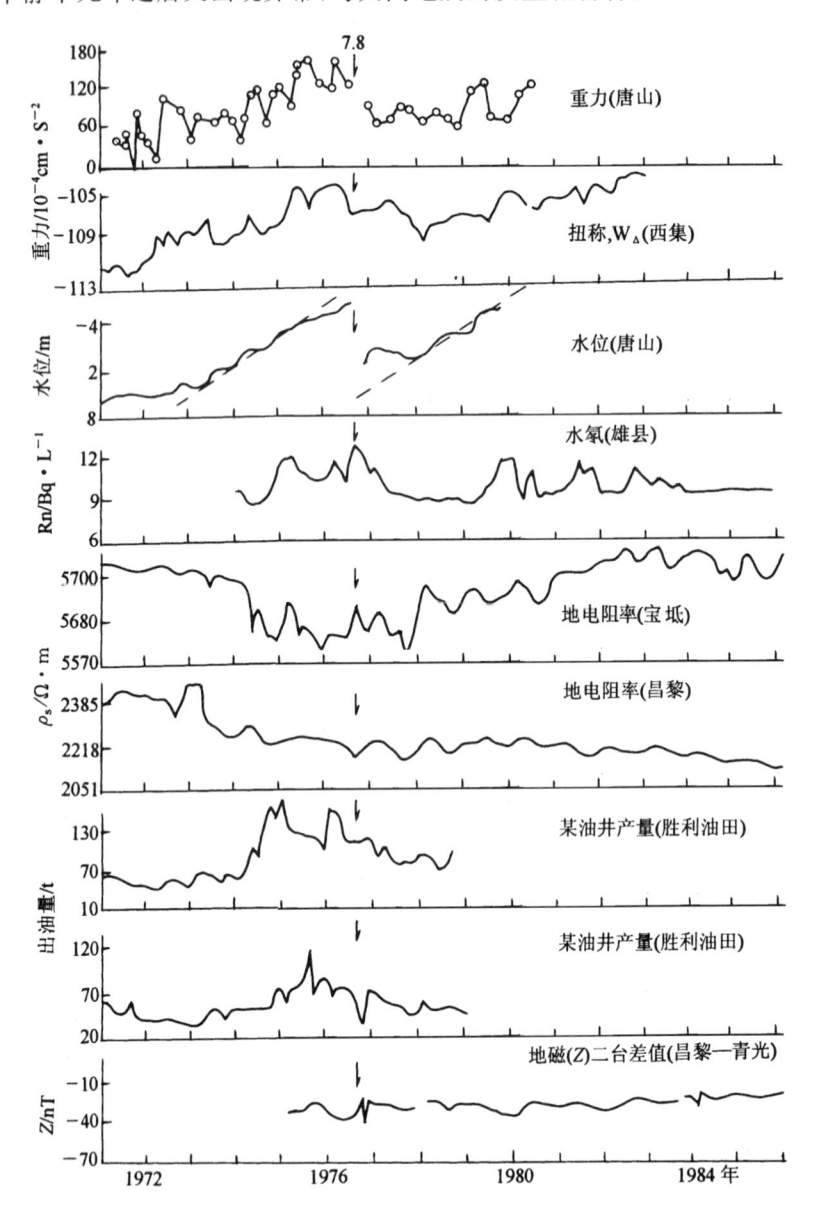

图 9.16 华北地区前兆观测曲线变化图

### 3. 华北北部地区其他地震前兆的综合观测

1966～1976 年在华北平原带及其渤海附近,随着大地震的孕育、发生和发展,在渤海、海城和唐山地震前地震活动和其他前兆异常的相对集中区也随着未来震中发生转移[20,60～62]。王贵宣等系统分析研究了华北地区 20 余年来的前兆观测资料,图 9.16 给出了 1971～1986 年华北地区一些点上实有的观测曲线,海城和唐山地震前后观测曲线变化最大,此后逐步趋于平稳,某些点上在附近的中等地震前有波动。图 9.15 为华北地区 3 次 7 级以上地震到大同 6.1 级地震之前的地电阻率异常分布范围的示意图。图 9.16 和图 9.15 的变化与图 9.14 跨断层定点形变观测给出的结果是一致的,3 次大地震和大同 6.1 级地震前有异常,中间平静,没有出现范围集中的多点异常。

综合分析上述华北地区地壳形变、地震活动和前兆观测资料的变化有很好的一致性,在未来将发生成组强震的主体地区,出现大区域的地震活动和地壳形变增强,数百公里范围内观测到前兆异常,随着地震的孕育和依次发生,前兆异常的集中区发生转移,即:孕震过程中既观测到了构造前兆,亦观测到了震源前兆。因而,利用大区域的综合观测资料追踪监测异常的时空动态变化,研究近期的地震大形势和成组地震的前兆,进而研究大陆地震的孕震过程、区别构造前兆和震源前兆、探索地震前兆的机理和构造运动与地震前兆的鉴别标志是可能的。

## 思 考 题

1. 地震前兆的含义是什么?为什么要研究和鉴别场兆(构造前兆)和源兆(震源前兆)?
2. 我国大陆地震前兆有哪些基本的综合特征?
3. 产生地震前兆复杂性的原因何在?
4. 地震前兆的研究有何进展?其科学问题和发展方向是什么?

## 参 考 文 献

[1] 全国地震综合分析预报清理攻关组,地震综合预报探索二十年,中国地震,2(4),1986 年。
[2] 中国地震学会地震前兆专业委员会,IASPEI 邀请全世界科学家参与推荐和评选优秀地震前兆震例的活动,地震,2 期,1991 年。
[3] 国家地震局编,中国地震分析预报方法指南,震情研究(中国地震分析预报方法指南专辑),第三期(总 11),1991 年,内部刊物。
[4] 许绍燮,地震预报能力评分,地震预报方法实用化研究文集,地震学专辑,北京:学术书刊出版社,1989 年。
[5] 洪时中,地震预报统计检验评分的基本原理和方法,地震预报方法实用化研究文集,地震学专辑,北京:学术书刊出版社,1989 年。
[6] 朱成熹、朱令人等,地震预测有效性的统计检验和统计效率值研究,地震预报方法实用化研究文集,综合预报专辑,北京:地震出版社,1991 年。
[7] 张肇诚等,中国震例(1966~1975),北京:地震出版社,1988 年。
[8] 张肇诚等,中国震例(1976~1980),北京:地震出版社,1990 年。
[9] 张肇诚等,中国震例(1981~1985),北京:地震出版社,1990 年。
[10] 张肇诚等,中国震例(1986~1988),北京:地震出版社,1999 年。
[11] 张肇诚等,中国震例(1989~1991),北京:地震出版社,待出版。
[12] 原苏联大地物理研究所,苏联地震预报工作发展纲要,震情研究,第四期(总 08),1990 年,内部刊物。
[13] С. И. Зубков,Времена возникновения предвестников землетрясений,Изв. АНСССР,Физика Земли,5,1987г.
[14] 滨田和郎,日本地震の前兆现象に关すろ统计,地震予知研究ンポジゥム,1987 年。
[15] 郭增建等,震源孕育模式的初步探讨,地球物理学报,16(1),1973 年。
[16] 关华平、张肇诚,华北地区中强以上地震前后远场异常现象的讨论,地震,4 期,1987 年。
[17] 张肇诚,地震前兆的类型及其应用,地震,3 期,1987 年。
[18] 张国民、高旭,综合分析预报的科学思路与技术途径,地震预报方法实用化研究文集,综合预报专集,北京:地震

出版社,1991年。
- [19] Protocol of the Russian-Chinese Workshop on Earthquake Prediction,Journal of Earthquake Prediction Research, 3(4) 1994.
- [20] 陈立德、赵维城等,一九七六年龙陵地震,北京:地震出版社,1979年。
- [21] 四川省地震局,一九七六年松潘地震,北京:地震出版社,1979年。
- [22] 梅世蓉等,一九七六年唐山地震,北京:地震出版社,1982年。
- [23] 马宗晋等,1966～1976年中国九大地震,北京:地震出版社,1982年。
- [24] 朱凤鸣、吴戈等,一九七五年海城地震,北京:地震出版社,1982年。
- [25] 河北省地震局,一九六六年邢台地震,北京:地震出版社,1986年。
- [26] 盐源－宁蒗地震编辑组,一九七六年盐源–宁蒗地震,北京:地震出版社,1981年。
- [27] 梅世蓉等,中国地震预报概论,北京:地震出版社,1993年。
- [28] 张肇诚、郑大林等,《中国震例》前兆资料的初步研究,地震,5期,1990年。
- [29] Zhang Zhaocheng et al.,Studies on Earthquake Prediction and the Multidisciplinary Earthquake Prediction in China Mainland,Journal of Earthquake Prediction Research,1(2),1992.
- [30] 茂木清夫,地震预报的基础研究,大陆地震活动和地震预报国际学术讨论会论文集(1982年9月,北京),北京:地震出版社,1984年。
- [31] 梅世蓉,地震前兆的地区性,中国地震,1(2),1985年。
- [32] 梅世蓉,我国大陆地区两类地震的前兆特征、发生机理与预报途径的探讨,地震监测与预报方法清理成果汇编(综合预报分册),北京:地震出版社,1989年。
- [33] 张国民,地震前兆地区性差异的力学成因分析,地震,2期,1988年。
- [34] М. А. Садовский (Гл. ред.),Прогноз земле трясений,1～12,Из-во "ДОНИШ",1982～1992г.
- [35] М. С. 阿西莫夫等,苏维埃中亚细亚各共和国地震预报研究状况,国际地震预报讨论会论文集(1979年4月,巴黎),北京:地震出版社,1981年。
- [36] И. Л. 涅尔谢索夫,苏联地震预报研究的发展,大陆地震活动和地震预报国际学术讨论会文集(1982年9月,北京),北京:地震出版社,1984年。
- [37] С. И. Зубков,О зависимости времени возникновения и радиуса зоны проявления электротеллурического предвестника от энергии землетрясений,Изв. АНСССР,Физика Земли,No. 4,1983г.
- [38] Г. А. Соболев,А. В. Кольцов,Крупномасш табное моделирование подготовки и пред вестников землетрясений,Москва "Наука",1988г.
- [39] М. А. Садовский,В. Ф. Писаренко,Дискрет ные иерархические модели геофизической среды,кн: Комплексные исследования по физике Земли,Москва "Наука",1989г.
- [40] 张肇诚、郑大林等,我国大陆孕震环境的不均匀性与地震前兆的复杂性,地震,增刊,1994年。
- [41] 国家地震局地质研究所,亚欧地震构造图,1：800万,北京:地图出版社,1981年。
- [42] 时振梁等,东亚、中亚大陆地震活动特征,大陆地震活动和地震预报学术讨论会论文集(1982年9月,北京),北京:地震出版社,1984年。
- [43] 刘百篪,中国大陆地震的应力场调整动态模型,地震地质,1(3),1979年。
- [44] 应绍奋,中国大陆垂直向地壳现代运动的基本特征,中国地震,4(4),1988年。
- [45] 卓钰如,震源区背景应力水平的区域特征及潜在地震震级的估计,地震,4期,1989年。
- [46] 邓起东等,中国构造应力场特征及其与板块运动的关系,中国地质,1(1),1979年。
- [47] 杨理华、李钦祖,华北地区地壳应力场,北京:地震出版社,1980年。
- [48] 张肇诚等,中国及其邻近地区百年来的地震活动动态及趋势研究,中国地震大形势预测研究(1),北京:地震出版社,1990年。
- [49] 张肇诚等,中国大陆近期地震趋势研究,中国地震大形势预测研究(2),北京:地震出版社,1993年。
- [50] 耿鲁明、张国民等,地震活动的简化模型研究,地震,1期,1993年。
- [51] 梅世蓉、车时,我国现代构造应力场方向与大小的数值模拟及其与地震活动的关系,梅世蓉地震科学研究论文选集,北京:地震出版社,1993年。

[52] 马宗晋、杨懋源,中国近年九次强震的构造分类,西北地震学报,2(1),1980年。
[53] 张肇诚、马丽,华北地区强震前兆的基本特征和综合异常判据,地震监测与预报方法清理成果汇编(综合预报分册),北京:地震出版社,1989年。
[54] 李自强等,华北近代成串强震发生过程的探讨,地震学报,2(4),1980年。
[55] 李钦祖等,华北地区大地震的成组活动特点,地震科学研究,1期,1980年。
[56] 马宗晋等,1966—1976年中国九大地震,北京:地震出版社,1982年。
[57] 刘蒲雄,华北成串强震整体孕育过程的探讨,地震科学研究,4期,1983年。
[58] 张国民等,高潮期中成串强震间的相互关系及其机理探讨,地震,3期,1991年。
[59] 蒋铭等,中国大陆东部地震活动的时间层次结构,地震,1期,1993年。
[60] 季同仁等,1969年7月18日渤海7.4级地震,中国震例(1966~1975),北京:地震出版社,1988年。
[61] 全鋈道,1975年2月4日辽宁省海城7.3级地震,中国震例(1966~1975),北京:地震出版社,1988年。
[62] 张肇诚、罗咏生、郑大林,1976年7月28日河北省唐山7.8级地震,中国震例(1976~1980),北京:地震出版社,1990年。

# 第十章 地震预报的物理基础

## §10.1 构造地震前兆过程的力学研究

本节讨论临近地震发生时的力学过程和介质的力学性质,以及地震发生时力学状态的描述。通过本节的讨论,一方面旨在揭示地震发生和临近地震发生的短时间过程中力学特征,同时也补充讨论临震阶段的某些前兆异常特征及其与中期异常特征的差异。

构造地震的突然发生和持续时间的短暂表明地震是一种力学失稳现象。失稳在时间上是一个点,因而它不是连续变形过程,在严格的准静态力学分析中,它是数学上的一个奇点。在地震力学中,失稳的含义可表示为由于任意微小的渐进变化的区域应力位移,引起断层面上有限的突然的动力滑动。

### 10.1.1 岩石失稳准则

目前在地震力学中有两种最常见的描述地震失稳类型及相应的准则。

**1. 有限应力强度极限及失稳准则**

根据布里奇(Burridge)等的讨论[1],令断面上的静力学和动力学摩擦应力为 $\sigma_s$ 和 $\sigma_d$,而相应的力为 $F_s$ 和 $F_d$,在断面上初始正应力为 $\sigma$ 的情况下,可有以下的关系:

$$\begin{cases} \sigma_s = \mu_s \sigma & F_s = \sigma_s \cdot \Delta S \\ \sigma_d = \mu_d \sigma & F_d = \sigma_d \cdot \Delta S \end{cases} \quad (10.1)$$

式中 $\Delta S$ 为断面上应力作用点附近的面积元,$\mu_s$、$\mu_d$ 分别为静摩擦系数和动摩擦系数。

(1) 若作用在断面上的合力 $F \geqslant F_s$,则断面滑动立即发生(在滑动之前断面上每点都黏住)。

(2) 滑动一旦开始,其运动受到动摩擦力的阻挡,合力 $F$ 减小($F-F_d$)。

(3) 若 $F$ 变得小于动摩擦力 $F_d$,运动停止,断面重新承受摩擦力 $F'_s$($F_d \leqslant F'_s < F_s$);当合力 $F$ 大于 $F'_s$ 时,运动再次开始。

这就是介质中断面有限应力强度极限及其失稳准则的描述。它有时等价于和能量有关的应力强度因子为基础的破裂准则。在建立弹性回跳假说时(Reid)[2],就是采用这个准则来叙述断层带的弹脆性破裂。

然而有些地震力学研究指出,地球材料强度极限一般无法说清,而构造地震发生,不仅是由于断面上承受应力的增大,例如还与断裂带及其邻近地区裂隙数量尺度增大有关,也就是说,可能与断层带的弱化有关。

**2. 与断层带应变(位移)软化有关的失稳准则**

(1) 介质在应力、应变本构关系曲线中超过峰值应力之后,其本构关系表现出明显的应变(或位移的)软化特征。这方面的"软",详细的叙述将在本节的下面部分给出。这里仅介绍与应变软化特征相联系的断层带上介质失稳的准则的表达形式,即可表达为断层面上的位移 $u_f$ 对远场作用位移 $u_\infty$ 的微分趋于无穷大,其物理含义就是如上所说:"由远场的微小的渐进变化的位移,引起断层面上有限的突然滑动",在数学上可表示为:

$$\frac{\partial u_f}{\partial u_\infty} \to \infty$$

(2)在某些问题中,以应力 $\sigma$ 和应变 $\varepsilon$ 的关系代替上述表达式是方便的,即定义断层带的刚度

$$K_f = \left(\frac{\partial \sigma}{\partial \varepsilon}\right)_f$$

和周围介质的刚度

$$K_s = \left(\frac{\partial \sigma}{\partial \varepsilon}\right)_s$$

通过比较它们之间的关系来表示不稳定性,当 $|K_f| > |K_s|$ 时断层带失稳。

(3)殷有泉等[3]认为,在弹塑性理论中,上述两种断层软化失稳准则,只有在最简单的情况下才有意义。因为断层带上任意一点的状态还与相邻点的状态,以及边界条件有关。殷有泉等[3]提出能量形式的失稳准则,将考虑到这些因素。在两维情况下,以能量(Π)形式的失稳准则可写为:

$$\delta \Pi^2 = [\delta(\Delta u_\infty - \Delta u_f)]^2 K_s + [\delta(\Delta u_f)]^2 K_{f(u+\Delta u)} < 0 \tag{10.2}$$

上式表明只满足 $\frac{du_f}{du_\infty} \to \infty$,还不能保证 $\delta\Pi^2 < 0$ 的失稳条件,同时要 $K_s + K_{f(u\pm\Delta u)} < 0$,即还要考虑断层面上相邻点 $(u+\Delta u)$ 的刚度 $K_f$ 小于 $K_s$ 的负刚度时,才能达到失稳条件。由下文的讨论可知,在位移弱化阶段,由于断层面上的应力随位移或应变的增大而减小,所以 $K_f$ 是负值。而 $K_s > 0$,因此 $K_s + K_f < 0$,可表示为 $|K_f| > K_s$。

## 10.1.2 滑动弱化模型

滑动弱化又称滑动软化、位移弱化、应变弱化等等,其含义都指沿主破裂面出现预滑动及其引生的介质强度或断层面摩擦强度的降低。许多研究均指出,无论是完整岩石破裂或已有断层的黏滑机制产生的地震,临震前都存在滑动弱化的物理过程,这相当于应变的加剧和介质强度下降。

**1. 完整岩石三轴压缩时剪切形变带的形成及该带上的滑动转化现象**

将岩石样品作三轴加压(图 10.1a),其应力-应变关系如图 10.1b,其中 C 点为峰值应力,在峰值应力前经过了弹性变形(AB 段)和非弹性变形(BC 段)等过程。根据微观结构、声发射、全息摄影等观测发现,当岩石受力接近峰值应力 C 点时,沿着最终断裂面 F(图 10.1a)形成一条剪切变形集中带,变形带和 $\sigma_1$ 的夹角 $\theta$ 为 36°,这时绝大部分变形表现为沿 F 面的剪切滑动,因此峰值应力后(即 C 点后)的应力-应变变化过程,可以用沿这个剪切带的滑动和沿剪切面上的应力来描述。在剪切形变带上,应力

$$\sigma = \frac{\sigma_1 - \sigma_2}{2}\sin2\theta$$

而该带相对滑动位移 $\Delta u$ 与样品轴位移 $\Delta l$ 之间的关系为

$$\Delta u = \frac{\Delta l}{\cos\theta}$$

根据剪切变形带上 $\sigma$、$\Delta u$ 的表达式,与图 10.1b 中 C 点后相对应的应力-应变关系可转变为图 10.1c。该图就是剪切形变带上的应力 $\sigma$ 和剪切形变带相对滑动 $\Delta u$ 的关系曲线。从图中可见,当完整岩石样品在峰值应力附近形成了剪切形变带之后,该带上的应力 $\sigma$ 随着滑动位移 $\Delta u$ 的增加而减小,这就是上面所说的,在破坏开始后(即 C 点后)剪切变形带上所出现的随着应变增大(即滑动位移增大)而其应力强度下降的特性。对于极限强度 C 的剪切变形带上的应力 $\sigma_p$ 称为变形带的极限强度;当变形带滑动位移达到 $u_*$ 后,该带应力降到最低点为 $\sigma_f$,称为剩余应力强度。一般称 $\sigma_p - \sigma_f$ 为滑动弱化中的强度降。牛志仁等[4]发现强度降($\sigma_p - \sigma_f$)与地震时的应力降成正比 $u_*$ 为变形带的临界滑动位移。

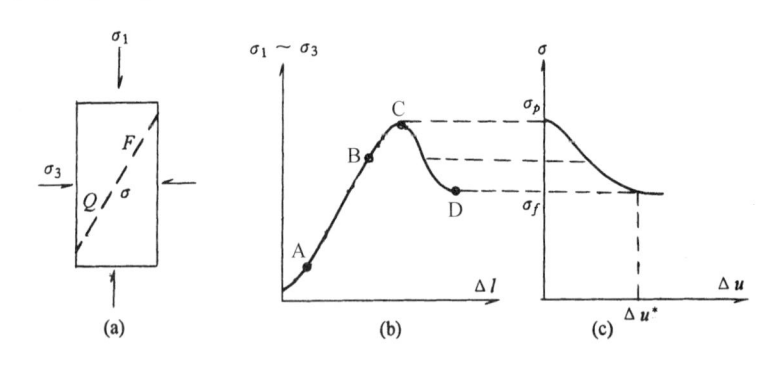

图 10.1　完整岩石三轴压缩的应力-应变关系及滑动软化示意图
(a)岩样三轴加压示意图;(b)应力-应变关系图;
(c)在峰值应力 C 点后变形带上应力-应变(滑动弱化)图

**2. 岩石摩擦滑动试验中(黏滑过程中)的滑动弱化**

滑动弱化行为不仅在完整岩石的破裂试验中出现,而且在岩石摩擦滑动试验观测到。牛志仁等[4]曾给出具有 $\theta$ 为 36°锯口的花岗岩样品的三轴压力实验结果,分析了在不稳定黏滑过程中差应力($\sigma_1 - \sigma_3$)与轴向缩短 $\Delta l$ 之间的关系。按照图 10.1b 的变换方式,同样可以得到断面上剪应力 $\sigma$ 与断面相对滑动位移 $\Delta u$ 之间的关系曲线。由此可看到,对于含有断层的岩石的黏滑过程,在其失稳前同样具有滑动弱化的过程。

### 10.1.3　滑动软化与岩体失稳问题

**1. 分析岩石介质在开始破坏时的滑动弱化特性与系统变形失稳之间的关系**

为了分析岩石介质在开始破坏时的滑动弱化特性与系统变形失稳之间的关系,陈颙[5]曾采用单自由度加载系统的力学模型(图 10.2)。在该模型中,把加载系统看成是一个弹簧,岩样下部为固定的参考点,岩样上端坐标为 $x$。当岩样不受力时,弹簧另一端的

坐标记为 $x_0$。当弹簧一端发生 $u_0$ 位移时,岩样上端面位移将为 $u$(位移方向如图,向下为正),即弹簧施加于岩样的力为 $F=K(u_0-u)$,$K$ 为弹簧的弹性常数,在这里称为加载系统的刚度。在系统平衡条件下,岩石样品受力 $f(u)=F$,所以有:

$$f(u) + Ku = Ku_0 \tag{10.3}$$

式中 $u_0$ 相当于加载系统的位移(亦称远场位移),$u$ 为被破坏的岩体位移。失稳条件是方程(10.3)的解,$u$ 对于边界位移 $u_0$ 的无穷小变化具有有限的变化。对(10.3)式偏微分,有

$$K\delta u_0 = [K + f'(u)]\delta u \tag{10.4}$$

所以失稳条件可归结为

$$K + f'(u) = 0 \tag{10.5}$$

由于弹簧刚度 $K>0$,所以失稳时必须有

$$f'(u) < 0 \tag{10.6}$$

由图 10.1a 可知,只有在峰值应力点 C 点之后,应力-应变曲线才出现 $f'(u)<0$ 的情况,也就是说,只有在岩石介质出现滑动软化的特性后,才有可能发生失稳。

$f'(u)<0$,相当于滑动软化的数学描述,它是系统失稳的一个条件,但不一定是充分条件。为此,我们进一步通过系统总势能的变分问题讨论失稳问题。

在图 10.2 所示的加载系统中,外力所作的功

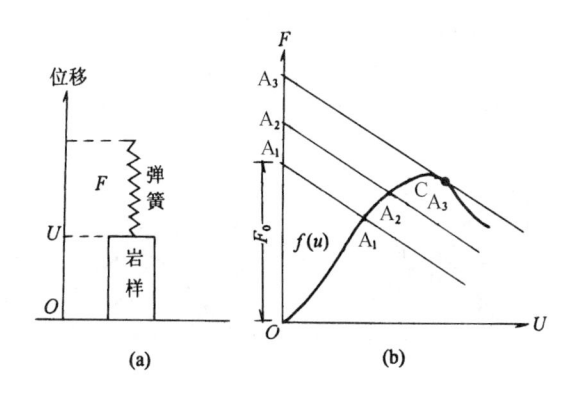

图 10.2 岩体失稳分析图
(a)单自由度加载系统示意图;(b)岩体变形失稳分析

$$W_L = \int_0^u K(u_0-u)\mathrm{d}u = Ku_0 u - \frac{K}{2}u^2 \tag{10.7}$$

岩样应变能 $U_E$ 与耗散能 $U_s$ 之和由岩样本构关系 $f(u)-u$ 曲线下的面积给出,即

$$U_E + U_s = \int_0^u f(u)\mathrm{d}u \tag{10.8}$$

系统总势能

$$U = -W_L + U_E + U_s = -Ku_0 u + \frac{K}{2}u^2 + \int_0^u f(u)\mathrm{d}u \tag{10.9}$$

其一阶变分

$$\delta U = [K(u-u_0) + f(u)]\delta u \tag{10.10}$$

其二阶变分
$$\delta^2 U = [K + f'(u)]\delta^2 u \tag{10.11}$$
一阶变分为零,给出系统的平衡条件,这相当于上面提到的(10.1)式。二阶变分小于零为系统失稳的条件,即
$$K + f'(u) < 0 \tag{10.12}$$
这里 $f'(u)$ 是岩石样本本构关系曲线 $f(u)-u$ 曲线的斜率。为了讨论岩样-压机系统的失稳情况,我们利用图 10.2b 进行分析。在图 10.2 中,$f(u)$ 代表岩样的本构曲线,而直线 $A_1A_1$,$A_2A_2$,……代表压机的本构关系,由(10.12)式可知,直线 $A_1A_1$ 在纵坐标的截矩 $OA_1$ 正好是初始力 $F_0=Fu_0$,$A_1A_1$ 的斜率为 $-K$,系统平衡条件 $F=f(u)$ 代表了两条本构曲线的交点 $A_1$,即在给定 $F_0$ 的条件下,系统在 $A_1$ 所代表状态下达到平衡。在 $A_1$ 点 $f(u)>0$,而 $K$ 是大于或等于 0 的常数,所以
$$f'(u) + K > 0 \tag{10.13}$$
这就是说在岩石中应力达到峰值之前(所示岩石本构关系曲线 $f(u)$ 上的 C 点之前),系统不会失稳,岩石变形总是稳定的。如果不断地增加 $F_0$(相当于不断增加远场位移 $u_0$),则压机本构曲线将逐渐地移到 $A_2A_2$、$A_3A_3$ 等位置,$A_3A_3$ 是过了 C 点后的直线,并假定 $A_3A_3$ 直线与岩样本关系 $f(u)$ 曲线在 $A_3$ 点相切,则
$$K + f'(u) = 0 \tag{10.14}$$
$A_3$ 点之后 $f(u)$ 的斜率 $|f'(u)| > |f'_{A_3}|$,则将有
$$K + f'(u) < 0 \tag{10.15}$$
于是岩样的变形就将是不稳定变形了。所以 $A_3$ 点是岩样失稳的开始(图 10.3)。

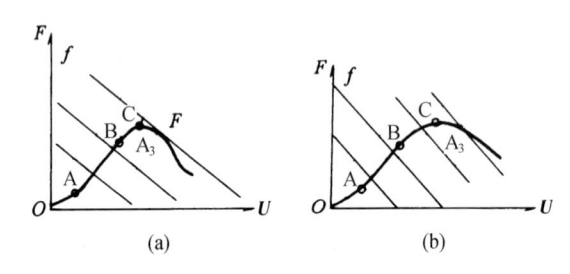

图 10.3 滑动软化过程中的稳定性分析
(a)满足失稳条件;(b)不满足失稳条件

对图 10.3 分析表明,岩样变形的失稳不是发生在应力的最大峰值,而是发生在过了峰值之后的区域 $A_3$ 点,因而说明,岩石的失稳不仅取决于应力水平本身的高低,而是还取决于压机刚度 $K$ 和岩样等效刚度 $f'(u)$ 的相对大小。如果压机刚度足够大,以致在峰值应力之后的位移弱化阶段,仍然始终是 $K+f'(u)>0$(如图 10.3b),则系统不会失稳。这种情况叫做刚性加载。这里我们可以看到,滑动弱化(即 $f'(u)<0$)是失稳的必要条件,但不是充分条件;反之压机刚度不够大,则有可能满足如图 10.3a 中出现的 $K+f'(u)<0$ 的条件,岩石变形在峰值应力后的某一点发生失稳,并伴随强烈的破坏,这种加载方式为柔性加载。

**2. 滑动弱化地震失稳模型的几点应用**

上面讨论的岩石失稳的刚度比较准则是有相当的实际意义的,陈颙[5]曾以1981年广东海丰震群为例,用刚度比方法讨论了地震的包体的失稳问题。如上所述,如图10.2所示的分析是在岩石单轴压缩条件下进行的,若把实验中的岩石样品视为震源岩体,把压机视为震源体周围与震源岩体相互作用的另一岩体,那么可看到,地震的发生(震源的失稳)取决于,震源受力超过岩石极限应力后的过程中所显示的震源体刚度和其周围岩体刚度之间的对比,若震源体软化后的负刚度的绝对值$|f'(u)|$大于周围岩体的刚度的绝对值,则在滑动弱化过程中将出现失稳现象,即发生地震。否则,在震源体刚度$|f'(u)|$很低的情况下,即使该受力岩体超过了峰值应力并出现了滑动软化现象,也不会出现失稳而发生地震,这就是通常所说的发生稳滑而不是黏滑。1970年李四光指出,岩体积累的能量既可以以地震的形式释放,也可以以其他形式释放,这里所说的其他形式,包括不少作者提出的如断层蠕动(稳定滑动)等形式。下面我们应用滑动弱化地震失稳的某些结果讨论地震前兆观测和地震预报中所遇到的有震和无震异常。

图10.3中给出了a、b两种加载情况结果。在a、b两种情况中,都给出了受力样品应力-应变变化的本构关系曲线,同时也都给出了作用于岩石样品的周围岩体的本构关系(图中所示的刚度为$K$的直线)。上述已经说过,由于两种情况下,受力岩样与其周围岩石刚度比的差异,a图是在$A_3$点出现失稳、产生地震的情况,而b图则是没有失稳出现,亦即不发生地震的情况。

然而,对于受力岩石样品来说,在a、b两种情况下,都经历了弹性变形阶段(图a、b中的AB段)、非弹性变形阶段(BC段)、峰值应力C,以及峰值应力后(即破坏开始后)的介质滑动弱化阶段(图a、b中的$CA_3$段),这就是说,尽管在最终是否发生失稳这一点上a、b两种情况截然不同,但在之前却都经历了相同的应力、应变的发展阶段。如果我们沿用前面几节的认识,把弹性变形阶段视为孕震过程中的长期弹性应变的积累阶段,把非弹性阶段(BC段)视为介质特性变化、微破裂发育发展的中期异常阶段,而C点之后的滑动弱化阶段可视为临近地震发生的短临阶段,那么,不管是图a的情况,还是图b的情况,都经历了地震孕育的各个完整的阶段。并可以设想,不论是a还是b两种情况,都可能出现由于非弹性应变过程所导致的各种中期异常,和由临震前(C点以后)形变带滑动软化所导致的快速的短临异常变化。a情况对应的是有异常有地震的情况,而b情况则对应于有异常(甚至有长中短临典型异常)而无地震的情况。

在我们的地震预报实践中,经常出现一些有异常而无地震的情况。从上述分析看来,不应简单地把无震异常统统归于"干扰",它们有可能是与有震异常具有相同物理机制,反映相同物理过程的真正异常,只是由于在最后的临界阶段(滑动弱化阶段),其震源及邻近地区的刚度与其周围岩体的刚度的对比不满足失稳条件罢了。

上述的结果导致产生一个显而易见的严肃问题,这就是地震预报的准确性问题。1970年李四光同志曾说,即使到了地震预报过了关的那一天(是指能观测到地震孕育过程中的各发展段),地震预报也不会百发百中。尽管当时对此句话的内涵并未阐述清楚,现在看来,这个看法是有道理的。

基于滑动软化模型,有人尝试提出刚度法和模拟法作为预报地震的新方法,试图在孕震过程的最后阶段判定失稳是否到来。地震预报的刚度法通过在野外观测远场位移和孕震体应变以计算震源体和其周围岩石的刚度比,从而判定地震失稳是否有可能发生。

本章以下节目的内容,是基于上述不同失稳准则的地震中期和短临前兆异常模式的某些研究。

## §10.2 地震前兆的流变模型

### 10.2.1 在孕震过程研究中应用流变理论的必要性

地震孕育过程(即震间阶段)与发震过程(即震时阶段)具有不同的力学作用特性。虽然地震的孕育和发生都是在地下一二十公里的高温高压的地体环境之中,但两者在受力作用的时间长短方面有很大的差异。强震的孕育,尤其是大陆板内强震的孕育往往有数百年乃至上千年的持续时间。而地震的发生则表现为持续时间只有数十秒的快速错动过程。

在实际的力学过程中,岩石的力学性质(如弹性、塑性、弹塑性等),是随着岩石所处条件而变化的,例如岩石介质在温度较低、压力不大、外力作用时间不长的情况下,主要显示为弹性性质;但在温度高、压力大、作用力时间长的情况下,则显示出流变性质。判定介质是弹性还是流变性的一个综合指标是外力作用时间 $\Delta t$ 与介质弛豫时间 $\tau$ 值比,当 $\Delta t \ll \tau$ 时,介质为弹性;当 $\Delta t \approx \tau$(即外力加载时间可与弛豫时间比拟)时,则显示出流变特性。地壳岩石的弛豫时间 $\tau$ 大约为 $[10^2, 10^3]$ 年(郭增建、秦保燕)[6]。对于持续数十秒钟的快速错动的地震发生过程,当 $\Delta t \ll \tau$,用弹性理论处理发震过程是适当的,但对于持续百年乃至千年的孕震过程,$\Delta t \approx \tau$,岩石的流变性是必须考虑的问题,故引入流变学——研究介质(或称材料)的流动与变形的科学——是完全必要的。

介质流变性的方程可表示为

$$f(\sigma, \dot{\sigma}, \varepsilon, \dot{\varepsilon}) = 0 \tag{10.16}$$

式中 $\sigma, \varepsilon$ 为介质中的应力、应变,$\dot{\sigma}, \dot{\varepsilon}$ 为 $\sigma, \varepsilon$ 对时间的微商,即应力和应变的变化速率。确定地壳内某点的流变性就是确定该区的应力张量、应变张量以及它们的时间变化率 $\dot{\sigma}, \dot{\varepsilon}$ 之间的关系。在流变学中,应力张量和应变张量之间不具有一一对应的关系。其重点研究的是介质的非弹性性质,诸如蠕变、松弛、黏性、阻尼、内摩擦、滞弹性或弹性后效等等,统统称之为流变性质。岩石的非弹性性质既是孕震过程中的重要特性,同时又是许多前兆现象产生的依据。因此,孕震过程和前兆机理的探讨,就离不开对介质流变特性的研究。

### 10.2.2 流变模型与应力、应变、能量的时间变化

**1. 流变模型的选取及孕震过程的物理抽象**

张国民等[7],选择比尔格斯模型模拟孕震过程中震源体及其周围地区岩石介质的流变特性(图 10.4)。模型的主体成分是弹性元件 $E_2$,黏性元件 $\eta_2$ 和由 $E_1$、$\eta_1$ 并联的开尔文体。

我们把地震孕育、发生和震后的全过程看作是在定常应变速率条件下整个系统总能量的积累和释放的过程。考虑到引起地震孕育的地质块体的运动在时间上具有基本匀速的特点,如空间测量技术给出的太平洋板块向欧亚板块俯冲的速率大约为每年数厘米,若板块的线度为数百公里,则其应变速率为 $10^{-7}/a$。

从能量的角度看,地震孕育、发生和震后的全过程可抽象为系统总能量的积累的和释放的相互转化。在定常应变速率下求解如图 10.4 模型中有关元件的应力、应变、应变速率和能量的时间表达式,可描述总系统的能量积累。而系统能量的释放,在不同阶段具有不同方式和量值,大致可分为三个不同的阶段:

(1)震前的能量释放;
(2)震时的能量释放;
(3)震后的能量释放。

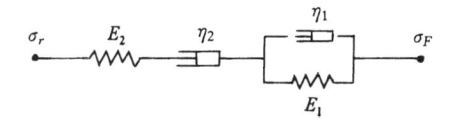

图 10.4　岩石流变性质的比尔格斯模型

后两个阶段的研究相当广泛,而震前能量释放包括大震前区域地震活动和直接前震的能量释放、微破裂的发育、发展、断层蠕动及其他形式的能量释放远未研究清楚。这就是说,虽然地震的孕育过程主要是能量的积累,但也是包含部分能量释放的过程。图10.4 的模型中,通过孕震过程中系统对黏性元件的塑性变形所作的功来表征震前的能量耗损(用"震前能量释放"的概念来表示)。显然,对于孕震过程和前兆研究来说,这个阶段是最重要的研究对象。

图 10.4 模型中弹性元件 $E_2$ 用以模拟主震的能量积累,由 $E_1$、$\eta_1$ 组合的开尔文体用以模拟余震的能量。主震的发生是由于在定常应变速率下系统的应力 $\sigma_r$ 随时间增长超过破裂强度的结果。由于元件 $\eta_2$ 具有黏性摩擦的特性,故以其模拟震前的能量耗散。

**2. 孕震过程中应力、应变、应变速率、能量等各种特征量的解**

图 10.4 模型的应力、应变方程为

$$\left.\begin{array}{l} \sigma_r = E_2 \varepsilon_{E_2} + \eta_2 \dot{\varepsilon}_{\eta_2} = E_1 \varepsilon_{E_1} + \eta_1 \dot{\varepsilon}_{\eta_1} \quad \text{(a)} \\ \varepsilon_r = \varepsilon_{E_2} + \varepsilon_{\eta_2} + \varepsilon_{E_1} \quad \text{(b)} \\ \varepsilon_{\eta_1} = \varepsilon_{E_1} \quad \text{(c)} \end{array}\right\} \quad (10.17)$$

已知的定常应变速率可表示为

$$\dot{\varepsilon}_r = \dot{\varepsilon}_{E_2} + \dot{\varepsilon}_{\eta_2} + \dot{\varepsilon}_{E_1} = \dot{\varepsilon}_0 (\text{常量}) \quad (10.18)$$

对公式 10.17(a) 作 Laplace 变换,得

$$\bar{\sigma}_r = E_2 \bar{\varepsilon}_{E_2} = \eta_2 S \bar{\varepsilon}_{\eta_2} = E_1 \bar{\varepsilon}_{E_1} + \eta_1 S \bar{\varepsilon}_{\eta_1} \quad (10.19)$$

式中 $\bar{\sigma}_r, \bar{\varepsilon}_{E_2}, \cdots,$ 分别为 $\sigma_r, \varepsilon_{E_2}, \cdots$ 的拉氏变换,对 (10.17(b)) 作 Laplace 变换,并用上式,则得

$$\bar{\varepsilon}_r = \frac{\bar{\sigma}_r}{E_2} + \frac{\bar{\sigma}_r}{\eta_2 s} + \frac{\bar{\sigma}_r}{E_1 + \eta_1 s} \tag{10.20}$$

由已知条件得

$$\begin{cases} \varepsilon_r = \dot{\varepsilon}_0 t \\ \bar{\varepsilon}_r = \dot{\varepsilon}_0 / s^2 \end{cases} \tag{10.21}$$

代入上式

$$\bar{\sigma}_r = \left(\frac{1}{E_2} + \frac{1}{\eta_2 s} + \frac{1}{E_1 + \eta_1 s}\right) = \frac{\dot{\varepsilon}_0}{s^2} \tag{10.22}$$

即

$$\bar{\sigma}_r = \frac{E_2 \dot{\varepsilon}_0 (s + 1/\tau_1)}{s(s + 1/\tau_a)(s + 1/\tau_\beta)}$$

式中，$\tau_1 = \eta_1/E_1$；

$$\tau_a = \frac{2}{\left(\frac{E_1}{\eta_1} + \frac{E_2}{\eta_2} + \frac{E_2}{\eta_1}\right) - \sqrt{\left(\frac{E_1}{\eta_1}\right)^2 + \left(\frac{E_2}{\eta_2}\right)^2 + \left(\frac{E_2}{\eta_1}\right)^2 - 2\frac{E_1 E_2}{\eta_1 \eta_2} + 2\frac{E_1 E_2}{\eta_1^2} + 2\frac{E_2^2}{\eta_1 \eta_2}}} \tag{10.23}$$

$$\tau_\beta = \frac{2}{\left(\frac{E_1}{\eta_1} + \frac{E_2}{\eta_2} + \frac{E_2}{\eta_1}\right) + \sqrt{\left(\frac{E_1}{\eta_1}\right)^2 + \left(\frac{E_2}{\eta_2}\right)^2 + \left(\frac{E_2}{\eta_1}\right)^2 - 2\frac{E_1 E_2}{\eta_1 \eta_2} + 2\frac{E_1 E_2}{\eta_1^2} + 2\frac{E_2^2}{\eta_1 \eta_2}}} \tag{10.24}$$

对上式作 Laplace 反变换，即得：

$$\sigma_r = A + Be^{-t/\tau_a} + Ce^{-t/\tau_\beta}$$

式中

$$A = E_2 \dot{\varepsilon}_0 \frac{\tau_a \tau_\beta}{\tau_1}, B = \frac{E_2 \dot{\varepsilon}_0 \tau_a \tau_\beta (\tau_1 - \tau_a)}{\tau_1 (\tau_a - \tau_\beta)}, C = \frac{E_2 \dot{\varepsilon}_0 \tau_a \tau_\beta (\tau_1 - \tau_\beta)}{\tau_1 (\tau_\beta - \tau_a)}$$

得到式的 $\sigma_r$ 后，可根据方程组得到

$$\sigma_{E_2}、\sigma_{\eta_2}、\sigma_{E_1}、\sigma_{\eta_1}、\varepsilon_{E_2}、\varepsilon_{\eta_2}、\varepsilon_{E_1}、\varepsilon_{\eta_1}、\dot{\varepsilon}_{E_2}、\dot{\varepsilon}_{\eta_2}、\dot{\varepsilon}_{E_1}、\dot{\varepsilon}_{\eta_1}$$

的所有表达式。此外，利用第 $i$ 个元件的应变能计算公式

$$w_1 = \int_0^t \sigma_i(i)\dot{\varepsilon}_i(i)\mathrm{d}t$$

可分别给出 $w_{E_2}、w_{\eta_2}、w_{E_1}、w_{\eta_1}$ 等表达式。为节省篇幅，这里省去这些特征的繁琐的数学表达式，读者可由公式代入方程组自行写出。

对模型中各元件参数 $E_2、\eta_2、E_1、\eta_1$ 选取恰当取值（张国民等）[7]，可计算出各元件的应力、应变、应变速率和能量四组曲线（图 10.5），以分别显示孕震过程中震源及邻近地区应力、应变、应变速率和能量的变化情况。

### 10.2.3 孕震过程及前兆机理分析

从图 10.5 的曲线中，可得到下述一些基本看法：

(1) 从图 10.5a、b 可见，地震孕育过程是震源区应力、应变的增长过程。当系统的总

应力 $\sigma_{i(t)}$ 增长到岩石的破裂强度时,则发生地震。

(2)从图 10.5b 可见,孕震过程是震源区应变增长的过程,而孕震过程中震源区的总应变则包括弹性应变 $\varepsilon_{E_2}$ 及 $\varepsilon_{E_1}$ 和非弹性应变 $\varepsilon_{\eta_2}$ 两部分。在孕震过程初期的低应力阶段,非弹性应变很低,甚至可以忽略。所以孕震过程的前期主要是弹性应变的积累阶段;而在孕震过程的后期,非弹性应变快速增长,而弹性应变的增长减慢,所以孕震过程后期的高应力阶段是非弹性应变阶段。这种有关孕震过程阶段性的结果,前苏联学者里兹尼钦科已指出过[8],并将其用于分析大震前区域地震活动增强的变化。我们将进一步讨论这种阶段性特征,并着重分析非弹性变形阶段多种前兆的综合变化特征。

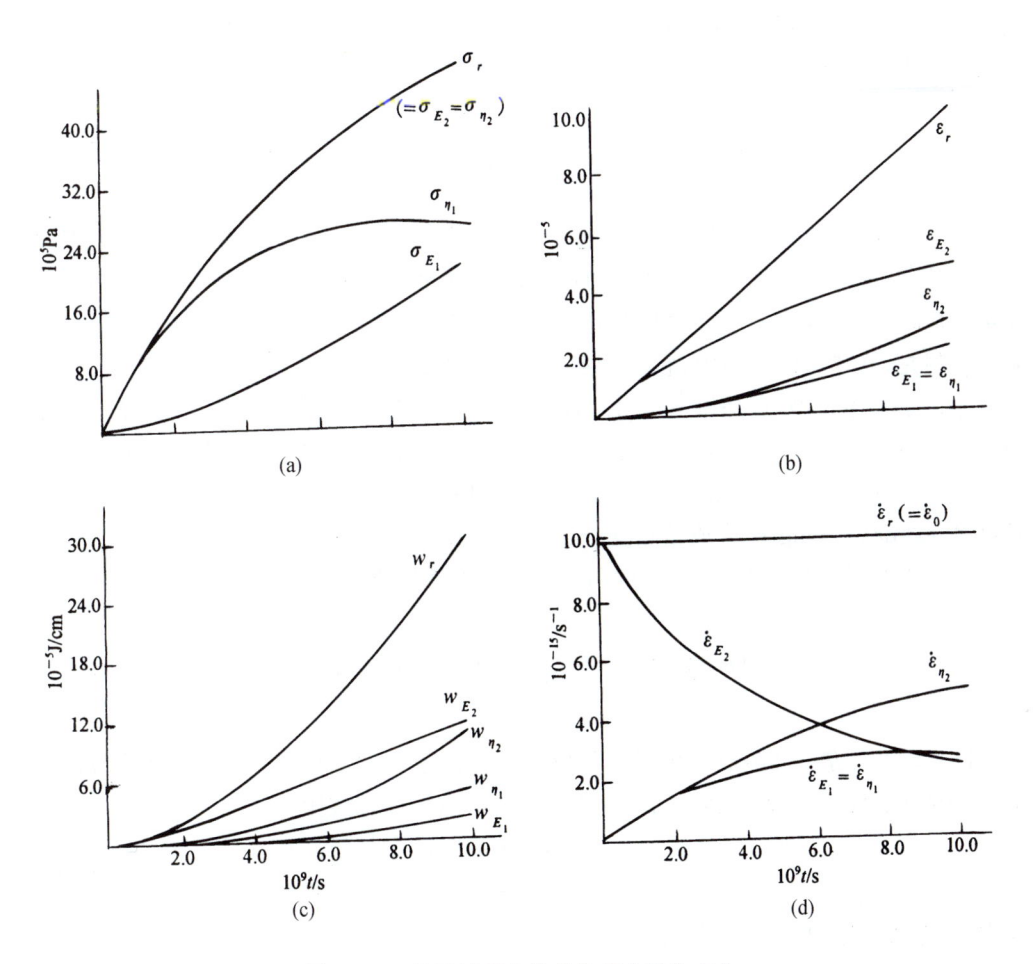

图 10.5　孕震过程中各种物理参数的变化
(a)应力曲线;(b)应变曲线;(c)能量曲线;(d)应变速率曲线

(3)从图 10.5c 看,在孕震的早期,系统的能量主要是弹性能 $w_{E_2}$ 的增长,此时由于非弹性应变很小,所以对黏性元件 $\eta_2$ 所作的功 $w_{\eta_2}$ 很小,以至可以忽略。因此,,孕震过程的前期亦可称为能量积累阶段。但进入孕震后期,随着非弹性应变 $\varepsilon_{\eta_2}$、$\varepsilon_{\eta_1}$ 的增大,对非弹性变形所作的功 $w_{\eta_2}$、$w_{\eta_1}$ 亦迅速增长,表明大震前的高应力阶段,由于包括裂隙发展、塑性变形、断层蠕动等多种形式的非弹性变形的快速增长,其能量的耗散呈指数式上升的特点。

(4)孕震过程中的综合前兆分析。在图10.5c中已得到,孕震过程后期的能量耗散曲线$w_{\eta_2}$加速上升。由于震前能量释放的主要形式之一是区域地震活动,所以这标志着孕震过程后期一个可能的重要异常现象是震源及其附近地区区域地震活动的增强。

同时,由于孕震过程的后期是裂隙发展、断层蠕动、塑性变形等多种形式的非弹性形变加速度发展的阶段,因而必然导致与非弹性相联系的各种前兆异常的发育和发展。除了震前的断层蠕动异常外,微破裂的发展必将导致多种地震前兆,如地下水氡含量的变化、地下水孔隙压力变化及由此伴随而生的水位升降变化、岩石电阻率的变化、波速的变化以及地壳形变异常等。因此,流变模型的理论分析结果可在一定程度上为大震前综合前兆图像提供理论的解释。

## §10.3 地震短临前兆的成核模型

通常断层破裂可以用二种方式去模拟:一是裂隙模型,由于裂隙的端部是能量耗散的主要部位,它能相当明确地描述裂隙的传播;二是摩擦-滑块模型,虽然它不能明确地考虑端部效应,但是能计算断层应力状态的演化。从能量平稳的观点上看,两者难以完全连接起来。但是,在诸多的应用中,它们得到类似的结果。

不论是裂隙模型,还是摩擦-滑块模型,都预期在断层失稳滑动之前,在某临界半径内的断层段(fault patch)上出现稳定滑动。即失稳只能发生某临界半径之外的区域上。

在失稳前稳定滑动段(slipping patch)的增加称为成核。临界半径长度被称为是障碍长度(breakdown length)或成核长度(nucleation length)。

临界半径是断层强度、应力强度和周围岩石弹性性质的函数。

### 10.3.1 滑动成核的裂隙模型

Das等[9]研究了裂隙成核模型的数值分析。假定含裂隙的介质,在缓慢的载荷作用下,由于裂隙-腐蚀过程,裂隙以亚临界速度传播。对于张型裂隙,

$$\left.\begin{aligned} v &= v_0 \exp(bK_I), \\ K_I &= \sigma_{yy}(\pi c)^{1/2}, \end{aligned}\right\} \quad (10.25)$$

式中,$b$:与活化体积有关的应力依从;

$K_I$:应力强度因子;

$\sigma_{yy}$:张应力;

$c$:裂隙半长度。

由(10.25)式可见,在成核过程中,由于稳定滑动裂隙长度($c$)增加,导致应力强度因子($K_I$)随之增加,最终造成裂隙尖端传播速度($v$)按指数式增长,当它加速到无穷大,则定义为失稳。

图10.6给出了上述成核的裂隙模型(Das等)[9]得到的裂隙半径随时间的变化。在

时间 $t=0$ 时,裂隙半径 $C_0=1$ km, $v_0=0.11$ cm/sec。曲线只给出时间在 48 小时之后 100 秒内的裂隙半径快速增加的情况。

在裂隙上相应的滑动为:

$$U(x,y) = \frac{7\pi}{12} \cdot \frac{\Delta\sigma_d}{\mu} L_c \left(1 - \frac{x^2+y^2}{L_c^2}\right)^{1/2} \tag{10.26}$$

式中, $\Delta\sigma_d$:应力降; $L_c$ 临界半径; $\mu$:剪切模量。

$$L_c = \frac{2}{\pi} \cdot \frac{\mu G_c}{(\sigma_1 - \sigma_f)^2} \tag{10.27}$$

式中, $\sigma_1$:主应力(相当于(10.25)式中的 $\sigma_{yy}$); $\sigma_f$:动摩擦; $G_c$:破裂能(临界能量释放率)。

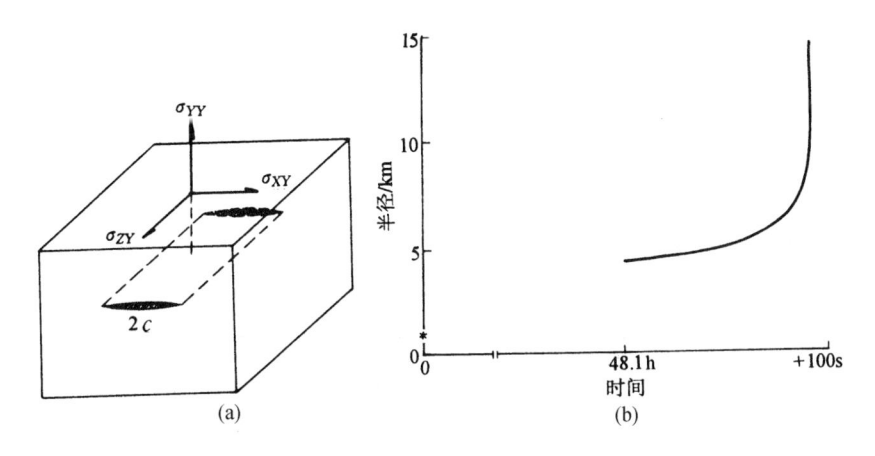

图 10.6 裂隙腐蚀的成核模型:(a)模型、(b)模型中裂隙半径 $C$ 随时间的变化过程
(Das 等)[9]
* 表示 $t=0$ 时裂隙的初始半径 $C_0$

## 10.3.2 滑动成核的摩擦-滑块模型

依据摩擦-滑块模型,Dieterich 应用摩擦本构定律去研究滑动成核过程[10]。

摩擦系数 $\mu$ 定义为:

$$\mu = \frac{\tau}{\sigma} \tag{10.28}$$

式中, $\tau$ 是作用在断层上的剪切应力, $\sigma$ 是正应力。

摩擦系数 $\mu$ 关于状态变量的本构定律为:

$$\mu = \mu_0 + B_1 \ln(B_2\theta - 1) - A_1 \ln[(A_2/V) + 1] \tag{10.29}$$

式中, $\mu_0$、$A_1$、$A_2$、$B_1$ 和 $B_2$ 都是由实验测得的参数; $V$ 是归一化滑移速度; $\theta$ 是依赖于断层滑动过程。

$$\frac{d\theta}{dt} = 1 - \theta V \tag{10.30}$$

当滑移速度 $V$ 很大时,可看作是断层失稳,此时由于 $\theta \gg 1$, $B_2 > 1$ 的摩擦系数是最大的极限 $\mu_{max}$,由(10.29)式,

$$\mu_{\max} = \mu_0 + B_1 \ln\theta \tag{10.31}$$

当断层作稳定滑动时,由(10.30),令 $d\theta/dt=0, \theta=1/V$。那么,稳定滑动状态的摩擦系数 $\mu_s$ 为:

$$\mu_2 = \mu_0 - B_1 \ln V - A_1 \ln[(A_2/V)+1] \tag{10.32}$$

或

$$\mu_2 = \mu_0 + B_1 \ln\theta - A_1 \ln(A_2\theta) + 1$$

图 10.7 是最大摩擦力 $\mu_{\max}$ 和稳滑状态摩擦力 $\mu_s$ 随状态变量 $\theta$ 的变化曲线。对于任意的 $\theta$, $\mu_{\max}$ 总是大于 $\mu_s$,表明,在失稳之前,总是要出现稳定滑动。

由摩擦-滑块模型,成核长度 $l_c$ 为:

$$l_c = \frac{EL}{2(1-v^2)\sigma_n \Delta\mu} \tag{10.33}$$

式中,$E$:杨氏模量;
$v$:泊松比;
$\sigma_n$:正应力;
$L$:滑动特征距离;
$\Delta\mu$:静摩擦力与动摩擦力之差。

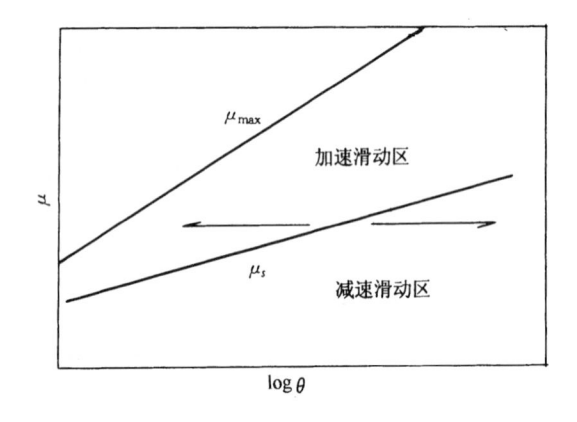

图 10.7　最大摩擦力 $\mu_{\max}$ 和稳滑状态摩擦力 $\mu_s$ 随 $\theta$ 的变化曲线
(Dieterich)[10]

Dieterich[10] 对摩擦-滑块模型给定下列参数值,计算失稳前 50 小时的滑动位移曲线(图 10.8):$A_1=0.010/2.3$;$B_1=0.015/2.3$;$A_2=1.0$;$\theta$、$K/K_c$、$V_e\theta$ 和 $(\mu-\mu_s)$ 分别赋予九种情况的数值(在图 10.8 中列出)。其中 $V_e$ 表示负荷速度;$K$ 和 $K_c$ 分别是弹簧及其屈服时的强度。

图 10.8 表明在 a~f 的九种情况下,失稳滑动前 50 小时的位移曲线都是相似的。它们表明在失稳之前,滑动位移(约实际的 45 小时之后)有明显的加速表现。

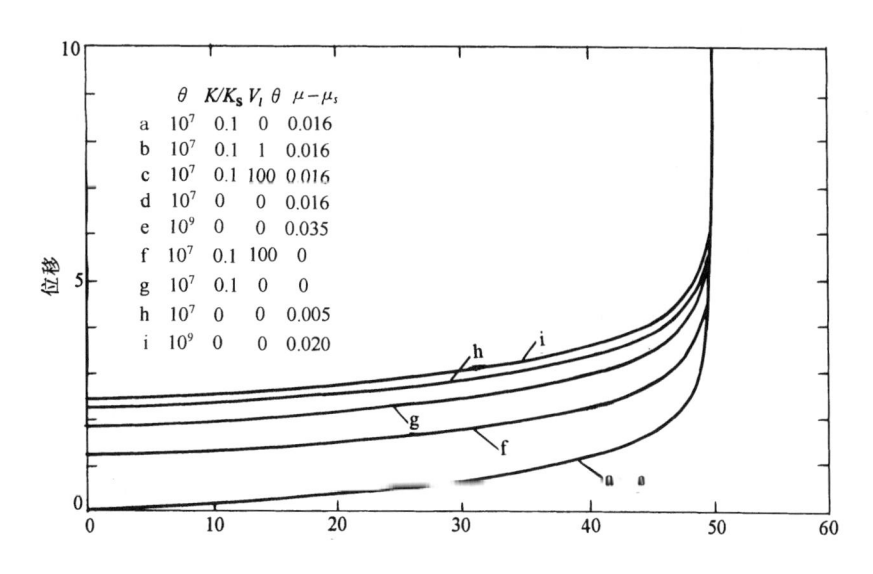

图 10.8  对不同的模拟参数和条件,摩擦-滑块模型失稳前 50 小时的位移曲线
纵坐标 $D$ 是位移对滑动特征距离 $D_c$ 归一化,$D_c=L$,见(10.33)式

## §10.4  地震前兆的扩容模式

### 10.4.1  扩容模式的实验基础

扩容又称体积膨胀,是岩石受压进入高应力状态后由于其内部产生大量张性微裂隙,且裂隙张开占据岩石空间而导致岩石体积膨胀所致(如图 10.9)。有人将图 10.9 所示的扩容原理称之为灯笼腔原理。

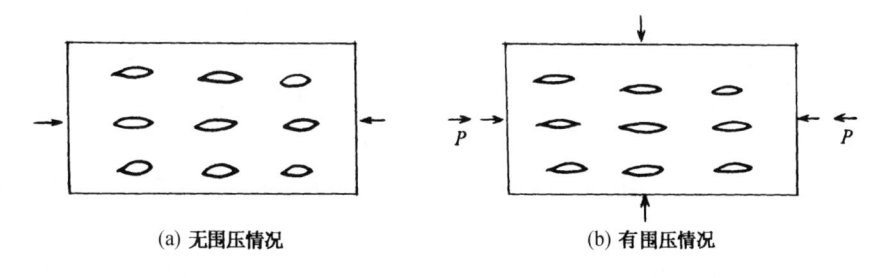

(a) 无围压情况         (b) 有围压情况

图 10.9  膨胀扩容现象示意图

许多学者应用岩石力学实验探索扩容的物理机制。陈颙、茂木等都指出,完整结晶岩石的变形一般可分为三个阶段:弹性变形阶段;非弹性变形阶段;非弹性变形快速发展阶段。这里所说的非弹性变形即为体积膨胀变形。图 10.10 是在单轴加压下岩石破裂实验的应力应变曲线[5]。其中 AB 段为弹性应变阶段,BC 段为体积膨胀(非弹性应变)阶段,S 为非弹性应变加速对阶段。图 10.10a 中的曲线 OABCF 是体应变曲线,AB 呈线性变化,

· 379 ·

过 B 点之后,曲线偏离弹性应变直线 $\theta_e$,体积应变量减小。定义在某应力 $\sigma$ 点上的实际体应变 $\theta$ 与弹性体积应变 $\theta_e$ 的差为 $\Delta_*$,即 $\Delta_* = \theta_e - \theta$,为体积膨胀。由图 10.10a 可见,应力强度超过大约二分之一破坏强度之后(即过 B 点后),体积膨胀开始出现,随着应力进一步增长,体积膨胀 $\Delta_*$ 逐渐增大,开始时体积膨胀的增长较稳定(BC 段),到应力强度接近破坏强度的临震阶段,体膨胀加速对(CF 段),直至主破裂发生。

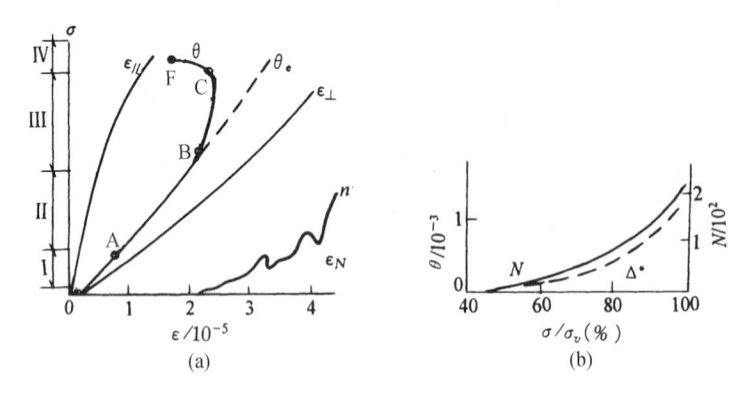

图 10.10 单轴压缩破裂实验结果

从图 10.10 所给出的实验结果可看出,非弹性变形阶段的岩石体积膨胀是岩石中微破裂增长的结果。图 10.10b 给出了非弹性变形阶段中体积膨胀 $\Delta_*$ 和微破裂频度 $N$ 随应力的变化曲线,两者的同步变化是揭示微破裂是岩石体积膨胀机制的基本科学依据。而且这些张性微破裂的走向应平行于主压应力的方向,正如图 10.9 所示意的那样。

## 10.4.2 扩容模式的建立

早在 1960 年,日本学者在模拟实验中发现,在岩石破裂前穿过该岩石的纵波速度 $V_p$ 会出现明显减小的现象,并认为 $V_p$ 的减小可能与岩石破裂前在岩石中已产生了大量张性微裂缝有关。此后,美国学者 Nur 通过进一步的岩石破裂实验[11],发现除了当岩石发生扩容后使 $V_p$ 降低以外,若给张性微裂缝中充水,那么当含微裂缝的岩石达到水饱和之后,则 $V_p$ 将恢复到扩容前的水平。同时,Nur 还考虑到当大量张性微裂缝达到水饱和之后,由于孔隙压力的增加而降低断层面上的摩擦力(即通常所说的构造强度),从而促使地震发生[11]。

1973 年美国学者 Whitcomb 等[12]考虑了地壳的岩石孔隙中饱和着水的情况。提出在地壳岩石受力进入高应力阶段产生裂隙并导致体积膨胀的同时,由于孔隙体积增加而使体变成不饱和状态,并形成孔隙压力下降,切导致岩石强度的增高,造成震源区扩容硬化。与此同时,由于膨胀区孔隙压力降低,扩容区外围岩石中的水就要向扩容区渗流,亦称扩容区外部岩石中的水向膨胀区扩散。当流入扩容区的水使那里的孔隙再度饱和并恢复高孔隙压力之后,一方面使 P 波速度恢复到原值,同时孔隙压力增高又引起岩石有效强度(或断层构造强度)下降而导致地震的发生。

同年,美国学者 Schoz 等[13]根据 Whitcomb 等[12]的上述研究结果,对各种地震前兆进行了讨论,并正式提出了地震孕育发生过程中的膨胀、扩散前兆模式,简称扩容模式。

图 10.11 是扩容模式示意图,该模式强调了孕震过程进入高应力阶段[$\sigma \in (1/2, 2/3)\sigma_0$]后由于裂隙发育和发展所导致的体积膨胀及膨胀过程中水的扩散现象。该模式把孕震过程分为如图所示的三个阶段。第Ⅰ阶段是应力、应变成线性关系的弹性变形阶段,此时尚无前兆现象出现;第Ⅱ阶段是膨胀裂隙形成阶段,由于膨胀,原有裂隙中的流体向新裂隙中流动,致使震源区介质处于不饱和状态,以及由此引起孔隙压力下降、介质硬化等变化,并导致包括波速比下降、地阻率下降、水氡值上升、地震活动减少、地面隆起等多种地震前兆反应;第Ⅲ阶段是地下水等流体进一步进入膨胀岩石,使其物理性质恢复,导致波速比回升等异常转折,同时水进入膨胀裂隙降低了有效围压和介质强度,导致破裂和摩擦滑动的加速,使地震在第Ⅲ阶段末尾发生。

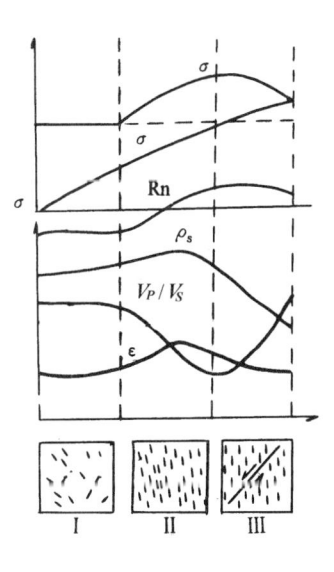

图 10.11　膨胀-扩散模式示意图[11]

## 10.4.3　扩容模式对地震前兆特性的解释

地震前兆的扩容模式在 70 年代初提出之后,对于理解地震孕育发展的过程及其在该过程中多种前兆现象的出现以及多种前兆产生的综合机理给了有意启迪。从而受到广大地震科技工作者的密切关注和欢迎。除了上述所述的对地震前兆的总体解释外,该模型还能对地震前兆的一些综合特征作较好的解释。其主要有下述几个方面:

**1. 孕震过程的阶段性和地震前兆的阶段性发展特点**

图 10.11 所示的扩容模式将孕震过程分为三个阶段。第一阶段是孕震过程前期的低应力阶段,该阶段应力应变的本构关系呈线性关系,通常称其为弹性变形阶段,此间尚无前兆现象出现。第二阶段是膨胀裂隙形成和发展阶段。如上所述,由于裂隙发展、体积膨胀和孔隙压下降等物理变化,导致了一系列趋势性前兆异常的发育和发展。第三阶段是地下水等流体渗透和流入膨胀区(扩散)阶段。该阶段由于扩容区岩石重新达到水饱和状态,使岩石的物理性质得以恢复,从而导致多种趋势异常恢复。而且地震也在这阶段来发生。所以第三阶段在一定意义上代表了孕震过程中中期向短期过渡的阶段。

因此,扩容模型在一定程度上给出地震孕育的阶段性发展特性及相应的前兆变化特点。尤其是对中期前兆异常的发展演化和恢复解释得比较清楚。该模型的不足之处是对短临阶段及其短临前兆的研究比较薄弱。

**2. 震级与异常持续时间之间的统计关系**

在震例研究中发现趋势异常的持续时间随震级增大而增大,并给出二者之间呈对数关系的经验公式。而扩容模式可为建立震级和异常时间之间的关系提供依据。

震级 $M$ 与标征震源大小的特征线度 $L$ 之间具有统计上的对数关系。大量震例给出的统计关系为

$$M = A' + B' \lg L \tag{10.34}$$

式中,$A'$、$B'$为常数,$L$既可以是震源破裂长度,亦可以是震源半径。在扩容模型中,对趋势异常持续时间的研究认为,从异常发育到异常恢复的过程取决于水在震源体中的扩散时间,因而异常持续时间与震源体大小之间存在一定的关系。如 Schoz 等(1973)给出的异常时间 $T$ 与震源线度间关系为

$$T = \frac{L^2}{C} \tag{10.35}$$

式中,$C$ 为常数,与岩石渗透率、孔隙度及流体黏滞度等有关。把(10.34)式与(10.35)式联立,即可求得

$$M = A + B \lg T \tag{10.36}$$

由于(10.36)式所示的震级与异常持续时间 $T$ 之间的关系式 $M=A+B\lg T$ 也是当前地震预报实践中应用最普遍的经验公式,因此可看到,孕震的扩容模型为在地震预报实际中建立的经验关系提供了理论依据。

## §10.5 地震中短期前兆的膨胀-蠕动模式

### 10.5.1 模型简介

这是一种同时考虑断层摩擦及其周围介质膨胀的一种前兆过程物理模式。岩石层实际上是由许多其中镶嵌的地块组成,地块之间的接触地带就是不同尺度的断裂带,其相对运动最为显著,沿断裂面上的摩擦应力变化很大。郭增建等[14]将摩擦阻力大的闭锁地段,称为"应力积累单元",意味着这些地段上易积累巨大的应力,且有孕育大地震的条件;另外一些断面段落上摩擦阻力较小,易发生无震缓慢滑动,不积累巨大的应力,称为"应力调整单元"。大地震将在这样的条件和环境中孕育、发展和发生。牛志仁等称之为地震孕育的组合形式[15]。图 10.12 给出组合形式的示意图,图中绘出包括一个应力积累单元(CD 段)和两端之外的应力调整单元组成的一个地块部分。当地块Ⅰ和Ⅱ产生相对运动时,调整单元两侧岩体缓慢滑动,而在积累单元两端 C 和 D 点因闭锁而妨碍岩体自由前进,而积累应力和导致应力集中,当积累的应力超过岩石断面上的摩擦强度时发生地震。

根据构造物理、岩石力学等方面的研究,可以对构造地震的震源孕育情况做如下基本假设:

(1)地壳块体在构造力作用下,进行相对运动时,其交界带附近的介质变形最为显著。所以,地块交界带是大地震的孕育地带。此时,交界带上能够积累巨大弹性位能的地段——闭锁段(郭增建等[14]称为积累单元)——是大地震的孕育地段;其相邻的地段——蠕动段(郭增建等[14]称为调整单元),在地壳块体进行相对运动时,两侧介质能缓慢蠕动,这样的地段不会孕育大震,但可能发生很多小震。

(2)交界带附近的介质即使从统计意义上讲也不能视为各向同性体,它可能沿交界带走向和垂向有明显的各性异性,这可能与交界带附近介质的受力方式和历史有关。

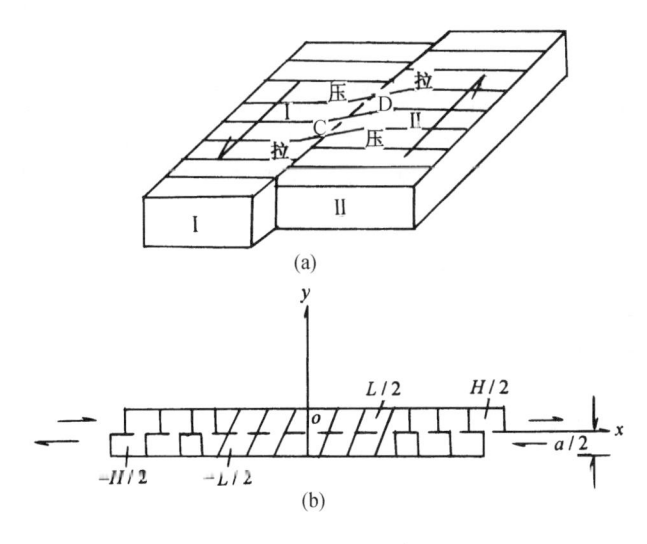

图 10.12　地震孕育组合模式
(a)示意图；(b)一维模式图

(3)交界带附近介质在构造力作用下不但发生弹性应变,也可能发生非弹性变形。这种非弹性变形对于蠕动段主要表现为在平行于交界带的剪应力作用下具有流变性质；对于闭锁段则主要表现为它既可能发生无体积膨胀的塑性变形,也可能发生伴随有体积膨胀的微小破坏。在地壳浅部,闭锁附近介质的非弹性变形以脆性的微小破坏为主；在地壳深部则以塑性变形为主。

(4)在大地震的孕育地段——闭锁段,摩擦起着非常重要的作用。当断层面上的剪应力小于临界摩擦应力时,断层面将被摩擦力锁住不动。当断层面上某处的剪应力达到临界摩擦应力时,该处将发生破裂并伴有应力降(这种机制可能特别适用于浅源地震)。

(5)虽然,在交界带介质内部可能存在许多不同取向的微裂缝,但是,在宏观上可以将它视为连续体。这种连续性只有在裂缝尺度和计算过程中选取的微元尺度可比拟时才被破坏。

按照上面关于震源孕育情况的假设,闭锁段介质从受力到断裂(沿断层面的快速错动)一般经历下面几个阶段：在弹性范围内,虽然介质和微裂缝会在附加应力下发生变形,但是,由于这时并没有出现裂缝的扩张而降低材料的总弹性能量。所以,一旦撤掉附加应力,介质和裂缝由都恢复原状；在应力超过材料的弹性极限后,闭锁区介质将发生非弹性变形,它包括介质的塑性变形及微裂缝的扩张。由于可以假定断层面是抗剪强度较弱的地方。所以,当断层面尚未出现破裂的传播时,如果岩层中出现了微裂缝的扩张,那么它将是张裂缝,张裂缝的扩张将使岩层的体积膨胀。在闭锁段发生变形的过程中,断层面上承受的剪应力随着介质沿断层面弹性剪切变形的增大而增大。当闭锁段发生张裂缝的扩张时,在裂缝扩张的部位上介质的弹性剪切变形会急剧增大,引起断层面的局部破坏和断层面两侧介质的滑动。断层面的局部破裂又会导致张裂缝的出现和进一步扩张,最终发展成为断层面的全部破裂和两盘块体的整体错动。

闭锁段变形的上述模式可用图 10.13 表示。图 10.13 中 1 表示闭锁段某质量元未变形前的状态。图 10.13 中 2 表示质量元弹性变形的情形,介质和裂缝发生了可恢复的变形,但是没有微裂缝的扩张。图 10.13 中 3 表示当断层面仍然被摩擦应力锁住时,质量元发生非弹性变形的情形。由于断层面的极限摩擦应力较大,所以在构造应力的作用下,质量元中的张裂缝在扩张。其扩张方向与主张应力方向垂直,与断层面斜交。图 10.13 中 4 表示此质量元底部的断层面破裂的情形。随着张裂缝的扩张,断层面上的摩擦应力分布越来越不均匀,这种不均匀的发展,导致了断层面的破裂和两侧块体的滑动。图 10.13 中 5 表示断层面破裂后,质量元内部张裂缝重新闭合的情形。

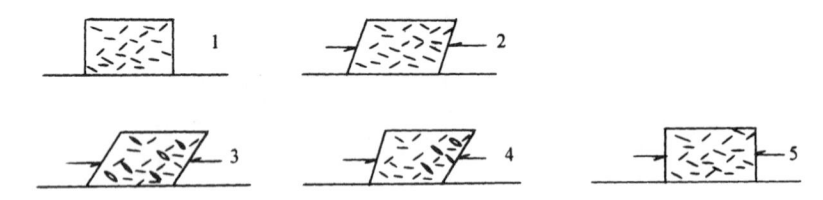

图 10.13 交界带介质变形过程示意图

以上仅是对震源孕育过程的定性说明,牛志仁用数学物理方法定量地分析震源孕育过程和各种物理量的变化规律[16]。

牛志仁等[16]根据上述对组合模式的定性讨论,考虑到大地震孕育的具体环境,从地震力学角度出发,获得一维的震源孕育组合模式应力-应变场的解释解答。

图 10.12b 是组合模式的地震力学问题图解描述,它表示切割出的某两个地壳块体进行着相对运动,其交界上,即断层面上存在摩擦强度大的闭锁段(应力积累单元):$-L/2$,$L/2$ 和蠕动段(应力调整单元):$-H/2$,$-L/2$ 和 $L/2$,$H/2$。$a/2$ 是断面某一侧交界带宽度,图中箭头表示块体驱动的方式。

(1)假定物性方程在调整单元上断面摩擦力较小,两侧块能缓慢蠕动,表现出流变性,即它是相互用黏滞性很大的流体黏结在一起的一组数目很大的软岩石薄层,在平行 $x$ 轴的切应力 $\tau$ 作用下表现为牛顿黏滞体;在平行 $x$ 轴的正应力 $\sigma$ 作用下具有虎克体的性质。所以,调整单元介质的物性方程可写成

$$\begin{cases} \tau = \eta \dfrac{\partial \dot{u}}{\partial y} \approx \eta \dfrac{\dot{u}}{(a/2)} \\ \sigma = E\varepsilon = E \dfrac{\partial u}{\partial x} \end{cases} \tag{10.37}$$

式中 $u$、$\varepsilon$、$\sigma$、$\tau$ 是垂直于 $x$ 轴截面上的位移、正应变、正应力和切应力;$\rho$、$\eta$、$E$ 为调整单元介质的密度、黏滞系数、杨氏模量;$\varepsilon = \dfrac{\partial u}{\partial x}$,$\dot{u} = \dfrac{\partial u}{\partial t}$。

对于调整单元的任一微元 $(x, x+\mathrm{d}x)$,它是在曳引力 $\dfrac{a}{2}\sigma(x+\mathrm{d}x, t)$、$\dfrac{a}{2}\sigma(x, t)$,以及黏滞阻力 $\tau(x, t)\mathrm{d}x$ 联合作用下发生运动,则其运动方程为

$$\rho \dfrac{\partial^2 u}{\partial t^2} = \dfrac{E \partial^2 u}{\partial x^2} - \dfrac{4\eta}{a^2}\dfrac{\partial u}{\partial t} \tag{10.38}$$

(2)对于积累单元,由于它对块体的相对运动有很大的阻力,能积累很大的剪切应变能。将其比拟为被断面上的压应力挤合在以前的两块坚硬的固体物质,在平行 $x$ 轴的正

应力 $\sigma$ 作用下，它表现为线性强化弹塑性材料；在平行 $x$ 轴的切应力 $\tau$ 作用下，切应变和切应力成正比。所以，积累单元的物性方程为：

$$\begin{cases} \tau = \begin{cases} K\dfrac{\partial u}{\partial y} \approx K\dfrac{\partial u}{(a/2)} & \text{当 } u < \dfrac{Fa}{2K} \\ \eta_0 \dfrac{\partial \dot{u}}{\partial y} \approx \eta_0 \dfrac{2\dot{u}}{a} & \text{当 } u \geqslant \dfrac{Fa}{2K} \end{cases} \\ \sigma = \begin{cases} E_0 \varepsilon = E_0 \dfrac{\partial u}{\partial x} & \text{当 } \varepsilon \leqslant \varepsilon_0 \\ E_0 \varepsilon + E'_0(\varepsilon - \varepsilon_0) = E_0 \varepsilon_0 + E'\left(\dfrac{\partial u}{\partial x} - \varepsilon_0\right) & \text{当 } \varepsilon > \varepsilon_0 \end{cases} \end{cases} \quad (10.39)$$

式中，$K$、$E_0(E'_0)$ 是积累单元介质的抗剪系数、屈服前(后)的杨氏模量。$\varepsilon_0$ 为屈服应变，$F$ 为临界摩擦应力。

假定断面上承受的切应力小于临界摩擦应力时，断面被锁住；当切应力超过临界摩擦力后，断面被启开，为简单计，此时令启开断面上摩擦应力为零。

对于积累单元的任一微元 $(x, x+\mathrm{d}x)$，当断面闭锁时，其运动是在曳引力 $\dfrac{a}{2}\sigma(x+\mathrm{d}x, t)$、$\dfrac{a}{2}\sigma(x,t)$ 和摩擦力 $K\dfrac{u(x,t)}{a/2}$ 的共同作用的结果；当断面解锁时，仅受到曳引力的作用。它们的运动方程：

(1) 断面闭锁段

$$\rho_0 \frac{\partial^2 u}{\partial t^2} = \begin{cases} E_0 \dfrac{\partial^2 u}{\partial x^2} - \dfrac{4K}{a^2} u, & \dfrac{\partial u}{\partial x} \leqslant \varepsilon_0 \\ E'_0 \dfrac{\partial^2 u}{\partial x^2} - \dfrac{4K}{a^2} u, & \dfrac{\partial u}{\partial x} > \varepsilon_0 \end{cases} \quad (10.40)$$

(2) 断面解锁段

$$\rho_0 \frac{\partial^2 u}{\partial t^2} = \begin{cases} E_0 \dfrac{\partial^2 u}{\partial x^2}, & \dfrac{\partial u}{\partial x} \leqslant \varepsilon_0 \\ E'_0 \dfrac{\partial^2 u}{\partial x^2}, & \dfrac{\partial u}{\partial x} > \varepsilon_0 \end{cases} \quad (10.41)$$

式中 $\rho_0$ 是积累单元介质的密度。

### 10.5.2 运动方程

由于在地震蕴育过程中，介质运动非常缓慢，可略去惯性项，总运动方程为：

对于调整单元 $\left(\dfrac{L}{2} < |x| < \dfrac{H}{2}\right)$

$$\frac{\partial^2 u}{\partial t^2} = \frac{4\eta}{Ea^2} \frac{\partial u}{\partial t} \quad (10.42)$$

对于积累单元

(1) 断面闭锁段 $|x| < \dfrac{L}{2}$：

$$\frac{\partial^2 u}{\partial t^2} = \begin{cases} \dfrac{4K}{E_0 a^2} u, & \dfrac{\partial u}{\partial x} < \varepsilon_0, u < \dfrac{Fa}{2K} \\ \dfrac{2\tau_0}{aE_0}, & u \geq \dfrac{Fa}{2K} \end{cases} \quad (10.43)$$

(2) 断面启开段

$$\frac{\partial^2 u}{\partial x^2} = 0 \quad (10.44)$$

定解条件为:

(1) 初始条件: $u(x,0)=0$ (表示震源开始孕育时位移为零);

(2) 边条件: 已知端点处驱动速度为常数 $V_0$, 则

$$u\left(\pm\frac{H}{2}, t\right) = V_0 t \quad (10.45)$$

(3) 连续性条件: 在震源孕育过程中位移和正应力保持连续, 特别是对于积累单元和调整单元分界处 $\pm L/2$; 积累单元内部的完全弹性区和弹塑性变形区分界处 $\pm x(t)$ 和断面闭锁区和启开区分界处 $\pm\bar{x}(t)$, 分别有

$$\begin{cases} u^+(x,t)|_{\pm L/2, \pm x(t), \pm \bar{x}(t)} = u^-|_{\pm L/2, \pm x(t), \pm \bar{x}(t)} \\ \sigma^+(x,t)|_{\pm L/2, \pm x(t), \pm \bar{x}(t)} = \sigma^-|_{\pm L/2, \pm x(t), \pm \bar{x}(t)} \end{cases} \quad (10.46)$$

这样, 将一维震源膨胀-蠕动模式研究归结为上述偏微分方程组 (10.43)、(10.44) 的定解问题。

由于在积累单元内介质可能发生弹性形变、塑性形变和沿断面自由滑动 (启开)。所以, 上述的定解问题是具有未知内部边界的复杂的数学问题, 难以获得精确的解析解。但是, 地震孕育过程可能很长, 可以得到关于时间 $t$ 很大时的渐近表示。另外, 将地震孕育过程划分为三个主要时期: ①弹性积累期 (积累单元介质全部处于弹性状态) $t<t_1$; ②弹塑性变形期 (断层面仍全部锁住, 但积累单元介质发生塑性形变) $t_2 \geq t \geq t_1$; ③剪切破坏期 (在积累单元内节制既发生弹塑性变形, 又发生断面逐渐被启开) $t_3 \geq t > t_2$。

考虑到该问题中位移关于原点的对称性和应变-应力对于原点的反对称性, 以及积累单元介质中弹性-塑性-断面启开等历史过程的具体特征。获得上述震源孕育过程中三个不同时期的位移、应变和应力解答 (牛志仁, 1976、1978)。

### 10.5.3 数值解

令

$$\sqrt{\frac{K}{E_0}} = \frac{1}{5}, \quad \sqrt{\frac{E_0'}{E}} = \frac{\sqrt{2}}{2}, \quad \sqrt{\frac{E}{E_0}} = 1$$

$$\frac{2V_0\eta}{aE\varepsilon_0} = 4 \times 10^{-2}, \quad \frac{F}{\sqrt{KE_0'\varepsilon_0}} = 5.954$$

$$\frac{L}{a} = 10, \quad \frac{H}{a} = 20$$

同时, $\tau_0/E_0\varepsilon_0 = 0, 4\times 10^{-3}$ 和 $8\times 10^{-3}$ 三种情形下, 计算孕育地震过程中应力、应变和位移在 $x = +\dfrac{L}{2}$ 处的变化过程 (图 10.14)。

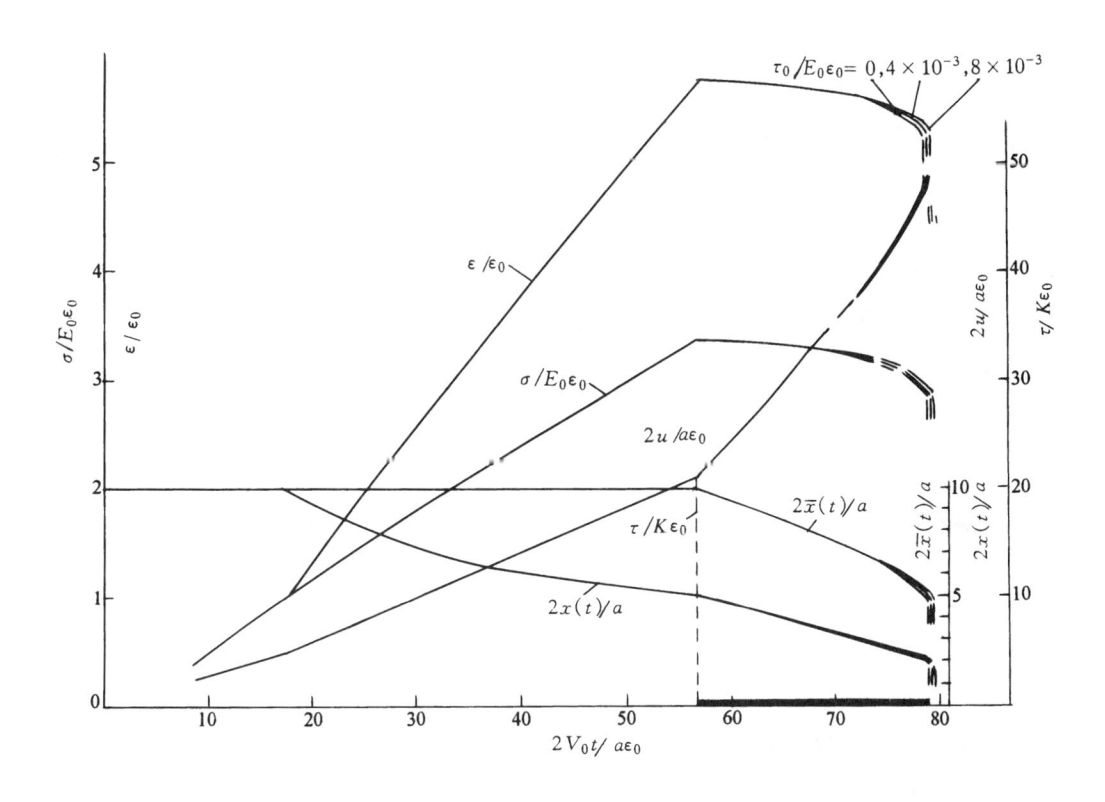

图 10.14　孕震过程中各种物理量变化图

（应力、应变和位移为 $x=+\dfrac{L}{2}$ 处的）

计算结果表明,震源从开始孕育到发震一般要经历以下几个阶段(图 10.14):

（Ⅰ）弹性变形阶段

在本阶段,震源孕育体——闭锁段介质和微裂缝仅发生弹性变形。在弹性变形后期,对于定常的驱动速度,闭锁段内部的正应力和切应力都以不同的速度平稳地增长。它们的空间分布特征是,不论是正应力还是切应力都在闭锁段端点达到极大值。不同的是,由于正应力以与 $\text{sh}\left(\sqrt{\dfrac{K}{E_0}}\dfrac{2x}{a}\right)$ 成正比的形式,而切应力以与 $\text{ch}\left(\sqrt{\dfrac{K}{E_0}}\dfrac{2x}{a}\right)$ 成正比的形式在闭锁段内部分布。所以,虽然它们都在闭锁段端高度集中,但切应力却同时传递到闭锁段的中心部位。至于蠕动段,虽然正应力也以某个速度平稳地增长,但是,切应力却进入稳定状态,与时间无关。另外,我们还可以看到,交界带上的切应力分布在闭锁段端点存在着跳跃式间断,使该处进入一种不稳定的力学状态。该不稳定状态的转化是受两种因素制约的。一种是断层面的临界摩擦应力,一种是岩石的弹性极限。当闭锁段岩石的弹性极限较小时,孕震体将从阶段(Ⅰ)过渡到阶段(Ⅱ)——非弹性变形阶段,然后进入阶段(Ⅲ)——断层面破裂阶段,直至发震。否则,即断层面较软弱(临界摩擦应力较小时),则孕震体将不经过阶段(Ⅱ),直接从阶段(Ⅰ)过渡到阶段(Ⅲ),直至发震。前一种将称为强支持弱介质型,后一种将称为弱支持介质型。以后将会看到,由于这两种孕震体所经历的孕震过程不同,其前兆异常行为也有很大差异。

### (Ⅱ)非弹性变形(膨胀)阶段

对于强支持弱介质型闭锁段,由于断层面的临界摩擦应力较大,所以当应力超过岩石的弹性极限后,闭锁段岩石将发生非弹性变形(它包括塑性变形和微观张裂缝的扩展),并伴随有体积的非弹性膨胀。非弹性变形从闭锁段端点开始不断地向内部扩展。这时,在闭锁段的完全弹性区,虽然其正应力和切应力都在加速增长,但比值仍和弹性变形期相同,继续保持为 $\sqrt{\frac{E_0}{K}} \text{th}\left(\sqrt{\frac{K}{E_0}} \frac{2x}{a}\right)$。可是,在非弹性变形区,这种比例关系已经破坏,断层面支持的切应力有了急剧的增长。当切应力的最大值(按照该模式,它在闭锁段端点处取得)达到断层面的临界摩擦应力时,断层面的局部破裂将会开始。在非弹性变形阶段,蠕动的变化特点一方面也表现在位移、应变、应力等出现了非线性变化;另一方面还表现在质点的运动速度加快,使得蠕动段的切应力变大,不过其正应力的增长速度却在减慢。另外,图10.14清楚地表明,并不是所有的物理量都对非弹性变形有明显的反映。例如,闭锁段的膨胀区内的正应力变化(从而蠕动段的正应力变化)对非弹性变形(膨胀)就不敏感。但是,正应变的反映却非常显著。所以,当认识非弹性变形阶段出现的地震前兆异常的物理机制时,应和张裂缝的扩张和塑性变形联系起来;在定量估计大小时应和应变而不是和应力联系起来。

### (Ⅲ)前兆蠕动(断层面局部破裂)阶段

当闭锁段某处的切应力达到临界摩擦应力时,断层面开始局部破裂,并伴随着两侧介质的前兆蠕动。这时,闭锁段被分成三部分:断层面的局部破裂区、断层面仍然锁住的弹性变形区和非弹性变形区。在断层面的局部破裂区将出现一个卸载过程,张开的微裂缝在逐渐闭合,介质的变形也在弹性恢复;在完全弹性区,正应力和剪应力的增长速度都在加快,但其比值仍保持阶段(Ⅰ)的 $\sqrt{\frac{E_0}{K}} \text{th}\left(\sqrt{\frac{K}{E_0}} \frac{2x}{a}\right)$ 不变;非弹性变形区的情况比较复杂。在接近完全弹性区的部位,其正应力在加速增长,使膨胀加剧。在靠近断层面已破裂的部位,断层面上的摩擦应力已接近临界值,进入将要破裂的不稳定状态,破裂极易向前发展。计算结果表明,虽然断层面的破裂速度和发现弹性变形区的扩展速度(膨胀速度)都在加快,但前者始终大于后者,发生着断层面破裂引起的卸载区边界对变形区边界的"追赶",使得非弹性变形区不断缩小。另外,正如图10.14表明的,破裂速度及膨胀速度在整个前兆蠕动阶段基本上是均匀的,只有在临近断层面整体破裂前才有一个急速的转折,向发震时的极限值过渡。所以,可以从前兆蠕动阶段中进一步划分出一个短期或临震阶段。

### (Ⅳ)前兆蠕动(或断层面破裂)的急速发展阶段——短临阶段

在本阶段,虽然基本的物理过程与阶段(Ⅲ)相同。但是,却出现了不同于阶段(Ⅲ)的某些变化。这就是:(1)非弹性变形区(膨胀区)向未来地震发源地的急速收缩;(2)断层面破裂区内,断层面两侧介质的较高速度的蠕滑;(3)破裂速度和膨胀速度急速增大;(4)震源应力场和应变场的急剧变化。这些变化将伴生或派生出一系列所谓短临前兆异常现象,我们将在下面讨论。

### (Ⅴ)发震(断层面两侧介质的整体错动)阶段

上述诸孕震阶段发展的必然结果是存在某个时刻 $t_3$,当 $t \to t_3$ 时,$\left|\dfrac{d\overline{x}(t)}{dt}\right|$、$\left|\dfrac{dx(t)}{dt}\right| \to \infty$。即断层面的未破裂部分由于无法支持积累起来的强大切应力将在一瞬间同时破裂,发生断层面两侧块体的整体错动,闭锁段内原先未发生非弹性形变的地段也将同时屈服,这便是该模式中的发震事件。同时破裂的地段即地震波辐射体,其长度即破裂长度。有必要指出的是,由于该孕震模式自然地引导出了发震事件和发震模式,所以提供了研究孕震模式和发震模式有机联系的可能性。应指出,该模型采用的点源、位错、有限移动源等发震模式是数学模式,而不是物理模式。

### (Ⅵ)震后调整阶段

该模式尚未对此做详细的研究。

在该震源孕育模式中,引起和控制地震前兆变化的两个基本物理过程:一个是张裂缝扩展和塑性变形;一个是断层面的局部破裂及其引起的前兆蠕动。当断层面的极限摩擦应力足够大时,将首先发生第一个物理过程,然后发生第二个物理过程。考虑到计算模型中有明显的体积膨胀,所以该模式将称为膨胀——蠕动模式。另外,地震前兆异常的恢复,是由于断层面发生破裂,使孕震体内出现卸载区,并且卸载区的扩张速度比非弹性变形区的扩张速度大,引起卸载区边界对非弹性区边界的"追赶",使非弹性变形区收缩所造成的。所以,也可称为"追赶"模式[15]。

## 10.5.4 前兆异常的基本形态

根据震源孕育过程的阶段划分,地震前兆也大致可划分为:(Ⅰ′)正常期、(Ⅱ′)膨胀期、(Ⅲ′)蠕动期、(Ⅳ′)加速蠕动期(短期和临震期)、(Ⅴ′)发震瞬间以及(Ⅵ′)震后调整期。各种前兆相应于上述分期的基本异常形态示于图10.15中。

某区域进入膨胀期后,非弹性变形降低了岩石的有效弹性模量。所以,穿透该区的地震波速下降,地震波中的高频成分有较大的衰减和频散(波谱缓慢地向低频移动);非弹性的体积膨胀使地壳垂直运动加速,体积膨胀引起的密度减小和高程变化使重力值下降;张裂缝扩张使干岩石的形变电阻率增大,张裂缝引起的岩石内表面积的增大使氡射气强度增加。在本阶段,虽然应力和断层面两侧质点的相对位移也有变化,但并不十分明显。

膨胀区的某部分进入蠕动期(Ⅲ′)后,由于断层面的破裂,所以断层面两侧介质的质点将发生明显的相对位移(蠕滑),应力也有明显的反向变化;张裂缝的闭合使形变电阻率和氡射气强度从高值下降,且使体积膨胀变小、地壳垂直运动反向、重力值回升;由于非弹性变形的弹性恢复,岩石的有效弹性模量增加,引起地震波速回升和高频成分发育(波谱

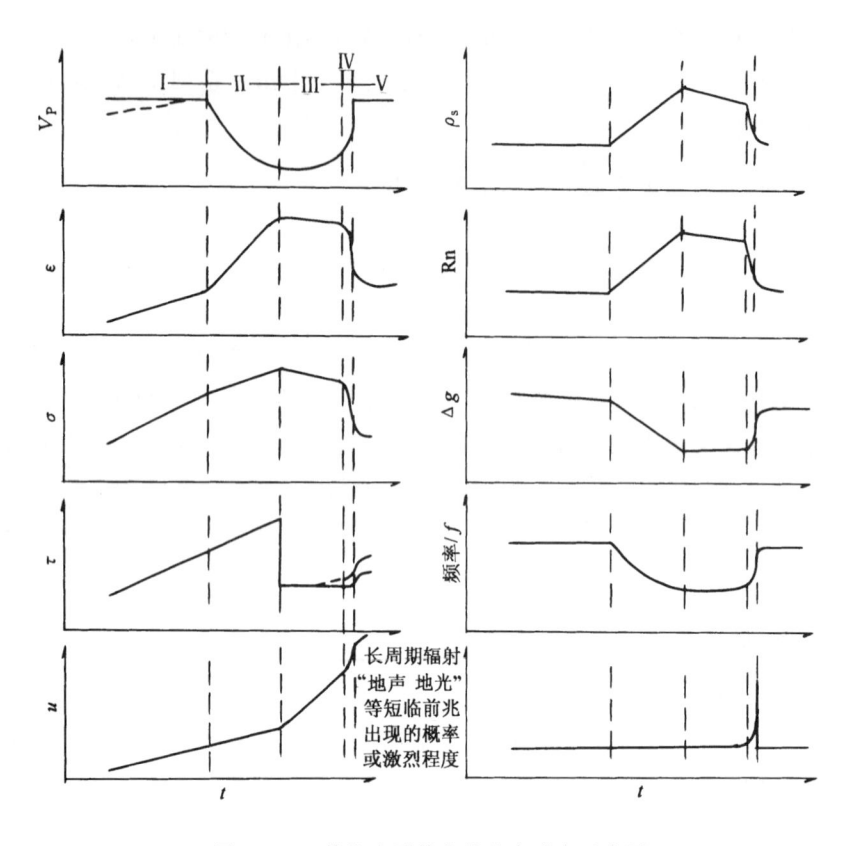

图 10.15　某些地震前兆的基本形态示意图

向高频移动)。

应该说明,虽然在岩石的孔隙和张裂缝中会有流体(液体和气体)存在,但是,认为这些流体能否在地震前兆异常现象中发挥积极的作用,将取决于它的运动速度的变化。在膨胀期和缓慢的前兆蠕动期中,由于应力场变化平稳,不会引起流体运动速度有大的改变,所以它们的作用不会有明显的表现。

加速蠕动期(Ⅳ′)的异常特点,除了有长周期波辐射外,还会辐射出强度最大的高频震动;电磁波辐射;地下气体和流体挤出地面等大幅度突变异常。

## §10.6　走滑型地震短临前兆的位错运动模式

在 20 世纪 70 年代初,Savage 等在研究美国加州地震活动及应力应变积累过程中,提出了浅源地震孕育与岩石下部断面蠕动有关的模式[17],他们把孕震过程分为三个主要阶段:

(1)在逐渐增加的构造力作用下,岩石层下部摩擦强度较低的断面上产生缓慢运动(图 10.16 中 B 以下部分);

(2)岩石层上部断面上的高摩擦强度阻止滑动向上扩展,在 B 点附近被锁住,形成应力集中;

(3)当应力集中水平增加到足以克服断面摩擦力时,将导致岩石层上部断面快速滑动而发生浅源地震。

之后,Turcotte 等[18]给出了该模式二维应力、应变场的解析解,Nur[19]又提出了在半无限空间中断面不可能较长时间被锁住,被阻挡的位错在象力作用下向上加速运动,当位错运动的速度达到无穷大时,则发生地震。在前人工作的基础上,傅征祥等[20]重点讨论岩石层上部闭锁面上的静摩擦力被克服后,位错向上逐渐加速的整个运动过程,指出当位错在花岗岩层中加速运动其速度趋近 S 波速度 $v_s$ 时,即发生地震。并研究了这个过程中的持续时间、速度变化公式,造成的地表位移和应变的表达式及其曲线等,并用这个过程来讨论短临前兆异常特征。下面概述其主要结果。

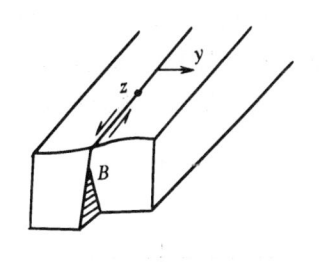

图 10.16 Savage 等的地震孕育模式

## 10.6.1 作用在位错上的力和位错运动速度

**1. 作用在位错上的力**

据断裂力学,存在缺陷的介质在外来作用下,其缺陷有扩展的趋势。与此相似,位错理论认为,当介质受到力的作用时,其中的位错要移动或尝试移动,这相当于把位错看成是一个物质实体,有一种力作用在位错线上推动它运动。作用在单位长度位错线上力的大小为[21]

$$F = \sigma b \tag{10.47}$$

该力作用在位错滑移面内,与位错线相垂直。(10.47)式中 $\sigma$ 为总应力场作用下位错面上的应力张量分量,$b$ 为位错的 Burgers 矢量的强度。

如果介质存在 $N$ 个位错(其位置记为 $X_i, j = 1,2,\cdots,N$),由于位错之间存在相互作用的力,所以第 $i$ 个位错的滑移面上其总应力 $\sigma$ 至少由两部分组成:

$$\sigma(x_i) = \sigma_1(x_i) + \sigma_2(x_i) \tag{10.48}$$

式中,$\sigma_1$ 是介质在外力作用下第 $i$ 个位错滑移面上的应力分量;$\sigma_2$ 是介质中其他所有位错在第 $i$ 个位错滑移面上的附加应力分量,且

$$\sigma_2(x_i) = A \sum_{\substack{j=1 \\ j \neq i}}^{N} \frac{1}{X_i - X_j} \tag{10.49}$$

即它和其他位错间距离成反比。对于螺型位错,$A = \mu b/(2\pi)$,$\mu$ 是剪切模量。

假如在位错滑移面上阻碍位错运动的临界摩擦力为 $\sigma_0$,则位错在滑移面上能够起动的条件是 $\sigma > \sigma_0$。

**2. 分层介质中位错群的堆积和应力集中**

图 10.17 所示是二维分层弹性介质中,离散位错群在力作用下的状态。图中 $x = 0$ 和 $x = -c$ 的两个界面将介质分为三层。令一个由 $N$ 个螺型位错组成的位错群,位于 $x > 0$ 的 $\mu_1$ 介质中的同一个滑移面($y = 0$)内。假定该位错群在应力场作用下沿滑移面向上运动,遇到上面介质层($\mu_2$)内断面上高摩擦阻抗的障碍,则位错群中的领头位错首先被阻,而其他后面的位错被推向领头者,使它紧紧地挤到障碍的前面。理论研究给出,领头位错

承受的剪应力是它单独存在时的 N 倍（$N\sigma_1$）（Head）[22]，这说明：这时领头位错克服滑移面上临界摩擦阻力所需的外力，要比其单独存在时所需外力小得多（为单独存在时的 1/N），这就是障碍附近的应力集中效应。

**3. 位错间的相互作用和象力**

除了应力集中效应外，在半无限空间的分层介质中，位错还要受到两种作用力，一种是（10.49）式所示的离散位错群之间相互作用力；另一种是由于分层界面存在，每一个真实位错还置于一个由无穷多个"象"位错决定的应力场中承受的作用力，被称之为"象力"。在一定意义上说，象力可视为是位错之间相互作用力的一种。在自由面附近存在低强度层位，或在均匀半空间中，象力恒为引力，并随着向界面运动，离界面距离减小而增大，其具体数学表达形式可见傅征祥等（1986）的研究工作[20]。

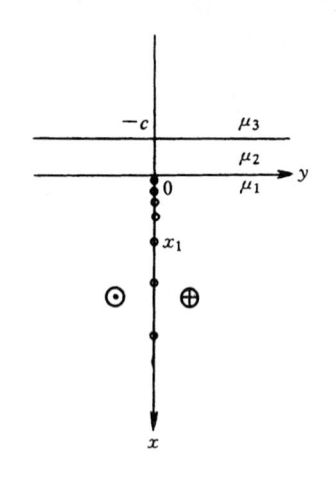

图 10.17 二维分层弹性介质中位错群的状态
⊙和⊕表示滑移面上承受左旋剪切力偶

**4. 位错运动速度描述**

在图 10.17 中所示的离散位错群，在位错的有效质量非常小时，每一个位错 $x_k$ 的运动速度和其滑动面的总应力 $\sigma(x_k)$ 有关，即

$$\frac{dx_k}{dt} = v[\sigma(x_k)] \tag{10.50}$$

在一定条件下的某些实验结果给出，位错运动速度和应力存在指数关系，上式可表示为：

$$v(x_k) = v_0 \exp\{-n|\sigma^*/[\sigma(x_k)-\sigma_0(x_k)]|\} \cdot \text{sgn}[\sigma(x_k)-\sigma_0(x_k)] \tag{10.51}$$

式中，$v_0$ 为常数（$v_0 \leqslant v_s$），$\sigma^*$ 为常数称为特征剪应力，$n$ 是物质常数，反应不同物质的流变性质，$\sigma_0$ 为静摩擦强度。（10.51）式仅在 $\sigma > \sigma_0$，即仅在满足位错起动条件下才有意义。从（10.51）式可看到，位错的运动速度随 $[\sigma(x_k)-\sigma_0(x_k)]$ 逐渐加大而增大，也就是位错运动速度随位错面上应力增大而增大。

### 10.6.2 浅源地震的孕育和位错加速运动效应

**1. 孕震过程中的位错加速运动**

我们这里应用纵向分层和根部蠕滑模型来讨论浅源地震的孕震过程。厚度约 100 km 的地球浅部的岩石层，由于纵向温度、压力和物性等的差别，其剪切强度是深度的非线性函数。按 Anderson[23]，可大体将岩石层按强度分为三层：Ⅰ层（上部）是地表几公里的风化层和沉积层，平均强度最低；Ⅱ层（中部）是地下几到几十公里的中间层位，相当于花岗岩和玄武岩层及其上下邻区，是强度最大的层位；Ⅲ层（下部）是几十公里以下的区域，是岩石力学性质由脆性向塑性过渡的地带，它可在较低应力作用下发生蠕动。假定有一直立断层纵贯岩石层，断面上的剪切摩擦阻力也是深度的函数，即中段的摩擦力最大。

在区域构造力作用下，摩擦力较小的岩石层下部断面上，有一个走滑型（螺型）位错群开始缓慢地沿断面向上运动,当位错群在趋近岩石层中部的强介质层面时,将受到阻挡,造成位错堆累并引起应力集中效应。当这种效应使应力增加,达到 $\sigma > \sigma_0$ 后,断面位错将突入岩石层中间层,并开始向上运动,在位错突入中间层向上运动时,尽管在不长的时间内构造力不会有明显变化,但象力因位错开始向上运动而增大,这是因为位错向上运动而接近界面,使位错与其"象"之间的距离缩短,因而引起象力增大。所以这时 $(\sigma - \sigma_0)$ 由于象力的增大而增大,根据(10.50)式,位错运动速度 $v(x_k)$ 随 $(\sigma - \sigma_0)$ 增大而指数式增大,因而在孕震过程中出现位错加速运动的讨程。这个过程表现为位错越向上运动(亦即越接近地表)则其滑动速度越快,可表示为[24]:

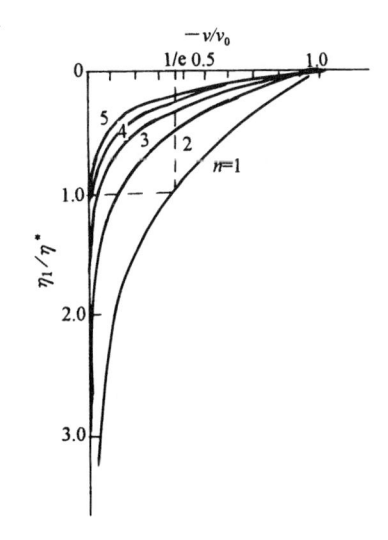

$$v = -v_0 \exp\left\{-\frac{\eta}{\eta^*/n}\right\} \quad (10.52)$$

图 10.18 半空间中位错运动速度与位错埋深的关系

(10.52)式表示位错运动速度 $v$ 和位错位置 $\eta$(深度)的关系,$\eta^*/n$ 是位错的特征深度位置,相当于速度为 $(-v_0/e)$ 时的深度。相应于(10.52)式的速度随度变化曲线示于图 10.18。从图中可看到 $n$ 不同时的速度变化。(10.52)式的负号表示位错沿 $x$ 的负方向运动,从图中亦可看到断面位错运动速度在地地表附近达到最大值 $v_0$。

**2. 位错加速运动的有关效应**

(1)断面位错在岩石中上部加速运动过程的持续时间;

由于

$$v = -\frac{d\eta}{dt}$$

故

$$dt = \frac{-d\eta}{v}$$

将(10.52)式代人,对深度积分,可求出位错在岩石层中上部加速运动过程的持续时间。设岩石层中部的下端锁住深度为 30~60 km,在克服闭锁前,$v$ 为 0,克服闭锁后,位错开始向上运动,其速度由(10.52)式表示。Nur 认为[19],岩石层中物质常数 $n = 1 \sim 5$。而 Kirby 认为 $n = 3 \sim 4$ 是合适的[25]。表 10.1 是对 $n = 3$ 和 $n = 4$ 两种情况所给出的位错在岩石层中、上层中加速运动的持续时间。在计算中,$v_0$ 取 4 km/s,即以位错运动速度达到 $v_0$ 时(亦即相当于横波速度 $v_s$ 时)比拟为地震事件发生。从表 10.1 可见,在临近地震发生前,断面位错在线度为 30 到 60 km 的闭锁区内加速运动(直到地震发生)的持续时间 $T_0$ 约为几天到几个月。而位错运动速度由 $v_0/e$ 加速到 $-v_0$ 的时间 $\Delta T$,则只需几秒钟。

(2)位错在岩石中、上部加速运动引起的位移场和应变场

傅征祥等[20]给出的螺型位错在运动状态下产生的非零位移场和应变场的各种表达

式,根据这些表达式计算了断面位错在岩石中、上部加速运动过程中,自由面上(即地表)观测到的位移场和应变场及其随时间的变化曲线(图 10.19)。

表 10.1　走滑浅源地震前岩石层中、上部断面位错枷锁运动的持续时间

| | $\eta_1$(km) | 30 | 40 | 50 | 60 |
|---|---|---|---|---|---|
| $n=3$ | $T_0$(d) | 1.17 | 1.57 | 1.96 | 2.4 |
| | $\Delta T$(s) | 1.0 | 1.4 | 1.8 | 2.4 |
| | $\eta_1$(km) | 30 | 40 | 50 | 60 |
| $n=4$ | $T_0$(d) | 48.2 | 64.2 | 80.4 | 96.4 |
| | $\Delta T$(s) | 0.8 | 1.0 | 1.3 | 1.7 |

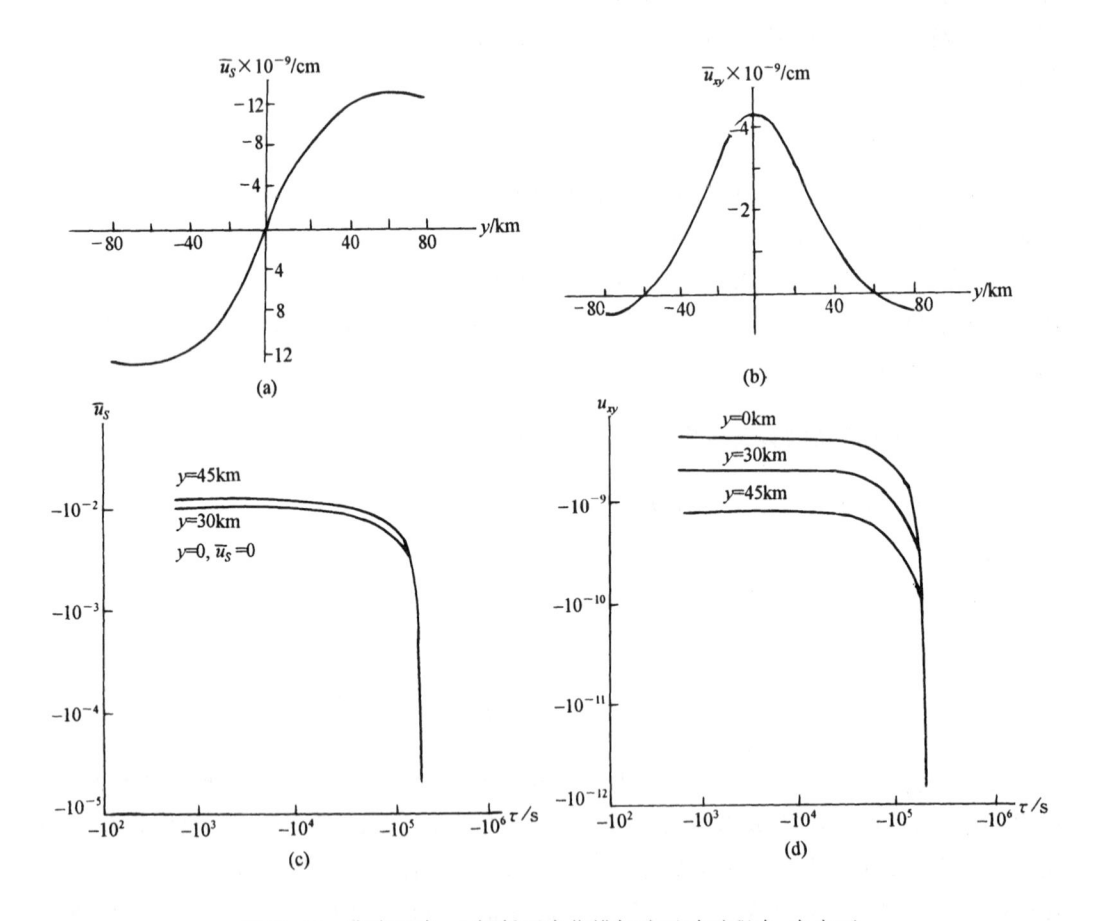

图 10.19　在岩石中、上部断面内位错加速运动过程中,自由面上观测到的位移场和应变场及其随时间的变化

(a)位移量 $u_s$ 随 $y$ 变化($\tau_0=-600$s,$b=1$ cm);(b)应变量 $u_{xy}$ 随 $y$ 变化($\tau_0=-600$s,$b=1$ cm);(c)位移量 $u_s$ 随 $\tau_0$ 变化($y=0$、30 和 45 km,$b=1$ cm);(d)应变量 $u_{xy}$ 随 $\tau_0$ 变化($y=0$、30 和 45 km,$b=1$ cm)

### 10.6.3 位错加速运动和短临异常特征

在如图 10.16 的模型中,我们把岩石层中的中间层(强闭锁区)视为孕震震源区。岩石层下的缓慢蠕动及位错在 B 点附件的堆积都将引起强闭锁区(即中间层)的应力积累,并引起强闭锁区内介质性质和其他各种变化,这个阶段通常被视为孕震过程的中期阶段。如上所述,岩石层下部的缓慢蠕动,以及位错在 B 点受阻和堆积使 B 点附近的应力增高,当突破闭锁强度 $\sigma_0$ 时,位错突入强闭锁区,并在象力等作用下逐渐在闭锁区中加速运动。可以想像,这个阶段与本节一开始叙述的震源区的预滑、破裂加速扩展和加速蠕动等现象是一致的。因此,我们将断面位错在岩石中、上层中的加速运动过程视为地震孕育过程中的短临阶段。对这个阶段,用位错运动来研究可以作定量的描述和给出某些有参考意义的定量结果。

**1. 短临异常的持续时间**

上面的计算结果给出,从位错突破强闭锁区端部的阻挡,开始在闭锁区中运动,到其运动速度不断加速到横波速度而发生地震,这个时间过程的总持续时间为几天到几个月。由此推断,短临阶段的时间应是这个时间范围。这与实际震例给出的短临异常时间为几天到几个月的结果一致。

**2. 短临异常的突发性**

由于位错在象力作用下具有指数型加速运动点,尤其是在滑动接近 $v_s$ 的时间,位错运动的加速很猛,所以可以设想:大震前的短临异常可能有越来越猛的特点,尤其是在临近大震前几天、几小时乃至几分钟,这种加速发展的异常特征可能显得更加突出,亦可能显示出"一大二跳"的特点。

**3. 位错在强闭锁区内的加速运动过程中产生位移场和形变场**

对于不同强度地震,由于位错量 $D$ 的差别(一般具有 $M=\alpha \lg D+\beta$ 的形式,$M$、$D$ 分别为震级和位错量,$\alpha$、$\beta$ 为系数),其位移场和应变场的强度也不同。根据图 10.19 结果,不同强度地震前的位移量和应变量如表 10.2。

表 10.2 震前位移、应变量值与震级的关系

| 震级($M_S$) | 地表位移(mm) | 地表应变 | 震级($M_S$) | 地表位移(mm) | 地表应变 |
| --- | --- | --- | --- | --- | --- |
| 6 | 几 | $10^{-8} \sim 10^{-7}$ | 8 | 几十 | $10^{-6}$ |
| 7 | 十几 | $10^{-7}$ | | | |

**4. 短临异常范围**

若用 $\varepsilon$ 为 $10^{-8}$ 为检验到异常的下限,则根据位错加速运动过程中应变衰减计算结果,可得表 10.3。

表 10.3　由理论模型给出的短临异常范围

| 震级($M_S$) | 6 | 7 | 8 |
| --- | --- | --- | --- |
| 范围(km) | 100～200 | 200～300 | 大于 300 |

**5. 不同地区地震的短临异常持续时间具有差异性**

从表 10.1 可见,对于参数 $n$ 选择不同的数值,则其相对对应的位错加速运动的持续时间将有很大的差别。$n$ 为 3 时,持续时间只有几天,而 $n$ 为 4 时,持续时间可达几十天。由于 $n$ 是表征震源区介质流变性的参数,所以表 10.1 的结果给人以启示:对于不同震源环境,由于介质特性的差异,位错突入闭锁区到发震的加速运动过程的持续时间有很大的差异。由于这个过程可理解为短临阶段,因而可以设想:由于不同地区的地震,由于震源区的环境差异和介质特性的差异,其短临阶段的长短有明显差别,因而不同地震显示出短临异常的差异性。有的地震前短临异常发现早、持续时间长,而另一些地震则短临异常出现晚、持续时间短。造成不同类型地震异常特征的差异。

## §10.7　地震前兆复杂性的物理力学成因分析

由于地震前兆具有复杂性特点,使各种孕震模型和前兆模式面临着严重的挑战。1959～1974 年,在美国西部圣安德烈斯断层上帕姆代尔地区,水准测量观测到最大幅度达 35 cm 的区域性地壳隆起,这正是膨胀模式所预言的大震的典型前兆。然而十几年过去了,该区却无地震发生(博尔特)[26]。

1978 年在日本伊豆半岛附近发生 7 级大震,震前用人工爆破在该区布设了精密的波速测量,但震前未观测到孕震理论中重要的波速异常。

日本新潟地震前的地面隆起,是建立膨胀模型的支柱。1982 年茂木在经过一系列研究后指出,构成震前膨胀变化的关键性一次测量(1951 年测量)存在质量问题,若把该次观测资料从整体观测中剔除,则不再明显显示震前特殊的隆起异常图像(茂木清夫)[27]。

由上可见,理论模型和复杂的地震现象之间存在着很大的距离。为此,不少地震学家开展了地震前兆复杂性的探讨,以期更深刻地揭示地震孕育的物理过程。

**1. 岩石破坏机制与前兆差异**

梅世蓉把地震分为块断型(断错型)和断滑型(走滑型)两种[28],并给出了二者间的前兆差异。从岩石失稳破坏的机制上看,可分为完整岩石的破裂和含有断裂岩石的黏滑两种。这两种破坏类型分别与块断性(破裂型)地震和断滑型(黏滑型)地震相当。

岩石力学研究指出,完整的岩石其破裂时所克服的是岩石本身的强度,且遵从库仑准则。而含有断层岩石的黏滑则克服断层面上的摩擦强度,并遵从拜尔里定律。将库仑准则和拜尔里定律放在一应力平面内比较(图 10.20),可看到库仑准则线在拜尔里定律线的上方。这意味着,完整岩石的破裂需要的应力水平明显高于岩石黏滑的应力水平。由于地震前兆是在应力接近岩石破裂强度时发生微破裂和介质特性变化的结果,因此,地震前兆应在接近库仑线的应力区域内出现。这就是说,对于破裂型地震,有比较充分的力学条件提供前兆现象的发育和发展。由于拜尔里曲线处于库仑线下方，在黏滑破坏时的应力水平明显低于岩石的破裂强度，因而还来不及出现丰富的前兆现象。所以黏滑性地震（即走滑型地震）的前兆现象将不如破裂型地震的前兆丰富。张国民认为前兆情况差异，有可能属于两类不同破坏性质地震的前兆差异[29]。

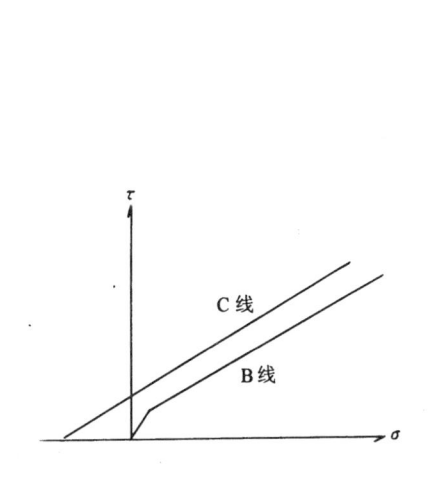

图 10.20　库仑准则(C 线)和拜尔里定律(B 线)对比

图 10.21　不同应力途径(A、B、C)的实验示意图

**2. 应力途径和破裂前兆**

在实验室研究了岩石加压破坏过程中的应力途径及其破裂前兆。给出三种应力途径下不同的前兆显示(图 10.21)，图中的 A 型应力途径是在一定应力状态下保持 $\sigma_2$、$\sigma_3$ 不变，增加最大主应力 $\sigma_1$，直至岩石破坏。B 型应力途径是在一定应力状态下减小主应力，使岩石破坏。C 型应力途径是在接近破裂前增加最小应力使岩石不破坏。研究结果发现，A 型有较明显的破裂前兆，而 B 型显示岩石破裂前存在过密状态而破裂前兆不明显，C 型出现岩石超膨胀状态，尽管岩石未发生破坏但有较明显的前兆。A、B、C 三种应力途径分别对应有前兆有地震，"无前兆"有地震，以及有前兆无地震的三种复杂情况。

**3. 失稳条件与前兆的复杂性**

牛志仁等都讨论过岩石失稳问题[4]，指出岩体从受力到失稳将经历弹性变形、非弹性变形、应变软化等阶段，相当于孕震过程中的长期、中期及短临三个阶段。然而进入应变软化阶段后并不都导致失稳的到来。在应变软化阶段中，震源体刚度 $f'(u)$ 与震源周围岩体刚度 $K$ 之间只有满足 $f'(u)+K<0$，即 $-f'(u)>K$ 时震源体失稳才会发生(图 10.22a)。这一关系说明，岩石的位移弱化($f'(u)$ 变为负值)是岩体失稳的必要条件，但不是充分条件。若震源体的负刚度不大于周围岩石的刚度(即 $-f'(u)<K$)，那么，即使岩体已经出现了应变弱化过程，也不会导致岩体失稳(地震)(图 10.22b)。

这样，岩体失稳条件的研究给出了地震前兆复杂性的一方面的解释。即岩体受力破

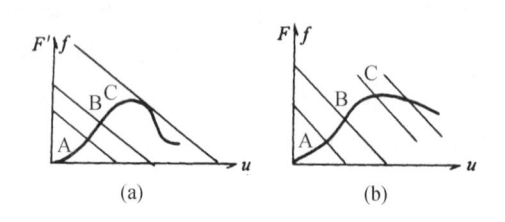

图 10.22　岩体失稳条件示意图
(a)满足失稳条件；(b)不满足失稳条件

坏可能有两种情况,一是在经历了弹性变形、非弹性变形、应变软化之后满足失稳条件而发生地震,另一种情况是在经历了弹性变形、非弹性变形和应变软化后不满足失稳条件而不发生地震。前者意味着在出现长、中、短、临异常后有地震发生而后者则意味着在出现长、中、短、临异常后没有地震发生。即上述两种情况代表了有异常有地震和有异常无地震这两种复杂情况。

### 4. 场与源关系

前兆现象是复杂性之一是空间上的不均匀分布,尤其是远场前兆问题。近年来,不少研究者发现,远场前兆往往出现在对应力、应变变化反应较灵敏的特殊构造部位,这些部位常被称之为"应力窗口"、"穴位"、"敏感点"点。

马宗晋、郭增建等曾应用多应力集中点和块体整体活动的观点讨论远场前兆问题。张国民曾用数值模拟方法研究了震源区孕震过程在大范围内造成的应力应变变化,发现孕震过程可能对场内的某些特殊构造部位会造成应力状态的大幅度变化,从而在这些部位可能出现远距离前兆。

如邢台老震区的余震活动,是多年来预测华北强震活动的一个应力变化窗口。在模拟华北地区成组强震活动的研究中,发现成组强震间具有相互关联和影响。比如在渤海地震孕育过程中,在华北地区形成几个高应力区,其中邢台地区就是应力水平幅度增高的地区之一。应力增高给老震区输入了新的应变能,从而出现余震活动异常增高的余震的异常现象。同样,唐山地震的孕育在邢台地区又一次造成应力的大幅度增高,相应地在邢台余震频度曲线上出现了大幅度上升的余震窗异常。

## 思 考 题

1. 滑动弱化模型的基本要点是什么？如何用滑动模型解释地震前兆的复杂性？
2. 扩容模式的实验基础是什么？如何用扩容模式(即岩石膨胀-流体扩散模式)解释地震前兆特征？
3. 推导走滑型地震的位错加速运动公式,并用走滑型地震的位错运动模型解释地震短临前兆特征。

## 参 考 文 献

[1] Burridge,R.,Admissible speeds for plane-strain self-similar crack with friction but lacking cohesion,Geophys. J. R. astr. Soc.,35,439～455,1973.

[2] Reid, H. F., The California earthquake of April 18, 1906, 2, the mechanics of the earthquake. The Carnegie Inst Washington, 1910.

[3] 殷有泉,张宏,断裂带内介质的软化特征和地震的非稳定模型,地震学报,16(2):135～145,1984。

[4] 牛志仁等,含有一组粗糙面的走滑断层的滑动弱化不稳定性,地震学报,9(3),1987。

[5] 陈颙,地壳岩石的力学性能,北京:地震出版社,1988。

[6] 郭增建,秦保燕,震源物理,北京:地震出版社,1979。

[7] 张国民、梁北援,岩石流变模型在孕震过程和前兆研究中的应用,地震学报,9(4),1987。

[8] 里兹尼钦科,地壳震源尺度和地震矩,地震物理研究(里兹尼钦科主编,韩大宇、傅征祥译),北京:地震出版社,1982。

[9] Das, S. and Scholz, C. H, Theory of time dependent rupture in the earth. J. Geophys. Res. 86, 6039～6051, 1981.

[10] Dieterich, C. H., A model for the nucleation of earthquake slip. In Earthquake Source Mechanics, AGU Geophys. Mone. 37, Washington D. C.: American Geophysical Union, pp. 37～47, 1986.

[11] Nur, A., Dilatancy, pore fluids, and $v_s/t_p$ premonitory variations of $v_s/t_p$ travel times, Bull Seismol. Soc. Amer., 62, 5, 1972.

[12] Whicomb, J. H., Garmany J. D. and Anderson D. L., Earthquake prediction: variation of seismic velocities before the San-Fernando earthquake, Science, 180, 4086, 1973, 632～635.

[13] Scholz C. H., Sykes L. R., Aggrawall Y. R., Earthquake prediction: A physical basis, Science, 181, 4102, 1973, 4102.

[14] 郭增建、秦保燕、徐文跃、汤泉,震源孕育模式的初步讨论,地球物理学报,16(3),1973。

[15] 牛志仁、苏刚,震源孕育的追赶模式,地球物理学报,19(3),1976。

[16] 牛志仁,构造地震的前兆理论,地球物理学报,21(3):199～212,1978。

[17] Savage, J. C. and Burford, K. O., Accumulation of tectonic strain in California, Bull. Seism. Soc. Am., (60): 1877～1896, 1970.

[18] Turcotte, D. L. and Spence, D. A., An Analysis of strain accumulation on a strike slip fault, J. Geophys. Res., 79, 4407～4412, 1974.

[19] Nur, A., Rupture Mechanics of plate boundaries, Earthquake prediction, Amer. Geophys Union, 629～634, 1981.

[20] 傅征祥、张国民,走滑型地震前断面位错加速运动和一种可能的短期前兆机制,地球物理学报,29(4),1986。

[21] Cottrell, A. H., Dislocation and elastic flow in crystals, Oxford, 1956.

[22] Head, A. H., Dislocation Group Dynamics, I. Similarly solution of the $n$-body problem, phil. Mag. 26, 44～53, 1972.

[23] Anderson, D. L., The plastic layer of the earth's mantle, Continents drift, edited by Wilson, J. T. et al, Freeman, 1972.

[24] Head, A. K. The interaction of dislocation and boundaries, Phil. Mag., 44, 92～94, 1953.

[25] Bilby, B. A. and Eshelby, J. D. Dislocation and the theory of fracture, Fracture: An advanced treatise, 1(109), 1968.

[26] [美]博尔特著,张少泉等译,浅说地震,北京:地震出版社,1980。

[27] [日]茂木清夫著,庄灿涛等译,日本的地震预报,北京:地震出版社,1986。

[28] 梅世蓉、冯德益、张国民等,中国地震预报概论,北京:地震出版社,1993。

[29] 张国民,地震前兆复杂性的物理力学成因,地震,1期,1988。